国家电网
STATE GRID

电网企业专业技能考核题库

变电设备检修工

国网宁夏电力有限公司 编

中国电力出版社
CHINA ELECTRIC POWER PRESS

内 容 提 要

本书编写依据国家职业技能鉴定、电力行业职业技能鉴定与国家电网有限公司技能等级评价（认定）相关制度、规范、标准，立足宁夏电网生产实际，融合新型电力系统构建及新时代技能人才发展目标要求。本书主要内容为电网企业技能人员技能等级认定与评价实操试题，包含技能笔答及技能操作两大部分，其中技能笔答主要以问答题形式命题，技能操作以任务书形式命题，均明确了各个环节的考核知识点、标准答案和评分标准。

本书为电网企业生产技能人员的培训教学用书，可供从事相应职业（工种）技能人员学习参考，也可作为电力职业院校教学参考书。

图书在版编目（CIP）数据

变电设备检修工 / 国网宁夏电力有限公司编. —北京：中国电力出版社，2022.9
电网企业专业技能考核题库
ISBN 978-7-5198-6388-3

Ⅰ. ①变… Ⅱ. ①国… Ⅲ. ①变电所–电气设备–检修–职业技能–鉴定–习题集 Ⅳ. ①TM63-44

中国版本图书馆 CIP 数据核字（2022）第 001701 号

出版发行：中国电力出版社
地　　址：北京市东城区北京站西街 19 号（邮政编码 100005）
网　　址：http://www.cepp.sgcc.com.cn
责任编辑：马　丹　胡堂亮
责任校对：黄　蓓　朱丽芳　常燕昆　王海南
装帧设计：郝晓燕
责任印制：钱兴根

印　　刷：望都天宇星书刊印刷有限公司
版　　次：2022 年 9 月第一版
印　　次：2022 年 9 月北京第一次印刷
开　　本：889 毫米×1194 毫米　16 开本
印　　张：33.25
字　　数：954 千字
定　　价：130.00 元

《电网企业专业技能考核题库　变电设备检修工》

编　委　会

《电网企业专业技能考核题库　变电设备检修工》

编　写　组

主　　编　应　东

副主编　陈　松　朱　林　刘　博　郭文东

编写人员　陈泓岩　冯　垚　马　天　沈诗祎　马　超

田海福　刘　磊　崇信民　田　力　王昭辉

马立强

审稿人员　宋仕军　相中华　冯　洋　周　秀　马飞越

何　军　罗　青

前言

国网宁夏电力有限公司以国家职业技能鉴定、电力行业职业技能鉴定与国家电网有限公司技能等级评价（认定）相关制度、规范、标准为依据，主要针对电网企业各类技能工种的初级工、中级工、高级工、技师、高级技师等人员，以专业操作技能为主线，立足宁夏电网生产实际，结合新型电力系统构建要求，编写了《电网企业专业技能考核题库》丛书。丛书在编写原则上，以职业能力建设为核心；在内容定位上，突出针对性和实用性，涵盖了国家电网有限公司相关政策、标准、规程、规定及现代电力系统新设备、新技术、新知识、新工艺等内容。

丛书的深度、广度遵循了“适应发展需求、立足实践应用”的工作思路，全面涵盖了国家电网有限公司技能等级评价（认定）内容，能够为国网宁夏电力有限公司实施技能等级评价（认定）专业技能考核命题提供依据，也可服务于同类电网企业技能人员能力水平的考核与认定。本套丛书可供电网企业技能人员学习参考，可作为电网企业生产技能人员的培训教学用书，也可作为电力职业院校教学参考用书。

由于时间和水平有限，难免存在疏漏之处，恳请各位专家和读者提出宝贵意见。

目　录

第一部分
初级工

第一章　变电设备检修工初级工技能笔答

Jb0001531001　高压断路器的主要作用是什么？（5分）

考核知识点：断路器作用

难易度：易

标准答案：

（1）能切断或闭合高压线路的空载电流。

（2）能切断或闭合高压线路的负荷电流。

（3）能切断或闭合高压线路的故障电流。

（4）与继电保护配合，可快速切除故障，保证系统安全运行。

Jb0002532002　隔离开关的小修项目有哪些？（5分）

考核知识点：隔离开关小修项目

难易度：中

标准答案：

（1）检查隔离开关绝缘子是否完整，有无放电现象。

（2）检查传动件和机械部分。

（3）检查活动部件的润滑情况。

（4）检查触头是否完好，表面有无污垢。

（5）检查附件是否齐全、完好，包括弹簧片、铜辫子等。

（6）电动机构检查。

Jb0001532003　断路器在大修时为什么要测量速度？（5分）

考核知识点：断路器测速

难易度：中

标准答案：

（1）速度是保证断路器正常工作和系统安全运行的主要参数。

（2）速度过慢，会加长灭弧时间，切除故障时易导致加重设备损坏和影响电力系统稳定。

（3）速度过慢，易造成越级跳闸，扩大停电范围。

（4）速度过慢，易烧坏触头，增高内压，引起爆炸。

Jb0001532004　液压机构的主要优缺点及适用场合是什么？（5分）

考核知识点：断路器液压机构

难易度：中

标准答案：

优点是：

（1）不需要直流电源。

（2）暂时失电时，仍然能操作几次。

（3）功率大，动作快。

（4）冲击小，操作平稳。

缺点是：

（1）结构复杂，加工精度要求高。

（2）维护工作量大。

适用于 110kV 以上断路器，它是超高压断路器和 SF_6 断路器采用的主要机构。

Jb0004531005　组合电器测量 SF_6 气体湿度，在哪些情况下不宜进行？（5 分）

考核知识点：组合电器 SF_6 湿度

难易度：易

标准答案：

（1）不宜在充气后立即进行，应经 24h 后进行。

（2）不宜在温度低的情况下进行。

（3）不宜在雨天或雨后进行。

（4）不宜在早晨化露前进行。

Jb0005531006　母线哪些地方不准涂漆？（5 分）

考核知识点：母线、防雷设备

难易度：易

标准答案：

（1）母线各部连接处及距离连接处 10cm 以内的地方。

（2）间隔内硬母线要留 50～70mm 用于停电挂接临时地线用。

（3）涂有温度漆（测量母线发热程度）的地方。

Jb0005531007　硬母线引下线的尺寸有哪两种确定方法？（5 分）

考核知识点：母线、防雷设备

难易度：易

标准答案：

（1）吊中线、量尺寸、弹实样的方法。

（2）制作样板的施工方法。

Jb0002531008　如何对隔离开关接触面进行检修？（5 分）

考核知识点：隔离开关接触面

难易度：易

标准答案：

（1）隔离开关的接触面在电流和电弧的热作用下，会产生氧化铜膜和烧伤痕迹。

（2）在检修时应用锉刀及砂布进行清除和加工，使接触面平整并具有金属光泽，然后再涂一层复合电力脂。

Jb0002532009　引起隔离开关触头发热的原因是什么？（5 分）

考核知识点：隔离开关触头发热

难易度：中

标准答案：

（1）隔离开关过载或者接触面不严密，使电流通路的截面减小，接触电阻增加。

（2）运行中接触面产生氧化，使接触电阻增加。因此，当电流通过时触头温度就会超过允许值，甚至有烧红熔化以至熔接的可能，因此应处理接触面使其接触电阻值不大于技术要求。

Jb0001531010　变电设备检修工应掌握的电气测试项目有哪些？（5分）

考核知识点：电气测试项目

难易度：易

标准答案：

（1）绝缘电阻的测试。

（2）接触电阻的测试。

（3）直流电阻的测试。

（4）动作特性试验。

Jb0003531011　在带电设备附近用绝缘电阻表测量绝缘时应注意什么？（5分）

考核知识点：绝缘电阻表

难易度：易

标准答案：

（1）测量人员和绝缘电阻表安放位置必须选择适当，保持安全距离，以免绝缘电阻表引线或支持物触碰带电部分。

（2）移动引线时，必须注意监护，防止工作人员触电。

Jb0004532012　组合电器 SF_6 气体泄漏监测的方法有哪些？（5分）

考核知识点：组合电器 SF_6 泄漏监测

难易度：中

标准答案：

（1）SF_6 泄漏报警仪（室内）。

（2）肥皂泡法漏点检测。

（3）密度继电器压力监测。

（4）年泄漏率计算法。

（5）包扎法（出厂检测）。

（6）SF_6 检漏仪定性、定量检漏，漏点确定。

Jb0002533013　长期运行的隔离开关，其常见的缺陷有哪些？（5分）

考核知识点：隔离开关缺陷

难易度：难

标准答案：

（1）触头弹簧的压力降低，触头的接触面氧化或积存油泥而导致触头发热。

（2）传动及操作部分的润滑油干涸，油泥过多，轴销生锈，个别部件生锈以及产生机械变形等，以上情况存在时，可导致隔离开关的操作费力或不能动作，距离减小以致合不到位和同期性差等缺陷。

（3）绝缘子断头、绝缘子折伤和表面脏污等。

Jb0004531014 六氟化硫组合电器如何进行状态评价？（5分）

考核知识点：组合电器状态评价

难易度：易

标准答案：

（1）高压六氟化硫组合电器的状态评价分为部件评价和整体评价两部分，部件的评价应同时考虑单项状态量的扣分和部件合计扣分情况，整体评价应综合其部件的评价结果。

（2）当所有部件评价为正常状态时，整体评价为正常状态；当任一部件状态为注意状态、异常状态或严重状态时，整体评价应为其中最严重的状态。

Jb0003532015 遇有电气设备着火时怎么办？（5分）

考核知识点：安全生产

难易度：中

标准答案：

（1）应立即将有关设备电源切断，然后进行救火。

（2）对带电设备使用干式灭火器或二氧化碳灭火器等灭火，不得使用泡沫灭火器灭火。

（3）对注油的设备应使用泡沫灭火器或干沙等灭火。

（4）发电厂或变电所控制室内应备有防毒面具，防毒面具要按规定使用，并定期进行试验，使其经常处于良好状态。

Jb0001532016 断路器的辅助接点有哪些用途？（5分）

考核知识点：断路器辅助接点

难易度：中

标准答案：

（1）断路器靠本身所带常开、常闭接点的变换开合位置，来接通断路器机构合、跳闸控制回路和信号回路，达到断路器断开或闭合电路的目的。

（2）能正确发出信号，启动自动装置和保护闭锁回路等。

（3）当断路器的辅助接点用在合、跳闸回路时，均应带延时。

Jb0004532017 六氟化硫组合电器内部气体水分可能的来源是什么？（5分）

考核知识点：组合电器六氟化硫气体水分来源

难易度：中

标准答案：

（1）设备内部绝缘件干燥处理不良，含水量较多。

（2）组装时进入水分。组装时由于环境、现场装配和维修检查的影响，设备内部进入水分。

（3）六氟化硫新气质量不合格，本身含有水分。

（4）抽真空工艺不良，高压电器内部的内壁附着水分处理不彻底。

（5）充气工艺不佳带入水分，充气管道、接头等元件处理不彻底带入水分。

（6）设备密封结构不可靠，运行中水分渗入设备内部。

Jb0001531018 断路器灭弧室的作用是什么？灭弧方式有几种？（5分）

考核知识点：断路器检修

难易度：易

标准答案：

（1）作用是熄灭电弧。

（2）灭弧方式有纵吹、横吹及纵横吹三种。

Jb0003531019　二次回路有什么作用？（5分）

考核知识点：开关柜检修

难易度：易

标准答案：

（1）二次回路的作用是通过对一次回路的监察测量来反映一次回路的工作状态并控制一次系统。

（2）当一次回路发生故障时，继电保护装置能将故障部分迅速切除并发出信号，保证一次设备安全、可靠、经济、合理地运行。

Jb0001531020　影响断路器触头接触电阻的因素有哪些？（5分）

考核知识点：断路器接触电阻

难易度：易

标准答案：

（1）触头表面加工状况。

（2）触头表面氧化程度。

（3）触头间的压力。

（4）触头间的接触面积。

（5）触头的材质。

Jb0004532021　SF_6气体绝缘组合电器的小修项目有哪些？（5分）

考核知识点：组合电器小修项目

难易度：中

标准答案：

（1）密度计、压力表的校验。

（2）SF_6气体的补气、干燥、过滤。

（3）导电回路接触电阻的测量。

（4）吸附剂的更换。

（5）不良紧固件或部分密封环的更换。

Jb0005533022　隔离开关绝缘子发生闪络放电现象的原因是什么？如何处理？（5分）

考核知识点：隔离开关绝缘子

难易度：难

标准答案：

（1）原因：

1）绝缘子表面和瓷裙内落有污秽，受潮以后耐压强度降低，绝缘子表面形成放电回路，使泄漏电流增大，当达到一定值时，造成表面击穿放电。

2）绝缘子表面落有污秽虽然很小，但由于电力系统中发生某种过电压，在过电压的作用下使绝缘子表面闪络放电。

（2）处理方法：绝缘子发生闪络放电后，绝缘子表面绝缘性能下降很大，应立即更换，并对未闪络放电绝缘子进行清洁处理或喷涂 PRTV。

Jb0003531023 室内六氟化硫配电装置发生大量泄漏等紧急情况时，为保证人身安全，应如何紧急处置？（5 分）

考核知识点：六氟化硫气体泄漏

难易度：易

标准答案：

（1）六氟化硫配电装置发生大量泄漏等紧急情况时，人员应迅速撤出现场，开启所有排风机进行排风。

（2）未佩戴防毒面具或正压式空气呼吸器的人员禁止入内。

（3）只有经过充分的自然排风或强制排风，并用检漏仪测量六氟化硫气体合格，用仪器检测含氧量合格（不低于 18%）后，人员才准进入。

（4）发生设备防爆膜破裂时，应停电处理，并用汽油或丙酮擦拭干净。

Jb0002531024 请叙述安规对于检修人员在坠落高度基准面 2m 处进行电焊作业时（无脚手架），有关安全带的使用要求。（5 分）

考核知识点：安全带

难易度：易

标准答案：

（1）应按规定使用安全带。

（2）安全带和专做固定安全带的绳索在使用前应进行外观检查。安全带应按规定进行周期检验，不合格的不准使用。

（3）安全带或安全绳应有隔热防磨套。

（4）安全带的挂钩或绳子应挂在结实牢固的构件上，或专为挂安全带用的钢丝绳上，并应采用高挂低用的方式。禁止挂在移动或不牢固的物件上。

（5）高处作业人员在作业过程中，应随时检查安全带是否拴牢。高处作业人员在转移作业位置时不得失去安全保护。

Jb0001522025 标注 ZN28—12 型真空断路器灭弧室结构图（图 Jb0001522025）中各部件的名称。（5 分）

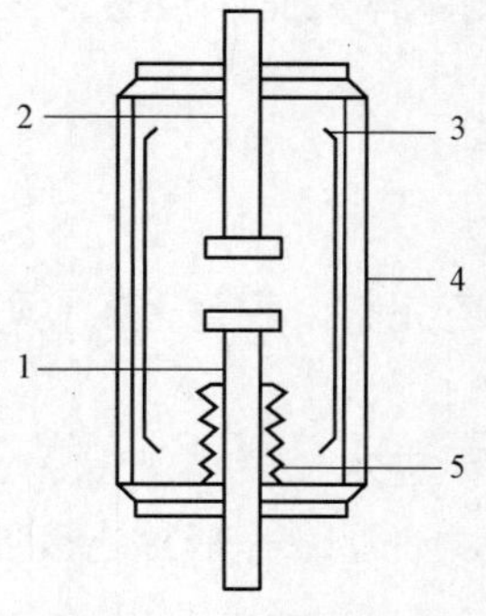

图 Jb0001522025

考核知识点：真空断路器灭弧室结构

难易度：中

标准答案：

1—动触头；2—静触头（图中位置往下）；3—屏蔽罩；4—外壳；5—波纹管。

Jb0000531026　变压器的油箱和冷却装置有什么作用？（5分）

考核知识点：变压器附件的基本结构和作用

难易度：易

标准答案：

（1）变压器的油箱是变压器的外壳，内装铁芯、绕组和变压器油，同时起一定的散热作用。

（2）变压器冷却装置的作用是，当变压器上层油温产生温差时，通过散热器形成油循环，使油经散热器冷却后流回油箱，有降低变压器油温的作用。为提高冷却效果，可采用风冷、强油风冷或强油水冷等措施。

Jb0000532027　变压器的基本工作原理是什么？（5分）

考核知识点：变压器的工作原理、结构

难易度：中

标准答案：

变压器由一次绕组、二次绕组和铁芯组成，当一次绕组加上交流电压时，铁芯中产生交变磁通，交变磁通在一次、二次绕组中感应电动势与在单匝上感应电动势的大小是相同的，但一次、二次侧绕组的匝数不同，一次、二次侧感应电动势的大小就不同，从而实现了变压的目的，一次、二次侧感应电动势之比等于一次、二次侧匝数之比。

当二次侧接上负载时，二次侧电流也产生磁动势，而主磁通由于外加电压不变而趋于不变，随之在一次侧增加电流，使磁动势达到平衡，这样，一次侧和二次侧通过电磁感应而实现了能量的传递。

Jb0000531028　变压器呼吸器硅胶更换标准是什么？有哪些注意事项？（2分）

考核知识点：变压器呼吸器硅胶更换标准

难易度：易

标准答案：

（1）吸湿剂宜采用无钴变色硅胶，应经干燥。

（2）吸湿剂的潮解变色不应超过2/3，更换硅胶应保留1/6～1/5高度的空隙。

Jb0000532029　油浸式电力变压器本体及储油柜的专业巡视要点有哪些？（5分）

考核知识点：变压器巡视

难易度：中

标准答案：

（1）顶层温度计、绕组温度计外观应完整，表盘密封良好，无进水、凝露，温度指示正常，并应与远方温度显示比较，相差不超过5℃。

（2）油位计外观完整，密封良好，无进水、凝露，指示应符合油温油位标准曲线的要求。

（3）法兰、阀门、冷却装置、油箱、油管路等密封连接处应密封良好，无渗漏痕迹，油箱、升高座等焊接部位质量良好，无渗漏油。

（4）无异常振动声响。

（5）铁芯、夹件外引接地应良好。

（6）油箱及外部螺栓等部位无异常发热。

Jb0000531030　数字万用表使用有哪些注意事项？（10分）

考核知识点：检修工器具的使用方法及注意事项

难易度：易

标准答案：

（1）数字万用表使用前应掌握被测量元器件的种类、大小，选择合适的量程和测试表笔的位置。

（2）在测量未知的量程时应尽量选择最大的量程测量。

（3）数字万用表测量电阻、电压时显示屏显示的是有效值。

（4）禁止在测量时更换量程。

（5）在测量电阻时不能带电测量。

（6）测量感抗电路中的电压后，必须先把万用表断开再关电源。

（7）测量电容量前必须对电容进行充分放电。

（8）使用完毕后关闭万用表，测量前，应先用交流、直流电压挡，确定无电压后进行测量。

（9）长期不使用的万用表应将内部电池取出。

（10）当转换开关在电流挡位时，严禁将两个测棒直接跨接在电源上。

Jb0000532031　数字式绝缘电阻表使用有哪些注意事项？（8分）

考核知识点：检修工器具的使用方法及注意事项

难易度：中

标准答案：

（1）在测量时，应至少由两人进行。

（2）测量前应检查绝缘电阻表是否完好。

（3）测量时，应使绝缘电阻表与被测物的接线正确。绝缘电阻表接线柱与被测物之间的连接导线，不能用双股绝缘线和绞线，应选用绝缘良好的单股线或多股线分开单独连接，测量时应将测量线悬空，不得随意搁置在设备外壳上。

（4）在测量绝缘之前，应将被测设备从各个方面断开，验明无电压，确实证明被测设备无人工作后，方可进行测量。在测量过程中，禁止其他人接近被测设备。

（5）绝缘电阻测量前后，应对被测试物进行放电、接地。

（6）被测部分如有低压的电子元器件，应将它们的插件板拆掉，以免损坏电子元器件。

（7）为便于对测量结果进行分析，在测量时除记录被测物的绝缘电阻外，还应记录对测量有影响的其他因素，如当时的环境温度、湿度、所使用的绝缘电阻表电压等级及量程范围和被测物的有关状况等。

（8）试品表面脏污、油渍等会使其表面泄漏电流增大，表面绝缘下降，为获得正确的测量结果，应确保试品表面洁净，必要时加装屏蔽线。

Jb0000532032　指针式绝缘电阻表使用有哪些注意事项？（10分）

考核知识点：检修工器具的使用方法及注意事项

难易度：中

标准答案：

（1）在测量时，应至少由两人进行。

（2）测量前应检查绝缘电阻表是否完好。指针式绝缘电阻表未接上被测物之前，摇动手柄达到额定转速，观察指针是否指在“∞”位，然后再将“线”和“地”两接线柱短接，缓慢摇动手柄，观察指针是否指在“0”位。指针不能指到“∞”或“0”位，表明绝缘电阻表有故障，应经检查修理鉴定后再使用。

（3）测量时，应使绝缘电阻表与被测物的接线正确。绝缘电阻表接线柱与被测物之间的连接导线，不能用双股绝缘线和绞线，应选用绝缘良好的单股线或多股线分开单独连接，测量时应将测量线悬空，不得随意搁置在设备外壳上。

（4）在测量绝缘之前，应将被测设备从各个方面断开，验明无电压，确实证明被测设备无人工作后，方可进行测量。在测量过程中，禁止其他人接近被测设备。

（5）绝缘电阻测量前后，应对被测物进行放电、接地。

（6）被测部分如有低压的电子元器件，应将它们的插件板拆掉，以免损坏电子元器件。

（7）使用指针式绝缘电阻表测量时，手摇要保持匀速，不可过快或过慢，使指针不停地摆动，适宜的转速为120r/min。如发现指针指“0”，说明被测设备有短路，不能再继续摇动，以防表内动圈因过热而损坏。

（8）采用指针式绝缘电阻表测量时，应先手摇保持匀速，将电压升至额定值后，再将测试线与试品相连。测量完毕，应先将测试线圈脱离试品后，再关闭电源。以防试品电压反击，损坏绝缘电阻表。数字式绝缘电阻表进行测量时，应先将测试线与试品相连接，再开电源将电压升至额定值进行测量，结束时先将电源关闭，再将测试线脱离试品。

（9）为便于对测量结果进行分析，在测量时除记录被测物的绝缘电阻外，还应记录对测量有影响的其他因素，如当时的环境温度、湿度、所使用的绝缘电阻表电压等级及量程范围和被测物的有关状况等。

（10）试品表面脏污、油渍等会使其表面泄漏电流增大，表面绝缘下降，为获得正确的测量结果，应确保试品表面洁净，必要时加装屏蔽线。

Jb0000532033　手持式电动角磨机使用有哪些注意事项？（12分）

考核知识点：检修工器具的使用注意事项

难易度：中

标准答案：

（1）磨、切方向严禁对着周围的工作人员及易燃易爆危险物品。

（2）使用角磨机时，严禁手提角磨机的转动和导线部分。

（3）工作时间较长而机体温度大于50℃并有烫手的感觉时，应立即停机，待自然冷却后再行使用。

（4）定期检查传动部分的轴承、齿轮及冷却风叶灵活完好，对转动部位加注润滑油。

（5）工作服不应过于宽松，不应佩戴首饰或留长发，严禁不扣袖口工作。

（6）使用手持式电动角磨机时严禁戴线手套。

Jb0000531034　手持式电动角磨机有哪些使用方法？（20分）

考核知识点：检修工器具的使用方法

难易度：易

标准答案：

（1）使用前仔细检查保护罩、辅助手柄，必须完好无松动。

（2）插头插上之前，应确保角磨机电源开关处于关闭位置。

（3）砂轮片应用专用工具安装，牢靠无松动。砂轮片无受潮变形、缺角及裂纹等现象。

（4）使用的电源插座必须装有漏电开关装置，并检查电源线有无破损。

（5）开机试转，砂轮片运行平稳正常，转向正确。

（6）事前夹紧工件，磨片与工件的倾斜角度约在 30°～40° 为宜，切割片与板料切口平行。

（7）打磨时切记不可用力过猛，要均匀用力，以免砂轮片撞碎。如出现卡阻现象，应立即将角磨机提起。

（8）操作角磨机前必须配戴防护眼镜及防尘口罩。

（9）使用角磨机工作中，因故离开工作现场或暂时停止工作以及遇到临时停电时，应立即切断电源。

Jb0000531035　电焊机有哪些使用方法？（12 分）

考核知识点：检修工器具的使用方法

难易度：易

标准答案：

（1）电焊机外壳应可靠接地，接地电阻不得大于 4Ω。

（2）电焊机电源线、电焊线绝缘可靠。

（3）电焊机的电源端应有合格的漏电保安器。

（4）焊接人员应穿绝缘鞋，戴电焊手套、电焊面罩等专业劳动防护用品。

（5）电焊工作应持证作业。

（6）焊接中，不准调节电流，必须在停焊时使用手柄调节焊机电流。

Jb0000532036　电焊机使用有哪些注意事项？（12 分）

考核知识点：检修工器具的使用注意事项

难易度：中

标准答案：

（1）电焊机工作场地应保持干燥，通风良好，雨天不得进行室外电焊作业。

（2）焊接场地禁止放易燃易爆品，应备有消防器材，保证足够的照明和良好的通风。操作场地 10m 内不应存放油类或其他易燃易爆品。

（3）对受压容器、密闭容器、各种油桶、管道、沾有可燃气体和溶液的工件进行操作时，务必事先进行检查，经过冲洗，除掉有毒、有害、易燃易爆物质，解除容器及管道压力，消除容器密闭状态（敞开口旋开盖），再进行工作。

（4）不准用手触摸焊机导线，不准用手臂夹持带电焊钳。受作业环境限制不满足安全要求的应采取相应的措施。

（5）电焊机机身温度过高时，应停机降温后，再进行焊接。

（6）电焊机移动时，应切断电源，不得拖拉电缆。焊接中突然断电，应切断电源。

Jb0000512037　如图 Jb0000512037 所示，已知电阻 $R_1=6\Omega$，$R_2=4\Omega$，$U=100$V，求电阻 R_1、R_2 上的电压 U_1、U_2 各是多少？（10 分）

考核知识点：变压器的工作原理、结构

难易度：中

标准答案：

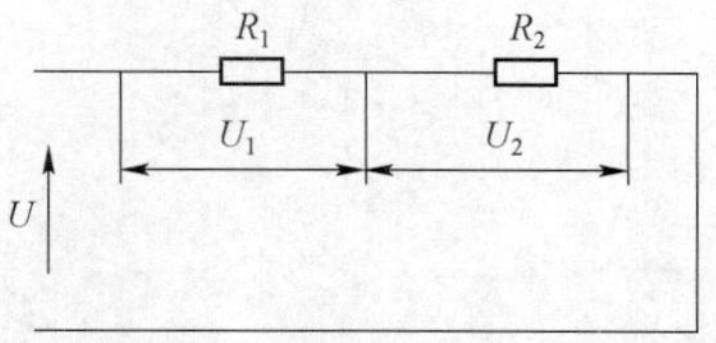

图 Jb0000512037

解：总电阻 $R=R_1+R_2=4+6=10$（Ω）

总电流 $I=\dfrac{U}{R}=\dfrac{100}{10}=10$（A）

$U_1 = I \cdot R_1 = 10 \times 6 = 60$（V）

$U_2 = I \cdot R_2 = 10 \times 4 = 40$（V）

答：电阻 R_1 和 R_2 上的电压 U_1 和 U_2 分别为 60V 和 40V。

Jb0000511038　某一晶体管收音机，电源电压 U=6V，开机后总电流 I=60mA，试计算收音机的等效电阻和耗用功率。（5 分）

考核知识点：变压器的工作原理、结构

难易度：易

标准答案：

解：收音机等效电阻 $R = \dfrac{U}{I} = \dfrac{6}{60 \times 10^{-3}} = 100$（Ω）

耗用功率 $P = I \cdot U = 6 \times 60 \times 10^{-3} = 0.36$（W）

答：收音机的等效电阻为 100Ω，耗用功率为 0.36W。

Jb0000512039　一台三相双绕组变压器，其额定容量为 40MVA，高、低压额定电压分别为 110kV 和 10.5kV，其联结组别为 YN、d11，求各侧的额定电流。（5 分）

考核知识点：变压器的工作原理、结构

难易度：中

标准答案：

解：高压侧额定电流 $I_{1N} = \dfrac{S_N}{\sqrt{3}U_{1N}} = \dfrac{40000}{\sqrt{3} \times 110} = 209.95$（A）

低压侧额定电流 $I_{2N} = \dfrac{S_N}{\sqrt{3}U_{2N}} = \dfrac{40000}{\sqrt{3} \times 10.5} = 2199.49$（A）

答：变压器高压侧额定电流为 209.95A，低压侧额定电流为 2199.49A。

Jb0000523040　画出三相变压器 Yd11 接线组的相量图和接线图。（5 分）

考核知识点：变压器的工作原理、结构

难易度：难

标准答案：

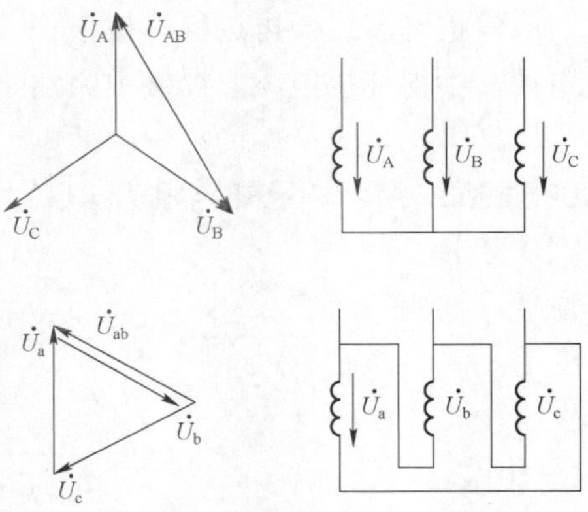

图 Jb0000523040

Jb0000521041 识别图 Jb0000521041 中所示变压器各部件的名称。（5 分）

考核知识点：变压器的工作原理、结构

难易度：易

标准答案：

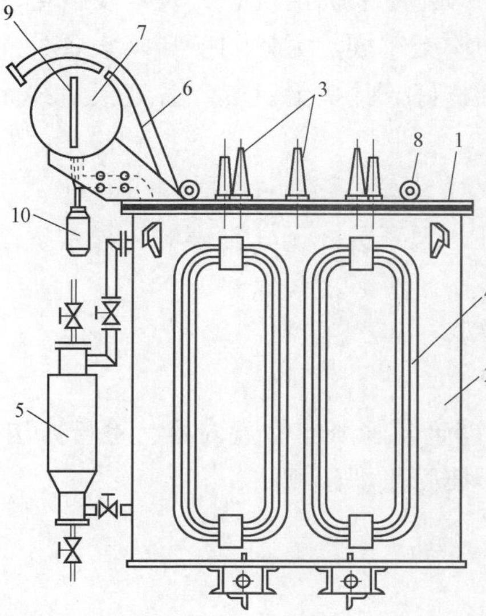

图 Jb0000521041

1—箱盖；2—箱壳；3—套管；4—散热器；5—净油器；6—泄压通道；7—储油柜；8—箱盖吊环；9—油位计；10—吸湿器

Jb0000521042 图 Jb0000521042 为波纹式膨胀器结构组成，指出图中数字代表什么。（15 分）

考核知识点：互感器波纹式膨胀器结构

难易度：易

标准答案：

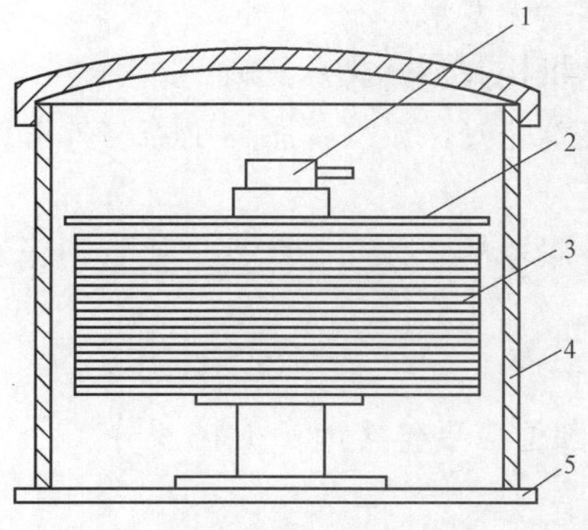

Jb0000521042

1—注油阀；2—油位指示盘；3—本体；4—外罩；5—底盘

Jb0000531043 互感器油位高度计算方法是什么？（5 分）

考核知识点：互感器油位计算

难易度：易

标准答案：

$$h = \frac{T - T_1}{T_2 - T_1} H$$

Jb0000532044　油浸式电流互感器巡视要点是什么？（24分）

考核知识点：油浸式互感器巡视

难易度：中

标准答案：

（1）设备外观完好、无渗漏；外绝缘表面清洁、无裂纹及放电现象。

（2）金属部位无锈蚀，底座、构架牢固，无倾斜变形，设备外涂漆层清洁、无大面积掉漆。

（3）一、二次、末屏引线接触良好，接头无过热，各连接引线无发热、变色，本体温度无异常，一次导电杆及端子无变形、无裂痕。

（4）油位正常。

（5）本体二次接线盒密封良好，无锈蚀。无异常声响、异常振动和异常气味。

（6）接地点连接可靠。

（7）一次接线板支撑瓷瓶无异常。

Jb0000531045　电磁式互感器金属膨胀器检查内容、检查方法是什么？（10分）

考核知识点：电磁式互感器金属膨胀器巡视

难易度：易

标准答案：

（1）检查内容：渗漏、油位指示、压力释放装置、固定与连接、外观。

（2）检查方法：目测、力矩扳手。

Jb0000532046　电磁式互感器金属膨胀器检查质量要求是什么？（15分）

考核知识点：电磁式互感器金属膨胀器巡视

难易度：中

标准答案：

（1）膨胀器密封可靠，无渗漏，无变形。

（2）油位指示或油温压力指示机构灵活，指示正确。

（3）盒式膨胀器的压力释放装置完好，波纹膨胀器上盖与外罩连接可靠，不得锈蚀卡死，保证膨胀器内压力异常增高时能顶起上盖。

（4）各部位螺栓紧固，盒式膨胀器的本体与膨胀器连接管路畅通。

（5）无锈蚀，漆膜完好。

Jb0000532047　互感器哪些部位应妥善接地？（10分）

考核知识点：互感器接地点

难易度：中

标准答案：

（1）互感器外壳。

（2）分级绝缘的电压互感器的一次绕组的接地引出端子。

（3）电容型绝缘的电流互感器的一次绕组包绕的末屏引出端子及铁芯引出接地端子。

（4）暂不使用的二次绕组。

Jb0000533048　油浸式消弧线圈本体巡视要点是什么？（25分）

考核知识点：油浸式消弧线圈本体巡视

难易度：难

标准答案：

（1）设备外观应完好，无锈蚀或掉漆。

（2）底座、构架应支撑牢固，无倾斜或变形。

（3）套管表面清洁，无裂纹、损伤或爬电、烧灼痕迹。

（4）一、二次引线接触良好，接头处无过热、变色，热缩包扎无变形。

（5）各部位密封应良好，无渗漏油。

（6）储油柜油位应正确，油位计内部无凝露。

（7）吸湿器应呼吸通畅，吸湿剂罐装至顶部 1/6～1/5 处，受潮变色不超过 2/3，并标识 2/3 位置。油杯油面在规定位置。

（8）气体继电器内无气体。

（9）测温座应密封良好，温度指示正常，观察窗内无凝露。

（10）阀门必须根据实际需要，处在关闭和开启位置。指示开、闭位置的标志清晰、正确。

（11）接地引下线应完好，无锈蚀、断股，接地端子应与设备底座可靠连接。

（12）无异响、异味。

Jb0000533049　接地变压器接线板发热故障如何检测与处理？（20 分）

考核知识点：接地变压器接线板发热处理

难易度：难

标准答案：

（1）故障原因：接地变压器接线板与引流线线夹接触不良，接触电阻增大。

（2）故障现象：运行中用红外热像仪检测接地变压器接线板温度明显偏高。

（3）故障处理：

1）接地变压器停电检修时，打开接地变压器接线板引流线线夹间固定螺栓，检查接线板表面应无损坏，否则应处理，严重时应更换。

2）清擦接地变压器接线板引流线线夹表面。

3）在接地变压器接线板引流线线夹表面涂抹导电脂，重新安装接线板。

Jb0000532050　真空滤油机是怎样起到滤油作用的？（15 分）

考核知识点：检修工器具使用

难易度：中

标准答案：

（1）通过滤油纸滤除固体杂质。

（2）通过雾化和抽真空除去水分和气体。

（3）通过对油加热，促进水分蒸发和气体析出。

Jb0000531051　干式电抗器本体的巡视要点有哪些？（5 分）

考核知识点：电抗器巡视

难易度：易

标准答案：

需答出以下任意 5 点：

（1）本体表面应清洁，无锈蚀，电抗器紧固件无松动。

（2）电抗器表面涂层应无破损、脱落或龟裂。
（3）包封表面无爬电痕迹。
（4）运行中无异常噪声、振动情况。
（5）无局部异常过热。
（6）通风道无堵塞，器身清洁无尘土、异物，无流胶、裂纹。
（7）户外电抗器表面憎水性能良好，无浸润。
（8）电抗器包封与支架间紧固带无松动、断裂。
（9）电抗器包封间导风撑条无松动、脱落。
（10）干式空心电抗器支撑条无明显脱落或移位情况。
（11）干式电抗器基础无下沉、倾斜。

Jb0000531052　电抗器呼吸器硅胶更换有哪些注意事项？（5分）

考核知识点：电抗器呼吸器硅胶更换

难易度：易

标准答案：

（1）宜采用无钴变色硅胶，应经干燥。
（2）更换硅胶应保留1/6～1/5高度的空隙。
（3）更换密封垫，密封垫压缩量为1/3（胶棒压缩1/2）。
（4）油杯注入干净变压器油，加油至正常油位线，油面应高于呼吸管口。
（5）拆卸中需有专人扶持，防止呼吸器滑落损坏。

Jb0000532053　密封胶垫加工制作有哪些工艺要求？（5分）

考核知识点：密封胶垫加工制作

难易度：中

标准答案：

（1）应使用丁腈橡胶板。
（2）橡胶板应有一定硬度和弹性，且表面平整，无破裂、穿孔、起层、起泡、局部肿大、表面嵌附颗粒等现象。
（3）胶垫加工后内外径边缘不应存在飞边以及跑刀造成的多级台阶现象。
（4）内外径边缘不应存在起层、起泡现象。
（5）内外径允许偏差不大于1.0mm。

Jb0000531054　集合式电容器巡视本体的巡视要点有哪些？（5分）

考核知识点：无功补偿设备巡视

难易度：易

标准答案：

需答出以下任意6点：
（1）呼吸器玻璃罩杯油封完好，受潮硅胶不超过2/3。
（2）储油柜油位指示应正常，油位清晰可见。
（3）油箱外观无锈蚀、无渗漏。
（4）充气式设备应检查气体压力指示正常。
（5）本体及各连接处应无过热。

（6）电容器温控表计无异常。

Jb0000511055 在电容 $C=50\mu F$ 的电容器上加电压 $U=220V$、频率 $f=50Hz$ 的交流电，求无功功率 Q 为多少？（5分）

考核知识点：能使用万用表、电容表进行电气测量

难易度：易

标准答案：

解：容抗 $X_C=1/2\pi fC=1/(2\times3.14\times50\times50\times10^{-6})=63.69$（Ω）

无功功率 $Q=U^2/X_C=220^2/63.69=759.9$（var）

答：无功功率为759.9var。

Jb0000533056 测量电容器时应注意哪些事项？（5分）

考核知识点：能使用万用表、电容表进行电气测量

难易度：难

标准答案：

（1）用万用表测量时，应根据电容器的额定电压选择挡位。例如，电子设备中常用的电容器电压较低，只有几伏到十几伏，若用万用表 $R\times10k$ 挡测量，由于表内电池电压为12～22.5V，很可能使电容器击穿，故应选用 $R\times1k$ 挡测量。

（2）对于刚从线路中拆下来的电容器，一定要在测量前对电容器进行放电，以防电容器中的残存电荷向仪表放电，使仪表损坏。

（3）对于工作电压较高、容量较大的电容器，应对电容器进行足够的放电，放电时操作人员应有防护措施以防发生触电事故。

Jb0000532057 电容器引线接线板接触面发热应如何处理？（3分）

考核知识点：电容器局部过热消缺

难易度：中

标准答案：

（1）接触面在电流和电弧的热作用下，会产生氧化铜膜和烧伤痕迹。

（2）在检修时应用锉刀及砂布进行清除和加工，使接触面平整并具有金属光泽。

（3）最后再薄涂一层导电膏。

Jb0000532058 变压器并联运行应满足哪些要求？（5分）

考核知识点：变压器在电力系统中的运行知识及有关的技术要求

难易度：中

标准答案：

（1）一次侧与二次侧的额定电压应分别相等（电压比相等）。

（2）接线组别（联结组别标号）相同。

（3）阻抗电压的百分数相等。

第二章　变电设备检修工初级工技能操作

Jc0003542001　10kV 开关柜指示灯损坏更换。(100 分)

考核知识点：开关柜检修

难易度：中

技能等级评价专业技能考核操作工作任务书

一、任务名称

10kV 开关柜指示灯损坏更换。

二、适用工种

变电设备检修工初级工。

三、具体任务

KYN 型系列开关柜指示灯损坏更换（包括分合闸指示灯及储能指示灯）。

四、工作规范及要求

（1）要求 1 人操作，由监考人员监护。

（2）工作过程中检查的位置及结果应高声呼唱。

（3）安全文明生产，考生着装规范。

（4）工器具、材料摆放整齐，现场操作熟练、连贯、有序，正确规范地使用工器具及安全用具。

（5）不发生危及人身和设备安全的行为。

（6）操作过程中有需要配合的向监考人员提出，但涉及考试内容的不得提问。

五、考核及时间要求

（1）考核总时间为 45 分钟。场内实际操作时间为 40 分钟，如到时未完成应终止。场外检修记录填写时间为 5 分钟，如到时未完成应终止。若提前完成，向监考人员示意。

（2）参赛选手从进场开始计算时间。

（3）若出现人身伤害或设备危害的操作，监护人员有权制止。

技能等级评价专业技能考核操作评分标准

<table>
<tr><td>工种</td><td colspan="8">变电设备检修工</td><td>评价等级</td><td>初级工</td></tr>
<tr><td>项目模块</td><td colspan="7">开关柜检修—开关柜缺陷及故障处理</td><td>编号</td><td colspan="2">Jc0003542001</td></tr>
<tr><td>单位</td><td colspan="3"></td><td colspan="2">准考证号</td><td colspan="3"></td><td>姓名</td><td></td></tr>
<tr><td>考试时限</td><td colspan="2">45 分钟</td><td colspan="2">题型</td><td colspan="4">单项操作</td><td>题分</td><td>100 分</td></tr>
<tr><td>成绩</td><td></td><td>考评员</td><td colspan="2"></td><td colspan="2">考评组长</td><td colspan="2"></td><td>日期</td><td></td></tr>
<tr><td>试题正文</td><td colspan="10">10kV 开关柜指示灯损坏更换</td></tr>
<tr><td>需要说明的问题和要求</td><td colspan="10">（1）要求 1 人操作，由监考人员监护。考生着装规范，穿工作服、绝缘鞋，戴安全帽。
（2）现场配备 10kV 开关柜、万用表、指示灯、绝缘胶布、组合工具箱 1 套</td></tr>
</table>

续表

序号	项目名称	质量要求	满分	扣分标准	扣分原因	得分
1	安全文明生产					
1.1	着装规范	正确佩戴安全帽、穿绝缘鞋、穿长袖工作服、戴线手套	3	未佩戴安全帽、穿绝缘鞋、穿长袖工作服，扣1分； 安全帽佩戴不规范，扣0.5分； 着装不规范，扣0.5分； 未戴线手套，扣1分		
1.2	安全工器具及安全措施检查	应检查安全工器具、绝缘工器具是否完好，是否在校验合格期内	8	未检查绝缘手套外观是否完好，扣4分； 未检查检验标签是否在合格期内，扣4分		
1.3	检修环境检查	检查当日工位处温度、湿度情况	1	未检查温度情况，扣0.5分； 未检查湿度情况，扣0.5分		
1.4	安全文明生产	材料或配件不应发生掉落及随意摆放现象	3	发生工器具及配件掉落现象，扣1.5分； 工作现场杂乱无章，检查过程中随意摆放工器具，扣1.5分		
2	工作过程					
2.1	修前检查设备状态	断路器应处在检修状态	10	未检查断路器在分闸位置，扣5分； 未检查二次操作电源断开，扣5分		
2.2	确认所需更换的故障指示灯确已损坏	测量指示灯两端有电压，同时指示灯不亮	10	校验步骤、动作错误，扣5分； 校验中发现的故障无法排除，扣5分		
2.3	确认所需更换的新指示灯工作正常	在检修电源上检查指示灯工作正常	10	校验步骤、动作错误，扣5分； 校验中发现的故障无法排除，扣5分		
2.4	更换指示灯	断电后更换指示灯	20	校验中发现的故障无法排除，扣1～20分		
2.5	校验所更换的指示灯指示正常	接上电源进行断路器操作，判断指示灯指示正常	10	校验步骤、动作错误，扣1～5分； 未进行校验，扣10分； 扣完为止		
3	现场清理及恢复					
3.1	清理作业现场	工器具、试验仪器收取后摆放整齐，与开工前一致； 设备表面清洁无杂物，作业现场清洁无遗留物品	5	工器具、试验仪器未收取摆放整齐，扣3分； 设备表面、工作现场有遗留物，每处扣2分		
3.2	设备恢复	设备恢复至检修前状态	5	未恢复至检修前状态，扣5分		
4	检修报告填写					
4.1	填写检修报告	正确填写检修报告，用语规范，项目齐全，结论正确	15	检修前检查情况未填写，扣4分； 填写不全或不正确，每项扣1分； 发现及处理情况未填写，扣4分； 检修结论不正确，扣4分； 扣完为止		
合计			100			

Jc0001543002　SF_6断路器带电补气。（100分）

考核知识点：断路器检修

难易度：难

技能等级评价专业技能考核操作工作任务书

一、任务名称

SF_6断路器带电补气。

二、适用工种

变电设备检修工初级工。

三、具体任务

进行 SF_6 断路器带电补气。

四、工作规范及要求

（1）要求 1 人操作，1 人配合，由监考人员监护。

（2）工作过程中检查的位置及结果应高声呼唱。

（3）安全文明生产，考生着装规范。

（4）工器具、材料摆放整齐，现场操作熟练、连贯、有序，正确规范地使用工器具及安全用具。

（5）不发生危及人身和设备安全的行为。

（6）操作过程中有需要配合的向监考人员提出，但涉及考试内容的不得提问。

五、考核及时间要求

（1）考核总时间为 45 分钟。场内实际操作时间为 40 分钟，如到时未完成应终止。场外检修记录填写时间为 5 分钟，如到时未完成应终止。若提前完成，向监考人员示意。

（2）参赛选手从进场开始计算时间。

（3）若出现人身伤害或设备危害的操作，监护人员有权制止。

技能等级评价专业技能考核操作评分标准

工种	变电设备检修工				评价等级	初级工
项目模块	断路器检修—断路器小修及维护			编号	Jc0001543002	
单位		准考证号			姓名	
考试时限	45 分钟	题型	单项操作		题分	100 分
成绩	考评员		考评组长		日期	
试题正文	SF_6 断路器带电补气					
需要说明的问题和要求	（1）要求 1 人操作，1 人配合，由监考人员监护。考生着装规范，穿工作服、绝缘鞋，戴安全帽。 （2）现场配备 SF_6 断路器、SF_6 气瓶 1 个，补气管，补气接头，组合工具箱 1 套					

序号	项目名称	质量要求	满分	扣分标准	扣分原因	得分
1	安全文明生产					
1.1	着装规范	正确佩戴安全帽、穿绝缘鞋、穿长袖工作服、戴线手套	3	未佩戴安全帽、穿绝缘鞋、穿长袖工作服，扣 1 分； 安全帽佩戴不规范，扣 0.5 分； 着装不规范，扣 0.5 分； 未戴线手套，扣 1 分		
1.2	安全工器具及安全措施检查	应检查安全工器具、绝缘工器具是否完好，是否在校验合格期内	8	未检查绝缘手套外观是否完好，扣 4 分； 未检查检验标签是否在合格期内，扣 4 分		
1.3	检修环境检查	检查当日工位处温度、湿度情况	1	未检查温度情况，扣 0.5 分； 未检查湿度情况，扣 0.5 分		
1.4	安全文明生产	材料或配件不应发生掉落及随意摆放现象	3	发生工器具及配件掉落现象，扣 1.5 分； 工作现场杂乱无章，检查过程中随意摆放工器具，扣 1.5 分		
2	工作过程					
2.1	进行检漏	充气设备及管路应洁净、无水分、无油污	10	不进行试操作，扣 10 分		

续表

序号	项目名称	质量要求	满分	扣分标准	扣分原因	得分
2.2	SF_6断路器带电补气	正确连接充气管路； 正确冲洗管路； 正确连接SF_6断路器充气口； 充气时阀门不宜打开过大，出口压力不宜过高，应使压力指针不晃动，以缓慢上升为宜，应防止液态气体进入气室内，使气室压力升高； 充气时，气瓶应直立放置； 当气瓶内压力降至 0.2MPa 时，应立即停止充气，因剩余气体中含水量杂质较高	50	每漏检查一项，扣 10 分，扣完为止； 不进行试操作，扣 10 分		
3	现场清理及恢复					
3.1	清理作业现场	工器具收取后摆放整齐，与开工前一致； 作业现场清洁无遗留物品	10	工器具未收取摆放整齐，扣 5 分； 工作现场有遗留物，扣 5 分		
4	检修报告填写					
4.1	填写检修报告	正确填写检修报告，用语规范，项目齐全，结论正确	15	检修前检查情况未填写，扣 4 分； 填写不全或不正确，每项扣 1 分； 发现及处理情况未填写，扣 4 分； 检修结论不正确，扣 4 分； 以上扣分，扣完为止		
合计			100			

Jc0003551003　触电急救操作。（100 分）

考核知识点：触电急救

难易度：易

技能等级评价专业技能考核操作工作任务书

一、任务名称

触电急救操作。

二、适用工种

变电设备检修工初级工。

三、具体任务

（1）触电后现场诊断。

（2）口对口（鼻）人工呼吸急救。

（3）胸外心脏按压。

四、工作规范及要求

（1）要求 1 人操作，由监考人员监护。

（2）工作过程中检查的位置及结果应高声呼唱。

（3）安全文明生产，考生着装规范。

（4）急救装备摆放整齐，现场操作熟练、连贯、有序，正确规范地使用工器具及安全用具。

（5）不发生危及人身和设备安全的行为。

（6）操作过程中有需要配合的向监考人员提出，但涉及考试内容的不得提问。

五、考核及时间要求

（1）考核总时间为 45 分钟。场内实际操作时间为 40 分钟，如到时未完成应终止。场外检修记录填写时间为5分钟，如到时未完成应终止。若提前完成，向监考人员示意。

（2）参赛选手从进场开始计算时间。

（3）若出现人身伤害或设备危害的操作，监护人员有权制止。

技能等级评价专业技能考核操作评分标准

工种	变电设备检修工			评价等级	初级工
项目模块	触电急救—触电急救方法和步骤		编号	Jc0003551003	
单位		准考证号		姓名	
考试时限	45分钟	题型	单项操作	题分	100分
成绩		考评员		考评组长	日期
试题正文	触电急救操作				
需要说明的问题和要求	（1）现场诊断，用看、听、试等方法判断触电者伤势，决定采用何种急救方法，时间不超过10s。 （2）使触电者仰面躺在平的地方，保持呼吸道畅通。 （3）口对口人工呼吸，要求捏鼻掰嘴、贴近吹气、放松换气，每分钟约吹气12次，每次吹气约2s、呼气约3s。 （4）胸外心脏按压，应找准正确压点，手势正确，按压频率为每分钟100次。 （5）现场配备智能模拟人、棉纱、医用酒精等				

序号	项目名称	质量要求	满分	扣分标准	扣分原因	得分
1	着装规范	正确佩戴安全帽、穿绝缘鞋、穿长袖工作服、戴线手套	10	未佩戴安全帽，扣2分； 未穿绝缘鞋，扣2分； 未穿长袖工作服，扣2分； 安全帽佩戴不规范，扣1分； 着装不规范，扣1分； 未戴线手套，扣2分		
2	切断电源	模拟相关电源全部切断	5	未切断，扣5分		
3	判断意识	通过摇双肩、呼唤、掐人中、看瞳孔等判断触电者意识	5	每漏一项，扣1分，扣完为止		
4	判断呼吸	看触电者的胸腹部有无起伏，听触电者口鼻处有无呼吸声； 试测触电者口鼻处有无呼出的气流	5	每漏一项，扣2分，扣完为止		
5	判断心跳	用手指轻试一侧喉结旁凹陷处的颈动脉有无脉搏	5	触摸颈动脉的方法、位置不正确，扣3分； 触摸时间少于5s，扣2分		
6	报告伤情	对触电者伤情诊断后准确采取相应的急救方法	5	语言不清晰，扣1分； 根据症状采取的急救方法不正确，扣4分		
7	口对口呼吸	使触电者仰面躺在平的地方，将其仰头抬颜，保持呼吸道畅通； 检查触电者口内有无异物并迅速取出，摘掉假牙，口腔内清理干净； 救护人用一只手捏紧触电者的鼻孔，另一只手中指、食指并拢向下推触电者的下颌骨，使嘴张开； 救护人深呼吸后，用自己的嘴唇包住触电者的嘴吹气，频率为每分钟12次； 吹气和放松时要注意观察触电者胸部有无起伏呼吸动作	20	清理口腔动作不规范，扣3分； 未畅通气道或方法不正确，扣3分； 吹气时未捏住触电者鼻孔，扣3分； 吹气完毕时未松开触电者鼻孔，扣2分； 每次吹气时间少于2s，每次扣3分，扣完为止		
8	胸外心脏按压	正确的按压位置应该在胸骨中下1/3交界处； 救护人两掌相叠，两臂伸直，垂直向下按压，对成年人按压深度为4～5cm； 放松迅速，但掌跟不得离开胸壁； 按压频率为每分钟100次； 如果触电者呼吸、心跳同时停止，口对口人工呼吸与胸外心脏按压同时进行，比例为2:30	20	按压点不在剑突底部、手指未翘起、双手臂未伸直、按压未垂直，每项扣3分； 按压幅度不够或按压频率不够，每项扣3分； 放松时手掌根离开胸骨、无效按压一次，每项扣2分； 以上扣分，扣完为止		

续表

序号	项目名称	质量要求	满分	扣分标准	扣分原因	得分
9	再次判断	质量要求同上，呼吸是否能够自主，心跳是否恢复，瞳孔是否缩小	5	每漏检查一项，扣2分，扣完为止		
10	清理急救现场	急救装备收取后摆放整齐，与开工前一致，现场清洁无遗留物品	5	急救装备未收取摆放整齐，扣3分； 急救现场有遗留物，每处扣2分，扣完为止		
11	填写急救报告	正确填写急救报告，用语规范，项目齐全，结论正确	15	急救前检查情况未填写，扣4分； 填写不全或不正确，每项扣1分，扣完为止； 发现及处理情况未填写，扣4分； 急救结论不正确，扣4分		
合计			100			

Jc0001552004　断路器及其操动机构的巡视检查。(100分)

考核知识点：断路器巡视检查

难易度：中

技能等级评价专业技能考核操作工作任务书

一、任务名称

断路器及其操动机构的巡视检查。

二、适用工种

变电设备检修工初级工。

三、具体任务

在日常巡视检查变电所中断路器及其操作机构的项目内容和注意事项。

四、工作规范及要求

（1）要求1人操作，由监考人员监护。

（2）工作过程中检查的位置及结果应高声呼唱。

（3）安全文明生产，考生着装规范。

（4）工器具、材料摆放齐整，现场操作熟练、连贯、有序，正确规范地使用工器具及安全用具。

（5）不发生危及人身和设备安全的行为。

（6）操作过程中有需要配合的向监考人员提出，但涉及考试内容的不得提问。

五、考核及时间要求

（1）考核总时间为45分钟。场内实际操作时间为40分钟，如到时未完成应终止。场外检修记录填写时间为5分钟，如到时未完成应终止。若提前完成，向监考人员示意。

（2）参赛选手从进场开始计算时间。

（3）若出现人身伤害或设备危害的操作，监护人员有权制止。

技能等级评价专业技能考核操作评分标准

工种	变电设备检修工					评价等级	初级工
项目模块	断路器检修—断路器小修及维护				编号	Jc0001552004	
单位			准考证号			姓名	
考试时限	45分钟		题型	单项操作		题分	100分
成绩		考评员		考评组长		日期	

续表

试题正文	断路器及其操动机构的巡视检查					
需要说明的问题和要求	（1）要求1人操作，由监考人员监护。考生着装规范，穿工作服、绝缘鞋，戴安全帽。 （2）现场配备常规检修工具、仪器、作业指导书，工作全程符合断路器巡视检查流程及考核标准					
序号	项目名称	质量要求	满分	扣分标准	扣分原因	得分
1	安全文明生产					
1.1	着装规范	正确佩戴安全帽、穿绝缘鞋、穿长袖工作服、戴线手套	3	未佩戴安全帽、穿绝缘鞋、穿长袖工作服，扣1分； 安全帽佩戴不规范，扣0.5分； 着装不规范，扣0.5分； 未戴线手套，扣1分		
1.2	安全工器具及安全措施检查	应检查安全工器具、绝缘工器具是否完好，是否在校验合格期内	8	未检查绝缘手套外观是否完好，扣4分； 未检查检验标签是否在合格期内，扣4分		
1.3	巡视环境检查	检查当日工位处温度、湿度情况	1	未检查温度情况，扣0.5分； 未检查湿度情况，扣0.5分		
1.4	安全文明生产	材料或配件不应发生掉落及随意摆放现象	3	发生工器具及配件掉落现象，扣1.5分； 工作现场杂乱无章，检查过程中随意摆放工器具，扣1.5分		
2	工作过程					
2.1	检查断路器本体	运行中无异常声响； 高压引线、接地线连接正常； 瓷件无破损、无异物附着； 并联电容器无渗漏； 气体密度值正常	25	不检查运行中设备是否有异响，扣5分； 不检查高压引线、接地线连接是否正常，扣5分； 不检查瓷件有无破损、有无异物附着，扣5分； 不检查并联电容器有无渗漏，扣5分； 不检查气体密度值是否正常，扣5分		
2.2	检查操动机构	加热器功能正常； 操动机构状态正常（液压机构油压正常、无渗漏，气动机构气压正常，弹簧机构弹簧位置正确）； 轴、销、锁扣和机械传动部件是否有变形或损坏	25	不检查加热器功能是否正常，扣5分； 不检查操动机构状态是否正常（液压机构油压正常、无渗漏，气动机构气压正常，弹簧机构弹簧位置正确），扣10分； 不检查轴、销、锁扣和机械传动部件是否有变形或损坏，扣10分		
2.3	红外热像检测	检测断口及断口并联元件、引线接头、绝缘子等，红外热像图显示应无异常温升、温差和/或相对温差。判断时，应该考虑测量时及前3h负荷电流的变化情况	10	检测断口及断口并联元件、引线接头、绝缘子等，红外热像图显示应无异常温升、温差和/或相对温差，每少检测一项扣2分，扣完为止		
3	现场清理及恢复					
3.1	清理作业现场	工器具、仪器收取后摆放整齐，与开工前一致； 作业现场清洁无遗留物品	10	工器具、仪器未收取摆放整齐，扣5分； 工作现场有遗留物，扣5分		
4	检修报告填写					
4.1	填写巡视报告	正确填写巡视报告，用语规范，项目齐全，结论正确	15	巡视前检查情况未填写，扣4分； 填写不全或不正确，每项扣1分，扣完为止； 发现及处理情况未填写，扣4分； 巡视结论不正确，扣4分		
	合计		100			

Jc0002533005　隔离开关及其机构日常巡视与检查项目。（100分）

考核知识点：隔离开关巡视检查

难易度：难

技能等级评价专业技能考核操作工作任务书

一、任务名称

隔离开关及其机构日常巡视与检查项目。

二、适用工种

变电设备检修工初级工。

三、具体任务

在日常巡视检查变电所中隔离开关及其操作机构的项目内容和注意事项。

四、工作规范及要求

（1）要求1人操作，由监考人员监护。

（2）工作过程中检查的位置及结果应高声呼唱。

（3）安全文明生产，考生着装规范。

（4）工器具摆放整齐，现场操作熟练、连贯、有序，正确规范地使用工器具及安全用具。

（5）不发生危及人身和设备安全的行为。

（6）操作过程中有需要配合的向监考人员提出，但涉及考试内容的不得提问。

五、考核及时间要求

（1）考核总时间为45分钟。场内实际操作时间为40分钟，如到时未完成应终止。场外检修记录填写时间为5分钟，如到时未完成应终止。若提前完成，向监考人员示意。

（2）参赛选手从进场开始计算时间。

（3）若出现人身伤害或设备危害的操作，监护人员有权制止。

技能等级评价专业技能考核操作评分标准

工种	变电设备检修工					评价等级	初级工
项目模块	隔离开关检修—隔离开关小修及维护				编号	Jc0002533005	
单位			准考证号			姓名	
考试时限	45分钟		题型	单项操作		题分	100分
成绩		考评员		考评组长		日期	
试题正文	隔离开关及其机构日常巡视与检查项目						
需要说明的问题和要求	（1）要求1人操作，由监考人员监护。考生着装规范，穿工作服、绝缘鞋，戴安全帽。 （2）现场配备常规检修工具、仪器、作业指导书，工作全程符合断路器巡视检查流程及考核标准						

序号	项目名称	质量要求	满分	扣分标准	扣分原因	得分
1	安全文明生产					
1.1	着装规范	正确佩戴安全帽、穿绝缘鞋、穿长袖工作服、戴线手套	3	未佩戴安全帽、穿绝缘鞋、穿长袖工作服，扣1分； 安全帽佩戴不规范，扣0.5分； 着装不规范，扣0.5分； 未戴线手套，扣1分		
1.2	安全工器具及安全措施检查	应检查安全工器具、绝缘工器具是否完好，是否在校验合格期内	8	未检查绝缘手套外观是否完好，扣4分； 未检查检验标签是否在合格期内，扣4分		
1.3	巡视环境检查	检查当日工位处温度、湿度情况	1	未检查温度情况，扣0.5分； 未检查湿度情况，扣0.5分		

续表

序号	项目名称	质量要求	满分	扣分标准	扣分原因	得分
1.4	安全文明生产	材料或配件不应发生掉落及随意摆放现象	3	发生工器具及配件掉落现象，扣 1.5 分； 工作现场杂乱无章，检查过程中随意摆放工器具，扣 1.5 分		
2	工作过程					
2.1	基础支架检查	隔离开关基础支架接地良好；基础无松动、无裂纹、沉降；地脚螺栓无松动、锈蚀、变形	10	操作过程或叙述过程，答错或漏答，一项扣 3 分，扣完为止		
2.2	隔离开关底座及传动部分检查	底座接地良好； 安装螺栓无松动、锈蚀，各销轴及转动部位无锈蚀； 垂直连杆水平连杆无锈蚀、变形，连接螺栓紧固可靠	10	操作过程或叙述过程，答错或漏答，一项扣 3 分，扣完为止		
2.3	绝缘子检查	绝缘子表面无严重污垢沉积、无破损伤痕，法兰处无裂纹、无闪络痕迹	10	操作过程或叙述过程，答错或漏答，一项扣 5 分，扣完为止		
2.4	主导电回路检查	在隔离开关处于合闸位置时，检查导电杆是否有欠位或过位现象； 用红外成像仪检测隔离开关各导电部位及引流线连接部位表面温度有无异常	10	操作过程或叙述过程，答错或漏答，一项扣 5 分，扣完为止		
2.5	接地刀闸的检查	水平连杆、接地刀闸均无锈蚀、变形，连接螺栓紧固可靠	10	操作过程或叙述过程，答错或漏答，一项扣 5 分，扣完为止		
2.6	操动机构检查	机构固定螺栓无锈蚀、松动； 机构外壳无破损变形，机构箱密封良好，达到防水、防潮、防尘的要求； 分合闸指示标牌指示正确，与隔离开关位置一致； 垂直连杆抱箍紧固螺栓及止动螺钉无松动，抱箍铸件无裂纹，带孔圆柱销无弯曲现象； 操作时垂直连杆无打滑现象； 二次线无锈蚀、破损、松脱，机构箱内无异味； 各电气元件外观无破损且功能正常； 门灯功能正常； 加热器功能正常； 低压电缆及接地电缆外壳无破损	10	操作过程或叙述过程，答错或漏答，一项扣 1 分，扣完为止		
3	现场清理及恢复					
3.1	清理作业现场	工器具、仪器收取后摆放整齐，与开工前一致； 作业现场清洁无遗留物品	10	工器具、仪器未收取摆放整齐，扣 5 分； 工作现场有遗留物，扣 5 分		
4	检修报告填写					
4.1	填写巡视报告	正确填写巡视报告，用语规范，项目齐全，结论正确	15	巡视前检查情况未填写，扣 4 分； 填写不全或不正确，每项扣 1 分，扣完为止； 发现及处理情况未填写，扣 4 分； 巡视结论不正确，扣 4 分		
合计			100			

Jc0002542006　隔离开关修前检查的项目。（100 分）

考核知识点： 隔离开关检查

难易度： 中

技能等级评价专业技能考核操作工作任务书

一、任务名称

隔离开关修前检查的项目。

二、适用工种

变电设备检修工初级工。

三、具体任务

对隔离开关进行检修维护。

四、工作规范及要求

（1）要求 1 人操作，由监考人员监护。

（2）工作过程中检查的位置及结果应高声呼唱。

（3）安全文明生产，考生着装规范。

（4）工器具摆放整齐，现场操作熟练、连贯、有序，正确规范地使用工器具及安全用具。

（5）不发生危及人身和设备安全的行为。

（6）操作过程中有需要配合的向监考人员提出，但涉及考试内容的不得提问。

五、考核及时间要求

（1）考核总时间为 45 分钟。场内实际操作时间为 40 分钟，如到时未完成应终止。场外检修记录填写时间为 5 分钟，如到时未完成应终止。若提前完成，向监考人员示意。

（2）参赛选手从进场开始计算时间。

（3）若出现人身伤害或设备危害的操作，监护人员有权制止。

技能等级评价专业技能考核操作评分标准

工种	变电设备检修工			评价等级	初级工
项目模块	隔离开关检修—隔离开关小修及维护		编号	Jc0002542006	
单位		准考证号		姓名	
考试时限	45 分钟	题型	单项操作	题分	100 分
成绩	考评员		考评组长	日期	
试题正文	隔离开关修前检查的项目				
需要说明的问题和要求	（1）要求 1 人操作，由监考人员监护。考生着装规范，穿工作服、绝缘鞋，戴安全帽。 （2）工作必须遵守安规的有关规定，做好防触电工作、防高空坠落、防高空落物伤人				

序号	项目名称	质量要求	满分	扣分标准	扣分原因	得分
1	安全文明生产					
1.1	着装规范	正确佩戴安全帽、穿绝缘鞋、穿长袖工作服、戴线手套	3	未佩戴安全帽、穿绝缘鞋、穿长袖工作服，扣 1 分； 安全帽佩戴不规范，扣 0.5 分； 着装不规范，扣 0.5 分； 未戴线手套，扣 1 分		
1.2	安全工器具及安全措施检查	应检查安全工器具、绝缘工器具是否完好，是否在校验合格期内	8	未检查绝缘手套外观是否完好，扣 4 分； 未检查检验标签是否在合格期内，扣 4 分		
1.3	巡视环境检查	检查当日工位处温度、湿度情况	1	未检查温度情况，扣 0.5 分； 未检查湿度情况，扣 0.5 分		

续表

序号	项目名称	质量要求	满分	扣分标准	扣分原因	得分
1.4	安全文明生产	材料或配件不应发生掉落及随意摆放现象	3	发生工器具及配件掉落现象，扣1.5分； 工作现场杂乱无章，检查过程中随意摆放工器具，扣1.5分		
2	工作过程					
2.1	支柱绝缘子检查	检查支柱绝缘子瓷质部分是否清洁，有无裂纹； 检查支柱绝缘子胶装接口处有无缺陷，检查水泥浇筑连接情况是否良好	10	操作过程或叙述过程，答错或漏答，一项扣5分，扣完为止		
2.2	导电部分检查	检查导电部分有无过热或灼伤痕迹； 查询隔离开关自上次检修后运行情况，是否有超负荷运行状况	10	操作过程或叙述过程，答错或漏答，一项扣5分，扣完为止		
2.3	操作机构箱检查	检查机构箱是否密封良好，内部元器件是否有异常情况	10	操作过程或叙述过程，答错或漏答，一项扣5分，扣完为止		
2.4	连接部件检查	检查各部件锈蚀、松动等异常情况，确定相应措施	10	操作过程或叙述过程，答错或漏答，一项扣5分，扣完为止		
2.5	隔离开关手动、电动操作检查	手动慢合、慢分隔离开关，观察瓷柱及接线座是否转动灵活，检查各转动部分是否卡涩，操动机构各部件有无损坏变形； 征得值班员同意临时合上操作电源，然后进行电动分合闸操作，观察其动作情况，做好记录以确定检修重点	15	操作过程或叙述过程，答错或漏答，一项扣5分，扣完为止		
2.6	其他注意事项	对隔离开关进行上述检查后，切断操作能源，检修工作方能开始	5	未切断电源，扣5分		
3	现场清理及恢复					
3.1	清理作业现场	工器具、仪器收取后摆放整齐，与开工前一致； 作业现场清洁无遗留物品	10	工器具、仪器未收取摆放整齐，扣5分； 工作现场有遗留物，扣5分		
4	检查报告填写					
4.1	填写检查报告	正确填写检查报告，用语规范，项目齐全，结论正确	15	检查前检查情况未填写，扣4分； 填写不全或不正确，每项扣1分，扣完为止； 发现及处理情况未填写，扣4分； 检查结论不正确，扣4分		
合计			100			

Jc0002551007　隔离开关支柱绝缘子的检查项目。（100分）

考核知识点：隔离开关绝缘子检查

难易度：易

技能等级评价专业技能考核操作工作任务书

一、任务名称

隔离开关支柱绝缘子的检查项目。

二、适用工种

变电设备检修工初级工。

三、具体任务

对隔离开关支柱绝缘子进行检修维护。

四、工作规范及要求

（1）要求1人操作，由监考人员监护。

（2）工作过程中检查的位置及结果应高声呼唱。

（3）安全文明生产，考生着装规范。

（4）工器具、仪器摆放整齐，现场操作熟练、连贯、有序，正确规范地使用工器具及安全用具。

（5）不发生危及人身和设备安全的行为。

（6）操作过程中有需要配合的向监考人员提出，但涉及考试内容的不得提问。

五、考核及时间要求

（1）考核总时间为45分钟。场内实际操作时间为40分钟，如到时未完成应终止。场外检修记录填写时间为5分钟，如到时未完成应终止。若提前完成，向监考人员示意。

（2）参赛选手从进场开始计算时间。

（3）若出现人身伤害或设备危害的操作，监护人员有权制止。

技能等级评价专业技能考核操作评分标准

工种	变电设备检修工					评价等级	初级工
项目模块	隔离开关检修—隔离开关小修及维护				编号	Jc0002551007	
单位			准考证号			姓名	
考试时限	45分钟		题型	单项操作		题分	100分
成绩		考评员		考评组长		日期	
试题正文	隔离开关支柱绝缘子的检查项目						
需要说明的问题和要求	（1）要求1人操作，由监考人员监护。考生着装规范，穿工作服、绝缘鞋，戴安全帽。 （2）工作必须遵守安规的有关规定，做好防触电工作、防高空坠落、防高空落物伤人						

序号	项目名称	质量要求	满分	扣分标准	扣分原因	得分
1	安全文明生产					
1.1	着装规范	正确佩戴安全帽、穿绝缘鞋、穿长袖工作服、戴线手套	3	未佩戴安全帽、穿绝缘鞋、穿长袖工作服，扣1分； 安全帽佩戴不规范，扣0.5分； 着装不规范，扣0.5分； 未戴线手套，扣1分		
1.2	安全工器具及安全措施检查	应检查安全工器具、绝缘工器具是否完好，是否在校验合格期内	8	未检查绝缘手套外观是否完好，扣4分； 未检查检验标签是否在合格期内，扣4分		
1.3	巡视环境检查	检查当日工位处温度、湿度情况	1	未检查温度情况，扣0.5分； 未检查湿度情况，扣0.5分		
1.4	安全文明生产	材料或配件不应发生掉落及随意摆放现象	3	发生工器具及配件掉落现象，扣1.5分； 工作现场杂乱无章，检查过程中随意摆放工器具，扣1.5分		
2	工作过程					
2.1	红外热像检测	支柱绝缘子在带电情况下检查其是否有电晕和放电现象，对有明显异常的电晕和放电现象的应立即或尽快安排停电检查处理，此处检查以在夜晚黑暗的环境下检查为宜	20	操作过程或叙述过程，答错或漏答，一项扣5分，扣完为止		

续表

序号	项目名称	质量要求	满分	扣分标准	扣分原因	得分
2.2	检查绝缘子瓷质部分	停电后检查支柱绝缘子瓷质部分是否清洁，有无裂纹； 检查支柱绝缘子胶装接口处有无缺陷，检查水泥浇铸连接情况是否良好； 用2500V及以上绝缘电阻表检测绝缘子的绝缘电阻不低于500MΩ； 对瓷质部分有裂纹、胶装接口处有缺陷、水泥浇筑连接情况不好或绝缘电阻不合格的支柱绝缘子应立即更换； 对支柱绝缘子瓷质部分污垢进行清除，保证支柱绝缘子清洁	20	操作过程或叙述过程，答错或漏答，一项扣4分，扣完为止		
2.3	检查绝缘子爬距	通过对比支柱绝缘子运行环境下的盐密，检查支柱绝缘子的爬距是否满足运行环境的污秽等级要求，如不满足需更换满足等级要求的大爬距支柱绝缘子	10	操作过程或叙述过程，答错或漏答，一项扣5分，扣完为止		
2.4	其他检查	对发生过闪络放电的支柱绝缘子或表面有明显闪络放电痕迹的支柱绝缘子，由于其表面绝缘性能下降很大，也应立即更换	10	操作过程或叙述过程，答错或漏答，一项扣5分，扣完为止		
3	现场清理及恢复					
3.1	清理作业现场	工器具、仪器收取后摆放整齐，与开工前一致； 作业现场清洁无遗留物品	10	工器具、仪器未收取摆放整齐，扣5分； 工作现场有遗留物，扣5分		
4	检查报告填写					
4.1	填写检查报告	正确填写检查报告，用语规范，项目齐全，结论正确	15	检查前检查情况未填写，扣4分； 填写不全或不正确，每项扣1分，扣完为止； 发现及处理情况未填写，扣4分； 检查结论不正确，扣4分		
合计			100			

Jc0002551008　基本安全用具、辅助安全用具和安全防护用具的正确使用。（100分）

考核知识点：用具的使用

难易度：易

技能等级评价专业技能考核操作工作任务书

一、任务名称

基本安全用具、辅助安全用具和安全防护用具的正确使用。

二、适用工种

变电设备检修工初级工。

三、具体任务

正确使用基本安全用具、辅助安全用具和安全防护用具。

四、工作规范及要求

（1）要求1人操作，由监考人员监护。

（2）工作过程中检查的位置及结果应高声呼唱。

（3）安全文明生产，考生着装规范。

（4）工器具、仪器摆放整齐，现场操作熟练、连贯、有序，正确规范地使用工器具及安全用具。

（5）不发生危及人身和设备安全的行为。

（6）操作过程中有需要配合的向监考人员提出，但涉及考试内容的不得提问。

五、考核及时间要求

（1）考核总时间为 45 分钟。场内实际操作时间为 40 分钟，如到时未完成应终止。场外检修记录填写时间为 5 分钟，如到时未完成应终止。若提前完成，向监考人员示意。

（2）参赛选手从进场开始计算时间。

（3）若出现人身伤害或设备危害的操作，监护人员有权制止。

技能等级评价专业技能考核操作评分标准

工种	变电设备检修工				评价等级	初级工
项目模块	隔离开关检修—隔离开关小修及维护			编号	Jc0002551008	
单位			准考证号		姓名	
考试时限	45 分钟	题型	单项操作		题分	100 分
成绩	考评员		考评组长		日期	
试题正文	基本安全用具、辅助安全用具和安全防护用具的正确使用					
需要说明的问题和要求	（1）要求 1 人操作，由监考人员监护。考生着装规范，穿工作服、绝缘鞋，戴安全帽。 （2）使用前的检查，使用中方法、步骤，试验后存放的要求。 （3）现场配备常规安全用具，作业指导书					

序号	项目名称	质量要求	满分	扣分标准	扣分原因	得分
1	工作准备					
1.1	着装及工器具准备	考生着装正确，工作前清点工器具是否齐全	5	未穿工作服、戴安全帽，扣 2 分； 未穿绝缘鞋，扣 1 分； 未清点工器具，扣 2 分		
1.2	办理工作票、安全事项交代	满足安规及作业指导书要求	5	票面填写错误，每项扣 1 分		
1.3	安全文明生产	工器具摆放整齐，并保持作业现场安静、清洁	10	工器具摆放不整齐，扣 2 分； 现场显得杂乱无章，扣 2 分； 发生工器具掉落现象，每次扣 2 分，扣完为止； 有不安全的动作，扣 2 分； 有危及人身、设备安全的行为，可取消考核成绩		
2	工作过程					
2.1	绝缘手套的正确使用	使用前应检查有无漏气或裂口等缺陷； 戴绝缘手套时应将外衣袖口放入手套的伸长部分，最好先戴一双棉纱手套； 绝缘手套用后应擦净凉干，撒上一些滑石粉并存放在通风、阴凉的柜子里； 绝缘手套每半年试验一次，试验合格应有明显标志和试验日期	20	操作过程或叙述过程，答错或漏答，一项扣 5 分，扣完为止		
2.2	高压验电器的正确使用	使用前首先确定高压验电器额定电压必须与被测电气设备的电压等级相适应； 验电时操作者应戴绝缘手套，穿绝缘鞋，手握在护环以下部分，同时设专人监护； 在有电设备上先验证验电器性能完好，然后再对被验电设备进行检测； 检测中将验电器渐渐移向设备，在移近过程中若有发光或发声指示，则立即停止验电； 高压验电器每 6 个月试验一次，试验不合格不准使用	25	操作过程或叙述过程，答错或漏答，一项扣 5 分，扣完为止		

续表

序号	项目名称	质量要求	满分	扣分标准	扣分原因	得分
2.3	携带型接地线的正确使用	携带型接地线在使用前，应紧固各连接部件，确保连接紧密可靠； 携带型接地线由一根接地段与三根短路段组成，接地线采用多股软裸铜线，每根截面不得小于 $25mm^2$； 装设接地线时先接接地端，后接导体端； 拆除接地线时顺序相反； 在可能来电的各侧线路都要装设接地线，严禁用缠绕方法连接； 携带型接地线应存放在固定处，接地线与存放处都要统一编号，使用时要做好记录； 发现接地线有损伤时，应及时修补或更换	25	操作过程或叙述过程，答错或漏答，一项扣 3 分，扣完为止		
3	工作结束					
3.1	工作完成	操作完毕，清扫整理现场，办理工作票终结手续	5	未清理现场，扣 2 分； 未办理终结手续，扣 3 分		
3.2	填写检修记录	如实正确填写检修记录	5	填写不规范或不正确，每项扣 1 分，扣完为止		
合计			100			

Jc0003542009　开关柜断路器手车位置指示灯不正确缺陷处理。（100 分）

考核知识点：开关柜检修

难易度：中

技能等级评价专业技能考核操作工作任务书

一、任务名称

开关柜断路器手车位置指示灯不正确缺陷处理。

二、适用工种

变电设备检修工初级工。

三、具体任务

检查、发现缺陷并排除故障，使开关柜断路器手车位置指示灯正确。

四、工作规范及要求

（1）要求 1 人操作，1 人配合，由监考人员监护。考生着装规范，穿工作服、绝缘鞋，戴安全帽。

（2）安全文明生产，不发生危及人身和设备安全的行为，否则可取消本次考核成绩。

（3）根据作业指导书的流程与质量标准进行，正确选用常用的检修工具。工作中必须遵守安规的有关规定，防低压触电，机械伤人。工作全程符合开关柜断路器检修工艺流程及考核标准，并做好工作地点的工器具、仪器的整理及现场清洁。

五、考核及时间要求

（1）本考核 1～3 项操作时间为 60 分钟，时间到停止考评。

（2）开工前，考生检查着装，清点工器具、设备是否齐全。

（3）许可开工后记录考核时间。

（4）现场清理完毕后，汇报工作终结，记录考核结束时间。

技能等级评价专业技能考核操作评分标准

工种	变电设备检修工					评价等级	初级工
项目模块	开关柜检修—开关柜缺陷及故障处理				编号	Jc0003542009	
单位		准考证号				姓名	
考试时限	60 分钟	题型		单项操作		题分	100 分
成绩		考评员		考评组长		日期	
试题正文	开关柜断路器手车位置指示灯不正确缺陷处理						
需要说明的问题和要求	（1）安全文明生产，工器具、材料、设备摆放整齐，现场操作熟练、连贯、有序，正确规范地使用工器具及安全用具。 （2）现场配备 10kV 断路器、专用操作手柄、万用表、指示灯、组合工具箱 1 套、作业指导书						

序号	项目名称	质量要求	满分	扣分标准	扣分原因	得分
1	工作准备					
1.1	着装及工器具准备	考生着装正确，工作前清点工器具是否齐全	5	未穿工作服、戴安全帽、穿绝缘鞋，每项扣 2 分，扣完为止； 未清点工器具，扣 2 分		
1.2	办理工作票、安全事项交代	满足安规及作业指导书要求	5	票面填写错误，每项扣 1 分，扣完为止		
1.3	安全文明生产	工器具摆放整齐，并保持作业现场安静、清洁	10	工器具摆放不整齐，扣 2 分； 现场显得杂乱无章，扣 2 分； 发生工器具掉落现象，每次扣 2 分，扣完为止； 有不安全的动作，扣 2 分； 有危及人身、设备安全的行为，可取消考核成绩		
2	工作过程					
2.1	修前检查设备状态	断路器应处在检修状态	10	未检查断路器在分闸位置，扣 5 分； 未检查二次操作电源断开，扣 5 分		
2.2	检查开关柜断路器手车试验位置指示灯	灯泡损坏、二次线松动、二次元器件损坏	30	每漏检查一项，扣 10 分，扣完为止； 不进行试操作，扣 10 分		
2.3	检查开关柜断路器手车工作位置指示灯	灯泡损坏、二次线松动、二次元器件损坏	30	每漏检查一项，扣 10 分，扣完为止； 不进行试操作，扣 10 分		
3	工作结束					
3.1	工作完成	操作完毕，清扫整理现场，办理工作票终结手续	5	未清理现场，扣 2 分； 未办理终结手续，扣 3 分		
3.2	填写检修记录	如实、正确填写检修记录	5	填写不规范或不正确，每项扣 1 分，扣完为止		
合计			100			

Jc0002541010　撬棒的使用。（100 分）

考核知识点：隔离开关检修

难易度：易

技能等级评价专业技能考核操作工作任务书

一、任务名称

撬棒的使用。

二、适用工种

变电设备检修工初级工。

三、具体任务

使用撬棒及枕木等顶重物离地 100mm 左右，并恢复至地面。

四、工作规范及要求

（1）要求1人操作，1人配合，由监考人员监护。考生着装规范，穿工作服、绝缘鞋，戴安全帽。

（2）安全文明生产，不发生危及人身和设备安全的行为，否则可取消本次考核成绩。

（3）按照工作任务要求安全措施进行，防重物倾倒，不得损坏设备。操作完成后，做好工作地点的清洁。

五、考核及时间要求

（1）本考核1～3项操作时间为45分钟，时间到停止考评。

（2）开工前，考生检查着装，清点工器具、设备是否齐全。

（3）许可开工后记录考核时间。

（4）现场清理完毕后，汇报工作终结，记录考核结束时间。

技能等级评价专业技能考核操作评分标准

工种	变电设备检修工					评价等级	初级工
项目模块	隔离开关检修—隔离开关小修及维护				编号	Jc0002541010	
单位			准考证号			姓名	
考试时限	45分钟	题型		单项操作		题分	100分
成绩		考评员		考评组长		日期	
试题正文	撬棒的使用						
需要说明的问题和要求	（1）安全文明生产，工器具、材料、设备摆放整齐，现场操作熟练、连贯、有序，正确规范地使用工器具及安全用具。 （2）现场配备重物、撬棒、枕木若干，作业指导书						

序号	项目名称	质量要求	满分	扣分标准	扣分原因	得分
1	工作准备					
1.1	着装及工器具准备	考生着装正确、工作前清点工器具、材料是否齐全	5	未穿工作服、戴安全帽，扣2分； 未穿绝缘鞋，扣1分； 未清点工器具、材料，扣2分		
1.2	办理工作票、安全事项交代	满足安规及作业指导书要求	5	票面填写错误，每项扣1分，扣完为止		
1.3	安全文明生产	工器具、材料摆放整齐，并保持作业现场安静、清洁	10	工器具、材料摆放不整齐，扣2分； 现场显得杂乱无章，扣2分； 发生工器具、材料掉落现象，每次扣2分，扣完为止； 有不安全的动作，扣2分； 有危及人身、设备安全的行为，可取消考核成绩		
2	工作过程					
2.1	检查重物及撬棒	重物及撬棒完好	15	不检查重物，扣7分； 不检查撬棒，扣8分		
2.2	选择合适的位置放置撬棒	撬棒头部插入重物底下不宜过短； 撬棒有足够的操作空间	15	撬棒头部插入重物底下不宜过短，有损坏重物边缘和撬棒滑出，扣5分； 撬棒与地面形成的夹角应取小值，夹角偏大，扣5分； 一次放置撬棒没有预留操作空间，扣5分		
2.3	将重物缓慢撬起，并用枕木垫好	重物应平稳上升至指定高度，并做好防重物突然下落的措施	20	重物上升不平稳（每次抬高距离要小），扣10分； 操作撬棒时应在撬棒的尾端，操作不正确，扣10分		
2.4	将重物缓慢降落	重物应平稳下降至地面	20	重物下降不平稳，扣10分； 操作撬棒时应在撬棒的尾端，操作不正确，扣10分		
3	工作结束					

续表

序号	项目名称	质量要求	满分	扣分标准	扣分原因	得分
3.1	工作完成	操作完毕，清扫整理现场，办理工作票终结手续	5	未清理现场，扣 2 分； 未办理终结手续，扣 3 分		
3.2	填写检修记录	如实、正确填写检修记录	5	填写不规范或不正确，每项扣 1 分，扣完为止		
合计			100			

Jc0004541011　塞尺的选择和使用。（100 分）

考核知识点：组合电器检修

难易度：易

技能等级评价专业技能考核操作工作任务书

一、任务名称

塞尺的选择和使用。

二、适用工种

变电设备检修工初级工。

三、具体任务

（1）根据被测缝隙正确选用相应厚度的塞尺。

（2）正确使用塞尺测量被测产品的片面度或导体接触面缝隙。

四、工作规范及要求

（1）要求 1 人操作，由监考人员监护。

（2）按照工作任务要求安全措施进行，在用塞尺滑过或插入缝隙时用力要轻，不得损坏塞尺和设备。操作完成后，用防锈油擦拭尺片外表，并做好工作地点的清洁。

五、考核及时间要求

（1）本考核 1～3 项操作时间为 45 分钟，时间到停止考评。

（2）开工前，考生检查着装，清点工器具、设备是否齐全。

（3）许可开工后记录考核时间。

（4）现场清理完毕后，汇报工作终结，记录考核结束时间。

技能等级评价专业技能考核操作评分标准

工种	变电设备检修工				评价等级	初级工
项目模块	组合电器检修—组合电器缺陷及故障处理			编号	Jc0004541011	
单位		准考证号			姓名	
考试时限	45 分钟	题型	单项操作		题分	100 分
成绩		考评员		考评组长	日期	
试题正文	塞尺的选择和使用					
需要说明的问题和要求	（1）考生着装规范，穿工作服、绝缘鞋，戴安全帽。 （2）现场配备塞尺、工件样品、50×5 铝排搭接面 1 组、手套、软布、防锈油、作业指导书					

序号	项目名称	质量要求	满分	扣分标准	扣分原因	得分
1	工作准备					
1.1	着装及工器具准备	考生着装正确，工作前清点工器具是否齐全	10	未穿工作服，扣 3 分； 未戴安全帽，扣 3 分； 未穿绝缘鞋，扣 2 分； 未清点工器具，扣 2 分		

续表

序号	项目名称	质量要求	满分	扣分标准	扣分原因	得分
2	工作过程					
2.1	观察缝隙，选用塞尺	将被测工件的被测面紧贴平台或将铝排搭接面放在工作台面上，观察缝隙，选用标准厚度的尺片，如果是0.8mm，则选择0.3mm和0.5mm的尺片同时使用	40	工件放置不符合要求，扣15分； 根据现场实际选用塞尺，选择错误或不会选择，扣25分		
2.2	塞尺的使用	将适当规格的塞尺尺片平贴平台，从贴面缝隙中轻轻插入； 当间隙较大或希望测出更小的尺寸范围时，单片塞尺已无法满足测量要求，可以使用数片叠加在一起插入间隙中； 当两片以上叠加使用时，应将尺片捏紧测量，尽量减小误差； 记录测量结果	40	每项未做到，扣8分，扣完为止		
3	工作结束					
3.1	工作完成	操作完毕，清扫整理现场	5	未清理现场，扣2分； 未办理终结手续，扣3分		
3.2	塞尺的清洁保养	用干净试布擦拭塞尺外表，并擦拭干净； 用防锈油擦拭尺片外表，防止生锈	5	每项未做到，扣2分，扣完为止		
合计			100			

Jc0003543012　使用开关特性仪测量10kV断路器的电气机械特性。(100分)

考核知识点：开关柜检修

难易度：难

技能等级评价专业技能考核操作工作任务书

一、任务名称

使用开关特性仪测量10kV断路器的电气机械特性。

二、适用工种

变电设备检修工初级工。

三、具体任务

通过10kV断路器测量该断路器的低电压动作值及时间特性。

四、工作规范及要求

（1）要求1人操作，1人配合，由监考人员监护。

（2）不发生危及人身和设备安全的行为，否则可取消本次考核成绩。

（3）根据作业指导书的流程与质量标准进行，正确选用常用的检修工具。工作中必须遵守安规的有关规定，防低压触电，机械伤人。做完特性试验后应恢复断路器许可时状态，并做好工作地点的工器具、仪器的整理及现场清洁。

五、考核及时间要求

（1）本考核1～3项操作时间为60分钟，时间到停止考评。

（2）开工前，考生检查着装，清点工器具、设备是否齐全。

（3）许可开工后记录考核时间。

（4）现场清理完毕后，汇报工作终结，记录考核结束时间。

技能等级评价专业技能考核操作评分标准

工种	变电设备检修工					评价等级	初级工
项目模块	开关柜检修—开关柜大修及更换安装				编号	Jc0003543012	
单位			准考证号			姓名	
考试时限	60 分钟		题型	单项操作		题分	100 分
成绩		考评员		考评组长		日期	
试题正文	使用开关特性仪测量 10kV 断路器的电气机械特性						
需要说明的问题和要求	（1）考生着装规范，穿工作服、绝缘鞋，戴安全帽。 （2）安全文明生产，工器具、材料、设备摆放整齐，现场操作熟练、连贯、有序，正确规范地使用工器具及安全用具。 （3）现场配备 10kV 断路器、开关特性仪、移动电源、万用表、绝缘电阻表、组合工具箱 1 套、作业指导书						

序号	项目名称	质量要求	满分	扣分标准	扣分原因	得分
1	工作准备					
1.1	着装及工器具准备	考生着装正确，工作前清点工器具是否齐全	5	未穿工作服、戴安全帽，扣 2 分； 未穿绝缘鞋，扣 1 分； 未清点工器具，扣 2 分		
1.2	办理工作票、安全事项交代	满足安规及作业指导书要求	5	票面填写错误，每项扣 1 分，扣完为止		
1.3	安全文明生产	工器具摆放整齐，并保持作业现场安静、清洁	10	工器具摆放不整齐，扣 2 分； 现场显得杂乱无章，扣 2 分； 发生工器具掉落现象，每次扣 2 分，扣完为止； 有不安全的动作，扣 2 分； 有危及人身、设备安全的行为，可取消考核成绩		
2	工作过程					
2.1	修前检查设备状态	断路器应处在检修状态	5	未检查断路器在分闸位置，扣 3 分； 未检查二次操作电源断开，扣 2 分		
2.2	用万用表、绝缘电阻表检测分、合闸线圈是否合格	正确使用万用表、绝缘摇表检测分、合闸线圈是否合格	15	未正确使用万用表、绝缘摇表，扣 7 分； 测试方法不正确，扣 8 分		
2.3	摆放测试仪，放置测量线、电源线及仪器接地线	正确摆放测试仪，连接测量线、电源线及仪器接地线	15	摆放测试仪不合适，扣 7 分； 测量线、电源线及仪器接地线连接不正确，扣 8 分		
2.4	机械特性测试与调整	测量分合闸线圈动作电压及调整，30%～65%直流； 测量分合闸线圈和储能电机绝缘电阻，分、合闸线圈绝缘电阻不小于 2MΩ、储能电动机绝缘电阻大于 1MΩ； 测量分合闸时间、不同期及弹跳，不同期不大于 2mm，合闸弹跳不大于 2mm	35	未正确使用仪器、仪表，扣 12 分； 测试方法不正确，扣 12 分； 未做试验或所选择试验项目错误、遗漏，扣 11 分		
3	工作结束					
3.1	工作完成	操作完毕，清扫整理现场，办理工作票终结手续	5	未清理现场，扣 2 分； 未办理终结手续，扣 3 分		
3.2	填写检修记录	如实、正确填写检修记录，并与标准试验数据进行对比判断	5	填写不规范或不正确，每项扣 1 分		
合计			100			

Jc0001543013　使用开关特性仪测量 110kV 断路器的电气机械特性。(100 分)

考核知识点：断路器检修

难易度：难

技能等级评价专业技能考核操作工作任务书

一、任务名称

使用开关特性仪测量 110kV 断路器的电气机械特性。

二、适用工种

变电设备检修工初级工。

三、具体任务

通过 110kV 断路器测量该断路器的低电压动作值及时间特性。

四、工作规范及要求

(1) 要求 1 人操作，1 人配合，由监考人员监护。

(2) 不发生危及人身和设备安全的行为，否则可取消本次考核成绩。

(3) 根据作业指导书的流程与质量标准进行，正确选用常用的检修工具。工作中必须遵守安规的有关规定，防低压触电、机械伤人。做完特性试验后应恢复断路器许可时状态，并做好工作地点的工器具、仪器的整理及现场清洁。

五、考核及时间要求

(1) 本考核 1～3 项操作时间为 60 分钟，时间到停止考评。

(2) 开工前，考生检查着装，清点工器具、设备是否齐全。

(3) 许可开工后记录考核时间。

(4) 现场清理完毕后，汇报工作终结，记录考核结束时间。

技能等级评价专业技能考核操作评分标准

工种	变电设备检修工					评价等级	初级工
项目模块	断路器检修—断路器大修及更换安装				编号	Jc0001543013	
单位			准考证号			姓名	
考试时限	60 分钟		题型	单项操作		题分	100 分
成绩		考评员		考评组长		日期	
试题正文	使用开关特性仪测量 110kV 断路器的电气机械特性						
需要说明的问题和要求	(1) 考生着装规范，穿工作服、绝缘鞋，戴安全帽。 (2) 安全文明生产，工器具、材料、设备摆放整齐，现场操作熟练、连贯、有序，正确规范地使用工器具及安全用具。 (3) 现场配备 10kV 断路器、开关特性仪、移动电源、接线杆万用表、绝缘电阻表、组合工具箱 1 套、作业指导书						

序号	项目名称	质量要求	满分	扣分标准	扣分原因	得分
1	工作准备					
1.1	着装及工器具准备	考生着装正确，工作前清点工器具是否齐全	5	未穿工作服、戴安全帽，扣 2 分； 未穿绝缘鞋，扣 1 分； 未清点工器具，扣 2 分		
1.2	办理工作票、安全事项交代	满足安规及作业指导书要求	5	票面填写错误，每项扣 1 分，扣完为止		

续表

序号	项目名称	质量要求	满分	扣分标准	扣分原因	得分
1.3	安全文明生产	工器具摆放整齐，并保持作业现场安静、清洁	10	工器具摆放不整齐，扣2分； 现场显得杂乱无章，扣2分； 发生工器具掉落现象，每次扣2分，扣完为止； 有不安全的动作，扣2分； 有危及人身、设备安全的行为，可取消考核成绩		
2	工作过程					
2.1	修前检查设备状态	断路器应处在检修状态	5	未检查断路器在分闸位置，扣3分； 未检查二次操作电源断开，扣2分		
2.2	用万用表、绝缘摇表检测分、合闸线圈是否合格	正确使用万用表、绝缘摇表检测分、合闸线圈是否合格	15	未正确使用万用表、绝缘摇表，扣7分； 测试方法不正确，扣8分		
2.3	摆放测试仪，放置测量线、电源线及仪器接地线	正确摆放测试仪，连接测量线、电源线及仪器接地线	15	摆放测试仪不合适，扣7分； 测量线、电源线及仪器接地线连接不正确，扣8分		
2.4	机械特性测试与调整	测量分合闸线圈动作电压及调整，（30～65）%U_N； 测量分合闸线圈和储能电机绝缘电阻，分、合闸线圈绝缘电阻不小于2MΩ、储能电动机绝缘电阻大于1MΩ； 测量分合闸时间、不同期，分闸不同期不大于3mm，合闸不同期不大于5mm	35	未正确使用仪器、仪表，扣12分； 测试方法不正确，扣12分； 未做试验或所选择试验项目错误、遗漏，扣11分		
3	工作结束					
3.1	工作完成	操作完毕，清扫整理现场，办理工作票终结手续	5	未清理现场，扣2分； 未办理终结手续，扣3分		
3.2	填写检修记录	如实、正确填写检修记录，并与标准试验数据进行对比判断	5	填写不规范或不正确，每项扣1分		
合计			100			

Jc0001541014　使用万用表测量断路器线圈电阻。（100分）

考核知识点： 断路器检修

难易度： 易

技能等级评价专业技能考核操作工作任务书

一、任务名称

使用万用表测量断路器线圈电阻。

二、适用工种

变电设备检修工初级工。

三、具体任务

能规范使用万用表测量断路器线圈电阻，熟悉测量方法和安全注意事项。

四、工作规范及要求

（1）要求1人操作，由监考人员监护。

（2）不发生危及人身和设备安全的行为，否则可取消本次考核成绩。

（3）按照作业指导书的流程与质量标准进行，断开断路器相关电源，做好防触电工作。做好工作地点的清洁。

五、考核及时间要求

（1）本考核1～3项操作时间为45分钟，时间到停止考评。

（2）开工前，考生检查着装，清点工器具、设备是否齐全。

（3）许可开工后记录考核时间。

（4）现场清理完毕后，汇报工作终结，记录考核结束时间。

技能等级评价专业技能考核操作评分标准

工种	变电设备检修工					评价等级	初级工
项目模块	断路器检修—断路器大修及更换安装				编号	Jc0001541014	
单位			准考证号			姓名	
考试时限	45分钟		题型	单项操作		题分	100分
成绩		考评员		考评组长		日期	
试题正文	使用万用表测量断路器线圈电阻						
需要说明的问题和要求	（1）考生着装规范，穿工作服、绝缘鞋，戴安全帽。 （2）安全文明生产，工器具、材料、设备摆放整齐，现场操作熟练、连贯、有序，正确规范地使用工器具及安全用具。 （3）现场配备断路器1台、数字式万用表、常规检修工具箱1套、作业指导书						

序号	项目名称	质量要求	满分	扣分标准	扣分原因	得分
1	工作准备					
1.1	着装及工器具准备	考生着装正确，工作前清点工器具、设备是否齐全	5	未穿工作服、戴安全帽，扣2分； 未穿绝缘鞋，扣1分； 未清点工器具，扣2分		
1.2	办理工作票、安全事项交代	满足安规及作业指导书要求	5	票面填写错误，每项扣1分，扣完为止		
1.3	安全文明生产	工器具摆放整齐，并保持作业现场安静、清洁	10	工器具摆放不整齐，扣2分； 现场显得杂乱无章，扣2分； 发生工器具掉落现象，每次扣2分，扣完为止； 有不安全的动作，扣2分； 有危及人身、设备安全的行为，可取消考核成绩		
2	工作过程					
2.1	将表笔按要求插入表笔插孔	表笔插入相应的插孔	5	表笔插错插孔，扣5分		
2.2	检查万用表是否在零位	将表笔短接，检查万用表应在零位	5	未检查万用表应在零位，扣5分		
2.3	将选择开关旋到相应的项目和量程上，根据所测电阻的大小选择量程	项目和量程选择正确	10	项目和量程选择不正确，扣10分		
2.4	正确找到断路器分合闸线圈，测量线圈电阻时，不要用手触及元件的裸体的两端（或两支表棒的金属部分），以免人体电阻与被测电阻并联，使测量结果不准确	连接黑色表笔到“COM”端子，连接红色表笔到“VΩ”端子（注意：红色表笔的极性为正）； 将功能开关拨到“Ω”量程，并将表笔并接在电阻或者负载两端读取阻值	20	测量不规范，扣4分； 未正确找到断路器合闸线圈，扣8分； 未正确找到断路器分闸线圈，扣8分		
2.5	测量3次，将测量结果记录		20	测量次数少于3次，扣20分		

续表

序号	项目名称	质量要求	满分	扣分标准	扣分原因	得分
2.6	万用表使用结束后，将转换开关放在“OFF”挡		10	未将转换开关放在“OFF”挡，扣10分		
3	工作结束					
3.1	工作完成	操作完毕，清扫整理现场，办理工作票终结手续	5	未清理现场，扣2分； 未办理终结手续，扣3分		
3.2	填写检修记录	如实、正确填写检修记录	5	填写不规范或不正确，扣1分，扣完为止		
合计			100			

Jc0003543015　使用直流电阻测试仪测量10kV断路器的接触电阻。（100分）

考核知识点：开关柜检修

难易度：难

技能等级评价专业技能考核操作工作任务书

一、任务名称

使用直流电阻测试仪测量10kV断路器的接触电阻。

二、适用工种

变电设备检修工初级工。

三、具体任务

使用直流电阻测试仪测量10kV断路器的回路电阻。

四、工作规范及要求

（1）要求1人操作，1人配合，由监考人员监护。

（2）不发生危及人身和设备安全的行为，否则可取消本次考核成绩。

（3）根据作业指导书的流程与质量标准进行，正确选用常用的检修工具。工作中必须遵守安规的有关规定，防低压触电、机械伤人。做完试验后应恢复断路器许可时状态，并做好工作地点的工器具、仪器的整理及现场清洁。

五、考核及时间要求

（1）本考核1～3项操作时间为60分钟，时间到停止考评。

（2）开工前，考生检查着装，清点工器具、设备是否齐全。

（3）许可开工后记录考核时间。

（4）现场清理完毕后，汇报工作终结，记录考核结束时间。

技能等级评价专业技能考核操作评分标准

工种	变电设备检修工					评价等级	初级工
项目模块	开关柜检修—开关柜大修及更换安装				编号	Jc0003543015	
单位			准考证号			姓名	
考试时限	60分钟		题型	单项操作		题分	100分
成绩		考评员		考评组长		日期	

续表

试题正文	使用直流电阻测试仪测量 10kV 断路器的接触电阻					
需要说明的问题和要求	（1）考生着装规范，穿工作服、绝缘鞋，戴安全帽。 （2）安全文明生产，工器具、材料、设备摆放整齐，现场操作熟练、连贯、有序，正确规范地使用工器具及安全用具。 （3）现场配备 10kV 断路器、直流电阻测试仪、移动电源、万用表、组合工具箱 1 套、作业指导书					
序号	项目名称	质量要求	满分	扣分标准	扣分原因	得分
1	工作准备					
1.1	着装及工器具准备	考生着装正确，工作前清点工器具是否齐全	5	未穿工作服、戴安全帽，扣 2 分； 未穿绝缘鞋，扣 1 分； 未清点工器具，扣 2 分		
1.2	办理工作票、安全事项交代	满足安规及作业指导书要求	5	票面填写错误，每项扣 1 分，扣完为止		
1.3	安全文明生产	工器具摆放整齐，并保持作业现场安静、清洁	10	工器具摆放不整齐，扣 2 分； 现场显得杂乱无章，扣 2 分； 发生工器具掉落现象，每次扣 2 分，扣完为止； 有不安全的动作，扣 2 分； 有危及人身、设备安全的行为，可取消考核成绩		
2	工作过程					
2.1	试验前检查设备状态	断路器应处在合闸状态	5	未检查断路器在合闸位置，扣 3 分； 未检查二次操作电源断开，扣 2 分		
2.2	摆放测试仪，放置测量线、电源线及仪器接地线	正确摆放测试仪，连接测量线、电源线及仪器接地线	25	摆放测试仪不合适，扣 10 分； 测量线、电源线及仪器接地线连接不正确，扣 15 分		
2.3	断路器接触电阻测试	测试每相回路电阻； 接通电源，此时屏幕显示 100A 测试界面； 按“确定”进入充电状态进行测试； 测试完成后，显示电阻值并记录数据	40	未正确使用仪器、仪表，扣 10 分； 测试方法不正确，扣 15 分； 未做试验或所选择试验项目错误、遗漏，扣 15 分		
3	工作结束					
3.1	工作完成	操作完毕，清扫整理现场，办理工作票终结手续	5	未清理现场，扣 2 分； 未办理终结手续，扣 3 分		
3.2	填写检修记录	如实、正确填写检修记录，并与标准试验数据进行对比判断	5	填写不规范或不正确，每项扣 1 分，扣完为止		
合计			100			

Jc0004541016　用游标卡尺测量某个零件尺寸。（100 分）

考核知识点：组合电器检修

难易度：易

技能等级评价专业技能考核操作工作任务书

一、任务名称

用游标卡尺测量某个零件尺寸。

二、适用工种

变电设备检修工初级工。

三、具体任务

正确选用游标卡尺，测量所给零件的外径、孔径、长度、深度等并读数。

四、工作规范及要求

（1）要求 1 人操作，由监考人员监护。

（2）按照工作任务要求安全措施进行，正确选用游标卡尺，测量方法正确，正确读数，并做好工作地点的清洁。

五、考核及时间要求

（1）本考核 1～3 项操作时间为 45 分钟，时间到停止考评。

（2）开工前，考生检查着装，清点工器具、设备是否齐全。

（3）许可开工后记录考核时间。

（4）现场清理完毕后，汇报工作终结，记录考核结束时间。

技能等级评价专业技能考核操作评分标准

工种	变电设备检修工					评价等级	初级工
项目模块	组合电器检修—组合电器缺陷及故障处理				编号	Jc0004541016	
单位			准考证号			姓名	
考试时限	45 分钟		题型	单项操作		题分	100 分
成绩		考评员		考评组长		日期	
试题正文	用游标卡尺测量某个零件尺寸						
需要说明的问题和要求	（1）考生着装规范，穿工作服、绝缘鞋，戴安全帽。 （2）游标卡尺、轴、板、管等被测零件						

序号	项目名称	质量要求	满分	扣分标准	扣分原因	得分
1	工作准备					
1.1	着装及工器具准备	考生着装正确、工作前清点工器具是否齐全	10	未穿工作服，扣 3 分； 未戴安全帽，扣 3 分； 未穿绝缘鞋，扣 2 分； 未清点工器具，扣 2 分		
2	工作过程					
2.1	检查游标卡尺	游标卡尺选用正确； 被测工件放置到位； 检查游标卡尺的零件是否齐全； 检查零点有无误差	36	每漏一项，扣 9 分，扣完为止		
2.2	用游标卡尺测量工件尺寸	测量工件外径、孔径、长度、深度的位置方法、姿势正确； 记录所测得的尺寸为：$L=X+n\times$精度	40	测量不熟练，扣 10 分； 测量不正确，扣 30 分		
3	工作结束					
3.1	整理、收藏测量仪器和工件	保养、维护方法正确，用干净柔软布擦拭干净，恢复到零位，放入专用盒内	10	每漏一项，扣 5 分，扣完为止		
3.2	整理现场	操作完毕，清扫整理现场	4	未清理现场，扣 4 分		
合计			100			

Jc0002541017　正确使用力矩扳手。（100 分）

考核知识点：隔离开关检修

难易度：易

技能等级评价专业技能考核操作工作任务书

一、任务名称

正确使用力矩扳手。

二、适用工种

变电设备检修工初级工。

三、具体任务

通过隔离开关的底脚螺栓、连接件螺栓、接线座与设备线夹的连接螺栓等，使用力矩扳手进行复紧。

四、工作规范及要求

（1）要求1人操作，由监考人员监护。

（2）不发生危及人身和设备安全的行为，否则可取消本次考核成绩。

（3）根据作业指导书的流程与质量标准进行，正确选用常用的检修工具。做好防触电工作。做好工作地点的清洁。

五、考核及时间要求

（1）本考核1～3项操作时间为45分钟，时间到停止考评。

（2）开工前，考生检查着装，清点工器具、设备是否齐全。

（3）许可开工后记录考核时间。

（4）现场清理完毕后，汇报工作终结，记录考核结束时间。

技能等级评价专业技能考核操作评分标准

工种	变电设备检修工					评价等级	初级工
项目模块	隔离开关检修—隔离开关大修及更换安装				编号	Jc0002541017	
单位			准考证号			姓名	
考试时限	45分钟		题型	单项操作		题分	100分
成绩		考评员		考评组长		日期	
试题正文	正确使用力矩扳手						
需要说明的问题和要求	（1）考生着装规范，穿工作服、绝缘鞋，戴安全帽。 （2）安全文明生产，工器具、材料、设备摆放整齐，现场操作熟练、连贯、有序，正确规范地使用工器具及安全用具。 （3）现场配备力矩扳手、砂纸、导电脂、酒精等，组合工具箱1套、作业指导书						

序号	项目名称	质量要求	满分	扣分标准	扣分原因	得分
1	工作准备					
1.1	着装及工器具准备	考生着装正确，工作前清点工器具是否齐全	5	未穿工作服、未戴安全帽，扣2分； 未穿绝缘鞋，扣1分； 未清点工器具，扣2分		
1.2	办理工作票、安全事项交代	满足安规及作业指导书要求	5	票面填写错误，每项扣1分，扣完为止		
1.3	安全文明生产	工器具摆放整齐，并保持作业现场安静、清洁	10	工器具摆放不整齐，扣2分； 现场显得杂乱无章，扣2分； 发生工器具掉落现象，每次扣2分，扣完为止； 有不安全的动作，扣2分； 有危及人身、设备安全的行为，可取消考核成绩		
2	工作过程					
2.1	用力矩扳手对隔离开关的底脚螺栓紧固	根据螺栓规格、被紧固件、紧固目的的不同选择合适的力矩刻度及套筒头	20	力矩刻度调节错误，扣10分； 套筒头选择错误，扣10分		
2.2	用力矩扳手对连接件螺栓紧固	根据螺栓规格、被紧固件、紧固目的不同选择合适的力矩刻度及套筒头	20	力矩刻度调节错误，扣5分； 套筒头选择错误，扣5分； 紧固螺栓的顺序错误，扣10分		
2.3	用力矩扳手对接线座与设备线夹的连接螺栓等紧固	根据螺栓规格、被紧固件、紧固目的的不同选择合适的力矩刻度及套筒头	20	力矩刻度调节错误，扣10分； 套筒头选择错误，扣10分		

续表

序号	项目名称	质量要求	满分	扣分标准	扣分原因	得分
2.4	记录试验数据并出示报告	写出标准试验数据，并与试验数据进行比较，判断试验数据是否合格并出示报告	10	写出标准试验数据错误，扣3分； 判断试验数据错误，扣4分； 报告错误，扣3分		
3	工作结束					
3.1	工作完成	操作完毕，清扫整理现场，办理工作票终结手续	5	未清理现场，扣2分； 未办理终结手续，扣3分		
3.2	填写检修记录	如实、正确填写检修记录	5	填写不规范或不正确，每项扣1分，扣完为止		
合计			100			

Jc0002551018　正确选用检修工器具。（100分）

考核知识点：断路器检修

难易度：易

技能等级评价专业技能考核操作工作任务书

一、任务名称

正确选用检修工器具。

二、适用工种

变电设备检修工初级工。

三、具体任务

正确选用检修工器具（断线钳、尖嘴钳、扳手、绝缘电阻表）。

四、工作规范及要求

（1）要求1人操作，由监考人员监护。

（2）不发生危及人身和设备安全的行为，否则可取消本次考核成绩。

（3）根据作业指导书的流程与质量标准进行，正确选用常用的检修工具。做好防触电工作。做好工作地点的清洁。

五、考核及时间要求

（1）本考核1～3项操作时间为45分钟，时间到停止考评。

（2）开工前，考生检查着装，清点工器具、设备是否齐全。

（3）许可开工后记录考核时间。

（4）现场清理完毕后，汇报工作终结，记录考核结束时间。

技能等级评价专业技能考核操作评分标准

工种	变电设备检修工					评价等级	初级工
项目模块	断路器检修—断路器检修及更换安装				编号	Jc0002551018	
单位			准考证号			姓名	
考试时限	45分钟		题型	单项操作		题分	100分
成绩		考评员		考评组长		日期	
试题正文	正确选用检修工器具						

续表

需要说明的问题和要求	（1）考生着装规范，穿工作服、绝缘鞋，戴安全帽。 （2）安全文明生产，工器具、材料、设备摆放整齐，现场操作熟练、连贯、有序，正确规范地使用工器具及安全用具。 （3）现场配备常规检修工具钢丝钳、螺钉旋具、扳手、绝缘电阻表各 1，作业指导书

序号	项目名称	质量要求	满分	扣分标准	扣分原因	得分
1	工作准备					
1.1	着装及工器具准备	考生着装正确，工作前清点工器具是否齐全	5	未穿工作服、戴安全帽，扣 2 分； 未穿绝缘鞋，扣 1 分； 未清点工器具，扣 2 分		
1.2	办理工作票、安全事项交代	满足安规及作业指导书要求	5	票面填写错误，每项扣 1 分，扣完为止		
1.3	安全文明生产	工器具摆放整齐，并保持作业现场安静、清洁	10	工器具摆放不整齐，扣 2 分； 现场显得杂乱无章，扣 2 分； 发生工器具掉落现象，每次扣 2 分，扣完为止； 有不安全的动作，扣 2 分； 有危及人身、设备安全的行为，可取消考核成绩		
2	工作过程					
2.1	选用断线钳	使用前，检查钢丝钳绝缘是否良好，以免带电作业时造成触电事故	5	未检查钢丝钳绝缘是否良好，扣 5 分		
		在带电剪切导线时，不得用刀口同时剪切不同电位的两根线（如相线与零线、相线与相线等），以免发生短路事故	10	刀口同时剪切不同电位的两根线，扣 10 分		
2.2	选用螺栓刀	带电作业时，手不可触及螺钉旋具的金属杆，以免发生触电事故	5	使用金属杆未套上绝缘管的螺钉旋具进行带电作业，扣 5 分		
		螺栓刀较长时，用右手压紧手柄并转动，同时左手握住起子的中间部分(不可放在螺钉周围，以免将手划伤)，以防止起子滑脱	10	螺钉旋具使用方法不正确，扣 10 分		
2.3	选用扳手	使用时应根据螺母的大小选配活络扳手	5	未根据螺母的大小选配活络扳手，扣 5 分		
		活络扳手的扳口夹持螺母时，呆扳唇在上，活扳唇在下； 活扳手切不可反过来使用	10	活络扳手使用方法不规范，扣 10 分		
2.4	选用绝缘电阻表独立出题或换一个工器具	绝缘电阻表上有三个接线柱，两个较大的接线柱上分别标有 E（接地）、L（线路），另一个较小的接线柱上标有 G（屏蔽），其中，L 接被测设备或线路的导体部分，E 接被测设备或线路的外壳或大地，G 接被测对象的屏蔽环（如电缆壳芯之间的绝缘层上）	5	未正确接线，扣 5 分		
		测量前，要先切断被测设备或线路的电源，并将其导电部分对地进行充分放电，用绝缘电阻表测量过的电气设备，也须进行接地放电，才可再次测量或使用； 测量前，要先检查仪表是否完好： 将接线柱 L、E 分开，由慢到快摇动手柄约 1min，使绝缘电阻表内发电机转速稳定（约 120r/min），指针应指在"："处； 再将 L、E 短接，缓慢摇动手柄，指针应指在"O"处	10	测量前未切断被测设备或线路的电源，并将其导电部分对地进行充分放电，出现人身、设备事故，按 0 分处理； 测量前，未检查仪表是否完好，扣 3 分； 将接线柱 L、E 分开后，未将指针指在"："处，扣 3 分； 将 L、E 短接后，未将指针指在"O"处，扣 4 分		

续表

序号	项目名称	质量要求	满分	扣分标准	扣分原因	得分
2.4	选用绝缘电阻表独立出题或换一个工器具	测量时，绝缘电阻表应水平放置平稳；测量过程中，不可用手去触及被测物的测量部分，以防触电	5	测量过程中，用手去触及被测物的测量部分，出现人身、设备事故，按0分处理		
		测量具有大电容的设备时，读数后不得立即停止摇动手柄，否则已充电的电容将对绝缘电阻表放电，有可能烧坏仪表	5	读数后停止摇动手柄，如烧坏仪表，按0分处理		
3	工作结束					
3.1	工作完成	操作完毕，清扫整理现场，办理工作票终结手续	5	未清理现场，扣2分； 未办理终结手续，扣3分		
3.2	填写检修记录	如实、正确填写检修记录	5	填写不规范或不正确，每项扣1分，扣完为止		
合计			100			

Jc0000541019　万用表测量电机电阻、电压。（100分）

考核知识点：能使用万用表进行电气测量。

难易度：易

技能等级评价专业技能考核操作工作任务书

一、任务名称

万用表测量电机电阻、电压。

二、适用工种

变电设备检修工初级工。

三、具体任务

（1）进行测量前的安全准备及检查工作。

（2）对发现的异常问题告知监考人并进行记录，但不处理。

（3）使用万用表测量电机直流电阻。

（4）使用万用表测量电机交流电压。

（5）填写检修报告。

四、工作规范及要求

（1）要求1人操作，由监考人员监护。

（2）安全文明生产，考生着装规范。

（3）工器具、材料、设备摆放整齐，现场操作熟练、连贯、有序，正确规范地使用工器具及安装用具。

（4）不发生危及人身和设备安全的行为。

（5）操作过程中有需要配合的向监考人员提出，但涉及考试内容的不得提问。

（6）电机技术参数要求以检修报告提供的为准。

五、考核及时间要求

（1）考核总时间为45分钟。场内实际操作时间为40分钟，如到时未完成应终止。场外检修记录填写时间为5分钟，如到时未完成应终止。若提前完成，向监考人员示意。

（2）参赛选手从进场开始计算时间。

（3）若出现人身伤害或设备危害的操作，监护人员有权制止。

技能等级评价专业技能考核操作评分标准

工种	变电设备检修工			评价等级	初级工
项目模块	变压器检修—变压器大修及更换安装			编号	Jc0000541019
单位		准考证号		姓名	
考试时限	45分钟	题型	单项操作	题分	100分
成绩		考评员	考评组长	日期	
试题正文	万用表测量电机电阻、电压				
需要说明的问题和要求	（1）严格执行有关规程和规范。 （2）用指针式或数字式万用表考核均可。 （3）在提供的场地、设备上独立完成操作。 （4）时间到应立即停止操作，整理工具、材料离开操作场地				

序号	项目名称	质量要求	满分	扣分标准	扣分原因	得分
1	准备					
1.1	参赛队员着装	正确佩戴安全帽、穿绝缘鞋、穿长袖工作服、戴线手套	6	未佩戴安全帽，穿绝缘鞋，穿长袖工作服，扣3分； 安全帽佩戴不规范，扣1分； 着装不规范，扣1分； 未戴线手套，扣1分		
1.2	安全工器具检查	应检查安全工器具、绝缘工器具是否完好，是否在校验合格期内	4	未检查安全工器具、绝缘工器具外观是否完好，扣2分； 未检查检验标签是否在合格期内，扣2分		
1.3	安全措施检查	检查现场所做安全措施是否正确、完善	3	未检查现场安全措施，扣3分		
1.4	试验环境检查	检查当日工位处温度、湿度情况	2	未检查温度情况，扣1分； 未检查湿度情况，扣1分		
2	电阻测量					
2.1	电机直流电阻测量	估计被测值，转换开关转向“Ω”处的适当挡位； 两表笔短接，旋转调节钮进行调零，机械式指针调至“0”位，数字式记住初始值； 测量、读数，数字测量准确； 禁止在测量时更换量程或带电测量； 测量完毕，数字式万用表拨至“OFF”，指针式万用表旋钮放在交流电压最大挡位	30	挡位错误，扣5分； 机械式指针未调至“0”位，扣5分； 数值测量不准确，扣5分； 测量时更换量程，扣5分； 带电测量，扣5分； 测量完毕，数字式万用表未拨至“OFF”或者指针式万用表旋钮未放在交流电压最大挡，扣5分		
3	电压测量					
3.1	电机交流电压测量	估计被测值，转换开关转向“V”处的适当挡位； 测量、读数，数字测量准确； 禁止在测量时更换量程； 测量完毕，数字式万用表拨至“OFF”，指针式万用表旋钮放在交流电压最大挡位	30	挡位错误，扣10分； 数值测量不准确，扣5分； 测量时更换量程，扣10分； 测量完毕，数字式万用表未拨至“OFF”或者指针式万用表旋钮未放在交流电压最大挡，扣5分		
4	安全文明生产					
4.1	相关规定的执行	严格遵守安规	6	违章作业，每项扣2分，扣完为止		
4.2	清理作业现场	工器具、试验仪器收取后摆放整齐，与开工前一致； 设备表面清洁无杂物，作业现场清洁无遗留物品	4	工器具、试验仪器未收取并摆放整齐，扣1分； 设备表面、工作现场有遗留物，每处扣1分，扣完为止		
5	检修报告填写					

续表

序号	项目名称	质量要求	满分	扣分标准	扣分原因	得分
5.1	填写检修报告	正确填写检修报告，用语规范，项目齐全，结论正确	15	检修前检查情况未填写，扣4分； 填写不全或不正确，每项扣0.5分； 发现及处理情况未填写，扣3分； 缺陷每缺少一项，扣2分； 检修结论不正确，扣1分； 以上扣分，扣完为止		
合计			100			

Jc0000541020　绝缘电阻表测量电机的绝缘电阻。（100分）

考核知识点：能使用绝缘电阻表进行电气测量。

难易度：易

技能等级评价专业技能考核操作工作任务书

一、任务名称

绝缘电阻表测量电机的绝缘电阻。

二、适用工种

变电设备检修工初级工。

三、具体任务

（1）进行测量前的安全准备及检查工作。

（2）加压前应高声呼唱。

（3）对发现的异常问题告知监考人并进行记录，但不处理。

（4）使用万用表测量电机的绝缘电阻。

（5）填写检修报告。

四、工作规范及要求

（1）要求1人操作，由监考人员监护。

（2）安全文明生产，考生着装规范。

（3）工器具、材料、设备摆放整齐，现场操作熟练、连贯、有序，正确规范地使用工器具及安全用具。

（4）不发生危及人身和设备安全的行为。

（5）操作过程中有需要配合的向监考人员提出，但涉及考试内容的不得提问。

（6）电机技术参数要求以检修报告提供的为准。

五、考核及时间要求

（1）考核总时间为45分钟。场内实际操作时间为40分钟，如到时未完成应终止。场外检修记录填写时间为5分钟，如到时未完成应终止。若提前完成，向监考人员示意。

（2）参赛选手从进场开始计算时间。

（3）若出现人身伤害或设备危害的操作，监护人员有权制止。

技能等级评价专业技能考核操作评分标准

工种	变电设备检修工				评价等级	初级工
项目模块	变压器检修—变压器大修及更换安装			编号	Jc0000541020	
单位		准考证号			姓名	
考试时限	45分钟	题型	单项操作		题分	100分

续表

成绩		考评员		考评组长		日期	
试题正文	绝缘电阻表测量电机的绝缘电阻						
需要说明的问题和要求	（1）严格执行有关规程和规范。 （2）现场由1名检修工协助完成。 （3）在提供的场地、设备上完成操作。 （4）时间到应立即停止操作，整理工具、材料离开操作场地。 （5）作业过程中出现人身、设备损坏事故，本操作项目为不合格						

序号	项目名称	质量要求	满分	扣分标准	扣分原因	得分
1	准备					
1.1	参赛队员着装	正确佩戴安全帽、穿绝缘鞋、穿长袖工作服、戴线手套	6	未佩戴安全帽、穿绝缘鞋、穿长袖工作服，扣3分； 安全帽佩戴不规范，扣1分； 着装不规范，扣1分； 未戴线手套，扣1分		
1.2	安全工器具检查	应检查安全工器具、绝缘工器具是否完好，是否在校验合格期内	4	未检查安全工器具、绝缘工器具外观是否完好，扣2分； 未检查检验标签是否在合格期内，扣2分		
1.3	安全措施检查	检查现场所做安全措施是否正确、完善	3	未检查现场安全措施，扣3分		
1.4	试验环境检查	检查当日工位处温度、湿度情况	2	未检查温度情况，扣1分； 未检查湿度情况，扣1分		
2	绝缘电阻测量					
2.1	电机绝缘电阻测量	绝缘电阻表E端接可靠接地，L端接电机引出线； 记录测试温度，左手按住绝缘电阻表，右手顺时针摇动摇把，逐渐加快到120r/min，接上被试设备测量，读数测量完毕，继续摇动，然后断开测量接线，电动机引出线对地放电	60	接线错误，扣10分； 转速不稳定，扣10分； 仪表转速不接近120r/min，扣10分； 数值测量不准确，扣10分； 断开测量接线方法不当，扣10分； 未将电机引出线端头进行放电、接地，扣10分		
3	安全文明生产					
3.1	相关规定的执行	严格遵守安规	6	违章作业，每项扣2分，扣完为止		
3.2	清理作业现场	工器具、试验仪器收取后摆放整齐，与开工前一致； 设备表面清洁无杂物，作业现场清洁无遗留物品	4	工器具、试验仪器未收取摆放整齐，扣1分； 设备表面、工作现场有遗留物，每处扣1分，扣完为止		
4	检修报告填写					
4.1	填写检修报告	正确填写检修报告，用语规范，项目齐全，结论正确	15	检修前检查情况未填写，扣4分； 填写不全或不正确，每项扣0.5分； 发现及处理情况未填写，扣3分； 缺陷每缺少一项，扣2分； 检修结论不正确，扣1分； 以上扣分，扣完为止		
合计			100			

Jc0000541021　密封胶垫的加工制作。（100分）

考核知识点：能完成密封胶垫加工制作

难易度：易

技能等级评价专业技能考核操作工作任务书

一、任务名称

密封胶垫的加工制作。

二、适用工种

变电设备检修工初级工。

三、具体任务

（1）进行试验前的安全准备及检查工作。

（2）对发现的异常问题告知监考人并进行记录，但不处理。

（3）进行密封胶垫的加工制作。

（4）填写检修报告。

四、工作规范及要求

（1）要求 1 人操作，由监考人员监护。

（2）安全文明生产，考生着装规范。

（3）工器具、材料、设备摆放整齐，现场操作熟练、连贯、有序，正确规范地使用工器具及安全用具。

（4）不发生危及人身和设备安全的行为。

（5）操作过程中有需要配合的向监考人员提出，但涉及考试内容的不得提问。

（6）密封胶垫技术参数要求以检修报告提供的为准。

五、考核及时间要求

（1）考核总时间为 45 分钟。场内实际操作时间为 40 分钟，如到时未完成应终止。场外检修记录填写时间为 5 分钟，如到时未完成应终止。若提前完成，向监考人员示意。

（2）参赛选手从进场开始计算时间。

（3）若出现人身伤害或设备危害的操作，监护人员有权制止。

技能等级评价专业技能考核操作评分标准

工种	变电设备检修工				评价等级	初级工	
项目模块	变压器检修—变压器大修及更换安装			编号	Jc0000541021		
单位		准考证号			姓名		
考试时限	45 分钟	题型	单项操作		题分	100 分	
成绩		考评员		考评组长		日期	
试题正文	密封胶垫的加工制作						
需要说明的问题和要求	（1）严格执行有关规程和规范。 （2）在提供的场地、设备上独立完成操作。 （3）时间到应立即停止操作，整理工具、材料离开操作场地。 （4）以加工制作 $\phi100mm/\phi120mm \times 6mm$ 密封胶垫为例						

序号	项目名称	质量要求	满分	扣分标准	扣分原因	得分
1	准备					
1.1	参赛队员着装	正确佩戴安全帽、穿绝缘鞋、穿长袖工作服、戴线手套	6	未佩戴安全帽、穿绝缘鞋、穿长袖工作服，扣 3 分； 安全帽佩戴不规范，扣 1 分； 着装不规范，扣 1 分； 未戴线手套，扣 1 分		

续表

序号	项目名称	质量要求	满分	扣分标准	扣分原因	得分
1.2	安全工器具检查	应检查安全工器具、绝缘工器具是否完好，是否在校验合格期内	4	未检查安全工器具、绝缘工器具外观是否完好，扣2分； 未检查检验标签是否在合格期内，扣2分		
1.3	安全措施检查	检查现场所做安全措施是否正确、完善	3	未检查现场安全措施，扣3分		
1.4	试验环境检查	检查当日工位处温度、湿度情况	2	未检查温度情况，扣1分； 未检查湿度情况，扣1分		
2	加工制作					
2.1	密封胶垫制作	胶垫加工后内外径边缘不应存在飞边以及跑刀造成的多级台阶现象； 内外径边缘不应存在起层、起泡现象，否则应重新加工； 内外径允许偏差±1.0mm	60	存在飞边、跑刀现象，每项扣20分，扣完为止； 边缘存在缺陷，未重新加工，扣20分； 超出允许偏差，扣20分		
3	安全文明生产					
3.1	相关规定的执行	严格遵守安规	6	违章作业，每项扣2分，扣完为止		
3.2	清理作业现场	工器具、试验仪器收取后摆放整齐，与开工前一致； 设备表面清洁无杂物，作业现场清洁无遗留物品	4	工器具、试验仪器未收取摆放整齐，扣1分； 设备表面、工作现场有遗留物，每处扣1分，扣完为止		
4	检修报告填写	正确填写检修报告，用语规范，项目齐全，结论正确	15	检修前检查情况未填写，扣4分； 填写不全或不正确，每项扣0.5分，扣完为止； 发现及处理情况未填写，扣3分； 检修结论不正确，扣3分		
合计			100			

Jc0000541022　吸湿器硅胶更换。(100分)

考核知识点：吸湿器硅胶更换。

难易度：易

技能等级评价专业技能考核操作工作任务书

一、任务名称

吸湿器硅胶更换。

二、适用工种

变电设备检修工初级工。

三、具体任务

(1) 进行更换前的安全准备及检查工作。

(2) 对发现的异常问题告知监考人并进行记录，但不处理。

(3) 进行吸湿器硅胶更换。

(4) 填写检修报告。

四、工作规范及要求

(1) 要求1人操作，1人协助，由监考人员监护。

(2) 安全文明生产，考生着装规范。

(3) 工器具、材料、设备摆放整齐，现场操作熟练、连贯、有序，正确规范地使用工器具及安全用具。

（4）不发生危及人身和设备安全的行为。

（5）操作过程中有需要配合的向监考人员提出，但涉及考试内容的不得提问。

（6）吸湿器硅胶技术参数要求以检修报告提供的为准。

五、考核及时间要求

（1）考核总时间为45分钟。场内实际操作时间为40分钟，如到时未完成应终止。场外检修记录填写时间为5分钟，如到时未完成应终止。若提前完成，向监考人员示意。

（2）参赛选手从进场开始计算时间。

（3）若出现人身伤害或设备危害的操作，监护人员有权制止。

技能等级评价专业技能考核操作评分标准

工种	变电设备检修工					评价等级	初级工
项目模块	变压器检修—变压器小修及维护				编号	Jc0000541022	
单位				准考证号		姓名	
考试时限	45 分钟		题型	单项操作		题分	100 分
成绩		考评员		考评组长		日期	
试题正文	吸湿器硅胶更换						
需要说明的问题和要求	（1）严格执行有关规程和规范。 （2）现场由 1 名检修工协助完成。 （3）在提供的场地、设备上完成操作。 （4）时间到应立即停止操作，整理工具、材料离开操作场地。 （5）现场以 1 个悬式吸湿器为考核设备						

序号	项目名称	质量要求	满分	扣分标准	扣分原因	得分
1	准备					
1.1	参赛队员着装	正确佩戴安全帽、穿绝缘鞋、穿长袖工作服、戴线手套	6	未佩戴安全帽、穿绝缘鞋、穿长袖工作服，扣 3 分； 安全帽佩戴不规范，扣 1 分； 着装不规范，扣 1 分； 未戴线手套，扣 1 分		
1.2	安全工器具检查	应检查安全工器具、绝缘工器具是否完好，是否在校验合格期内	4	未检查安全工器具、绝缘工器具外观是否完好，扣 2 分； 未检查检验标签是否在合格期内，扣 2 分		
1.3	安全措施检查	检查现场所做安全措施是否正确、完善	3	未检查现场安全措施，扣 3 分		
1.4	试验环境检查	检查当日工位处温度、湿度情况	2	未检查温度情况，扣 1 分； 未检查湿度情况，扣 1 分		
2	更换					
2.1	吸湿器硅胶更换	缓缓旋下吸湿器油封，放置在一边，擦拭吸湿器底部，防止变压器油四处滴溅； 将吸湿器从变压器上卸下，倒出内部变色硅胶，检查玻璃筒是否破裂； 将干燥的硅胶装入吸湿器内，并在顶盖下面留出 1/6～1/5 高度的空隙； 将吸湿器从变压器上卸下的 4 个螺栓装到呼吸法兰上； 吸湿器法兰螺栓要从对角线的位置起，依次一点一点地紧固； 检查油封内油是否高于呼吸管口，如不合格，需要补充适量变压器油； 擦拭玻璃筒，检查吸湿器是否正常呼吸	60	未擦拭吸湿器底部，扣 5 分； 油四处滴溅，扣 5 分； 拆卸过程中打碎玻璃筒，扣 10 分； 硅胶加得过多或过少，扣 10 分； 螺栓和密封垫未均匀压缩，扣 10 分； 需要补油而未进行补油，扣 10 分； 未清洁玻璃筒，扣 5 分； 未检查吸湿器是否呼吸，扣 5 分		
3	安全文明生产					

续表

序号	项目名称	质量要求	满分	扣分标准	扣分原因	得分
3.1	相关规定的执行	严格遵守安规	6	违章作业，每项扣 2 分，扣完为止		
3.2	清理作业现场	工器具、试验仪器收取后摆放整齐，与开工前一致； 设备表面清洁无杂物，作业现场清洁无遗留物品	4	工器具、试验仪器未收取摆放整齐，扣 1 分； 设备表面、工作现场有遗留物，每处扣 1 分，扣完为止		
4	检修报告填写	正确填写检修报告，用语规范，项目齐全，结论正确	15	检修前检查情况未填写，扣 4 分； 填写不全或不正确，每项扣 0.5 分，扣完为止； 发现及处理情况未填写，扣 3 分； 检修结论不正确，扣 3 分		
合计			100			

Jc0000541023　变压器化验油样的采集。（100 分）

考核知识点：能使用滤油机现场进行绝缘油处理。

难易度：易

技能等级评价专业技能考核操作工作任务书

一、任务名称

110kV 变压器化验油样的采集。

二、适用工种

变电设备检修工初级工。

三、具体任务

（1）进行试验前的安全准备及检查工作。

（2）对发现的异常问题告知监考人并进行记录，但不处理。

（3）进行变压器化验油样的采集。

（4）填写检修报告。

四、工作规范及要求

（1）要求 1 人操作，由监考人员监护。

（2）安全文明生产，考生着装规范。

（3）工器具、材料、设备摆放整齐，现场操作熟练、连贯、有序，正确规范地使用工器具及安全用具。

（4）不发生危及人身和设备安全的行为。

（5）操作过程中有需要配合的向监考人员提出，但涉及考试内容的不得提问。

五、考核及时间要求

（1）考核总时间为 45 分钟。场内实际操作时间为 40 分钟，如到时未完成应终止。场外检修记录填写时间为 5 分钟，如到时未完成应终止。若提前完成，向监考人员示意。

（2）参赛选手从进场开始计算时间。

（3）若出现人身伤害或设备危害的操作，监护人员有权制止。

技能等级评价专业技能考核操作评分标准

工种	变电设备检修工			评价等级	初级工
项目模块	变压器检修—变压器小修及维护		编号	Jc0000541023	
单位		准考证号		姓名	
考试时限	45 分钟	题型	单项操作	题分	100 分

续表

成绩		考评员		考评组长		日期	
试题正文	110kV 变压器化验油样的采集						
需要说明的问题和要求	（1）严格执行有关规程和规范。 （2）现场由 1 名检修工协助完成。 （3）在提供的场地、设备上完成操作。 （4）时间到应立即停止操作，整理工具、材料离开操作场地。 （5）现场以 1 台 110kV 变压器为考核设备						

序号	项目名称	质量要求	满分	扣分标准	扣分原因	得分
1	准备					
1.1	参赛队员着装	正确佩戴安全帽、穿绝缘鞋、穿长袖工作服、戴线手套	6	未佩戴安全帽、穿绝缘鞋、穿长袖工作服，扣 3 分； 安全帽佩戴不规范，扣 1 分； 着装不规范，扣 1 分； 未戴线手套，扣 1 分		
1.2	安全工器具检查	应检查安全工器具、绝缘工器具是否完好，是否在校验合格期内	4	未检查安全工器具、绝缘工器具外观是否完好，扣 2 分； 未检查检验标签是否在合格期内，扣 2 分		
1.3	安全措施检查	检查现场所做安全措施是否正确、完善	3	未检查现场安全措施，扣 3 分		
1.4	试验环境检查	检查当日工位处温度、湿度情况	2	未检查温度情况，扣 1 分； 未检查湿度情况，扣 1 分		
2	采集油样					
2.1	采集本体油样	填写油样标签，达到内容完整准确； 清查油样阀外表面，达到清洁无污垢； 清洗油阀芯子，清洗油阀芯中的残油及油垢； 为获取真实油样，应先放掉油箱内 1000mL 油并冲洗油塞； 用油箱内绝缘油冲洗油样瓶，达到内部清洁； 采集油样至瓶颈以下，不应注满； 拧紧瓶盖，将油样瓶放入背箱内，不应受阳光强烈照射； 拧紧油塞，封好油阀外罩，不应有渗漏油现象； 油样在送往化验的途中，不应受到剧烈的振动	60	填写内容不完整，不准确，扣 4 分； 存在污垢，扣 7 分； 未清除残油及油垢，每项扣 7 分； 未放油冲洗，扣 7 分； 未冲洗油样瓶，扣 7 分； 采集油样至瓶颈以上，扣 7 分； 未拧紧瓶盖及长时间受阳光照射，每项扣 7 分； 发现渗漏，扣 7 分； 受剧烈振动，扣 7 分； 以上扣分，扣完为止		
3	安全文明生产					
3.1	相关规定的执行	严格遵守安规	6	违章作业，每项扣 2 分，扣完为止		
3.2	清理作业现场	工器具、试验仪器收取后摆放整齐，与开工前一致； 设备表面清洁无杂物，作业现场清洁无遗留物品	4	工器具、试验仪器未收取摆放整齐，扣 1 分； 设备表面、工作现场有遗留物，每处扣 1 分，扣完为止		
4	检修报告填写					
4.1	填写检修报告	正确填写检修报告，用语规范，项目齐全，结论正确	15	检修前检查情况未填写，扣 4 分； 填写不全或不正确，每项扣 0.5 分； 发现及处理情况未填写，扣 3 分； 缺陷每缺少一项，扣 2 分； 检修结论不正确，扣 1 分； 以上扣分，扣完为止		
合计			100			

Jc0000541024　变压器蝶阀渗漏油故障处理。（100 分）

考核知识点：变压器阀门渗漏油故障处理。

难易度：易

技能等级评价专业技能考核操作工作任务书

一、任务名称

变压器蝶阀渗漏油故障处理。

二、适用工种

变电设备检修工初级工。

三、具体任务

（1）进行试验前的安全准备及检查工作。

（2）对发现的异常问题告知监考人并进行记录，但不处理。

（3）进行变压器阀门渗漏油故障处理。

（4）填写检修报告。

四、工作规范及要求

（1）要求 1 人操作，由监考人员监护。

（2）安全文明生产，考生着装规范。

（3）工器具、材料、设备摆放整齐，现场操作熟练、连贯、有序，正确规范地使用工器具及安全用具。

（4）不发生危及人身和设备安全的行为。

（5）操作过程中有需要配合的向监考人员提出，但涉及考试内容的不得提问。

五、考核及时间要求

（1）考核总时间为 45 分钟。场内实际操作时间为 40 分钟，如到时未完成应终止。场外检修记录填写时间为 5 分钟，如到时未完成应终止。若提前完成，向监考人员示意。

（2）参赛选手从进场开始计算时间。

（3）若出现人身伤害或设备危害的操作，监护人员有权制止。

技能等级评价专业技能考核操作评分标准

工种	变电设备检修工				评价等级	初级工
项目模块	变压器检修—变压器缺陷及故障处理			编号	Jc0000541024	
单位		准考证号			姓名	
考试时限	45 分钟	题型	单项操作		题分	100 分
成绩		考评员		考评组长	日期	
试题正文	变压器蝶阀渗漏油故障处理					
需要说明的问题和要求	（1）严格执行有关规程和规范。 （2）在提供的场地、设备上独立完成操作。 （3）时间到应立即停止操作，整理工具、材料离开操作场地					

序号	项目名称	质量要求	满分	扣分标准	扣分原因	得分
1	准备					
1.1	参赛队员着装	正确佩戴安全帽、穿绝缘鞋、穿长袖工作服、戴线手套	6	未佩戴安全帽、穿绝缘鞋、穿长袖工作服，扣 3 分； 安全帽佩戴不规范，扣 1 分； 着装不规范，扣 1 分； 未戴线手套，扣 1 分		

续表

序号	项目名称	质量要求	满分	扣分标准	扣分原因	得分
1.2	安全工器具检查	应检查安全工器具、绝缘工器具是否完好，是否在校验合格期内	4	未检查安全工器具、绝缘工器具外观是否完好，扣2分； 未检查检验标签是否在合格期内，扣2分		
1.3	安全措施检查	检查现场所做安全措施是否正确、完善	3	未检查现场安全措施，扣3分		
1.4	试验环境检查	检查当日工位处温度、湿度情况	2	未检查温度情况，扣1分； 未检查湿度情况，扣1分		
2	渗漏油处理					
2.1	排油	关闭本体气体继电器储油柜侧蝶阀； 缓慢松开蝶阀紧固螺栓排油	20	未关闭本体气体继电器储油柜侧蝶阀或关闭不严，扣5分； 未进行排油，扣5分； 未将油排尽，扣5分； 变压器大盖有明显油污，扣5分		
2.2	更换密封胶垫	检查阀门密封面应平整无划痕、锈蚀、漆膜； 依次对角拧紧安装阀门螺栓； 密封垫均匀压缩 1/3（胶棒压缩1/2）	20	未检查阀门密封面，扣5分； 螺栓紧固顺序错误，扣5分； 密封垫未入槽、偏移和压缩不均匀，扣10分		
2.3	试漏	缓慢打开本体气体继电器储油柜侧蝶阀，观察渗漏； 清理现场油污	20	未进行渗漏观察，扣10分； 未清理现场油污，扣10分		
3	安全文明生产					
3.1	相关规定的执行	严格遵守安规	6	违章作业，每项扣2分，扣完为止		
3.2	清理作业现场	工器具、试验仪器收取后摆放整齐，与开工前一致； 设备表面清洁无杂物，作业现场清洁无遗留物品	4	工器具、试验仪器未收取摆放整齐，扣1分； 设备表面、工作现场有遗留物，每处扣1分，扣完为止		
4	检修报告填写					
4.1	填写检修报告	正确填写检修报告，用语规范，项目齐全，结论正确	15	检修前检查情况未填写，扣4分； 填写不全或不正确，每项扣0.5分； 发现及处理情况未填写，扣3分； 缺陷每缺少一项，扣2分； 检修结论不正确，扣1分； 以上扣分，扣完为止		
合计			100			

Jc0000541025 变压器故障温度计处理。（100分）

考核知识点：变压器故障温度计处理

难易度：易

技能等级评价专业技能考核操作工作任务书

一、任务名称

变压器故障温度计处理。

二、适用工种

变电设备检修工初级工。

三、具体任务

（1）进行试验前的安全准备及检查工作。

（2）对发现的异常问题告知监考人并进行记录，但不处理。

（3）进行变压器故障温度计处理。

（4）填写检修报告。

四、工作规范及要求

（1）要求1人操作，1人协助，由监考人员监护。

（2）安全文明生产，考生着装规范。

（3）工器具、材料、设备摆放整齐，现场操作熟练、连贯、有序，正确规范地使用工器具及安全用具。

（4）不发生危及人身和设备安全的行为。

（5）操作过程中有需要配合的向监考人员提出，但涉及考试内容的不得提问。

五、考核及时间要求

（1）考核总时间为45分钟。场内实际操作时间为40分钟，如到时未完成应终止。场外检修记录填写时间为5分钟，如到时未完成应终止。若提前完成，向监考人员示意。

（2）参赛选手从进场开始计算时间。

（3）若出现人身伤害或设备危害的操作，监护人员有权制止。

技能等级评价专业技能考核操作评分标准

工种	变电设备检修工					评价等级	初级工
项目模块	变压器检修—变压器缺陷及故障处理				编号	Jc0000541025	
单位			准考证号			姓名	
考试时限	45分钟		题型	单项操作		题分	100分
成绩		考评员		考评组长		日期	
试题正文	变压器故障温度计处理						
需要说明的问题和要求	（1）严格执行有关规程和规范。 （2）在提供的场地、设备上独立完成操作。 （3）时间到应立即停止操作，整理工具、材料离开操作场地。 （4）现场以1台110kV变压器为考核对象						

序号	项目名称	质量要求	满分	扣分标准	扣分原因	得分
1	准备					
1.1	参赛队员着装	正确佩戴安全帽、穿绝缘鞋、穿长袖工作服、戴线手套	6	未佩戴安全帽、穿绝缘鞋、穿长袖工作服，扣3分； 安全帽佩戴不规范，扣1分； 着装不规范，扣1分； 未戴线手套，扣1分		
1.2	安全工器具检查	应检查安全工器具、绝缘工器具是否完好，是否在校验合格期内	4	未检查安全工器具、绝缘工器具外观是否完好，扣2分； 未检查检验标签是否在合格期内，扣2分		
1.3	安全措施检查	检查现场所做安全措施是否正确、完善	3	未检查现场安全措施，扣3分		
1.4	试验环境检查	检查当日工位处温度、湿度情况	2	未检查温度情况，扣1分； 未检查湿度情况，扣1分		
2	故障处理					
2.1	温度计拆除	将绝缘梯或绝缘凳放在变压器的适当位置； 拆除二次连接线，不得损伤二次连接线； 拆除温度计固定螺栓，拆除温度计，不得损坏玻璃罩	30	未将梯子放置合适位置，扣5分； 未拆除二次连接线，扣10分； 二次线损伤，扣10分； 损坏玻璃罩，扣5分		

续表

序号	项目名称	质量要求	满分	扣分标准	扣分原因	得分
2.2	温度计故障处理	应进行校验，全刻度±1.0℃； 应进行调试，采用温度计附带的匹配元器件，并保证与远方信号一致； 变压器箱盖上的测温座中预先注入适量变压器油，再将测温传感器安装在其中，并做好防水措施； 连接二次电缆应无损伤、封堵完好	30	未进行校验，扣10分； 未进行调试并与远方信号核对，扣5分； 未注油，扣5分； 二次电缆损伤，扣5分； 封堵不完善，扣5分		
3	安全文明生产					
3.1	相关规定的执行	严格遵守安规	6	违章作业，每项扣2分，扣完为止		
3.2	清理作业现场	工器具、试验仪器收取后摆放整齐，与开工前一致； 设备表面清洁无杂物，作业现场清洁无遗留物品	4	工器具、试验仪器未收取摆放整齐，扣1分； 设备表面、工作现场有遗留物，每处扣1分，扣完为止		
4	检修报告填写					
4.1	填写检修报告	正确填写检修报告，用语规范，项目齐全，结论正确	15	检修前检查情况未填写，扣4分； 填写不全或不正确，每项扣0.5分； 发现及处理情况未填写，扣3分； 缺陷每缺少一项，扣2分； 检修结论不正确，扣1分； 以上扣分，扣完为止		
合计			100			

Jc0000541026 变压器导电接触面发热处理。(100分)

考核知识点：变压器导电接触面发热处理。

难易度：易

技能等级评价专业技能考核操作工作任务书

一、任务名称

变压器导电接触面发热处理。

二、适用工种

变电设备检修工初级工。

三、具体任务

(1) 进行处理前的安全准备及检查工作。

(2) 对发现的异常问题告知监考人并进行记录，但不处理。

(3) 进行变压器导电接触面发热处理。

(4) 填写检修报告。

四、工作规范及要求

(1) 要求1人操作，1人协助，由监考人员监护。

(2) 加压前应高声呼唱。

(3) 安全文明生产，考生着装规范。

(4) 工器具、材料、设备摆放整齐，现场操作熟练、连贯、有序，正确规范地使用工器具及安全用具。

(5) 不发生危及人身和设备安全的行为。

（6）操作过程中有需要配合的向监考人员提出，但涉及考试内容的不得提问。

五、考核及时间要求

（1）考核总时间为45分钟。场内实际操作时间为40分钟，如到时未完成应终止。场外检修记录填写时间为5分钟，如到时未完成应终止。若提前完成，向监考人员示意。

（2）参赛选手从进场开始计算时间。

（3）若出现人身伤害或设备危害的操作，监护人员有权制止。

技能等级评价专业技能考核操作评分标准

工种	变电设备检修工				评价等级	初级工
项目模块	变压器检修—变压器缺陷及故障处理			编号	Jc0000541026	
单位		准考证号			姓名	
考试时限	45分钟	题型	单项操作		题分	100分
成绩	考评员		考评组长		日期	
试题正文	变压器导电接触面发热处理					
需要说明的问题和要求	（1）严格执行有关规程和规范。 （2）在提供的场地、设备上独立完成操作。 （3）时间到应立即停止操作，整理工具、材料离开操作场地。 （4）现场以1台110kV变压器为考核对象（变压器油已排至大盖以下200mm处）					

序号	项目名称	质量要求	满分	扣分标准	扣分原因	得分
1	准备					
1.1	参赛队员着装	正确佩戴安全帽、穿绝缘鞋、穿长袖工作服、戴线手套	6	未佩戴安全帽、穿绝缘鞋、穿长袖工作服，扣3分； 安全帽佩戴不规范，扣1分； 着装不规范，扣1分； 未戴线手套，扣1分		
1.2	安全工器具检查	应检查安全工器具、绝缘工器具是否完好，是否在校验合格期内	4	未检查安全工器具、绝缘工器具外观是否完好，扣2分； 未检查检验标签是否在合格期内，扣2分		
1.3	安全措施检查	检查现场所做安全措施是否正确、完善	3	未检查现场安全措施，扣3分		
1.4	试验环境检查	检查当日工位处温度、湿度情况	2	未检查温度情况，扣1分； 未检查湿度情况，扣1分		
2	发热处理					
2.1	拆卸母线	将绝缘梯搭放在变压器的适当位置； 卸下母线引线紧固螺母，不得损坏瓷件	10	未将梯子放置合适位置，扣5分； 卸螺母时损坏瓷件，扣5分		
2.2	处理发热件	用砂纸打磨发热导电杆螺母，除去氧化层； 将母线引线联结处用砂纸打磨，除去氧化层，涂导电膏； 拆下发热相瓷瓶，检查引线，如脱焊应进行焊接	20	氧化层未除去，扣5分； 母线联结处不打磨，扣5分； 未涂导电膏，扣5分； 未检查引线脱焊，5分		
2.3	连接变压器母线	将联结母线引线装入导电杆，加上平垫圈及弹簧垫圈，并拧紧固定好； 螺母紧固适中； 擦干净瓷压帽和导电杆上的油污； 导电杆处不应渗油，如胶珠老化应进行放油处理	10	连接母线引线时未放平垫圈和弹簧垫圈，各扣2分； 未紧固，扣2分； 螺母固定不好，扣2分； 瓷压帽及导电杆未擦，扣2分； 导电杆渗油，扣2分		
3	回路电阻试验					

续表

序号	项目名称	质量要求	满分	扣分标准	扣分原因	得分
3.1	仪器准备及接线	正确摆放测试仪，连接测量线、电源线及仪器接地线	5	未用万用表测试检修电源电压，扣 2.5 分； 测量线及仪器接地线连接不正确，扣 2.5 分		
3.2	回路电阻试验	接通电源，正确选择测试电流，应为 100A 至额定电流的任意值； 逐相进行回路电阻测试； 测试完成后，显示电阻值并记录数据； 技术要求： 回路电阻值接近其他正常相回路电阻值	10	未正确使用仪器，扣 2～4 分； 测试方法不正确，扣 1～2 分； 未做试验或试验项目错误、遗漏，每项扣 1 分，扣完为止； 换相测试过程中未关闭仪器，扣 0.5 分		
3.3	仪器回收及折线	试验后正确回收试验仪器及接线	5	仪器未回收，扣 1 分； 仪器未定置摆放，扣 1 分； 试验线回收杂乱，扣 1 分； 现场遗留线夹、接线，扣 2 分		
4	安全文明生产					
4.1	相关规定的执行	严格遵守安规	6	违章作业，每项扣 2 分，扣完为止		
4.2	清理作业现场	工器具、试验仪器收取后摆放整齐，与开工前一致； 设备表面清洁无杂物，作业现场清洁无遗留物品	4	工器具、试验仪器未收取摆放整齐，扣 1 分； 设备表面、工作现场有遗留物，每处扣 1 分，扣完为止		
5	检修报告填写					
5.1	填写检修报告	正确填写检修报告，用语规范，项目齐全，结论正确	15	检修前检查情况未填写，扣 4 分； 填写不全或不正确，每项扣 0.5 分； 发现及处理情况未填写，扣 3 分； 缺陷每缺少一项，扣 2 分； 检修结论不正确，扣 1 分； 以上扣分，扣完为止		
合计			100			

Jc0000551027　常用电工工具的使用。（100 分）

考核知识点：检修工器具的使用方法及注意事项

难易度：易

技能等级评价专业技能考核操作工作任务书

一、任务名称

常用电工工具的使用。

二、适用工种

变电设备检修工初级工。

三、具体任务

（1）进行使用前的安全准备及检查工作。

（2）对发现的异常问题告知监考人并进行记录，但不处理。

（3）进行高压验电器、螺钉旋具、电工钳、尖嘴钳、剥线钳、电工刀和活扳手等常用电工工具的使用。

（4）填写检修报告。

四、工作规范及要求

（1）要求 1 人操作，由监考人员监护。

（2）工作过程中检查的位置及结果应高声呼唱。

（3）安全文明生产，考生着装规范。

（4）工器具、材料、设备摆放整齐，现场操作熟练、连贯、有序，正确规范地使用工器具及安全用具。

（5）不发生危及人身和设备安全的行为。

（6）操作过程中有需要配合的向监考人员提出，但涉及考试内容的不得提问。

五、考核及时间要求

（1）考核总时间为45分钟。场内实际操作时间为40分钟，如到时未完成应终止。场外检修记录填写时间为5分钟，如到时未完成应终止。若提前完成，向监考人员示意。

（2）参赛选手从进场开始计算时间。

（3）若出现人身伤害或设备危害的操作，监护人员有权制止。

技能等级评价专业技能考核操作评分标准

工种	变电设备检修工					评价等级	初级工
项目模块	变压器检修—变压器大修及更换安装				编号	Jc0000551027	
单位			准考证号			姓名	
考试时限	45分钟	题型		单项操作		题分	100分
成绩		考评员		考评组长		日期	
试题正文	常用电工工具的使用						
需要说明的问题和要求	（1）严格执行有关规程和规范。 （2）高压验电必须有监护人。 （3）时间到应立即停止操作，整理工具、材料离开操作场地						

序号	项目名称	质量要求	满分	扣分标准	扣分原因	得分
1	准备					
1.1	参赛队员着装	正确佩戴安全帽、穿绝缘鞋、穿长袖工作服、戴线手套	6	未佩戴安全帽、穿绝缘鞋、穿长袖工作服，扣3分； 安全帽佩戴不规范，扣1分； 着装不规范，扣1分； 未戴线手套，扣1分		
1.2	安全工器具检查	应检查安全工器具、绝缘工器具是否完好，是否在校验合格期内	4	未检查安全工器具、绝缘工器具外观是否完好，扣2分； 未检查检验标签是否在合格期内，扣2分		
1.3	安全措施检查	检查现场所做安全措施是否正确、完善	3	未检查现场安全措施，扣3分		
1.4	试验环境检查	检查当日工位处温度、湿度情况	2	未检查温度情况，扣1分； 未检查湿度情况，扣1分		
2	常用电工工具的使用					
2.1	高压验电器的使用	戴好绝缘手套，穿好绝缘靴或准备好绝缘垫； 手握姿势正确，与带电体保持0.7m以上的安全距离； 先到确实有电的带电体上检查验电器是否良好； 检测未知带电体是否有电，要逐渐靠近被测物体，直至氖管发光； 再次到确实有电的带电体上验电，以检查验电结果的可靠性	10	未使用安全用具，扣2分； 姿势不当，扣2分； 安全距离超标，扣2分； 未检查验电器，扣2分； 检测方法不当，扣1分； 未再次确认验电器，扣1分		

续表

序号	项目名称	质量要求	满分	扣分标准	扣分原因	得分
2.2	螺钉旋具的使用	手握姿势正确； 拧入时用力适当，不伤顶头	5	姿势不当，扣2分； 用力不当使顶头损伤，扣3分		
2.3	电工钳的使用	口述用法口诀： 剪切导线用刀山，剪切钢丝用侧口，扳旋螺母用齿口，弯绞导线用钳口； 检查绝缘柄是否良好； 手握姿势正确； 剪切导线方法正确； 剥削导线绝缘层方法正确	10	不能口述，扣3分； 姿势不当，扣3分； 方法不当，扣4分		
2.4	尖嘴钳的使用	手握姿势正确； 弯绞导线端环	5	姿势不当，扣2分； 弯绞导线端方法不当，扣3分		
2.5	剥线钳的使用	手握姿势正确； 剥削长度量准，例：30mm、50mm长； 剥线方法正确； 导线无损伤	10	姿势不当，扣2分； 量度超差较大，扣2分； 剥线方法不当，扣3分； 有损伤，扣3分		
2.6	电工刀的使用	手握姿势正确； 刨削长度量准，例：30mm、50mm长； 刨削方法正确； 导线无损伤	10	姿势不当，扣2分； 量度超差较大，扣2分； 刨削方法不当，扣3分； 有损伤，扣3分		
2.7	活扳手的使用	手握姿势正确； 调整扳口开度方法正确； 拧紧或拆卸大螺母方法正确； 拧紧或拆卸小螺母方法正确	10	姿势不当，扣5分； 方法不当，扣5分		
3	安全文明生产					
3.1	相关规定的执行	严格遵守安规	6	违章作业，每项扣2分，扣完为止		
3.2	清理作业现场	工器具、试验仪器收取后摆放整齐，与开工前一致； 设备表面清洁无杂物，作业现场清洁无遗留物品	4	工器具、试验仪器未收取摆放整齐，扣1分； 设备表面、工作现场有遗留物，每处扣1分，扣完为止		
4	检修报告填写					
4.1	填写检修报告	正确填写检修报告，用语规范，项目齐全，结论正确	15	检修前检查情况未填写，扣4分； 填写不全或不正确，每项扣0.5分； 发现及处理情况未填写，扣3分； 缺陷每缺少一项，扣2分； 检修结论不正确，扣1分； 以上扣分，扣完为止		
合计			100			

Jc0000551028 应用真空滤油机进行绝缘油处理。(100分)

考核知识点：能使用滤油机现场进行绝缘油处理。

难易度：易

技能等级评价专业技能考核操作工作任务书

一、任务名称

应用真空滤油机进行绝缘油处理。

二、适用工种

变电设备检修工初级工。

三、具体任务

（1）进行处理前的安全准备及检查工作。

（2）对发现的异常问题告知监考人并进行记录，但不处理。

（3）应有真空滤油机进行绝缘油处理。

（4）填写检修报告。

四、工作规范及要求

（1）要求 1 人操作，1 人协助，由监考人员监护。

（2）安全文明生产，考生着装规范。

（3）工器具、材料、设备摆放整齐，现场操作熟练、连贯、有序，正确规范地使用工器具及安全用具。

（4）不发生危及人身和设备安全的行为。

（5）操作过程中有需要配合的向监考人员提出，但涉及考试内容的不得提问。

五、考核及时间要求

（1）考核总时间为 45 分钟。场内实际操作时间为 40 分钟，如到时未完成应终止。场外检修记录填写时间为 5 分钟，如到时未完成应终止。若提前完成，向监考人员示意。

（2）参赛选手从进场开始计算时间。

（3）若出现人身伤害或设备危害的操作，监护人员有权制止。

技能等级评价专业技能考核操作评分标准

工种	变电设备检修工					评价等级	初级工
项目模块	变压器检修—变压器大修及更换安装				编号	Jc0000551028	
单位			准考证号			姓名	
考试时限	45 分钟		题型	单项操作		题分	100 分
成绩		考评员		考评组长		日期	
试题正文	应用真空滤油机进行绝缘油处理						
需要说明的问题和要求	（1）严格执行有关规程和规范。 （2）现场由 1 名检修工协助完成。 （3）现场提供 140kW 功率电源。 （4）时间到应立即停止操作，整理工具、材料离开操作场地。 （5）现场提供净油前的油务化验报告。 （6）现场以 ZJA12BY 型高压真空滤油机为考核设备，净化 45 号绝缘油 5t						

序号	项目名称	质量要求	满分	扣分标准	扣分原因	得分
1	准备					
1.1	参赛队员着装	正确佩戴安全帽、穿绝缘鞋、穿长袖工作服、戴线手套	6	未佩戴安全帽、穿绝缘鞋、穿长袖工作服，扣 3 分； 安全帽佩戴不规范，扣 1 分； 着装不规范，扣 1 分； 未戴线手套，扣 1 分		
1.2	安全工器具检查	应检查安全工器具、绝缘工器具是否完好，是否在校验合格期内	4	未检查安全工器具、绝缘工器具外观是否完好，扣 2 分； 未检查检验标签是否在合格期内，扣 2 分		
1.3	安全措施检查	检查现场所做安全措施是否正确、完善	3	未检查现场安全措施，扣 3 分		

续表

序号	项目名称	质量要求	满分	扣分标准	扣分原因	得分
1.4	试验环境检查	检查当日工位处温度、湿度情况	2	未检查温度情况，扣1分； 未检查湿度情况，扣1分		
2	滤油					
2.1	启动操作	合上电源空开； 启动真空泵，开启真空阀门； 启动1、2级增加泵，待真空系统达到2660Pa时自动启动； 当一级真空罐真空度达到532Pa以下时，开启进油阀门； 启动给油泵； 开启内循环阀门； 当二级真空罐的油位上升到中间位置时，启动排油泵； 启动加热器； 内循环20～30min，1级真空罐真空度达到133Pa，油温达到50℃时，关闭内循环阀门	30	启动操作程序错误，每项扣4分，扣完为止		
2.2	故障处理	会分析电源接通后，系统不能启动产生的原因及处理方法； 会分析查找1级真空泵达不到532Pa的原因； 能排除罐内油位不稳定现象； 会分析泡沫不能消除的原因及处理方法； 会分析排油量上达不到额定值的原因，掌握处理方法； 能排除报警失灵的故障； 能分析增加泵运转情况，会排除运转声音不正常的现象	20	设备发生异常或故障现象，不会分析，不能排除故障，每项扣4分，扣完为止		
2.3	净化处理后的绝缘油	经过高真空净化处理的绝缘油，应达到“电气设备交接试验标准”及“绝缘油气相色谱分析”标准	10	经油样化验未达到标准中规定的技术指标，扣10分		
3	安全文明生产					
3.1	相关规定的执行	严格遵守安规	6	违章作业，每项扣2分，扣完为止		
3.2	清理作业现场	工器具、试验仪器收取后摆放整齐，与开工前一致； 设备表面清洁无杂物，作业现场清洁无遗留物品	4	工器具、试验仪器未收取摆放整齐，扣1分； 设备表面、工作现场有遗留物，每处扣1分，扣完为止		
4	检修报告填写					
4.1	填写检修报告	正确填写检修报告，用语规范，项目齐全，结论正确	15	检修前检查情况未填写，扣4分； 填写不全或不正确，每项扣0.5分； 发现及处理情况未填写，扣3分； 缺陷每缺少一项，扣2分； 检修结论不正确，扣1分； 以上扣分，扣完为止		
合计			100			

Jc0000542029　110kV SF_6电流互感器本体检查。（100分）

考核知识点：SF_6电流互感器本体检查

难易度：中

技能等级评价专业技能考核操作工作任务书

一、任务名称

110kV SF_6 电流互感器本体检查。

二、适用工种

变电设备检修工初级工。

三、具体任务

（1）进行试验前的安全准备及检查工作。

（2）对电流互感器本体外观进行整体检查。

（3）对发现的异常问题告知监考人并进行记录，但不处理。

（4）填写检修报告。

四、工作规范及要求

（1）要求 1 人操作，由监考人员监护。

（2）工作过程中检查的位置及结果应高声呼唱。

（3）安全文明生产，考生着装规范。

（4）工器具、材料、设备摆放整齐，现场操作熟练、连贯、有序，正确规范地使用工器具及安全用具。

（5）不发生危及人身和设备安全的行为。

（6）操作过程中有需要配合的向监考人员提出，如断开保护屏处控制电源、接地开关，但涉及考试内容的不得提问。

（7）对 110kV 电流互感器检修，熟悉各部件工艺质量要求。

五、考核及时间要求

（1）考核总时间为 60 分钟。场内实际操作时间为 55 分钟，如到时未完成应终止。场外检修记录填写时间为 5 分钟，如到时未完成应终止。若提前完成，向监考人员示意。

（2）参赛选手从进场开始计算时间。

（3）若出现人身伤害或设备危害的操作，监护人员有权制止。

技能等级评价专业技能考核操作评分标准

工种	变电设备检修工					评价等级	初级工
项目模块	互感器检修—互感器小修及维护				编号	Jc0000542029	
单位		准考证号				姓名	
考试时限	60 分钟	题型	单项操作			题分	100 分
成绩		考评员		考评组长		日期	
试题正文	110kV SF_6 电流互感器本体检查						
需要说明的问题和要求	（1）检查互感器，提前做好安全措施、准备工具箱。 （2）检修过程中应注意安全，有危及人身、设备安全的行为可取消考核成绩。 （3）检查前应征得考评员允许，确认可以开始						

序号	项目名称	质量要求	满分	扣分标准	扣分原因	得分
1	准备					

续表

序号	项目名称	质量要求	满分	扣分标准	扣分原因	得分
1.1	参赛队员着装	正确佩戴安全帽、穿绝缘鞋、穿长袖工作服、戴线手套	6	未佩戴安全帽、穿绝缘鞋、穿长袖工作服，扣3分； 安全帽佩戴不规范，扣1分； 着装不规范，扣1分； 未戴线手套，扣1分		
1.2	安全工器具检查	应检查安全工器具、绝缘工器具是否完好，是否在校验合格期内	4	未检查安全工器具、绝缘工器具外观是否完好，扣2分； 未检查检验标签是否在合格期内，扣2分		
1.3	安全措施检查	检查现场所做安全措施是否正确、完善	3	未检查现场安全措施，扣3分		
1.4	试验环境检查	检查当日工位处温度、湿度情况	2	未检查温度情况，扣1分； 未检查湿度情况，扣1分		
2	110kV SF_6 电流互感器检查					
2.1	110kV SF_6 电流互感器检查要点	设备外观完好、无渗漏； 外绝缘表面清洁、无裂纹及放电现象	10	未检查设备外观，扣2分； 未检查设备渗漏情况，扣2分； 未检查设备外绝缘情况，扣2分； 未检查设备裂纹情况，扣2分； 未检查设备放电情况，扣2分		
2.2		金属部位无锈蚀，底座、构架牢固，无倾斜变形，设备外涂漆层清洁、无大面积掉漆	10	未检查设备金属部位无锈蚀，扣2分； 未检查设备底座、构架牢固，扣2分； 未检查设备无倾斜变形，扣2分； 未检查设备外涂漆层清洁，扣2分； 未检查设备无大面积掉漆，扣2分		
2.3		一、二次、末屏引线接触良好，接头无过热，各连接引线无发热、变色，本体温度无异常，一次导电杆及端子无变形、无裂痕	10	未检查设备一、二次、末屏引线接触良好，接头无过热，扣2分； 未检查设备各连接引线无发热、变色，扣2分； 未检查设备本体温度无异常，扣2分； 未检查一次导电杆及端子无变形，扣2分； 未检查一次导电杆及端子无裂痕，扣2分		
2.4		检查密度继电器（压力表）指示在正常规定范围，无漏气现象	10	未检查密度继电器（压力表）指示清洁，扣3分； 未检查密度继电器（压力表）在正常范围，扣3分； 未检查密度继电器无漏气，扣4分		
2.5		本体二次接线盒密封良好，无锈蚀； 无异常声响、异常振动和异常气味	10	未检查设备本体二次接线盒密封良好，扣2分； 未检查设备无锈蚀，扣2分； 未检查设备无异常声响，扣2分； 未检查设备异常振动，扣2分； 未检查设备异常气味，扣2分		
2.6		接地点连接可靠	5	未检查设备接地点连接可靠，扣5分		
2.7		一次接线板表面清洁、无裂纹	5	未检查设备一次接线板表面清洁，扣2分； 未检查设备一次接线板表面无裂纹，扣3分		
3	安全文明生产					
3.1	相关规定的执行	严格遵守安规	6	违章作业，每项扣2分，扣完为止		
3.2	清理作业现场	工器具、试验仪器收取后摆放整齐，与开工前一致； 设备表面清洁无杂物，作业现场清洁无遗留物品	4	工器具、试验器未收取摆放整齐，扣1分； 设备表面、工作现场有遗留物，每处扣1分，扣完为止		
4	检修报告填写					

续表

序号	项目名称	质量要求	满分	扣分标准	扣分原因	得分
4.1	填写检修报告	正确填写检修报告，用语规范，项目齐全，结论正确	15	检修前检查情况未填写，扣4分； 填写不全或不正确，每项扣0.5分； 发现及处理情况未填写，扣3分； 缺陷每缺少一项，扣2分； 检修结论不正确，扣1分； 以上扣分，扣完为止		
合计			100			

Jc0000542030　35kV 油浸式接地变压器本体检查。（100 分）

考核知识点：油浸式接地变压器本体巡视

难易度：中

技能等级评价专业技能考核操作工作任务书

一、任务名称

35kV 油浸式接地变压器本体检查。

二、适用工种

变电设备检修工初级工。

三、具体任务

（1）进行试验前的安全准备及检查工作。

（2）对 35kV 油浸式接地变压器本体外观进行整体检查。

（3）对发现的异常问题告知监考人并进行记录，但不处理。

（4）填写检修报告。

四、工作规范及要求

（1）要求 1 人操作，由监考人员监护。

（2）工作过程中检查的位置及结果应高声呼唱。

（3）安全文明生产，考生着装规范。

（4）工器具、材料、设备摆放整齐，现场操作熟练、连贯、有序，正确规范地使用工器具及安全用具。

（5）不发生危及人身和设备安全的行为。

（6）操作过程中有需要配合的向监考人员提出，如断开保护屏处控制电源、接地刀闸，但涉及考试内容的不得提问。

（7）对 35kV 油浸式接地变压器巡视，熟悉接地变压器正常运行的质量要求。

五、考核及时间要求

（1）考核总时间为 60 分钟。场内实际操作时间为 55 分钟，如到时未完成应终止。场外检修记录填写时间为 5 分钟，如到时未完成应终止。若提前完成，向监考人员示意。

（2）参赛选手从进场开始计算时间。

（3）若出现人身伤害或设备危害的操作，监护人员有权制止。

技能等级评价专业技能考核操作评分标准

工种	变电设备检修工			评价等级	初级工
项目模块	接地变压器、消弧线圈检修—接地变压器、消弧线圈小修及维护		编号	Jc0000542030	
单位		准考证号		姓名	

续表

考试时限	60 分钟		题型	单项操作		题分	100 分
成绩		考评员		考评组长		日期	
试题正文	35kV 油浸式接地变压器本体检查						
需要说明的问题和要求	（1）检查互感器，提前做好安全措施、准备工具箱。 （2）检修过程中应注意安全，有危及人身、设备安全的行为可取消考核成绩。 （3）检查前应征得考评员允许，确认可以开始						

序号	项目名称	质量要求	满分	扣分标准	扣分原因	得分
1	准备					
1.1	参赛队员着装	正确佩戴安全帽、穿绝缘鞋、穿长袖工作服、戴线手套	6	未佩戴安全帽、穿绝缘鞋、穿长袖工作服，扣 3 分； 安全帽佩戴不规范，扣 1 分； 着装不规范，扣 1 分； 未戴线手套，扣 1 分		
1.2	安全工器具检查	应检查安全工器具、绝缘工器具是否完好，是否在校验合格期内	4	未检查安全工器具、绝缘工器具外观是否完好，扣 2 分； 未检查检验标签是否在合格期内，扣 2 分		
1.3	安全措施检查	检查现场所做安全措施是否正确、完善	3	未检查现场安全措施，扣 3 分		
1.4	试验环境检查	检查当日工位处温度、湿度情况	2	未检查温度情况，扣 1 分； 未检查湿度情况，扣 1 分		
2	35kV 油浸式接地变压器本体检查					
2.1	35kV 油浸式接地变压器本体检查要点	设备外观应完好，无锈蚀或掉漆	4	未检查设备外观完好，扣 2 分； 未检查设备无锈蚀或掉漆，扣 2 分		
2.2		底座、构架应支撑牢固，无倾斜或变形	4	未检查设备底座、构架支撑牢固，扣 2 分； 未检查设备无倾斜或变形，扣 2 分		
2.3		套管表面清洁，无裂纹、损伤或爬电、烧灼痕迹	6	未检查设备套管表面清洁，扣 2 分； 未检查设备套管无裂纹、损伤，扣 2 分； 未检查设备爬电、烧灼痕迹，扣 2 分		
2.4		一、二次引线接触良好，接头处无过热、变色，热缩包扎无变形	6	未检查设备一、二次引线接触良好，扣 2 分； 未检查设备接头处无过热、变色，扣 2 分； 未检查设备热缩包扎无变形，扣 2 分		
2.5		各部位密封应良好，无渗漏油	5	未检查设备各部位密封应良好，扣 3 分； 未检查设备无渗漏油，扣 2 分		
2.6		储油柜油位应正确，油位计内部无凝露	5	未检查设备储油柜油位正确，扣 3 分； 未检查设备油位计内部无凝露，扣 2 分		
2.7		吸湿器应呼吸通畅，吸湿剂罐装至顶部 1/6～1/5 处，受潮变色不超过 2/3，并标识 2/3 位置	5	未检查设备吸湿器应呼吸通畅，吸湿剂罐装至顶部 1/6～1/5 处，扣 2 分； 未检查设备受潮变色不超过 2/3，并标识 2/3 位置，扣 3 分		
2.8		油杯油面在规定位置	2	未检查设备油杯油面在规定位置，扣 2 分		
2.9		气体继电器内无气体	2	未检查设备气体继电器内无气体，扣 2 分		
2.10		测温座应密封良好，温度指示正常，观察窗内无凝露，冷却风扇可正常启动、停止	8	未检查设备测温座密封良好，扣 2 分； 未检查设备温度指示正常，扣 2 分； 未检查设备观察窗内无凝露，扣 2 分； 未检查设备冷却风扇可正常启动、停止，扣 2 分		
2.11		阀门必须根据实际需要，处在关闭和开启位置； 指示开、闭位置的标志清晰、正确	3	未检查设备阀门根据实际需要，处在关闭和开启位置，扣 1 分； 未检查设备指示开、闭位置的标志清晰、正确，扣 2 分		

续表

序号	项目名称	质量要求	满分	扣分标准	扣分原因	得分
2.12	35kV油浸式接地变压器本体检查要点	接地引下线应完好，无锈蚀、断股，接地端子应与设备底座可靠连接	5	未检查设备接地引下线完好，扣2分； 未检查设备接地引下线无锈蚀、断股，扣2分； 未检查设备接地端子与设备底座可靠连接，扣1分		
2.13		无异常信号	3	未检查设备无异常信号，扣3分		
2.14		无异响、异味	2	未检查设备无异响、异味，扣2分		
3	安全文明生产					
3.1	相关规定的执行	严格遵守安规	6	违章作业，每项扣2分，扣完为止		
3.2	清理作业现场	工器具、试验仪器收取后摆放整齐，与开工前一致； 设备表面清洁无杂物，作业现场清洁无遗留物品	4	工器具、试验仪器未收取摆放整齐，扣1分； 设备表面、工作现场有遗留物，每处扣1分，扣完为止		
4	检修报告填写					
4.1	填写检修报告	正确填写检修报告，用语规范，项目齐全，结论正确	15	检修前检查情况未填写，扣4分； 填写不全或不正确，每项扣0.5分； 发现及处理情况未填写，扣3分； 缺陷每缺少一项，扣2分； 检修结论不正确，扣1分； 以上扣分，扣完为止		
合计			100			

Jc0000541031　10kV 干式消弧线圈本体检查。（100 分）

考核知识点：干式消弧线圈本体巡视

难易度：易

技能等级评价专业技能考核操作工作任务书

一、任务名称

10kV 干式消弧线圈本体检查。

二、适用工种

变电设备检修工初级工。

三、具体任务

（1）进行试验前的安全准备及检查工作。

（2）对 10kV 干式消弧线圈本体外观进行整体检查。

（3）对发现的异常问题告知监考人并进行记录，但不处理。

（4）填写检修报告。

四、工作规范及要求

（1）要求 1 人操作，由监考人员监护。

（2）工作过程中检查的位置及结果应高声呼唱。

（3）安全文明生产，考生着装规范。

（4）工器具、材料、设备摆放整齐，现场操作熟练、连贯、有序，正确规范地使用工器具及安全用具。

（5）不发生危及人身和设备安全的行为。

（6）操作过程中有需要配合的向监考人员提出，如断开保护屏处控制电源、接地刀闸，但涉及考试内容的不得提问。

（7）对 10kV 干式消弧线圈检查，熟悉 10kV 干式消弧线圈正常运行下质量要求。

五、考核及时间要求

（1）考核总时间为 60 分钟。场内实际操作时间为 55 分钟，如到时未完成应终止。场外检修记录填写时间为 5 分钟，如到时未完成应终止。若提前完成，向监考人员示意。

（2）参赛选手从进场开始计算时间。

（3）若出现人身伤害或设备危害的操作，监护人员有权制止。

技能等级评价专业技能考核操作评分标准

工种	变电设备检修工					评价等级	初级工
项目模块	接地变压器、消弧线圈检修—接地变压器、消弧线圈小修及维护				编号	Jc0000541031	
单位			准考证号			姓名	
考试时限	60 分钟		题型	单项操作		题分	100 分
成绩		考评员		考评组长		日期	
试题正文	10kV 干式消弧线圈本体检查						
需要说明的问题和要求	（1）检查干式消弧线圈，提前做好安全措施、准备工具箱。 （2）检修过程中应注意安全，有危及人身、设备安全行为为可取消考核成绩。 （3）检查前应征得考评员允许，确认可以开始						

序号	项目名称	质量要求	满分	扣分标准	扣分原因	得分
1	准备					
1.1	参赛队员着装	正确佩戴安全帽、穿绝缘鞋、穿长袖工作服、戴线手套	6	未佩戴安全帽、穿绝缘鞋、穿长袖工作服，扣 3 分； 安全帽佩戴不规范，扣 1 分； 着装不规范，扣 1 分； 未戴线手套，扣 1 分		
1.2	安全工器具检查	应检查安全工器具、绝缘工器具是否完好，是否在校验合格期内	4	未检查安全工器具、绝缘工器具外观是否完好，扣 2 分； 未检查检验标签是否在合格期内，扣 2 分		
1.3	安全措施检查	检查现场所做安全措施是否正确、完善	3	未检查现场安全措施，扣 3 分		
1.4	试验环境检查	检查当日工位处温度、湿度情况	2	未检查温度情况，扣 1 分； 未检查湿度情况，扣 1 分		
2	10kV 干式消弧线圈本体检查					
2.1	10kV 干式消弧线圈本体检查要点	设备外观应完好，无锈蚀或掉漆	10	未检查设备外观完好，扣 5 分； 未检查设备无锈蚀或掉漆，扣 5 分		
2.2		底座、构架应支撑牢固，无倾斜或变形	10	未检查设备底座、构架应支撑牢固，扣 5 分； 未检查设备无倾斜或变形，扣 5 分		
2.3	10kV 干式消弧线圈本体检查要点	绝缘支撑件外观应完好，无裂纹、损伤	10	未检查设备绝缘支撑件外观完好，扣 5 分； 未检查设备无裂纹、损伤，扣 5 分		
2.4		环氧树脂表面及端部应光滑平整，无裂纹或损伤变形	10	未检查环氧树脂表面及端部光滑平整，扣 5 分； 未检查设备无裂纹或损伤变形，扣 5 分		
2.5		一、二次引线接触良好，接头处无过热、变色，热缩包扎无变形	10	未检查设备一、二次引线接触良好，接头处无过热、变色，扣 10 分； 未检查设备热缩包扎无变形，扣 5 分		

续表

序号	项目名称	质量要求	满分	扣分标准	扣分原因	得分
2.6	10kV 干式消弧线圈本体检查要点	接地引下线应完好，无锈蚀、断股，接地端子应与设备底座可靠连接	5	未检查设备接地引下线完好，无锈蚀、断股，扣2分； 未检查设备接地端子与设备底座可靠连接，扣3分		
2.7		无异响、异味	5	未检查无异响、异味，扣5分		
3	安全文明生产					
3.1	相关规定的执行	严格遵守安规	6	违章作业，每项扣2分，扣完为止		
3.2	清理作业现场	工器具、试验仪器收取后摆放整齐，与开工前一致； 设备表面清洁无杂物，作业现场清洁无遗留物品	4	工器具、试验仪器未收取摆放整齐，扣1分； 设备表面、工作现场有遗留物，每处扣1分，扣完为止		
4	检修报告填写					
4.1	填写检修报告	正确填写检修报告，用语规范，项目齐全，结论正确	15	检修前检查情况未填写，扣4分； 填写不全或不正确，每项扣0.5分； 发现及处理情况未填写，扣3分； 缺陷每缺少一项，扣2分； 检修结论不正确，扣1分； 以上扣分，扣完为止		
合计			100			

Jc0000541032　35kV 干式电压互感器本体检查。(100 分)

考核知识点：干式电压互感器本体巡视

难易度：易

技能等级评价专业技能考核操作工作任务书

一、任务名称

35kV 干式电压互感器本体检查。

二、适用工种

变电设备检修工初级工。

三、具体任务

（1）进行试验前的安全准备及检查工作。

（2）对 35kV 干式电压互感器本体外观进行整体检查。

（3）对发现的异常问题告知监考人并进行记录，但不处理。

（4）填写检修报告。

四、工作规范及要求

（1）要求 1 人操作，由监考人员监护。

（2）工作过程中检查的位置及结果应高声呼唱。

（3）安全文明生产，考生着装规范。

（4）工器具、材料、设备摆放整齐，现场操作熟练、连贯、有序，正确规范地使用工器具及安全用具。

（5）不发生危及人身和设备安全的行为。

（6）操作过程中有需要配合的向监考人员提出，如断开保护屏处控制电源、接地刀闸，但涉及考试内容的不得提问。

（7）对35kV干式电压互感器巡视，熟悉35kV干式电压互感器正常运行下质量要求。

五、考核及时间要求

（1）考核总时间为60分钟。场内实际操作时间为55分钟，如到时未完成应终止。场外检修记录填写时间为5分钟，如到时未完成应终止。若提前完成，向监考人员示意。

（2）参赛选手从进场开始计算时间。

（3）若出现人身伤害或设备危害的操作，监护人员有权制止。

技能等级评价专业技能考核操作评分标准

工种	变电设备检修工			评价等级	初级工
项目模块	互感器检修—互感器小修及维护		编号	Jc0000541032	
单位		准考证号		姓名	
考试时限	60分钟	题型	单项操作	题分	100分
成绩	考评员		考评组长		日期
试题正文	35kV干式电压互感器本体检查				
需要说明的问题和要求	（1）检查干式电压互感器，提前做好安全措施、准备工具箱。 （2）检修过程中应注意安全，有危及人身、设备安全行为可取消考核成绩。 （3）检查前应征得考评员允许，确认可以开始				

序号	项目名称	质量要求	满分	扣分标准	扣分原因	得分
1	准备					
1.1	参赛队员着装	正确佩戴安全帽、穿绝缘鞋、穿长袖工作服、戴线手套	6	未佩戴安全帽、穿绝缘鞋、穿长袖工作服，扣3分； 安全帽佩戴不规范，扣1分； 着装不规范，扣1分； 未戴线手套，扣1分		
1.2	安全工器具检查	应检查安全工器具、绝缘工器具是否完好，是否在校验合格期内	4	未检查安全工器具、绝缘工器具外观是否完好，扣2分； 未检查检验标签是否在合格期内，扣2分		
1.3	安全措施检查	检查现场所做安全措施是否正确、完善	3	未检查现场安全措施，扣3分		
1.4	试验环境检查	检查当日工位处温度、湿度情况	2	未检查温度情况，扣1分； 未检查湿度情况，扣1分		
2	35kV干式电压互感器本体检查					
2.1	35kV干式电压互感器检查要点	设备外观完好，外绝缘表面清洁、无裂纹及放电现象	10	未检查设备外观完好，扣5分； 未检查设备外绝缘表面清洁、无裂纹及放电现象，扣5分		
2.2		金属部位无锈蚀，底座、构架牢固，无倾斜变形	10	未检查设备金属部位无锈蚀，扣5分； 未检查设备底座、构架牢固，无倾斜变形，扣5分		
2.3	35kV干式电压互感器检查要点	一、二次引线连接正常，各连接接头无过热迹象，本体温度无异常	10	未检查设备一、二次引线连接正常，各连接接头无过热迹象，扣5分； 未检查设备本体温度无异常，扣5分		
2.4		二次回路主熔断器或自动开关完好	5	未检查设备二次回路主熔断器或自动开关完好，扣5分		
2.5		无异常声响、振动和气味	10	无异常声响、振动和气味，扣10分		

续表

序号	项目名称	质量要求	满分	扣分标准	扣分原因	得分
2.6	35kV 干式电压互感器检查要点	本体接地点连接可靠，一次消谐装置外观完好，连接紧固，接地完好	10	未检查设备本体接地点连接可靠，扣 2 分； 未检查设备一次消谐装置外观完好，扣 3 分； 未检查设备连接紧固，扣 2 分； 未检查设备接地完好，扣 3 分		
2.7		外装式一次消谐装置外观良好，安装牢固	5	未检查设备外装式一次消谐装置外观良好，扣 2 分； 未检查设备安装牢固，扣 3 分		
3	安全文明生产					
3.1	相关规定的执行	严格遵守安规	6	违章作业，每项扣 2 分，扣完为止		
3.2	清理作业现场	工器具、试验仪器收取后摆放整齐，与开工前一致； 设备表面清洁无杂物，作业现场清洁无遗留物品	4	工器具、试验仪器未收取摆放整齐，扣 1 分； 设备表面、工作现场有遗留物，每处扣 1 分，扣完为止		
4	检修报告填写					
4.1	填写检修报告	正确填写检修报告，用语规范，项目齐全，结论正确	15	检修前检查情况未填写，扣 4 分； 填写不全或不正确，每项扣 0.5 分； 发现及处理情况未填写，扣 3 分； 缺陷每缺少一项，扣 2 分； 检修结论不正确，扣 1 分； 以上扣分，扣完为止		
合计			100			

Jc0000542033　110kV 油浸式电压互感器本体检查。（100 分）

考核知识点：油浸式电压互感器本体巡视

难易度：中

技能等级评价专业技能考核操作工作任务书

一、任务名称

110kV 油浸式电压互感器本体检查。

二、适用工种

变电设备检修工初级工。

三、具体任务

（1）进行试验前的安全准备及检查工作。

（2）对 110kV 油浸式电压互感器本体外观进行整体检查。

（3）对发现的异常问题告知监考人并进行记录，但不处理。

（4）填写检修报告。

四、工作规范及要求

（1）要求 1 人操作，由监考人员监护。

（2）工作过程中检查的位置及结果应高声呼唱。

（3）安全文明生产，考生着装规范。

（4）工器具、材料、设备摆放整齐，现场操作熟练、连贯、有序，正确规范地使用工器具及安全用具。

（5）不发生危及人身和设备安全的行为。

（6）操作过程中有需要配合的向监考人员提出，如断开保护屏处控制电源、接地刀闸，但涉及考试内容的不得提问。

（7）对 110kV 油浸式电压互感器检修，熟悉电压互感器各部件工艺质量要求。

五、考核及时间要求

（1）考核总时间为 60 分钟。场内实际操作时间为 55 分钟，如到时未完成应终止。场外检修记录填写时间为 5 分钟，如到时未完成应终止。若提前完成，向监考人员示意。

（2）参赛选手从进场开始计算时间。

（3）若出现人身伤害或设备危害的操作，监护人员有权制止。

技能等级评价专业技能考核操作评分标准

工种	变电设备检修工					评价等级	初级工
项目模块	互感器检修—互感器小修及维护				编号	Jc0000542033	
单位			准考证号			姓名	
考试时限	60 分钟		题型	单项操作		题分	100 分
成绩		考评员		考评组长		日期	
试题正文	110kV 油浸式电压互感器本体检查						
需要说明的问题和要求	（1）检查互感器，提前做好安全措施、准备工具箱。 （2）检修过程中应注意安全，有危及人身、设备安全行为可取消考核成绩。 （3）检查前应征得考评员允许，确认可以开始						

序号	项目名称	质量要求	满分	扣分标准	扣分原因	得分
1	准备					
1.1	参赛队员着装	正确佩戴安全帽、穿绝缘鞋、穿长袖工作服、戴线手套	6	未佩戴安全帽、穿绝缘鞋、穿长袖工作服，扣 3 分； 安全帽佩戴不规范，扣 1 分； 着装不规范，扣 1 分； 未戴线手套，扣 1 分		
1.2	安全工器具检查	应检查安全工器具、绝缘工器具是否完好，是否在校验合格期内	4	未检查安全工器具、绝缘工器具外观是否完好，扣 2 分； 未检查检验标签是否在合格期内，扣 2 分		
1.3	安全措施检查	检查现场所做安全措施是否正确、完善	3	未检查现场安全措施，扣 3 分		
1.4	试验环境检查	检查当日工位处温度、湿度情况	2	未检查温度情况，扣 1 分； 未检查湿度情况，扣 1 分		
2	110kV 油浸式电压互感器检查					
2.1	110kV 油浸式电压互感器检查要点	设备外观完好、无渗漏； 外绝缘表面清洁、无裂纹及放电现象	10	未检查设备外观完好，扣 2 分； 未检查设备无渗漏，扣 2 分； 未检查设备外绝缘表面清洁，扣 2 分； 未检查设备无裂纹，扣 2 分； 未检查设备放电现象，扣 2 分		
2.2	110kV 油浸式电压互感器检查要点	金属部位无锈蚀，底座、构架牢固，无倾斜变形	10	未检查设备金属部位无锈蚀，扣 5 分； 未检查设备底座、构架牢固，无倾斜变形，扣 5 分		
2.3		一、二次引线连接正常，各连接接头无过热迹象，本体温度无异常	10	未检查设备一、二次引线连接正常，各连接接头无过热迹象，扣 5 分； 未检查设备本体温度无异常，扣 5 分		
2.4		本体油位正常	10	未检查设备油位情况，扣 10 分		

续表

序号	项目名称	质量要求	满分	扣分标准	扣分原因	得分
2.5	110kV 油浸式电压互感器检查要点	端子箱密封良好，二次回路主熔断器或自动开关完好	10	未检查设备端子箱密封良好，扣5分； 未检查设备二次回路主熔断器或自动开关完好，扣5分		
2.6		无异常声响、振动和气味	5	未检查设备无异常声响、振动和气味，扣5分		
2.7		接地点连接可靠	5	未检查设备接地点连接可靠，扣5分		
3	安全文明生产					
3.1	相关规定的执行	严格遵守安规	6	违章作业，每项扣2分，扣完为止		
3.2	清理作业现场	工器具、试验仪器收取后摆放整齐，与开工前一致； 设备表面清洁无杂物，作业现场清洁无遗留物品	4	工器具、试验仪器未收取摆放整齐，扣1分； 设备表面、工作现场有遗留物，每处扣1分，扣完为止		
4	检修报告填写					
4.1	填写检修报告	正确填写检修报告，用语规范，项目齐全，结论正确	15	检修前检查情况未填写，扣4分； 填写不全或不正确，每项扣0.5分； 发现及处理情况未填写，扣3分； 缺陷每缺少一项，扣2分； 检修结论不正确，扣1分； 以上扣分，扣完为止		
合计			100			

Jc0000542034　10kV 干式接地变压器本体检查。（100 分）

考核知识点：干式接地变压器本体巡视

难易度：中

技能等级评价专业技能考核操作工作任务书

一、任务名称

10kV 干式接地变压器本体检查。

二、适用工种

变电设备检修工初级工。

三、具体任务

（1）进行试验前的安全准备及检查工作。

（2）对 10kV 干式接地变压器本体外观进行整体检查。

（3）对发现的异常问题告知监考人并进行记录，但不处理。

（4）填写检修报告。

四、工作规范及要求

（1）要求 1 人操作，由监考人员监护。

（2）工作过程中检查的位置及结果应高声呼唱。

（3）安全文明生产，考生着装规范。

（4）工器具、材料、设备摆放整齐，现场操作熟练、连贯、有序，正确规范地使用工器具及安全用具。

（5）不发生危及人身和设备安全的行为。

（6）操作过程中有需要配合的向监考人员提出，如断开保护屏处控制电源、接地刀闸，但涉及考试内容的不得提问。

（7）对 10kV 干式接地变压器检修，熟悉各部件工艺质量要求。

五、考核及时间要求

（1）本考核操作时间为 60 分钟，时间到停止考评，包括报告整理时间。

（2）按照技能操作记录单的操作要求进行操作，正确记录操作结果。

（3）现场清理完毕后，汇报工作终结，记录考核结束时间。

技能等级评价专业技能考核操作评分标准

工种	变电设备检修工				评价等级	初级工	
项目模块	接地变压器、消弧线圈检修—接地变压器、消弧线圈小修及维护			编号	Jc0000542034		
单位		准考证号			姓名		
考试时限	60 分钟	题型		单项操作	题分	100 分	
成绩		考评员		考评组长		日期	
试题正文	10kV 干式接地变压器本体检查						
需要说明的问题和要求	（1）检查接地变压器，提前做好安全措施、准备工具箱。 （2）检修过程中应注意安全，有危及人身、设备安全行为可取消考核成绩。 （3）检查前应征得考评员允许，确认可以开始						

序号	项目名称	质量要求	满分	扣分标准	扣分原因	得分
1	准备					
1.1	参赛队员着装	正确佩戴安全帽、穿绝缘鞋、穿长袖工作服、戴线手套	6	未佩戴安全帽、穿绝缘鞋、穿长袖工作服，扣 3 分； 安全帽佩戴不规范，扣 1 分； 着装不规范，扣 1 分； 未戴线手套，扣 1 分		
1.2	安全工器具检查	应检查安全工器具、绝缘工器具是否完好，是否在校验合格期内	4	未检查安全工器具、绝缘工器具外观是否完好，扣 2 分； 未检查检验标签是否在合格期内，扣 2 分		
1.3	安全措施检查	检查现场所做安全措施是否正确、完善	3	未检查现场安全措施，扣 3 分		
1.4	试验环境检查	检查当日工位处温度、湿度情况	2	未检查温度情况，扣 1 分； 未检查湿度情况，扣 1 分		
2	10kV 干式接地变压器本体检查					
2.1	10kV 干式接地变压器本体检查要点	设备外观应完好，无锈蚀或掉漆	10	未检查设备外观完好，扣 5 分； 未检查设备无锈蚀或掉漆，扣 5 分		
2.2		底座、构架应支撑牢固，无倾斜或变形	10	未检查设备底座、构架支撑牢固，扣 5 分； 未检查设备无倾斜或变形，扣 5 分		
2.3		环氧树脂表面及端部应光滑、平整，无裂纹或损伤变形	5	未检查设备环氧树脂表面及端部光滑、平整，扣 2 分； 未检查设备无裂纹或损伤变形，扣 3 分		
2.4	10kV 干式接地变压器本体检查要点	一、二次引线接触良好，接头处无过热、变色，热缩包扎无变形	10	未检查设备一、二次引线接触良好，接头处无过热、变色，扣 5 分； 未检查设备热缩包扎无变形，扣 5 分		
2.5		接地引下线应完好，无锈蚀、断股，接地端子应与设备底座可靠连接	10	未检查设备接地引下线完好，无锈蚀、断股，扣 5 分； 未检查设备接地端子与设备底座可靠连接，扣 5 分		

续表

序号	项目名称	质量要求	满分	扣分标准	扣分原因	得分
2.6	10kV 干式接地变压器本体检查要点	配有温度计和冷却风扇时，温度指示正常，观察窗内无凝露，冷却风扇可正常启动、停止	10	未检查设备温度计指示正常，观察窗内无凝露，扣5分； 未检查设备冷却风扇可正常启动、停止，扣5分		
2.7		无异响、异味	5	未检查设备无异响、异味，扣5分		
3	安全文明生产					
3.1	相关规定的执行	严格遵守安规	6	违章作业，每项扣2分，扣完为止		
3.2	清理作业现场	工器具、试验仪器收取后摆放整齐，与开工前一致； 设备表面清洁无杂物，作业现场清洁无遗留物品	4	工器具、试验仪器未收取摆放整齐，扣1分； 设备表面、工作现场有遗留物，每处扣1分，扣完为止		
4	检修报告填写					
4.1	填写检修报告	正确填写检修报告，用语规范，项目齐全，结论正确	15	检修前检查情况未填写，扣4分； 填写不全或不正确，每项扣0.5分； 发现及处理情况未填写，扣3分； 缺陷每缺少一项，扣2分； 检修结论不正确，扣1分； 以上扣分，扣完为止		
合计			100			

Jc0000541035　油浸式电抗器检查。(100分)

考核知识点：电抗器检查

难易度：易

技能等级评价专业技能考核操作工作任务书

一、任务名称

油浸式电抗器检查。

二、适用工种

变电设备检修工初级工。

三、具体任务

（1）工作状态为模拟油浸式电抗器停电，对油浸式电抗器进行检查。

（2）工作任务。

1）能够识别电抗器本体附件。

2）能够检查电抗器本体及储油柜位置、要求及作用。

四、工作规范及要求

（1）要求1人操作，由监考人员监护。

（2）不发生危及人身和设备安全的行为，否则可取消本次考核成绩。

（3）工作过程中检查的位置及结果应高声呼唱。

（4）操作过程中有需要配合的向监考人员提出，但涉及考试内容的不得提问。

五、考核及时间要求

（1）考核总时间为50分钟。场内实际操作时间为40分钟，如到时未完成应终止。场外检修记录填写时间为10分钟，如到时未完成应终止。若提前完成，向监考人员示意。

（2）开工前，考生检查着装，清点工器具、设备是否齐全。

（3）许可开工后记录考核时间。

（4）现场清理完毕后，汇报工作终结，记录考核结束时间。

（5）若出现人身伤害或设备危害的操作，监护人员有权制止。

技能等级评价专业技能考核操作评分标准

工种	变电设备检修工					评价等级	初级工
项目模块	电抗器检修—电抗器小修及维护				编号	Jc0000541035	
单位			准考证号			姓名	
考试时限	50 分钟	题型		单项操作		题分	100 分
成绩		考评员		考评组长		日期	
试题正文	油浸式电抗器检查						
需要说明的问题和要求	（1）考生着装规范，穿工作服、绝缘鞋，戴安全帽。 （2）安全文明生产，工器具、材料、设备摆放整齐，现场操作熟练、连贯、有序，正确规范地使用工器具及安全用具。 （3）现场提供检修所需的工器具、仪器、材料及安全防护用具						

序号	项目名称	质量要求	满分	扣分标准	扣分原因	得分
1	准备					
1.1	参赛队员着装	正确佩戴安全帽、穿绝缘鞋、穿长袖工作服、戴线手套	6	未佩戴安全帽、穿绝缘鞋、穿长袖工作服，扣 3 分； 安全帽佩戴不规范，扣 1 分； 着装不规范，扣 1 分； 未戴线手套，扣 1 分		
1.2	安全工器具检查	应检查安全工器具、绝缘工器具是否完好，是否在校验合格期内	4	未检查安全工器具、绝缘工器具外观是否完好，扣 2 分； 未检查检验标签是否在合格期内，扣 2 分		
1.3	安全措施检查	检查现场所做安全措施是否正确、完善	3	未检查现场安全措施，扣 3 分		
1.4	试验环境检查	检查当日工位处温度、湿度情况	2	未检查温度情况，扣 1 分； 未检查湿度情况，扣 1 分		
2	电抗器巡视					
2.1	温度的检查	温度计外观应完整，表盘密封良好，无进水、凝露，温度指示正常，并应与远方温度显示比较，相差不超过 5℃	12	检查时未口述温度计外观、密封、温度读数，每项扣 2 分，扣完为止； 检查时未指到具体位置，扣 5 分； 未要求查看远方温度，扣 3 分		
2.2	油位检查	油位计外观完整，密封良好，无进水、凝露，指示应符合油温油位标准曲线的要求	12	检查时未口述油位计外观、密封、油位读数，每项扣 2 分，扣完为止； 检查时未指到具体位置，扣 5 分； 未查看油温油位曲线，扣 5 分		
2.3	法兰、阀门、冷却装置、油箱、油管检查	法兰、阀门、冷却装置、油箱、油管路等密封连接处应密封良好，无渗漏痕迹，油箱、升高座等焊接部位质量良好，无渗漏油	14	检查时未口述法兰、阀门、冷却装置、油箱、油管路、油箱、升高座的具体检查结果，每项扣 1 分； 检查时未指到法兰、阀门、冷却装置、油箱、油管路、油箱、升高座具体位置，每项扣 1 分，扣完为止		
2.4	振动声响检查	无异常振动声响	4	未进行口述检查结果，扣 4 分		
2.5	铁芯、夹件、检查	铁芯、夹件外引接地应良好	10	未进行口述检查结果，每项扣 2 分，扣完为止； 检查时未指到具体位置，扣 5 分		
2.6	油箱及外部螺栓	油箱及外部螺栓等部位无异常发热	8	未进行口述检查结果，每项扣 2 分，扣完为止； 检查时未指到具体位置，扣 5 分； 未发现外部螺栓松动，该项不得分		

续表

序号	项目名称	质量要求	满分	扣分标准	扣分原因	得分
3	安全文明生产					
3.1	相关规定的执行	严格遵守安规	6	违章作业，每项扣2分，扣完为止		
3.2	清理作业现场	工器具、试验仪器收取后摆放整齐，与开工前一致； 设备表面清洁无杂物，作业现场清洁无遗留物品	4	工器具、试验仪器未收取摆放整齐，扣1分； 设备表面、工作现场有遗留物，每处扣1分，扣完为止		
4	检修报告填写					
4.1	填写检修报告	正确填写检修报告，用语规范，项目齐全，结论正确	15	检修前检查情况未填写，扣4分； 填写不全或不正确，每项扣0.5分； 发现及处理情况未填写，扣3分； 缺陷每缺少一项，扣2分； 检修结论不正确，扣1分； 以上扣分，扣完为止		
合计			100			

Jc0000541036　干式电抗器外观检查及清扫。（100分）

考核知识点：电抗器检查

难易度：易

技能等级评价专业技能考核操作工作任务书

一、任务名称

干式电抗器外观检查及清扫。

二、适用工种

变电设备检修工初级工。

三、具体任务

（1）工作状态为模拟10kV干式电抗器停电，对干式电抗器外观进行检查及清扫。

（2）工作任务。

1）完成干式电抗器外绝缘清洁工作。

2）口述干式电抗器外观检查结果。

四、工作规范及要求

（1）要求1人操作，由监考人员监护。

（2）不发生危及人身和设备安全的行为，否则可取消本次考核成绩。

（3）工作过程中检查的位置及结果应高声呼唱。

（4）操作过程中有需要配合的向监考人员提出，但涉及考试内容的不得提问。

五、考核及时间要求

（1）考核总时间为50分钟。场内实际操作时间为40分钟，如到时未完成应终止。场外检修记录填写时间为10分钟，如到时未完成应终止。若提前完成，向监考人员示意。

（2）开工前，考生检查着装，清点工器具、设备是否齐全。

（3）许可开工后记录考核时间。

（4）现场清理完毕后，汇报工作终结，记录考核结束时间。

（5）若出现人身伤害或设备危害的操作，监护人员有权制止。

技能等级评价专业技能考核操作评分标准

工种	变电设备检修工					评价等级	初级工
项目模块	电抗器检修—电抗器小修及维护				编号	Jc0000541036	
单位			准考证号			姓名	
考试时限	50分钟		题型	单项操作		题分	100分
成绩		考评员		考评组长		日期	
试题正文	干式电抗器外观检查及清扫						
需要说明的问题和要求	（1）考生着装规范，穿工作服、绝缘鞋，戴安全帽。 （2）安全文明生产，工器具、材料、设备摆放整齐，现场操作熟练、连贯、有序，正确规范地使用工器具及安全用具。 （3）现场提供检修所需的工器具、仪器、材料及安全防护用具						

序号	项目名称	质量要求	满分	扣分标准	扣分原因	得分
1	准备					
1.1	参赛队员着装	正确佩戴安全帽、穿绝缘鞋、穿长袖工作服、戴线手套	6	未佩戴安全帽、穿绝缘鞋、穿长袖工作服，扣3分； 安全帽佩戴不规范，扣1分； 着装不规范，扣1分； 未戴线手套，扣1分		
1.2	安全工器具检查	应检查安全工器具、绝缘工器具是否完好，是否在校验合格期内	4	未检查安全工器具、绝缘工器具外观是否完好，扣2分； 未检查检验标签是否在合格期内，扣2分		
1.3	安全措施检查	检查现场所做安全措施是否正确、完善	3	未检查现场安全措施，扣3分		
1.4	试验环境检查	检查当日工位处温度、湿度情况	2	未检查温度情况，扣1分； 未检查湿度情况，扣1分		
2	干式电抗器外观检查及清扫					
2.1	外观检查及清扫	设备绝缘子外观完好； 外绝缘表面清洁，无裂纹及放电现象	15	设备绝缘子外绝缘不清洁，扣5分； 存在未清理部位，扣5分； 未口述检查及清扫结果，扣5分		
2.2	漆层检查	检查设备外涂漆层清洁、无大面积掉漆并口述结果	5	未进行口述检查结果，每项扣2分，扣完为止； 检查时未指到具体位置，扣3分		
2.3	引线	检查一次引线应无散股、扭曲、断股，并口述检查结果	5	未进行口述检查结果，每项扣2分，扣完为止； 检查时未指到具体位置，扣3分		
2.4	支柱绝缘子	检查支柱绝缘子外观清洁，无异物，无破损，绝缘子无放电痕迹，并口述检查结果	10	未进行口述检查结果，每项扣2分，扣完为止； 检查时未指到具体位置，扣3分； 未发现绝缘子破损缺陷，该项不得分		
2.5	基础支架	检查干式电抗器基础支架螺栓紧固，无松动或明显锈蚀、无倾斜、无开裂，并口述检查结果	10	未进行口述检查结果，每项扣2分，扣完为止； 检查时未指到具体位置，扣3分； 未发现支架螺栓松动，该项不得分		
2.6	接地检查	检查干式电抗器接地可靠，无松动及明显锈蚀、过热、变色等，接地不应构成闭合环路并两点接地，并口述检查结果	15	未进行口述检查结果，每项扣2分，扣完为止； 检查时未指到具体位置，扣3分； 未发现接地构成闭合回路或未两点接地，扣10分		
3	安全文明生产					
3.1	相关规定的执行	严格遵守安规	6	违章作业，每项扣2分，扣完为止		
3.2	清理作业现场	工器具、试验仪器收取后摆放整齐，与开工前一致 设备表面清洁无杂物，作业现场清洁无遗留物品	4	工器具、试验仪器未收取摆放整齐，扣1分； 设备表面、工作现场有遗留物，每处扣1分，扣完为止		
4	检修报告填写					

续表

序号	项目名称	质量要求	满分	扣分标准	扣分原因	得分
4.1	填写检修报告	正确填写检修报告，用语规范，项目齐全，结论正确	15	检修前检查情况未填写，扣4分； 填写不全或不正确，每项扣0.5分； 发现及处理情况未填写，扣3分； 缺陷每缺少一项，扣2分； 检修结论不正确，扣1分； 以上扣分，扣完为止		
合计			100			

Jc0000551037　分散式电容器组专业巡视。(100分)

考核知识点：无功补偿设备专业巡视

难易度：易

技能等级评价专业技能考核操作工作任务书

一、任务名称

分散式电容器组专业巡视。

二、适用工种

变电设备检修工初级工。

三、具体任务

(1)工作状态为模拟10kV分散式电容器组不停电，进行10kV分散式电容器组专业巡视。

(2)工作任务。

能够说明分散式电容器组本体及各组成设备巡视要点。

四、工作规范及要求

(1)要求1人操作，由监考人员监护。

(2)不发生危及人身和设备安全的行为，否则可取消本次考核成绩。

(3)工作过程中检查的位置及结果应高声呼唱。

(4)操作过程中有需要配合的向监考人员提出，但涉及考试内容的不得提问。

五、考核及时间要求

(1)考核总时间为50分钟。场内实际操作时间为40分钟，如到时未完成应终止。场外检修记录填写时间为10分钟，如到时未完成应终止。若提前完成，向监考人员示意。

(2)开工前，考生检查着装，清点工器具、设备是否齐全。

(3)许可开工后记录考核时间。

(4)现场清理完毕后，汇报工作终结，记录考核结束时间。

(5)若出现人身伤害或设备危害的操作，监护人员有权制止。

技能等级评价专业技能考核操作评分标准

<table>
<tr><td>工种</td><td colspan="5">变电设备检修工</td><td>评价等级</td><td>初级工</td></tr>
<tr><td>项目模块</td><td colspan="4">无功补偿设备检修—无功补偿设备小修及维护</td><td>编号</td><td colspan="2">Jc0000551037</td></tr>
<tr><td>单位</td><td colspan="3"></td><td>准考证号</td><td></td><td>姓名</td><td></td></tr>
<tr><td>考试时限</td><td colspan="2">50分钟</td><td>题型</td><td colspan="2">多项操作</td><td>题分</td><td>100分</td></tr>
<tr><td>成绩</td><td></td><td>考评员</td><td></td><td>考评组长</td><td></td><td>日期</td><td></td></tr>
</table>

续表

试题正文	分散式电容器组专业巡视
需要说明的问题和要求	（1）考生着装规范，穿工作服、绝缘鞋，戴安全帽。 （2）安全文明生产，工器具、材料、设备摆放整齐，现场操作熟练、连贯、有序，正确规范地使用工器具及安全用具。 （3）现场提供检修所需的工器具、仪器、材料及安全防护用具

序号	项目名称	质量要求	满分	扣分标准	扣分原因	得分
1	准备					
1.1	参赛队员着装	正确佩戴安全帽、穿绝缘鞋、穿长袖工作服、戴线手套	6	未佩戴安全帽、穿绝缘鞋、穿长袖工作服，扣3分； 安全帽佩戴不规范，扣1分； 着装不规范，扣1分； 未戴线手套，扣1分		
1.2	安全工器具检查	应检查安全工器具、绝缘工器具是否完好，是否在校验合格期内	4	未检查安全工器具、绝缘工器具外观是否完好，扣2分； 未检查检验标签是否在合格期内，扣2分		
1.3	安全措施检查	检查现场所做安全措施是否正确、完善	3	未检查现场安全措施，扣3分		
1.4	试验环境检查	检查当日工位处温度、湿度情况	2	未检查温度情况，扣1分； 未检查湿度情况，扣1分		
2	分散式电容器组专业巡视					
2.1	电容器单元巡视	瓷套管表面清洁，无裂纹、无闪络放电和破损	4	未进行口述检查结果，每项扣2分，扣完为止； 检查时未指到具体位置，扣3分		
		电容器单元无渗漏油、无膨胀变形、无过热	4	未进行口述检查结果，每项扣2分，扣完为止； 检查时未指到具体位置，扣3分		
		电容器单元外壳油漆完好，无锈蚀	4	未进行口述检查结果，每项扣2分，扣完为止； 检查时未指到具体位置，扣3分		
2.2	外熔断器本体巡视	熔丝无熔断，排列整齐，与熔管无接触	4	未进行口述检查结果，每项扣2分，扣完为止； 检查时未指到具体位置，扣3分		
		搭接螺栓无松动、无明显发热、无锈蚀	4	未进行口述检查结果，每项扣2分，扣完为止； 检查时未指到具体位置，扣3分		
2.3	避雷器巡视	避雷器垂直和牢固、外绝缘无破损、裂纹及放电痕迹	3	未进行口述检查结果，每项扣1分，扣完为止； 检查时未指到具体位置，扣2分		
		外观清洁，无变形破损，接线正确，接触良好	3	未进行口述检查结果，每项扣1分，扣完为止； 检查时未指到具体位置，扣2分		
		计数器或在线检测装置观察孔清晰，指示正常，内部无受潮积水	8	未进行口述检查结果，每项扣2分，扣完为止； 检查时未指到具体位置，扣3分； 未发现计数器泄漏电流读数错误，该项不得分		
		接地装置接地部分完好	3	未进行口述检查结果，每项扣1分，扣完为止； 检查时未指到具体位置，扣2分		
2.4	放电线圈巡视	表面清洁，无闪络放电和破损	3	未进行口述检查结果，每项扣1分，扣完为止； 检查时未指到具体位置，扣2分		
		油位正常，无渗漏	3	未进行口述检查结果，每项扣1分，扣完为止； 检查时未指到具体位置，扣2分		
2.5	其他部件巡视	母线平整无弯曲，相序标示清晰可识别	8	未进行口述检查结果，每项扣1分，扣完为止； 检查时未指到具体位置，扣2分； 未发现相序标识错误，该项不得分		
		电容器之间的软连接导线无熔断或过热	3	未进行口述检查结果，每项扣1分，扣完为止； 检查时未指到具体位置，扣2分		

续表

序号	项目名称	质量要求	满分	扣分标准	扣分原因	得分
2.5	其他部件巡视	各连接部件固定牢固，螺栓无松动	3	未进行口述检查结果，每项扣1分，扣完为止；检查时未指到具体位置，扣2分		
		瓷瓶完好，无放电痕迹	3	未进行口述检查结果，每项扣1分，扣完为止；检查时未指到具体位置，扣2分		
3	安全文明生产					
3.1	相关规定的执行	严格遵守安规	6	违章作业，每项扣2分，扣完为止		
3.2	清理作业现场	工器具、试验仪器收取后摆放整齐，与开工前一致； 设备表面清洁无杂物，作业现场清洁无遗留物品	4	工器具、试验仪器未收取摆放整齐，扣1分； 设备表面、工作现场有遗留物，每处扣1分，扣完为止		
4	检修报告填写					
4.1	填写检修报告	正确填写检修报告，用语规范，项目齐全，结论正确	15	检修前检查情况未填写，扣4分； 填写不全或不正确，每项扣0.5分； 发现及处理情况未填写，扣3分； 缺陷每缺少一项，扣2分； 检修结论不正确，扣1分； 以上扣分，扣完为止		
合计			100			

Jc0000541038 电力电容器本体外观检查。(100分)

考核知识点：无功补偿设备检查

难易度：易

技能等级评价专业技能考核操作工作任务书

一、任务名称

电力电容器本体外观检查。

二、适用工种

变电设备检修工初级工。

三、具体任务

(1) 工作状态为模拟10kV电力电容器停电，进行电力电容器本体外观检查。

(2) 工作任务。

能够说明电力电容器本体外观检查要点。

四、工作规范及要求

(1) 要求1人操作，由监考人员监护。

(2) 安全文明生产，工器具、材料、设备摆放整齐，现场操作熟练、连贯、有序，正确规范地使用工器具及安全用具。

(3) 不发生危及人身和设备安全的行为，否则可取消本次考核成绩。

(4) 工作过程中检查的位置及结果应高声呼唱。

(5) 操作过程中有需要配合的向监考人员提出，但涉及考试内容的不得提问。

五、考核及时间要求

(1) 考核总时间为50分钟。场内实际操作时间为40分钟，如到时未完成应终止。场外检修记录填写时间为10分钟，如到时未完成应终止。若提前完成，向监考人员示意。

(2) 开工前，考生检查着装，清点工器具、设备是否齐全。

（3）许可开工后记录考核时间。

（4）现场清理完毕后，汇报工作终结，记录考核结束时间。

（5）若出现人身伤害或设备危害的操作，监护人员有权制止。

技能等级评价专业技能考核操作评分标准

工种	变电设备检修工						评价等级	初级工
项目模块	无功补偿设备检修—无功补偿设备小修及维护					编号	Jc0000541038	
单位				准考证号			姓名	
考试时限	50 分钟		题型		单项操作		题分	100 分
成绩		考评员		考评组长			日期	
试题正文	电力电容器本体外观检查							
需要说明的问题和要求	（1）考生着装规范，穿工作服、绝缘鞋，戴安全帽。 （2）现场提供检修所需的工器具、仪器、材料及安全防护用具							

序号	项目名称	质量要求	满分	扣分标准	扣分原因	得分
1	准备					
1.1	参赛队员着装	正确佩戴安全帽、穿绝缘鞋、穿长袖工作服、戴线手套	6	未佩戴安全帽、穿绝缘鞋、穿长袖工作服，扣 3 分； 安全帽佩戴不规范，扣 1 分； 着装不规范，扣 1 分； 未戴线手套，扣 1 分		
1.2	安全工器具检查	应检查安全工器具、绝缘工器具是否完好，是否在校验合格期内	4	未检查安全工器具、绝缘工器具外观是否完好，扣 2 分； 未检查检验标签是否在合格期内，扣 2 分		
1.3	安全措施检查	检查现场所做安全措施是否正确、完善	3	未检查现场安全措施，扣 3 分		
1.4	试验环境检查	检查当日工位处温度、湿度情况	2	未检查温度情况，扣 1 分； 未检查湿度情况，扣 1 分		
2	电力电容器本体外观检查					
2.1	外观检查	检查电力电容器外部瓷套是否完整，检查瓷表面有无闪络痕迹，如有破损和裂纹则不合格，应立即更换	8	未进行口述检查结果，每项扣 2 分，扣完为止； 检查时未指到具体位置，扣 4 分		
2.2	密封性	检查密封是否良好，是否存在渗漏油，膨胀、鼓肚现象，若密封不良，应进行修理	10	未进行口述检查结果，每项扣 2 分，扣完为止； 检查时未指到具体位置，扣 4 分； 未发现渗油处并指出，该项不得分		
2.3	引线	检查引线有无松动、断线或断股现象	8	未进行口述检查结果，每项扣 2 分，扣完为止； 检查时未指到具体位置，扣 4 分		
2.4	接线检查	检查电容器组的接线正确，电压应与电网额定电压相符合	10	未进行口述检查结果，每项扣 2 分，扣完为止； 检查时未指到具体位置，扣 4 分		
2.5	接地	各接点应该接触良好，外壳及构架接地的电容器组与接地网连接应牢固可靠	8	未进行口述检查结果，每项扣 2 分，扣完为止； 检查时未指到具体位置，扣 4 分		
2.6	外部元件	检查与电容器组连接的电缆、断路器、熔断器等电气元件应完好	8	未进行口述检查结果，每项扣 2 分，扣完为止； 检查时未指到具体位置，扣 4 分		

续表

序号	项目名称	质量要求	满分	扣分标准	扣分原因	得分
2.7	通风设施	检查电容器组安装处，通风设施是否合乎规程要求	8	未进行口述检查结果，每项扣2分，扣完为止；检查时未指到具体位置，扣4分		
3	安全文明生产					
3.1	相关规定的执行	严格遵守安规	6	违章作业，每项扣2分，扣完为止		
3.2	清理作业现场	工器具、试验仪器收取后摆放整齐，与开工前一致； 设备表面清洁无杂物，作业现场清洁无遗留物品	4	工器具、试验仪器未收取摆放整齐，扣1分； 设备表面、工作现场有遗留物，每处扣1分，扣完为止		
4	检修报告填写					
4.1	填写检修报告	正确填写检修报告，用语规范，项目齐全，结论正确	15	检修前检查情况未填写，扣4分； 填写不全或不正确，每项扣0.5分； 发现及处理情况未填写，扣3分； 缺陷每缺少一项，扣2分； 检修结论不正确，扣1分； 以上扣分，扣完为止		
合计			100			

Jc0000542039　使用绝缘电阻表测量电容器的绝缘电阻。（100分）

考核知识点：能使用绝缘电阻表进行电气测量

难易度：中

技能等级评价专业技能考核操作工作任务书

一、任务名称

使用绝缘电阻表测量电容器的绝缘电阻。

二、适用工种

变电设备检修工初级工。

三、具体任务

（1）工作状态为模拟10kV电容器停电，使用绝缘电阻表测量电容器的绝缘电阻。

（2）工作任务。

1）正确进行绝缘电阻表检查。

2）正确选用挡位。

3）正确进行测量电容器的绝缘电阻。

4）不发生人身伤害事故。

四、工作规范及要求

（1）要求1人操作，由监考人员监护。

（2）安全文明生产，工器具、材料、设备摆放整齐，现场操作熟练、连贯、有序，正确规范地使用工器具及安全用具。

（3）不发生危及人身和设备安全的行为，否则可取消本次考核成绩。

（4）工作过程中检查的位置及结果应高声呼唱。

（5）操作过程中有需要配合的向监考人员提出，但涉及考试内容的不得提问。

五、考核及时间要求

（1）考核总时间为50分钟。场内实际操作时间为40分钟，如到时未完成应终止。场外检修记录填写时间为10分钟，如到时未完成应终止。若提前完成，向监考人员示意。

（2）开工前，考生检查着装，清点工器具、设备是否齐全。

（3）许可开工后记录考核时间。

（4）现场清理完毕后，汇报工作终结，记录考核结束时间。

（5）若出现人身伤害或设备危害的操作，监护人员有权制止。

技能等级评价专业技能考核操作评分标准

工种	变电设备检修工				评价等级	初级工	
项目模块	无功补偿设备检修—无功补偿设备小修及维护				编号	Jc0000542039	
单位			准考证号			姓名	
考试时限	50分钟		题型	单项操作		题分	100分
成绩		考评员		考评组长		日期	
试题正文	使用绝缘电阻表测量电容器的绝缘电阻						
需要说明的问题和要求	（1）考生着装规范，穿工作服、绝缘鞋，戴安全帽。 （2）现场提供检修所需的工器具、仪器、材料及安全防护用具						

序号	项目名称	质量要求	满分	扣分标准	扣分原因	得分
1	准备					
1.1	参赛队员着装	正确佩戴安全帽、穿绝缘鞋、穿长袖工作服、戴线手套	6	未佩戴安全帽、穿绝缘鞋、穿长袖工作服，扣3分； 安全帽佩戴不规范，扣1分； 着装不规范，扣1分； 未戴线手套，扣1分		
1.2	安全工器具检查	应检查安全工器具、绝缘工器具是否完好，是否在校验合格期内	4	未检查安全工器具、绝缘工器具外观是否完好，扣2分； 未检查检验标签是否在合格期内，扣2分		
1.3	安全措施检查	检查现场所做安全措施是否正确、完善	3	未检查现场安全措施，扣3分		
1.4	试验环境检查	检查当日工位处温度、湿度情况	2	未检查温度情况，扣1分； 未检查湿度情况，扣1分		
2	绝缘电阻试验					
2.1	试验准备	测试前将物品与其他电源可靠断开； 将仪表水平放置，防止剧烈振动； 检查表计，空试绝缘电阻表，指针应指示“∞”，在低速转动，瞬间短接测试线，指针应指示“0”； 电容器接地放电	20	未对其他电源断开，扣5分； 仪表未水平置，扣5分； 未检测表计，扣5分； 未将电容器对地放电，扣5分		
2.2	测量电容器的绝缘电阻	绝缘电阻表“E”端接可靠接地，“L”端先不接引出端线，等待测量时接触； 左手按住绝缘电阻表，右手顺时针摇动摇把，逐渐加快至120r/min，将“L”端接到被试电容器引出线端，测量、读数； 测量完毕，继续摇动，然后，将“L”端接与被试电容器引出线端断开，电容器对地放电	40	接错线，扣10分； 转速不稳，扣5分； 仪表转速不接近120r/min，扣5分； 测量值不准，扣5分； 断开方法不当，扣5分； 未对地放电，扣10分		
3	安全文明生产					
3.1	相关规定的执行	严格遵守安规	6	违章作业，每项扣2分，扣完为止		

续表

序号	项目名称	质量要求	满分	扣分标准	扣分原因	得分
3.2	清理作业现场	工器具、试验仪器收取后摆放整齐，与开工前一致； 设备表面清洁无杂物，作业现场清洁无遗留物品	4	工器具、试验仪器未收取摆放整齐，扣1分； 设备表面、工作现场有遗留物，每处扣1分，扣完为止		
4	检修报告填写					
4.1	填写检修报告	正确填写检修报告，用语规范，项目齐全，结论正确	15	检修前检查情况未填写，扣4分； 填写不全或不正确，每项扣0.5分； 发现及处理情况未填写，扣3分； 缺陷每缺少一项，扣2分； 检修结论不正确，扣1分； 以上扣分，扣完为止		
合计			100			

第二部分
中级工

第三章　变电设备检修工中级工技能笔答

Jb0000432001　液压机构储压器的预压力如何测量？（5分）

考核知识点：液压机构预压力测量

难易度：中

标准答案：

油压在0时启动油泵，压力表突然上升到p1值，停泵打开放油阀，当压力表降到p2值时突然下降到0，则p1和p2的平均值即为当时温度下的预压力。

Jb0000433002　SF_6断路器本体严重漏气处理前应做哪些工作？（5分）

考核知识点：SF_6断路器本体漏气处理准备工作

难易度：难

标准答案：

（1）立即断开该开关的操作电源，在手动操作把手上挂禁止操作的标示牌。

（2）汇报调度，根据命令，采取措施将故障开关隔离。

（3）在接近设备时要谨慎，尽量选择从上风处接近设备，必要时要戴防毒面具、穿防护服。

（4）室内SF_6气体开关泄漏时，应采取紧急措施处理。工作人员进入SF_6配电装置室，入口处若无SF_6气体含量显示器，应先通风15min，并用检漏仪测量SF_6气体含量合格。

Jb0000432003　对操作机构的防跳跃功能有何技术要求？（5分）

考核知识点：断路器机构防跳

难易度：中

标准答案：

对防跳跃装置的功能要求是当断路器在合闸过程中，如遇故障，即能自行分闸，即使合闸命令未解除，断路器也不能再度合闸，以避免无谓地多次分、合故障电流。

Jb0000432004　高压断路器常见故障有哪些（按发生频率排列大致顺序）？（5分）

考核知识点：断路器故障分类

难易度：中

标准答案：

（1）密封件失效故障。

（2）动作失灵故障。

（3）绝缘损坏或不良。

（4）灭弧件触头的故障。

Jb0000433005　机构油泵打不上压的原因有哪些？（5分）

考核知识点：液压机构缺陷处理

难易度：难

标准答案：

（1）油泵内各阀体高压密封圈损坏或逆止阀口密封不严，有脏物，此时用手摸油泵，可能发热。

（2）过滤网有脏物，以致油路堵塞。

（3）油泵低压侧有空气存在。

（4）高压放油阀不严。

（5）油泵柱塞损坏或间隙配合过大。

（6）一、二级阀口密封不严。

（7）油泵柱塞组装时，没有注入适量的液压油或柱塞及柱塞座没有擦干净，影响油泵出力甚至造成油泵打压件磨损。

Jb0000433006 调整隔离开关的主要标准是什么？（5分）

考核知识点：隔离开关调整标准

难易度：难

标准答案：

（1）三相不同期差（即三极连动的隔离开关中，闸刀与静触头之间的最大距离）值越小越好，在开、合小电流时有利于灭弧及减少机械损伤。差值较大时，可通过调整拉杆绝缘子上螺杆、拧入闸刀上螺母的深浅来解决（若安装时隔离开关已调整合格，只需松紧螺杆1、2扣即可），调整时需反复、仔细进行。

（2）合闸后应保持适当的剩余间隙（指合闸后，闸刀底面与静触头底部的最小距离）。

（3）机械闭锁间隙应调整至3～8mm。

（4）分合闸止钉间隙调整至1～3mm。

Jb0000431007 引起隔离开关触指发生弯曲的原因是什么？（5分）

考核知识点：隔离开关缺陷处理

难易度：易

标准答案：

引起隔离开关触指发生弯曲的原因是触指间的电动力方向交替变化或调整部位发生松动，触指偏离原来位置而强行合闸使触指变形。处理时，检查接触面中心线应在同一直线上，调整刀片或瓷柱位置，并紧固松动的部件。

Jb0000432008 引起隔离开关接触部分发热的原因有哪些？（5分）

考核知识点：隔离开关缺陷处理

难易度：中

标准答案：

（1）压紧弹簧或螺栓松劲。

（2）接触面氧化，使接触电阻增大。

（3）刀片与静触头接触面积太小，或过负荷运行。

（4）在拉合过程中，电弧烧伤触头或用力不当，使接触位置不正，引起压力降低。

Jb0000432009 简述隔离开关触头发热缺陷的处理方法。（5分）

考核知识点：隔离开关缺陷处理

难易度：中

标准答案：

（1）检查、调整弹簧压力或更换弹簧。

（2）用 00 号砂纸清除触头表面氧化层，打磨接触面，增大接触面，并涂上中性凡士林。
（3）降负荷使用，或更换容量较大的隔离开关。
（4）操作时，用力适当，操作后应仔细检查触头接触情况。

Jb0000432010　隔离开关的例行检查项目有哪些？（5分）
考核知识点：隔离开关例行检查
难易度：中
标准答案：
（1）检查隔离开关绝缘子是否完整，有无放电现象。
（2）检查传动件和机械部分的动作情况。
（3）检查活动部件的润滑情况。
（4）检查触头是否完好，表面有无污垢、氧化或烧痕。
（5）检查附件是否齐全、完好，包括弹簧片、铜辫子等。

Jb0000432011　隔离开关吊装时有哪些要求？（5分）
考核知识点：隔离开关吊装
难易度：中
标准答案：
（1）将组装好的单极隔离开关吊装在基础槽钢上。
（2）找平、找正后用螺栓固定。
（3）底座水平误差应小于 1%。
（4）刀闸重心较高，起吊时应有防止倾翻措施。

Jb0000432012　GW510 型隔离开关三相接触同期误差大时应如何调整？（5分）
考核知识点：隔离开关调试
难易度：中
标准答案：
（1）改变相间连杆的长度。
（2）利用底座上球面调整环节，松紧其周围的 4 个调节螺钉，同时观察底座内伞齿轮的啮合情况，卡劲时可移动伞齿轮位置，调整时不要使绝缘子柱向两侧倾倒。

Jb0000433013　安装中置式开关柜时应注意哪些问题？（5分）
考核知识点：开关柜安装
难易度：难
标准答案：
（1）地面高低合适，便于手车顺利地由地面过渡到柜体。
（2）每个手车的动触头应调整一致，动静触头应在同一中心线上，触头插入后接触紧密，插入深度符合要求。
（3）二次线连接正确可靠，接触良好。
（4）电气或机械闭锁装置应调整到正确可靠。
（5）柜门上的继电器应有防振圈。
（6）柜内的控制电缆应固定牢固，并不妨碍手车的进出。
（7）手车接地触头应接触良好，电压互感器、手车底部接地点必须接地可靠。

Jb0000432014　请简述开关柜安装的质量控制措施及标准。（5分）

考核知识点：开关柜安装质量及标准

难易度：中

标准答案：

基础槽钢的直线度误差应不超过1mm/m，全长不超过5mm；水平度误差不超过1mm/m，全长不超过5mm；开关柜的垂直度误差不超过1.5mm，成排水平度误差不超过5mm；成排表面不平度不超过5mm；柜体间的间隙不应大于2mm；柜内一次接地母线必须明显可靠接地。

Jb0000432015　引起高压开关柜“控制回路断线故障”的常见缺陷有哪些？（5分）

考核知识点：开关柜缺陷处理

难易度：中

标准答案：

（1）开关柜内的交直流电源至端子排、航空插座回路中的缺陷。

（2）断路器中的航空插针至断路器机构内的各元器件回路中的缺陷。

（3）断路器中的各元器件至底盘车内行程开关“S8”“S9”回路中的缺陷。

（4）断路器机构中二次元件的缺陷，如辅助开关、线圈、储能微动开关等的缺陷。

（5）闭锁回路的缺陷。

Jb0000432016　开关柜“五防”闭锁装置如何进行验收？（5分）

考核知识点：开关柜“五防”验收

难易度：中

标准答案：

（1）手车推入柜内，只有断路器手车在试验或工作位置时，断路器才能合闸。

（2）断路器在试验位置或工作位置合闸后，断路器手车无法移动。

（3）接地开关合闸后，当断路器手车处于试验位置时，手车不能从试验位置移至工作位置。

（4）手车在试验和工作位置之间移动时，断路器处于分闸状态，接地开关不能合闸。

（5）断路器在合闸操作后，在断路器未分闸时将不能再次合闸。

（6）开关柜电缆室门板未关时，接地开关传动杆应被卡住。

（7）二次插头被锁定杆位置应正确。

Jb0000432017　六氟化硫组合电器局部放电原因有哪些？（5分）

考核知识点：组合电器小修及维护

难易度：中

标准答案：

（1）盆式绝缘子上的颗粒。

（2）自由颗粒。

（3）导体上或壳体上有毛刺。

（4）盆式绝缘子内部缺陷。

（5）悬浮放电。

Jb0000432018　高压断路器触头接触电阻大的原因有哪些？（5分）

考核知识点：高压断路器缺陷处理

难易度：中

标准答案：

（1）插入深度不够。

（2）静触头触指压力不足。

（3）动静触头的对中不好，接触面积小。

（4）触头或导电杆的镀银层腐蚀或脱落。

Jb0000432019　绝缘件的哪些缺陷可能引起组合电器内部绝缘放电？（5分）

考核知识点：组合电器缺陷处理

难易度：中

标准答案：

（1）绝缘件表面破坏，绝缘件浇注时有杂质。

（2）绝缘件环氧树脂有气泡，内部有气孔。

（3）绝缘件表面没有清理干净。

（4）绝缘件受潮。

Jb0000432020　为什么用螺栓连接平放母线时，螺栓由下向上穿？（5分）

考核知识点：母线设备检修及维护

难易度：中

标准答案：

连接平放母线时，螺栓由下向上穿，主要是为了便于检查。因为由下向上穿时，当母线和螺栓因膨胀系数不一样或短路时，在电动力的作用下，造成母线间有空气间隙等，使螺栓向下落或松动。检查时能及时发现，不至于扩大事故。同时，这种安装方法美观整齐。

Jb0000432021　在绝缘子上固定矩形母线有哪些要求？（5分）

考核知识点：母线设备检修及维护

难易度：中

标准答案：

绝缘子上固定母线的夹板，通常都用钢材料制成，不应使其形成闭合磁路。若形成闭合磁路，在夹板和螺栓形成的环路中将产生很大的感应环流，使母线过热，在工作电流较大的母线上，这种情况更严重。

为避免形成闭合磁路，两块夹板均为铁质时，两个紧固螺栓应一个用铁质的，另一个用铜质的。另外还可以采用开口卡板固定母线，也可以两块夹板一块为铁质，一块为铝质，两个紧固螺栓均为铁质。

Jb0000432022　软母线施工中如何配备设备线夹？（5分）

考核知识点：母线设备检修及维护

难易度：中

标准答案：

（1）首先了解各种设备的接线板的大小、材质、形状和角度。

（2）根据断面图中各种设备的高度差，配合适当的设备线夹，要考虑美观。

Jb0005232023 硬母线调直有哪些注意事项？（5分）

考核知识点：硬母线调直注意事项

难易度：中

标准答案：

（1）放在平台上调直，平台可用槽钢，钢轨等平整材料制成。

（2）应将母线的平面和侧面都校直，可用木锤敲击调直。

（3）不得使用铁锤等硬度大于铝质的工具。

Jb0003233024 开关柜内断路器运行操作规定有哪些？（5分）

考核知识点：开关柜断路器运行操作规定

难易度：难

标准答案：

（1）对用于投切电容器组等操作频繁的开关柜要适当缩短巡检和维护周期。当无功补偿装置容量增大时，应进行断路器容性电流开合能力校核试验。

（2）高压开关柜断路器在工作位置时，严禁就地进行分合闸操作。远方操作时，就地人员应远离设备。

（3）手车开关每次推入柜内后，应保证手车到位、隔离插头接触良好和机械闭锁可靠。

（4）高压开关柜内手车开关拉出后，隔离带电部位的挡板封闭后禁止开启，并设置“止步，高压危险！”的标示牌。

Jb0003232025 隔离开关例行检查时的安全注意事项有哪些？（5分）

考核知识点：隔离开关例行检查注意事项

难易度：中

标准答案：

（1）检查电机电源和控制电源确已断开，二次电源隔离措施符合现场实际条件。

（2）结合现场实际条件适时装设个人保安线。

（3）施工现场的大型机具及电动机具金属外壳接地良好、可靠。

（4）工作中禁止将安全带系在支柱绝缘子及均压环上。

Jb0003232026 SF_6密度继电器检修时的安全注意事项有哪些？（5分）

考核知识点：SF_6密度继电器检修安全注意事项

难易度：中

标准答案：

（1）工作前将 SF_6 密度继电器与本体气室的连接气路断开，确认 SF_6 密度继电器与本体之间的阀门已关闭或本体 SF_6 已全部回收，工作人员立于上风侧，做好防护措施。

（2）工作前断开 SF_6 继电器相关电源并确认无电压。

Jb0000431027 变压器储油柜油温–油位曲线关系如何？（5分）

考核知识点：油温–油位曲线关系

难易度：易

标准答案：

变压器储油柜是为隔离变压器油与空气接触，且适应油箱内油体积随温度变化而设置的一个与油箱相通的容器。储油柜的额定补偿容积为从可视最低油位到最高油位所能容纳变压器油的容积。油温-油位曲线关系图中横坐标表示油温，纵坐标表示油位计表盘刻度，通常波纹管储油柜油温-油位曲线关系基本遵循线性特性，胶囊式储油柜为非线性关系，反应出在不同油温下，储油柜对应的油位指示，为作业人员判断设备运行状态提供参考依据。

Jb0000421028　说明图 Jb0000421028 所示金属波纹（外油卧式）密封式储油柜各部件名称。（5 分）

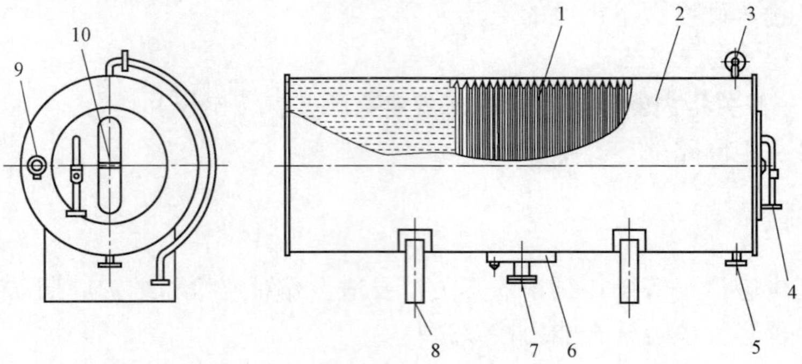

图 Jb0000421028

考核知识点：变压器附件的结构

难易度：易

标准答案：

1—波纹芯体；2—柜体；3—放气管接口；4—呼吸管接口；5—注放油管接口；6—集污盒；7—气体继电器接口；8—柜脚；9—油位报警接线盒；10—油位指示装置。

Jb0000421029　说明图 Jb0000421029 所示胶囊密封式储油柜各部件名称。（4 分）

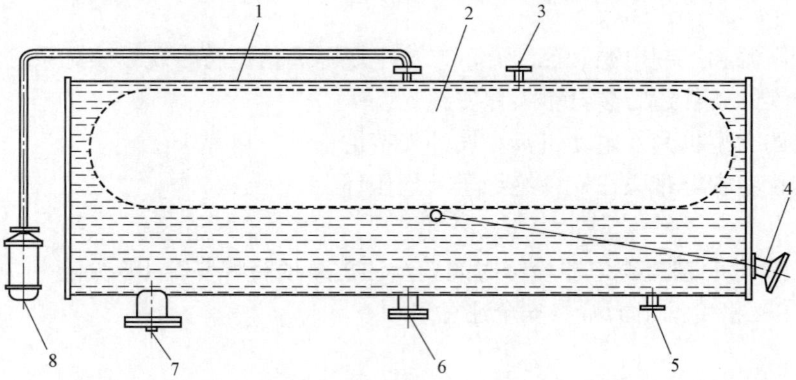

图 Jb0000421029

考核知识点：变压器附件的结构

难易度：易

标准答案：

1—柜体；2—胶囊；3—放气管接口；4—油位指示装置；5—注放油管接口；6—气体继电器接口；7—集污盒；8—吸湿器。

Jb0000421030　说明图 Jb0000421030 所示金属波纹（内油式）密封式储油柜各部件名称？（4 分）

考核知识点：变压器附件的结构

难易度：易

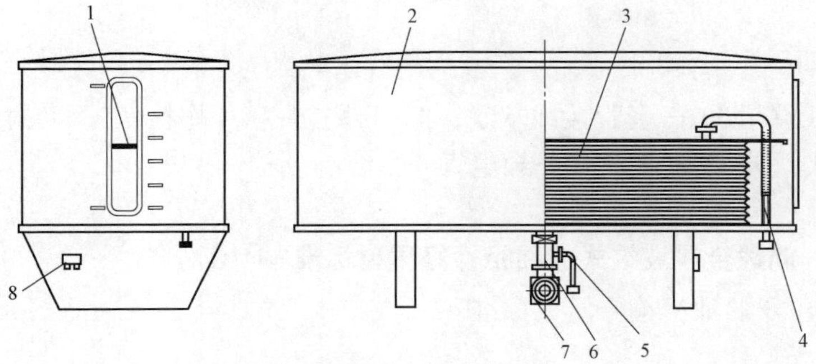

图 Jb0000421030

标准答案：

1—油位指示装置；2—柜体；3—波纹芯体；4—放气管接口；5—注放油管接口；6—油路三通管；7—气体继电器接口；8—油位报警接线盒。

Jb0000432031　变压器并联运行若不满足这些要求会出现什么后果？（5分）

考核知识点：变压器在电力系统中的运行知识及有关的技术要求

难易度：中

标准答案：

（1）电压比不等的两台变压器二次侧会产生环流，增加损耗占据容量。在任何一台都不会过负荷的情况下可以并联运行。

（2）如果两台接线组别不一致的变压器并联运行，二次回路中将会出现相当大的电压差。由于变压器内阻很小将会产生几倍于额定电流的循环电流，使变压器烧坏。

（3）如果两台变压器的阻抗电压（短路电压）百分数不等，则变压器所带负载不能按变压器容量的比例分配。例如若电压百分数大的变压器满载则电压百分数小的变压器将过载。只有当并联运行的变压器任何一台都不会过负荷时才可以并联运行。

Jb0000421032　说明图 Jb0000421032 所示高压套管各部件名称。（5分）

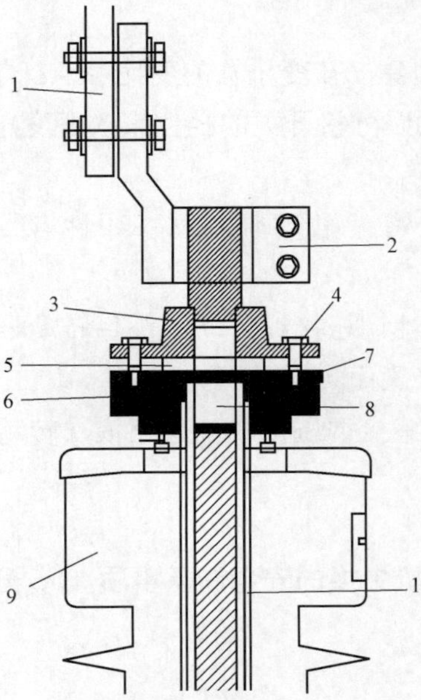

图 Jb0000421032

考核知识点：变压器在电力系统中的运行知识及有关的技术要求

难易度：易

标准答案：

1—外部导线接线端子；2—套管接线端子；3—将军帽；4—螺栓；5—密封圈；6—接线座；7—定位销；8—引线接头；9—储油柜；10—导电管。

Jb0000432033 简述金属波纹式储油柜检修质量标准。（10 分）

考核知识点：变压器储油柜检修质量标准

难易度：中

标准答案：

（1）应更换所有连接管道的法兰密封垫。

（2）在用吊车和吊具吊住储油柜的情况下拆除储油柜固定螺栓。

（3）通过观察金属隔膜膨胀情况，调整油位指示与油位曲线表温对应，确保指示清晰正确，无假油位现象。

（4）管道应清洁，管道内应畅通、无杂质、锈蚀和水分。保证接口密封和呼吸畅通。

（5）更换后保持压力 0.02～0.03MPa，时间 12h 应无渗漏（内油式不能充压）。

（6）储油柜复装时保持连接法兰的平行和同心，密封垫压缩量为 1/3（胶棒压缩 1/2），确保接口密封和畅通，储油柜本体和各管道固定牢固。

（7）打开放气塞，待排尽气体后关闭放气塞。

（8）按照油温油位标准曲线调整油量。

（9）拆装前后应确认蝶阀位置正确。

（10）检查金属波纹移动滑道和滑轮完好无卡涩。

Jb0000431034 简述无励磁分接开关的基本工作原理。（5 分）

考核知识点：无励磁分接开关

难易度：易

标准答案：

（1）变压器调压的基本工作原理建立在变压器的变比 $K=U_1/U_2=N_1/N_2$ 的理论基础上。在变压器停电（无励磁）状态下通过调整无励磁分接开关的挡位来改变变压器分接头的工作位置，以达到调整变压器输出电压的目的。

（2）常见的无励磁分接开关主要有三相无励磁开关、中性点线性调压接线，以及单相无励磁开关、中部单桥跨接调压接线两种。

1）三相无励磁开关、中性点线性调压接线，动触头每转动一个挡位，就同时将变压器三相分接绕组从一个分接头调整至另一个分接头而实现调压。

2）单相无励磁开关、中部单桥跨接调压接线，分相依次转动触头，即可实现调压绕组分接头的跨接，从而实现调压。

Jb0000431035 简述变压器风机更换的安全注意事项。（5 分）

考核知识点：变压器用风机

难易度：易

标准答案：

（1）更换风机前，必须切断风机的电源，在拆装电机期间严禁送电，停送电必须有专人负责。

（2）应注意与带电设备保持足够的安全距离，准备充足的施工电源及照明。

（3）先打开接线盒将电源连接线脱开，拆卸过程中注意防止叶轮碰撞变形。

Jb0000432036　简述变压器风机更换的质量标准。（5 分）

考核知识点：变压器用风机

难易度：中

标准答案：

（1）拆电机前标记电源相序，装电机前检查电源相序是否准确。

（2）检查叶片与托板的铆接应牢固，叶片角度应一致，动垫圈锁紧。

（3）拨动叶轮转动灵活后，通入 380V 交流电源，运行 5min 以上。试运转风机转动平稳，转向正确，无异声，三相电流基本平衡。

Jb0000431037　简述变压器温度计更换的安全注意事项。（5 分）

考核知识点：变压器温度计

难易度：易

标准答案：

（1）断开二次连接线。

（2）应注意与带电设备保持足够的安全距离，准备充足的施工电源及照明。

（3）高空作业应按规程使用安全带，安全带应挂在牢固的构件上，禁止低挂高用。

Jb0000431038　简述变压器温度计更换的安全注意事项和质量标准。（5 分）

考核知识点：变压器温度计

难易度：易

标准答案：

（1）电阻应完好无损伤。

（2）应由专业人员进行校验，全刻度±1.0℃。采用温度计附带的匹配元器件，并保证与远方信号一致。

（3）变压器箱盖上的测温座中预先注入适量变压器油，再将测温传感器安装在其中，并做好防水措施。连接二次电缆应无损伤、封堵完好。

Jb0000432039　简述变压器渗漏油故障分析与处理。（10 分）

考核知识点：变压器渗漏油故障分析与处理

难易度：中

标准答案：

（1）常见的变压器渗漏主要是密封性渗漏和焊缝渗漏两种类型。密封性渗漏一般与密封件、密封面、装配等方面的质量缺陷有关，而焊缝和钢板沙眼的渗漏则是由油箱等部件制造过程中的材料或工艺缺陷引起。一般而言密封性渗漏问题较好解决，而焊缝渗漏彻底解决的难度较大。

（2）渗漏油检查主要是查看油箱、阀门、油管路等各密封处及焊缝是否有渗漏痕迹，对于发现的密封性渗漏问题应考虑更换密封件或渗漏部件。对于带电状态下无法更换，但是不影响安全运行的问题，留待变压器停电检修时一并处理。对于发现的焊缝渗漏问题，轻者可用堵漏胶等暂时处理，待变压器停电检修时一并修理，可能威胁安全运行的严重渗漏应尽快停电处理，具备条件的也可带电补焊。

Jb0000432040　简述变压器吸湿器变色问题分析。（10 分）

考核知识点：变压器吸湿器变色分析

难易度：中

标准答案：

（1）检查干燥剂的状态，常用的变色硅胶干燥剂在状态良好时应是蓝色，潮解变色后成为粉红色。如果干燥剂的变色部分超过总量的 2/3，应重新干燥或更换。吸湿器中的干燥剂应从下向上变色，检查时若发现上部吸附剂先发生变色，可能是吸湿器上部密封不可靠，应仔细检查。对于使用中的白色干燥剂，由于观察判断困难，建议更换。

（2）查看吸湿器油盒中的油位。油位过低，干燥剂与空气长时间连通，失效加快，此时应清洁油盒，重新注入变压器油；油位也不可过高，否则可能在储油柜呼吸时将油吸入干燥剂中使之作用减弱。

（3）检查确认吸湿器及管道畅通，呼吸功能正常。随着负荷或油温的变化，储油柜会有呼吸现象，此时油盒中应有气泡产生，如无气泡，则可能呼吸管道有堵塞现象，应及时处理。

Jb0000431041　电流互感器瓷套检查内容、方法及质量要求是什么？（12 分）

考核知识点：电流互感器检查关键工艺质量要点

难易度：易

标准答案：

（1）检查内容：外观。

（2）检查方法：目测。

（3）质量要求：检查瓷套有无破损、无裂痕、无掉釉现象；检查防污涂层的憎水性。

Jb0000431042　电压互感器一次引线接线时应注意什么？（12 分）

考核知识点：电压互感器在接线要求

难易度：易

标准答案：

（1）要求接线正确，连接可靠。

（2）电气距离符合要求。

（3）装好后的母线，不应使互感器的接线端承受机械力。

（4）螺栓紧固，螺栓为热镀锌材质，螺栓紧固力矩大小。

Jb0000433043　电流互感器一次变比调整注意事项是什么？（12 分）

考核知识点：电流互感器一次变比调整

难易度：难

标准答案：

（1）电流互感器一次变比调整进行换接时，必须按照厂家产品说明书示意的连接方式进行相应的换位。

（2）电流互感器一次变比调整进行换接时，必须使用产品出厂时附带的专用等电位连接片，不用的等电位连接片应妥善保管。

（3）电流互感器一次变比调整换接后，必须经过变比试验合格满足要求，才能投入使用。

（4）电流互感器一次变比调整时，还应注意保护定值的重新审定，对计量、仪表倍率进行相应调整。

Jb0000432044　互感器绝缘油故障分析。（12 分）

考核知识点：互感器绝缘油故障分析

难易度：中

标准答案：

（1）主要现象：绝缘油介质损耗超标，含水量大，简化分析项目不合格，如酸值过高等。

（2）原因分析：原制造厂油品把关不严，加入了劣质油；或者运行维护中，补油时未做混油试验，盲目补油。

（3）处理办法：新产品返厂更换处理。如是投运多年的老产品，可根据情况采用换油或进行油净化处理。

Jb0000433045　互感器绝缘油色谱超标分析。（12 分）

考核知识点：互感器绝缘油故障分析

难易度：难

标准答案：

（1）主要现象：设备运行中氢气或甲烷单项含量超过注意值，或者总烃含量超过注意值。

（2）原因分析：对于氢气单项超标可能与金属膨胀器除氢处理或油箱涤化工艺不当有关，如果试验数据稳定，则不一定是故障反映，但当氢气含量增长较快时，应予注意。甲烷单项过高时，可能是绝缘干燥不彻底或者老化所致。对于总烃含量高的互感器，应认真分析烃类气体成分，对缺陷类型进行判断，并通过相关电气试验进一步确诊。当出现乙炔时应予高度重视，因为它反映放电故障的主要指标。

（3）处理办法：首先视情况补做相关电气试验，进一步判断缺陷性质。如判断为非故障原因，可进行脱气或者换油处理。如确认为绝缘故障，则必须进行解体检修，或者返厂处理或更换。

Jb0000433046　油浸式消弧线圈整体更换的关键工艺质量要点。（15 分）

考核知识点：油浸式消弧线圈整体更换的关键工艺质量要点

难易度：难

标准答案：

（1）消弧线圈外观应完好，无锈蚀、无掉漆。套管清洁，无裂纹、无损伤。各部位密封件完好无缺失，无渗漏油。

（2）安装底座应水平，构架及夹件应固定牢固，无倾斜或变形。

（3）一、二次引线、母排应接触良好，单螺栓固定时需配备双螺母（防松螺母）。

（4）阀门、取油口、排气口开闭应灵活。

（5）储油柜油位应正确。油位计内部无凝露。

（6）测温座应密封良好，温度指示正常，观察窗内无凝露。

（7）吸湿器应呼吸通畅，吸湿剂应无受潮变色或破碎，更换吸湿剂距顶盖下方应留出 1/6～1/5 高度的空隙。油杯应清洁，油面在规定位置。

（8）铁芯、夹件应有且只有一点接地，接触良好。

（9）接地点应有明显的接地符号标志，明敷接地线的表面应涂以 1500mm 宽度相等的绿色和黄色相间的条纹。

（10）接地线采用扁钢时，应经热镀锌防腐。

（11）使用多股软铜线的接地线，接头处应具备完好的防腐处理（热缩包扎）。

Jb0000433047　油浸式接地变压器高压侧套管更换的关键工艺质量要点。（15分）

考核知识点： 油浸式接地变压器高压侧套管更换的关键工艺质量要点

难易度： 难

标准答案：

（1）套管更换工作宜选在天气良好时进行，现场作业环境应满足要求，温度不宜低于0℃。

（2）空气相对湿度不大于80%，并具有防尘防雨措施。

（3）新套管外观应完好，无裂纹、损伤，各部件密封良好，油位正常。

（4）更换套管所有密封件，应采用尺寸符合要求的耐油密封垫圈。

（5）拆除旧套管前，应关闭储油柜与油箱之间的连接阀门。

（6）对于穿缆式套管，排油至油面低于套管安装法兰水平位置200mm以下；对于导杆式套管，可根据现场需要排油至手孔以下或排尽。

（7）安装法兰螺栓应对角、循环紧固，法兰密封垫圈压缩1/3为宜（胶棒压缩1/2），密封良好，无渗漏。

（8）对于穿缆式套管，应使用专用带环螺栓拧在引线头上进行牵引，穿入新套管时应控制速度。

（9）新套管更换导电杆，焊接过程应无虚焊、假焊，焊渣不得落入器身。

（10）新套管油位表计应朝向便于运维巡视观察的方向，油位应正常。

（11）更换后应静置，反复排气，确保本体内无气体。

Jb0000431048　SF_6气体回收装置的主要组成部分。（5分）

考核知识点： SF_6气体回收装置

难易度： 易

标准答案：

主要由气体回收系统、充气系统、抽真空系统、储气罐、控制系统组成。

Jb0000432049　电抗器套管在安装前应检查哪些项目？（7分）

考核知识点： 电抗器套管检查

难易度： 中

标准答案：

（1）套管经试验是否合格。

（2）充油套管的油位指示是否正常，有无渗油现象。

（3）瓷套外观清洁，无损伤，无渗油，油位正常。

（4）套管金属法兰结合面应平整，无外伤或铸造砂眼。

（5）放气塞位于套管法兰最高处，无渗漏。

（6）相序符合铭牌要求。

（7）末屏检查接地可靠。

Jb0000432050　500kV电抗器隔膜式储油柜检修有哪些关键工艺质量控制？（10分）

考核知识点： 电抗器隔膜式储油柜检修关键工艺质量控制

难易度： 中

标准答案：

（1）用吊车和吊具吊住储油柜，拆除储油柜固定螺栓，吊下储油柜。

（2）更换所有与储油柜连接管路的法兰密封垫。

（3）清洗油污，清除锈蚀后应重新防腐处理。

（4）清扫上下节油箱内部。检查内壁应清洁，无毛刺、锈蚀和水分。

（5）管路畅通、无杂质、锈蚀和水分。

（6）隔膜无老化开裂、损坏现象，双重密封性能良好。

（7）储油柜复装时保持连接法兰的平行和同心，密封垫压缩量为 1/3（胶棒压缩 1/2），确保接口密封和畅通。

（8）密封试验：充油（气）进行密封试验，压力 0.023～0.03MPa，时间 12h。

（9）隔膜式储油柜注油后应排尽气体后塞紧放气塞。

（10）拆装前后应确认蝶阀位置正确。

Jb0000431051 简述电抗器套管渗油的原因。（3 分）

考核知识点：能根据故障现象，分析电抗器故障类型

难易度：易

标准答案：

套管本身有砂眼、裂缝等，密封件松动、移动，位置不正等，密封圈老化破损等。

Jb0000431052 简述无功补偿设备防腐处理的技术要求。（5 分）

考核知识点：无功补偿设备防腐处理

难易度：易

标准答案：

（1）进行防腐处理前应对设备进行除锈，确保设备全部露出灰白色的金属本色，无疏散的锈蚀产物及其他氧化物，无油污、灰尘和附着物，表面干燥，无旧漆、酸、碱、盐的残余物，无防腐层。

（2）要求喷涂底漆两道和面漆两道。

（3）涂料应附着牢固，漆膜均匀、无漏涂，刷纹顺直、无刷毛、无灰尘黏附，无气孔、无流柱、无翘皮、无脱落。

Jb0000431053 简述集合式电容器套管底部渗漏油的原因及处理措施。（10 分）

考核知识点：无功补偿设备渗漏油处理

难易度：易

标准答案：

电容器渗漏油原因：

（1）套管底部固定螺栓松动，密封垫未完全压缩，导致底部渗油。

（2）密封垫长时间运行，老化严重，压缩量不足，未能起到密封作用。

处理措施：

（1）关闭储油柜下方蝶阀，将集合式电容器本体变压器油排放至大盖 200mm 以下。

（2）拆除套管引线、套管。

（3）检查套管密封垫情况，是否需要更换密封垫。

（4）选择合适密封垫，并进行更换。

（5）正确紧固套管底部固定螺栓。

（6）将集合式电容器补充变压器油至合适位置。

Jb0000432054　放电线圈更换应注意哪些事项？（10分）
考核知识点：放电线圈的更换
难易度：中
标准答案：
（1）放电线圈套管表面应清洁，无裂纹、无破损。
（2）充油式放电线圈油位应正常，无渗漏。
（3）放电线圈本体无破损、无生锈。
（4）更换放电线圈时，应对二次接线做好标示，并正确恢复。
（5）放电线圈应选用全密封结构，放电线圈首、末端必须与电容器首、末端相连接。
（6）引线连接整齐牢固，接头涂有导电膏。
（7）放电线圈固定螺栓牢固可靠，无松动。
（8）校核放电线圈极性和接线应正确无误。

Jb0000432055　10kV并联电容器导电接触面发热的原因及处理方法。（5分）
考核知识点：无功补偿设备发热处理
难易度：中
标准答案：
（1）发热原因：接头处接触不良，固定螺母松动，接线夹螺孔偏大，接触面不平整，使接触电阻增大。
（2）处理方法：解开并检查发热部位的连接，包括引线头、电容器出线头、连接螺帽、垫圈。轻者应消除接触面的氧化层，修整不光滑的部位，涂抹适量的导电膏；发热严重者应更换损坏的部件，按上述的接线工艺要求接线。

Jb0000431056　变压器呼吸器硅胶更换有哪些注意事项？（3分）
考核知识点：变压器呼吸器硅胶更换注意事项
难易度：易
标准答案：
（1）应将重瓦斯保护改接信号。
（2）取下呼吸器时应将连管堵住，防止回收空气。
（3）换上干燥的硅胶后，应使油封内的油没过呼气嘴并将呼吸器密封。

第四章　变电设备检修工中级工技能操作

Jc0000442001　断路器操动机构及传动和转动部位润滑。（100 分）

考核知识点：断路器金属部件防腐处理、传动部件润滑处理、箱体维护等

难易度：中

技能等级评价专业技能考核操作工作任务书

一、任务名称

断路器操动机构及传动和转动部位润滑。

二、适用工种

变电设备检修工中级工。

三、具体任务

（1）工作状态为 VS1 型真空断路器停电，工作内容为断路器操动机构及传动和转动部位添加润滑油。

（2）工作任务。

1）开工准备。

2）完成 VS1 型真空断路器机构各零部件清洗、涂抹锂基润滑脂。

3）完成 VS1 型真空断路器机构与机构传动和转动部位清洗、涂抹锂基润滑脂。

四、工作规范及要求

（1）要求 1 人操作，由监考人员监护。

（2）工作过程中检查的位置及结果应高声呼唱。

（3）安全文明生产，考生着装规范。

（4）工器具、材料、设备摆放整齐，现场操作熟练、连贯、有序，正确规范地使用工器具及安全用具。

（5）不发生危及人身和设备安全的行为。

（6）操作过程中有需要配合的向监考人员提出，但涉及考试内容的不得提问。

五、考核及时间要求

（1）考核总时间为 45 分钟。场内实际操作时间为 40 分钟，如到时未完成应终止。场外检修记录填写时间为 5 分钟，如到时未完成应终止。若提前完成，向监考人员示意。

（2）参赛选手从进场开始计算时间。

（3）若出现人身伤害或设备危害的操作，监护人员有权制止。

技能等级评价专业技能考核操作评分标准

<table>
<tr><td>工种</td><td colspan="6">变电设备检修工</td><td>评价等级</td><td>中级工</td></tr>
<tr><td>项目模块</td><td colspan="5">断路器—断路器小修及维护</td><td>编号</td><td colspan="2">Jc0000442001</td></tr>
<tr><td>单位</td><td colspan="3"></td><td>准考证号</td><td colspan="2"></td><td>姓名</td><td></td></tr>
<tr><td>考试时限</td><td colspan="2">45 分钟</td><td>题型</td><td colspan="3">单项操作</td><td>题分</td><td>100 分</td></tr>
<tr><td>成绩</td><td></td><td>考评员</td><td></td><td>考评组长</td><td colspan="2"></td><td>日期</td><td></td></tr>
</table>

续表

试题正文	断路器操动机构及传动和转动部位润滑					
需要说明的问题和要求	（1）考生着装规范，穿工作服、绝缘鞋，戴安全帽。 （2）现场需提供检修所需的材料、仪器、工器具及安全防护用具					
序号	项目名称	质量要求	满分	扣分标准	扣分原因	得分
1	安全文明生产					
1.1	着装规范	正确佩戴安全帽、穿绝缘鞋、穿长袖工作服、戴线手套	3	未佩戴安全帽、穿绝缘鞋、穿长袖工作服，扣1分； 安全帽佩戴不规范，扣0.5分； 着装不规范，扣0.5分； 未戴线手套，扣1分		
1.2	安全工器具及安全措施检查	应检查安全工器具、绝缘工器具是否完好，是否在校验合格期内； 检查工作区域围栏是否合格、封闭	3	未检查凳梯、绝缘手套外观是否完好，扣1分； 未检查检验标签是否在合格期内，扣1分； 未检查围栏非入口处是否封闭，扣1分		
1.3	检修环境检查	检查当日工位处温度、湿度情况	1	未检查温度情况，扣0.5分； 未检查湿度情况，扣0.5分		
1.4	安全文明生产	材料或配件不应发生掉落及随意摆放现象	3	发生工器具及配件掉落现象，扣1分； 工作现场杂乱无章，检查过程中随意摆放工器具，扣2分		
2	工作过程					
2.1	机构各零部件清洗、涂抹锂基润滑脂	各零部件应用专用清洗剂清洗干净	10	清洗剂选择不当，扣5分； 清洗不干净，扣5分		
		清洗干净后，用卫生纸擦干	5	未用卫生纸擦干，扣1～5分		
		机构各零部件应光滑无锈蚀、无损伤，轻微锈蚀用细砂纸打磨	5	处理工艺不正确，扣1～5分		
		各零部件表面应涂抹锂基润滑脂，涂抹后轻轻地擦掉	10	润滑脂选择不当，扣3分； 涂抹工艺不正确、涂抹后未擦掉，每处扣3分，扣完为止		
2.2	机构与断路器传动和转动部位清洗、涂抹锂基润滑脂	传动和转动部位应用专用清洗剂清洗干净	10	清洗剂选择不当，扣5分； 清洗不干净，扣5分		
		清洗干净后，用卫生纸擦干	5	未用卫生纸擦干扣1～5分		
		转动轴应光滑无锈蚀、无损伤，铜套应光滑无锈蚀，轻微锈蚀用细砂纸打磨光滑	5	处理工艺不正确，扣1～5分		
		各零部件表面应涂抹锂基润滑脂，涂抹后轻轻地擦掉	15	润滑脂选择不当，扣3分； 涂抹工艺不正确、涂抹后未擦掉，每处扣3分，扣完为止		
3	现场清理及恢复					
3.1	清理作业现场	工器具、试验仪器收取后摆放整齐，与开工前一致； 设备表面清洁无杂物，作业现场清洁无遗留物品	5	工器具、试验仪器未收取摆放整齐，扣3分； 设备表面、工作现场有遗留物，每处扣2分，扣完为止		
3.2	设备恢复	设备恢复至检修前状态	5	未恢复至检修前状态，扣5分		
4	检修报告填写					
4.1	填写检修报告	正确填写检修报告，用语规范，项目齐全，结论正确	15	检修前检查情况未填写，扣2分； 填写不全或不正确，每项扣1分； 发现及处理情况未填写，扣3分； 缺陷每缺少一项，扣1分； 检修结论不正确，扣2分； 以上扣分，扣完为止		
合计			100			

Jc0000443002　VS1 型断路器辅助开关更换。（100 分）

考核知识点：操动机构辅助回路故障处理

难易度：难

技能等级评价专业技能考核操作工作任务书

一、任务名称

VS1 型断路器辅助开关更换。

二、适用工种

变电设备检修工中级工。

三、具体任务

（1）工作状态为 VS1 型真空断路器停电，工作内容为 VS1 型断路器辅助开关更换。

（2）工作任务。

1）开工准备。

2）使用万用表、绝缘摇表检测辅助开关是否合格。

3）更换辅助开关。

四、工作规范及要求

（1）要求 1 人操作，由监考人员监护。

（2）工作过程中检查的位置及结果应高声呼唱。

（3）安全文明生产，考生着装规范。

（4）工器具、材料、设备摆放整齐，现场操作熟练、连贯、有序，正确规范地使用工器具及安全用具。

（5）不发生危及人身和设备安全的行为。

（6）操作过程中有需要配合的向监考人员提出，但涉及考试内容的不得提问。

五、考核及时间要求

（1）考核总时间为 60 分钟。场内实际操作时间为 50 分钟，如到时未完成应终止。场外检修记录填写时间为 10 分钟，如到时未完成应终止。若提前完成，向监考人员示意。

（2）参赛选手从进场开始计算时间。

（3）若出现人身伤害或设备危害的操作，监护人员有权制止。

技能等级评价专业技能考核操作评分标准

工种	变电设备检修工					评价等级	中级工
项目模块	断路器—断路器缺陷及故障处理				编号	Jc0000443002	
单位			准考证号			姓名	
考试时限	60 分钟		题型	单项操作		题分	100 分
成绩		考评员		考评组长		日期	
试题正文	VS1 型断路器辅助开关更换						
需要说明的问题和要求	（1）考生着装规范，穿工作服、绝缘鞋，戴安全帽。 （2）现场需提供检修所需的材料、仪器、工器具及安全防护用具						

续表

序号	项目名称	质量要求	满分	扣分标准	扣分原因	得分
1	安全文明生产					
1.1	着装规范	正确佩戴安全帽、穿绝缘鞋、穿长袖工作服、戴线手套	3	未佩戴安全帽、穿绝缘鞋、穿长袖工作服，扣1分； 安全帽佩戴不规范，扣0.5分； 着装不规范，扣0.5分； 未戴线手套，扣1分		
1.2	安全工器具及安全措施检查	应检查安全工器具、绝缘工器具是否完好，是否在校验合格期内； 检查工作区域围栏是否合格、封闭	3	未检查凳梯、绝缘手套外观是否完好，扣1分； 未检查检验标签是否在合格期内，扣1分； 未检查围栏非入口处是否封闭，扣1分		
1.3	检修环境检查	检查当日工位处温度、湿度情况	1	未检查温度情况，扣0.5分； 未检查湿度情况，扣0.5分		
1.4	安全文明生产	材料或配件不应发生掉落及随意摆放现象	3	发生工器具及配件掉落现象，扣1分； 工作现场杂乱无章，检查过程中随意摆放工器具，扣2分		
2	工作过程					
2.1	检查开关柜情况（向考评员说明）	能正确检查和分析开关柜状态	5	检修前： 未检查开关处于分闸位置，扣1分； 未检查接地刀闸在合位（包括实际位置及指示），扣1分； 未检查控制电源断开，扣1分； 未通过修前检查发现故障现象，扣2分		
2.2	检测辅助开关是否合格	正确使用万用表、绝缘摇表检测辅助开关是否合格	20	未正确使用万用表、绝缘摇表，扣10分； 测试方法不正确，扣10分		
2.3	更换辅助开关	正确使用工器具更换辅助开关	30	更换前未记录接线端子及线号，扣5分； 线头未绝缘处理，扣5分； 接线错误，扣5分； 更换过程未使用绝缘工器具，扣3分； 工器具使用不正确，扣2分； 辅助开关安装不到位、转换不正确，扣10分		
2.4	用万用表、绝缘摇表检测安装后的辅助开关是否合格	正确使用万用表、绝缘摇表检测辅助开关是否合格	10	未正确使用万用表、绝缘摇表，扣5分； 测试方法不正确，扣5分		
3	现场清理及恢复					
3.1	清理作业现场	工器具、试验仪器收取后摆放整齐，与开工前一致； 设备表面清洁无杂物，作业现场清洁无遗留物品	5	工器具、试验仪器未收取摆放整齐，扣3分； 设备表面、工作现场有遗留物，每处扣2分，扣完为止		
3.2	设备恢复	设备恢复至检修前状态	5	未恢复至检修前状态，扣5分		
4	检修报告填写					
4.1	填写检修报告	正确填写检修报告，用语规范，项目齐全，结论正确	15	检修前检查情况未填写，扣2分； 填写不全或不正确，每项扣1分； 发现及处理情况未填写，扣3分； 缺陷每缺少一项，扣1分； 检修结论不正确，扣2分； 以上扣分，扣完为止		
合计			100			

Jc0000441003　VS1 型断路器弹簧机构的合闸、分闸失灵故障处理。（100 分）

考核知识点：断路器分合闸故障处理

难易度：易

技能等级评价专业技能考核操作工作任务书

一、任务名称

VS1 型断路器弹簧机构的合闸、分闸失灵故障处理。

二、适用工种

变电设备检修工中级工。

三、具体任务

（1）工作状态为 VS1 型真空断路器停电，工作内容为 VS1 型断路器弹簧机构的合闸、分闸失灵故障处理。

（2）工作任务。

1）开工准备。

2）检查分析弹簧机构合闸失灵故障并排除。

3）检查分析弹簧机构分闸失灵故障并排除。

四、工作规范及要求

（1）要求 1 人操作，由监考人员监护。

（2）工作过程中检查的位置及结果应高声呼唱。

（3）安全文明生产，考生着装规范。

（4）工器具、材料、设备摆放整齐，现场操作熟练、连贯、有序，正确规范地使用工器具及安全用具。

（5）不发生危及人身和设备安全的行为。

（6）操作过程中有需要配合的向监考人员提出，但涉及考试内容的不得提问。

五、考核及时间要求

（1）考核总时间为 60 分钟。场内实际操作时间为 50 分钟，如到时未完成应终止。场外检修记录填写时间为 10 分钟，如到时未完成应终止。若提前完成，向监考人员示意。

（2）参赛选手从进场开始计算时间。

（3）若出现人身伤害或设备危害的操作，监护人员有权制止。

技能等级评价专业技能考核操作评分标准

<table>
<tr><td>工种</td><td colspan="8">变电设备检修工</td><td>评价等级</td><td>中级工</td></tr>
<tr><td>项目模块</td><td colspan="7">断路器—断路器缺陷及故障处理</td><td>编号</td><td colspan="2">Jc0000441003</td></tr>
<tr><td>单位</td><td colspan="3"></td><td colspan="2">准考证号</td><td colspan="3"></td><td>姓名</td><td></td></tr>
<tr><td>考试时限</td><td colspan="2">60 分钟</td><td colspan="2">题型</td><td colspan="4">单项操作</td><td>题分</td><td>100 分</td></tr>
<tr><td>成绩</td><td></td><td>考评员</td><td colspan="2"></td><td colspan="2">考评组长</td><td colspan="2"></td><td>日期</td><td></td></tr>
<tr><td>试题正文</td><td colspan="10">VS1 型断路器弹簧机构的合闸、分闸失灵故障处理</td></tr>
<tr><td>需要说明的问题和要求</td><td colspan="10">（1）考生着装规范，穿工作服、绝缘鞋，戴安全帽。
（2）现场需提供检修所需的材料、仪器、工器具及安全防护用具</td></tr>
</table>

续表

序号	项目名称	质量要求	满分	扣分标准	扣分原因	得分
1	安全文明生产					
1.1	着装规范	正确佩戴安全帽、穿绝缘鞋、穿长袖工作服、戴线手套	3	未佩戴安全帽、穿绝缘鞋、穿长袖工作服，扣1分； 安全帽佩戴不规范，扣0.5分； 着装不规范，扣0.5分； 未戴线手套，扣1分		
1.2	安全工器具及安全措施检查	应检查安全工器具、绝缘工器具是否完好，是否在校验合格期内； 检查工作区域围栏是否合格、封闭	3	未检查凳梯、绝缘手套外观是否完好，扣1分； 未检查检验标签是否在合格期内，扣1分； 未检查围栏非入口处是否封闭，扣1分		
1.3	检修环境检查	检查当日工位处温度、湿度情况	1	未检查温度情况，扣0.5分； 未检查湿度情况，扣0.5分		
1.4	安全文明生产	材料或配件不应发生掉落及随意摆放现象	3	发生工器具及配件掉落现象，扣1分； 工作现场杂乱无章，检查过程中随意摆放工器具，扣2分		
2	工作过程					
2.1	弹簧机构合闸失灵故障并排除	合闸脱扣器损坏； 合闸闭锁电磁铁损坏； 辅助开关损坏； 整流桥损坏； 合闸电压过低； 手车未到位； 控制回路故障； 行程开关损坏	40	未检查合闸脱扣器，扣5分； 未检查合闸闭锁电磁铁，扣5分； 未检查辅助开关，扣5分； 未检查整流桥，扣5分； 未检查合闸电压，扣5分； 未检查手车是否到位，扣5分； 未检查控制回路故障，扣5分； 未检查行程开关，扣5分		
2.2	弹簧机构分闸失灵故障并排除	分闸脱扣器损坏； 辅助开关损坏； 整流桥损坏； 分闸电压过低； 控制回路故障	25	未检查分闸脱扣器，扣5分； 未检查辅助开关，扣5分； 未检查整流桥，扣5分； 未检查分闸电压，扣5分； 未检查控制回路，扣5分		
3	现场清理及恢复					
3.1	清理作业现场	工器具、试验仪器收取后摆放整齐，与开工前一致； 设备表面清洁无杂物，作业现场清洁无遗留物品	5	工器具、试验仪器未收取摆放整齐，扣3分； 设备表面、工作现场有遗留物，每处扣2分，扣完为止		
3.2	设备恢复	设备恢复至检修前状态	5	未恢复至检修前状态，扣5分		
4	检修报告填写					
4.1	填写检修报告	正确填写检修报告，用语规范，项目齐全，结论正确	15	检修前检查情况未填写，扣2分； 填写不全或不正确，每项扣1分； 发现及处理情况未填写，扣3分； 缺陷每缺少一项，扣1分； 检修结论不正确，扣2分； 以上扣分，扣完为止		
合计			100			

Jc0000442004　断路器的连接引线、导电部位发热的检查处理。（100分）

考核知识点：设备导电接触面处理

难易度：中

技能等级评价专业技能考核操作工作任务书

一、任务名称

断路器的连接引线、导电部位发热的检查处理。

二、适用工种

变电设备检修工中级工。

三、具体任务

（1）工作状态为110kV断路器停电转检修，工作内容为断路器的连接引线、导电部位发热的检查处理。

（2）工作任务。

1）开工准备。

2）规定时间内完成断路器的连接引线、线夹拆解，检查螺栓、设备线夹，恢复组装。

四、工作规范及要求

（1）要求1人操作，由监考人员监护。

（2）工作过程中检查的位置及结果应高声呼唱。

（3）安全文明生产，考生着装规范。

（4）工器具、材料、设备摆放整齐，现场操作熟练、连贯、有序，正确规范地使用工器具及安全用具。

（5）不发生危及人身和设备安全的行为。

（6）操作过程中有需要配合的向监考人员提出，但涉及考试内容的不得提问。

五、考核及时间要求

（1）考核总时间为60分钟。场内实际操作时间为50分钟，如到时未完成应终止。场外检修记录填写时间为10分钟，如到时未完成应终止。若提前完成，向监考人员示意。

（2）参赛选手从进场开始计算时间。

（3）若出现人身伤害或设备危害的操作，监护人员有权制止。

技能等级评价专业技能考核操作评分标准

工种	变电设备检修工				评价等级	中级工
项目模块	断路器—断路器缺陷及故障处理			编号	Jc0000442004	
单位		准考证号			姓名	
考试时限	60分钟	题型	单项操作		题分	100分
成绩		考评员		考评组长	日期	
试题正文	断路器的连接引线、导电部位发热的检查处理					
需要说明的问题和要求	（1）考生着装规范，穿工作服、绝缘鞋，戴安全帽。 （2）现场需提供检修所需的材料、仪器、工器具及安全防护用具					

序号	项目名称	质量要求	满分	扣分标准	扣分原因	得分
1	安全文明生产					
1.1	着装规范	正确佩戴安全帽、穿绝缘鞋、穿长袖工作服、戴线手套	3	未佩戴安全帽、穿绝缘鞋、穿长袖工作服，扣1分； 安全帽佩戴不规范，扣0.5分； 着装不规范，扣0.5分； 未戴线手套，扣1分		

续表

序号	项目名称	质量要求	满分	扣分标准	扣分原因	得分
1.2	安全工器具及安全措施检查	应检查安全工器具、绝缘工器具是否完好，是否在校验合格期内； 检查工作区域围栏是否合格、封闭	3	未检查凳梯、绝缘手套外观是否完好，扣1分； 未检查检验标签是否在合格期内，扣1分； 未检查围栏非入口处是否封闭，扣1分		
1.3	检修环境检查	检查当日工位处温度、湿度情况	1	未检查温度情况，扣0.5分； 未检查湿度情况，扣0.5分		
1.4	安全文明生产	材料或配件不应发生掉落及随意摆放现象	3	发生工器具及配件掉落现象，扣1分； 工作现场杂乱无章，检查过程中随意摆放工器具，扣2分		
2	工作过程					
2.1	线夹及引线拆解	设备线夹及引线检修，拆解、固定好引线； 检查引线，无损伤	20	不用绳索固定连接导线而拧下设备线夹，扣3分； 绑扎绳使用不正确，扣3分； 不将引流线缓慢放下而碰撞设备，扣2分； 对导电接触面无防护措施，扣2分； 对轻微损伤不会用钢丝刷或00号纱布处理，扣2分； 断股修理不当或损伤严重不更换，扣2分； 引流线长度过小，对设备有拉力不更换，扣2分； 引流线弛度过大、安全距离不够不更换，扣2分； 三相引流线不一致不处理，扣2分		
2.2	螺栓检查	检查设备线夹螺栓，无烧伤、断股；无锈蚀、无断纹，齐全	15	不检查螺栓生锈、裂纹情况，扣3分； 轻微锈蚀不处理，扣3分； 严重锈蚀、裂纹不更换，扣3分； 螺栓不齐全，每缺一件，扣2分，扣完为止； 螺纹损坏不更换，扣3分； 未使用热镀锌螺栓，扣3分		
2.3	检查设备线夹	无氧化层、无裂纹、无烧伤或烧伤深度小于1mm	15	不检查设备线夹接触面，扣2分； 接触面有熔化痕迹不用细锉或00号玻璃砂纸处理，扣2分； 烧伤深度大于1mm不更换，扣2分； 接触面氧化层不用00号砂布处理，扣2分； 镀银层不用尼龙刷处理，扣3分； 室外设备不用铜铝过渡线夹，扣3分； 严重烧伤、裂纹、断裂不更换，扣3分； 以上扣分，扣完为止		
2.4	组装	检查设备线夹与设备连接，正确、无松动，螺栓齐全，引流线对地安全距离合格	15	不检查压接夹与导线连接，扣2分； 不检查螺栓连接线夹与导线连接问题，扣2分； 螺栓有问题不处理，扣2分； 不检查设备线夹与设备连接情况，扣2分； 铜铝过渡线夹接反，扣4分； 接触面不涂中性凡士林或导电脂，扣3分； 接触面不严密，用0.05mm×10mm塞尺检查不合格（大于5mm），扣2分； 接触面歪斜，影响接触面美观，扣2分； 以上扣分，扣完为止		

续表

序号	项目名称	质量要求	满分	扣分标准	扣分原因	得分
3	现场清理及恢复					
3.1	清理作业现场	工器具、试验仪器收取后摆放整齐，与开工前一致； 设备表面清洁无杂物，作业现场清洁无遗留物品	5	工器具、试验仪器未收取摆放整齐，扣3分； 设备表面、工作现场有遗留物，每处扣2分，扣完为止		
3.2	设备恢复	设备恢复至检修前状态	5	未恢复至检修前状态，扣5分		
4	检修报告填写					
4.1	填写检修报告	正确填写检修报告，用语规范，项目齐全，结论正确	15	检修前检查情况未填写，扣2分； 填写不全或不正确，每项扣1分； 发现及处理情况未填写，扣3分； 缺陷每缺少一项，扣1分； 检修结论不正确，扣2分； 以上扣分，扣完为止		
合计			100			

Jc0000442005 断路器 SF_6 气体系统检漏。（100 分）

考核知识点：断路器 SF_6 气体系统检漏

难易度：中

技能等级评价专业技能考核操作工作任务书

一、任务名称

断路器 SF_6 气体系统检漏。

二、适用工种

变电设备检修工中级工。

三、具体任务

（1）工作状态为 110kV 断路器检修态，工作内容为断路器 SF_6 气体系统检漏。

（2）工作任务。

1）开工准备。

2）做好安全防护措施，在规定时间内完成断路器 SF_6 气体系统检漏。

四、工作规范及要求

（1）要求 1 人操作，由监考人员监护。

（2）工作过程中检查的位置及结果应高声呼唱。

（3）安全文明生产，考生着装规范。

（4）工器具、材料、设备摆放整齐，现场操作熟练、连贯、有序，正确规范地使用工器具及安全用具。

（5）不发生危及人身和设备安全的行为。

（6）操作过程中有需要配合的向监考人员提出，但涉及考试内容的不得提问。

五、考核及时间要求

（1）考核总时间为 45 分钟。场内实际操作时间为 40 分钟，如到时未完成应终止。场外检修记录填写时间为 5 分钟，如到时未完成应终止。若提前完成，向监考人员示意。

（2）参赛选手从进场开始计算时间。

（3）若出现人身伤害或设备危害的操作，监护人员有权制止。

技能等级评价专业技能考核操作评分标准

工种	变电设备检修工				评价等级	中级工
项目模块	断路器—断路器小修及维护			编号	Jc0000442005	
单位		准考证号			姓名	
考试时限	45 分钟	题型	单项操作		题分	100 分
成绩	考评员		考评组长		日期	
试题正文	断路器 SF_6 气体系统检漏					
需要说明的问题和要求	（1）考生着装规范，穿工作服、绝缘鞋，戴安全帽。 （2）现场需提供检修所需的材料、仪器、工器具及安全防护用具					

序号	项目名称	质量要求	满分	扣分标准	扣分原因	得分
1	安全文明生产					
1.1	着装规范	正确佩戴安全帽、穿绝缘鞋、穿长袖工作服、戴线手套	3	未佩戴安全帽、穿绝缘鞋、穿长袖工作服，扣 1 分； 安全帽佩戴不规范，扣 0.5 分； 着装不规范，扣 0.5 分； 未戴线手套，扣 1 分		
1.2	安全工器具及安全措施检查	应检查安全工器具、绝缘工器具是否完好，是否在校验合格期内； 检查工作区域围栏是否合格、封闭	3	未检查凳梯、绝缘手套外观是否完好，扣 1 分； 未检查检验标签是否在合格期内，扣 1 分； 未检查围栏非入口处是否封闭，扣 1 分		
1.3	检修环境检查	检查当日工位处温度、湿度情况	1	未检查温度情况，扣 0.5 分； 未检查湿度情况，扣 0.5 分		
1.4	安全文明生产	材料或配件不应发生掉落及随意摆放现象	3	发生工器具及配件掉落现象，扣 1 分； 工作现场杂乱无章，检查过程中随意摆放工器具，扣 2 分		
2	工作过程					
2.1	断路器 SF_6 气体系统检漏	正确使用 SF_6 气体检漏仪； 充气口检查； 密度继电器接口及管路检查； SF_6 气阀检查； 上下瓷柱法兰连接处检查； 瓷柱与机构连接处检查； SF_6 气体管道以及相关的连接头处检查； 铝铸件砂孔检查	65	未对充气口进行检查，扣 8 分； 未对密度继电器接口及管路检查，扣 8 分； 未对 SF_6 气阀检查，扣 8 分； 未对上下瓷柱法兰连接处检查，扣 8 分； 未对瓷柱与机构连接处检查，扣 8 分； 未对 SF_6 气体管道以及相关的连接头处检查，扣 9 分； 未对铝铸件砂孔检查，扣 8 分； SF_6 气体检漏仪使用不规范，扣 8 分		
3	现场清理及恢复					
3.1	清理作业现场	工器具、试验仪器收取后摆放整齐，与开工前一致； 设备表面清洁无杂物，作业现场清洁无遗留物品	5	工器具、试验仪器未收取摆放整齐，扣 3 分； 设备表面、工作现场有遗留物，每处扣 2 分		
3.2	设备恢复	设备恢复至检修前状态	5	未恢复至检修前状态，扣 5 分		
4	检修报告填写					
4.1	填写检修报告	正确填写检修报告，用语规范，项目齐全，结论正确	15	检修前检查情况未填写，扣 2 分； 填写不全或不正确，每项扣 1 分； 发现及处理情况未填写，扣 3 分； 缺陷每缺少一项，扣 1 分； 检修结论不正确，扣 2 分； 以上扣分，扣完为止		
合计			100			

Jc0000443006　VD4 弹簧机构储能失灵故障排查。(100 分)

考核知识点：VD4 弹簧机构储能失灵故障排查

难易度：难

技能等级评价专业技能考核操作工作任务书

一、任务名称

VD4 弹簧机构储能失灵故障排查。

二、适用工种

变电设备检修工中级工。

三、具体任务

(1) 工作状态为 VD4 型断路器转检修，工作内容为 VD4 弹簧机构储能失灵故障排查。

(2) 工作任务。

1) 开工准备。

2) 在规定时间内完成 VD4 弹簧机构储能失灵故障排查。

四、工作规范及要求

(1) 要求 1 人操作，由监考人员监护。

(2) 工作过程中检查的位置及结果应高声呼唱。

(3) 安全文明生产，考生着装规范。

(4) 工器具、材料、设备摆放整齐，现场操作熟练、连贯、有序，正确规范地使用工器具及安全用具。

(5) 不发生危及人身和设备安全的行为。

(6) 操作过程中有需要配合的向监考人员提出，但涉及考试内容的不得提问。

五、考核及时间要求

(1) 考核总时间为 60 分钟。场内实际操作时间为 50 分钟，如到时未完成应终止。场外检修记录填写时间为 10 分钟，如到时未完成应终止。若提前完成，向监考人员示意。

(2) 参赛选手从进场开始计算时间。

(3) 若出现人身伤害或设备危害的操作，监护人员有权制止。

技能等级评价专业技能考核操作评分标准

工种	变电设备检修工					评价等级	中级工
项目模块	断路器—断路器缺陷及故障处理				编号	Jc0000443006	
单位			准考证号			姓名	
考试时限	60 分钟		题型	单项操作		题分	100 分
成绩		考评员		考评组长		日期	
试题正文	VD4 弹簧机构储能失灵故障排查						
需要说明的问题和要求	(1) 考生着装规范，穿工作服、绝缘鞋，戴安全帽。 (2) 现场需提供检修所需的材料、仪器、工器具及安全防护用具						

序号	项目名称	质量要求	满分	扣分标准	扣分原因	得分
1	安全文明生产					

续表

序号	项目名称	质量要求	满分	扣分标准	扣分原因	得分
1.1	着装规范	正确佩戴安全帽、穿绝缘鞋、穿长袖工作服、戴线手套	5	未佩戴安全帽、穿绝缘鞋、穿长袖工作服，扣2分； 安全帽佩戴不规范，扣1分； 着装不规范，扣1分； 未戴线手套，扣1分		
1.2	安全工器具及安全措施检查	应检查安全工器具、绝缘工器具是否完好，是否在校验合格期内； 检查工作区域围栏是否合格、封闭	5	未检查凳梯、绝缘手套外观是否完好，扣2分； 未检查检验标签是否在合格期内，扣2分； 未检查围栏非入口处是否封闭，扣1分		
1.3	检修环境检查	检查当日工位处温度、湿度情况	2	未检查温度情况，扣1分； 未检查湿度情况，扣1分		
1.4	安全文明生产	材料或配件不应发生掉落及随意摆放现象	3	发生工器具及配件掉落现象，扣1分； 工作现场杂乱无章，检查过程中随意摆放工器具，扣2分		
2	工作过程					
2.1	储能电源检查	检查储能电源电压	10	未检查储能电源电压，扣10分； 万用表使用不正确，扣5分； 不会判断并排除储能电源故障，扣5分；		
2.2	储能控制回路检查	检查微动开关接点接触不良或损坏； 检查储能回路接线是否松动	30	未检查微动开关，扣20分； 不会判断并处理微动开关接点接触不良或损坏故障，扣10分； 不会更换微动开关，扣10分； 未检查回路接线是否松动，扣5分； 未处理接线松动故障，扣5分； 以上扣分，扣完为止		
2.3	储能电机检查	检查储能电机是否烧损	20	未检查储能电机，扣20分； 检查方法错误，扣5分； 不会判断并排除故障，扣5分； 以上扣分，扣完为止		
3	现场清理及恢复					
3.1	清理作业现场	工器具、试验仪器收取后摆放整齐，与开工前一致； 设备表面清洁无杂物，作业现场清洁无遗留物品	5	工器具、试验仪器未收取摆放整齐，扣2分； 设备表面、工作现场有遗留物，每处扣3分，扣完为止		
3.2	设备恢复	设备恢复至检修前状态	5	未恢复至检修前状态，扣5分		
4	检修报告填写					
4.1	填写检修报告	正确填写检修报告，用语规范，项目齐全，结论正确	15	检修前检查情况未填写，扣2分； 填写不全或不正确，每项扣1分； 发现及处理情况未填写，扣3分； 缺陷每缺少一项，扣1分； 检修结论不正确，扣2分； 以上扣分，扣完为止		
	合计		100			

Jc0000443007 VS1 型断路器储能电机的更换。（100 分）

考核知识点：VS1 型断路器储能电机的更换

难易度：难

技能等级评价专业技能考核操作工作任务书

一、任务名称

VS1 型断路器储能电机的更换。

二、适用工种

变电设备检修工中级工。

三、具体任务

（1）工作状态为 VS1 型断路器转检修，工作内容为 VS1 型断路器储能电机的更换。

（2）工作任务。

1）开工准备。

2）在规定时间内完成 VS1 型断路器储能电机的更换。

四、工作规范及要求

（1）要求 1 人操作，由监考人员监护。

（2）工作过程中检查的位置及结果应高声呼唱。

（3）安全文明生产，考生着装规范。

（4）工器具、材料、设备摆放整齐，现场操作熟练、连贯、有序，正确规范地使用工器具及安全用具。

（5）不发生危及人身和设备安全的行为。

（6）操作过程中有需要配合的向监考人员提出，但涉及考试内容的不得提问。

五、考核及时间要求

（1）考核总时间为 60 分钟。场内实际操作时间为 50 分钟，如到时未完成应终止。场外检修记录填写时间为 10 分钟，如到时未完成应终止。若提前完成，向监考人员示意。

（2）参赛选手从进场开始计算时间。

（3）若出现人身伤害或设备危害的操作，监护人员有权制止。

技能等级评价专业技能考核操作评分标准

工种	变电设备检修工					评价等级	中级工
项目模块	断路器—断路器小修及维护			编号		Jc0000443007	
单位			准考证号			姓名	
考试时限	60 分钟	题型		单项操作		题分	100 分
成绩		考评员		考评组长		日期	
试题正文	VS1 型断路器储能电机的更换						
需要说明的问题和要求	（1）考生着装规范，穿工作服、绝缘鞋，戴安全帽。 （2）现场需提供检修所需的材料、仪器、工器具及安全防护用具						

序号	项目名称	质量要求	满分	扣分标准	扣分原因	得分
1	安全文明生产					
1.1	着装规范	正确佩戴安全帽、穿绝缘鞋、穿长袖工作服、戴线手套	3	未佩戴安全帽、穿绝缘鞋、穿长袖工作服，扣 1 分； 安全帽佩戴不规范，扣 0.5 分； 着装不规范，扣 0.5 分； 未戴线手套，扣 1 分		

续表

序号	项目名称	质量要求	满分	扣分标准	扣分原因	得分
1.2	安全工器具及安全措施检查	应检查安全工器具、绝缘工器具是否完好，是否在校验合格期内； 检查工作区域围栏是否合格、封闭	3	未检查凳梯、绝缘手套外观是否完好，扣1分； 未检查检验标签是否在合格期内，扣1分； 未检查围栏非入口处是否封闭，扣1分		
1.3	检修环境检查	检查当日工位处温度、湿度情况	1	未检查温度情况，扣0.5分； 未检查湿度情况，扣0.5分		
1.4	安全文明生产	材料或配件不应发生掉落及随意摆放现象	3	发生工器具及配件掉落现象，扣1分； 工作现场杂乱无章，检查过程中随意摆放工器具，扣2分		
2	工作过程					
2.1	更换前检查	正确使用工器具； 正确使用万用表、绝缘摇表检测电机	10	未正确使用万用表、绝缘摇表，扣5分； 测试方法不正确，扣5分		
2.2	更换储能电机	更换前检查电机规格型号、参数； 机构释放能量； 正确使用工器具更换电机； 摆放整齐； 二次线绝缘处理	30	更换前未检查核对电机规格型号、参数，扣3分； 更换前未释放机构能量，扣3分； 工器具使用不正确，扣3分； 更换过程物品摆放不整齐，扣3分； 拆除过程损坏元器件，扣5分； 二次线未绝缘处理，扣3分； 电机安装不正确，扣10分		
2.3	储能传动系统润滑	正确使用润滑脂对传动系统进行润滑	15	未正确使用润滑脂，扣5分； 润滑不到位，扣10分		
2.4	二次线绑扎	将储能电机的二次引线进行绑扎，不得影响各传动转动部位	10	储能电机的二次引线不绑扎，扣5分； 储能电机的二次引线错误，扣5分		
3	现场清理及恢复					
3.1	清理作业现场	工器具、试验仪器收取后摆放整齐，与开工前一致； 设备表面清洁无杂物，作业现场清洁无遗留物品	5	工器具、试验仪器未收取摆放整齐，扣3分； 设备表面、工作现场有遗留物，每处扣2分，扣完为止		
3.2	设备恢复	设备恢复至检修前状态	5	未恢复至检修前状态，扣5分		
4	检修报告填写					
4.1	填写检修报告	正确填写检修报告，用语规范，项目齐全，结论正确	15	检修前检查情况未填写，扣2分； 填写不全或不正确，每项扣1分； 发现及处理情况未填写，扣3分； 缺陷每缺少一项，扣1分； 检修结论不正确，扣2分； 以上扣分，扣完为止		
合计			100			

Jc0000442008　隔离开关瓷套或支持绝缘子清扫、检查。（100分）

考核知识点：隔离开关污闪处理

难易度：中

技能等级评价专业技能考核操作工作任务书

一、任务名称

隔离开关瓷套或支持绝缘子清扫、检查。

二、适用工种

变电设备检修工中级工。

三、具体任务

（1）工作状态为110kV隔离开关停电，工作内容为隔离开关瓷套或支持绝缘子清扫、检查。

（2）工作任务。

1）开工准备。

2）正确登高到隔离开关构架上。

3）完成隔离开关支柱瓷瓶检查、清扫。

四、工作规范及要求

隔离开关支持绝缘子清扫、检查工作必须遵守安规的有关规定，按照工作票上安全措施进行，防触电，防高空坠落，防高空落物伤人，并做好工作地点的清洁。

五、考核及时间要求

（1）考核时间为60分钟。

（2）开工前，考生检查着装，清点工器具、设备是否齐全。

（3）许可开工后记录考核时间。

（4）现场清理完毕后，汇报工作终结，记录考核结束时间。

技能等级评价专业技能考核操作评分标准

工种	变电设备检修工					评价等级	中级工
项目模块	隔离开关—隔离开关缺陷及故障处理				编号	Jc0000442008	
单位			准考证号			姓名	
考试时限	60分钟		题型	单项操作		题分	100分
成绩		考评员		考评组长		日期	
试题正文	隔离开关瓷套或支持绝缘子清扫、检查						
需要说明的问题和要求	（1）考生着装规范，穿工作服、绝缘鞋，戴安全帽。 （2）现场需提供检修所需的材料、仪器、工器具及安全防护用具						

序号	项目名称	质量要求	满分	扣分标准	扣分原因	得分
1	安全文明生产					
1.1	着装规范	正确佩戴安全帽、穿绝缘鞋、穿长袖工作服、戴线手套	3	未佩戴安全帽、穿绝缘鞋、穿长袖工作服，扣1分； 安全帽佩戴不规范，扣0.5分； 着装不规范，扣0.5分； 未戴线手套，扣1分		
1.2	安全工器具及安全措施检查	应检查安全工器具、绝缘工器具是否完好，是否在校验合格期内； 检查工作区域围栏是否合格、封闭	3	未检查凳梯、绝缘手套外观是否完好，扣1分； 未检查检验标签是否在合格期内，扣1分； 未检查围栏非入口处是否封闭，扣1分		
1.3	检修环境检查	检查当日工位处温度、湿度情况	1	未检查温度情况，扣0.5分； 未检查湿度情况，扣0.5分		
1.4	安全文明生产	材料或配件不应发生掉落及随意摆放现象	3	发生工器具及配件掉落现象，扣1分； 工作现场杂乱无章，检查过程中随意摆放工器具，扣2分		
2	工作过程					

续表

序号	项目名称	质量要求	满分	扣分标准	扣分原因	得分
2.1	登高到隔离开关构架上	登高方法正确； 上下梯子有人正确扶持； 正确安装安全带悬挂器	12	登高方法不正确，扣4分； 上下无人扶梯或扶持不正确，扣4分； 安全带悬挂器安装不正确，扣4分		
		上下传递工具要使用绝缘绳传递，严禁抛掷	5	未使用绝缘绳传递工器具，扣5分		
		正确使用安全绳、安全带； 安全绳、安全带挂在牢固可靠处	10	安全绳、安全带系挂不牢固或挂在绝缘瓷瓶上，扣5分； 安全带未高挂低用，扣5分		
2.2	支柱瓷瓶检查	检查瓷瓶与法兰连接良好； 法兰表面镀锌层无脱离、无裂缝	6	不检查，不得分； 有缺陷未发现，每处扣3分，扣完为止		
		检查支柱瓷瓶是否松动，螺栓紧固； 瓷瓶无破裂、损伤； 无放电痕迹； 瓷件无掉釉、无贴附杂物	12	不检查，不得分； 有缺陷未发现，每处扣3分，扣完为止		
2.3	支柱瓷瓶清扫	瓷瓶清扫顺序由上到下，由内到外进行	4	清扫顺序不对，扣4分		
		清扫时认真细致，清扫后表面清洁，无污垢	4	清扫质量不好，不彻底有脏污，每一项扣4分，扣完为止		
		清扫时，防止碰撞瓷瓶	9	碰撞瓷瓶，扣4分； 对设备有损伤，扣5分		
		不能将清扫用材料和工具存放在设备上	3	清扫材料或工具放在设备上，扣3分		
3	现场清理及恢复					
3.1	清理作业现场	工器具、试验仪器收取后摆放整齐，与开工前一致； 设备表面清洁无杂物，作业现场清洁无遗留物品	5	工器具、试验仪器未收取摆放整齐，扣3分； 设备表面、工作现场有遗留物，每处扣2分，扣完为止		
3.2	设备恢复	设备恢复至检修前状态	5	未恢复至检修前状态，扣5分		
4	检修报告填写					
4.1	填写检修报告	正确填写检修报告，用语规范，项目齐全，结论正确	15	检修前检查情况未填写，扣2分； 填写不全或不正确，每项扣1分； 发现及处理情况未填写，扣3分； 缺陷每缺少一项，扣1分； 检修结论不正确，扣2分； 以上扣分，扣完为止		
合计			100			

Jc0000442009　隔离开关烧损触头分解、打磨、复装处理。（100分）

考核知识点：隔离开关触头检查，清除烧损点及氧化层

难易度：中

技能等级评价专业技能考核操作工作任务书

一、任务名称

隔离开关烧损触头分解、打磨、复装处理。

二、适用工种

变电设备检修工中级工。

三、具体任务

（1）工作状态为110kV隔离开关停电，工作内容为隔离开关烧损触头进行分解、打磨、复装处理。

（2）工作任务。

1）开工准备。

2）登高作业方法正确，遵守高空作业规定。

3）完成触头分解、触指及其触指座检查、组装。

四、工作规范及要求

（1）要求1人操作，由监考人员监护。

（2）工作过程中检查的位置及结果应高声呼唱。

（3）安全文明生产，考生着装规范。

（4）工器具、材料、设备摆放整齐，现场操作熟练、连贯、有序，正确规范地使用工器具及安全用具。

（5）不发生危及人身和设备安全的行为。

（6）操作过程中有需要配合的向监考人员提出，但涉及考试内容的不得提问。

五、考核及时间要求

（1）考核总时间为60分钟。场内实际操作时间为50分钟，如到时未完成应终止。场外检修记录填写时间为10分钟，如到时未完成应终止。若提前完成，向监考人员示意。

（2）参赛选手从进场开始计算时间。

（3）若出现人身伤害或设备危害的操作，监护人员有权制止

技能等级评价专业技能考核操作评分标准

工种	变电设备检修工			评价等级	中级工
项目模块	隔离开关—隔离开关缺陷及故障处理		编号	Jc0000442009	
单位		准考证号		姓名	
考试时限	60分钟	题型	单项操作	题分	100分
成绩	考评员		考评组长	日期	
试题正文	隔离开关烧损触头进行分解、打磨、复装处理				
需要说明的问题和要求	（1）考生着装规范，穿工作服、绝缘鞋，戴安全帽。 （2）现场需提供检修所需的材料、仪器、工器具及安全防护用具				

序号	项目名称	质量要求	满分	扣分标准	扣分原因	得分
1	安全文明生产					
1.1	着装规范	正确佩戴安全帽、穿绝缘鞋、穿长袖工作服、戴线手套	5	未佩戴安全帽、穿绝缘鞋、穿长袖工作服，扣2分； 安全帽佩戴不规范，扣1分； 着装不规范，扣1分； 未戴线手套，扣1分		
1.2	安全工器具及安全措施检查	应检查安全工器具、绝缘工器具是否完好，是否在校验合格期内； 检查工作区域围栏是否合格、封闭	5	未检查凳梯、绝缘手套外观是否完好，扣2分； 未检查检验标签是否在合格期内，扣2分； 未检查围栏非入口处是否封闭，扣1分		
1.3	检修环境检查	检查当日工位处温度、湿度情况	2	未检查温度情况，扣1分； 未检查湿度情况，扣1分		
1.4	安全文明生产	材料或配件不应发生掉落及随意摆放现象	3	发生工器具及配件掉落现象，扣1分； 工作现场杂乱无章，检查过程中随意摆放工器具，扣2分		

续表

序号	项目名称	质量要求	满分	扣分标准	扣分原因	得分
2	工作过程					
2.1	拆防雨罩，自力型触指及其触指座、触头	将导电管夹在虎钳上，按工艺规范分解各部件，夹力不宜过大，导电管应无夹伤	20	导电管无保护措施，扣5分； 不会分解部件，扣5分； 按工艺规范不会拆卸，扣10分		
2.2	检查防雨罩、检查自力型触指及其触指座、检查触头	防雨罩无裂纹，触指无烧伤、无变形，烧伤、磨损深度不大于0.5mm，无锈蚀，光滑，无明显沟痕，沟痕深度不大于0.3mm，无烧伤及发热后的氧化层	20	损伤零件，每件扣2分； 不清楚拧下有关固定螺栓，扣2分； 防雨罩开裂不更换，扣3分； 触指接触面（两头）磨损、烧伤、变形，不用细齿挫修理、校正，扣3分； 严重烧伤、过热、变形不更换，扣2分； 有变形、锈蚀，未受力不复位不更换，扣2分； 锈蚀严重不更换、轻微锈蚀不用0号砂布除锈、涂黄油，扣2分； 以上扣分，扣完为止		
2.3	组装	各零部件完好，清洁； 组装前各零部件清洗干净，导电接触面涂导电脂，圆空内涂中性凡士林，防雨罩完好，定位止钉拧紧； 触指安装正常，触指复位良好	20	不用清洗剂清洗零件，扣4分； 导电接触面不涂导电脂或中性凡士林，扣4分； 组装螺孔内及弹簧内、外不涂黄油，扣4分； 不会组装，扣10分； 触指组装不平整，扣4分； 组装不熟悉，扣4分； 以上扣分，扣完为止		
3	现场清理及恢复					
3.1	清理作业现场	工器具、试验仪器收取后摆放整齐，与开工前一致； 设备表面清洁无杂物，作业现场清洁无遗留物品	5	工器具、试验仪器未收取摆放整齐，扣3分； 设备表面、工作现场有遗留物，每处扣2分，扣完为止		
3.2	设备恢复	设备恢复至检修前状态	5	未恢复至检修前状态，扣5分		
4	检修报告填写					
4.1	填写检修报告	正确填写检修报告，用语规范，项目齐全，结论正确	15	检修前检查情况未填写，扣2分； 填写不全或不正确，每项扣1分； 发现及处理情况未填写，扣3分； 缺陷每缺少一项，扣1分； 检修结论不正确，扣2分； 以上扣分，扣完为止		
合计			100			

Jc0000443010　隔离开关触指的拆解和安装。(100分)

考核知识点：隔离开关触指的拆解和安装

难易度：难

技能等级评价专业技能考核操作工作任务书

一、任务名称

隔离开关触指的拆解和安装。

二、适用工种

变电设备检修工中级工。

三、具体任务

（1）工作状态为110kV隔离开关停电，工作内容为隔离开关触指的分解、复装处理。

（2）工作任务：

1）开工准备。

2）登高作业方法正确，遵守高空作业规定。

3）完成触指分解、组装。

四、工作规范及要求

（1）要求1人操作，由监考人员监护。

（2）工作过程中检查的位置及结果应高声呼唱。

（3）安全文明生产，考生着装规范。

（4）工器具、材料、设备摆放整齐，现场操作熟练、连贯、有序，正确规范地使用工器具及安全用具。

（5）不发生危及人身和设备安全的行为。

（6）操作过程中有需要配合的向监考人员提出，但涉及考试内容的不得提问。

五、考核及时间要求

（1）考核总时间为60分钟。场内实际操作时间为50分钟，如到时未完成应终止。场外检修记录填写时间为10分钟，如到时未完成应终止。若提前完成，向监考人员示意。

（2）参赛选手从进场开始计算时间。

（3）若出现人身伤害或设备危害的操作，监护人员有权制止。

技能等级评价专业技能考核操作评分标准

工种	变电设备检修工					评价等级	中级工
项目模块	隔离开关—隔离开关大修及更换安装				编号	Jc0000443010	
单位			准考证号			姓名	
考试时限	45 分钟		题型		单项操作	题分	100 分
成绩		考评员		考评组长		日期	
试题正文	隔离开关触指的拆解和安装						
需要说明的问题和要求	（1）考生着装规范，穿工作服、绝缘鞋，戴安全帽。 （2）现场需提供检修所需的材料、仪器、工器具及安全防护用具						

序号	项目名称	质量要求	满分	扣分标准	扣分原因	得分
1	安全文明生产					
1.1	着装规范	正确佩戴安全帽、穿绝缘鞋、穿长袖工作服、戴线手套	3	未佩戴安全帽、穿绝缘鞋、穿长袖工作服，扣1分； 安全帽佩戴不规范，扣0.5分； 着装不规范，扣0.5分； 未戴线手套，扣1分		
1.2	安全工器具及安全措施检查	应检查安全工器具、绝缘工器具是否完好，是否在校验合格期内； 检查工作区域围栏是否合格、封闭	3	未检查凳梯、绝缘手套外观是否完好，扣1分； 未检查检验标签是否在合格期内，扣1分； 未检查围栏非入口处是否封闭，扣1分		
1.3	检修环境检查	检查当日工位处温度、湿度情况	1	未检查温度情况，扣0.5分； 未检查湿度情况，扣0.5分		
1.4	安全文明生产	材料或配件不应发生掉落及随意摆放现象	3	发生工器具及配件掉落现象，扣1分； 工作现场杂乱无章，检查过程中随意摆放工器具，扣2分		

续表

序号	项目名称	质量要求	满分	扣分标准	扣分原因	得分
2	工作过程					
2.1	登高到隔离开关构架上	登高方法正确； 上下梯子有人正确扶持； 正确安装安全带悬挂器； 上下传递工具要使用绝缘绳传递，严禁抛掷； 正确使用安全绳、安全带； 安全绳、安全带挂在牢固可靠处	20	登高方法不正确，扣4分； 上下无人扶梯或扶持不正确，扣4分； 安全带悬挂器安装不正确，扣4分； 未使用绝缘绳传递工器具，扣5分； 安全绳、安全带系挂不牢固或挂在绝缘子上，扣5分； 安全带未高挂低用，扣5分； 以上扣分，扣完为止		
2.2	拆防雨罩、自力型触指及其触指座、触头	将导电管夹在虎钳上，按工艺规范分解各部件，夹力不宜过大，导电管应无夹伤	20	损伤零件，一件扣2分； 不清楚拧下有关固定螺栓，扣2分； 防雨罩开裂不更换，扣3分； 触指接触面（两头）磨损、烧伤、变形，不用细齿挫修理、校正，扣3分； 严重烧伤、过热变形不更换，扣2分； 有变形、锈蚀及未受力不复位的不更换，扣2分； 锈蚀严重不更换、轻微锈蚀不用0号砂布除锈、涂黄油，扣2分； 以上扣分，扣完为止		
2.3	组装	各零部件完好，清洁； 组装前各零部件清洗干净，导电接触面涂导电脂，圆空内涂中性凡士林，防雨罩完好，定位止钉拧紧； 触指安装正常，触指复位良好	25	不用清洗剂清洗零件，扣4分； 导电接触面不涂导电脂或中性凡士林，扣4分； 组装螺孔内及弹簧内、外不涂黄油，扣4分； 不会组装，扣10分； 触指组装不平整，扣4分； 组装不熟悉，扣4分； 以上扣分，扣完为止		
3	现场清理及恢复					
3.1	清理作业现场	工器具、试验仪器收取后摆放整齐，与开工前一致； 设备表面清洁无杂物，作业现场清洁无遗留物品	5	工器具、试验仪器未收取摆放整齐，扣3分； 设备表面、工作现场有遗留物，每处扣2分，扣完为止		
3.2	设备恢复	设备恢复至检修前状态	5	未恢复至检修前状态，扣5分		
4	检修报告填写					
4.1	填写检修报告	正确填写检修报告，用语规范，项目齐全，结论正确	15	检修前检查情况未填写，扣2分； 填写不全或不正确，每项扣1分； 发现及处理情况未填写，扣3分； 缺陷每缺少一项，扣1分； 检修结论不正确，扣2分； 以上扣分，扣完为止		
合计			100			

Jc0000441011　GW4－126型隔离开关绝缘支柱检查、给出更换建议。（100分）

考核知识点：隔离开关本体瓷柱的拆解和安装

难易度：易

技能等级评价专业技能考核操作工作任务书

一、任务名称

GW4－126型隔离开关绝缘支柱检查、给出更换建议。

二、适用工种

变电设备检修工中级工。

三、具体任务

（1）工作状态为GW4－126型隔离开关停电，工作内容为对GW4－126型隔离开关绝缘支柱检查、给出更换建议。

（2）工作任务：

1）开工准备。

2）登高作业方法正确，遵守高空作业规定。

3）按照隔离开关支柱绝缘子检查流程对支柱绝缘子进行检查，并根据检查情况给出更换建议。

4）无人身伤害，无坠落物。

四、工作规范及要求

（1）要求1人操作，由监考人员监护。

（2）工作过程中检查的位置及结果应高声呼唱。

（3）安全文明生产，考生着装规范。

（4）工器具、材料、设备摆放整齐，现场操作熟练、连贯、有序，正确规范地使用工器具及安全用具。

（5）不发生危及人身和设备安全的行为。

（6）操作过程中有需要配合的向监考人员提出，但涉及考试内容的不得提问。

五、考核及时间要求

（1）考核总时间为60分钟。场内实际操作时间为50分钟，如到时未完成应终止。场外检修记录填写时间为60分钟，如到时未完成应终止。若提前完成，向监考人员示意。

（2）参赛选手从进场开始计算时间。

（3）若出现人身伤害或设备危害的操作，监护人员有权制止。

技能等级评价专业技能考核操作评分标准

<table>
<tr><td>工种</td><td colspan="6">变电设备检修工</td><td>评价等级</td><td>中级工</td></tr>
<tr><td>项目模块</td><td colspan="5">隔离开关—隔离开关大修及更换安装</td><td>编号</td><td colspan="2">Jc0000441011</td></tr>
<tr><td>单位</td><td colspan="3"></td><td colspan="2">准考证号</td><td></td><td>姓名</td><td></td></tr>
<tr><td>考试时限</td><td colspan="2">60分钟</td><td>题型</td><td colspan="3">单项操作</td><td>题分</td><td>100分</td></tr>
<tr><td>成绩</td><td></td><td>考评员</td><td></td><td>考评组长</td><td colspan="2"></td><td>日期</td><td></td></tr>
<tr><td>试题正文</td><td colspan="8">GW4－126型隔离开关绝缘支柱检查、给出更换建议</td></tr>
<tr><td>需要说明的问题和要求</td><td colspan="8">（1）考生着装规范，穿工作服、绝缘鞋，戴安全帽。
（2）现场需提供检修所需工器具及安全防护用具</td></tr>
</table>

序号	项目名称	质量要求	满分	扣分标准	扣分原因	得分
1	安全文明生产					
1.1	着装规范	正确佩戴安全帽、穿绝缘鞋、穿长袖工作服、戴线手套	3	未佩戴安全帽、穿绝缘鞋、穿长袖工作服，扣1分； 安全帽佩戴不规范，扣0.5分； 着装不规范，扣0.5分； 未戴线手套，扣1分		
1.2	安全工器具及安全措施检查	应检查安全工器具、绝缘工器具是否完好，是否在校验合格期内； 检查工作区域围栏是否合格、封闭	3	未检查凳梯、绝缘手套外观是否完好，扣1分； 未检查检验标签是否在合格期内，扣1分； 未检查围栏非入口处是否封闭，扣1分		

续表

序号	项目名称	质量要求	满分	扣分标准	扣分原因	得分
1.3	检修环境检查	检查当日工位处温度、湿度情况	1	未检查温度情况，扣 0.5 分； 未检查湿度情况，扣 0.5 分		
1.4	安全文明生产	材料或配件不应发生掉落及随意摆放现象	3	发生工器具及配件掉落现象，扣 1 分； 工作现场杂乱无章，检查过程中随意摆放工器具，扣 2 分		
2	工作过程					
2.1	登高到隔离开关构架上	登高方法正确； 上下梯子有人正确扶持； 正确安装安全带悬挂器	6	登高方法不正确，扣 2 分； 上下无人扶梯或扶持不正确，扣 2 分； 安全带悬挂器安装不正确，扣 2 分		
		上下传递工具要使用绝缘绳子传递，严禁抛掷	3	未使用绝缘绳传递工器具，扣 3 分		
		正确使用安全绳、安全带； 安全绳、安全带挂在牢固可靠处	6	安全绳、安全带系挂不牢固或挂在绝缘瓷瓶上，扣 3 分； 安全带未高挂低用，扣 3 分		
2.2	GW4－126 型隔离开关绝缘支柱检查、给出更换建议	用水或清洗剂清洗绝缘子表面并抹干	10	未清洗绝缘子表面，扣 10 分		
		检查绝缘子有无开裂或损坏，如有破损、裂纹，应给出更换建议	10	未检查绝缘子状况，扣 5 分； 未给出结论或结论错误，扣 5 分		
		检查铸铁法兰与绝缘子浇装处有无松动、开裂和脱落，若有松动应给出更换建议，如铁法兰与绝缘子间浇装物脱落应进行处理，并涂防水胶； 检查法兰盘有无开裂，若有开裂应给出更换建议	10	未检查法兰与绝缘子浇装处情况，扣 5 分； 未给出结论或结论错误，扣 5 分		
		检查上、下法兰螺孔情况，并用丝锥套攻，清除灰尘和铁锈，孔内涂黄油，上、下法兰刷防锈漆	10	未检查上下法兰螺孔情况，扣 10 分		
		检查支柱绝缘子瓷裙有无损坏，如有轻微缺块，可用环氧树脂或硅橡胶补齐，如损坏严重应给出更换建议	10	未检查瓷裙情况，扣 5 分； 未给出结论或结论错误，扣 5 分		
3	现场清理及恢复					
3.1	清理作业现场	工器具、试验仪器收取后摆放整齐，与开工前一致； 设备表面清洁无杂物，作业现场清洁无遗留物品	5	工器具、试验仪器未收取摆放整齐，扣 3 分； 设备表面、工作现场有遗留物，每处扣 2 分，扣完为止		
3.2	设备恢复	设备恢复至检修前状态	5	未恢复至检修前状态，扣 5 分		
4	检修报告填写					
4.1	填写检修报告	正确填写检修报告，用语规范，项目齐全，结论正确	15	检修前检查情况未填写，扣 2 分； 填写不全或不正确，每项扣 1 分； 发现及处理情况未填写，扣 3 分； 缺陷每缺少一项，扣 1 分； 检修结论不正确，扣 2 分； 以上扣分，扣完为止		
合计			100			

Jc0000442012　GW5 隔离开关传动拉杆检修。（100 分）

考核知识点： 隔离开关传动拉杆检修

难易度： 中

技能等级评价专业技能考核操作工作任务书

一、任务名称

GW5 隔离开关传动拉杆检修。

二、适用工种

变电设备检修工中级工。

三、具体任务

（1）在规定时间内完成GW5隔离开关传动拉杆检修。

（2）填写检修报告。

四、工作规范及要求

（1）要求1人操作，由监考人员监护。

（2）工作过程中检查的位置及结果应高声呼唱。

（3）安全文明生产，考生着装规范。

（4）工器具、材料、设备摆放整齐，现场操作熟练、连贯、有序，正确规范地使用工器具及安全用具。

（5）不发生危及人身和设备安全的行为。

（6）操作过程中有需要配合的向监考人员提出，但涉及考试内容的不得提问。

五、考核及时间要求

（1）考核总时间为60分钟。场内实际操作时间为50分钟，如到时未完成应终止。场外检修记录填写时间为10分钟，如到时未完成应终止。若提前完成，向监考人员示意。

（2）参赛选手从进场开始计算时间。

（3）若出现人身伤害或设备危害的操作，监护人员有权制止。

技能等级评价专业技能考核操作评分标准

工种	变电设备检修工					评价等级	中级工
项目模块	隔离开关—隔离开关大修及更换安装				编号		Jc0000442012
单位		准考证号				姓名	
考试时限	60分钟	题型		单项操作		题分	100分
成绩		考评员		考评组长		日期	
试题正文	GW5隔离开关传动拉杆检修						
需要说明的问题和要求	（1）考生着装规范，穿工作服、绝缘鞋，戴安全帽。 （2）现场需提供检修所需的材料、仪器、工器具及安全防护用具						

序号	项目名称	质量要求	满分	扣分标准	扣分原因	得分
1	安全文明生产					
1.1	着装规范	正确佩戴安全帽、穿绝缘鞋、穿长袖工作服、戴线手套	3	未佩戴安全帽、穿绝缘鞋、穿长袖工作服，扣1分； 安全帽佩戴不规范，扣0.5分； 着装不规范，扣0.5分； 未戴线手套，扣1分		
1.2	安全工器具及安全措施检查	应检查安全工器具、绝缘工器具是否完好，是否在校验合格期内； 检查工作区域围栏是否合格、封闭	3	未检查凳梯、绝缘手套外观是否完好，扣1分； 未检查检验标签是否在合格期内，扣1分； 未检查围栏非入口处是否封闭，扣1分		
1.3	检修环境检查	检查当日工位处温度、湿度情况	1	未检查温度情况，扣0.5分； 未检查湿度情况，扣0.5分		

续表

序号	项目名称	质量要求	满分	扣分标准	扣分原因	得分
1.4	安全文明生产	材料或配件不应发生掉落及随意摆放现象	3	发生工器具及配件掉落现象，扣1分； 工作现场杂乱无章，检查过程中随意摆放工器具，扣2分		
2	工作过程					
2.1	主刀闸水平连杆拆除	分解开口销、圆柱销、机械闭锁板、连接螺栓，依次将主刀闸水平连杆拆除	10	不会分解开口销、圆柱销、机械闭锁板、连接螺栓，扣5分； 损伤零件，扣5分		
2.2	接地刀闸水平连杆拆除	分解开口销、圆柱销、机械闭锁板、连接螺栓，依次将接地开关水平连杆拆除	10	不会分解开口销、圆柱销、机械闭锁板、连接螺栓，扣5分； 损伤零件，扣5分		
2.3	垂直传动杆拆除	分解开口销、圆柱销、机械闭锁板、连接螺栓，将垂直隔离开关水平连杆拆除	10	不会分解开口销、圆柱销、机械闭锁板、连接螺栓，扣5分； 损伤零件，扣5分		
2.4	检查并更换	检查水平连杆及垂直传动杆的两端螺纹接叉、圆柱销、连接螺栓、检查方向节、圆柱销及孔，如出现变性、损坏状况应更换或修复	10	变形或严重变形不更换，扣3分； 轻微变形不用细齿扁锉修理，扣3分； 严重损坏不更换，扣4分		
2.5	打磨锈蚀部分	对锈蚀部分用砂布打磨至有金属光泽	10	如有锈蚀不用00号砂布除锈不打磨，每处扣4分，扣完为止		
2.6	清洗	清洗传动拉杆易锈蚀部分，润滑键槽，易锈件做防锈处理	5	不用清洗剂清洗，一件扣1分，总分3分，扣完为止 键槽不涂黄油，易锈件不做防锈处理，扣2分		
2.7	组装传动拉杆	各水平连杆、垂直传动杆的有效工作长度与原来相近，使其三相分合闸同期	10	各水平连杆、垂直传动杆有效工作长度与原来记录相差过大，影响分合闸同期，每处扣2分，扣完为止		
3	现场清理及恢复					
3.1	清理作业现场	工器具、试验仪器收取后摆放整齐，与开工前一致； 设备表面清洁无杂物，作业现场清洁无遗留物品	5	工器具、试验仪器未收取摆放整齐，扣3分； 设备表面、工作现场有遗留物，每处扣2分，扣完为止		
3.2	设备恢复	设备恢复至检修前状态	5	未恢复至检修前状态，扣5分		
4	检修报告填写					
4.1	填写检修报告	正确填写检修报告，用语规范，项目齐全，结论正确	15	检修前检查情况未填写，扣2分； 填写不全或不正确，每项扣1分； 发现及处理情况未填写，扣3分； 缺陷每缺少一项，扣1分； 检修结论不正确，扣2分； 以上扣分，扣完为止		
合计			100			

Jc0000442013　校验10kV中置式开关柜的“五防”闭锁功能。（100分）

考核知识点：检查验证“五防”联锁装置的完整性和有效性

难易度：中

技能等级评价专业技能考核操作工作任务书

一、任务名称

校验10kV中置式开关柜的“五防”闭锁功能。

二、适用工种

变电设备检修工中级工。

三、具体任务

（1）工作状态为 10kV 中置式开关柜停电，工作内容为校验 10kV 中置式开关柜的“五防”闭锁功能。

（2）工作任务。

1）开工准备。

2）规定时间内完成 10kV 中置式开关柜的“五防”闭锁功能的校验。

四、工作规范及要求

（1）要求 1 人操作，由监考人员监护。

（2）工作过程中检查的位置及结果应高声呼唱。

（3）安全文明生产，考生着装规范。

（4）工器具、材料、设备摆放整齐，现场操作熟练、连贯、有序，正确规范地使用工器具及安全用具。

（5）不发生危及人身和设备安全的行为。

（6）操作过程中有需要配合的向监考人员提出，但涉及考试内容的不得提问。

五、考核及时间要求

（1）考核总时间为 45 分钟。场内实际操作时间为 40 分钟，如到时未完成应终止。场外检修记录填写时间为 5 分钟，如到时未完成应终止。若提前完成，向监考人员示意。

（2）参赛选手从进场开始计算时间。

（3）若出现人身伤害或设备危害的操作，监护人员有权制止。

技能等级评价专业技能考核操作评分标准

工种	变电设备检修工				评价等级	中级工	
项目模块	开关柜—开关柜大修及更换安装			编号	Jc0000442013		
单位		准考证号			姓名		
考试时限	45 分钟	题型	单项操作		题分	100 分	
成绩		考评员		考评组长		日期	
试题正文	校验 10kV 中置式开关柜的“五防”闭锁功能						
需要说明的问题和要求	（1）考生着装规范，穿工作服、绝缘鞋，戴安全帽。 （2）现场需提供检修所需的材料、仪器、工器具及安全防护用具						

序号	项目名称	质量要求	满分	扣分标准	扣分原因	得分
1	安全文明生产					
1.1	着装规范	正确佩戴安全帽、穿绝缘鞋、穿长袖工作服、戴线手套	3	未佩戴安全帽、穿绝缘鞋、穿长袖工作服，扣 1 分； 安全帽佩戴不规范，扣 0.5 分； 着装不规范，扣 0.5 分； 未戴线手套，扣 1 分		
1.2	安全工器具及安全措施检查	应检查安全工器具、绝缘工器具是否完好，是否在校验合格期内； 检查工作区域围栏是否合格、封闭	3	未检查凳梯、绝缘手套外观是否完好，扣 1 分； 未检查检验标签是否在合格期内，扣 1 分； 未检查围栏非入口处是否封闭，扣 1 分		

续表

序号	项目名称	质量要求	满分	扣分标准	扣分原因	得分
1.3	检修环境检查	检查当日工位处温度、湿度情况	1	未检查温度情况，扣0.5分； 未检查湿度情况，扣0.5分		
1.4	安全文明生产	材料或配件不应发生掉落及随意摆放现象	3	发生工器具及配件掉落现象，扣1分； 工作现场杂乱无章，检查过程中随意摆放工器具，扣2分		
2	工作过程					
2.1	防止带接地线合刀闸	当接地刀闸在合上位置时，断路器手车只能推至试验位置，而不能摇至工作位置； 小车底盘闭锁，断路器无法从试验位置移动到工作位置	10	校验步骤、动作错误，扣10分		
2.2	防止误入带电间隔	当接地刀闸在合上位置时，后柜门可以打开，反之，后柜门由于电气或机械闭锁无法打开； 在后柜门未可靠关闭的情况下，无法操作接地刀闸	10	校验步骤、动作错误，扣10分		
2.3	防止带负荷合刀闸	当接地刀闸在断开位置，同时断路器手车在试验位置时，合上断路器，断路器无法从试验位置移动到工作位置	10	校验步骤、动作错误，扣10分		
2.4	防止刀闸在合位挂接地线	断路器手车在工作位置，接地刀闸合不上，接地刀闸操作孔小，活门无法打开	10	校验步骤、动作错误，扣10分		
2.5	防止带负荷拉刀闸	断路器手车在工作位置，合上断路器，断路器无法从工作位置移动到试验位置	10	校验步骤、动作错误，扣10分		
2.6	防止误分误合断路器	断路器手车在摇进、摇出过程中电气、机械闭锁合闸回路	10	校验步骤、动作错误，扣10分		
2.7	后柜没电且后柜门关闭的情况下可以操作接地刀闸	将接地刀闸恢复至检修接地状态； 接地刀闸可以自如地进行分合操作	5	校验步骤、动作错误，扣5分		
3	现场清理及恢复					
3.1	清理作业现场	工器具、试验仪器收取后摆放整齐，与开工前一致； 设备表面清洁无杂物，作业现场清洁无遗留物品	5	工器具、试验仪器未收取摆放整齐，扣3分； 设备表面、工作现场有遗留物，每处扣2分，扣完为止		
3.2	设备恢复	设备恢复至检修前状态	5	未恢复至检修前状态，扣5分		
4	检修报告填写					
4.1	填写检修报告	正确填写检修报告，用语规范，项目齐全，结论正确	15	检修前检查情况未填写，扣2分； 填写不全或不正确，每项扣1分； 发现及处理情况未填写，扣3分； 缺陷每缺少一项，扣1分； 检修结论不正确，扣2分； 以上扣分，扣完为止		
合计			100			

Jc0000442014　更换开关柜内母线绝缘子。(100分)

考核知识点：开关柜大修及更换安装

难易度：中

技能等级评价专业技能考核操作工作任务书

一、任务名称

更换开关柜内母线绝缘子。

二、适用工种

变电设备检修工中级工。

三、具体任务

（1）工作状态为10kV中置式开关柜停电，工作内容为更换开关柜内母线绝缘子。

（2）工作任务。

1）开工准备。

2）规定时间内完成更换开关柜内母线绝缘子。

四、工作规范及要求

（1）要求1人操作，由监考人员监护。

（2）工作过程中检查的位置及结果应高声呼唱。

（3）安全文明生产，考生着装规范。

（4）工器具、材料、设备摆放整齐，现场操作熟练、连贯、有序，正确规范地使用工器具及安全用具。

（5）不发生危及人身和设备安全的行为。

（6）操作过程中有需要配合的向监考人员提出，但涉及考试内容的不得提问。

五、考核及时间要求

（1）考核总时间为45分钟。场内实际操作时间为40分钟，如到时未完成应终止。场外检修记录填写时间为5分钟，如到时未完成应终止。若提前完成，向监考人员示意。

（2）参赛选手从进场开始计算时间。

（3）若出现人身伤害或设备危害的操作，监护人员有权制止。

技能等级评价专业技能考核操作评分标准

工种	变电设备检修工				评价等级	中级工	
项目模块	开关柜—开关柜大修及更换安装			编号	Jc0000442014		
单位		准考证号			姓名		
考试时限	45分钟	题型	单项操作		题分	100分	
成绩		考评员		考评组长		日期	
试题正文	更换开关柜内母线绝缘子						
需要说明的问题和要求	（1）考生着装规范，穿工作服、绝缘鞋，戴安全帽。 （2）现场需提供检修所需的材料、仪器、工器具及安全防护用具						
序号	项目名称	质量要求	满分	扣分标准	扣分原因	得分	
1	安全文明生产						

续表

序号	项目名称	质量要求	满分	扣分标准	扣分原因	得分
1.1	着装规范	正确佩戴安全帽、穿绝缘鞋、穿长袖工作服、戴线手套	3	未佩戴安全帽、穿绝缘鞋、穿长袖工作服，扣1分； 安全帽佩戴不规范，扣0.5分； 着装不规范，扣0.5分； 未戴线手套，扣1分		
1.2	安全工器具及安全措施检查	应检查安全工器具、绝缘工器具是否完好，是否在校验合格期内； 检查工作区域围栏是否合格、封闭	3	未检查凳梯、绝缘手套外观是否完好，扣1分； 未检查检验标签是否在合格期内，扣1分； 未检查围栏非入口处是否封闭，扣1分		
1.3	检修环境检查	检查当日工位处温度、湿度情况	1	未检查温度情况，扣0.5分； 未检查湿度情况，扣0.5分		
1.4	安全文明生产	材料或配件不应发生掉落及随意摆放现象	3	发生工器具及配件掉落现象，扣1分； 工作现场杂乱无章，检查过程中随意摆放工器具，扣2分		
2	工作过程					
2.1	绝缘子试验、检查	对绝缘子进行外观检查，合格后还应按电气交接试验的规定进行试验（无相关试验设备，改为口述），合格后方可安装	10	未对绝缘子进行外观检查，扣5分； 未按电气交接试验的规定进行试验，扣5分		
2.2	拆下绝缘子	依次松开支持绝缘子底座上的安装螺栓，轻轻晃动底座，将支持绝缘子取出	20	拆卸支持绝缘子工艺不规范，扣5～10分； 拆下绝缘子随意摆放，扣5分； 拆除时磕碰绝缘子，扣5分		
2.3	安装绝缘子	将新绝缘子安装到底座上，依次拧紧底座上的安装螺栓； 紧固螺栓时，要用力适度，防止绝缘子受力不均而损坏	20	安装支持绝缘子工艺不规范，扣5～10分； 安装时磕碰绝缘子，扣5分； 螺栓未紧固，扣5分		
2.4	检查绝缘子	支柱绝缘子的安装中心线应在同一直线上； 固定应牢固，紧固件应齐全	5	未进行检查安装中心线，扣5分； 紧固不齐全，扣5分； 以上扣分，扣完为止		
2.5	绝缘子试验	绝缘子更换结束后，应测试其整体绝缘，并进行耐压试验（无相关试验设备，改为口述）	10	未进行试验，扣5分； 试验流程不规范，扣5分		
3	现场清理及恢复					
3.1	清理作业现场	工器具、试验仪器收取后摆放整齐，与开工前一致； 设备表面清洁无杂物，作业现场清洁无遗留物品	5	工器具、试验仪器未收取摆放整齐，扣3分； 设备表面、工作现场有遗留物，每处扣2分，扣完为止		
3.2	设备恢复	设备恢复至检修前状态	5	未恢复至检修前状态，扣5分		
4	检修报告填写					
4.1	填写检修报告	正确填写检修报告，用语规范，项目齐全，结论正确	15	检修前检查情况未填写，扣2分； 填写不全或不正确，每项扣1分； 发现及处理情况未填写，扣3分； 缺陷每缺少一项，扣1分； 检修结论不正确，扣2分； 以上扣分，扣完为止		
合计			100			

Jc0000441015　开关柜断路器手车位置指示灯不正确缺陷处理。（100分）

考核知识点：开关柜断路器手车位置指示灯不正确缺陷处理

难易度：易

技能等级评价专业技能考核操作工作任务书

一、任务名称

开关柜断路器手车位置指示灯不正确缺陷处理。

二、适用工种

变电设备检修工中级工。

三、具体任务

（1）工作状态为 10kV 中置式开关柜停电，工作内容为开关柜断路器手车位置指示灯不正确缺陷处理。

（2）工作任务：

1）开工准备。

2）规定时间内完成开关柜断路器手车位置指示灯不正确缺陷处理。

四、工作规范及要求

（1）要求 1 人操作，由监考人员监护。

（2）工作过程中检查的位置及结果应高声呼唱。

（3）安全文明生产，考生着装规范。

（4）工器具、材料、设备摆放整齐，现场操作熟练、连贯、有序，正确规范地使用工器具及安全用具。

（5）不发生危及人身和设备安全的行为。

（6）操作过程中有需要配合的向监考人员提出，但涉及考试内容的不得提问。

五、考核及时间要求

（1）考核总时间为 45 分钟。场内实际操作时间为 40 分钟，如到时未完成应终止。场外检修记录填写时间为 5 分钟，如到时未完成应终止。若提前完成，向监考人员示意。

（2）参赛选手从进场开始计算时间。

（3）若出现人身伤害或设备危害的操作，监护人员有权制止。

技能等级评价专业技能考核操作评分标准

<table>
<tr><td>工种</td><td colspan="5">变电设备检修工</td><td>评价等级</td><td>中级工</td></tr>
<tr><td>项目模块</td><td colspan="5">开关柜—开关柜缺陷及故障处理</td><td>编号</td><td>Jc0000441015</td></tr>
<tr><td>单位</td><td colspan="2"></td><td colspan="2">准考证号</td><td></td><td>姓名</td><td></td></tr>
<tr><td>考试时限</td><td colspan="2">45 分钟</td><td>题型</td><td colspan="2">单项操作</td><td>题分</td><td>100 分</td></tr>
<tr><td>成绩</td><td></td><td>考评员</td><td></td><td>考评组长</td><td></td><td>日期</td><td></td></tr>
<tr><td>试题正文</td><td colspan="7">开关柜断路器手车位置指示灯不正确缺陷处理</td></tr>
<tr><td>需要说明的问题和要求</td><td colspan="7">（1）考生着装规范，穿工作服、绝缘鞋，戴安全帽。
（2）现场需提供检修所需的材料、仪器、工器具及安全防护用具</td></tr>
</table>

序号	项目名称	质量要求	满分	扣分标准	扣分原因	得分
1	安全文明生产					

续表

序号	项目名称	质量要求	满分	扣分标准	扣分原因	得分
1.1	着装规范	正确佩戴安全帽、穿绝缘鞋、穿长袖工作服、戴线手套	3	未佩戴安全帽、穿绝缘鞋、穿长袖工作服，扣1分； 安全帽佩戴不规范，扣0.5分； 着装不规范，扣0.5分； 未戴线手套，扣1分		
1.2	安全工器具及安全措施检查	应检查安全工器具、绝缘工器具是否完好，是否在校验合格期内； 检查工作区域围栏是否合格、封闭	3	未检查凳梯、绝缘手套外观是否完好，扣1分； 未检查检验标签是否在合格期内，扣1分； 未检查围栏非入口处是否封闭，扣1分		
1.3	检修环境检查	检查当日工位处温度、湿度情况	1	未检查温度情况，扣0.5分； 未检查湿度情况，扣0.5分		
1.4	安全文明生产	材料或配件不应发生掉落及随意摆放现象	3	发生工器具及配件掉落现象，扣1分； 工作现场杂乱无章，检查过程中随意摆放工器具，扣2分		
2	工作过程					
2.1	开关柜断路器手车试验位置指示灯检查、更换	检查灯泡损坏； 检查二次线松动； 检查二次元器件损坏； 正确使用工具更换指示灯	30	每漏检查一项，扣5分； 不进行试操作，扣5分； 更换时未断电源，扣5分； 更换时未对线头进行绝缘处理，扣5分； 更换时误碰误动其他二次件，扣5分； 以上扣分，扣完为止		
2.2	开关柜断路器手车工作位置指示灯检查、更换	检查灯泡损坏； 检查二次线松动； 检查二次元器件损坏； 正确使用工具更换指示灯	35	每漏检查一项，扣5分； 不进行试操作，扣5分； 更换时未断电源，扣5分； 更换时未对线头进行绝缘处理，扣5分； 更换时误碰误动其他二次件，扣5分； 以上扣分，扣完为止		
3	现场清理及恢复					
3.1	清理作业现场	工器具、试验仪器收取后摆放整齐，与开工前一致； 设备表面清洁无杂物，作业现场清洁无遗留物品	5	工器具、试验仪器未收取摆放整齐，扣3分； 设备表面、工作现场有遗留物，每处扣2分，扣完为止		
3.2	设备恢复	设备恢复至检修前状态	5	未恢复至检修前状态，扣5分		
4	检修报告填写					
4.1	填写检修报告	正确填写检修报告，用语规范，项目齐全，结论正确	15	检修前检查情况未填写，扣2分； 填写不全或不正确，每项扣1分； 发现及处理情况未填写，扣3分； 缺陷每缺少一项，扣1分； 检修结论不正确，扣2分； 以上扣分，扣完为止		
合计			100			

Jc0000443016　KYN28 型高压开关柜接地开关无法操作故障的排查及处理。（100 分）

考核知识点：开关柜缺陷及故障处理

难易度：难

技能等级评价专业技能考核操作工作任务书

一、任务名称

KYN28 型高压开关柜接地开关无法操作故障的排查及处理。

二、适用工种

变电设备检修工中级工。

三、具体任务

（1）工作状态为KYN28型中置式开关柜停电，工作内容为KYN28型高压开关柜接地开关无法操作故障的排查及处理。

（2）工作任务。

1）开工准备。

2）规定时间内完成KYN28型高压开关柜接地开关无法操作故障的排查及处理。

四、工作规范及要求

（1）要求1人操作，由监考人员监护。

（2）工作过程中检查的位置及结果应高声呼唱。

（3）安全文明生产，考生着装规范。

（4）工器具、材料、设备摆放整齐，现场操作熟练、连贯、有序，正确规范地使用工器具及安全用具。

（5）不发生危及人身和设备安全的行为。

（6）操作过程中有需要配合的向监考人员提出，但涉及考试内容的不得提问。

五、考核及时间要求

（1）考核总时间为60分钟。场内实际操作时间为50分钟，如到时未完成应终止。场外检修记录填写时间为10分钟，如到时未完成应终止。若提前完成，向监考人员示意。

（2）参赛选手从进场开始计算时间。

（3）若出现人身伤害或设备危害的操作，监护人员有权制止。

技能等级评价专业技能考核操作评分标准

工种	变电设备检修工					评价等级	中级工
项目模块	开关柜—开关柜缺陷及故障处理				编号		Jc0000443016
单位			准考证号			姓名	
考试时限	60分钟		题型	单项操作		题分	100分
成绩		考评员		考评组长		日期	
试题正文	KYN28型高压开关柜接地开关无法操作故障的排查及处理						
需要说明的问题和要求	（1）考生着装规范，穿工作服、绝缘鞋，戴安全帽。 （2）现场需提供检修所需的材料、仪器、工器具及安全防护用具						

序号	项目名称	质量要求	满分	扣分标准	扣分原因	得分
1	安全文明生产					
1.1	着装规范	正确佩戴安全帽、穿绝缘鞋、穿长袖工作服、戴线手套	3	未佩戴安全帽、穿绝缘鞋、穿长袖工作服，扣1分； 安全帽佩戴不规范，扣0.5分； 着装不规范，扣0.5分； 未戴线手套，扣1分		
1.2	安全工器具及安全措施检查	应检查安全工器具、绝缘工器具是否完好，是否在校验合格期内； 检查工作区域围栏是否合格、封闭	3	未检查凳梯、绝缘手套外观是否完好，扣1分； 未检查检验标签是否在合格期内，扣1分； 未检查围栏非入口处是否封闭，扣1分		
1.3	检修环境检查	检查当日工位处温度、湿度情况	1	未检查温度情况，扣0.5分； 未检查湿度情况，扣0.5分		
1.4	安全文明生产	材料或配件不应发生掉落及随意摆放现象	3	发生工器具及配件掉落现象，扣1分； 工作现场杂乱无章，检查过程中随意摆放工器具，扣2分		

续表

序号	项目名称	质量要求	满分	扣分标准	扣分原因	得分
2	工作过程					
2.1	开关柜内的交直流电源至端子排、带电显示器回路中的缺陷，引起的接地开关无法操作故障	修复或更换有故障的元器件，恢复接地开关分合功能，并注意二次线的固定、绑扎	30	查找步骤、动作错误，扣5分； 查找中发现的故障无法全部排除，扣10分； 未对二次线重新绑扎、固定，扣5分； 处理故障不熟练，扣1～10分		
2.2	开关柜内的端子排至接地开关硅整流板、接地开关闭锁线圈回路中的缺陷，引起的接地开关无法操作故障	修复或更换有故障的元器件，恢复分合功能，并注意二次线的固定、绑扎	30	查找步骤、动作错误，扣5分； 查找中发现的故障无法全部排除，扣10分； 未对二次线重新绑扎、固定，扣5分； 处理故障不熟练，扣1～10分		
2.3	根据处理的故障，自行测量线圈绝缘电阻及线圈阻值	根据处理的故障，正确判断需要做的试验项目，正确使用仪器进行试验	5	未正确使用万用表、绝缘摇表，扣3分； 测试方法不正确，扣3分； 未做试验或所选择试验项目错误、遗漏，扣4分； 以上扣分，扣完为止		
3	现场清理及恢复					
3.1	清理作业现场	工器具、试验仪器收取后摆放整齐，与开工前一致； 设备表面清洁无杂物，作业现场清洁无遗留物品	5	工器具、试验仪器未收取摆放整齐，扣3分； 设备表面、工作现场有遗留物，每处扣2分，扣完为止		
3.2	设备恢复	设备恢复至检修前状态	5	未恢复至检修前状态，扣5分		
4	检修报告填写					
4.1	填写检修报告	正确填写检修报告，用语规范，项目齐全，结论正确	15	检修前检查情况未填写，扣2分； 填写不全或不正确，每项扣1分； 发现及处理情况未填写，扣3分； 缺陷每缺少一项，扣1分； 检修结论不正确，扣2分； 以上扣分，扣完为止		
合计			100			

Jc0000442017　开关柜断路器手车在工作位置时，摇不到试验位置缺陷处理。（100分）

考核知识点：开关柜缺陷及故障处理

难易度：中

技能等级评价专业技能考核操作工作任务书

一、任务名称

开关柜断路器手车在工作位置时，摇不到试验位置缺陷处理。

二、适用工种

变电设备检修工中级工。

三、具体任务

（1）工作状态为KYN28型中置式开关柜停电，工作内容为开关柜断路器手车在工作位置时，摇不到试验位置缺陷处理。

（2）工作任务：

1）开工准备。

2）规定时间内完成开关柜断路器手车在工作位置时，摇不到试验位置缺陷处理。

四、工作规范及要求

（1）要求1人操作，由监考人员监护。

（2）工作过程中检查的位置及结果应高声呼唱。

（3）安全文明生产，考生着装规范。

（4）工器具、材料、设备摆放整齐，现场操作熟练、连贯、有序，正确规范地使用工器具及安全用具。

（5）不发生危及人身和设备安全的行为。

（6）操作过程中有需要配合的向监考人员提出，但涉及考试内容的不得提问。

五、考核及时间要求

（1）考核总时间为60分钟。场内实际操作时间为50分钟，如到时未完成应终止。场外检修记录填写时间为10分钟，如到时未完成应终止。若提前完成，向监考人员示意。

（2）参赛选手从进场开始计算时间。

（3）若出现人身伤害或设备危害的操作，监护人员有权制止。

技能等级评价专业技能考核操作评分标准

工种	变电设备检修工				评价等级	中级工
项目模块	开关柜—开关柜缺陷及故障处理			编号	Jc0000442017	
单位		准考证号			姓名	
考试时限	60分钟	题型	单项操作		题分	100分
成绩		考评员		考评组长	日期	
试题正文	开关柜断路器手车在工作位置时，摇不到试验位置原因分析					
需要说明的问题和要求	（1）考生着装规范，穿工作服、绝缘鞋，戴安全帽。 （2）现场需提供检修所需的材料、仪器、工器具及安全防护用具					

序号	项目名称	质量要求	满分	扣分标准	扣分原因	得分
1	安全文明生产					
1.1	着装规范	正确佩戴安全帽、穿绝缘鞋、穿长袖工作服、戴线手套	3	未佩戴安全帽、穿绝缘鞋、穿长袖工作服，扣1分； 安全帽佩戴不规范，扣0.5分； 着装不规范，扣0.5分； 未戴线手套，扣1分		
1.2	安全工器具及安全措施检查	应检查安全工器具、绝缘工器具是否完好，是否在校验合格期内； 检查工作区域围栏是否合格、封闭	3	未检查凳梯、绝缘手套外观是否完好，扣1分； 未检查检验标签是否在合格期内，扣1分； 未检查围栏非入口处是否封闭，扣1分		
1.3	检修环境检查	检查当日工位处温度、湿度情况	1	未检查温度情况，扣0.5分； 未检查湿度情况，扣0.5分		
1.4	安全文明生产	材料或配件不应发生掉落及随意摆放现象	3	发生工器具及配件掉落现象，扣1分； 工作现场杂乱无章，检查过程中随意摆放工器具，扣2分		
2	工作过程					
2.1	联锁机构检查	由于联锁机构的原因，断路器在合闸状态时，无法移动，只有在断路器处于分闸状态时，断路器手车才能从工作位置移动到试验/隔离位置。确认断路器是否处于分闸状态后，再行操作，此为正常联锁，不是故障	30	每漏检查一项，扣10分； 不进行试操作，扣5分； 以上扣分，扣完为止		

续表

序号	项目名称	质量要求	满分	扣分标准	扣分原因	得分
2.2	底盘检查	若断路器处于分闸位置时，断路器手车仍摇不出，一般情况是底盘机构卡死； 检查手车断路器底盘卡涩部位并正确处理	35	每漏检查一项，扣10分； 不进行试操作，扣5分； 以上扣分，扣完为止		
3	现场清理及恢复					
3.1	清理作业现场	工器具、试验仪器收取后摆放整齐，与开工前一致； 设备表面清洁无杂物，作业现场清洁无遗留物品	5	工器具、试验仪器未收取摆放整齐，扣3分； 设备表面、工作现场有遗留物，每处扣2分，扣完为止		
3.2	设备恢复	设备恢复至检修前状态	5	未恢复至检修前状态，扣5分		
4	检修报告填写					
4.1	填写检修报告	正确填写检修报告，用语规范，项目齐全，结论正确	15	检修前检查情况未填写，扣2分； 填写不全或不正确，每项扣1分； 发现及处理情况未填写，扣3分； 缺陷每缺少一项，扣1分； 检修结论不正确，扣2分； 以上扣分，扣完为止		
合计			100			

Jc0000442018　开关柜断路器手车在试验位置时，摇不到工作位置缺陷处理。（100分）

考核知识点：开关柜缺陷及故障处理

难易度：中

技能等级评价专业技能考核操作工作任务书

一、任务名称

开关柜断路器手车在试验位置时，摇不到工作位置缺陷处理。

二、适用工种

变电设备检修工中级工。

三、具体任务

（1）工作状态为KYN28型中置式开关柜停电，工作内容为开关柜断路器手车在试验位置时，摇不到工作位置缺陷处理。

（2）工作任务。

1）开工准备。

2）规定时间内完成开关柜断路器手车在试验位置时，摇不到工作位置缺陷处理。

四、工作规范及要求

（1）要求1人操作，由监考人员监护。

（2）工作过程中检查的位置及结果应高声呼唱。

（3）安全文明生产，考生着装规范。

（4）工器具、材料、设备摆放整齐，现场操作熟练、连贯、有序，正确规范地使用工器具及安全用具。

（5）不发生危及人身和设备安全的行为。

（6）操作过程中有需要配合的向监考人员提出，但涉及考试内容的不得提问。

五、考核及时间要求

（1）考核总时间为60分钟。场内实际操作时间为50分钟，如到时未完成应终止。场外检修记录填写时间为10分钟，如到时未完成应终止。若提前完成，向监考人员示意。

（2）参赛选手从进场开始计算时间。

（3）若出现人身伤害或设备危害的操作，监护人员有权制止。

技能等级评价专业技能考核操作评分标准

工种	变电设备检修工					评价等级	中级工
项目模块	开关柜—开关柜缺陷及故障处理				编号	Jc0000442018	
单位			准考证号			姓名	
考试时限	60 分钟		题型	单项操作		题分	100 分
成绩		考评员		考评组长		日期	
试题正文	开关柜断路器手车在试验位置时，摇不到工作位置缺陷处理						
需要说明的问题和要求	（1）穿工作服、绝缘鞋，戴安全帽。 （2）现场需提供检修所需的材料、仪器、工器具及安全防护用具						

序号	项目名称	质量要求	满分	扣分标准	扣分原因	得分
1	安全文明生产					
1.1	着装规范	正确佩戴安全帽、穿绝缘鞋、穿长袖工作服、戴线手套	3	未佩戴安全帽、穿绝缘鞋、穿长袖工作服，扣1分； 安全帽佩戴不规范，扣0.5分； 着装不规范，扣0.5分； 未戴线手套，扣1分		
1.2	安全工器具及安全措施检查	应检查安全工器具、绝缘工器具是否完好，是否在校验合格期内； 检查工作区域围栏是否合格、封闭	3	未检查凳梯、绝缘手套外观是否完好，扣1分； 未检查检验标签是否在合格期内，扣1分； 未检查围栏非入口处是否封闭，扣1分		
1.3	检修环境检查	检查当日工位处温度、湿度情况	1	未检查温度情况，扣0.5分； 未检查湿度情况，扣0.5分		
1.4	安全文明生产	材料或配件不应发生掉落及随意摆放现象	3	发生工器具及配件掉落现象，扣1分； 工作现场杂乱无章，检查过程中随意摆放工器具，扣2分		
2	工作过程					
2.1	由于联锁机构的原因，断路器在合闸状态时，无法移动，只有在断路器处于分闸状态时，断路器手车才能从试验/隔离位置移动到工作位置	确认断路器是否处于分闸状态后，再行操作，此为正常联锁，不是故障	15	每漏检查一项，扣5分； 不进行试操作，扣5分； 故障分析错误，扣5分； 以上扣分，扣完为止		
2.2	由于联锁机构的原因，接地开关合闸时，断路器手车无法移动	确认接地开关是否分闸，此为正常联锁，不是故障	15	每漏检查一项，扣5分； 不进行试操作，扣5分； 故障分析错误，扣5分； 以上扣分，扣完为止		
2.3	若接地开关确实已分闸，但仍无法摇进，请检查接地开关操作孔处的操作舌片是否回复至接地刀闸分闸时应处的位置	若操作舌片未回复，请调整接地刀闸操动机构	25	每漏检查一项，扣5分； 不进行试操作，扣5分； 故障分析错误，扣5分； 不会调整接地刀闸操作机构，扣10分； 以上扣分，扣完为止		

续表

序号	项目名称	质量要求	满分	扣分标准	扣分原因	得分
2.4	断路器室活门工作不正常	检查提门机构有无变形情况，断路器室内活门动作是否正常	10	每漏检查一项，扣5分； 不进行试操作，扣5分； 故障分析错误，扣5分； 以上扣分，扣完为止		
3	现场清理及恢复					
3.1	清理作业现场	工器具、试验仪器收取后摆放整齐，与开工前一致； 设备表面清洁无杂物，作业现场清洁无遗留物品	5	工器具、试验仪器未收取摆放整齐，扣3分； 设备表面、工作现场有遗留物，每处扣2分，扣完为止		
3.2	设备恢复	设备恢复至检修前状态	5	未恢复至检修前状态，扣5分		
4	检修报告填写					
4.1	填写检修报告	正确填写检修报告，用语规范，项目齐全，结论正确	15	检修前检查情况未填写，扣2分； 填写不全或不正确，每项扣1分； 发现及处理情况未填写，扣3分； 缺陷每缺少一项，扣1分； 检修结论不正确，扣2分； 以上扣分，扣完为止		
合计			100			

Jc0000441019　组合电器 SF_6 气体补充。（100分）

考核知识点：组合电器 SF_6 气体补充

难易度：易

技能等级评价专业技能考核操作工作任务书

一、任务名称

组合电器 SF_6 气体补充。

二、适用工种

变电设备检修工中级工。

三、具体任务

（1）工作状态为模拟110kV GIS设备运行，工作内容为组合电器 SF_6 气体补充。

（2）工作任务。

1）开工准备。

2）检查补气管路完好，在规定时间内完成组合电器 SF_6 气体补充。

四、工作规范及要求

（1）要求1人操作，由监考人员监护。

（2）工作过程中检查的位置及结果应高声呼唱。

（3）安全文明生产，考生着装规范。

（4）工器具、材料、设备摆放整齐，现场操作熟练、连贯、有序，正确规范地使用工器具及安全用具。

（5）不发生危及人身和设备安全的行为。

（6）操作过程中有需要配合的向监考人员提出，但涉及考试内容的不得提问。

五、考核及时间要求

（1）考核总时间为45分钟。场内实际操作时间为40分钟，如到时未完成应终止。场外检修记录填写时间为 5 分钟，如到时未完成应终止。若提前完成，向监考人员示意。

（2）参赛选手从进场开始计算时间。

（3）若出现人身伤害或设备危害的操作，监护人员有权制止。

技能等级评价专业技能考核操作评分标准

工种	变电设备检修工					评价等级	中级工
项目模块	组合电器—组合电器小修及维护				编号	Jc0000441019	
单位			准考证号			姓名	
考试时限	45 分钟	题型		单项操作		题分	100 分
成绩		考评员		考评组长		日期	
试题正文	组合电器 SF_6 气体补充						
需要说明的问题和要求	（1）考生着装规范，穿工作服、绝缘鞋，戴安全帽。 （2）现场需提供检修所需的材料、仪器、工器具及安全防护用具。 （3）工作必须符合 SF_6 气体绝缘设备组合电器补气工艺流程及考核标准						

序号	项目名称	质量要求	满分	扣分标准	扣分原因	得分
1	安全文明生产					
1.1	着装规范	正确佩戴安全帽、穿绝缘鞋、穿长袖工作服、戴线手套	3	未佩戴安全帽、穿绝缘鞋、穿长袖工作服，扣 1 分； 安全帽佩戴不规范，扣 0.5 分； 着装不规范，扣 0.5 分； 未戴线手套，扣 1 分		
1.2	安全工器具及安全措施检查	应检查安全工器具、绝缘工器具是否完好，是否在校验合格期内； 检查工作区域围栏是否合格、封闭	3	未检查凳梯、绝缘手套外观是否完好，扣 1 分； 未检查检验标签是否在合格期内，扣 1 分； 未检查围栏非入口处是否封闭，扣 1 分		
1.3	检修环境检查	检查当日工位处温度、湿度情况	1	未检查温度情况，扣 0.5 分； 未检查湿度情况，扣 0.5 分		
1.4	安全文明生产	材料或配件不应发生掉落及随意摆放现象	3	发生工器具及配件掉落现象，扣 1 分； 工作现场杂乱无章，检查过程中随意摆放工器具，扣 2 分		
2	工作过程					
2.1	补气管路检查	充气设备及管路应洁净、无水分、无油污； 管路连接部分应无渗漏	30	每漏检查一项，扣 10 分； 不进行试操作，扣 20 分； 以上扣分，扣完为止		
2.2	SF_6 气体绝缘设备组合电器进行补气	补气到额定压力 GIS 气室充 SF_6 气体时，如果是国产气体宜采用液相法充气，将钢瓶横倒，底部垫高约 300，使钢瓶的出口处于液相；如果是进口气体可以使用气相法充气； 充气时阀门不宜打开过大，出口压力不宜过高，应使压力指针不晃动，以缓慢上升为宜，应防止液态气体进入气室内，使气室压力升高，当气瓶内压力将至 0.1MPa 时，应即停止充气，因剩余气体中含水量杂质较高	35	每漏检查一项，扣 10 分； 不进行试操作，扣 25 分； 以上扣分，扣完为止		

续表

序号	项目名称	质量要求	满分	扣分标准	扣分原因	得分
3	现场清理及恢复					
3.1	清理作业现场	工器具、试验仪器收取后摆放整齐，与开工前一致； 设备表面清洁无杂物，作业现场清洁无遗留物品	5	工器具、试验仪器未收取摆放整齐，扣3分； 设备表面、工作现场有遗留物，每处扣2分，扣完为止		
3.2	设备恢复	设备恢复至检修前状态	5	未恢复至检修前状态，扣5分		
4	检修报告填写					
4.1	填写检修报告	正确填写检修报告，用语规范，项目齐全，结论正确	15	检修前检查情况未填写，扣2分； 填写不全或不正确，每项扣1分； 发现及处理情况未填写，扣3分； 缺陷每缺少一项，扣1分； 检修结论不正确，扣2分； 以上扣分，扣完为止		
合计			100			

Jc0000441020　组合电器 SF_6 气体系统检漏。（100 分）

考核知识点：组合电器 SF_6 气体系统检漏

难易度：易

技能等级评价专业技能考核操作工作任务书

一、任务名称

组合电器 SF_6 气体系统检漏。

二、适用工种

变电设备检修工中级工。

三、具体任务

（1）工作状态为模拟 110kV 组合电器设备运行，工作内容为组合电器 SF_6 气体系统检漏。

（2）工作任务。

1）开工准备。

2）做好安全防护措施，在规定时间内完成组合电器 SF_6 气体系统检漏。

四、工作规范及要求

（1）要求 1 人操作，由监考人员监护。

（2）工作过程中检查的位置及结果应高声呼唱。

（3）安全文明生产，考生着装规范。

（4）工器具、材料、设备摆放整齐，现场操作熟练、连贯、有序，正确规范地使用工器具及安全用具。

（5）不发生危及人身和设备安全的行为。

（6）操作过程中有需要配合的向监考人员提出，但涉及考试内容的不得提问。

五、考核及时间要求

（1）考核总时间为 45 分钟。场内实际操作时间为 40 分钟，如到时未完成应终止。场外检修记录填写时间为 5 分钟，如到时未完成应终止。若提前完成，向监考人员示意。

（2）参赛选手从进场开始计算时间。

（3）若出现人身伤害或设备危害的操作，监护人员有权制止。

技能等级评价专业技能考核操作评分标准

工种	变电设备检修工				评价等级	中级工
项目模块	组合电器—组合电器小修及维护			编号	Jc0000441020	
单位		准考证号			姓名	
考试时限	45 分钟	题型	单项操作		题分	100 分
成绩		考评员	考评组长		日期	
试题正文	组合电器 SF_6 气体系统检漏					
需要说明的问题和要求	（1）考生着装规范，穿工作服、绝缘鞋，戴安全帽。 （2）现场需提供检修所需的材料、仪器、工器具及安全防护用具					

序号	项目名称	质量要求	满分	扣分标准	扣分原因	得分
1	安全文明生产					
1.1	着装规范	正确佩戴安全帽、穿绝缘鞋、穿长袖工作服、戴线手套	3	未佩戴安全帽、穿绝缘鞋、穿长袖工作服，扣 1 分； 安全帽佩戴不规范，扣 0.5 分； 着装不规范，扣 0.5 分； 未戴线手套，扣 1 分		
1.2	安全工器具及安全措施检查	应检查安全工器具、绝缘工器具是否完好，是否在校验合格期内； 检查工作区域围栏是否合格、封闭	3	未检查凳梯、绝缘手套外观是否完好，扣 1 分； 未检查检验标签是否在合格期内，扣 1 分； 未检查围栏非入口处是否封闭，扣 1 分		
1.3	检修环境检查	检查当日工位处温度、湿度情况	1	未检查温度情况，扣 0.5 分； 未检查湿度情况，扣 0.5 分		
1.4	安全文明生产	材料或配件不应发生掉落及随意摆放现象	3	发生工器具及配件掉落现象，扣 1 分； 工作现场杂乱无章，检查过程中随意摆放工器具，扣 2 分		
2	工作过程					
2.1	组合电器 SF_6 气体系统检漏	正确使用 SF_6 气体泄漏仪（精度大于 100ppm）； 各充气口检查； 密度监视器接口及管路检查； SF_6 气阀检查； 各密封面检查； SF_6 气体管道以及相关的连接头处检查	65	SF_6 气体泄漏仪（精度大于 100ppm）使用不正确，扣 10 分； 未检查各充气口，每处扣 5 分； 未检查密度监视器接口及管路，扣 10 分； 未检查 SF_6 气阀，扣 10 分； 未检查各密封面，每处扣 5 分； 未检查 SF_6 气体道以及相关的连接头处，扣 10 分； 以上扣分，扣完为止		
3	现场清理及恢复					
3.1	清理作业现场	工器具、试验仪器收取后摆放整齐，与开工前一致； 设备表面清洁无杂物，作业现场清洁无遗留物品	5	工器具、试验仪器未收取摆放整齐，扣 3 分； 设备表面、工作现场有遗留物，每处扣 2 分，扣完为止		
3.2	设备恢复	设备恢复至检修前状态	5	未恢复至检修前状态，扣 5 分		
4	检修报告填写					
4.1	填写检修报告	正确填写检修报告，用语规范，项目齐全，结论正确	15	检修前检查情况未填写，扣 2 分； 填写不全或不正确，每项扣 1 分； 发现及处理情况未填写，扣 3 分； 缺陷每缺少一项，扣 1 分； 检修结论不正确，扣 2 分； 以上扣分，扣完为止		
合计			100			

Jc0000441021　组合电器外观检查。(100 分)

考核知识点：组合电器外观检查

难易度：易

技能等级评价专业技能考核操作工作任务书

一、任务名称

组合电器外观检查。

二、适用工种

变电设备检修工中级工。

三、具体任务

（1）工作状态为模拟 110kV 组合电器停电检修，工作内容为组合电器外观检查。

（2）工作任务。

1）开工准备。

2）做好安全防护措施，在规定时间内完成组合电器外观检查。

四、工作规范及要求

（1）要求 1 人操作，由监考人员监护。

（2）工作过程中检查的位置及结果应高声呼唱。

（3）安全文明生产，考生着装规范。

（4）工器具、材料、设备摆放整齐，现场操作熟练、连贯、有序，正确规范地使用工器具及安全用具。

（5）不发生危及人身和设备安全的行为。

（6）操作过程中有需要配合的向监考人员提出，但涉及考试内容的不得提问。

五、考核及时间要求

（1）考核总时间为 45 分钟。场内实际操作时间为 40 分钟，如到时未完成应终止。场外检修记录填写时间为 5 分钟，如到时未完成应终止。若提前完成，向监考人员示意。

（2）参赛选手从进场开始计算时间。

（3）若出现人身伤害或设备危害的操作，监护人员有权制止。

技能等级评价专业技能考核操作评分标准

<table>
<tr><td>工种</td><td colspan="5">变电设备检修工</td><td>评价等级</td><td>中级工</td></tr>
<tr><td>项目模块</td><td colspan="4">组合电器—组合电器小修及维护</td><td>编号</td><td colspan="2">Jc0000441021</td></tr>
<tr><td>单位</td><td colspan="2"></td><td>准考证号</td><td colspan="2"></td><td>姓名</td><td></td></tr>
<tr><td>考试时限</td><td>45 分钟</td><td>题型</td><td colspan="3">单项操作</td><td>题分</td><td>100 分</td></tr>
<tr><td>成绩</td><td></td><td>考评员</td><td></td><td>考评组长</td><td></td><td>日期</td><td></td></tr>
<tr><td>试题正文</td><td colspan="7">组合电器外观检查</td></tr>
<tr><td>需要说明的问题和要求</td><td colspan="7">（1）考生着装规范，穿工作服、绝缘鞋，戴安全帽。
（2）现场需提供检修所需的材料、仪器、工器具及安全防护用具</td></tr>
</table>

序号	项目名称	质量要求	满分	扣分标准	扣分原因	得分
1	安全文明生产					
1.1	着装规范	正确佩戴安全帽、穿绝缘鞋、穿长袖工作服、戴线手套	3	未佩戴安全帽、穿绝缘鞋、穿长袖工作服，扣 1 分； 安全帽佩戴不规范，扣 0.5 分； 着装不规范，扣 0.5 分； 未戴线手套，扣 1 分		

续表

序号	项目名称	质量要求	满分	扣分标准	扣分原因	得分
1.2	安全工器具及安全措施检查	应检查安全工器具、绝缘工器具是否完好，是否在校验合格期内； 检查工作区域围栏是否合格、封闭	3	未检查凳梯、绝缘手套外观是否完好，扣1分； 未检查检验标签是否在合格期内，扣1分； 未检查围栏非入口处是否封闭，扣1分		
1.3	检修环境检查	检查当日工位处温度、湿度情况	1	未检查温度情况，扣0.5分； 未检查湿度情况，扣0.5分		
1.4	安全文明生产	材料或配件不应发生掉落及随意摆放现象	3	发生工器具及配件掉落现象，扣1分； 工作现场杂乱无章，检查过程中随意摆放工器具，扣2分		
2	工作过程					
2.1	组合电器外观检查	外壳、支架等无锈蚀、无松动、无损坏，外壳漆膜无局部颜色加深或烧焦、起皮	10	缺项漏项，每项扣5分，扣完为止		
		外观清洁，标志清晰、完善	10	缺项漏项，每项扣5分，扣完为止		
		压力释放装置无异常，其释放出口无障碍物	10	缺项漏项，每项扣5分，扣完为止		
		接地端子无过热，接触完好	10	缺项漏项，每项扣5分，扣完为止		
		各类管道及阀门无损伤、锈蚀，阀门的开闭位置正确，管道的绝缘法兰与绝缘支架良好	10	缺项漏项，每项扣5分，扣完为止		
		盆式绝缘子外观良好，无龟裂、无起皮，颜色标示正确	10	缺项漏项，每项扣5分，扣完为止		
		二次电缆护管无破损、无锈蚀，内部无积水	5	缺项漏项，扣5分		
3	现场清理及恢复					
3.1	清理作业现场	工器具、试验仪器收取后摆放整齐，与开工前一致； 设备表面清洁无杂物，作业现场清洁无遗留物品	5	工器具、试验仪器未收取摆放整齐，扣3分； 设备表面、工作现场有遗留物，每处扣2分，扣完为止		
3.2	设备恢复	设备恢复至检修前状态	5	未恢复至检修前状态，扣5分		
4	检修报告填写					
4.1	填写检修报告	正确填写检修报告，用语规范，项目齐全，结论正确	15	检修前检查情况未填写，扣2分； 填写不全或不正确，扣2分； 发现及处理情况未填写，每项扣1分； 缺陷每缺少一项，扣1分； 检修结论不正确，扣2分； 以上扣分，扣完为止		
	合计		100			

Jc0000442022　组合电器断路器单元检查。(100分)

考核知识点：组合电器断路器单元检查

难易度：中

技能等级评价专业技能考核操作工作任务书

一、任务名称

组合电器断路器单元检查。

二、适用工种

变电设备检修工中级工。

三、具体任务

（1）工作状态为模拟 110kV 组合电器停电检修，工作内容为组合电器断路器单元检查。

（2）工作任务。

1）开工准备。

2）做好安全防护措施，在规定时间内完成组合电器断路器单元检查。

四、工作规范及要求

（1）要求 1 人操作，由监考人员监护。

（2）工作过程中检查的位置及结果应高声呼唱。

（3）安全文明生产，考生着装规范。

（4）工器具、材料、设备摆放整齐，现场操作熟练、连贯、有序，正确规范地使用工器具及安全用具。

（5）不发生危及人身和设备安全的行为。

（6）操作过程中有需要配合的向监考人员提出，但涉及考试内容的不得提问。

五、考核及时间要求

（1）考核总时间为 45 分钟。场内实际操作时间为 40 分钟，如到时未完成应终止。场外检修记录填写时间为 5 分钟，如到时未完成应终止。若提前完成，向监考人员示意。

（2）参赛选手从进场开始计算时间。

（3）若出现人身伤害或设备危害的操作，监护人员有权制止。

技能等级评价专业技能考核操作评分标准

工种	变电设备检修工					评价等级	中级工
项目模块	组合电器—组合电器小修及维护				编号	Jc0000442022	
单位			准考证号			姓名	
考试时限	45 分钟		题型	单项操作		题分	100 分
成绩		考评员		考评组长		日期	
试题正文	组合电器断路器单元检查						
需要说明的问题和要求	（1）考生着装规范，穿工作服、绝缘鞋，戴安全帽。 （2）现场需提供检修所需的材料、仪器、工器具及安全防护用具						

序号	项目名称	质量要求	满分	扣分标准	扣分原因	得分
1	安全文明生产					
1.1	着装规范	正确佩戴安全帽、穿绝缘鞋、穿长袖工作服、戴线手套	3	未佩戴安全帽、穿绝缘鞋、穿长袖工作服，扣 1 分； 安全帽佩戴不规范，扣 0.5 分； 着装不规范，扣 0.5 分； 未戴线手套，扣 1 分		
1.2	安全工器具及安全措施检查	应检查安全工器具、绝缘工器具是否完好，是否在校验合格期内； 检查工作区域围栏是否合格、封闭	3	未检查凳梯、绝缘手套外观是否完好，扣 1 分； 未检查检验标签是否在合格期内，扣 1 分； 未检查围栏非入口处是否封闭，扣 1 分		
1.3	检修环境检查	检查当日工位处温度、湿度情况	1	未检查温度情况，扣 0.5 分； 未检查湿度情况，扣 0.5 分		
1.4	安全文明生产	材料或配件不应发生掉落及随意摆放现象	3	发生工器具及配件掉落现象，扣 1 分； 工作现场杂乱无章，检查过程中随意摆放工器具，扣 2 分		

续表

序号	项目名称	质量要求	满分	扣分标准	扣分原因	得分
2	工作过程					
2.1	组合电器断路器单元检查	SF_6气体密度值正常，无泄漏	5	缺项漏项，每项扣2.5分，扣完为止		
		无异常声响或气味，防松螺母无松动	10	缺项漏项，每项扣5分，扣完为止		
		分、合闸到位，指示正确	10	缺项漏项，每项扣5分，扣完为止		
		对于三相机械联动断路器检查相间连杆与拐臂所处位置无异常，连杆接头和连板无裂纹、锈蚀； 对于分相操作断路器检查各相连杆与拐臂相对位置一致	20	缺项漏项，每项扣10分，扣完为止		
		机构内金属部分及二次元器件无腐蚀	5	缺项漏项，每项扣2.5分，扣完为止		
		分、合闸缓冲器完好，无渗漏油等情况发生	10	缺项漏项，每项扣5分，扣完为止		
		检查储能电机无异常	5	缺项漏项，每项扣2.5分，扣完为止		
3	现场清理及恢复					
3.1	清理作业现场	工器具、试验仪器收取后摆放整齐，与开工前一致； 设备表面清洁无杂物，作业现场清洁无遗留物品	5	工器具、试验仪器未收取摆放整齐，扣3分； 设备表面、工作现场有遗留物，每处扣2分，扣完为止		
3.2	设备恢复	设备恢复至检修前状态	5	未恢复至检修前状态，扣5分		
4	检修报告填写					
4.1	填写检修报告	正确填写检修报告，用语规范，项目齐全，结论正确	15	检修前检查情况未填写，扣2分； 填写不全或不正确，每项扣1分； 发现及处理情况未填写，扣3分； 缺陷每缺少一项，扣1分； 检修结论不正确，扣2分； 以上扣分，扣完为止		
合计			100			

Jc0000442023 母线发热处理。(100分)

考核知识点：母线发热处理

难易度：中

技能等级评价专业技能考核操作工作任务书

一、任务名称

母线发热处理。

二、适用工种

变电设备检修工中级工。

三、具体任务

(1) 工作状态为模拟110kV母线停电检修，工作内容为母线发热处理。

(2) 工作任务。

1) 开工准备。

2）做好安全防护措施，在规定时间内完成母线发热处理。

四、工作规范及要求

（1）要求1人操作，由监考人员监护。

（2）工作过程中检查的位置及结果应高声呼唱。

（3）安全文明生产，考生着装规范。

（4）工器具、材料、设备摆放整齐，现场操作熟练、连贯、有序，正确规范地使用工器具及安全用具。

（5）不发生危及人身和设备安全的行为。

（6）操作过程中有需要配合的向监考人员提出，但涉及考试内容的不得提问。

五、考核及时间要求

（1）考核总时间为60分钟。场内实际操作时间为50分钟，如到时未完成应终止。场外检修记录填写时间为10分钟，如到时未完成应终止。若提前完成，向监考人员示意。

（2）参赛选手从进场开始计算时间。

（3）若出现人身伤害或设备危害的操作，监护人员有权制止。

技能等级评价专业技能考核操作评分标准

工种	变电设备检修工					评价等级	中级工
项目模块	母线、防雷设备检修—母线、防雷设备大修及更换安装				编号	Jc0000442023	
单位			准考证号			姓名	
考试时限	60分钟		题型		单项操作	题分	100分
成绩		考评员		考评组长		日期	
试题正文	母线发热处理						
需要说明的问题和要求	（1）考生着装规范，穿工作服、绝缘鞋，戴安全帽。 （2）现场需提供检修所需的材料、仪器、工器具及安全防护用具						

序号	项目名称	质量要求	满分	扣分标准	扣分原因	得分
1	安全文明生产					
1.1	着装规范	正确佩戴安全帽、穿绝缘鞋、穿长袖工作服、戴线手套	3	未佩戴安全帽、穿绝缘鞋、穿长袖工作服，扣1分； 安全帽佩戴不规范，扣0.5分； 着装不规范，扣0.5分； 未戴线手套，扣1分		
1.2	安全工器具及安全措施检查	应检查安全工器具、绝缘工器具是否完好，是否在校验合格期内； 检查工作区域围栏是否合格、封闭	3	未检查凳梯、绝缘手套外观是否完好，扣1分； 未检查检验标签是否在合格期内，扣1分； 未检查围栏非入口处是否封闭，扣1分		
1.3	检修环境检查	检查当日工位处温度、湿度情况	1	未检查温度情况，扣0.5分； 未检查湿度情况，扣0.5分		
1.4	安全文明生产	材料或配件不应发生掉落及随意摆放现象	3	发生工器具及配件掉落现象，扣1分； 工作现场杂乱无章，检查过程中随意摆放工器具，扣2分		
2	工作过程					
2.1	母线清理	清扫并检查母线接头，对烧伤较轻的可以将铝排表面的烧痕用锉刀处理平整	25	未清除母线上的毛刺、尖角，发现一项扣5分，扣完为止； 工器具使用不正确，扣5分		

续表

序号	项目名称	质量要求	满分	扣分标准	扣分原因	得分
2.2	涂抹导电膏	清除母线表面硫化物和氧化物后，涂抹均匀少量的导电膏	15	未涂抹导电膏，扣10分； 涂抹不均匀，扣5分		
2.3	母线紧固	按照螺栓紧固工艺，对角均匀拧紧，如果螺栓、螺母滑扣、滑丝或烧伤，应更换	15	未对角均匀拧紧螺栓的，每处扣5分，扣完为止		
2.4	加工完成	处理后连接面接触可靠，接触紧密	10	未使用力矩扳手，扣5分； 连接面接触不平整，扣5分		
3	现场清理及恢复					
3.1	清理作业现场	工器具、试验仪器收取后摆放整齐，与开工前一致； 设备表面清洁无杂物，作业现场清洁无遗留物品	5	工器具、试验仪器未收取摆放整齐，扣3分； 设备表面、工作现场有遗留物，每处扣2分，扣完为止		
3.2	设备恢复	设备恢复至检修前状态	5	未恢复至检修前状态，扣5分		
4	检修报告填写					
4.1	填写检修报告	正确填写检修报告，用语规范，项目齐全，结论正确	15	检修前检查情况未填写，扣2分； 填写不全或不正确，每项扣1分； 发现及处理情况未填写，扣3分； 缺陷每缺少一项，扣1分； 检修结论不正确，扣2分； 以上扣分，扣完为止		
合计			100			

Jc0000442024 变压器风机更换。(100分)

考核知识点：变压器风扇电机更换

难易度：中

技能等级评价专业技能考核操作工作任务书

一、任务名称

变压器风机更换。

二、适用工种

变电设备检修工中级工。

三、具体任务

(1) 工作状态为变压器风冷系统1号冷却器1-1风机故障，工作内容为变压器风冷系统冷却器风机更换。

(2) 工作任务。

1) 模拟变压器风冷系统1号冷却器1-1风机故障，测量故障风机绝缘电阻。

2) 模拟现场工作，实施安全措施，排除设置的故障，完成现场检修任务。

四、工作规范及要求

(1) 工器具使用及安全措施。

(2) 按要求进行风机绝缘电阻测试。

(3) 对故障风机进行更换及调试。

(4) 进行故障分析并填写试验报告。

五、考核及时间要求

(1) 本考核1～6项操作时间为60分钟，时间到停止考评，包括试验接线和报告整理时间。同一类现象故障不限一处故障点。

（2）故障查找和排除过程中，如确实不能查找出故障，可向考评员申请排除故障，该项故障项目不得分，但不影响其他项目。

（3）按照技能操作记录单的操作要求进行操作，正确记录操作结果，检修记录项目包括绝缘电阻、相序检测。

技能等级评价专业技能考核操作评分标准

<table>
<tr><td>工种</td><td colspan="5">变电设备检修工</td><td>评价等级</td><td>中级工</td></tr>
<tr><td>项目模块</td><td colspan="4">变压器检修—变压器小修及维护</td><td>编号</td><td colspan="2">Jc0000442024</td></tr>
<tr><td>单位</td><td colspan="3"></td><td>准考证号</td><td></td><td>姓名</td><td></td></tr>
<tr><td>考试时限</td><td colspan="2">60 分钟</td><td>题型</td><td colspan="2">单项操作</td><td>题分</td><td>100 分</td></tr>
<tr><td>成绩</td><td></td><td>考评员</td><td></td><td>考评组长</td><td></td><td>日期</td><td></td></tr>
<tr><td>试题正文</td><td colspan="7">变压器风机更换</td></tr>
<tr><td>需要说明的问题和要求</td><td colspan="7">（1）要求 2 人操作，故障查找及分析在检修过程中完成。
（2）操作应注意安全，按照标准化作业书的技术安全说明做好安全措施。
（3）测试仪的选择可选考场提供的测试仪或自带测试仪</td></tr>
</table>

序号	项目名称	质量要求	满分	扣分标准	扣分原因	得分
1	准备					
1.1	参赛队员着装	正确佩戴安全帽、穿绝缘鞋、穿长袖工作服、戴线手套	6	未佩戴安全帽、穿绝缘鞋、穿长袖工作服，扣 3 分； 安全帽佩戴不规范，扣 1 分； 着装不规范，扣 1 分； 未戴线手套，扣 1 分		
1.2	安全工器具检查	应检查安全工器具、绝缘工器具是否完好，是否在校验合格期内	4	未检查安全工器具、绝缘工器具外观是否完好，扣 2 分； 未检查检验标签是否在合格期内，扣 2 分		
1.3	安全措施检查	检查现场所做安全措施是否正确、完善	3	未检查现场安全措施，扣 3 分		
1.4	试验环境检查	检查当日工位处温度、湿度情况	2	未检查温度情况，扣 1 分； 未检查湿度情况，扣 1 分		
2	变压器风冷系统检查					
2.1	变压器冷却器检查	散热器外观完好、无锈蚀、无渗漏油； 阀门开启方向正确，油泵、油路等无渗漏，无掉漆及锈蚀； 运行中的风扇和油泵运转平稳，转向正确，无异常声音和振动，油泵油流指示器密封良好，指示正确，无抖动现象	6	未开展散热器外观检查，扣 2 分； 未开展阀门、油泵及油路检查，扣 2 分； 未开展风扇、油流计检查，扣 2 分		
2.2	变压器风冷控制柜检查	检查风冷控制柜内部有无异物，有无受潮情况； 检查冷却系统内部元件如指示灯、空开、热耦和接触器是否正常； 检查二次线有无松动	9	未开展风冷控制柜检查，扣 2 分； 未检查内部有无异物受潮，扣 2 分； 未检查内部元件如指示灯、空开、热耦和接触器，每个扣 1 分，扣完为止； 未检查二次接线有无松动，扣 2 分		
3	故障排查					
3.1	故障查找	故障 1：A 相对地绝缘电阻不合格； 故障 2：B 相缺相	11	未正确使用绝缘电阻测试仪，扣 3 分； 未正确使用万用表，扣 2 分； 未查找出故障，每个扣 3 分，扣完为止		
3.2	故障排除	能正确进行故障排除	4	未正确排除故障，每个扣 2 分，扣完为止		
4	故障风机更换					
4.1	更换前准备	将故障冷却器转换在“停止”工作位，断开该冷却器交流电源	4	未检查故障冷却器位置状态，扣 2 分； 未断开该冷却器交流电源，扣 2 分		

续表

序号	项目名称	质量要求	满分	扣分标准	扣分原因	得分
4.2	风机拆除	拆除外接二次电缆接线后，裸露线头应进行绝缘包扎； 标记电源相序； 风机拆除	6	二次线拆接前，未用万用表核对是否有电，扣2分； 未绝缘化处理裸露部位，扣2分； 未做二次线拆接记录，扣2分		
4.3	新风机安装	新风机安装时，调整风机同心度，使上下左右间隙对称； 固定螺栓及二次接线紧固	10	未正确使用工器具，扣2分； 风机拆除过程中，随意摆放配件，扣2分； 未做风机同心度调整，同心度不合格，扣2分； 固定螺栓松动，扣2分； 二次接线恢复错误或松动，扣2分		
4.4	测试	手动转动风扇，观察风扇运转无异常； 上电试验，风扇转向正确、转动稳定	10	未手动试验，扣5分； 转向错误，扣3分； 有异常响声，扣2分		
5	安全文明生产					
5.1	相关规定的执行	严格遵守安规	6	违章作业，每项扣2分，扣完为止		
5.2	清理作业现场	工器具、试验仪器收取后摆放整齐，与开工前一致； 设备表面清洁无杂物，作业现场清洁无遗留物品	4	工器具、试验仪器未收取摆放整齐，扣1分； 设备表面、工作现场有遗留物，每处扣1分，扣完为止		
6	检修报告填写					
6.1	填写检修报告	正确填写检修报告，用语规范，项目齐全，结论正确	15	检修前检查情况未填写，扣4分； 填写不全或不正确，每项扣0.5分； 发现及处理情况未填写，扣3分； 缺陷每缺少一项，扣2分； 检修结论不正确，扣1分； 以上扣分，扣完为止		
合计			100			

Jc0000442025 变压器胶囊式储油柜补油。（100分）

考核知识点：变压器储油柜油位调整

难易度：中

技能等级评价专业技能考核操作工作任务书

一、任务名称

变压器胶囊式储油柜补油。

二、适用工种

变电设备检修工中级工。

三、具体任务

（1）工作状态为110kV变压器本体储油柜油位低告警故障，工作内容为110kV变压器本体储油柜补油。

（2）工作任务。

1）模拟变压器110kV变压器本体储油柜油位低告警故障，根据油位油温曲线进行油面调整。

2）模拟现场工作，实施安全措施，排除设置的故障，完成现场检修任务。

四、工作规范及要求

（1）工器具使用及安全措施。

（2）按要求进行储油柜补油。

（3）根据油位油温曲线进行油面调整。

（4）填写检修报告。

五、考核及时间要求

（1）本考核1～5项操作时间为60分钟，时间到停止考评，包括检修时间和报告整理时间。

（2）按照技能操作记录单的操作要求进行操作，正确记录操作结果，检修记录项目包括油温、油位等。

技能等级评价专业技能考核操作评分标准

工种	变电设备检修工					评价等级	中级工
项目模块	变压器检修—变压器小修及维护				编号	Jc0000442025	
单位			准考证号			姓名	
考试时限	60分钟		题型	单项操作		题分	100分
成绩		考评员		考评组长		日期	
试题正文	变压器胶囊式储油柜补油						
需要说明的问题和要求	（1）要求2人操作。 （2）操作应注意安全，按照标准化作业做好安全措施						

序号	项目名称	质量要求	满分	扣分标准	扣分原因	得分
1	准备					
1.1	参赛队员着装	正确佩戴安全帽、穿绝缘鞋、穿长袖工作服、戴线手套	6	未佩戴安全帽、穿绝缘鞋、穿长袖工作服，扣3分； 安全帽佩戴不规范，扣1分； 着装不规范，扣1分； 未戴线手套，扣1分		
1.2	安全工器具检查	应检查安全工器具、绝缘工器具是否完好，是否在校验合格期内	4	未检查安全工器具、绝缘工器具外观是否完好，扣2分； 未检查检验标签是否在合格期内，扣2分		
1.3	安全措施检查	检查现场所做安全措施是否正确、完善	3	未检查现场安全措施，扣3分		
1.4	试验环境检查	检查当日工位处温度、湿度情况	2	未检查温度情况，扣1分； 未检查湿度情况，扣1分		
2	变压器储油柜检查					
2.1	变压器储油柜检查	油位计外观完整，密封良好，无进水、凝露，有防雨措施，指示应符合油温油位标准曲线的要求； 法兰、阀门、油管路等密封连接处应密封良好，无渗漏痕迹； 螺栓无松动； 吸湿器外观无破损，干燥剂变色部分不超过2/3，不应自上而下变色； 油杯的油位在油位线范围内，油质透明无浑浊，呼吸正常； 免维护吸湿器应检查电源，检查排水孔畅通、加热器工作正常； 根据参考内容进行故障设置2处	25	未开展储油柜外观检查，扣5分； 未对油位计检查，扣4分； 未核对油温油位曲线，扣2分； 未对法兰、阀门、油路检查，扣6分； 未对固定螺栓检查，扣2分； 未对吸湿器检查，扣2分； 未发现故障点，每个扣2分，扣完为止		

续表

序号	项目名称	质量要求	满分	扣分标准	扣分原因	得分
3	胶囊式储油柜补油					
3.1	胶囊式储油柜补油	申请退出本体重瓦斯； 接取检修电源； 正确连接补油管路； 取下本体储油柜呼吸器； 按照油位油温曲线进行补油； 恢复呼吸器，检查呼吸器呼吸是否正常； 检查油位低异常信号是否复归； 测试油位计二次线绝缘电阻； 恢复本体重瓦斯	35	未申请退出本体重瓦斯，扣4分； 检修电源接取未两人进行，扣4分； 补油管路连接错误，扣4分； 未取下本体储油柜呼吸器，扣3分； 未按照油位油温曲线进行补油，扣4分； 未恢复呼吸器，未检查呼吸器呼吸，每项扣4分； 未检查油位低异常信号是否复归，扣4分； 未进行油位计二次线绝缘电阻测试，扣4分； 未恢复本体重瓦斯，扣4分； 以上扣分，扣完为止		
4	安全文明生产					
4.1	相关规定的执行	严格遵守安规	6	违章作业，每项扣2分，扣完为止		
4.2	清理作业现场	工器具、试验仪器收取后摆放整齐，与开工前一致； 设备表面清洁无杂物，作业现场清洁无遗留物品	4	工器具、试验仪器未收取摆放整齐，扣1分； 设备表面、工作现场有遗留物，每处扣1分，扣完为止		
5	检修报告填写					
5.1	填写检修报告	正确填写检修报告，用语规范，项目齐全，结论正确	15	检修前检查情况未填写，扣4分； 填写不全或不正确，每项扣0.5分； 发现及处理情况未填写，扣3分； 缺陷每缺少一项，扣2分； 检修结论不正确，扣1分； 以上扣分，扣完为止		
合计			100			

Jc0000441026　变压器金属波纹式储油柜补油。（100分）

考核知识点：变压器储油柜油位调整

难易度：易

技能等级评价专业技能考核操作工作任务书

一、任务名称

变压器金属波纹式储油柜补油。

二、适用工种

变电设备检修工中级工。

三、具体任务

（1）工作状态为110kV变压器本体储油柜油位低告警故障，工作内容为110kV变压器本体金属波纹式储油柜补油。

（2）工作任务。

1）模拟变压器110kV变压器本体金属波纹式储油柜油位低告警故障，根据油位油温曲线进行油面调整。

2）模拟现场工作，实施安全措施，排除设置的故障，完成现场检修任务。

四、工作规范及要求

（1）工器具使用及安全措施。

（2）按要求进行储油柜补油。

（3）根据油位油温曲线进行油面调整。

（4）填写检修报告。

五、考核及时间要求

（1）本考核1～5项操作时间为60分钟，时间到停止考评，包括检修时间和报告整理时间。

（2）按照技能操作记录单的操作要求进行操作，正确记录操作结果，检修记录项目包括油温、油位等。

技能等级评价专业技能考核操作评分标准

工种	变电设备检修工					评价等级	中级工
项目模块	变压器检修—变压器小修及维护				编号	Jc0000441026	
单位		准考证号				姓名	
考试时限	60分钟	题型		单项操作		题分	100分
成绩		考评员		考评组长		日期	
试题正文	变压器金属波纹式储油柜补油						
需要说明的问题和要求	（1）要求2人操作。 （2）操作应注意安全，按照标准化作业做好安全措施						

序号	项目名称	质量要求	满分	扣分标准	扣分原因	得分
1	准备					
1.1	参赛队员着装	正确佩戴安全帽、穿绝缘鞋、穿长袖工作服、戴线手套	6	未佩戴安全帽、穿绝缘鞋、穿长袖工作服，扣3分； 安全帽佩戴不规范，扣1分； 着装不规范，扣1分； 未戴线手套，扣1分		
1.2	安全工器具检查	应检查安全工器具、绝缘工器具是否完好，是否在校验合格期内	4	未检查安全工器具、绝缘工器具外观是否完好，扣2分； 未检查检验标签是否在合格期内，扣2分		
1.3	安全措施检查	检查现场所做安全措施是否正确、完善	3	未检查现场安全措施，扣3分		
1.4	试验环境检查	检查当日工位处温度、湿度情况	2	未检查温度情况，扣1分； 未检查湿度情况，扣1分		
2	变压器储油柜检查					
2.1	变压器储油柜检查	油位计外观完整，密封良好，无进水、凝露，指示应符合油温油位标准曲线的要求； 法兰、阀门、油管路等密封连接处应密封良好，无渗漏痕迹； 螺栓无松动	25	未开展储油柜外观检查，扣6分； 未对油位计检查，扣4分； 未核对油温油位曲线，扣4分； 未对法兰、阀门、油路检查，扣6分； 未对固定螺栓检查，扣2分； 未发现故障点，扣3分		
3	金属波纹式储油柜补油					
3.1	金属波纹式储油柜补油	接取检修电源； 正确连接补油管路	10	检修电源接取缺相，扣3分； 打油泵相序错误，扣2分； 补油管路连接错误，扣5分		
3.2		申请退出本体重瓦斯	5	未申请退出本体重瓦斯，扣5分		
3.3		按照油温油位曲线进行补油； 检查油位低异常信号是否复归	10	未按照油温油位曲线进行补油，扣5分； 未检查油位异常信号是否消除，扣5分		
3.4		测试油位计二次线绝缘电阻	5	未进行二次线绝缘电阻测量，扣5分		
3.5		恢复本体重瓦斯	5	未申请恢复本体重瓦斯，扣5分		

续表

序号	项目名称	质量要求	满分	扣分标准	扣分原因	得分
4	安全文明生产					
4.1	相关规定的执行	严格遵守安规	6	违章作业，每项扣2分，扣完为止		
4.2	清理作业现场	工器具、试验仪器收取后摆放整齐，与开工前一致； 设备表面清洁无杂物，作业现场清洁无遗留物品	4	工器具、试验仪器未收取摆放整齐，扣1分； 设备表面、工作现场有遗留物，每处扣1分，扣完为止		
5	检修报告填写					
5.1	填写检修报告	正确填写检修报告，用语规范，项目齐全，结论正确	15	检修前检查情况未填写，扣4分； 填写不全或不正确，每项扣0.5分； 发现及处理情况未填写，扣3分； 缺陷每缺少一项，扣2分； 检修结论不正确，扣1分； 以上扣分，扣完为止		
合计			100			

Jc0000441027　10kV套管接线板发热处理。（100分）

考核知识点：变压器套管接线板检修

难易度：易

技能等级评价专业技能考核操作工作任务书

一、任务名称

10kV套管接线板发热处理。

二、适用工种

变电设备检修工中级工。

三、具体任务

（1）工作状态为变压器10kV套管接线板发热故障，工作内容为变压器10kV套管接线板发热处理。

（2）工作任务。

1）模拟变压器10kV套管接线板发热故障，处理接线板发热。

2）模拟现场工作，实施安全措施，排除设置的故障，完成现场检修任务。

四、工作规范及要求

（1）工器具使用及安全措施。

（2）按要求10kV套管接线板发热处理。

（3）进行故障分析并填写试验报告。

五、考核及时间要求

（1）本考核1～5项操作时间为60分钟，时间到停止考评，包括故障排除和报告整理时间。

（2）按照技能操作记录单的操作要求进行操作，正确记录操作结果，检修记录项目包括发热原因分析与处理措施。

技能等级评价专业技能考核操作评分标准

工种	变电设备检修工			评价等级	中级工
项目模块	变压器检修—变压器大修及更换安装		编号	Jc0000441027	
单位		准考证号		姓名	

续表

考试时限	60分钟		题型		单项操作		题分	100分
成绩		考评员		考评组长			日期	
试题正文	10kV套管接线板发热处理							
需要说明的问题和要求	（1）要求2人操作，故障查找及分析在检修过程中完成。 （2）操作应注意安全，按照标准化作业做好安全措施							

序号	项目名称	质量要求	满分	扣分标准	扣分原因	得分
1	准备					
1.1	参赛队员着装	正确佩戴安全帽、穿绝缘鞋、穿长袖工作服、戴线手套	6	未佩戴安全帽、穿绝缘鞋、穿长袖工作服，扣3分； 安全帽佩戴不规范，扣1分； 着装不规范，扣1分； 未戴线手套，扣1分		
1.2	安全工器具检查	应检查安全工器具、绝缘工器具是否完好，是否在校验合格期内	4	未检查安全工器具、绝缘工器具外观是否完好，扣2分； 未检查检验标签是否在合格期内，扣2分		
1.3	安全措施检查	检查现场所做安全措施是否正确、完善	3	未检查现场安全措施，扣3分		
1.4	试验环境检查	检查当日工位处温度、湿度情况	2	未检查温度情况，扣1分； 未检查湿度情况，扣1分		
2	变压器10kV套管检查					
2.1	登高检查作业安全要求	正确使用安全带； 从爬梯处上下变压器； 正确安装、使用安全带悬挂器； 高处作业使用工具袋	15	未正确使用安全带，扣3分； 未从爬梯处上下变压器，扣3分； 未正确安装安全带悬挂器，扣3分； 未正确使用安全带悬挂器，扣3分； 未使用工具袋，扣3分		
2.2	变压器10kV套管检查	瓷套完好，无脏污、破损，无放电； 防污闪涂料、复合绝缘套管伞裙、辅助伞裙无龟裂老化脱落； 各密封处应无渗漏； 套管及接头部位、螺栓无异常发热	15	未进行瓷套检查，扣2分； 未进行防污闪措施检查，扣3分； 未进行密封件检查，扣2分； 未进行螺栓检查，扣2分； 未进行异常发热检查，扣3分； 未发现故障点，扣3分		
3	故障排查					
3.1	故障查找	故障1：接线板螺栓锈蚀、松动； 故障2：接线板异物	10	未查找出故障，每个扣5分，扣完为止		
3.2	故障排除	能正确进行故障排除	10	未正确排除故障，每个扣5分，扣完为止		
3.3	10kV套管接线板发热处理	检查接线板接触面，螺栓锈蚀、紧固情况； 修整接触面、并正确涂抹导电膏； 更换、紧固螺栓	10	未对接线板进行检查，扣2分； 未修整接触面，扣2分； 未正确使用导电膏，扣2分； 未更换螺栓，扣2分； 螺栓未紧固，扣2分		
4	安全文明生产					
4.1	相关规定的执行	严格遵守安规	6	违章作业，每项扣2分，扣完为止		
4.2	清理作业现场	工器具、试验仪器收取后摆放整齐，与开工前一致； 设备表面清洁无杂物，作业现场清洁无遗留物品	4	工器具、试验仪器未收取摆放整齐，扣1分； 设备表面、工作现场有遗留物，每处扣1分，扣完为止		
5	检修报告填写					
5.1	填写检修报告	正确填写检修报告，用语规范，项目齐全，结论正确	15	检修前检查情况未填写，扣4分； 填写不全或不正确，每项扣0.5分； 发现及处理情况未填写，扣3分； 缺陷每缺少一项，扣2分； 检修结论不正确，扣1分； 以上扣分，扣完为止		
合计			100			

Jc0000442028　变压器胶囊式储油柜更换。(100分)

考核知识点：变压器储油柜更换

难易度：中

技能等级评价专业技能考核操作工作任务书

一、任务名称

变压器胶囊式储油柜更换。

二、适用工种

变电设备检修工中级工。

三、具体任务

模拟现场工作，实施安全措施，完成现场检修任务。

四、工作规范及要求

（1）工器具使用及安全措施。

（2）按要求进行储油柜更换。

（3）填写检修报告。

五、考核及时间要求

（1）本考核1～4项操作时间为240分钟，时间到停止考评，包括检修时间和报告整理时间。

（2）按照技能操作记录单的操作要求进行操作，正确记录操作结果，检修记录项目包括油温、油位等。

技能等级评价专业技能考核操作评分标准

<table>
<tr><td>工种</td><td colspan="6">变电设备检修工</td><td>评价等级</td><td>中级工</td></tr>
<tr><td>项目模块</td><td colspan="5">变压器检修—变压器大修及更换安装</td><td>编号</td><td colspan="2">Jc0000442028</td></tr>
<tr><td>单位</td><td colspan="3"></td><td colspan="2">准考证号</td><td></td><td>姓名</td><td></td></tr>
<tr><td>考试时限</td><td colspan="2">240分钟</td><td>题型</td><td colspan="3">单项操作</td><td>题分</td><td>100分</td></tr>
<tr><td>成绩</td><td></td><td>考评员</td><td></td><td>考评组长</td><td colspan="2"></td><td>日期</td><td></td></tr>
<tr><td>试题正文</td><td colspan="8">变压器胶囊式储油柜更换</td></tr>
<tr><td>需要说明的问题和要求</td><td colspan="8">（1）要求4人操作。
（2）操作应注意安全，按照标准化作业做好安全措施</td></tr>
</table>

序号	项目名称	质量要求	满分	扣分标准	扣分原因	得分
1	准备					
1.1	参赛队员着装	正确佩戴安全帽、穿绝缘鞋、穿长袖工作服、戴线手套	6	未佩戴安全帽、穿绝缘鞋、穿长袖工作服，扣3分； 安全帽佩戴不规范，扣1分； 着装不规范，扣1分； 未戴线手套，扣1分		
1.2	安全工器具检查	应检查安全工器具、绝缘工器具是否完好，是否在校验合格期内	4	未检查安全工器具、绝缘工器具外观是否完好，扣2分； 未检查检验标签是否在合格期内，扣2分		
1.3	安全措施检查	检查现场所做安全措施是否正确、完善	3	未检查现场安全措施，扣3分		
1.4	试验环境检查	检查当日工位处温度、湿度情况	2	未检查温度情况，扣1分； 未检查湿度情况，扣1分		
2	变压器储油柜检查					

续表

序号	项目名称	质量要求	满分	扣分标准	扣分原因	得分
2.1	变压器储油柜检查	油位计外观完整，密封良好，无进水、凝露，有防雨措施，指示应符合油温油位标准曲线的要求； 法兰、阀门、油管路等密封连接处应密封良好，无渗漏痕迹； 螺栓无松动； 吸湿器外观无破损，干燥剂变色部分不超过2/3，不应自上而下变色； 油杯的油位在油位线范围内，油质透明无浑浊，呼吸正常； 免维护吸湿器应检查电源，检查排水孔畅通、加热器工作正常	25	未开展储油柜外观检查，扣5分； 未对油位计检查，扣4分； 未核对油温油位曲线，扣4分； 未对法兰、阀门、油路检查，扣4分； 未对固定螺栓检查，扣4分； 未对吸湿器检查，扣4分		
3	变压器胶囊式储油柜更换					
3.1	变压器胶囊式储油柜更换前准备	正确使用安全带； 从爬梯处上下变压器； 正确安装、使用安全带悬挂器； 高处作业使用工具袋； 吊车就位，接地可靠	15	未正确使用安全带，扣2分； 未从爬梯处上下变压器，扣2分； 未正确安装安全带悬挂器，扣2分； 未正确使用安全带悬挂器，扣2分； 未使用工具袋，扣2分； 吊车未设专人指挥，扣2分； 吊车未可靠接地，扣3分		
3.2	胶囊式储油柜拆除	接取检修电源，连接排油管路，将储油柜变压器油排至储油罐； 拆除管道前关闭连通气体继电器的碟阀，拆除后应及时密封管路法兰； 起吊储油柜时注意吊装环境	5	未正确接取检修电源，扣1分； 未正确连接排油管路排油，扣1分； 未封堵管路法兰，扣1分； 未正确吊装储油柜，扣2分		
3.3	新储油柜安装	指挥吊车吊装新储油柜至指定位置，固定柜脚螺栓； 恢复各连接管路，更换所有连接管道的法兰密封垫； 保持连接法兰的平行和同心，密封垫压缩量为1/3（胶棒压缩1/2）； 检查蝶阀位置	5	固定脚螺栓未紧固，扣1分； 未正确安装管路，扣1分； 未更换密封垫，扣1分； 未正确安装密封垫，扣1分； 蝶阀位置不正确，扣1分		
3.4	胶囊式储油柜补油	正确连接补油管路； 胶囊密封式储油柜注油时，打开顶部放气塞，直至冒油立即旋紧放气塞，再调整油位，以防止出现假油位； 按照油位油温曲线进行补油； 检查呼吸器呼吸是否正常； 测试油位计二次线绝缘电阻； 检查是否渗油	10	补油管路连接错误，扣2分； 未按照要求进行补油，扣2分； 未按照油位油温曲线进行补油，扣2分； 未检查呼吸器呼吸是否正常，扣2分； 未进行二次线绝缘电阻测量，扣1分； 未检查是否渗漏，扣1分		
4	安全文明生产					
4.1	相关规定的执行	严格遵守安规	6	违章作业，每项扣2分，扣完为止		
4.2	清理作业现场	工器具、试验仪器收取后摆放整齐，与开工前一致； 设备表面清洁无杂物，作业现场清洁无遗留物品	4	工器具、试验仪器未收取摆放整齐，扣1分； 设备表面、工作现场有遗留物，每处扣1分，扣完为止		
5	检修报告填写					
5.1	填写检修报告	正确填写检修报告，用语规范，项目齐全，结论正确	15	检修前检查情况未填写，扣4分； 填写不全或不正确，每项扣0.5分； 发现及处理情况未填写，扣3分； 缺陷每缺少一项，扣2分； 检修结论不正确，扣1分； 以上扣分，扣完为止		
合计			100			

Jc0000442029　变压器 10kV 高压套管更换。(100 分)

考核知识点：变压器套管更换

难易度：中

技能等级评价专业技能考核操作工作任务书

一、任务名称

变压器 10kV 高压套管更换。

二、适用工种

变电设备检修工中级工。

三、具体任务

模拟现场工作，实施安全措施，完成现场检修任务。

四、工作规范及要求

（1）工器具使用及安全措施。

（2）按要求进行变压器 10kV 高压套管更换。

（3）填写检修报告。

五、考核及时间要求

（1）本考核 1～5 项操作时间为 60 分钟，时间到停止考评，包括检修时间和报告整理时间。

（2）按照技能操作记录单的操作要求进行操作，正确记录操作结果，检修记录项目包括油温、油位等。

技能等级评价专业技能考核操作评分标准

工种	变电设备检修工			评价等级	中级工	
项目模块	变压器检修—变压器大修及更换安装			编号	Jc0000442029	
单位		准考证号		姓名		
考试时限	60 分钟	题型	单项操作	题分	100 分	
成绩		考评员	考评组长		日期	
试题正文	变压器 10kV 高压套管更换					
需要说明的问题和要求	（1）要求 4 人操作。 （2）操作应注意安全，按照标准化作业做好安全措施					
序号	项目名称	质量要求	满分	扣分标准	扣分原因	得分
1	准备					
1.1	参赛队员着装	正确佩戴安全帽、穿绝缘鞋、穿长袖工作服、戴线手套	6	未佩戴安全帽、穿绝缘鞋、穿长袖工作服，扣 3 分； 安全帽佩戴不规范，扣 1 分； 着装不规范，扣 1 分； 未戴线手套，扣 1 分		
1.2	安全工器具检查	应检查安全工器具、绝缘工器具是否完好，是否在校验合格期内	4	未检查安全工器具、绝缘工器具外观是否完好，扣 2 分； 未检查检验标签是否在合格期内，扣 2 分		
1.3	安全措施检查	检查现场所做安全措施是否正确、完善	3	未检查现场安全措施，扣 3 分		
1.4	试验环境检查	检查当日工位处温度、湿度情况	2	未检查温度情况，扣 1 分； 未检查湿度情况，扣 1 分		
2	变压器套管检查					

续表

序号	项目名称	质量要求	满分	扣分标准	扣分原因	得分
2.1	检查前准备	正确使用安全带； 从爬梯处上下变压器； 正确安装、使用安全带悬挂器； 高处作业使用工具袋	15	未正确使用安全带，扣3分； 未从爬梯处上下变压器，扣3分； 未正确安装安全带悬挂器，扣3分； 未正确使用安全带悬挂器，扣3分； 未使用工具袋，扣3分		
2.2	变压器10kV套管检查	瓷套完好，无脏污、破损，无放电； 防污闪涂料、复合绝缘套管伞裙、辅助伞裙无龟裂老化脱落； 各密封处应无渗漏； 套管及接头部位、螺栓无异常发热	10	未进行瓷套检查，扣2分； 未进行防污闪措施检查，扣2分； 未进行密封件检查，扣2分； 未进行螺栓检查，扣2分； 未进行异常发热检查，扣2分		
3	变压器10kV套管更换					
3.1	本体排油	接取检修电源，连接排油管路； 关闭本体瓦斯蝶阀； 将本体变压器油排至油枕，直至油面下降到距箱顶200～300mm时，停止排油	10	未正确接取检修电源，扣2分； 未正确连接排油管路排油，扣2分； 未关闭本体瓦斯蝶阀，扣4分； 排油不到位或过多，扣2分		
3.2	套管更换	拆除套管时，应依次对角松动法兰螺栓，防止松动时受力不均损坏套管； 拆卸套管时应先轻轻晃动，使法兰与密封胶垫间产生缝隙后再拆下套管，防止套管碎裂； 更换新套管，检查瓷套有无损坏，瓷套应保持清洁、无放电痕迹，无裂纹、破损； 更换所有密封垫，保持连接法兰的平行和同心，密封垫压缩量为1/3（胶棒压缩1/2）； 安装时注意导电杆和瓷套相互之间的位置，中间应有固定圈防止窜动，导电杆应处于瓷套的中心位置	15	法兰螺栓松动顺序不正确，扣2分； 拆除过程中，造成法兰损坏，扣5分； 未更换密封垫，扣2分； 未正确安装密封垫，扣2分； 导电杆位置不正确，扣2分； 螺栓松动、未紧固，扣2分		
3.3	补油	打开本体瓦斯蝶阀； 从低至高处依次多次排气； 观察是否渗漏油； 检查呼吸器呼吸是否正常	10	本体瓦斯蝶阀未打开，扣2分； 未按照要求排气，扣3分； 未检查呼吸器呼吸是否正常，扣2分； 未检查是否渗漏，扣3分		
4	安全文明生产					
4.1	相关规定的执行	严格遵守安规	6	违章作业，每项扣2分，扣完为止		
4.2	清理作业现场	工器具、试验仪器收取后摆放整齐，与开工前一致； 设备表面清洁无杂物，作业现场清洁无遗留物品	4	工器具、试验仪器未收取摆放整齐，扣1分； 设备表面、工作现场有遗留物，每处扣1分，扣完为止		
5	检修报告填写					
5.1	填写检修报告	正确填写检修报告，用语规范，项目齐全，结论正确	15	检修前检查情况未填写，扣4分； 填写不全或不正确，每项扣0.5分； 发现及处理情况未填写，扣3分； 缺陷每缺少一项，扣2分； 检修结论不正确，扣1分； 以上扣分，扣完为止		
合计			100			

Jc0000442030　磁力油位计故障处理。（100分）

考核知识点：变压器油位计缺陷及故障处理

难易度：中

技能等级评价专业技能考核操作工作任务书

一、任务名称

磁力油位计故障处理。

二、适用工种

变电设备检修工中级工。

三、具体任务

（1）模拟变压器油位计故障，油位计已从变压器上拆下，对油位计进行检修。

（2）模拟现场工作，实施安全措施，完成现场检修任务。

四、工作规范及要求

（1）工器具使用及安全措施。

（2）按要求进行磁力油位计故障排除。

（3）填写检修报告。

五、考核及时间要求

（1）本考核1～5项操作时间为60分钟，时间到停止考评，包括检修时间和报告整理时间。

（2）按照技能操作记录单的操作要求进行操作，正确记录操作结果。

技能等级评价专业技能考核操作评分标准

工种	变电设备检修工					评价等级	中级工
项目模块	变压器检修—变压器缺陷及故障处理				编号	Jc0000442030	
单位			准考证号			姓名	
考试时限	60分钟		题型		单项操作	题分	100分
成绩		考评员		考评组长		日期	
试题正文	磁力油位计故障处理						
需要说明的问题和要求	（1）要求1人操作。 （2）操作应注意安全，按照标准化作业书的技术安全说明做好安全措施。 （3）储油柜油面降至表计以下。 （4）升降平台已搭建完成						

序号	项目名称	质量要求	满分	扣分标准	扣分原因	得分
1	准备					
1.1	参赛队员着装	正确佩戴安全帽、穿绝缘鞋、穿长袖工作服、戴线手套	6	未佩戴安全帽、穿绝缘鞋、穿长袖工作服，扣3分； 安全帽佩戴不规范，扣1分； 着装不规范，扣1分； 未戴线手套，扣1分		
1.2	安全工器具检查	应检查安全工器具、绝缘工器具是否完好，是否在校验合格期内	4	未检查安全工器具、绝缘工器具外观是否完好，扣2分； 未检查检验标签是否在合格期内，扣2分		
1.3	安全措施检查	检查现场所做安全措施是否正确、完善	3	未检查现场安全措施，扣3分		
1.4	试验环境检查	检查当日工位处温度、湿度情况	2	未检查温度情况，扣1分； 未检查湿度情况，扣1分		
2	故障排查					
2.1	故障查找	故障1：线位报警装置动作不正确； 故障2：密封垫开裂	10	未查找出故障，每个扣5分，扣完为止		

续表

序号	项目名称	质量要求	满分	扣分标准	扣分原因	得分
2.2	故障排除	能正确进行故障排除	10	未正确排除故障，每个扣5分，扣完为止		
3	变压器油位计故障处理					
3.1	检查前准备	正确使用安全带； 检查升降平台情况； 高处作业使用工具袋	10	未正确使用安全带，扣2分； 未检查升降平台情况，扣2分； 未使用工具袋，扣2分； 高处作业，少带工器具，每次扣2分，扣完为止		
3.2	变压器油位计故障处理	拆卸表计时应先将油面降至表计以下，再将接线盒内信号连接线脱开； 连杆应伸缩灵活，无变形折裂，浮筒完好无变形和漏气； 齿轮传动机构应转动灵活，转动主动磁铁，从动磁铁应同步转动正确； 复装时摆动连杆，摆动45°时指针应从“0”位置到“10”位置或与表盘刻度相符，否则应调节限位块； 当指针在“0”最低油位和“10”最高油位时，限位报警信号动作应正确，否则应调节凸轮或开关位置； 连接二次信号线检查原电缆应完好，回装密封应良好； 根据参考内容进行故障设置2处	30	未进行连杆检查，扣5分； 未进行浮筒检查，扣5分； 未进行主从动磁铁检查，扣5分； 未进行连杆运动与表盘位置核对检查，扣5分； 未进行限位检查，扣5分； 未进行电缆检查，扣5分		
4	安全文明生产					
4.1	相关规定的执行	严格遵守安规	6	违章作业，每项扣2分，扣完为止		
4.2	清理作业现场	工器具、试验仪器收取后摆放整齐，与开工前一致； 设备表面清洁无杂物，作业现场清洁无遗留物品	4	工器具、试验仪器未收取摆放整齐，扣1分； 设备表面、工作现场有遗留物，每处扣1分，扣完为止		
5	检修报告填写					
5.1	填写检修报告	正确填写检修报告，用语规范，项目齐全，结论正确	15	检修前检查情况未填写，扣4分； 填写不全或不正确，每项扣0.5分； 发现及处理情况未填写，扣3分； 缺陷每缺少一项，扣2分； 检修结论不正确，扣1分； 以上扣分，扣完为止		
合计			100			

Jc0000441031　110kV 变压器 10kV 套管污闪处理。(100 分)

考核知识点：变压器污闪处理

难易度：易

技能等级评价专业技能考核操作工作任务书

一、任务名称

110kV 变压器 10kV 套管污闪处理。

二、适用工种

变电设备检修工中级工。

三、具体任务

（1）模拟 110kV 变压器 10kV 套管发生污闪事故，工作内容为对 10kV 套管进行检查及污闪处理。

（2）工作任务。

1）模拟变压器 10kV 套管因微渗漏油造成的污闪故障，对 10kV 套管进行检修。

2）模拟现场工作，实施安全措施，排除设置的故障，完成现场检修任务。

四、工作规范及要求

（1）工器具使用及安全措施。

（2）按要求进行套管故障排除。

（3）根据要求进行 10kV 套管污闪处理。

（4）填写检修报告。

五、考核及时间要求

（1）本考核 1～6 项操作时间为 60 分钟，时间到停止考评，包括检修时间和报告整理时间。

（2）按照技能操作记录单的操作要求进行操作，正确记录操作结果。

技能等级评价专业技能考核操作评分标准

工种	变电设备检修工				评价等级	中级工
项目模块	变压器检修—变压器缺陷及故障处理			编号	Jc0000441031	
单位		准考证号			姓名	
考试时限	60 分钟	题型	单项操作		题分	100 分
成绩	考评员		考评组长		日期	
试题正文	110kV 变压器 10kV 套管污闪处理					
需要说明的问题和要求	（1）在提供的场地、设备上独立完成操作。 （2）严格执行有关规程、规范。 （3）现场以 110kV 变压器 10kV 套管为考核对象。 （4）时间到应立即停止操作，整理工具、材料，离开操作场地					

序号	项目名称	质量要求	满分	扣分标准	扣分原因	得分
1	准备					
1.1	参赛队员着装	正确佩戴安全帽、穿绝缘鞋、穿长袖工作服、戴线手套	6	未佩戴安全帽、穿绝缘鞋、穿长袖工作服，扣 3 分； 安全帽佩戴不规范，扣 1 分； 着装不规范，扣 1 分； 未戴线手套，扣 1 分		
1.2	安全工器具检查	应检查安全工器具、绝缘工器具是否完好，是否在校验合格期内	4	未检查安全工器具、绝缘工器具外观是否完好，扣 2 分； 未检查检验标签是否在合格期内，扣 2 分		
1.3	安全措施检查	检查现场所做安全措施是否正确、完善	3	未检查现场安全措施，扣 3 分		
1.4	试验环境检查	检查当日工位处温度、湿度情况	2	未检查温度情况，扣 1 分； 未检查湿度情况，扣 1 分		
2	变压器 10kV 套管检查					
2.1	登高检查作业安全要求	正确使用安全带； 从爬梯处上下变压器； 正确安装、使用安全带悬挂器； 高处作业使用工具袋	10	未正确使用安全带，扣 2 分； 未从爬梯处上下变压器，扣 2 分； 未正确安装安全带悬挂器，扣 2 分； 未正确使用安全带悬挂器，扣 2 分； 未使用工具袋，扣 2 分		
2.2	变压器 10kV 套管检查	瓷套完好，无脏污、破损，无放电； 防污闪涂料、复合绝缘套管伞裙、辅助伞裙无龟裂老化脱落； 各密封处应无渗漏； 套管及接头部位、螺栓无异常发热	10	未进行瓷套检查，扣 2 分； 未进行防污闪措施检查，扣 2 分； 未进行密封件检查，扣 2 分； 未进行螺栓检查，扣 2 分； 未进行异常发热检查，扣 2 分		

续表

序号	项目名称	质量要求	满分	扣分标准	扣分原因	得分
3	故障排查					
3.1	故障查找	故障1：10kV套管固定螺栓松动、表面渗油积污秽； 故障2：污闪造成螺栓受损	10	未查找出故障，每个扣5分，扣完为止		
3.2	故障排除	能正确进行故障排除	10	未正确排除故障，每个扣5分，扣完为止		
4	10kV套管污闪处理					
4.1	污闪处理	检查各部螺栓及密封情况，处理套管微渗油问题，确认污闪原因； 更换烧损螺栓	10	未分析出造成污闪的原因，扣2分； 未检查密封件压紧螺帽紧固，扣2分； 未更换烧损的螺栓，扣3分； 未紧固螺栓，扣3分		
4.2	套管清擦	清除表面污秽，检查瓷套有无损坏，瓷套应保持清洁、无放电痕迹，无裂纹、破损	10	未对套管表面清擦，扣5分； 未检查是否渗漏，扣5分		
5	安全文明生产					
5.1	相关规定的执行	严格遵守安规	6	违章作业，每项扣2分，扣完为止		
5.2	清理作业现场	工器具、试验仪器收取后摆放整齐，与开工前一致； 设备表面清洁无杂物，作业现场清洁无遗留物品	4	工器具、试验仪器未收取摆放整齐，扣1分； 设备表面、工作现场有遗留物，每处扣1分，扣完为止		
6	检修报告填写					
6.1	填写检修报告	正确填写检修报告，用语规范，项目齐全，结论正确	15	检修前检查情况未填写，扣4分； 填写不全或不正确，每项扣0.5分； 发现及处理情况未填写，扣3分； 缺陷每缺少一项，扣2分； 检修结论不正确，扣1分； 以上扣分，扣完为止		
合计			100			

Jc0000443032　变压器充油套管补油。（100分）

考核知识点：变压器套管油位调整

难易度：难

技能等级评价专业技能考核操作工作任务书

一、任务名称

变压器充油套管补油。

二、适用工种

变电设备检修工中级工。

三、具体任务

（1）模拟110kV变压器充油套管发生油位低故障，工作内容为110kV变压器套管补油。

（2）工作任务。

1）模拟变压器110kV变压器套管油位低故障，进行油面调整。

2）模拟现场工作，实施安全措施，排除设置的故障，完成现场检修任务。

四、工作规范及要求

（1）工器具使用及安全措施。

（2）按要求进行套管故障排除。

（3）根据要求进行套管补油及油面调整。

（4）填写检修报告。

五、考核及时间要求

（1）本考核 1～6 项操作时间为 60 分钟，时间到停止考评，包括检修时间和报告整理时间。

（2）按照技能操作记录单的操作要求进行操作，正确记录操作结果，检修记录项目包括油温、油位等。

技能等级评价专业技能考核操作评分标准

工种	变电设备检修工					评价等级	中级工
项目模块	变压器检修—变压器缺陷及故障处理				编号	Jc0000443032	
单位			准考证号			姓名	
考试时限	60 分钟		题型	单项操作		题分	100 分
成绩		考评员		考评组长		日期	
试题正文	110kV 变压器充油套管补油						
需要说明的问题和要求	（1）在提供的场地、设备上独立完成操作。 （2）严格执行有关规程、规范。 （3）现场以 110kV 变压器充油套管为考核对象。 （4）时间到应立即停止操作，整理工具、材料，离开操作场地						

序号	项目名称	质量要求	满分	扣分标准	扣分原因	得分
1	准备					
1.1	参赛队员着装	正确佩戴安全帽、穿绝缘鞋、穿长袖工作服、戴线手套	6	未佩戴安全帽、穿绝缘鞋、穿长袖工作服，扣 3 分； 安全帽佩戴不规范，扣 1 分； 着装不规范，扣 1 分； 未戴线手套，扣 1 分		
1.2	安全工器具检查	应检查安全工器具、绝缘工器具是否完好，是否在校验合格期内	4	未检查安全工器具、绝缘工器具外观是否完好，扣 2 分； 未检查检验标签是否在合格期内，扣 2 分		
1.3	安全措施检查	检查现场所做安全措施是否正确、完善	3	未检查现场安全措施，扣 3 分		
1.4	试验环境检查	检查当日工位处温度、湿度情况	2	未检查温度情况，扣 1 分； 未检查湿度情况，扣 1 分		
2	变压器套管检查					
2.1	检查前准备	正确使用安全带； 从爬梯处上下变压器； 正确安装、使用安全带悬挂器； 高处作业使用工具袋	10	未正确使用安全带，扣 2 分； 未从爬梯处上下变压器，扣 2 分； 未正确安装安全带悬挂器，扣 2 分； 未正确使用安全带悬挂器，扣 2 分； 未使用工具袋，扣 2 分		
2.2	变压器套管检查	瓷套完好，无脏污、破损，无放电； 防污闪涂料、复合绝缘套管伞裙、辅助伞裙无龟裂老化脱落； 套管油位应清晰可见，观察窗玻璃清晰，油位指示在合格范围内； 各密封处应无渗漏； 套管及接头部位无异常发热； 电容型套管末屏应接地可靠，密封良好，无渗漏油	10	未进行瓷套检查，扣 2 分； 未进行防污闪措施检查，扣 2 分； 未进行密封件检查，扣 2 分； 未进行螺栓检查，扣 2 分； 未进行异常发热检查，扣 2 分		

续表

序号	项目名称	质量要求	满分	扣分标准	扣分原因	得分
3	故障排查					
3.1	故障查找	套管放油口密封垫老化、渗油	5	未查找出故障，扣5分		
3.2	故障排除	能正确进行故障排除	5	未正确排除故障，扣5分		
4	变压器10kV套管补油					
4.1	密封试验	向套管充入高纯氮气，压力为0.2mpa，保持30min，观察各处应无渗漏油	5	发现渗漏油，每处扣1分，扣完为止		
4.2	套管补油	在储油柜放气塞上安装三通连管； 一端连接小型滤油机至储油罐，一端连接油气分离器至油泵； 预抽真空2h，真空度不大于133Pa，关闭真空阀门，打开注油阀门向套管内注油至油位计高度的2/3停止注油； 关闭注油阀门，打开真空阀门，净抽真空8h，真空度不大于133Pa，解除真空，进一步调整油面，安装放气塞； 清擦油迹	25	未正确连接抽真空注油管路，扣5分； 真空度大于133Pa扣5分； 油面未按照周围环境温度调整，扣5分； 未正常调整油位，扣5分； 未清擦油迹，扣5分		
5	安全文明生产					
5.1	相关规定的执行	严格遵守安规	6	违章作业，每项扣2分，扣完为止		
5.2	清理作业现场	（1）工器具、试验仪器收取后摆放整齐，与开工前一致； （2）设备表面清洁无杂物，作业现场清洁无遗留物品	4	工器具、试验仪器未收取摆放整齐，扣1分； 设备表面、工作现场有遗留物，每处扣1分，扣完为止		
6	检修报告填写					
6.1	填写检修报告	正确填写检修报告，用语规范，项目齐全，结论正确	15	检修前检查情况未填写，扣4分； 填写不全或不正确，每项扣0.5分； 发现及处理情况未填写，扣3分； 缺陷每缺少一项，扣2分； 检修结论不正确，扣1分； 以上扣分，扣完为止		
合计			100			

Jc0000442033　变压器110kV套管起吊。（100分）

考核知识点：变压器套管更换

难易度：中

技能等级评价专业技能考核操作工作任务书

一、任务名称

变压器110kV套管起吊。

二、适用工种

变电设备检修工中级工。

三、具体任务

（1）工作状态为垂直放置在检修支架上的110kV套管，工作内容为110kV套管起吊。

（2）工作任务。

1）模拟将垂直放在检修支架上的套管正确地进行起吊。

2）模拟现场工作，实施安全措施，完成现场检修任务。

四、工作规范及要求

（1）工器具使用及安全措施。

（2）按要求进行套管的起吊。

（3）填写检修报告。

五、考核及时间要求

（1）本考核1～4项操作时间为60分钟，时间到停止考评，包括检修时间和报告整理时间。

（2）按照技能操作记录单的操作要求进行操作，正确记录操作结果。

技能等级评价专业技能考核操作评分标准

工种	变电设备检修工					评价等级	中级工
项目模块	变压器检修—变压器缺陷及故障处理				编号	Jc0000442033	
单位			准考证号			姓名	
考试时限	60分钟		题型	单项操作		题分	100分
成绩		考评员		考评组长		日期	
试题正文	变压器110kV套管起吊						
需要说明的问题和要求	（1）在提供的场地、设备上独立完成操作。 （2）严格执行有关规程、规范。 （3）考察对垂直放在检修支架上的套管正确地进行起吊。 （4）时间到应立即停止操作，整理工具、材料，离开操作场地						

序号	项目名称	质量要求	满分	扣分标准	扣分原因	得分
1	准备					
1.1	参赛队员着装	正确佩戴安全帽、穿绝缘鞋、穿长袖工作服、戴线手套	6	未佩戴安全帽、穿绝缘鞋、穿长袖工作服，扣3分； 安全帽佩戴不规范，扣1分； 着装不规范，扣1分； 未戴线手套，扣1分		
1.2	安全工器具检查	应检查安全工器具、绝缘工器具是否完好，是否在校验合格期内	4	未检查安全工器具、绝缘工器具外观是否完好，扣2分； 未检查检验标签是否在合格期内，扣2分		
1.3	安全措施检查	检查现场所做安全措施是否正确、完善	3	未检查现场安全措施，扣3分		
1.4	试验环境检查	检查当日工位处温度、湿度情况	2	未检查温度情况，扣1分； 未检查湿度情况，扣1分		
2	110kV套管起吊					
2.1	悬挂吊带	选用吊带长度及吨位，应大于套管的长度及吨位； 吊带关进吊钩； 两根吊带长短一致	15	吊带长度及吨位小于套管长度及吨位，扣5分； 有一根吊带在挡板外部，扣5分； 两根吊带长短不一致，扣5分		
2.2	安装U形环	再次检查U形环； U形环安装应满扣	5	U形环大小、吨位不一致，扣2分； U形环未满，扣3分		

续表

序号	项目名称	质量要求	满分	扣分标准	扣分原因	得分
2.3	拴拦腰绳	吊绳轻微受力及吊绳略微拉直后，系拦腰绳； 拦腰绳位置应系在套管上部； 吊绳应扣住每根拦腰绳	20	吊绳未拉直就系拦腰绳，扣4分； 拉绳受力大，扣4分； 拦腰绳未系，扣4分； 拦腰绳位置偏中下部，扣4分； 拦腰绳未扣住吊绳，扣4分		
2.4	放置引线拉绳	拆除导电接头，放置引线拉绳	5	未放置引线拉绳，扣5分		
2.5	拆除吊具及吊绳	套管落地或就位后，拆除马环； 拆除拦腰绳； 吊具应从吊绳上取下	15	套管未可靠落地或就位时，即吊绳不受力时，拆除U形环，扣5分； 未拆除拦腰绳，扣5分； 未将吊具从吊绳上取下，扣5分		
3	安全文明生产					
3.1	相关规定的执行	严格遵守安规	6	违章作业，每项扣2分，扣完为止		
3.2	清理作业现场	工器具、试验仪器收取后摆放整齐，与开工前一致； 设备表面清洁无杂物，作业现场清洁无遗留物品	4	工器具、试验仪器未收取摆放整齐，扣1分； 设备表面、工作现场有遗留物，每处扣1分，扣完为止		
4	检修报告填写					
4.1	填写检修报告	正确填写检修报告，用语规范，项目齐全，结论正确	15	检修前检查情况未填写，扣4分； 填写不全或不正确，每项扣0.5分； 发现及处理情况未填写，扣3分； 缺陷每缺少一项，扣2分； 检修结论不正确，扣1分； 以上扣分，扣完为止		
	合计		100			

Jc0000441034　变压器风机电源空气开关跳闸故障处理。（100分）

考核知识点：变压器风机故障处理

难易度：易

技能等级评价专业技能考核操作工作任务书

一、任务名称

变压器风机电源空气开关跳闸故障处理。

二、适用工种

变电设备检修工中级工。

三、具体任务

（1）工作状态为变压器报1号工作冷却器故障信号，工作内容为变压器风机故障处理。

（2）工作任务。

1）模拟变压器1号冷却器1-1风机二次接线盒内A相接地故障，进行故障查找与排除。

2）模拟现场工作，实施安全措施，排除设置的故障，完成现场检修任务。

四、工作规范及要求

（1）工器具使用及安全措施。

（2）按要求进行风机故障排除。

（3）填写检修报告。

五、考核及时间要求

（1）本考核1～6项操作时间为60分钟，时间到停止考评，包括检修时间和报告整理时间。

（2）按照技能操作记录单的操作要求进行操作，正确记录操作结果。

技能等级评价专业技能考核操作评分标准

工种	变电设备检修工			评价等级	中级工
项目模块	变压器检修—变压器小修及维护		编号	Jc0000441034	
单位		准考证号		姓名	
考试时限	60 分钟	题型	单项操作	题分	100 分
成绩	考评员		考评组长		日期
试题正文	变压器风机电源空开跳闸故障处理				
需要说明的问题和要求	（1）在提供的场地、设备上独立完成操作。 （2）严格执行有关规程、规范。 （3）现场以变压器风机为考核对象。 （4）时间到应立即停止操作，整理工具、材料，离开操作场地				

序号	项目名称	质量要求	满分	扣分标准	扣分原因	得分
1	准备					
1.1	参赛队员着装	正确佩戴安全帽、穿绝缘鞋、穿长袖工作服、戴线手套	6	未佩戴安全帽、穿绝缘鞋、穿长袖工作服，扣 3 分； 安全帽佩戴不规范，扣 1 分； 着装不规范，扣 1 分； 未戴线手套，扣 1 分		
1.2	安全工器具检查	应检查安全工器具、绝缘工器具是否完好，是否在校验合格期内	4	未检查安全工器具、绝缘工器具外观是否完好，扣 2 分； 未检查检验标签是否在合格期内，扣 2 分		
1.3	安全措施检查	检查现场所做安全措施是否正确、完善	3	未检查现场安全措施，扣 3 分		
1.4	试验环境检查	检查当日工位处温度、湿度情况	2	未检查温度情况，扣 1 分； 未检查湿度情况，扣 1 分		
2	变压器风冷系统检查					
2.1	变压器冷却器检查	散热器外观完好、无锈蚀、无渗漏油； 阀门开启方向正确，油泵、油路等无渗漏，无掉漆及无锈蚀； 运行中的风扇和油泵运转平稳，转向正确，无异常声音和振动，油泵油流指示器密封良好，指示正确，无抖动现象	10	未开展散热器外观检查，扣 2 分； 未开展阀门、油泵及油路检查，扣 4 分； 未开展风扇、油流计检查，扣 4 分		
2.2	变压器风冷控制柜检查	检查风冷控制柜内部有无异物，有无受潮情况； 检查冷却系统内部元件如指示灯、空气开关、热耦和接触器是否正常； 检查二次线有无松动	10	未开展风冷控制柜检查，扣 2 分； 未检查内部有无异物、受潮，扣 2 分； 未检查内部元件如指示灯、空气开关、热耦和接触器，每个扣 1 分； 未检查二次接线有无松动，扣 2 分； 以上扣分，扣完为止		
3	故障排查					
3.1	故障查找	1 号冷却器 1－1 风机二次接线盒内 A 相接地故障，投入该风机电源空气开关，立即跳闸	5	未查找出故障，扣 5 分		
3.2	故障排除	能正确进行故障排除	5	未正确排除故障，扣 5 分		

续表

序号	项目名称	质量要求	满分	扣分标准	扣分原因	得分
4	故障处理					
4.1	故障风机检查及处理	检查故障风机电源空开在分位； 在空气开关下端打开故障风机电缆，进行绝缘电阻测试，记录数据； 打开风机二次接线盒，分段进行绝缘电阻测试，判断故障原因并记录数据； 对故障点进行绝缘处理； 复测绝缘电阻直至合格	25	未检查空气开关位置，扣5分； 未正确使用绝缘电阻测试仪，扣5分； 未及时记录数据，扣5分； 未对故障点进行处理，扣5分； 未复测，扣5分		
4.2	上电试验	上电检查风机工作情况是否正常	5	风机不转或转向错误，扣5分		
5	安全文明生产					
5.1	相关规定的执行	严格遵守安规	6	违章作业，每项扣2分，扣完为止		
5.2	清理作业现场	工器具、试验仪器收取后摆放整齐，与开工前一致； 设备表面清洁无杂物，作业现场清洁无遗留物品	4	工器具、试验仪器未收取摆放整齐，扣1分； 设备表面、工作现场有遗留物，每处扣1分，扣完为止		
6	检修报告填写					
6.1	填写检修报告	正确填写检修报告，用语规范，项目齐全，结论正确	15	检修前检查情况未填写，扣4分； 填写不全或不正确，每项扣0.5分； 发现及处理情况未填写，扣3分； 缺陷每缺少一项，扣2分； 检修结论不正确，扣1分； 以上扣分，扣完为止		
合计			100			

Jc0000442035 对110kV SF_6电压互感器进行SF_6气体补充。（100分）

考核知识点：对SF_6电压互感器进行SF_6气体补充

难易度：中

技能等级评价专业技能考核操作工作任务书

一、任务名称

对110kV SF_6电压互感器进行SF_6气体补充。

二、适用工种

变电设备检修工中级工。

三、具体任务

（1）进行试验前的安全准备及检查工作。

（2）对110kV SF_6电压互感器本体外观进行整体检查。

（3）对发现的异常问题告知监考人并进行记录，但不处理。

（4）对110kV SF_6电压互感器进行SF_6气体低压告警缺陷查找。

（5）对110kV SF_6电压互感器进行SF_6气体补充至合格位置。

（6）填写检修报告。

四、工作规范及要求

（1）要求1人操作，由监考人员监护。

（2）工作过程中检查的位置及结果应高声呼唱。

（3）安全文明生产，考生着装规范。

（4）工器具、材料、设备摆放整齐，现场操作熟练、连贯、有序，正确规范地使用工器具及安全用具。

（5）不发生危及人身和设备安全的行为。

（6）操作过程中有需要配合的向监考人员提出，如断开保护屏处控制电源、接地开关，但涉及考试内容的不得提问。

（7）对 110kV SF_6 电压互感器检修时，须熟悉检修工艺质量要求。

五、考核及时间要求

（1）考核总时间为 60 分钟。场内实际操作时间为 55 分钟，如到时未完成应终止。场外检修记录填写时间为 5 分钟，如到时未完成应终止。若提前完成，向监考人员示意。

（2）参赛选手从进场开始计算时间。

（3）若出现人身伤害或设备危害的操作，监护人员有权制止。

技能等级评价专业技能考核操作评分标准

工种	变电设备检修工					评价等级	中级工
项目模块	互感器检修—互感器缺陷及故障处理				编号	Jc0000442035	
单位			准考证号			姓名	
考试时限	60 分钟		题型	单项操作		题分	100 分
成绩		考评员		考评组长		日期	
试题正文	对 110kV SF_6 电压互感器进行 SF_6 气体补充						
需要说明的问题和要求	（1）检查 110kV SF_6 电压互感器，提前做好安全措施、准备工具箱。 （2）检修过程中应注意安全，有危及人身、设备安全行为为可取消考核成绩。 （3）检查前应征得考评员允许，确认可以开始						

1	准备					
1.1	参赛队员着装	正确佩戴安全帽、穿绝缘鞋、穿长袖工作服、戴线手套	6	未佩戴安全帽、穿绝缘鞋、穿长袖工作服，扣 3 分； 安全帽佩戴不规范，扣 1 分； 着装不规范，扣 1 分； 未戴线手套，扣 1 分		
1.2	安全工器具检查	应检查安全工器具、绝缘工器具是否完好，是否在校验合格期内	4	未检查安全工器具、绝缘工器具外观是否完好，扣 2 分； 未检查检验标签是否在合格期内，扣 2 分		
1.3	安全措施检查	检查现场所做安全措施是否正确、完善	3	未检查现场安全措施，扣 3 分		
1.4	试验环境检查	检查当日工位处温度、湿度情况	2	未检查温度情况，扣 1 分； 未检查湿度情况，扣 1 分		
2	对 110kV SF_6 电压互感器进行 SF_6 气体补充					
2.1	电压互感器缺陷查找	检查充气软管外表面是否有裂纹或损伤情况	5	未对充气软管进行外观检查，扣 5 分		
		检查充气接头内部是否有杂物并清理	5	未检查充气接头内部是否有杂物，扣 2 分； 未清理杂物，扣 3 分		
		检查充气压力表是否破损，指针是否归零	5	未检查充气压力表是否破损，扣 2 分； 未检查指针是否归零，扣 3 分		

续表

序号	项目名称	质量要求	满分	扣分标准	扣分原因	得分
2.2	设备充气	缓慢打开气瓶阀门，冲洗充气管，排尽管内空气	10	打开阀门速度过快，扣10分		
		将充气管连接至设备，缓慢打开压力表阀门并注意倾听气体流动声音是否均匀	10	没有倾听气体流动声音动作，扣10分		
		观察设备气体压力表充气至该设备额定压力值	10	无观察压力表动作，扣10分		
2.3	充气设备拆除	拆除充气软管与设备处接头	5	未正确拆除充气软管和设备接头，扣5分		
		拆下气体压力表	5	不会拆除气体压力表，扣5分		
		盖上气瓶密封盖	5	未盖气瓶密封盖，扣5分		
3	安全文明生产					
3.1	相关规定的执行	严格遵守安规	6	违章作业，每项扣2分，扣完为止		
3.2	清理作业现场	工器具、试验仪器收取后摆放整齐，与开工前一致； 设备表面清洁无杂物，作业现场清洁无遗留物品	4	工器具、试验仪器未收取摆放整齐，扣1分； 设备表面、工作现场有遗留物，每处扣1分，扣完为止		
4	检修报告填写					
4.1	填写检修报告	正确填写检修报告，用语规范，项目齐全，结论正确	15	检修前检查情况未填写，扣4分； 填写不全或不正确，每项扣0.5分； 发现及处理情况未填写，扣3分； 缺陷每缺少一项，扣2分； 检修结论不正确，扣1分； 以上扣分，扣完为止		
合计			100			

Jc0000442036　110kV 油浸式电流互感器金属膨胀器补油。（100分）

考核知识点：油浸式电流互感器金属膨胀器补油

难易度：中

技能等级评价专业技能考核操作工作任务书

一、任务名称

110kV 油浸式电流互感器金属膨胀器补油。

二、适用工种

变电设备检修工中级工。

三、具体任务

（1）进行试验前的安全准备及检查工作。

（2）对 110kV 油浸式电流互感器本体外观进行整体检查。

（3）对发现的异常问题告知监考人并进行记录，但不处理。

（4）110kV 油浸式电流互感器金属膨胀器低油位缺陷查找。

（5）110kV 油浸式电流互感器金属膨胀器补油至合格位置。

（6）填写检修报告。

四、工作规范及要求

（1）要求 1 人操作，由监考人员监护。

（2）工作过程中检查的位置及结果应高声呼唱。

（3）安全文明生产，考生着装规范。

（4）工器具、材料、设备摆放整齐，现场操作熟练、连贯、有序，正确规范地使用工器具及安全用具。

（5）不发生危及人身和设备安全的行为。

（6）操作过程中有需要配合的向监考人员提出，如断开保护屏处控制电源、接地开关，但涉及考试内容的不得提问。

（7）对 110kV 油浸式电流互感器检修，熟悉检修工艺质量要求。

五、考核及时间要求

（1）考核总时间为 60 分钟。场内实际操作时间为 55 分钟，如到时未完成应终止。场外检修记录填写时间为 5 分钟，如到时未完成应终止。若提前完成，向监考人员示意。

（2）参赛选手从进场开始计算时间。

（3）若出现人身伤害或设备危害的操作，监护人员有权制止。

技能等级评价专业技能考核操作评分标准

工种	变电设备检修工				评价等级	中级工
项目模块	互感器检修—互感器缺陷及故障处理			编号	Jc0000442036	
单位		准考证号			姓名	
考试时限	60 分钟	题型	单项操作		题分	100 分
成绩		考评员		考评组长	日期	
试题正文	110kV 油浸式电流互感器金属膨胀器补油方法					
需要说明的问题和要求	（1）检查 110kV 油浸式电流互感器，提前做好安全措施、准备工具箱。 （2）检修过程中应注意安全，有危及人身、设备安全行为可取消考核成绩。 （3）检查前应征得考评员允许，确认可以开始					

序号	项目名称	质量要求	满分	扣分标准	扣分原因	得分
1	准备					
1.1	参赛队员着装	正确佩戴安全帽、穿绝缘鞋、穿长袖工作服、戴线手套	6	未佩戴安全帽、穿绝缘鞋、穿长袖工作服，扣 3 分； 安全帽佩戴不规范，扣 1 分； 着装不规范，扣 1 分； 未戴线手套，扣 1 分		
1.2	安全工器具检查	应检查安全工器具、绝缘工器具是否完好，是否在校验合格期内	4	未检查安全工器具、绝缘工器具外观是否完好，扣 2 分； 未检查检验标签是否在合格期内，扣 2 分		
1.3	安全措施检查	检查现场所做安全措施是否正确、完善	3	未检查现场安全措施，扣 3 分		
1.4	试验环境检查	检查当日工位处温度、湿度情况	2	未检查温度情况，扣 1 分； 未检查湿度情况，扣 1 分		
2	110kV 油浸式电流互感器金属膨胀器补油					
2.1	电流互感器低油位缺陷查找	检查电流互感器本体、金属膨胀器是否有渗油情况	5	未对电流互感器本体检查，扣 2 分； 未对金属膨胀器检查，扣 3 分		
		检查金属膨胀器是否有卡涩状况，检查电流互感器是否有渗油点	5	未检查金属膨胀器是否有卡涩状况，扣 2 分； 未检查电流互感器渗油点，扣 3 分		
		检查油温油位曲线，检查当前油位应该为多少	5	未检查油温油位曲线，扣 2 分； 未合适当前油位，扣 3 分		

续表

序号	项目名称	质量要求	满分	扣分标准	扣分原因	得分
2.2	接入注油系统	将金属膨胀器顶部的真空注油阀接入注油系统	5	未正确接入注油系统，扣5分		
2.3	抽真空	对金属膨胀器预抽真空，各项数值符合要求	15	不满足抽真空时间大于0.5h，扣5分； 不满足残压不大于133Pa，扣5分； 未预抽真空，扣5分		
2.4	补油并排除残余气体	补油至合格位置，排除残余气体	10	未补油至合适位置，扣5分； 未排除残余气体，扣5分		
2.5	拆除注油系统	拆除注油系统，擦拭残油，恢复安装金属膨胀器外罩	10	未拆除注油系统，扣3分； 未擦拭残油，扣2分； 未恢复安装金属膨胀器外罩，扣5分		
2.6	静置和试验	将电流互感器静置24h，并取油样送检	5	未静置电流互感器，扣2分； 未取油样，扣3分		
3	安全文明生产					
3.1	相关规定的执行	严格遵守安规	6	违章作业，每项扣2分，扣完为止		
3.2	清理作业现场	工器具、试验仪器收取后摆放整齐，与开工前一致； 设备表面清洁无杂物，作业现场清洁无遗留物品	4	工器具、试验仪器未收取摆放整齐，扣1分； 设备表面、工作现场有遗留物，每处扣1分，扣完为止		
4	检修报告填写					
4.1	填写检修报告	正确填写检修报告，用语规范，项目齐全，结论正确	15	检修前检查情况未填写，扣4分； 填写不全或不正确，每项扣0.5分； 发现及处理情况未填写，扣3分； 缺陷每缺少一项，扣2分； 检修结论不正确，扣1分； 以上扣分，扣完为止		
合计			100			

Jc0000442037　35kV 接地变压器吸湿器硅胶更换。（100 分）

考核知识点：接地变压器吸湿器硅胶更换

难易度：中

技能等级评价专业技能考核操作工作任务书

一、任务名称

35kV 接地变压器吸湿器硅胶更换。

二、适用工种

变电设备检修工中级工。

三、具体任务

（1）进行试验前的安全准备及检查工作。

（2）对 35kV 接地变压器本体外观进行整体检查。

（3）对发现的异常问题告知监考人并进行记录，但不处理。

（4）35kV 接地变压器吸湿器检查。

（5）35kV 接地变压器吸湿器硅胶更换，检查吸湿器可以正常呼吸。

（6）填写检修报告。

四、工作规范及要求

（1）要求 1 人操作，由监考人员监护。

（2）工作过程中检查的位置及结果应高声呼唱。

（3）安全文明生产，考生着装规范。

（4）工器具、材料、设备摆放整齐，现场操作熟练、连贯、有序，正确规范地使用工器具及安全用具。

（5）不发生危及人身和设备安全的行为。

（6）操作过程中有需要配合的向监考人员提出，如断开保护屏处控制电源、接地开关，但涉及考试内容的不得提问。

（7）对 35kV 接地变压器检修，熟悉检修工艺质量要求。

五、考核及时间要求

（1）考核总时间为 60 分钟。场内实际操作时间为 55 分钟，如到时未完成应终止。场外检修记录填写时间为 5 分钟，如到时未完成应终止。若提前完成，向监考人员示意。

（2）参赛选手从进场开始计算时间。

（3）若出现人身伤害或设备危害的操作，监护人员有权制止。

技能等级评价专业技能考核操作评分标准

工种	变电设备检修工				评价等级	中级工
项目模块	接地变压器、消弧线圈检修—接地变压器、消弧线圈小修及维护			编号	Jc0000442037	
单位		准考证号			姓名	
考试时限	60 分钟	题型	单项操作		题分	100 分
成绩		考评员	考评组长		日期	
试题正文	35kV 接地变压器吸湿器硅胶更换方法					
需要说明的问题和要求	（1）检查 35kV 接地变压器，提前做好安全措施、准备工具箱。 （2）检修过程中应注意安全，有危及人身、设备安全行为可取消考核成绩。 （3）检查前应征得考评员允许，确认可以开始					

序号	项目名称	质量要求	满分	扣分标准	扣分原因	得分
1	准备					
1.1	参赛队员着装	正确佩戴安全帽、穿绝缘鞋、穿长袖工作服、戴线手套	6	未佩戴安全帽、穿绝缘鞋、穿长袖工作服，扣 3 分； 安全帽佩戴不规范，扣 1 分； 着装不规范，扣 1 分； 未戴线手套，扣 1 分		
1.2	安全工器具检查	应检查安全工器具、绝缘工器具是否完好，是否在校验合格期内	4	未检查安全工器具、绝缘工器具外观是否完好，扣 2 分； 未检查检验标签是否在合格期内，扣 2 分		
1.3	安全措施检查	检查现场所做安全措施是否正确、完善	3	未检查现场安全措施，扣 3 分		
1.4	试验环境检查	检查当日工位处温度、湿度情况	2	未检查温度情况，扣 1 分； 未检查湿度情况，扣 1 分		
2	35kV 接地变压器吸湿器硅胶更换					
2.1	检查安全措施	35kV 接地变压器退出重瓦斯告警	5	未退出重瓦斯告警，扣 5 分		
2.2	检查吸湿剂	吸湿剂宜采用无钴变色硅胶，应经干燥，硅胶的潮解变色不应超过 1/3	5	未检查吸湿剂，扣 5 分		
2.3	拆除接地变压器吸湿器	缓慢拆除吸湿器油封，放置防油布上，擦拭吸湿器底部残油，防止残油污染设备、地面	5	未将吸湿器油封放置防油布上，扣 3 分； 未擦拭吸湿器底部残油，扣 2 分		

续表

序号	项目名称	质量要求	满分	扣分标准	扣分原因	得分
2.4	拆除接地变压器吸湿器	将吸湿器从接地变压器上拆除，倒出内部变色硅胶，检查玻璃筒是否有破裂	5	未将吸湿器从接地变压器上拆除，倒出内部变色硅胶，扣2分； 未检查玻璃筒是否有破裂，扣3分		
2.5	接地变压器吸湿器更换	将干燥的硅胶装入玻璃筒内，更换硅胶应保留1/6～1/5高度的空隙	15	未将更换的硅胶保留1/6～1/5高度的空隙，扣15分		
2.6		更换密封垫，密封垫压缩量为1/3	10	未更换密封垫，扣5分； 压缩量不符合要求，扣5分		
2.7		将呼吸器从接地变压器上拆除的4个螺栓装至呼吸器法兰上，呼吸器法兰螺栓依次从对角线的位置，循环紧固	5	未正确恢复螺栓，扣5分		
2.8		油杯注入干净变压器油，加油至正常油位，油面应高于呼吸管口	5	未将变压器油补至合适位置，扣5分		
2.9		擦拭玻璃筒，检查呼吸器是否正常呼吸	5	未擦拭玻璃筒，扣2分； 未检查呼吸器是否正常呼吸，扣3分		
3	安全文明生产					
3.1	相关规定的执行	严格遵守安规	6	违章作业，每项扣2分，扣完为止		
3.2	清理作业现场	工器具、试验仪器收取后摆放整齐，与开工前一致； 设备表面清洁无杂物，作业现场清洁无遗留物品	4	工器具、试验仪器未收取摆放整齐，扣1分； 设备表面、工作现场有遗留物，每处扣1分，扣完为止		
4	检修报告填写					
4.1	填写检修报告	正确填写检修报告，用语规范，项目齐全，结论正确	15	检修前检查情况未填写，扣4分； 填写不全或不正确，每项扣0.5分； 发现及处理情况未填写，扣3分； 缺陷每缺少一项，扣2分； 检修结论不正确，扣1分； 以上扣分，扣完为止		
合计			100			

Jc0000442038　油浸式消弧线圈套管密封胶垫加工制作。（100分）

考核知识点：油浸式消弧线圈套管密封胶垫加工制作

难易度：中

技能等级评价专业技能考核操作工作任务书

一、任务名称

油浸式消弧线圈套管密封胶垫加工制作。

二、适用工种

变电设备检修工中级工。

三、具体任务

（1）进行试验前的安全准备及检查工作。

（2）对油浸式消弧线圈本体外观进行整体检查。

（3）对发现的异常问题告知监考人并进行记录，但不处理。

（4）油浸式消弧线圈套管密封胶垫加工制作，尺寸为ϕ120mm×ϕ140mm×8mm。

（5）填写检修报告。

四、工作规范及要求

（1）要求1人操作，由监考人员监护。

（2）工作过程中检查的位置及结果应高声呼唱。

（3）安全文明生产，考生着装规范。

（4）工器具、材料、设备摆放整齐，现场操作熟练、连贯、有序，正确规范地使用工器具及安全用具。

（5）不发生危及人身和设备安全的行为。

（6）操作过程中有需要配合的向监考人员提出，如断开保护屏处控制电源、接地开关，但涉及考试内容的不得提问。

（7）对油浸式消弧线圈检修，熟悉密封垫制作工艺质量要求。

五、考核及时间要求

（1）考核总时间为60分钟。场内实际操作时间为55分钟，如到时未完成应终止。场外检修记录填写时间为5分钟，如到时未完成应终止。若提前完成，向监考人员示意。

（2）参赛选手从进场开始计算时间。

（3）若出现人身伤害或设备危害的操作，监护人员有权制止。

技能等级评价专业技能考核操作评分标准

工种	变电设备检修工					评价等级	中级工
项目模块	接地变压器、消弧线圈检修—接地变压器、消弧线圈大修及更换安装				编号		Jc0000442038
单位			准考证号			姓名	
考试时限	60分钟		题型	单项操作		题分	100分
成绩		考评员		考评组长		日期	
试题正文	油浸式消弧线圈套管密封胶垫加工制作						
需要说明的问题和要求	（1）检查油浸式消弧线圈，提前做好安全措施、准备工具箱。 （2）检修过程中应注意安全，有危及人身、设备安全行为可取消考核成绩。 （3）检查前应征得考评员允许，确认可以开始						

序号	项目名称	质量要求	满分	扣分标准	扣分原因	得分
1	准备					
1.1	参赛队员着装	正确佩戴安全帽、穿绝缘鞋、穿长袖工作服、戴线手套	6	未佩戴安全帽、穿绝缘鞋、穿长袖工作服，扣3分； 安全帽佩戴不规范，扣1分； 着装不规范，扣1分； 未戴线手套，扣1分		
1.2	安全工器具检查	应检查安全工器具、绝缘工器具是否完好，是否在校验合格期内	4	未检查安全工器具、绝缘工器具外观是否完好，扣2分； 未检查检验标签是否在合格期内，扣2分；		
1.3	安全措施检查	检查现场所做安全措施是否正确、完善	3	未检查现场安全措施，扣3分		
1.4	试验环境检查	检查当日工位处温度、湿度情况	2	未检查温度情况，扣1分； 未检查湿度情况，扣1分		
2	油浸式消弧线圈套管密封胶垫加工制作					

续表

序号	项目名称	质量要求	满分	扣分标准	扣分原因	得分
2.1	材料准备	核对材料为丁腈橡胶板； 用游标卡尺测量厚度为8mm； 丁腈橡胶板外观检查，应有一定厚度和弹性，表面平整，无破损	10	未核对材料，扣4分； 未测量厚度，扣3分； 未检查丁腈橡胶板外观，扣3分		
2.2	加工制作	油浸式消弧线圈套管拆除，测量其尺寸，选取合适的密封垫大小	5	未测量尺寸，扣2分； 未选取合适尺寸，扣3分		
2.3		密封垫加工后内外径边缘不应存在飞边及跑刀造成的多级台阶现象	15	存在飞边及跑刀造成的多级台阶，扣15分		
2.4		密封垫加工后内外径边缘不应存在起层、起泡现象，否则应重新加工	15	存在起层、起泡现象，扣15分		
2.5		内外径允许偏差±1mm	10	误差大于±1mm，扣10分		
2.6		密封垫恢复安装	5	未密封垫恢复安装，扣5分		
3	安全文明生产					
3.1	相关规定的执行	严格遵守安规	6	违章作业，每项扣2分，扣完为止		
3.2	清理作业现场	工器具、试验仪器收取后摆放整齐，与开工前一致； 设备表面清洁无杂物，作业现场清洁无遗留物品	4	工器具、试验仪器未收取摆放整齐，扣1分； 设备表面、工作现场有遗留物，每处扣1分，扣完为止		
4	检修报告填写					
4.1	填写检修报告	正确填写检修报告，用语规范，项目齐全，结论正确	15	检修前检查情况未填写，扣4分； 填写不全或不正确，每项扣0.5分； 发现及处理情况未填写，扣3分； 缺陷每缺少一项，扣2分； 检修结论不正确，扣1分； 以上扣分，扣完为止		
合计			100			

Jc0000443039　油浸式接地变压器气体继电器密封垫渗油处理。（100分）

考核知识点：油浸式接地变压器气体继电器密封垫渗油处理

难易度：难

技能等级评价专业技能考核操作工作任务书

一、任务名称

油浸式接地变压器气体继电器密封垫渗油处理。

二、适用工种

变电设备检修工中级工。

三、具体任务

（1）进行试验前的安全准备及检查工作。

（2）对油浸式接地变压器本体外观进行整体检查。

（3）对发现的异常问题告知监考人并进行记录，但不处理。

（4）检查气体继电器密封垫渗油原因。

（5）针对故障原因采取检修方案，消除缺陷。

（6）填写检修报告。

四、工作规范及要求

（1）要求1人操作，由监考人员监护。

（2）工作过程中检查的位置及结果应高声呼唱。

（3）安全文明生产，考生着装规范。

（4）工器具、材料、设备摆放整齐，现场操作熟练、连贯、有序，正确规范地使用工器具及安全用具。

（5）不发生危及人身和设备安全的行为。

（6）操作过程中有需要配合的向监考人员提出，如断开保护屏处控制电源、接地开关，但涉及考试内容的不得提问。

（7）对油浸式接地变压器检修，熟悉气体继电器密封垫渗油检修质量要求。

五、考核及时间要求

（1）考核总时间为60分钟。场内实际操作时间为55分钟，如到时未完成应终止。场外检修记录填写时间为5分钟，如到时未完成应终止。若提前完成，向监考人员示意。

（2）参赛选手从进场开始计算时间。

（3）若出现人身伤害或设备危害的操作，监护人员有权制止。

技能等级评价专业技能考核操作评分标准

工种	变电设备检修工					评价等级	中级工
项目模块	接地变压器、消弧线圈检修—接地变压器、消弧线圈缺陷及故障处理				编号	Jc0000443039	
单位		准考证号				姓名	
考试时限	60分钟		题型	单项操作		题分	100分
成绩		考评员		考评组长		日期	
试题正文	油浸式接地变压器气体继电器密封垫渗油处理方法						
需要说明的问题和要求	（1）检查油浸式接地变压器，提前做好安全措施、准备工具箱。 （2）检修过程中应注意安全，有危及人身、设备安全行为可取消考核成绩。 （3）检查前应征得考评员允许，确认可以开始						

序号	项目名称	质量要求	满分	扣分标准	扣分原因	得分
1	准备					
1.1	参赛队员着装	正确佩戴安全帽、穿绝缘鞋、穿长袖工作服、戴线手套	6	未佩戴安全帽、穿绝缘鞋、穿长袖工作服，扣3分； 安全帽佩戴不规范，扣1分； 着装不规范，扣1分； 未戴线手套，扣1分		
1.2	安全工器具检查	应检查安全工器具、绝缘工器具是否完好，是否在校验合格期内	4	未检查安全工器具、绝缘工器具外观是否完好，扣2分； 未检查检验标签是否在合格期内，扣2分		
1.3	安全措施检查	检查现场所做安全措施是否正确、完善	7	未检查现场安全措施，扣7分		
1.4	试验环境检查	检查当日工位处温度、湿度情况	8	未检查温度情况，扣4分； 未检查湿度情况，扣4分		
2	油浸式接地变压器气体继电器密封垫渗油处理					

续表

序号	项目名称	质量要求	满分	扣分标准	扣分原因	得分
2.1	检查气体继电器渗油原因	密封垫老化； 两侧固定螺栓松动	10	未检查密封垫老化，扣5分； 未检查两侧固定螺栓，扣5分		
2.2	更换密封垫	关闭两侧蝶阀，并排油	5	未关闭蝶阀，扣3分； 未排油，扣2分		
2.3		选取密封垫材料为丁腈橡胶	5	未选取丁腈橡胶密封垫，扣5分		
2.4		更换新的密封垫前，所有大小法兰的密封面和密封槽均应清除锈迹、凸起的焊渣、漆膜等，以及补平砂孔沟痕，要保证密封面平整光滑清洁	5	未清理密封面和密封槽，扣5分		
2.5		更换的密封垫尺寸与原密封槽和密封面的尺寸应相配合，清洁密封垫并检查应无缺陷，矩形密封垫的压缩量应控制在正常范围的1/3左右，圆形密封垫压缩量应控制在正常范围的1/2左右	5	密封垫尺寸选取不合适，此项不得分； 密封垫压缩量不合适，扣2分； 未清洁密封垫，并确认无缺陷，扣3分		
2.6		对于无密封槽的法兰，密封垫安装过程中要用密封胶把密封垫固定在法兰的密封面上	5	未固定密封垫，扣5分		
2.7		所有法兰、盖板装配时，紧固螺栓、螺母不得一次完成，应均匀循环紧固，最后一次紧固应手动完成	10	未按规范紧固螺栓，扣10分		
2.8		打开两侧蝶阀，对气体继电器排气	5	未打开蝶阀，扣2分； 未对气体继电器排气，扣3分		
3	安全文明生产					
3.1	相关规定的执行	严格遵守安规	6	违章作业，每项扣2分，扣完为止		
3.2	清理作业现场	工器具、试验仪器收取后摆放整齐，与开工前一致； 设备表面清洁无杂物，作业现场清洁无遗留物品	4	工器具、试验仪器未收取摆放整齐，扣1分； 设备表面、工作现场有遗留物，每处扣1分，扣完为止		
4	检修报告填写					
4.1	填写检修报告	正确填写检修报告，用语规范，项目齐全，结论正确	15	检修前检查情况未填写，扣4分； 填写不全或不正确，每项扣0.5分； 发现及处理情况未填写，扣3分； 缺陷每缺少一项，扣2分； 检修结论不正确，扣1分； 以上扣分，扣完为止		
合计			100			

Jc0000443040　110kV电流互感器接线板发热故障检测与处理。(100分)

考核知识点：电流互感器接线板发热故障检测与处理

难易度：难

技能等级评价专业技能考核操作工作任务书

一、任务名称

110kV电流互感器接线板发热故障检测与处理。

二、适用工种

变电设备检修工中级工。

三、具体任务

（1）进行试验前的安全准备及检查工作。

（2）对电流互感器本体外观进行整体检查。

（3）对发现的异常问题告知监考人并进行记录，但不处理。

（4）检查电流互感器接线板发热原因。

（5）针对发热故障原因采取检修方案，消除缺陷。

（6）进行电流互感器接线板回路电阻试验。

（7）填写检修报告。

四、工作规范及要求

（1）要求1人操作，由监考人员监护。

（2）工作过程中检查的位置及结果应高声呼唱。

（3）安全文明生产，考生着装规范。

（4）工器具、材料、设备摆放整齐，现场操作熟练、连贯、有序，正确规范地使用工器具及安全用具。

（5）不发生危及人身和设备安全的行为。

（6）操作过程中有需要配合的向监考人员提出，如断开保护屏处控制电源、接地开关，但涉及考试内容的不得提问。

（7）对电流互感器局部检修，熟悉接线板发热处理修质量要求。

五、考核及时间要求

（1）考核总时间为60分钟。场内实际操作时间为55分钟，如到时未完成应终止。场外检修记录填写时间为5分钟，如到时未完成应终止。若提前完成，向监考人员示意。

（2）参赛选手从进场开始计算时间。

（3）若出现人身伤害或设备危害的操作，监护人员有权制止。

技能等级评价专业技能考核操作评分标准

工种	变电设备检修工					评价等级	中级工
项目模块	互感器检修—互感器缺陷及故障处理				编号	Jc0000443040	
单位			准考证号			姓名	
考试时限	60分钟		题型	单项操作		题分	100分
成绩		考评员		考评组长		日期	
试题正文	110kV电流互感器接线板发热故障检测与处理						
需要说明的问题和要求	（1）检查互感器提前做好安全措施、准备工具箱。 （2）检修过程中应注意安全，有危及人身、设备安全行为可取消考核成绩。 （3）检查前应征得考评员允许，确认可以开始						

序号	项目名称	质量要求	满分	扣分标准	扣分原因	得分
1	准备					
1.1	参赛队员着装	正确佩戴安全帽、穿绝缘鞋、穿长袖工作服、戴线手套	6	未佩戴安全帽、穿绝缘鞋、穿长袖工作服，扣3分； 安全帽佩戴不规范，扣1分； 着装不规范，扣1分； 未戴线手套，扣1分		

续表

序号	项目名称	质量要求	满分	扣分标准	扣分原因	得分
1.2	安全工器具检查	应检查安全工器具、绝缘工器具是否完好，是否在校验合格期内	4	未检查安全工器具、绝缘工器具外观是否完好，扣2分； 未检查检验标签是否在合格期内，扣2分		
1.3	安全措施检查	检查现场所做安全措施是否正确、完善	3	未检查现场安全措施，扣3分		
1.4	试验环境检查	检查当日工位处温度、湿度情况	2	未检查温度情况，扣1分； 未检查湿度情况，扣1分		
2	110kV电流互感器接线板发热故障检测与处理					
2.1	检查电流互感器接线板发热原因	接线板导电脂过厚； 接线板固定螺栓松动	10	未检查接线板导电脂过厚，扣5分； 未检查接线板固定螺栓，扣5分		
2.2	电流互感器接线板发热处理	固定接线板引流线，拆除接线板固定螺栓	10	未固定引流线，扣5分； 拆除固定螺栓脱落，扣5分		
2.3		检查接线板表面无损伤	10	未检查接线板表面，扣10分		
2.4		清洁处理接线板	5	未打磨接线板，扣5分		
2.5		涂抹导电脂	5	未涂抹导电脂，扣5分		
2.6		紧固接线板螺栓不得一次完成，应均匀循环紧固，最后一次紧固应手动完成	10	未按规范紧固螺栓，扣10分		
2.7		接线板回路电阻值测试	10	回路电阻测试不规范，扣3分； 回路电阻测试结果误差大，扣3分； 测试时，未高声呼唱，扣4分		
3	安全文明生产					
3.1	相关规定的执行	严格遵守安规	6	违章作业，每项扣2分，扣完为止		
3.2	清理作业现场	工器具、试验仪器收取后摆放整齐，与开工前一致； 设备表面清洁无杂物，作业现场清洁无遗留物品	4	工器具、试验仪器未收取摆放整齐，扣1分； 设备表面、工作现场有遗留物，每处扣1分，扣完为止		
4	检修报告填写					
4.1	填写检修报告	正确填写检修报告，用语规范，项目齐全，结论正确	15	检修前检查情况未填写，扣4分； 填写不全或不正确，每项扣0.5分； 发现及处理情况未填写，扣3分； 缺陷每缺少一项，扣2分； 检修结论不正确，扣1分； 以上扣分，扣完为止		
合计			100			

Jc0000453041　油浸式电抗器呼吸器小修。（100分）

考核知识点：电抗器呼吸器硅胶更换

难易度：难

技能等级评价专业技能考核操作工作任务书

一、任务名称

油浸式电抗器呼吸器小修。

二、适用工种

变电设备检修工中级工。

三、具体任务

（1）工作状态为油浸式电抗器呼吸器硅胶变色及油杯脏污，工作内容为油浸式电抗器呼吸器小修。

（2）工作任务。

1）熟练完成油浸式电抗器呼吸器拆除工作。

2）油浸式电抗器呼吸器组装中硅胶符合规范规定、密封圈无破损。

四、工作规范及要求

（1）要求2人操作，由监考人员监护，考生着装规范，穿工作服、绝缘鞋，戴安全帽。

（2）安全文明生产，工器具、材料、设备摆放整齐，现场操作熟练、连贯、有序，正确规范地使用工器具及安全用具。

（3）不发生危及人身和设备安全的行为，否则可取消本次考核成绩。

（4）工作过程中检查的位置及结果应高声呼唱。

（5）操作过程中有需要配合的向监考人员提出，但涉及考试内容的不得提问。

五、考核及时间要求

（1）考核总时间为50分钟。场内实际操作时间为40分钟，如到时未完成应终止。场外检修记录填写时间为10分钟，如到时未完成应终止。若提前完成，向监考人员示意。

（2）开工前，考生检查着装，清点工器具、设备是否齐全。

（3）许可开工后记录考核时间。

（4）现场清理完毕后，汇报工作终结，记录考核结束时间。

（5）若出现人身伤害或设备危害的操作，监护人员有权制止。

技能等级评价专业技能考核操作评分标准

工种	变电设备检修工					评价等级	中级工
项目模块	电抗器检修—电抗器小修及维护				编号	Jc0000453041	
单位			准考证号			姓名	
考试时限	50分钟		题型	综合操作		题分	100分
成绩		考评员		考评组长		日期	
试题正文	油浸式电抗器呼吸器小修						
需要说明的问题和要求	（1）针对工作任务，按照技术要求完成。 （2）方案中应注意安全，有危及人身、设备安全行为可取消考核成绩。 （3）工作开始前应征得考评员允许						

序号	项目名称	质量要求	满分	扣分标准	扣分原因	得分
1	准备					
1.1	参赛队员着装	正确佩戴安全帽、穿绝缘鞋、穿长袖工作服、戴线手套	6	未佩戴安全帽、穿绝缘鞋、穿长袖工作服，扣3分； 安全帽佩戴不规范，扣1分； 着装不规范，扣1分； 未戴线手套，扣1分		
1.2	安全工器具检查	应检查安全工器具、绝缘工器具是否完好，是否在校验合格期内	4	未检查安全工器具、绝缘工器具外观是否完好，扣2分； 未检查检验标签是否在合格期内，扣2分		
1.3	安全措施检查	检查现场所做安全措施是否正确、完善	3	未检查现场安全措施，扣3分		

续表

序号	项目名称	质量要求	满分	扣分标准	扣分原因	得分
1.4	试验环境检查	检查当日工位处温度、湿度情况	2	未检查温度情况，扣1分； 未检查湿度情况，扣1分		
2	油浸式电抗器呼吸器小修					
2.1	呼吸器解体	吸湿器拆卸	10	不会拆卸吸湿器，扣5分； 不放掉油杯上油，扣2分； 不会将底座和玻璃管取下，扣3分		
		油杯、底座和玻璃管检查	10	不检查油杯、底座玻璃管，扣10分		
		上法兰与连接管畅通	5	不检查连接管是否畅通，扣5分		
		清理部件	5	不清理各部件，扣5分		
2.2	呼吸器组装	更换合格新硅胶、胶垫	5	不更换变色的硅胶，扣5分； 不更换胶垫，扣5分		
		油杯内装适量的合格变压器油	5	油杯内装变压器油过多，扣5分； 装不合格变压器油，扣5分		
		玻璃管无裂纹，完整、清洁	10	玻璃管不合格，扣5分； 表面不清洁，扣5分		
		吸湿器安装，油杯安装到位后松半圈	10	螺栓受力过紧，扣5分； 胶垫破损，扣5分		
3	安全文明生产					
3.1	相关规定的执行	严格遵守安规	6	违章作业，每项扣2分，扣完为止		
3.2	清理作业现场	工器具、试验仪器收取后摆放整齐，与开工前一致； 设备表面清洁无杂物，作业现场清洁无遗留物品	4	工器具、试验仪器未收取摆放整齐，扣1分； 设备表面、工作现场有遗留物，每处扣1分，扣完为止		
4	检修报告填写					
4.1	填写检修报告	正确填写检修报告，用语规范，项目齐全，结论正确	15	检修前检查情况未填写，扣4分； 填写不全或不正确，每项扣0.5分； 发现及处理情况未填写，扣3分； 缺陷每缺少一项，扣2分； 检修结论不正确，扣1分； 以上扣分，扣完为止		
合计			100			

Jc0000442042　串联补偿装置串补平台检查。（100分）

考核知识点：串联补偿装置检查

难易度：中

技能等级评价专业技能考核操作工作任务书

一、任务名称

串联补偿装置串补平台检查。

二、适用工种

变电设备检修工中级工。

三、具体任务

（1）完成串联补偿装置串补平台检查工作。

（2）工作任务：

1）对串联补偿装置串补平台检查。

2）在规定时间内完成串联补偿装置串补平台检查。

3）填写检修报告。

四、工作规范及要求

（1）正确穿戴安全防护用品。

（2）不发生人身伤害和设备损坏事故。

五、考核及时间要求

（1）本考核操作时间为60分钟，时间到停止考评，包括调试时间和报告整理时间。

（2）按照技能操作记录单的操作要求进行操作，正确记录操作结果。

技能等级评价专业技能考核操作评分标准

工种	变电设备检修工				评价等级	中级工
项目模块	无功补偿设备检修—无功补偿设备小修及维护			编号	Jc0000442042	
单位		准考证号			姓名	
考试时限	60分钟	题型	单项操作		题分	100分
成绩		考评员	考评组长		日期	
试题正文	串联补偿装置串补平台检查					
需要说明的问题和要求	（1）检查串联补偿装置串补平台提前做好安全措施，准备工具箱。 （2）检修过程应注意安全，有危及人身、设备安全行为可取消考核成绩。 （3）检查前后征得考评员允许，确认可以开始					

序号	项目名称	质量要求	满分	扣分标准	扣分原因	得分
1	准备					
1.1	参赛队员着装	正确佩戴安全帽、穿绝缘鞋、穿长袖工作服、戴线手套	6	未佩戴安全帽、穿绝缘鞋、穿长袖工作服，扣3分； 安全帽佩戴不规范，扣1分； 着装不规范，扣1分； 未戴线手套，扣1分		
1.2	安全工器具检查	应检查安全工器具、绝缘工器具是否完好，是否在校验合格期内；	4	未检查安全工器具、绝缘工器具外观是否完好，扣2分； 未检查检验标签是否在合格期内，扣2分		
1.3	安全措施检查	检查现场所做安全措施是否正确、完善	3	未检查现场安全措施，扣3分		
1.4	试验环境检查	检查当日工位处温度、湿度情况	2	未检查温度情况，扣1分； 未检查湿度情况，扣1分		
2	串联补偿装置串补平台检查					
2.1	串联补偿装置串补平台检查	电容器外壳应无鼓肚、渗漏油	5	缺项漏项，扣5分		
		引线接头、电容器外壳以及电流流过的其他主要设备无异常发热	5	缺项漏项，扣5分		
		瓷瓶清洁、无裂纹、无破损和放电痕迹	5	缺项漏项，扣5分		
		引线无松股、断股等异常	5	缺项漏项，扣5分		
		电容器组、金属氧化物限压器上无鸟巢及其他异物	10	缺项漏项，扣10分		

续表

序号	项目名称	质量要求	满分	扣分标准	扣分原因	得分
2.1	串联补偿装置串补平台检查	晶闸管阀室的门应关闭良好，阀室外面无搭挂杂物等	10	缺项漏项，扣10分		
		观察阀室底部、水冷管路无漏水现象	10	缺项漏项，扣10分		
		串联补偿装置无异常声响	10	缺项漏项，扣10分		
3	安全文明生产					
3.1	相关规定的执行	严格遵守安规	6	违章作业，每项扣2分，扣完为止		
3.2	清理作业现场	工器具、试验仪器收取后摆放整齐，与开工前一致； 设备表面清洁无杂物，作业现场清洁无遗留物品	4	工器具、试验仪器未收取摆放整齐，扣1分； 设备表面、工作现场有遗留物，每处扣1分，扣完为止		
4	检修报告填写					
4.1	填写检修报告	正确填写检修报告，用语规范，项目齐全，结论正确	15	检修前检查情况未填写，扣4分； 填写不全或不正确，每项扣0.5分； 发现及处理情况未填写，扣3分； 缺陷每缺少一项，扣2分； 检修结论不正确，扣1分； 以上扣分，扣完为止		
合计			100			

Jc0000442043　串联补偿装置绝缘子检查。（100分）

考核知识点：串联补偿装置检查

难易度：中

技能等级评价专业技能考核操作工作任务书

一、任务名称

串联补偿装置绝缘子检查。

二、适用工种

变电设备检修工中级工。

三、具体任务

（1）完成串联补偿装置绝缘子检查工作。

（2）工作任务：

1）对串联补偿装置绝缘子检查。

2）在规定时间内完成串联补偿装置绝缘子检查。

3）填写检修报告。

四、工作规范及要求

（1）要求1人操作，由监考人员监护，考生着装规范，穿工作服、绝缘鞋，戴安全帽。

（2）安全文明生产，工器具、材料、设备摆放整齐，现场操作熟练、连贯、有序，正确规范地使用工器具及安全用具。

（3）不发生危及人身和设备安全的行为，否则可取消本次考核成绩。

（4）工作过程中检查的位置及结果应高声呼唱。

（5）操作过程中有需要配合的向监考人员提出，但涉及考试内容的不得提问。

五、考核及时间要求

（1）考核总时间为50分钟。场内实际操作时间为40分钟，如到时未完成应终止。场外检修记录填写时间为10分钟，如到时未完成应终止。若提前完成，向监考人员示意。

（2）开工前，考生检查着装，清点工器具、设备是否齐全。

（3）许可开工后记录考核时间。

（4）现场清理完毕后，汇报工作终结，记录考核结束时间。

（5）若出现人身伤害或设备危害的操作，监护人员有权制止。

技能等级评价专业技能考核操作评分标准

工种	变电设备检修工					评价等级	中级工
项目模块	无功补偿设备检修—无功补偿设备小修及维护				编号	Jc0000442043	
单位			准考证号			姓名	
考试时限	60分钟	题型		单项操作		题分	100分
成绩		考评员		考评组长		日期	
试题正文	串联补偿装置绝缘子检查						
需要说明的问题和要求	（1）检查串联补偿装置串补平台提前做好安全措施，准备工具箱。 （2）检修过程应注意安全，有危及人身、设备安全行为可取消考核成绩。 （3）检查前后征得考评员允许，确认可以开始						

序号	项目名称	质量要求	满分	扣分标准	扣分原因	得分
1	准备					
1.1	参赛队员着装	正确佩戴安全帽、穿绝缘鞋、穿长袖工作服、戴线手套	6	未佩戴安全帽、穿绝缘鞋、穿长袖工作服，扣3分； 安全帽佩戴不规范，扣1分； 着装不规范，扣1分； 未戴线手套，扣1分		
1.2	安全工器具检查	应检查安全工器具、绝缘工器具是否完好，是否在校验合格期内	4	未检查安全工器具、绝缘工器具外观是否完好，扣2分； 未检查检验标签是否在合格期内，扣2分		
1.3	安全措施检查	检查现场所做安全措施是否正确、完善	3	未检查现场安全措施，扣3分		
1.4	试验环境检查	检查当日工位处温度、湿度情况	2	未检查温度情况，扣1分； 未检查湿度情况，扣1分		
2	串联补偿装置串补平台检查					
2.1	串联补偿装置串补平台检查	支柱绝缘子表面清洁、无损伤、垂直度符合厂家要求	10	未进行口述检查结果，每项扣2分，扣完为止； 检查时未指到具体位置，扣4分		
		支柱绝缘子基础无倾斜下沉	10	未进行口述检查结果，每项扣2分，扣完为止； 检查时未指到具体位置，扣4分		
		支柱绝缘子基础无倾斜下沉	10	未进行口述检查结果，每项扣2分，扣完为止； 检查时未指到具体位置，扣4分		
		斜拉绝缘子拉力适中，无明显松动	10	未进行口述检查结果，每项扣2分，扣完为止； 检查时未指到具体位置，扣4分		
		均压环安装牢固、平整	10	未进行口述检查结果，每项扣2分，扣完为止； 检查时未指到具体位置，扣4分		

续表

序号	项目名称	质量要求	满分	扣分标准	扣分原因	得分
2.1	串联补偿装置串补平台检查	绝缘子各连接部位无松动，金具和螺栓无锈蚀	10	未进行口述检查结果，每项扣 2 分，扣完为止； 检查时未指到具体位置，扣 4 分		
3	安全文明生产					
3.1	相关规定的执行	严格遵守安规	6	违章作业，每项扣 2 分，扣完为止		
3.2	清理作业现场	工器具、试验仪器收取后摆放整齐，与开工前一致； 设备表面清洁无杂物，作业现场清洁无遗留物品	4	工器具、试验仪器未收取摆放整齐，扣 1 分； 设备表面、工作现场有遗留物，每处扣 1 分，扣完为止		
4	检修报告填写					
4.1	填写检修报告	正确填写检修报告，用语规范，项目齐全，结论正确	15	检修前检查情况未填写，扣 4 分； 填写不全或不正确，每项扣 0.5 分； 发现及处理情况未填写，扣 3 分； 缺陷每缺少一项，扣 2 分； 检修结论不正确，扣 1 分； 以上扣分，扣完为止		
合计			100			

Jc0000463044　电抗器故障风扇电机更换。（100 分）

考核知识点：电抗器风扇电机更换

难易度：难

技能等级评价专业技能考核操作工作任务书

一、任务名称

电抗器故障风扇电机更换。

二、适用工种

变电设备检修工中级工。

三、具体任务

（1）工作状态：模拟油浸式电抗器停电，对故障风扇电机进行更换。

（2）工作任务。

1）对油浸式电抗器冷却系统进行检查，找出故障风扇电机。

2）在规定时间内完成故障的风扇风机更换。

3）填写检修报告。

四、工作规范及要求

（1）要求 2 人操作，由监考人员监护。

（2）安全文明生产，工器具、材料、设备摆放整齐，现场操作熟练、连贯、有序，正确规范地使用工器具及安全用具。

（3）不发生危及人身和设备安全的行为，否则可取消本次考核成绩。

（4）工作过程中检查的位置及结果应高声呼唱。

（5）操作过程中有需要配合的向监考人员提出，但涉及考试内容的不得提问。

五、考核及时间要求

（1）考核总时间为 60 分钟。场内实际操作时间为 50 分钟，如到时未完成应终止。场外检修记录填写时间为 10 分钟，如到时未完成应终止。若提前完成，向监考人员示意。

（2）开工前，考生检查着装，清点工器具、设备是否齐全。

（3）许可开工后记录考核时间。

（4）现场清理完毕后，汇报工作终结，记录考核结束时间。

（5）若出现人身伤害或设备危害的操作，监护人员有权制止。

技能等级评价专业技能考核操作评分标准

工种	变电设备检修工					评价等级	中级工
项目模块	电抗器检修—电抗器小修及维护				编号	Jc0000463044	
单位		准考证号				姓名	
考试时限	60 分钟	题型		单项操作		题分	100 分
成绩		考评员		考评组长		日期	
试题正文	电抗器故障风扇电机更换						
需要说明的问题和要求	（1）考生着装规范，穿工作服、绝缘鞋，戴安全帽。 （2）现场提供检修所需的工器具、仪器、材料及安全防护用具						

序号	项目名称	质量要求	满分	扣分标准	扣分原因	得分
1	准备					
1.1	参赛队员着装	正确佩戴安全帽、穿绝缘鞋、穿长袖工作服、戴线手套	6	未佩戴安全帽、穿绝缘鞋、穿长袖工作服，扣 3 分； 安全帽佩戴不规范，扣 1 分； 着装不规范，扣 1 分； 未戴线手套，扣 1 分		
1.2	安全工器具检查	应检查安全工器具、绝缘工器具是否完好，是否在校验合格期内	4	未检查安全工器具、绝缘工器具外观是否完好，扣 2 分； 未检查检验标签是否在合格期内，扣 2 分		
1.3	安全措施检查	检查现场所做安全措施是否正确、完善	3	未检查现场安全措施，扣 3 分		
1.4	试验环境检查	检查当日工位处温度、湿度情况	2	未检查温度情况，扣 1 分； 未检查湿度情况，扣 1 分		
2	电抗器故障风扇电机更换					
2.1	对电抗器进行接地放电	应将电抗器各高压设备逐个多次充分放电	10	未接地放电，直接扣 10 分； 未进行口述，每项扣 2 分； 未指到具体位置，每项扣 2 分，扣完为止； 操作不规范，扣 5 分		
2.2	对电抗器冷却系统进行检查，找出存在故障的风扇电机	应检查阀门开启方向正确，油泵、油路等无渗漏，无掉漆及锈蚀； 应检查散热器外观完好、无锈蚀、无渗漏油； 应检查运行中的风扇和油泵、水泵运转平稳，转向正确，无异常声音和振动，油泵油流指示器密封良好，指示正确，无抖动现象； 根据声音和振动异响，找出故障的风扇风机	15	未进行口述，每项扣 2 分； 未指到具体位置，每项扣 2 分； 未正确找出存在故障设备，扣 10 分； 以上扣分，扣完为止		
2.3	故障风扇电机拆除	选用正确的工器具进行拆除； 拆除故障风扇风机二次接线并包裹，做好记录，并标记电源相序； 拆除风机底座固定螺栓； 正确搬运设备	15	工器具选用不正确，扣 2 分； 操作不规范，每项扣 3 分，扣完为止； 二次接线拆除前未使用万用表，扣 3 分； 万用表使用不规范，扣 2 分； 二次接线未包裹、未记录，扣 5 分		

续表

序号	项目名称	质量要求	满分	扣分标准	扣分原因	得分
2.4	新风扇电机安装	选用正确的工器具进行安装； 装电机前检查电源相序是否准确； 检查叶片与托板的铆接是否牢固，叶片角度是否一致，动垫圈是否锁紧； 拨动叶轮转动灵活后，通入380V交流电源，运行5min以上； 试运转风机，转动平稳，转向正确，无异声，三相电流基本平衡	20	工器具选用不正确，扣2分； 操作不规范，每项扣3分； 工艺质量不达标，每项扣3分； 二次接线接错、漏接扣3分； 未检查电源相序，扣3分； 风机出现异响、不平稳、不灵活等问题，每项扣6分； 以上扣分，扣完为止		
3	安全文明生产					
3.1	相关规定的执行	严格遵守安规	6	违章作业，每项扣2分，扣完为止		
3.2	清理作业现场	工器具、试验仪器收取后摆放整齐，与开工前一致； 设备表面清洁无杂物，作业现场清洁无遗留物品	4	工器具、试验仪器未收取摆放整齐，扣1分； 设备表面、工作现场有遗留物，每处扣1分，扣完为止		
4	检修报告填写					
4.1	填写检修报告	正确填写检修报告，用语规范，项目齐全，结论正确	15	检修前检查情况未填写，扣4分； 填写不全或不正确，每项扣0.5分； 发现及处理情况未填写，扣3分； 缺陷每缺少一项，扣2分； 检修结论不正确，扣1分； 以上扣分，扣完为止		
合计			100			

Jc0000463045 电抗器故障温度计更换。（100分）

考核知识点：电抗器温度计更换

难易度：难

技能等级评价专业技能考核操作工作任务书

一、任务名称

电抗器故障温度计更换。

二、适用工种

变电设备检修工中级工。

三、具体任务

（1）工作状态：模拟油浸式电抗器停电，对故障温度计更进行更换。

（2）工作任务：

1）对油浸式电抗器油温油位进行检查，找出故障温度计。

2）在规定时间内完成故障温度计更换。

3）填写检修报告。

四、工作规范及要求

（1）要求2人操作，由监考人员监护。

（2）安全文明生产，工器具、材料、设备摆放整齐，现场操作熟练、连贯、有序，正确规范地使用工器具及安全用具。

（3）不发生危及人身和设备安全的行为，否则可取消本次考核成绩。

（4）工作过程中检查的位置及结果应高声呼唱。

（5）操作过程中有需要配合的向监考人员提出，但涉及考试内容的不得提问。

五、考核及时间要求

（1）考核总时间为60分钟。场内实际操作时间为50分钟，如到时未完成应终止。场外检修记录填写时间为10分钟，如到时未完成应终止。若提前完成，向监考人员示意。

（2）开工前，考生检查着装，清点工器具、设备是否齐全。

（3）许可开工后记录考核时间。

（4）现场清理完毕后，汇报工作终结，记录考核结束时间。

（5）若出现人身伤害或设备危害的操作，监护人员有权制止。

技能等级评价专业技能考核操作评分标准

工种	变电设备检修工				评价等级	中级工	
项目模块	电抗器检修—电抗器小修及维护			编号	Jc0000463045		
单位			准考证号		姓名		
考试时限	60分钟	题型		单项操作	题分	100分	
成绩		考评员		考评组长		日期	
试题正文	电抗器故障温度计更换						
需要说明的问题和要求	（1）考生着装规范，穿工作服、绝缘鞋，戴安全帽。 （2）现场提供检修所需的工器具、仪器、材料及安全防护用具						

序号	项目名称	质量要求	满分	扣分标准	扣分原因	得分
1	准备					
1.1	参赛队员着装	正确佩戴安全帽、穿绝缘鞋、穿长袖工作服、戴线手套	6	未佩戴安全帽、穿绝缘鞋、穿长袖工作服，扣3分； 安全帽佩戴不规范，扣1分； 着装不规范，扣1分； 未戴线手套，扣1分		
1.2	安全工器具检查	应检查安全工器具、绝缘工器具是否完好，是否在校验合格期内	4	未检查安全工器具、绝缘工器具外观是否完好，扣2分； 未检查检验标签是否在合格期内，扣2分		
1.3	安全措施检查	检查现场所做安全措施是否正确、完善	3	未检查现场安全措施，扣3分		
1.4	试验环境检查	检查当日工位处温度、湿度情况	2	未检查温度情况，扣1分； 未检查湿度情况，扣1分		
2	电抗器故障温度计更换					
2.1	对电抗器进行接地放电	应将电抗器各高压设备逐个多次充分放电	10	未接地放电，直接扣10分； 未进行口述，扣2分； 未指到具体位置，每项扣2分，扣完为止； 操作不规范，扣5分		
2.2	检查电抗器油温油位，找出存在故障的温度计	顶层温度计、绕组温度计外观应完整，表盘密封良好，无进水、凝露，温度指示正常，并应与远方温度显示比较，相差不超过5℃； 油位计外观完整，密封良好，无进水、凝露，指示应符合油温油位标准曲线的要求； 对比各温度计之间、温度计与后台之间，找出存在故障的温度计	15	未进行口述，每项扣2分； 未指到具体位置，每项扣3分； 未正确找出存在故障设备，扣10分； 以上扣分，扣完为止		

续表

序号	项目名称	质量要求	满分	扣分标准	扣分原因	得分
2.3	故障温度计拆除	选用正确的工器具进行拆除； 拆除故障温度计二次接线并包裹，做好记录； 拆除风机底座固定螺栓； 正确搬运设备	15	工器具选用不正确，扣2分； 操作不规范，每项扣3分，扣完为止； 二次接线拆除前未使用万用表，扣3分； 万用表使用不规范，扣2分； 二次接线未包裹、未记录，扣5分		
2.4	新温度计安装	查看温度传感器应无损伤、变形； 温度计需经校验合格后安装，检查温度设置准确，连接二次电缆应完好； 变压器箱盖上的测温座中预先注入适量变压器油，再将温度传感器安装在其中，并做好防水措施； 金属细管不宜过长，冗余部分应按照大于50mm弯曲半径盘好妥善固定； 连接二次电缆应无损伤、封堵完好	20	工器具选用不正确，扣2分； 操作不规范，每项扣3分； 工艺质量不达标，每项扣2分； 温度计未经校验，扣6分； 温度计安装不牢固、测量不准确，每项扣7分； 二次接线接错、漏接，扣5分； 以上扣分，扣完为止		
3	安全文明生产					
3.1	相关规定的执行	严格遵守安规	6	违章作业，每项扣2分，扣完为止		
3.2	清理作业现场	工器具、试验仪器收取后摆放整齐，与开工前一致； 设备表面清洁无杂物，作业现场清洁无遗留物品	4	工器具、试验仪器未收取摆放整齐，扣1分； 设备表面、工作现场有遗留物，每处扣1分，扣完为止		
4	检修报告填写					
4.1	填写检修报告	正确填写检修报告，用语规范，项目齐全，结论正确	15	检修前检查情况未填写，扣4分； 填写不全或不正确，每项扣0.5分； 发现及处理情况未填写，扣3分； 缺陷每缺少一项，扣2分； 检修结论不正确，扣1分； 以上扣分，扣完为止		
合计			100			

Jc0000463046　电抗器套管连接引线、导电部位发热处理。（100分）

考核知识点：电抗器发热处理

难易度：难

技能等级评价专业技能考核操作工作任务书

一、任务名称

电抗器套管连接引线、导电部位发热处理。

二、适用工种

变电设备检修工中级工。

三、具体任务

（1）工作状态：模拟10kV电抗器停电，对10kV电抗器进行检查和缺陷处理。

（2）工作任务。

1）对电抗器进行外观检查。

2）在规定时间内完成接线板发热处理。

3）填写检修报告。

四、工作规范及要求

（1）要求1人操作，由监考人员监护。

（2）安全文明生产，工器具、材料、设备摆放整齐，现场操作熟练、连贯、有序，正确规范地使用工器具及安全用具。

（3）不发生危及人身和设备安全的行为，否则可取消本次考核成绩。

（4）工作过程中检查的位置及结果应高声呼唱。

（5）操作过程中有需要配合的向监考人员提出，但涉及考试内容的不得提问。

五、考核及时间要求

（1）考核总时间为60分钟。场内实际操作时间为50分钟，如到时未完成应终止。场外检修记录填写时间为10分钟，如到时未完成应终止。若提前完成，向监考人员示意。

（2）开工前，考生检查着装，清点工器具、设备是否齐全。

（3）许可开工后记录考核时间。

（4）现场清理完毕后，汇报工作终结，记录考核结束时间。

（5）若出现人身伤害或设备危害的操作，监护人员有权制止。

技能等级评价专业技能考核操作评分标准

工种	变电设备检修工			评价等级	中级工
项目模块	电抗器检修—电抗器缺陷及故障处理		编号	Jc0000463046	
单位		准考证号		姓名	
考试时限	60分钟	题型	单项操作	题分	100分
成绩	考评员		考评组长		日期
试题正文	电抗器套管连接引线、导电部位发热处理				
需要说明的问题和要求	（1）考生着装规范，穿工作服、绝缘鞋，戴安全帽。 （2）现场提供检修所需的工器具、仪器、材料及安全防护用具				

序号	项目名称	质量要求	满分	扣分标准	扣分原因	得分
1	准备					
1.1	参赛队员着装	正确佩戴安全帽、穿绝缘鞋、穿长袖工作服、戴线手套	6	未佩戴安全帽、穿绝缘鞋、穿长袖工作服，扣3分； 安全帽佩戴不规范，扣1分； 着装不规范，扣1分； 未戴线手套，扣1分		
1.2	安全工器具检查	应检查安全工器具、绝缘工器具是否完好，是否在校验合格期内	4	未检查安全工器具、绝缘工器具外观是否完好，扣2分； 未检查检验标签是否在合格期内，扣2分		
1.3	安全措施检查	检查现场所做安全措施是否正确、完善	3	未检查现场安全措施，扣3分		
1.4	试验环境检查	检查当日工位处温度、湿度情况	2	未检查温度情况，扣1分； 未检查湿度情况，扣1分		
2	电抗器套管连接引线、导电部位发热处理					
2.1	对电抗器进行接地放电	应将电抗器各高压设备逐个多次充分放电	10	未接地放电，直接扣10分； 未进行口述，扣2分； 未指到具体位置，每项扣2分，扣完为止； 操作不规范，扣5分		
2.2	对电抗器进行外观检查	应检查套管瓷件应无放电、裂纹、破损、渗漏、脏污等现象，法兰无锈蚀； 应检查套管导电连接部位应无松动； 应检查套管接线端子等连接部位表面应无氧化或过热现象	10	未进行口述，每项扣2分； 未指到具体位置，每项扣2分； 以上扣分，扣完为止		

续表

序号	项目名称	质量要求	满分	扣分标准	扣分原因	得分
2.3	确认、检查发热部位并分析发热原因	对比红外图像，确认具体发热位置； 检查发热位置，分析发热原因为接头处接触不良，固定螺母松动，接线夹螺孔偏大，接触面不平等	10	发热位置判断不正确，扣3分； 未进行口述，扣2分； 口述不清，扣2分； 发热原因分析不正确，扣3分		
2.4	发热处理	选用正确的工器具进行发热处理； 设备线夹及引线检修，分解、固定好引线； 检查设备线夹、螺栓； 检查电抗器导电接线板、螺栓； 接触面处理； 涂抹适量的导电膏； 恢复接线	30	工器具选用不正确，扣2分； 操作不规范，每项扣3分，扣完为止； 未进行接触面处理，扣5分； 处理后接触面不平整、不光滑，扣7分； 未涂抹导电膏，扣5分； 导电膏涂抹过多、过少、不均匀，扣8分		
3	安全文明生产					
3.1	相关规定的执行	严格遵守安规	6	违章作业，每项扣2分，扣完为止		
3.2	清理作业现场	工器具、试验仪器收取后摆放整齐，与开工前一致； 设备表面清洁无杂物，作业现场清洁无遗留物品	4	工器具、试验仪器未收取摆放整齐，扣1分； 设备表面、工作现场有遗留物，每处扣1分，扣完为止		
4	检修报告填写					
4.1	填写检修报告	正确填写检修报告，用语规范，项目齐全，结论正确	15	检修前检查情况未填写，扣4分； 填写不全或不正确，每项扣0.5分； 发现及处理情况未填写，扣3分； 缺陷每缺少一项，扣2分； 检修结论不正确，扣1分； 以上扣分，扣完为止		
合计			100			

Jc0000463047　油浸式电容器引线套管渗油处理。(100分)

考核知识点：无功补偿设备渗漏油处理

难易度：难

技能等级评价专业技能考核操作工作任务书

一、任务名称

油浸式电容器引线套管渗油处理。

二、适用工种

变电设备检修工中级工。

三、具体任务

（1）工作状态：模拟10kV油浸式电容器停电，对10kV油浸式电容器进行检查和缺陷处理。

（2）工作任务。

1）对油浸式电容器引线套管检查。

2）在规定时间内完成引线套管渗油处理。

3）填写检修报告。

四、工作规范及要求

（1）要求2人操作，由监考人员监护。

（2）安全文明生产，工器具、材料、设备摆放整齐，现场操作熟练、连贯、有序，正确规范地使用工器具及安全用具。

(3)不发生危及人身和设备安全的行为，否则可取消本次考核成绩。

(4)工作过程中检查的位置及结果应高声呼唱。

(5)操作过程中有需要配合的向监考人员提出，但涉及考试内容的不得提问。

五、考核及时间要求

(1)考核总时间为60分钟。场内实际操作时间为50分钟，如到时未完成应终止。场外检修记录填写时间为10分钟，如到时未完成应终止。若提前完成，向监考人员示意。

(2)开工前，考生检查着装，清点工器具、设备是否齐全。

(3)许可开工后记录考核时间。

(4)现场清理完毕后，汇报工作终结，记录考核结束时间。

(5)若出现人身伤害或设备危害的操作，监护人员有权制止。

技能等级评价专业技能考核操作评分标准

工种	变电设备检修工			评价等级	中级工
项目模块	无功补偿设备检修—无功补偿设备大修及更换安装		编号	Jc0000463047	
单位		准考证号		姓名	
考试时限	60分钟	题型	单项操作	题分	100分
成绩	考评员		考评组长		日期
试题正文	油浸式电容器引线套管渗油处理				
需要说明的问题和要求	(1)考生着装规范，穿工作服、绝缘鞋，戴安全帽。 (2)现场提供检修所需的工器具、仪器、材料及安全防护用具				

序号	项目名称	质量要求	满分	扣分标准	扣分原因	得分
1	准备					
1.1	参赛队员着装	正确佩戴安全帽、穿绝缘鞋、穿长袖工作服、戴线手套	6	未佩戴安全帽、穿绝缘鞋、穿长袖工作服，扣3分； 安全帽佩戴不规范，扣1分； 着装不规范，扣1分； 未戴线手套，扣1分		
1.2	安全工器具检查	应检查安全工器具、绝缘工器具是否完好，是否在校验合格期内	4	未检查安全工器具、绝缘工器具外观是否完好，扣2分； 未检查检验标签是否在合格期内，扣2分		
1.3	安全措施检查	检查现场所做安全措施是否正确、完善	3	未检查现场安全措施，扣3分		
1.4	试验环境检查	检查当日工位处温度、湿度情况	2	未检查温度情况，扣1分； 未检查湿度情况，扣1分		
2	油浸式电容器引线套管渗油处理					
2.1	对引线套管进行检查	应检查套管瓷件应无放电、裂纹、破损、渗漏、脏污等现象，法兰无锈蚀； 应检查套管导电连接部位应无松动； 应检查套管接线端子等连接部位表面应无氧化或过热现象； 检查发现某相引线套管有渗油，应大声汇报	10	未进行口述，每项扣2分； 未指到具体位置，每项扣2分； 未口述发现渗油，扣4分； 口述不清楚，扣2分； 以上扣分，扣完为止		
2.2	清理渗油部位	选用正确的工器具、材料进行油迹清理； 渗油部分应清理干净，便于观察	15	工器具、材料选用不正确，扣5分； 渗油部位清理达不到要求，扣10分		

续表

序号	项目名称	质量要求	满分	扣分标准	扣分原因	得分
2.3	判断渗油原因	正确判断渗油类型为密封渗漏； 渗油原因为密封垫松动或移位	5	未进行口述，扣3分； 口述不清楚，扣2分； 渗油类型判断错误，本项不得分		
2.4	渗油处理	选用正确的工器具进行密封垫调整与紧固； 密封垫如果松动可以适当紧固，注意压缩量，只要紧固后不渗油即可，切不可压死没弹性； 密封位置不正，则可带油调整。解开故障绝缘子电气连接，在绝缘子的周围铺放适量的纱头，轻轻松开瓷瓶压帽，用起子把密封拨正即可	30	工器具选用不正确，扣5分； 密封垫调整过紧，扣7分； 密封垫位置调整错误，扣8分； 处理完未继续观察渗漏，扣10分		
3	安全文明生产					
3.1	相关规定的执行	严格遵守安规	6	违章作业，每项扣2分		
3.2	清理作业现场	工器具、试验仪器收取后摆放整齐，与开工前一致； 设备表面清洁无杂物，作业现场清洁无遗留物品	4	工器具、试验仪器未收取摆放整齐，扣1分； 设备表面、工作现场有遗留物，每处扣1分，扣完为止		
4	检修报告填写					
4.1	填写检修报告	正确填写检修报告，用语规范，项目齐全，结论正确	15	检修前检查情况未填写，扣4分； 填写不全或不正确，每项扣0.5分； 发现及处理情况未填写，扣3分； 缺陷每缺少一项，扣2分； 检修结论不正确，扣1分； 以上扣分，扣完为止		
合计			100			

第三部分
高级工

第五章　变电设备检修工高级工技能笔答

Jb0000332001　引起隔离开关接触部分发热的原因有哪些？如何处理？（5分）

考核知识点：隔离开关缺陷处理

难易度：中

标准答案：

引起隔离开关接触部分发热的原因有：

（1）压紧弹簧或螺栓松劲。

（2）接触面氧化，使接触电阻增大。

（3）刀片与静触头接触面积太小，或过负荷运行。

（4）在拉合过程中，电弧烧伤触头或用力不当，使接触位置不正，引起压力降低。

处理方法有：

（1）检查、调整弹簧压力或更换弹簧。

（2）用00号砂纸清除触头表面氧化层，打磨接触面，增大接触面，并涂上中性凡士林。

（3）降负荷使用，或更换容量较大的隔离开关。

（4）操作时用力适当，操作后应仔细检查触头接触情况。

Jb0000332002　弹簧操动机构合闸即分原因有哪些？（5分）

考核知识点：断路器机构缺陷处理

难易度：中

标准答案：

（1）二次回路有寄生回路，合闸同时分闸回路有电。

（2）分闸挚子扣入深度过浅，或扣入面变形，扣合不牢。

（3）分闸挚子不受力时，复归间隙调得太大。

（4）分闸挚子未复归。

Jb0000332003　更换事故电流互感器时应考虑哪些？（5分）

考核知识点：断路器机构缺陷处理

难易度：中

标准答案：

在更换运行中的电流互感器一组中损坏的一个时，应选择与原来的变比相同，极性相同，使用电压等级相符；伏安特性相近，经试验合格的来更换，更换时应停电进行，还应注意保护的定值，仪表的倍率是否合适。

Jb0000333004　吊装绝缘子时应注意哪些问题？为什么？（5分）

考核知识点：绝缘子吊装注意事项

难易度：难

标准答案：

（1）未装箱的瓷质套管和绝缘子在托运时，应在车辆上用橡皮或软物垫稳，并与车辆相对固定，以免碰撞或摩擦造成损坏；竖立托运时应把瓷管上中部与车辆四角绑稳。

（2）对于卧放运输的细长套管，在竖立安装前必须将套管在空中翻竖，在翻竖的过程中，套管的任何一点都不能着地。

（3）起吊用的绑扎绳子应采用较软的麻绳，如所吊的绝缘子较重而必须使用钢丝绳起吊时，绝缘子的绑扎处用软物包裹，防止损坏绝缘子。

（4）起吊升降速度应尽量缓慢、平稳，如果采用的吊装起重的升降速度较快，可在起重机吊钩上系挂链条葫芦，借以减慢起吊速度，在安装就位过程中进行短距离的升降。

（5）对于细长管、套管、绝缘子（变压器套管、电压互感器和避雷器）的吊耳在下半部位置时，吊装时必须使用麻绳或专用吊绳把套管和绝缘子上部绑牢，以防止倾倒。

Jb0000333005 SF_6断路器交接验收的检查项目和要求有哪些？（5分）

考核知识点：断路器交接验收的检查项目和要求

难易度：难

标准答案：

（1）SF_6断路器应安装牢固可靠，外表清洁完整；动作性能应符合产品的技术参数。

（2）电气连接应可靠，且接触良好，支架及接地引线应无锈蚀和损伤，接地应良好，油漆应完整，相色标志应正确。

（3）断路器及其操动机构的联动应正常，无卡阻现象；分、合闸指示正确；辅助开关及电气闭锁应动作正确可靠，密度继电器的报警、闭锁定值应符合规定；电气回路传动应正确。

（4）SF_6气体的压力、泄漏率、水分含量应符合规定要求。

（5）应提交的出厂试验报告、交接试验报告、断路器使用说明书、合格证等资料应齐全。

Jb0000333006 断路器为什么要进行三相同期的测试？（5分）

考核知识点：断路器三相不同期的危害

难易度：难

标准答案：

（1）如果断路器三相分、合闸不同期，会引起系统异常运行。

（2）中性点接地的系统中，如断路器分、合闸不同期，会产生零序电流，可能使线路的零序保护误动作。

（3）不接地系统中，两相运行会产生负序电流，使三相电流不平衡，个别相的电流超过额定电流值时会引起电机设备的绕组发热。

（4）消弧线圈接地的系统中，断路器分、合闸不同期时所产生的零序电压、电流和负荷电压、电流会引起中性点位移，使各相对地电压不平衡，个别相对地电压很高，易产生绝缘击穿事故。同时零序电流在系统中产生电磁干扰，威胁通信和系统的安全，所以断路器必须进行三相同期测定。

Jb0000333007 弹簧机构无法进行储能，怎样处理？（5分）

考核知识点：断路器弹簧机构故障分析与处理

难易度：难

标准答案：

（1）机械部分，检查棘轮、大小棘爪是否有损伤，检查电机是否损坏，检查弹簧及固定架是否完好，对存在问题的部件进行更换或修理。

（2）电气部分，检查电机电源是否正常，检查电机过流、过时保护是否启动，检查微动开关、辅助开关转换是否到位，检查储能回路与控制回路间的闭锁。对电机电源故障的问题，将电机电源空开送至合闸位置，同时确保电机电源端子接线正确，接触可靠；对电机过流、过时保护动作，检查电机电源，确保电源电压、电流满足电机要求，过时继电器动作时，断开控制电源后重新送电。

（3）电气部分，对检查微动开关、辅助开关转换是否到位的故障，调整或更换接通即可。

Jb0000333008　弹簧机构储能后自动合闸的原因及处理方法有哪些？（5分）

考核知识点：断路器弹簧机构故障分析与处理

难易度：难

标准答案：

储能后自动合闸的原因：

（1）合闸掣子扣入深度太浅，或扣入面变形。

（2）合闸掣子支架松动。

（3）合闸掣子变形锁不住。

（4）牵引杆过“死点”距离太大，对合闸掣子撞击力太大。

处理方法：

检查合闸掣子扣入深度、扣入面、支架、牵引杆“死点”距离等，进行修理、适当地调整，或更换零件。

Jb0000333009　六氟化硫设备充装六氟化硫气体的注意事项有哪些？（5分）

考核知识点：充装六氟化硫气体的注意事项

难易度：难

标准答案：

（1）对电气设备充六氟化硫气体，必须由经过专业技术培训的人员操作。

（2）搬运气瓶时，应轻装轻卸，应正确连接气瓶，对充气管路、接头进行清洗，充气装置的软管接头和电气设备的充气接头应连接可靠。

（3）从六氟化硫气瓶中引出的六氟化硫气体时，必须使用减压阀降压，充气速度不能过快，防止气体液化带入水分。

（4）在对户外电气设备充注六氟化硫气体时，工作人员应在上风方向操作；对户内电气设备充注六氟化硫气体时，要开启通风系统，尽量避免和减少充注六氟化硫气体泄漏到工作区域。要求用检漏仪检测，工作区域空气中充注六氟化硫气体含量不得超过1000μL/L。

（5）避免装有六氟化硫气体的气瓶靠近热源或受阳光暴晒，冬季充气严禁用明火对气瓶加热。

（6）进行充气时，六氟化硫气瓶应该直立放置；使用过的六氟化硫气瓶应关紧阀门，戴上瓶盖，防止剩余气体泄漏。

Jb0000333010　如何对GW4型隔离开关支柱绝缘子进行探伤？（5分）

考核知识点：隔离开关支柱绝缘子探伤

难易度：难

标准答案：

用1mm割口DAC曲线作为检测灵敏度，依据《支柱绝缘子及瓷套超声波检测规程》（DL/T 303—2014）进行判断。

（1）选择爬波探头，通过专用连接线与探伤仪连接，并设定具体参数。

（2）将爬波探头沾适当量的耦合剂，置于支柱绝缘子与上、下铁法兰口移动一周。

（3）观察超声波检测仪上的波形进行分析、判断，如发现不合格的应立即更换。

（4）填写高压支柱绝缘子超声波检测报告。

（5）用测厚仪测量支柱绝缘子与上、下铁法兰结合部位的声速，声速必须在 6200m/s 及以上。

Jb0000333011 GW426 型隔离开关整体调试及试验中，如何进行本体和接地刀闸连锁调试？（5 分）

考核知识点：隔离开关本体和接地刀闸连锁调试项目

难易度：难

标准答案：

（1）机械闭锁的检查。应分别在主刀闸和接地刀闸三相联动调整好后进行。

（2）将主刀闸合闸，检查机械闭锁板位置，接着合接地刀闸，观察机械闭锁是否可靠。

（3）将接地刀闸合闸，检查机械闭锁板间位置；接着合主刀闸，观察机械闭锁是否可靠。

（4）以上两种机械闭锁防止误操作功能验证，应手动操作验证，禁止进行电动测试。应连续试验 5 次以上，来证实机械闭锁措施是否可靠，如发现有失灵，应重新进行调整，调整完毕后确保闭锁板的间隙适中，将接地刀闸闭锁板用铆钉或焊接固定死。

（5）质量标准。主刀闸处于合闸位置，接地刀闸合不上闸；接地刀闸处于合闸位置，主刀闸合不上闸。

Jb0000332012 CJ6 电动操作机构检修作业前的检查和试验有哪些项目？（5 分）

考核知识点：隔离开关电动操作机构检修前检查及注意事项

难易度：中

标准答案：

（1）检查操动机构箱的密封有无异常、固定是否牢固。

（2）检查联轴销、螺栓有无锈蚀和缺损。

（3）检查接线端子和电气元件有无烧损。

（4）检查箱门关闭是否可靠。

（5）检查二次回路，测量电动机绝缘电阻。

Jb0000333013 水平开启式隔离开关触头及导电臂检修注意事项有哪些？（5 分）

考核知识点：隔离开关触头及导电臂检修注意事项

难易度：难

标准答案：

（1）导电臂拆解前应做好标记，触头侧导电杆表面应平整、清洁，镀层无脱落。

（2）触指侧触头夹无烧损，镀层无脱落，压紧弹簧无锈蚀、无断裂、弹性良好。

（3）触头表面应平整、清洁，导电臂（管）无变形、无锈蚀，焊接面无裂纹。

（4）导电带绕向正确，无断片，接触面无氧化，镀层无脱落，连接紧固，接线座无变形、裂纹，镀层完好。

（5）连接螺栓紧固，力矩值符合产品技术要求，并做紧固标记。

Jb0000332014 电气设备大修前一般有哪些准备工作？（5 分）

考核知识点：电气设备大修前注意事项

难易度：中

标准答案：

（1）勘查工作现场，编制“三措一案”及标准化作业书（卡）。

（2）编制大修项目表。

（3）做好物资准备，包括材料、备品、配件、工具、起重设备、试验设备、安全用具及其布置等。

（4）准备好技术记录表格，确定应测绘和校验的备品配件图纸。

（5）组织班组讨论大修计划的项目、进度、措施及质量要求，做好现场工作人员安排，进行特种工艺培训，协调班组和工种间的配合工作，确定检修项目施工和验收负责人。

Jb0000332015　“8”字形结、倒背结、琵琶结、梯形结、瓶口结各有什么用途？（5分）

考核知识点：不同绳扣的用途

难易度：中

标准答案：

（1）“8”字形结用于麻绳提吊小物件。

（2）倒背结用于麻绳提吊长物件。

（3）琵琶结一般用于捆绑溜绳，受力后，不会松脱，也可以用作绳头的固定。

（4）梯形结用于抱杆绑扎缆风绳。

（5）瓶口结用于捆绑起吊圆柱形物体，使用时，越紧越好。

Jb0000331016　固定式开关柜联锁性能检查项目有哪些？（5分）

考核知识点：开关柜联锁检查项目

难易度：易

标准答案：

（1）断路器合闸时，机械闭锁位置手柄无法打到分闸闭锁位置。

（2）隔离开关合闸时，接地开关无法操作。

（3）接地开关分闸时，前柜门无法打开。

（4）前柜门打开时，机械闭锁位置手柄无法打到分闸闭锁位置。

（5）接地开关合闸时，上下隔离开关无法操作。

Jb0000333017　对于移开式（手车）开关柜安装调试完如何进行检查验收？（5分）

考核知识点：开关柜验收标准

难易度：难

标准答案：

（1）检查防止电气误操作的“五防”装置齐全，并动作灵活可靠。

（2）手车推拉应灵活轻便，无卡阻、碰撞现象，相同型号的手车应能互换。

（3）手车推入工作位置后，动触头顶部与静触头底部的间隙应符合产品要求。

（4）手车和柜体间的二次回路连接插件应接触良好，加热驱潮装置能够正常启动。

（5）安全隔离板应开启灵活，随手车的进出而相应动作。

（6）一次连接应牢固可靠，距离满足要求，柜内控制电缆的位置不应妨碍手车的进出，并应牢固。

（7）手车与柜体间的接地触头应接触紧密，当手车推入柜内时，其接地触头应比主触头先接触，拉出时接地触头比主触头后断开。

Jb0000332018 叉车作业应注意什么问题？（5分）

考核知识点：叉车作业安全注意事项

难易度：中

标准答案：

（1）叉车行驶时，货叉必须高于地面300mm。

（2）装车时，门架未倾倒固定位置不能开车，以防物件倾倒。

（3）运送高大或不稳定的物件时，应将物体捆住。

（4）装载货物行驶时，不得进行急刹车和急转弯。

Jb0000331019 用于投切电容器组断路器有哪些要求？（5分）

考核知识点：投切电容器组断路器选用技术要求

难易度：易

标准答案：

（1）用于电容器投切的开关柜必须有其所配断路器投切电容器的试验报告，且断路器必须选用C2级断路器。

（2）用于电容器投切的断路器出厂时必须提供本台断路器分、合闸行程特性曲线，并提供本型断路器的标准分、合闸行程特性曲线。

（3）条件允许时，可在现场进行断路器投切电容器的大电流老炼试验。

Jb0000332020 组合电器气室抽真空及充气有哪些安全注意事项？（5分）

考核知识点：组合电器抽真安全注意事项

难易度：中

标准答案：

（1）断开相关的各类电源并确认无电压。

（2）抽真空时要有专人负责，在真空泵进气口配置电磁阀，防止误操作而引起的真空泵油倒灌。被抽真空气室附近有高压带电体时，主回路应可靠接地。

（3）抽真空的过程中，严禁对设备进行任何加压试验。

（4）抽真空设备应用经校验合格的指针式或电子液晶体真空计，严禁使用水银真空计，防止抽真空操作不当导致水银被吸入电气设备内部。

（5）从SF_6气瓶中引出SF_6气体时，应使用减压阀降压。运输和安装后第一次充气时，充气装置中应包括一个安全阀，以免充气压力过高引起设备损坏。

（6）避免装有SF_6气体的气瓶靠近热源或受阳光暴晒，气瓶轻搬轻放，避免受到剧烈撞击，用过的SF_6气瓶应关紧阀门，盖上瓶帽。

Jb0000332021 十八项反措中针对开关设备用气体密度继电器的有哪些技术要求？（5分）

考核知识点：密度继电器设计及安装要求

难易度：中

标准答案：

（1）密度继电器与开关设备本体之间的连接方式应满足不拆卸校验密度继电器的要求。

（2）密度继电器应装设在与被监测气室处于同一运行环境温度的位置；对于严寒地区的设备，其密度继电器应满足环境温度在−40～−25℃时准确度不低于2.5级的要求。

（3）新安装252kV及以上断路器每相应安装独立的密度继电器。

（4）户外断路器应采取防止密度继电器二次接头受潮的防雨措施。

Jb0000331022　组合电器设备如何抽真空？（5分）

考核知识点：组合电器抽真空技术要求

难易度：易

标准答案：

（1）气室抽真空及密封性检查应按照厂家要求进行，厂家无明确规定时，抽真空至133Pa以下并继续抽真空30min，停泵30min，记录真空度（A），再隔5h，读真空度（B），若（B）−（A）<133Pa，则可认为合格，否则应进行处理并重新抽真空至合格为止。

（2）抽真空时要有专人负责，在真空泵进气口配置电磁阀，防止误操作而引起的真空泵油倒灌。

Jb0000331023　GIS防爆膜的安装有哪些要求？（5分）

考核知识点：GIS防爆膜安装相关要求

难易度：易

标准答案：

（1）装配前应检查并确认防爆膜是否受外力损伤。

（2）装配时应保证防爆膜泄压方向正确、定位准确。

（3）防爆膜泄压挡板的结构和方向应避免在运行中积水、结冰、误碰。

（4）防爆膜喷口不应朝向巡视通道，必要时增加导流罩。

（5）使用同型号或同样技术参数的防爆膜。

Jb0000332024　母线搭接面的处理有什么要求？（5分）

考核知识点：母线搭接面检修工艺

难易度：中

标准答案：

（1）经镀银处理搭接面可直接连接。

（2）铜与铜的搭接面，室外、高温且潮湿对母线有腐蚀性气体的室内应搪锡，在干燥室内可直接连接。

（3）铝与铝的搭接面可直接连接。

（4）铜与铝的搭接面，在干燥室内，铜导体应搪锡，室外或空气相对湿度接近100%的室内，应采用铜铝过渡板，铜端应搪锡。

Jb0000332025　叙述隔离开关传动机构及传动系统造成拒分、拒合原因及处理方法。（5分）

考核知识点：隔离开关缺陷处理

难易度：中

标准答案：

原因：机构箱进水，各部轴销、连杆、拐臂、底架甚至底座轴承锈蚀卡死，润滑干涸，机构卡涩，造成拒分、拒合。

处理方法：对传动机构及锈蚀部件进行解体检修，更换不合格元件。加强防锈措施，涂润滑脂，加装防雨罩。传动机构问题严重或有先天性缺陷时应更换。

Jb0000332026　叙述隔离开关电气问题造成拒分、拒合原因及处理方法。（5分）

考核知识点：隔离开关缺陷处理

难易度：中

标准答案：

（1）原因：三相电源开关未合上、控制电源断线、电源熔丝熔断、热继电器误动切断电源、二次元件老化损坏使电气回路异常而拒动、电动机故障等原因都会造成电动机构分、合闸时，电动机不启动，隔离开关拒动。

（2）处理方法：电气二次回路串联的控制保护元器件较多，包括小型断路器、转换开关、交流接触器、限位开关及连锁开关、热继电器等。任一元件故障，就会导致隔离开关拒动。当按分、合闸按钮不启动时，要首先检查操作电源是否完好，然后检查各相关元件。发现元件损坏便应更换，并查明原因。二次回路的关键是各个元件的可靠性，必须选择质量可靠的二次元件。

Jb0006331027 有载分接开关的原理是什么？（5分）

考核知识点：有载分接开关工作原理

难易度：易

标准答案：

（1）有载分接开关是在不切断负载电流的条件下切换分接头的调压装置。因此在切换瞬间需同时连接两分接头。

（2）分接头间一个级电压被短路后将有一个很大的循环电流。为了限制循环电流在切换时必须接入一个过渡电路，通常是接入电阻。其阻值应能把循环电流限制在允许的范围内。因此有载分接开关的基本原理概括起来就是采用过渡电路限制循环电流达到切换分接头而不切断负载电流的目的。

Jb0006332028 绝缘油有哪些特点？（10分）

考核知识点：绝缘油的牌号和含义及性能指标、试验项目

难易度：中

标准答案：

（1）良好的热传导性和流动性。变压器油应具有良好的热传导性和流动性，以确保变压器铁芯和绕组能得到有效冷却。

（2）良好的绝缘性。变压器油是设备中的绝缘介质，通常以击穿电压和介质损耗因数来表示变压器油的绝缘性。它应具有高的击穿电压，以防止在高电压作用下电极之间放电现象，同时介质损耗因数低的变压器油可以大幅度降低交流电改变极性时引起的能量损失。

（3）良好的氧化安定性。变压器油应具有良好的氧化安定性。可以减少储存和设备运行期间油品中酸性物质或沉淀物的出现。从而保证变压器安全运行、延长油品寿命和降低维护成本。

Jb0006331029 电力变压器对绝缘材料有哪些基本要求？（5分）

考核知识点：变压器检修材料

难易度：易

标准答案：

电力变压器在运行中要承受时断时续的机械应力、张力、压力、扭力以及大气过电压和内部过电压的作用，对绝缘材料要求结实紧密，对空气、湿度的作用稳定，额定工作电压下放电量小，并且有高的电击穿、耐电弧及机械强度。

Jb0006331030 绝缘油试验项目有哪些？列出至少5种。（5分）

考核知识点：绝缘油试验项目

难易度：易

标准答案：

水溶性酸、酸值、闪点、水分、界面张力、介质损耗因数、击穿电压、体积电阻率、油中含气量、油泥和沉淀物、油中溶解气体组分含量色谱分析。

Jb0006331031　有载分接开关快速机构的作用是什么？（5分）

考核知识点：有载分接开关工作原理

难易度：易

标准答案：

有载分接开关切换动作时，由于分头之间的电压作用，在触头接通或断开时会产生电弧，快速机构能提高触头的灭弧能力，减少触头烧损，还可缩短过渡电阻的通电时间。

Jb0006331032　什么是正反向有载调压？（5分）

考核知识点：有载分接开关工作原理

难易度：易

标准答案：

正反向有载调压，就是在有载分接开关上增加极性开关，通过极性开关的切换，将调压绕组与主绕组同极性串联，达到增加电压和降低电压的目的，这样可使同样的调压绕组调压范围扩大一倍。

Jb0006331033　国内变压器油标号及含义。（5分）

考核知识点：绝缘油标号及含义

难易度：易

标准答案：

国内变压器油标准按低温性能分为10号、25号和45号。

不同标号代表着低温性能（凝点）的不同，油品的凝点越低，则其低温流动性越好。

Jb0006332034　什么是有载分接开关10193W选择电路？（10分）

考核知识点：有载分接开关工作原理

难易度：中

标准答案：

10193W选择电路是指调压电路的细调侧10个分接和选择电路中对应位置相连接，选择器实际位置为19个，调压级数也为19，即为19级有载分接开关，有一个中间位置。

10193W的含义：前面两位数字表示细调分接数。第3、4位数字表示分接位置数。最后一个数字表示中间位置数。符号W表示正反调压，如果为G则表示粗细调压。

Jb0006332035　变压器大修有哪些项目？（10分）

考核知识点：变压器检修工艺规程

难易度：中

标准答案：

（1）对外壳进行清洗、试漏、补漏及重新喷漆。

（2）对所有附件（储油柜、安全气道、散热器、所有截门、气体继电器、套管等）进行检查、修理及必要的试验。

（3）检修冷却系统。

（4）对器身进行检查及处理缺陷。

（5）检修分接开关（有载或无励磁）的接点和传动装置。

（6）检修及校对测量仪表。

（7）滤油。

（8）重新组装变压器。

（9）按规程进行试验。

Jb0006332036 安装油纸电容式套管应注意哪些问题？（10 分）

考核知识点：变压器检修工艺规程

难易度：中

标准答案：

（1）首先核对套管型号是否正确，电气试验、油化验是否合格。

（2）检查套管油面是否合适，是否有漏油或瓷套损坏等。

（3）核对引线长度是否合适。

（4）将套管擦拭干净检查引线头焊接情况。

（5）起吊套管要遵守起重操作规程，防止损坏瓷套，套管起吊时的倾斜度应根据变压器套管升高座的角度而定。

（6）拉引线的细绳要结实并挂在合适的位置，随着套管的装入，逐渐拉出引线头。

（7）注意引线不得有扭曲和打结。

（8）引线拉不出时应查明原因，不可用力猛拉或用吊具硬拉。

（9）套管落实后，引线和接线端子要有足够的接触面积和接触压力。

（10）接线端要可靠密封，防止进水。

Jb0006331037 某一台强油风冷却器，控制回路接线正确，但运行一段时间后，用工作状态控制开关不能切除，只有断开电源自动开关，才能使其退出运行，试分析产生故障的原因有哪些。（5 分）

考核知识点：冷却系统二次接线图原理

难易度：易

标准答案：

控制开关在“停止”位置时，控制回路仍启动，可能有以下原因：

（1）控制开关接点短路或控制开关失灵，使开关无法断开交流接触器的绕组回路。

（2）控制回路中靠近零线的某一点接地，使控制开关断开，220V 的交流接触器绕组仍通过接地点形成回路，使控制开关无法断开。

Jb0006332038 试述变压器吊芯应做哪几个方面的检查？（10 分）

考核知识点：变压器检修工艺规程

难易度：中

标准答案：

（1）检查铁芯有无放电及烧伤痕迹，接地片是否良好。拧紧轭铁螺杆及方铁，打开接地片用绝缘电阻表摇测夹件对铁芯及油箱的绝缘电阻应不小于 10MΩ。

（2）检查绕组外观及绝缘状况、压紧程度、有无变形，撑条、垫块、油道是否正常。

（3）引线检查：绝缘外观有无断裂，焊接头是否良好，绝缘距离是否合格，支架是否牢固。

（4）检查分接开关的绝缘外观及固定状况，转动是否灵活，动静触头表面光洁度及弹簧弹性，外部位置指示是否与分接位置相符。

（5）检查并紧固全部螺钉和紧固件。

（6）对器身各部位进行检查。

Jb0006332039　MR 有载分接开关定期检修包括哪些工作内容？应注意哪些问题？（10 分）

考核知识点：变压器检修工艺规程

难易度：中

标准答案：

（1）拆卸及重新安装切换开关（即吊出及重新装入）。

（2）检查并清洗切换开关油箱及部件。

（3）测量触头磨损。

（4）测量过渡电阻。

（5）测量切换开关的动作顺序。

（6）清洗切换开关小油枕。

（7）更换切换开关油（中性端分接开关的油含水量不大于 40ppm、耐压不小于 30kV/2.5mm；单极分接开关的油含水量不大于 30ppm、耐压不小于 40kV/2.5mm）。

（8）检查保护继电器、驱动轴、电机传动机构。有安装油滤清器及电压调节器的 MR 有载分接开关也必须进行检查。

（9）在工作中应尽量缩短切换开关部件暴露在空气中的时间，最长不超过 10h。要保持各部件清洁。工作小心谨慎，检查迅速准确。

Jb0006332040　油浸电容式套管在起吊、卧放和运输时要注意什么问题？（10 分）

考核知识点：变压器检修工艺规程

难易度：中

标准答案：

（1）起吊速度要缓慢，避免碰撞其他物体。

（2）直立起吊安装时，应使用法兰盘上的吊耳，并用麻绳绑扎套管上部以防倾倒。不能吊套管瓷裙，以防钢丝绳与瓷套相碰处损坏。

（3）竖起套管时，应避免任一部位着地。

（4）套管卧放及运输时，应放在专用的箱内。安装法兰处应有两个支撑点，上端无瓷裙部位设一支撑点，必要时尾部也要设支撑点，并用软物将支点垫好。套管在箱中应固定，以免运输中窜动损伤。

Jb0007331041　油浸式电压互感器巡视要点是什么？（15 分）

考核知识点：油浸式电压互感器巡视

难易度：易

标准答案：

（1）设备外观完好、无渗漏；外绝缘表面清洁、无裂纹及放电现象。

（2）金属部位无锈蚀，底座、构架牢固，无倾斜变形。

（3）一、二次引线连接正常，各连接接头无过热迹象，本体温度无异常。

（4）本体油位正常。

（5）端子箱密封良好，二次回路主熔断器或自动开关完好。
（6）电容式电压互感器二次电压（包括开口三角形电压）无异常波动。
（7）无异常声响、振动和气味。
（8）接地点连接可靠。
（9）上、下节电容单元连接线完好，无松动。
（10）外装式一次消谐装置外观良好，安装牢固。

Jb0007332042 阐述金属膨胀器真空补油步骤。（10 分）

考核知识点：金属膨胀器真空补油

难易度：中

标准答案：

（1）将膨胀器顶部的真空注油阀接入注油系统。
（2）对膨胀器预抽真空 0.5h，残压不大于 133Pa。
（3）用真空注油设备对膨胀器补油到略高于正常油位，排除残存气体，复原。
（4）拆除注油系统，安装膨胀器外罩上盖。
（5）互感器静置 24h，取油样进行相关试验。

Jb0007331043 互感器吊装作业应检查哪些内容？（15 分）

考核知识点：互感器安装

难易度：易

标准答案：

（1）安装前检查基础、几何尺寸是否符合设计要求，有无变动，误差是否在允许范围内。
（2）同一类型、同一电压等级的互感器在并列安装时要在同一平面上。
（3）中心线和极性方向也应一致。
（4）二次接线端及油位指示器的位置应位于便于检查的一侧。

Jb0007331044 互感器哪些部位应妥善接地？（15 分）

考核知识点：互感器接地

难易度：易

标准答案：

（1）互感器外壳。
（2）分级绝缘的电压互感器的一次绕组的接地引出端子。
（3）电容型绝缘的电流互感器的一次绕组包绕的末屏引出端子及铁芯引出接地端子。

Jb0007333045 互感器 SF_6 气体含水量超标处理方法。（15 分）

考核知识点：互感器 SF_6 气体含水量超标

难易度：难

标准答案：

（1）准备好干燥的 SF_6 气体和回收气体的容器。
（2）将气体回收处理装置接入互感器本体上的自密封充气接头，回收互感器内的 SF_6 气体。
（3）对互感器内部残存气体进行清理，将真空泵连接到互感器本体上的自密封充气接头，抽真空残压 133Pa，持续 0.5h，然后用干燥氮气多次冲洗，残余气体应经过吸附剂处理后排放到不影响人员安全的地方。

（4）将互感器内吸附剂取出，放置干燥箱内进行干燥处理，在450～550℃下干燥2h以上，为了防止吸潮，应在15min内尽快将干燥好的吸附剂装入互感器内。

（5）对互感器进行真空检漏，抽真空到残压约133Pa，立即关闭气体出口阀门，保持4h再测量互感器残压，起始压力与最终压力差不得超过133Pa，如不符合要求，则说明互感器存在泄漏，应予处理。

（6）箱互感器充SF_6气体，逐渐打开气体回收处理装置的阀门，缓慢地充入经处理合格的SF_6气体，直至达到额定压力，静置24h，后进行SF_6气体含水量测量，直至合格。

Jb0007333046　互感器干燥检修工作关键工序质量控制要求。（15分）

考核知识点：互感器干燥

难易度：难

标准答案：

（1）干燥前放尽绝缘油，合上加热电源，使器身温度均匀升至70℃。

（2）合上真空泵电源空开，启动真空泵，均匀提高瓷套内的真空度，升到53kPa时维持3h，继续升至80kPa维持3h，最后升至真空残压不大于133Pa，进行高真空阶段，直到干燥结束。

（3）监控绕组温度不得大于80℃。

（4）干燥终止后，应使器身在40℃左右进行真空注油，注油前应放尽干燥过程中从绝缘纸层中溢出的绝缘油，真空注油要符合要求。

（5）测量绝缘电阻，介质损耗因数，结果符合相关要求。

（6）真空泵选择得当，真空管路应选用真空胶管。

（7）抽真空操作程序应先打开真空泵再打开阀门，停止时应先关阀门再关真空泵。真空泵应有电磁阀以防泵油回抽。

（8）真空阶段应采用麦氏真空计测量。

Jb0009332047　不停电干式电抗器的检查项目和质量要求。（4分）

考核知识点：电抗器巡视

难易度：中

标准答案：

（1）检查表面脏污情况及有无异物。要求外观完整无损，外包封表面清洁、无裂纹、无脱落现象，无爬电痕迹，无动物巢穴等异物；支柱绝缘子金属部位无锈蚀，支架牢固，无倾斜变形；基础无塌陷、混凝土脱落情况。

（2）检查表面是否明显变色，外观引线、接头应无过热、变色。

（3）检查声音是否正常，应无异常振动和声响。

（4）检查各部件有无过热现象，用红外测温应无过热现象。

Jb0009332048　干式空心电抗器的支柱绝缘子接地应满足什么要求？（3分）

考核知识点：电抗器巡视

难易度：中

标准答案：

（1）新安装的干式空心并联电抗器、35kV及以上干式空心串联电抗器不应采用叠装结构，每相单独安装，每相支柱绝缘子均应接地。

（2）干式空心电抗器下方接地线不应构成闭合回路，围栏采用金属材料时，金属围栏禁止连接成闭合回路，应有明显的隔离断开段，并不应通过接地线构成闭合回。

Jb0009333049　简述电抗器安装的作业步骤和要求。（9 分）

考核知识点：电抗器安装

难易度：难

标准答案：

（1）电抗器安装前检查及标准：说明书、试验报告、合格证等资料完整并和订货协议要求一致；电抗器桶壁平整光滑无掉漆、损坏；支柱绝缘子瓷件应无裂纹、破损；备品或附件等齐全完好；电抗器、支柱绝缘子经试验合格。

（2）剔除基础上原电抗器地脚支铁，并将基础上预埋的地角平铁打磨平整光滑。

（3）地脚安装。按电抗器总装图及产品样本有关表中瓷座中心直径栏内标出的尺寸，先在水泥基础中预埋地脚平铁上确定电抗器吊装放置，定位后，将支柱绝缘子下端的地脚支铁与预埋地脚平铁焊牢。

（4）支柱绝缘子安装。将支柱绝缘子按电抗器总装图规定的安装要求安装在地角支铁上。

（5）电抗器吊装。吊装时，应使用厂家附带的专用吊杠，将吊杠穿过电抗器上、下导电臂中心轴孔，再将穿钉穿入吊杠下端穿孔内，两端露出的长度合适后可以起吊。对于重量大于 2000kg 以上的电抗器，则采用导电臂上的吊孔起吊。用吊具将电抗器轻轻吊起并缓慢吊至电抗器基座上。

（6）对准支柱绝缘子和电抗器固定螺栓孔心，穿上紧固螺栓，并用扳手进行紧固。

（7）进出线连接。应平整光滑，消除氧化层，涂好导电膏，搭接后，用规定的螺栓固紧，原引流如果和新电抗器不对应，应重新加工合适规格引流，确保安全距离符合要求并连接牢靠。

（8）进行电抗器本体清洁及引流相色漆涂刷。

Jb0009333050　简述电抗器引线套管渗油的处理方法。（8 分）

考核知识点：电抗器渗漏油处理

难易度：难

标准答案：

（1）套管有砂眼、裂缝引起的渗油，应对套管进行更换。放掉电抗器内的部分变压器油，拆开故障相的电气连接，拆除故障瓷瓶，把电气试验合格的新瓷瓶装上，更换新的密封件，注意密封件位置摆放正确和压缩量合适（一般为 40%左右）。补充变压器油并调整好油位，接线，现场清理。

（2）密封件如果松动可以适当紧固，注意压缩量，只要紧固后不渗油即可，切不可压死没弹性；如果是密封位置不正，则可带油调整。解开故障瓷瓶电气连接，在瓷瓶的周围铺放适量的纱头，轻轻松开瓷瓶压帽，把密封拨正即可。然后再把瓷瓶紧固，连好接线。

（3）密封圈老化的处理，应区分是上部密封还是下部密封，如果是上部密封可带油更换，下部密封则要放掉部分变压器油进行更换，处理步骤与更换瓷瓶类似。

Jb0010332051　简述分散式电容器更换的检修步骤。（8 分）

考核知识点：分散式电容器更换

难易度：中

标准答案：

（1）电容器逐个放电。

（2）检查各个电容器，箱壳上面的漏油，可用锡铅焊料修补。

（3）套管焊缝处漏油，可用锡铅焊料修补，但应注意烙铁不能过热，以免银层脱焊。

（4）更换损坏的熔断器。

（5）电容器发生对地绝缘击穿，电容器的损失角正切值增大，箱壳膨胀及开路等故障，需要在有专用修理电容器设备的工厂中才能进行修理或更换。

（6）分散式电容器单个电容器损坏，如电容量超标、渗漏严重、鼓肚、膨胀、绝缘下降时必须更换。

（7）检查引线是否连接牢靠，平整，有发热时进行处理。

（8）检修完毕后试验。

Jb0010332052　并联电容器定期维修时，应注意哪些事项？（5分）

考核知识点：单台电容器更换、电容器解体检修

难易度：中

标准答案：

（1）维修或处理电容器故障时，应断开电容器的断路器，拉开断路器两侧的隔离开关，并对并联电容器组完全放电且接地后，才允许进行工作。

（2）检修人员戴绝缘手套，用短接线对电容器两极进行短路后，才可接触设备。

（3）对于额定电压低于电网电压、装在对地绝缘构架上的电容器组停用维修时，其绝缘构架也应接地。

Jb0010333053　安装电容器主要有哪些要求？（5分）

考核知识点：单台电容器更换

难易度：难

标准答案：

任意答出5点即可。

（1）电容器分层安装时，一般不超过三层，层间不应加设隔板。电容器母线对上层架构的垂直距离不应小于20cm，下层电容器的底部与地面距离应大于30cm。

（2）电容器构架间的水平距离不应小于0.5m。每台电容器之间的距离不应小于50mm。电容器的铭牌应面向通道。

（3）要求接地的电容器，其外壳应与金属架构共同接地。

（4）电容器应在适当部位设置温度计，以便监视运行温度。

（5）电容器组应装设相间及电容器内元件故障保护装置或熔断器，高压电容器组容量超过600kW者，可装设差动保护或零序保护，也可分台装设专用熔断器保护。

（6）电容器应有合格的放电设备。

（7）户外安装的电容器应尽量安装在台架上，台架底部与地面距离不应小于 3m；采用户外落地式安装的电容器组，应安装在变、配电所围墙内的混凝土地面上，底部与地面距离不小于0.4m。同时，电容器组应装置于高度不低于1.7m的固定围栏内，并有防止小动物进入的措施。

Jb0010332054　电容器的搬运和保存应注意什么？（4分）

考核知识点：单台电容器更换

难易度：中

标准答案：

（1）搬运电容器时应直立放置，严禁搬拿套管。

（2）保存电容器应在防雨仓库内，周围温度应在－40～＋50℃，相对湿度不应大于95%。
（3）户内式电容器必须保存于户内。
（4）在仓库中存放电容器应直立放置，套管向上，禁止将电容器相互支撑。

Jb0010332055　电力电容器在安装前应检查哪些项目？（5分）
考核知识点：单台电容器更换
难易度：中
标准答案：
（1）套管芯棒应无弯曲和滑扣现象。
（2）引出线端连接用的螺母垫圈应齐全。
（3）外壳应无凹凸缺陷，所有接缝不应有裂纹或渗油现象。
（4）核对电力电容器出厂试验报告是否合格。
（5）核对电力电容器型号与系统匹配。

第六章 变电设备检修工高级工技能操作

Jc0000343001 更换 LW36－126 型断路器的分、合闸线圈。（100 分）
考核知识点：断路器分、合闸线圈更换及试验
难易度：难

技能等级评价专业技能考核操作工作任务书

一、任务名称

更换 LW36－126 型断路器的分、合闸线圈。

二、适用工种

变电设备检修工高级工。

三、具体任务

（1）工作状态为断路器转检修，工作内容为分、合闸线圈更换。

（2）工作任务。

1）更换断路器分、合闸线圈，并做好间隙调整。

2）进行断路器脱扣电压试验。

3）填写检修报告。

四、工作规范及要求

（1）要求 1 人操作，由监考人员监护。

（2）工作过程中检查的位置及结果应高声呼唱。

（3）安全文明生产，考生着装规范。

（4）工器具、材料、设备摆放整齐，现场操作熟练、连贯、有序，正确规范地使用工器具及安全用具。

（5）不发生危及人身和设备安全的行为。

（6）操作过程中有需要配合的向监考人员提出，但涉及考试内容的不得提问。

五、考核及时间要求

（1）考核总时间为 45 分钟。场内实际操作时间为 40 分钟，如到时未完成应终止。场外检修记录填写时间为 5 分钟，如到时未完成应终止。若提前完成，向监考人员示意。

（2）参赛选手从进场开始计算时间。

（3）若出现人身伤害或设备危害的操作，监护人员有权制止。

技能等级评价专业技能考核操作评分标准

<table>
<tr><td>工种</td><td colspan="6">变电设备检修工</td><td>评价等级</td><td>高级工</td></tr>
<tr><td>项目模块</td><td colspan="4">断路器检修—断路器小修及维护—能更换分、合闸线圈</td><td colspan="2">编号</td><td colspan="2">Jc0000343001</td></tr>
<tr><td>单位</td><td colspan="3"></td><td>准考证号</td><td colspan="2"></td><td>姓名</td><td></td></tr>
<tr><td>考试时限</td><td colspan="2">45 分钟</td><td>题型</td><td colspan="3">单项操作</td><td>题分</td><td>100 分</td></tr>
<tr><td>成绩</td><td></td><td>考评员</td><td></td><td>考评组长</td><td colspan="2"></td><td>日期</td><td></td></tr>
</table>

续表

试题正文	更换 LW36－126 型断路器的分、合闸线圈
需要说明的问题和要求	（1）要求 1 人操作，自行准备必要的工器具。 （2）操作应注意安全，按照技术要求进行、完成。 （3）工作票仅用于确认安全措施布置和确认签字。 （4）机械特性测试仪由现场提供，断路器机构均为直流 220V 电源供电

序号	项目名称	质量要求	满分	扣分标准	扣分原因	得分
1	安全文明生产					
1.1	着装规范	正确佩戴安全帽、穿绝缘鞋、穿长袖工作服、戴线手套	3	未佩戴安全帽或穿绝缘鞋或穿长袖工作服，扣 1 分； 安全帽佩戴不规范，扣 0.5 分； 着装不规范，扣 0.5 分； 未戴线手套，扣 1 分		
1.2	安全工器具及安全措施检查	应检查安全工器具、绝缘工器具是否完好，是否在校验合格期内； 检查工作区域围栏是否合格、封闭	3	未检查凳梯、绝缘手套外观是否完好，扣 1 分； 未检查检验标签是否在合格期内，扣 1 分； 未检查围栏非入口处是否封闭，扣 1 分		
1.3	检修环境检查	检查当日工位处温度、湿度情况	1	未检查温度情况，扣 0.5 分； 未检查湿度情况，扣 0.5 分		
1.4	安全文明生产	材料或配件不应发生掉落及随意摆放现象	3	发生工器具及配件掉落现象，每次扣 1 分； 工作现场杂乱无章，检查过程中随意摆放工器具，每次扣 1 分； 以上扣分，扣完为止		
2	工作过程及工具使用					
2.1	各种工器具正确使用及准备	熟练正确使用各种工器具，工具、量具、材料准备齐全，摆放整齐	5	未正确使用，一次扣 2 分； 测量调整用的工器具、量具、材料等，每缺少一件扣 1 分； 工具、备件摆放不整齐，扣 1 分； 以上扣分，扣完为止		
2.2	检查新的分、合闸线圈是否合格	正确使用万用表、绝缘摇表检测分、合闸线圈是否合格，线圈电阻应与原线圈一致，绝缘电阻合格； 检查线圈外观是否有变形、破损	15	未正确使用万用表、绝缘摇表，扣 3 分； 测试方法不正确，扣 2 分； 未开展测试，扣 5 分； 未检查线圈外观，扣 5 分		
2.3	拆除原分、合闸线圈	拆除前测量线圈两端应无电压； 拆除线圈接线后再拆除线圈模块； 拆下的线圈螺栓、固定板等应分开摆放，新旧线圈不应混淆	15	未测量线圈电压，扣 5 分； 拆除顺序不对，扣 5 分； 拆除零件混乱摆放，扣 2 分； 新旧线圈混淆，扣 3 分		
2.4	安装新分、合闸线圈	新线圈模块组装完成后，螺栓应紧固，不缺部件，分、合闸电磁铁装配安装牢靠，动作灵活； 模块固定于机构上时，衔铁、扣板、掣子无变形，动作灵活； 二次线接与端子排时，应固定牢靠，若为软线应压符合线径大小的线鼻子	15	安装完成后部件缺失，扣 5 分； 安装完成后铁芯动作不够灵活，扣 5 分； 二次线未压线鼻子，扣 5 分		
2.5	脱扣电压动作试验	测量分、合闸线圈脱扣电压并调整间隙： 合闸脱扣器在合闸装置额定电源电压的 85%～110%应可靠动作； 并联分闸脱扣器在分闸装置额定电源电压的 65%～110%应可靠动作； 当电源电压低于额定电压的 30%时，脱扣器不应脱扣	15	未正确使用仪器，扣 3 分； 测试方法不正确，扣 4 分； 未做试验或所选择试验项目错误、遗漏，扣 4 分； 脱扣测试不合格，扣 4 分		
3	现场清理及恢复					
3.1	清理作业现场	工器具、试验仪器收取后摆放整齐，与开工前一致； 设备表面清洁无杂物，作业现场清洁无遗留物品	5	工器具、试验仪器未收取摆放整齐，扣 2 分； 设备表面、工作现场有遗留物，每处扣 2 分，扣完为止		

续表

序号	项目名称	质量要求	满分	扣分标准	扣分原因	得分
3.2	设备恢复	设备恢复至检修前状态	5	未恢复至检修前状态，扣5分		
4	检修报告填写					
4.1	填写检修报告	正确填写检修报告，用语规范，项目齐全，结论正确	15	检修前检查情况未填写，扣2分； 填写不全或不正确，每项扣1分； 发现及处理情况未填写，扣3分； 缺陷每缺少一项，扣1分； 检修结论不正确，扣2分； 以上扣分，扣完为止		
合计			100			

Jc0000343002　更换LW36－126型断路器密度继电器。（100分）

考核知识点：密度继电器更换

难易度：难

技能等级评价专业技能考核操作工作任务书

一、任务名称

更换LW36－126型断路器密度继电器。

二、适用工种

变电设备检修工高级工。

三、具体任务

（1）工作状态为断路器转检修，工作内容为密度继电器更换。

（2）工作任务。

1）对断路器密度继电器予以更换。

2）用两种方法进行SF_6泄漏测试。

3）填写检修报告。

四、工作规范及要求

（1）要求1人操作，由监考人员监护。

（2）工作过程中检查的位置及结果应高声呼唱。

（3）安全文明生产，考生着装规范。

（4）工器具、材料、设备摆放整齐，现场操作熟练、连贯、有序，正确规范地使用工器具及安全用具。

（5）不发生危及人身和设备安全的行为。

（6）操作过程中有需要配合的向监考人员提出，但涉及考试内容的不得提问。

五、考核及时间要求

（1）考核总时间为45分钟。场内实际操作时间为40分钟，如到时未完成应终止。场外检修记录填写时间为5分钟，如到时未完成应终止。若提前完成，向监考人员示意。

（2）参赛选手从进场开始计算时间。

（3）若出现人身伤害或设备危害的操作，监护人员有权制止。

技能等级评价专业技能考核操作评分标准

工种	变电设备检修工				评价等级	高级工
项目模块	断路器检修—断路器小修及维护—断路器密度继电器（压力表）校验及更换			编号	Jc0000343002	
单位		准考证号			姓名	
考试时限	45 分钟	题型	单项操作		题分	100 分
成绩	考评员		考评组长		日期	
试题正文	更换 LW36－126 型断路器密度继电器					
需要说明的问题和要求	（1）要求 1 人操作，自行准备必要的工器具。 （2）操作应注意安全，按照技术要求进行、完成，SF_6 防护用具可用简易防毒面具代替。 （3）工作票仅用于确认安全措施布置和确认签字。 （4）控制电源为直流 220V 电源供电，检漏仪现场提供					

序号	项目名称	质量要求	满分	扣分标准	扣分原因	得分
1	安全文明生产					
1.1	着装规范	正确佩戴安全帽、穿绝缘鞋、穿长袖工作服、戴线手套	3	未佩戴安全帽、穿绝缘鞋、穿长袖工作服，扣 1 分； 安全帽佩戴不规范，扣 0.5 分； 着装不规范，扣 0.5 分； 未戴线手套，扣 1 分		
1.2	安全工器具及安全措施检查	应检查安全工器具、绝缘工器具是否完好，是否在校验合格期内； 检查工作区域围栏是否合格、封闭	3	未检查凳梯、绝缘手套外观是否完好，扣 1 分； 未检查检验标签是否在合格期内，扣 1 分； 未检查围栏非入口处是否封闭，扣 1 分		
1.3	检修环境检查	检查当日工位处温度、湿度情况	1	未检查温度情况，扣 0.5 分； 未检查湿度情况，扣 0.5 分		
1.4	安全文明生产	材料或配件不应发生掉落及随意摆放现象	3	发生工器具及配件掉落现象，每次扣 1 分； 工作现场杂乱无章，检查过程中随意摆放工器具，每次扣 1 分，扣完为止		
2	工作过程及工具使用					
2.1	各种工器具正确使用及准备	熟练正确使用各种工器具，工具、量具、材料准备齐全，摆放整齐	5	未正确使用，一次扣 2 分； 测量调整用的工器具、量具、材料等，每缺少一件扣 1 分； 工具、备件摆放不整齐，扣 1 分； 以上扣分，扣完为止		
2.2	检查新密度继电器	检查新密度继电器校验合格，密封完好，无渗漏油，镜面干净，接点正确； 额定压力、闭锁压力、报警压力与原密度继电器一致	5	未检查，扣 5 分； 检查项目不全，扣 3 分		
2.3	拆除原密度继电器	记录 SF_6 气体压力值，并用 SF_6 检漏仪检漏，确认无 SF_6 气体泄漏； 拔下二次插头； 关闭校验阀阀门，按技术要求缓慢松动表计连接接头，将密度继电器取下	15	未记录 SF_6 压力值，扣 5 分； 未进行检漏，扣 5 分； 拆卸顺序不正确，扣 5 分； 未关闭校验阀，扣 5 分		
2.4	安装新密度继电器	用电吹风风干表计连接接头； 使用无水乙醇清擦三通阀处的密封面，使用新的密封件； 将新密度继电器装上，按技术要求旋紧连接螺栓； 检查密度继电器装上后，接点动作正确	10	未用电吹风风干表计连接接头，扣 3 分； 装复后未校验密度继电器动作接点，扣 5 分； 装复顺序不正确，扣 5 分； 未清擦密封面、使用旧的密封件，扣 5 分		
2.5	检漏仪定性检漏，肥皂泡法检漏	检漏仪探枪离被测点 1～2mm 缓慢移动，确认无 SF_6 气体泄漏，再用肥皂泡法检漏，确认无泄漏，如有疑点，应做好标记，重新装复密度继电器	15	未进行检测，扣 5 分； 检测方法不正确，扣 5 分； 缺少一种检测方法，扣 5 分		

续表

序号	项目名称	质量要求	满分	扣分标准	扣分原因	得分
2.6	装复密度继电器附件	观察并记录 SF_6 压力值，要求与更换前一致； 装上二次插拔插头； 粘贴合格标签	15	未观察 SF_6 压力值，扣 5 分； 未装上二次插拔插头，扣 5 分； 未粘贴合格标签，扣 5 分		
3	现场清理及恢复					
3.1	清理作业现场	工器具、试验仪器收取后摆放整齐，与开工前一致； 设备表面清洁无杂物，作业现场清洁无遗留物品	5	工器具、试验仪器未收取摆放整齐，扣 2 分； 设备表面、工作现场有遗留物，每处扣 2 分，扣完为止		
3.2	设备恢复	设备恢复至检修前状态	5	未恢复至检修前状态，扣 5 分		
4	检修报告填写					
4.1	填写检修报告	正确填写检修报告，用语规范，项目齐全，结论正确	15	检修前检查情况未填写，扣 2 分； 填写不全或不正确，每项扣 1 分； 发现及处理情况未填写，扣 3 分； 缺陷每缺少一项，扣 1 分； 检修结论不正确，扣 2 分； 以上扣分，扣完为止		
合计			100			

Jc0000343003　更换 LW36－126 型断路器辅助开关。(100 分)

考核知识点：断路器辅助开关更换

难易度：难

技能等级评价专业技能考核操作工作任务书

一、任务名称

更换 LW36－126 型断路器辅助开关。

二、适用工种

变电设备检修工高级工。

三、具体任务

（1）工作状态为断路器转检修，工作内容为断路器辅助开关更换。

（2）工作任务。

1）对断路器辅助开关予以更换。

2）进行辅助开关切换测试。

3）填写检修报告。

四、工作规范及要求

（1）要求 1 人操作，由监考人员监护。

（2）工作过程中检查的位置及结果应高声呼唱。

（3）安全文明生产，考生着装规范。

（4）工器具、材料、设备摆放整齐，现场操作熟练、连贯、有序，正确规范地使用工器具及安全用具。

（5）不发生危及人身和设备安全的行为。

（6）操作过程中有需要配合的向监考人员提出，但涉及考试内容的不得提问。

五、考核及时间要求

（1）考核总时间为45分钟。场内实际操作时间为40分钟，如到时未完成应终止。场外检修记录填写时间为5分钟，如到时未完成应终止。若提前完成，向监考人员示意。

（2）参赛选手从进场开始计算时间。

（3）若出现人身伤害或设备危害的操作，监护人员有权制止。

技能等级评价专业技能考核操作评分标准

工种	变电设备检修工					评价等级	高级工
项目模块	断路器检修—断路器小修及维护—断路器辅助开关更换				编号	Jc0000343003	
单位			准考证号			姓名	
考试时限	45分钟		题型	单项操作		题分	100分
成绩		考评员		考评组长		日期	
试题正文	更换 LW36－126型断路器辅助开关						
需要说明的问题和要求	（1）要求1人操作，自行准备必要的工器具。 （2）操作应注意安全，按照技术要求进行、完成。 （3）工作票仅用于确认安全措施布置和确认签字。 （4）控制电源为直流220V电源供电						

序号	项目名称	质量要求	满分	扣分标准	扣分原因	得分
1	安全文明生产					
1.1	着装规范	正确佩戴安全帽、穿绝缘鞋、穿长袖工作服、戴线手套	3	未佩戴安全帽、穿绝缘鞋、穿长袖工作服，扣1分； 安全帽佩戴不规范，扣0.5分； 着装不规范，扣0.5分； 未戴线手套，扣1分		
1.2	安全工器具及安全措施检查	应检查安全工器具、绝缘工器具是否完好，是否在校验合格期内； 检查工作区域围栏是否合格、封闭	3	未检查凳梯、绝缘手套外观是否完好，扣1分； 未检查检验标签是否在合格期内，扣1分； 未检查围栏非入口处是否封闭，扣1分		
1.3	检修环境检查	检查当日工位处温度、湿度情况	1	未检查温度情况，扣0.5分； 未检查湿度情况，扣0.5分		
1.4	安全文明生产	材料或配件不应发生掉落及随意摆放现象	3	发生工器具及配件掉落现象，每次扣1分； 工作现场杂乱无章，检查过程中随意摆放工器具，每次扣1分； 以上扣分，扣完为止		
2	工作过程及工具使用					
2.1	各种工器具正确使用及准备	熟练正确使用各种工器具，工具、量具、材料准备齐全，摆放整齐	5	未正确使用，一次扣2分； 测量调整用的工器具、量具、材料等，每缺少一件扣1分，扣完为止； 工具、备件摆放不整齐，扣1分		
2.2	检测新的辅助开关	正确使用万用表、绝缘摇表检测辅助开关是否合格； 检测辅助开关型号、节点数是否与原有相符； 检测新辅助开关节点切换是否正常，外观有无变形变色	15	未正确使用万用表、绝缘摇表，扣5分； 检测方法不正确或漏项，扣5分； 未检测辅助开关外观，扣5分		
2.3	拆除旧的辅助开关	记录原二次线标号； 拔下二次线插头，如有裸露应用绝缘胶带包扎； 拆除与机构的连接并合理摆放固定件	15	未记录二次线标号，每处扣5分； 未包扎裸露二次线头，每处扣5分； 拆除节混乱摆放，扣5分； 以上扣分，扣完为止		

续表

序号	项目名称	质量要求	满分	扣分标准	扣分原因	得分
2.4	安装新的辅助开关	辅助开关固定牢靠，与机构连接前确定辅助开关位置及角度； 二次接线插头插入可靠	20	固定不牢靠，扣5分； 二次线插头松动，每处扣5分，扣完为止； 辅助开关节点位置角度与开关位置不符合，扣10分		
2.5	就地分合断路器检查辅助开关切换情况	正确使用万用表检测辅助开关常开/常闭节点切换是否合格	10	辅助开关切换不正常或出现损坏，扣10分		
3	现场清理及恢复					
3.1	清理作业现场	工器具、试验仪器收取后摆放整齐，与开工前一致； 设备表面清洁无杂物，作业现场清洁无遗留物品	5	工器具、试验仪器未收取摆放整齐，扣2分； 设备表面、工作现场有遗留物，每处扣2分，扣完为止		
3.2	设备恢复	设备恢复至检修前状态	5	未恢复至检修前状态，扣5分		
4	检修报告填写					
4.1	填写检修报告	正确填写检修报告，用语规范，项目齐全，结论正确	15	检修前检查情况未填写，扣2分； 填写不全或不正确，每项扣1分； 发现及处理情况未填写，扣3分； 缺陷每缺少一项，扣1分； 检修结论不正确，扣2分； 以上扣分，扣完为止		
合计			100			

Jc0000343004　ZN63A－12型真空断路器合闸时间偏大处理。（100分）

考核知识点：断路器机械特性调试

难易度：难

技能等级评价专业技能考核操作工作任务书

一、任务名称

ZN63A－12型真空断路器合闸时间偏大处理。

二、适用工种

变电设备检修工高级工。

三、具体任务

（1）工作状态为断路器转检修，工作内容为ZN63A－12型真空断路器机械特性调试。

（2）工作任务。

1）对断路器合闸时间偏大的相进行调整。

2）进行断路器脱扣电压试验。

3）填写检修报告。

四、工作规范及要求

（1）要求1人操作，由监考人员监护。

（2）工作过程中检查的位置及结果应高声呼唱。

（3）安全文明生产，考生着装规范。

（4）工器具、材料、设备摆放整齐，现场操作熟练、连贯、有序，正确规范地使用工器具及安全用具。

（5）不发生危及人身和设备安全的行为。

（6）操作过程中有需要配合的向监考人员提出，但涉及考试内容的不得提问。

五、考核及时间要求

（1）考核总时间为45分钟。场内实际操作时间为40分钟，如到时未完成应终止。场外检修记录填写时间为5分钟，如到时未完成应终止。若提前完成，向监考人员示意。

（2）参赛选手从进场开始计算时间。

（3）若出现人身伤害或设备危害的操作，监护人员有权制止。

技能等级评价专业技能考核操作评分标准

工种	变电设备检修工				评价等级	高级工
项目模块	断路器检修—断路器大修及更换安装—断路器特性参数测量和调整			编号	Jc0000343004	
单位		准考证号			姓名	
考试时限	45分钟	题型	单项操作		题分	100分
成绩		考评员		考评组长	日期	
试题正文	ZN63A－12型真空断路器合闸时间偏大处理					
需要说明的问题和要求	（1）要求1人操作，自行准备必要的工器具。 （2）操作应注意安全，按照技术要求进行、完成。 （3）工作票仅用于确认安全措施布置和确认签字。 （4）机械特性测试仪由现场提供，断路器机构均为直流220V电源供电，现场应提供后方有调整孔的ZN63A—12断路器					

序号	项目名称	质量要求	满分	扣分标准	扣分原因	得分
1	安全文明生产					
1.1	着装规范	正确佩戴安全帽、穿绝缘鞋、穿长袖工作服、戴线手套	3	未佩戴安全帽、穿绝缘鞋、穿长袖工作服，扣1分； 安全帽佩戴不规范，扣0.5分； 着装不规范，扣0.5分； 未戴线手套，扣1分		
1.2	安全工器具及安全措施检查	应检查安全工器具、绝缘工器具是否完好，是否在校验合格期内； 检查工作区域围栏是否合格、封闭	3	未检查凳梯、绝缘手套外观是否完好，扣1分； 未检查检验标签是否在合格期内，扣1分； 未检查围栏非入口处是否封闭，扣1分		
1.3	检修环境检查	检查当日工位处温度、湿度情况	1	未检查温度情况，扣0.5分； 未检查湿度情况，扣0.5分		
1.4	安全文明生产	材料或配件不应发生掉落及随意摆放现象	3	发生工器具及配件掉落现象，每次扣1分； 工作现场杂乱无章，检查过程中随意摆放工器具，每次扣1分； 以上扣分，扣完为止		
2	工作过程及工具使用					
2.1	各种工器具正确使用及准备	熟练正确使用各种工器具，工具、量具、材料准备齐全，摆放整齐	10	未正确使用，一次扣2分； 测量调整用的工器具、量具、材料等，每缺少一件扣1分，扣完为止； 工具、备件摆放不整齐，扣1分		
2.2	分、合闸时间测试、同期测试、合闸弹跳测试并对合闸时间偏大的相进行调整	正确将仪器黄、绿、红、黑信号线分别接在开关断口上； 把分、合闸控制线接到航空插头对应端子上； 在仪器面板上选择分合方式，完成时间测试； 调整前释放弹簧能量，检查断路器分位； 调整结束后检查螺栓紧固并划紧固线	40	接线不正确，一处扣5分； 测试中接线松脱，一次扣5分； 仪器外壳不可靠接地，扣5分； 不会调整，扣5分； 调整不合格，扣5分； 试验项目不全，扣5分； 调整结束后螺栓未紧固，扣5分； 未划紧固线，扣2分； 以上扣分，扣完为止		

续表

序号	项目名称	质量要求	满分	扣分标准	扣分原因	得分
2.3	脱扣电压动作试验	测量分、合闸线圈脱扣电压并调整间隙： 合闸脱扣器在合闸装置额定电源电压的85%～110%应可靠动作； 并联分闸脱扣器在分闸装置额定电源电压的65%～110%应可靠动作； 当电源电压低于额定电压的30%时，脱扣器不应脱扣	15	未正确使用仪器，扣3分； 测试方法不正确，扣4分； 未做试验或所选择试验项目错误、遗漏，扣4分； 脱扣测试不合格，扣4分		
3	现场清理及恢复					
3.1	清理作业现场	工器具、试验仪器收取后摆放整齐，与开工前一致； 设备表面清洁无杂物，作业现场清洁无遗留物品	5	工器具、试验仪器未收取摆放整齐，扣2分； 设备表面、工作现场有遗留物，每处扣2分，扣完为止		
3.2	设备恢复	设备恢复至检修前状态	5	未恢复至检修前状态，扣5分		
4	检修报告填写					
4.1	填写检修报告	正确填写检修报告，用语规范，项目齐全，结论正确	15	检修前检查情况未填写，扣2分； 填写不全或不正确，每项扣1分； 发现及处理情况未填写，扣3分； 缺陷每缺少一项，扣1分； 检修结论不正确，扣2分； 以上扣分，扣完为止		
合计			100			

Jc0000343005　新安装LW25－126型断路器的验收。（100分）

考核知识点：瓷柱式断路器验收

难易度：难

技能等级评价专业技能考核操作工作任务书

一、任务名称

新安装LW25－126型断路器的验收。

二、适用工种

变电设备检修工高级工。

三、具体任务

（1）工作状态为断路器转检修，工作内容新安装LW25－126型断路器的验收。

（2）工作任务。

1）检查断路器试验报告项目是否齐全，数据是否符合技术要求。

2）检查断路器外观、机构是否完整。

3）进行功能性测试。

4）填写检修报告。

四、工作规范及要求

（1）要求1人操作，由监考人员监护。

（2）工作过程中检查的位置及结果应高声呼唱。

（3）安全文明生产，考生着装规范。

（4）工器具、材料、设备摆放整齐，现场操作熟练、连贯、有序，正确规范地使用工器具及安全

用具。

（5）不发生危及人身和设备安全的行为。

（6）操作过程中有需要配合的向监考人员提出，但涉及考试内容的不得提问。

五、考核及时间要求

（1）考核总时间为45分钟。场内实际操作时间为40分钟，如到时未完成应终止。场外检修记录填写时间为5分钟，如到时未完成应终止。若提前完成，向监考人员示意。

（2）参赛选手从进场开始计算时间。

（3）若出现人身伤害或设备危害的操作，监护人员有权制止。

技能等级评价专业技能考核操作评分标准

工种	变电设备检修工					评价等级	高级工
项目模块	断路器检修—断路器大修及更换安装—断路器的整体验收				编号	Jc0000343005	
单位			准考证号			姓名	
考试时限	45分钟		题型	单项操作		题分	100分
成绩		考评员		考评组长		日期	
试题正文	新安装LW25－126型断路器的验收						
需要说明的问题和要求	（1）要求1人操作，自行准备必要的工器具。 （2）操作应注意安全，按照技术要求进行、完成。 （3）工作票仅用于确认安全措施布置和确认签字						

序号	项目名称	质量要求	满分	扣分标准	扣分原因	得分
1	安全文明生产					
1.1	着装规范	正确佩戴安全帽、穿绝缘鞋、穿长袖工作服、戴线手套	3	未佩戴安全帽、穿绝缘鞋、穿长袖工作服，扣1分； 安全帽佩戴不规范，扣0.5分； 着装不规范，扣0.5分； 未戴线手套，扣0.5分		
1.2	安全工器具及安全措施检查	应检查安全工器具、绝缘工器具是否完好，是否在校验合格期内； 检查工作区域围栏是否合格、封闭	3	未检查凳梯、绝缘手套外观是否完好，扣1分； 未检查检验标签是否在合格期内，扣1分； 未检查围栏非入口处是否封闭，扣1分		
1.3	检修环境检查	检查当日工位处温度、湿度情况	1	未检查温度情况，扣0.5分； 未检查湿度情况，扣0.5分		
1.4	安全文明生产	材料或配件不应发生掉落及随意摆放现象	3	发生工器具及配件掉落现象，每次扣1分； 工作现场杂乱无章，检查过程中随意摆放工器具，每次扣1分； 以上扣分，扣完为止		
2	工作过程及工具使用					
2.1	各种工器具正确使用及准备	熟练正确使用各种工器具，工具、量具、材料准备齐全，摆放整齐	10	未正确使用，一次扣2分； 测量调整用的工器具、量具、材料等，每缺少一件扣1分，扣完为止； 工具、备件摆放不整齐，扣1分		
2.2	断路器动作检查	确定断路器机构及周围无人工作； 给上控制电源、储能电源，就地进行断路器电动分合； 查看储能指示、分合指示、辅助开关、行程开关切换是否正常	15	未确定断路器机构及周围无人工作，扣5分； 操作断路器无人监护，扣5分； 未查看储能指示、分合指示、辅助开关、行程开关切换是否正常，每处扣2分，扣完为止		
2.3	试验报告检查	检查试验项目是否齐全； 检查试验数据是否符合技术要求	15	项目不齐全，每处扣5分； 不符合技术要求，每处扣5分； 以上扣分，扣完为止		

续表

序号	项目名称	质量要求	满分	扣分标准	扣分原因	得分
2.4	断路器信号核对	断路器 SF_6 低气压报警、闭锁、弹簧未储能、储能超时，分、合闸位置信号应可靠上传后台且正确； SF_6 信号应采用三通阀放气形式核对； 测试低气压闭锁功能	25	未进行信号核对，扣 25 分； 信号核对不正确，扣 5 分； 未采用放气方式核对，扣 5 分； 未进行闭锁功能测试，扣 5 分		
3	现场清理及恢复					
3.1	清理作业现场	工器具、试验仪器收取后摆放整齐，与开工前一致； 设备表面清洁无杂物，作业现场清洁无遗留物品	5	工器具、试验仪器未收取摆放整齐，扣 2 分； 设备表面、工作现场有遗留物，每处扣 2 分，扣完为止		
3.2	设备恢复	设备恢复至检修前状态	5	未恢复至检修前状态，扣 5 分		
4	检修报告填写					
4.1	填写检修报告	正确填写检修报告，用语规范，项目齐全，结论正确	15	检修前检查情况未填写，扣 2 分； 填写不全或不正确，每项扣 1 分； 发现及处理情况未填写，扣 3 分； 缺陷每缺少一项，扣 1 分； 检修结论不正确，扣 2 分； 以上扣分，扣完为止		
合计			100			

Jc0000343006　LW6A－110 型断路器 SF_6 气体充装和回收。（100 分）

考核知识点：SF_6 气体充装和回收

难易度：难

技能等级评价专业技能考核操作工作任务书

一、任务名称

LW6A－110 型断路器 SF_6 气体充装和回收。

二、适用工种

变电设备检修工高级工。

三、具体任务

（1）工作状态为断路器转检修，LW6A－110 型断路器 SF_6 气体充装和回收。

（2）工作任务。

1）断路器单相灭弧室气体回收。

2）断路器单相灭弧室气体充装。

3）填写检修报告。

四、工作规范及要求

（1）要求 1 人操作，由监考人员监护。

（2）工作过程中检查的位置及结果应高声呼唱。

（3）安全文明生产，考生着装规范。

（4）工器具、材料、设备摆放整齐，现场操作熟练、连贯、有序，正确规范地使用工器具及安全用具。

（5）不发生危及人身和设备安全的行为。

（6）操作过程中有需要配合的向监考人员提出，但涉及考试内容的不得提问。

五、考核及时间要求

（1）考核总时间为45分钟。场内实际操作时间为40分钟，如到时未完成应终止。场外检修记录填写时间为5分钟，如到时未完成应终止。若提前完成，向监考人员示意。

（2）参赛选手从进场开始计算时间。

（3）若出现人身伤害或设备危害的操作，监护人员有权制止。

技能等级评价专业技能考核操作评分标准

工种	变电设备检修工					评价等级	高级工
项目模块	断路器检修—断路器故障及处理—故障断路器 SF_6 气体回收				编号	Jc0000343006	
单位				准考证号		姓名	
考试时限	45分钟		题型	单项操作		题分	100分
成绩		考评员		考评组长		日期	
试题正文	LW6A－110型断路器 SF_6 气体充装和回收						
需要说明的问题和要求	（1）要求1人操作，自行准备必要的工器具。 （2）操作应注意安全，按照技术要求进行、完成，SF_6 防护用具可用简易防毒面具代替。 （3）工作票仅用于确认安全措施布置和确认签字。 （4）控制电源为直流220V电源供电，回收装置和充装设备现场提供						

序号	项目名称	质量要求	满分	扣分标准	扣分原因	得分
1	安全文明生产					
1.1	着装规范	正确佩戴安全帽、穿绝缘鞋、穿长袖工作服、戴线手套	3	未佩戴安全帽、穿绝缘鞋、穿长袖工作服，扣1分； 安全帽佩戴不规范，扣0.5分； 着装不规范，扣0.5分； 未戴线手套，扣1分		
1.2	安全工器具及安全措施检查	应检查安全工器具、绝缘工器具是否完好，是否在校验合格期内； 检查工作区域围栏是否合格、封闭	3	未检查凳梯、绝缘手套外观是否完好，扣1分； 未检查检验标签是否在合格期内，扣1分； 未检查围栏非入口处是否封闭，扣1分		
1.3	检修环境检查	检查当日工位处温度、湿度情况	1	未检查温度情况，扣0.5分； 未检查湿度情况，扣0.5分		
1.4	安全文明生产	材料或配件不应发生掉落及随意摆放现象	3	发生工器具及配件掉落现象，每次扣1分； 工作现场杂乱无章，检查过程中随意摆放工器具，每次扣1分； 以上扣分，扣完为止		
2	工作过程及工具使用					
2.1	各种工器具正确使用及准备	熟练正确使用各种工器具，工具、量具、材料准备齐全，摆放整齐	5	未正确使用，一次扣2分； 测量调整用的工器具、量具、材料等，每缺少一件扣1分； 工具、备件摆放不整齐，扣1分； 以上扣分，扣完为止		
2.2	个人 SF_6 安全防护	工作时注意通风，进行回收操作时工作人员应站在上风侧，室内作业时应开启通风排气装置； 作业人员应严格按照有关要求，做好防护措施，以防气体中毒	10	未按要求做好个人防护，扣5分； 未开启室内通风装置，扣5分		
2.3	回收装置电源接入及检查	使用 SF_6 气体回收装置专用电源线和连接插把，检查电源线连接正确，接地线可靠接地	15	装置未接地，扣5分； 电源线连接操作不正确或连接错误，扣5分； 未检查回收装置外观、压缩机等油位，扣5分		

续表

序号	项目名称	质量要求	满分	扣分标准	扣分原因	得分
2.4	对断路器A相进行SF_6气体回收及抽真空	连接回收装置与SF_6设备的管路，按装置面板上的流程图的规定和顺序进行； SF_6设备回收至零表压及以下可开始抽真空； 抽真空要求真空至133Pa以下并继续抽真空30min，停泵30min，记录真空度（A），再隔5h，读真空度（B），若（B）－（A）<133Pa，则可认为合格，否则应进行处理并重新抽真空至合格为止	15	管路连接不可靠，扣5分； 未回收至零表压及以下就开启抽真空，扣5分； 抽真空合格要求不清楚，扣5分		
2.5	使用SF_6气瓶回充气体	检查SF_6气体的合格证及气体管理中心的检测报告； 采用液相法充气（将钢瓶放倒，底部垫高约30°），使钢瓶的出口处于液相； 气体充气至额定压力；充气装置中的软管和电气设备的充气接头应连接可靠，管路接头连接后抽真空进行密封性检查； 回充压力应合格	20	未检查合格证及报告，扣5分； 充气的方法不规范，扣5分； 气体压力为充至额定值以上，扣5分； 未检查管路密封，扣5分		
3	现场清理及恢复					
3.1	清理作业现场	工器具、试验仪器收取后摆放整齐，与开工前一致； 设备表面清洁无杂物，作业现场清洁无遗留物品	5	工器具、试验仪器未收取摆放整齐，扣2分； 设备表面、工作现场有遗留物，每处扣2分，扣完为止		
3.2	设备恢复	设备恢复至检修前状态	5	未恢复至检修前状态，扣5分		
4	检修报告填写					
4.1	填写检修报告	正确填写检修报告，用语规范，项目齐全，结论正确	15	检修前检查情况未填写，扣2分； 填写不全或不正确，每项扣1分； 发现及处理情况未填写，扣3分； 缺陷每缺少一项，扣1分； 检修结论不正确，扣2分； 以上扣分，扣完为止		
合计			100			

Jc0000342007　更换LW6A－110型断路器油泵。（100分）

考核知识点：断路器液压机构油泵更换

难易度：中

技能等级评价专业技能考核操作工作任务书

一、任务名称

更换LW6A－110型断路器油泵。

二、适用工种

变电设备检修工高级工。

三、具体任务

（1）工作状态为断路器转检修，工作内容为更换LW6A－110型断路器油泵。

（2）工作任务。

1）对断路器油泵予以更换。

2）进行液压机构建压测试。

3）填写检修报告。

四、工作规范及要求

（1）要求1人操作，由监考人员监护。

（2）工作过程中检查的位置及结果应高声呼唱。

（3）安全文明生产，考生着装规范。

（4）工器具、材料、设备摆放整齐，现场操作熟练、连贯、有序，正确规范地使用工器具及安全用具。

（5）不发生危及人身和设备安全的行为。

（6）操作过程中有需要配合的向监考人员提出，但涉及考试内容的不得提问。

五、考核及时间要求

（1）考核总时间为45分钟。场内实际操作时间为40分钟，如到时未完成应终止。场外检修记录填写时间为5分钟，如到时未完成应终止。若提前完成，向监考人员示意。

（2）参赛选手从进场开始计算时间。

（3）若出现人身伤害或设备危害的操作，监护人员有权制止。

技能等级评价专业技能考核操作评分标准

工种	变电设备检修工				评价等级	高级工
项目模块	断路器检修—断路器缺陷及故障处理—能对操动机构的异常现象进行诊断确认			编号	Jc0000342007	
单位		准考证号			姓名	
考试时限	45分钟	题型	单项操作		题分	100分
成绩		考评员		考评组长		日期	
试题正文	更换LW6A－110型断路器油泵					
需要说明的问题和要求	（1）要求1人操作，自行准备必要的工器具。 （2）操作应注意安全，按照技术要求进行、完成。 （3）工作票仅用于确认安全措施布置和确认签字。 （4）控制电源为直流220V电源供电					

序号	项目名称	质量要求	满分	扣分标准	扣分原因	得分
1	安全文明生产					
1.1	着装规范	正确佩戴安全帽、穿绝缘鞋、穿长袖工作服、戴线手套	3	未佩戴安全帽、穿绝缘鞋、穿长袖工作服，扣1分； 安全帽佩戴不规范，扣0.5分； 着装不规范，扣0.5分； 未戴线手套，扣1分		
1.2	安全工器具及安全措施检查	应检查安全工器具、绝缘工器具是否完好，是否在校验合格期内； 检查工作区域围栏是否合格、封闭	3	未检查凳梯、绝缘手套外观是否完好，扣1分； 未检查检验标签是否在合格期内，扣1分； 未检查围栏非入口处是否封闭，扣1分		
1.3	检修环境检查	检查当日工位处温度、湿度情况	1	未检查温度情况，扣0.5分； 未检查湿度情况，扣0.5分		
1.4	安全文明生产	材料或配件不应发生掉落及随意摆放现象	3	发生工器具及配件掉落现象，每次扣1分，扣完为止； 工作现场杂乱无章，检查过程中随意摆放工器具，扣1分		

续表

序号	项目名称	质量要求	满分	扣分标准	扣分原因	得分
2	工作过程及工具使用					
2.1	各种工器具正确使用及准备	熟练正确使用各种工器具，工具、量具、材料准备齐全，摆放整齐	5	未正确使用，一次扣2分； 测量调整用的工器具、量具、材料等，每缺少一件扣1分； 工具、备件摆放不整齐，扣1分； 以上扣分，扣完为止		
2.2	检查新油泵	油泵应无锈蚀、变形、卡涩，动作灵活； 金属密封部位（含合金密封件）完好，密封线、面完好无损，密封性能良好，螺栓紧固	5	未检查新油泵，扣5分； 新油泵检查不完全，扣3分；		
2.3	更换油泵	提前将油箱里的液压油引流至油桶中并防止液压油滴落在电机上； 油泵拆除安装均不应戴手套操作； 油泵转轴与电机转轴应中心线一致； 高低压油管安装应可靠对接后方可紧固； 油泵安装完成应给油箱里加液压油； 最后应将机构箱多余的液压油清擦干净； 检查油泵固定螺栓是否紧固，弹垫平垫是否齐全	30	未提前将液压油引流至油桶，扣5分； 油泵更换时戴手套操作，扣10分； 未可靠对接油管及紧固，扣5分； 安装完成后未给油箱加油，扣5分； 未将机构箱多余的液压油清擦干净，扣5分； 未查看油泵转轴与电机转轴是否中心线一致，扣5分		
2.4	尝试建立液压压力	电机转动时不应对机构进行任何操作； 应打开油泵排气孔进行排气； 油泵高低压管路应无渗漏； 压力应可以建立至额定压力补压及零启打压时间测试，符合产品技术规定； 打压停机后无油泵反转和皮带松动现象	15	电机转动时对机构进行操作，扣5分； 未打开排气孔排气，扣5分； 高低压管路有渗漏，扣5分		
2.5	断路器进行额定压力下的电动分、合闸测试	分、合闸测试后检查管路是否有渗漏； 油泵是否能够可靠启动	10	有渗漏，扣5分； 油泵固定不牢靠，扣5分		
3	现场清理及恢复					
3.1	清理作业现场	工器具、试验仪器收取后摆放整齐，与开工前一致； 设备表面清洁无杂物，作业现场清洁无遗留物品	5	工器具、试验仪器未收取摆放整齐，扣2分； 设备表面、工作现场有遗留物，每处扣2分，扣完为止		
3.2	设备恢复	设备恢复至检修前状态	5	未恢复至检修前状态，扣5分		
4	检修报告填写					
4.1	填写检修报告	正确填写检修报告，用语规范，项目齐全，结论正确	15	检修前检查情况未填写，扣2分； 填写不全或不正确，每项扣1分； 发现及处理情况未填写，扣3分； 缺陷每缺少一项，扣1分； 检修结论不正确，扣2分； 以上扣分，扣完为止		
合计			100			

Jc0000343008　更换 LW25－126 型断路器 A 相灭弧室。（100 分）

考核知识点：更换断路器灭弧室

难易度：难

技能等级评价专业技能考核操作工作任务书

一、任务名称

更换 LW25－126 型断路器 A 相灭弧室。

二、适用工种

变电设备检修工高级工。

三、具体任务

（1）工作状态为断路器转检修，工作内容为更换 LW25－126 型断路器 A 相灭弧室。

（2）工作任务。

1）对断路器 A 相灭弧室进行更换。

2）进行 SF_6 气体回收和充装。

3）进行断路器机械特性试验。

4）填写检修报告。

四、工作规范及要求

（1）要求 5 人操作，由监考人员监护。

（2）工作过程中检查的位置及结果应高声呼唱。

（3）安全文明生产，考生着装规范。

（4）工器具、材料、设备摆放整齐，现场操作熟练、连贯、有序，正确规范地使用工器具及安全用具。

（5）不发生危及人身和设备安全的行为。

（6）操作过程中有需要配合的向监考人员提出，但涉及考试内容的不得提问。

五、考核及时间要求

（1）考核总时间为 45 分钟。场内实际操作时间为 40 分钟，如到时未完成应终止。场外检修记录填写时间为 5 分钟，如到时未完成应终止。若提前完成，向监考人员示意。

（2）参赛选手从进场开始计算时间。

（3）若出现人身伤害或设备危害的操作，监护人员有权制止。

技能等级评价专业技能考核操作评分标准

工种	变电设备检修工				评价等级	高级工
项目模块	断路器检修—断路器大修及更换安装—断路器整体的拆卸、安装			编号	Jc0000343008	
单位		准考证号			姓名	
考试时限	45 分钟	题型	单项操作		题分	100 分
成绩		考评员		考评组长	日期	
试题正文	更换 LW25－126 型断路器 A 相灭弧室					
需要说明的问题和要求	（1）要求至少 5 人操作，自行准备必要的工器具。 （2）操作应注意安全，按照技术要求进行、完成。 （3）工作票仅用于确认安全措施布置和确认签字。 （4）控制电源为直流 220V 电源供电					

序号	项目名称	质量要求	满分	扣分标准	扣分原因	得分
1	安全文明生产					
1.1	着装规范	正确佩戴安全帽、穿绝缘鞋、穿长袖工作服、戴线手套	3	未佩戴安全帽、穿绝缘鞋、穿长袖工作服，扣 1 分； 安全帽佩戴不规范，扣 0.5 分； 着装不规范，扣 0.5 分； 未戴线手套，扣 1 分		
1.2	安全工器具及安全措施检查	应检查安全工器具、绝缘工器具是否完好，是否在校验合格期内； 检查工作区域围栏是否合格、封闭	3	未检查凳梯、绝缘手套外观是否完好，扣 1 分； 未检查检验标签是否在合格期内，扣 1 分； 未检查围栏非入口处是否封闭，扣 1 分		

续表

序号	项目名称	质量要求	满分	扣分标准	扣分原因	得分
1.3	检修环境检查	检查当日工位处温度、湿度情况	1	未检查温度情况，扣0.5分； 未检查湿度情况，扣0.5分		
1.4	安全文明生产	材料或配件不应发生掉落及随意摆放现象	3	发生工器具及配件掉落现象，每次扣1分； 工作现场杂乱无章，检查过程中随意摆放工器具，每次扣1分； 以上扣分，扣完为止		
2	工作过程及工具使用					
2.1	各种工器具正确使用及准备	熟练正确使用各种工器具，工具、量具、材料准备齐全，摆放整齐	5	未正确使用，一次扣2分； 测量调整用的工器具、量具、材料等，每缺少一件扣1分； 工具、备件摆放不整齐，扣1分； 以上扣分，扣完为止		
2.2	SF_6个人防护及现场监护	气室开启应佩戴防毒面具或正压式呼吸器； 吊装时应设专责监护人	5	未按要求做好个人SF_6防护，扣5分； 未设置专责监护人，扣5分		
2.3	灭弧室气体回收	先回收SF_6气体； 关闭ABC三相气室气体管路阀门； 打开气室SF_6管路后，应先开启强排通风装置15min后，监测工作区域空气中SF_6气体含量不得超过1000μL/L，含氧量大于18%，方可进入，工作过程中应当保持通风装置运转	10	未回收SF_6气体，扣10分； 未按要求排风检测氧含量，扣10分； 未关闭A相气室管路阀门，扣5分		
2.4	灭弧室拆除	拆下灭弧室引流线必须固定绑扎牢靠，并与周围带电体保持安全距离； 选用合适的吊装设备和正确的吊点，设置揽风绳控制方向，并设专人指挥； 起吊前确认连接件已拆除，对接密封面已脱胶； 吊起后再拆除固定螺栓； 灭弧室应水平放置于地面并固定； 吊装应设置专责监护人	15	未选用合适的吊装设备和正确的吊点，扣5分； 起吊前未确认拉杆、固定螺栓等连接件拆除，扣5分； 对接密封面已脱胶未检查，扣5分； 灭弧室放置不合理，扣5分； 未吊起就拆除固定螺栓，扣5分； 灭弧室引流线未固定，扣5分		
2.5	灭弧室安装	选用合适的吊装设备和正确的吊点，设置揽风绳控制方向，并设专人指挥； 固定后应首先紧固固定螺栓，再进行气体管路及连接件的安装； 吊装应设置专责监护人； 灭弧室固定后再松吊绳； 恢复引流线安装	10	未选用合适的吊装设备和正确的吊点，扣5分； 未先固定灭弧室，扣5分； 未连接气体管路和连接件，扣5分； 未固定就松吊绳，扣5分		
2.6	进行新灭弧室抽真空及使用SF_6气瓶回充气体	检查SF_6气体的合格证及气体管理中心的检测报告； 采用液相法充气（将钢瓶放倒，底部垫高约30°），使钢瓶的出口处于液相； 气体充气至额定压力； 充气装置中的软管和电气设备的充气接头应连接可靠，管路接头连接后抽真空进行密封性检查； 注气完成后恢复原管路连接，打开BC相阀门	10	未检查合格证及报告，扣5分； 充气的方法不规范，扣5分； 气体压力为充至额定值以上，扣5分； 未检查管路密封，扣5分； 抽真空不合格，扣5分； 未打开BC相阀门，扣5分		
2.7	机械特性测试与调整	测试断路器，合闸脱扣器在合闸装置额定电源电压的85%～110%即187V应可靠动作； 并联分闸脱扣器在分闸装置额定电源电压的65%～110%（直流）即143V应可靠动作； 当电源电压低于额定电压的30%时，即66V脱扣器不应脱扣，记录测试值； 测量分、合闸时间、不同期，时间符合技术要求	10	未正确使用仪器、仪表，扣2分； 测试方法不正确，扣4分； 未做试验或所选择试验项目错误、遗漏，扣4分		

续表

序号	项目名称	质量要求	满分	扣分标准	扣分原因	得分
3	现场清理及恢复					
3.1	清理作业现场	工器具、试验仪器收取后摆放整齐，与开工前一致； 设备表面清洁无杂物，作业现场清洁无遗留物品	5	工器具、试验仪器未收取摆放整齐，扣2分； 设备表面、工作现场有遗留物，每处扣2分，扣完为止		
3.2	设备恢复	设备恢复至检修前状态	5	未恢复至检修前状态，扣5分		
4	检修报告填写					
4.1	填写检修报告	正确填写检修报告，用语规范，项目齐全，结论正确	15	检修前检查情况未填写，扣2分； 填写不全或不正确，每项扣1分； 发现及处理情况未填写，扣3分； 缺陷每缺少一项，扣1分； 检修结论不正确，扣2分； 以上扣分，扣完为止		
合计			100			

Jc0000343009　GW4－126D 型隔离开关出线座解体检修和组装。(100 分)

考核知识点：隔离开关出线座解体检修和组装

难易度：难

技能等级评价专业技能考核操作工作任务书

一、任务名称

GW4－126D 型隔离开关出线座解体检修和组装。

二、适用工种

变电设备检修工高级工。

三、具体任务

(1) 工作状态为隔离开关转检修，工作内容为 GW4－126D 型隔离开关出线座解体检修和组装。

(2) 工作任务。

1) 现场对 GW4－126D 型隔离开关出线座进行解体检修和组装。

2) 检修注意细节以及安全注意事项。

3) 填写检修报告。

四、工作规范及要求

(1) 要求 1 人操作，由监考人员监护。

(2) 工作过程中检查的位置及结果应高声呼唱。

(3) 安全文明生产，考生着装规范。

(4) 工器具、材料、设备摆放整齐，现场操作熟练、连贯、有序，正确规范地使用工器具及安全用具。

(5) 不发生危及人身和设备安全的行为。

(6) 操作过程中有需要配合的向监考人员提出，但涉及考试内容的不得提问。

五、考核及时间要求

(1) 考核总时间为 45 分钟。场内实际操作时间为 40 分钟，如到时未完成应终止。场外检修记录填写时间为 5 分钟，如到时未完成应终止。若提前完成，向监考人员示意。

(2) 参赛选手从进场开始计算时间。

(3) 若出现人身伤害或设备危害的操作，监护人员有权制止。

技能等级评价专业技能考核操作评分标准

工种	变电设备检修工			评价等级	高级工
项目模块	隔离开关检修—隔离开关大修及更换安装—隔离开关导电回路的解体检修			编号	Jc0000343009
单位		准考证号		姓名	
考试时限	45 分钟	题型	单项操作	题分	100 分
成绩	考评员		考评组长	日期	
试题正文	GW4－126D 型隔离开关出线座解体检修和组装				
需要说明的问题和要求	（1）要求 1 人操作，自行准备必要的工器具。 （2）操作应注意安全，按照技术要求进行、完成。 （3）工作票仅用于确认安全措施布置和确认签字。 （4）现场准备 1 台备用的刀闸进行解体和组装，不在已安装刀闸上进行				

序号	项目名称	质量要求	满分	扣分标准	扣分原因	得分
1	安全文明生产					
1.1	着装规范	正确佩戴安全帽、穿绝缘鞋、穿长袖工作服、戴线手套	3	未佩戴安全帽、穿绝缘鞋、穿长袖工作服，扣 1 分； 安全帽佩戴不规范，扣 0.5 分； 着装不规范，扣 0.5 分； 未戴线手套，扣 1 分		
1.2	安全工器具及安全措施检查	应检查安全工器具、绝缘工器具是否完好，是否在校验合格期内； 检查工作区域围栏是否合格、封闭	3	未检查凳梯、绝缘手套外观是否完好，扣 1 分； 未检查检验标签是否在合格期内，扣 1 分； 未检查围栏非入口处是否封闭，扣 1 分		
1.3	检修环境检查	检查当日工位处温度、湿度情况	1	未检查温度情况，扣 0.5 分； 未检查湿度情况，扣 0.5 分		
1.4	安全文明生产	材料或配件不应发生掉落及随意摆放现象	3	发生工器具及配件掉落现象，每次扣 1 分； 工作现场杂乱无章，检查过程中随意摆放工器具，每次扣 1 分； 以上扣分，扣完为止		
2	工作过程及工具使用					
2.1	各种工器具正确使用及准备	熟练正确使用各种工器具，工具、量具、材料准备齐全，摆放整齐	5	未正确使用，一次扣 2 分； 测量调整用的工器具、量具、材料等，每缺少一件扣 1 分； 工具、备件摆放不整齐，扣 1 分； 以上扣分，扣完为止		
2.2	检修前设备外部检查	绝缘子完整情况； 瓷、铁浇筑连接情况，接线座防雨罩情况； 传动连杆及连接头部分； 接地刀闸及机械闭锁等外部情况是否良好； 主刀闸分闸张角是否 90°±1°，三相是否一致	5	未检查，扣 5 分； 缺一项，扣 5 分，扣完为止		
2.3	手动、电动试操作	对主刀闸进行分、合闸 5 次操作； 合上操作电源，将操动机构上电控开关手柄打在“近控”位置，对主刀闸进行二次操作	5	手动操作时未仔细观察各运动部分动作情况，扣 2 分； 对电动操作不熟悉，扣 1 分； 电动操作时，未仔细观察各运动部分动作情况，未做好记录，扣 1 分； 未做好记录，扣 1 分		

续表

序号	项目名称	质量要求	满分	扣分标准	扣分原因	得分
2.4	出线座分解	拆除底座与出线座相连的螺栓，抽出底座； 拆除出线座与导电带间螺栓，抽出导电杆，取下导电带、罩； 拆除导电杆与导电带相连的螺栓或螺钉，取下导电带或复合轴套	15	拆解方法不对，扣5分； 损坏零件，扣3分； 工器具使用不当，每次扣3分； 拆解时高空坠物，每次扣5分； 以上扣分，扣完为止		
2.5	出线座检查	检查夹板有无损伤，与导电杆的导电接触面有无氧化、过热，用00号砂布除去其与导电接触面的氧化层，对有严重过热或损伤的应予以更换； 检查软铜导电带是否有过热、烧伤、折断现象，对其接触面用00号砂布除去其与导电接触面的氧化层，对有严重过热或损伤的应予以更换； 检查导电杆上的导电接触面有无氧化、过热及烧伤，用00号砂布除去导电接触面的氧化层，对有严重过热或损伤的应予以更换，检查导电杆上连接软铜导电带的内螺纹有无损伤，如损坏应用丝锥套攻； 检查出线座与导电管的接触面有无氧化、过热、烧伤，用00号砂布除去导电接触面氧化层，检查座体连接软铜导电带的内螺纹有无损坏，如损坏应用丝锥套攻	20	夹板完好，与导电管的接触面应无氧化层，无过热、损伤，如不处理，扣5分； 软铜导电带完好，无烧伤、过热现象，其断裂不超过总截面的10%，如不处理，扣5分； 导电杆的导电接触面完好，无氧化层、无过热、损伤，连接软铜导电带的内螺纹完好，如不处理，扣5分； 出线座与导电管接触面无氧化、过热、烧伤，连接软铜导电带的螺孔完好，如不处理，扣5分		
2.6	出线座装复	按分解时的相反顺序装复，并注意以下几点： 用清洗剂清洗所有零部件，待干后，在所有导电接触面涂导电脂； 对用于潮湿地区的产品，装复时所使用的螺栓应为不锈钢质或选用热镀锌螺栓，开口销应更换； 对使用复合轴套产品，应更换复合轴套； 软铜导电带装复时必须注意按原旋转方向进行安装，并将螺钉拧紧，装复后，手力转动检查导电杆是否灵活，软铜导电带的旋转方向是否正确； 检查所有连接件是否紧固	15	各零部件完好，清洁，如不清洗，扣5分； 连接、紧固螺栓完好，如不检查更换，扣5分； 软铜导电带安装的旋转方式无误，与触指臂装配的出线座的软铜导电带要沿导电杆逆时针旋绕，与触头臂装配的接线座的软铜导电带要沿导电杆顺时针旋绕，且导电杆能在90°范围内灵活转动、无卡涩，如不按要求每项扣5分； 连接螺栓（钉）紧固、完好，如未紧固，扣5分		
3	现场清理及恢复					
3.1	清理作业现场	工器具、试验仪器收取后摆放整齐，与开工前一致； 设备表面清洁无杂物，作业现场清洁无遗留物品	5	工器具、试验仪器未收取摆放整齐，扣2分； 设备表面、工作现场有遗留物，每处扣2分，扣完为止		
3.2	设备恢复	设备恢复至检修前状态	5	未恢复至检修前状态，扣5分		
4	检修报告填写					
4.1	填写检修报告	正确填写检修报告，用语规范，项目齐全，结论正确	15	检修前检查情况未填写，扣2分； 填写不全或不正确，每项扣1分； 发现及处理情况未填写，扣3分； 缺陷每缺少一项，扣1分； 检修结论不正确，扣2分； 以上扣分，扣完为止		
合计			100			

Jc0000343010　GW4－126D 型隔离开关整体调试。（100 分）

考核知识点： 隔离开关整体调试及试验

难易度： 难

技能等级评价专业技能考核操作工作任务书

一、任务名称

GW4－126D 型隔离开关整体调试。

二、适用工种

变电设备检修工高级工。

三、具体任务

（1）工作状态为隔离开关转检修，工作内容为 GW4－126D 型隔离开关整体调试。

（2）工作任务。

1）现场 GW4－126D 型隔离开关整体调试。

2）工作过程中不准出现人身、设备事故，应先进行危险点分析及预控。

3）填写检修报告。

四、工作规范及要求

（1）要求 2 人操作，由监考人员监护。

（2）工作过程中检查的位置及结果应高声呼唱。

（3）安全文明生产，考生着装规范。

（4）工器具、材料、设备摆放整齐，现场操作熟练、连贯、有序，正确规范地使用工器具及安全用具。

（5）不发生危及人身和设备安全的行为。

（6）操作过程中有需要配合的向监考人员提出，但涉及考试内容的不得提问。

五、考核及时间要求

（1）考核总时间为 45 分钟。场内实际操作时间为 40 分钟，如到时未完成应终止。场外检修记录填写时间为 5 分钟，如到时未完成应终止。若提前完成，向监考人员示意。

（2）参赛选手从进场开始计算时间。

（3）若出现人身伤害或设备危害的操作，监护人员有权制止。

技能等级评价专业技能考核操作评分标准

工种	变电设备检修工			评价等级	高级工
项目模块	隔离开关检修—隔离开关小修及维护—隔离开关整组调试		编号	Jc0000343010	
单位		准考证号		姓名	
考试时限	45 分钟	题型	单项操作	题分	100 分
成绩	考评员		考评组长	日期	
试题正文	GW4－126D 型隔离开关整体调试				
需要说明的问题和要求	（1）要求 2 人一组操作，自行准备必要的工器具。 （2）操作应注意安全，按照技术要求进行、完成。 （3）工作票仅用于确认安全措施布置和确认签字				

序号	项目名称	质量要求	满分	扣分标准	扣分原因	得分
1	安全文明生产					
1.1	着装规范	正确佩戴安全帽、穿绝缘鞋、穿长袖工作服、戴线手套	3	未佩戴安全帽、穿绝缘鞋、穿长袖工作服，扣 1 分； 安全帽佩戴不规范，扣 0.5 分； 着装不规范，扣 0.5 分； 未戴线手套，扣 1 分		
1.2	安全工器具及安全措施检查	应检查安全工器具、绝缘工器具是否完好，是否在校验合格期内； 检查工作区域围栏是否合格、封闭	3	未检查凳梯、绝缘手套外观是否完好，扣 1 分； 未检查检验标签是否在合格期内，扣 1 分； 未检查围栏非入口处是否封闭，扣 1 分		

续表

序号	项目名称	质量要求	满分	扣分标准	扣分原因	得分
1.3	检修环境检查	检查当日工位处温度、湿度情况	1	未检查温度情况，扣0.5分； 未检查湿度情况，扣0.5分		
1.4	安全文明生产	材料或配件不应发生掉落及随意摆放现象	3	发生工器具及配件掉落现象，每次扣1分； 工作现场杂乱无章，检查过程中随意摆放工器具，每次扣1分； 以上扣分，扣完为止		
2	工作过程及工具使用					
2.1	各种工器具正确使用及准备	熟练正确使用各种工器具，工具、量具、材料准备齐全，摆放整齐	5	未正确使用，一次扣2分； 测量调整用的工器具、量具、材料等，每缺少一件扣1分； 工具、备件摆放不整齐，扣1分； 以上扣分，扣完为止		
2.2	设备外部检查	绝缘子完整情况； 瓷、铁浇筑连接情况，接线座防雨罩情况； 传动连杆及连接头部分； 接地刀闸及机械闭锁等外部情况是否良好； 主闸分闸张角是否90°±1°，三相是否一致	5	每少检查一处，扣1分，扣完为止		
2.3	手动、电动试操作进行检查	对主刀闸、接地开关进行分、合闸5次操作； 合上操作电源，将操动机构上电控开关手柄打在“近控”位置，对主刀闸进行二次操作，并试验“防止带接地刀闸合闸”的电气闭锁是否良好	5	不仔细观察各运动部分动作情况，未做好记录，扣1分； 不会判断“防止带电合接地刀闸”的机械闭锁动作是否正确，扣1分； 电动试操作前，未先用手柄将主刀闸摇在合、分闸之间45°角位置，扣1分； 不熟悉电动操作，扣1分； 电动操作时，不仔细观察各运动部分动作情况，未做好记录，扣1分		
2.4	主刀闸调试	相间中心距保持2000mm，同相中心距保持1300mm，从两个方向目测支柱绝缘子，应垂直于支柱绝缘子基座构架，且连接牢固，并保持同相及相间平行，如有偏差可用金属垫片校正(垫片厚度不超过3mm)，装配校正后应用腻子将缝隙抹平后涂以油漆； 将主动操作拐臂和三相连动拐臂的中心距调至分闸后张开角度为90°±1°，调整时首先确保操作相隔离开关角度，以此类推调试其他两相，主动拐臂中心距一般约为156mm，如分、合角度小于90°，可以加大拐臂中心距，反之减小中心距，三相连动拐臂中心距一般约为98mm，其他两相若分、合角度小于90°，可以减小本相连动拐臂中心距，反之加大中心距； 注意：调试中如果操作相大于90°，则缩小主动拐臂中心距，如果小于90°，则加大主动拐臂中心距，首先确保操作相调整正确，其余相则类推调整，隔离开关允许误差角度为±1°。 三相隔离开关主闸允许不同期不大于10mm，如不同步时可调节相间螺杆； 合闸时保证两触头顶端间隙3～8mm，在确保绝缘子中心距及绝缘子垂直情况下，如有偏差可调节导电杆的伸出接线座长短来达到要求。 合闸位置时，中间触头部分的触指离开定位板的间隙两边基本相等，必要时可调节两支柱绝缘子间的交叉联杆长短来达到要求，用0.05mm塞尺检查主触点接触应塞不进，手动调试结束，将分、合闸定位螺钉调至1～3mm，然后才能进行电动分、合闸试验	25	合闸位置两触头应处于直线位置，若一相达不到，扣2分； 不会调整合闸位置触头与触指座的间隙，扣4分； 分闸张角有一相达不到90°±1°，扣2分； 三相不同期超出10mm，扣2分； 不知道通过调节同相小连杆和相间水平连杆的长度来调节分闸张角和三相同期，扣6分； 不会调节分、合闸限位止钉间隙，扣4分； 止钉间隙有一处不合格，扣2分； 不会调整主触头的接触面，扣4分； 以上扣分，扣完为止		

续表

序号	项目名称	质量要求	满分	扣分标准	扣分原因	得分
2.5	接地刀闸调试	将隔离开关接地刀闸拉开，松开所有接地刀闸传动杆夹件，用手将最远相接地刀闸动静触头过合至静触头中线4mm，将接地刀闸中相动静触头合至中线，将接地刀闸操作相动静触头欠合4mm； 紧固各传动杆夹件，连接操作相拐臂与接地刀闸水平轴拐臂连杆，使操作上拐臂与水平轴拐臂在合闸位置时，基本在一直线； 连接垂直连杆，使操作手柄在合闸位置时略过终点约10°； 将操作手柄与垂直连杆夹件紧固，将隔离开关拉开后试合（合闸时手柄合至30°时突然加力，一般能一次成功），如有误差可细调传动连杆，接地刀闸动静触头接触后用 0.05mm×10mm 塞尺检查，调试完毕	15	不会通过调整接地刀闸连杆来调整接地刀闸的接触深度，扣5分； 不会调整三相不同期，扣5分； 调整后技术参数不符合要求，每处扣5分，扣完为止		
2.6	闭锁调整	主刀闸与接地开关的机械闭锁良好，不发生误动状况。主刀闸合闸时，接地刀闸合不上闸； 接地刀闸合闸时，主刀闸合不上	10	不检查或调整机械闭锁，扣5分； 不检查电气闭锁或处理电气闭锁，扣5分		
3	现场清理及恢复					
3.1	清理作业现场	工器具、试验仪器收取后摆放整齐，与开工前一致； 设备表面清洁无杂物，作业现场清洁无遗留物品	5	工器具、试验仪器未收取摆放整齐，扣2分； 设备表面、工作现场有遗留物，每处扣2分，扣完为止		
3.2	设备恢复	设备恢复至检修前状态	5	未恢复至检修前状态，扣5分		
4	检修报告填写					
4.1	填写检修报告	正确填写检修报告，用语规范，项目齐全，结论正确	15	检修前检查情况未填写，扣2分； 填写不全或不正确，每项扣1分； 发现及处理情况未填写，扣3分； 缺陷每缺少一项，扣1分； 检修结论不正确，扣2分； 以上扣分，扣完为止		
合计			100			

Jc0000343011　GW4－126D 型隔离开关中间触点解体检修和组装。（100 分）

考核知识点：隔离开关中间触点解体检修和组装

难易度：难

技能等级评价专业技能考核操作工作任务书

一、任务名称

GW4－126D 型隔离开关中间触点解体检修和组装。

二、适用工种

变电设备检修工高级工。

三、具体任务

（1）工作状态为隔离开关转检修，工作内容为 GW4－126D 型隔离开关中间触点解体检修和组装。

（2）工作任务。

1）本题主要考察学员掌握刀闸中间触点拆卸程序、检修注意细节以及安全注意事项。

2）工作过程中不准出现人身、设备事故，应先进行危险点分析及预控。

3）进行回路电阻测试。

4）填写检修报告。

四、工作规范及要求

（1）要求1人操作，由监考人员监护。

（2）工作过程中检查的位置及结果应高声呼唱。

（3）安全文明生产，考生着装规范。

（4）工器具、材料、设备摆放整齐，现场操作熟练、连贯、有序，正确规范地使用工器具及安全用具。

（5）不发生危及人身和设备安全的行为。

（6）操作过程中有需要配合的向监考人员提出，但涉及考试内容的不得提问。

五、考核及时间要求

（1）考核总时间为45分钟。场内实际操作时间为40分钟，如到时未完成应终止。场外检修记录填写时间为5分钟，如到时未完成应终止。若提前完成，向监考人员示意。

（2）参赛选手从进场开始计算时间。

（3）若出现人身伤害或设备危害的操作，监护人员有权制止。

技能等级评价专业技能考核操作评分标准

工种	变电设备检修工				评价等级	高级工	
项目模块	隔离开关检修—隔离开关大修及更换安装—隔离开关导电回路的解体检修				编号	Jc0000343011	
单位			准考证号		姓名		
考试时限	45分钟		题型	单项操作	题分	100分	
成绩		考评员		考评组长		日期	
试题正文	GW4－126D型隔离开关中间触点解体检修和组装						
需要说明的问题和要求	（1）要求1人操作，自行准备必要的工器具。 （2）操作应注意安全，按照技术要求进行、完成。 （3）工作票仅用于确认安全措施布置和确认签字。 （4）现场准备单相备用的隔离开关进行解体和组装，不在已安装刀闸上进行；现场提供回路电阻测试仪						

序号	项目名称	质量要求	满分	扣分标准	扣分原因	得分
1	安全文明生产					
1.1	着装规范	正确佩戴安全帽、穿绝缘鞋、穿长袖工作服、戴线手套	3	未佩戴安全帽、穿绝缘鞋、穿长袖工作服，扣1分； 安全帽佩戴不规范，扣0.5分； 着装不规范，扣0.5分； 未戴线手套，扣1分		
1.2	安全工器具及安全措施检查	应检查安全工器具、绝缘工器具是否完好，是否在校验合格期内； 检查工作区域围栏是否合格、封闭	3	未检查凳梯、绝缘手套外观是否完好，扣1分； 未检查检验标签是否在合格期内，扣1分； 未检查围栏非入口处是否封闭，扣1分		
1.3	检修环境检查	检查当日工位处温度、湿度情况	1	未检查温度情况，扣0.5分； 未检查湿度情况，扣0.5分		
1.4	安全文明生产	材料或配件不应发生掉落及随意摆放现象	3	发生工器具及配件掉落现象，每次扣1分； 工作现场杂乱无章，检查过程中随意摆放工器具，每次扣1分； 以上扣分，扣完为止		

续表

序号	项目名称	质量要求	满分	扣分标准	扣分原因	得分
2	工作过程及工具使用					
2.1	各种工器具正确使用及准备	熟练正确使用各种工器具，工具、量具、材料准备齐全，摆放整齐	5	未正确使用，一次扣2分； 测量调整用的工器具、量具、材料等，每缺少一件扣1分； 工具、备件摆放不整齐，扣1分； 以上扣分，扣完为止		
2.2	检修前设备外部检查	绝缘子完整情况； 瓷、铁浇筑连接情况，接线座防雨罩情况； 传动连杆及连接头部分； 接地刀闸及机械闭锁等外部情况是否良好； 主闸分闸张角是否90°±1°，三相是否一致	5	未检查，扣5分； 缺一项，扣5分，扣完为止		
2.3	手动操作进行检查	对主刀闸进行分、合闸5次操作	2	不仔细观察各运动部分动作情况，未做好记录，扣2分		
2.4	电动试操作	合上操作电源，将操动机构上电控开关手柄打在“近控”位置，对主刀闸进行二次操作	3	不熟悉电动操作，扣1分； 在电动操作时，不仔细观察各运动部分动作情况，未做好记录，扣1分； 未切换到“近控”，扣2分		
2.5	对单相备用的隔离开关进行回路电阻测试	仪器使用规范； 记录测试值	5	仪器使用不规范，扣2分； 未记录测试值，每次扣2分，扣完为止		
2.6	拆防雨罩，检查防雨罩	旋下防雨罩上的固定螺钉，取下防雨罩，检查防雨罩无裂纹，无锈蚀、无变形	5	损伤零件一件，扣2分； 防雨罩开裂不更换，扣4分； 不检查，扣3分		
2.7	触头、触指分解	分解方法正确，无损伤	5	分解方法错误，扣5分		
2.8	检查触指固定支架、触指拉簧及触指，检查触指拉簧、圆柱销，检查支架极及螺孔，检查静触座（导电臂的方身端），检查与触指接触部分的圆弧表面磨损情况	触指无烧伤、无变形，烧伤、磨损深度不大于0.5mm，拉簧圈间无间隙； 支架板及螺孔完好、无锈蚀； 光滑、无明显沟痕、沟痕深度不大于0.3mm，无烧伤及发热后的氧化层	5	损伤零件，一件扣1分； 拧下有关固定螺栓，扣1分； 丢失小拉簧、圆柱销，一只扣0.5分； 触指接触面（两头）磨损、烧伤、变形，不用细齿挫修理、校正，扣0.5分； 严重烧伤、过热变形不更换，扣1分； 有变形、锈蚀，未受力不复位不更换，扣1分； 锈蚀严重不更换、轻微锈蚀不用00号砂布除锈、涂黄油，扣1分； 不光滑、沟痕深度大及明显烧伤不更换，扣1分； 轻微氧层不用00号砂布打磨，扣0.5分； 以上扣分，扣完为止		
2.9	组装	各零部件完好，清洁； 组装前各零部件清洗干净，导电接触面涂导电脂，圆空内涂中性凡士林，弹簧涂黄油，防雨罩完好，定位止钉拧紧； 触指安装正常，触指复位良好； 装配时弹簧两端绝缘套管应完好，触指排列整齐，拉紧力一致，触指圆头销应进入触指的凹痕处，弹簧钩应处在圆柱销凹痕处，装配后拉簧式触头与圆柱形触头顶部保持3～8mm间隙； 中间触头装孔时应上下对称，上下差不大于5mm； 触指与触头间应紧密，两侧的接触压力均匀，接触部分用0.05mm×10mm塞尺检查应塞不进去	25	不用清洗剂清洗零件，扣2分； 导电接触面不涂导电脂或中性凡士林，扣2分； 组装螺孔内及弹簧簧内、外不涂黄油，扣2分； 不会组装，扣5分； 触指组装不平整，扣2分； 不复检弹簧触指是否复位正常，扣2分； 组装不熟悉，扣10分		
2.10	回路电阻测试	回路电阻测试值应符合技术要求； 仪器使用规范	5	测试结果不满足技术要求，扣5分； 仪器使用不规范，每处扣2分，扣完为止		

续表

序号	项目名称	质量要求	满分	扣分标准	扣分原因	得分
3	现场清理及恢复					
3.1	清理作业现场	工器具、试验仪器收取后摆放整齐，与开工前一致； 设备表面清洁无杂物，作业现场清洁无遗留物品	5	工器具、试验仪器未收取摆放整齐，扣2分； 设备表面、工作现场有遗留物，每处扣2分，扣完为止		
3.2	设备恢复	设备恢复至检修前状态	5	未恢复至检修前状态，扣5分		
4	检修报告填写					
4.1	填写检修报告	正确填写检修报告，用语规范，项目齐全，结论正确	15	检修前检查情况未填写，扣2分； 填写不全或不正确，每项扣1分； 发现及处理情况未填写，扣3分； 缺陷每缺少一项，扣1分； 检修结论不正确，扣2分； 以上扣分，扣完为止		
合计			100			

Jc0000343012 GW4－126型隔离开关机构电机更换。(100分)

考核知识点：GW4－126型隔离开关机构电机更换

难易度：难

技能等级评价专业技能考核操作工作任务书

一、任务名称

GW4－126型隔离开关机构电机更换。

二、适用工种

变电设备检修工高级工。

三、具体任务

（1）工作状态为隔离开关转检修，工作内容为GW4－126型隔离开关机构电机更换。

（2）工作任务。

1）本题主要考察学员隔离开关机构电机更换的程序、检修注意细节以及安全注意事项。

2）工作过程中不准出现人身、设备事故，应先进行危险点分析及预控。

3）填写检修报告。

四、工作规范及要求

（1）要求1人操作，由监考人员监护。

（2）工作过程中检查的位置及结果应高声呼唱。

（3）安全文明生产，考生着装规范。

（4）工器具、材料、设备摆放整齐，现场操作熟练、连贯、有序，正确规范地使用工器具及安全用具。

（5）不发生危及人身和设备安全的行为。

（6）操作过程中有需要配合的向监考人员提出，但涉及考试内容的不得提问。

五、考核及时间要求

（1）考核总时间为45分钟。场内实际操作时间为40分钟，如到时未完成应终止。场外检修记录填写时间为5分钟，如到时未完成应终止。若提前完成，向监考人员示意。

（2）参赛选手从进场开始计算时间。

（3）若出现人身伤害或设备危害的操作，监护人员有权制止。

技能等级评价专业技能考核操作评分标准

工种	变电设备检修工				评价等级	高级工
项目模块	隔离开关检修—隔离开关缺陷及故障处理—隔离开关部件的更换				编号	Jc0000343012
单位			准考证号		姓名	
考试时限	45 分钟	题型		单项操作	题分	100 分
成绩		考评员		考评组长	日期	
试题正文	GW4－126 型隔离开关机构电机更换					
需要说明的问题和要求	（1）要求 1 人操作，自行准备必要的工器具。 （2）操作应注意安全，按照技术要求进行、完成。 （3）工作票仅用于确认安全措施布置和确认签字					

序号	项目名称	质量要求	满分	扣分标准	扣分原因	得分
1	安全文明生产					
1.1	着装规范	正确佩戴安全帽、穿绝缘鞋、穿长袖工作服、戴线手套	3	未佩戴安全帽、穿绝缘鞋、穿长袖工作服，扣 1 分； 安全帽佩戴不规范，扣 0.5 分； 着装不规范，扣 0.5 分； 未戴线手套，扣 1 分		
1.2	安全工器具及安全措施检查	应检查安全工器具、绝缘工器具是否完好，是否在校验合格期内； 检查工作区域围栏是否合格、封闭	3	未检查凳梯、绝缘手套外观是否完好，扣 1 分； 未检查检验标签是否在合格期内，扣 1 分； 未检查围栏非入口处是否封闭，扣 1 分		
1.3	检修环境检查	检查当日工位处温度、湿度情况	1	未检查温度情况，扣 0.5 分； 未检查湿度情况，扣 0.5 分		
1.4	安全文明生产	材料或配件不应发生掉落及随意摆放现象	3	发生工器具及配件掉落现象，每次扣 1 分； 工作现场杂乱无章，检查过程中随意摆放工器具，每次扣 1 分； 以上扣分，扣完为止		
2	工作过程及工具使用					
2.1	各种工器具正确使用及准备	熟练正确使用各种工器具，工具、量具、材料准备齐全，摆放整齐	5	未正确使用，一次扣 2 分； 测量调整用的工器具、量具、材料等，每缺少一件扣 1 分； 工具、备件摆放不整齐，扣 1 分； 以上扣分，扣完为止		
2.2	检查新电机参数、试验是否符合要求	检查新电机的功率、尺寸是否符合要求； 检查新电机的外观是否有变形或破损； 使用检修电源测试电机的正反转是否正常； 检查电机绝缘电阻、直流电阻符合相关技术标准要求； 检查轴承、定子与转子间的间隙应均匀，无摩擦、无异响	5	未检查，扣 5 分； 检查项目不全，扣 3 分		
2.3	拆除旧电机	拆除前测量电机接线应无电压； 拆除电机接线后再拆除电机； 电机固定牢固，联轴器、地角、垫片等部位应做好标记，原拆原装，并合理放置； 拆除操动机构外接二次电缆接线后，裸露线头应进行绝缘包扎	15	未测量电压，扣 5 分； 拆除顺序不对，扣 5 分； 未做好标记，扣 5 分； 拆除零件混乱摆放，扣 2 分； 二次线裸露接头未绝缘化处理，每处扣 3 分，扣完为止		

续表

序号	项目名称	质量要求	满分	扣分标准	扣分原因	得分
2.4	安装新电机，二次线接线及绑扎	新电机安装完成后，螺栓应紧固，固定牢靠； 二次线接应固定牢靠，若为软线应压符合线径大小的线鼻子； 二次线绑扎，将电机二次接线并进行绑扎，其不得影响各传动转动部位	15	安装完成后部件缺失，扣 5 分； 二次线未紧固，扣 5 分； 电机的二次引线不绑扎，扣 5 分； 电机的二次接线错误，扣 5 分		
2.5	电机传动系统润滑	正确使用润滑脂对传动系统进行润滑	20	未正确使用润滑脂，扣 10 分； 润滑不到位，扣 10 分		
2.6	电动分合试验	电动分合正常	5	电机无法启动，扣 5 分		
3	现场清理及恢复					
3.1	清理作业现场	工器具、试验仪器收取后摆放整齐，与开工前一致； 设备表面清洁无杂物，作业现场清洁无遗留物品	5	工器具、试验仪器未收取摆放整齐，扣 2 分； 设备表面、工作现场有遗留物，每处扣 2 分，扣完为止		
3.2	设备恢复	设备恢复至检修前状态	5	未恢复至检修前状态，扣 5 分		
4	检修报告填写					
4.1	填写检修报告	正确填写检修报告，用语规范，项目齐全，结论正确	15	检修前检查情况未填写，扣 2 分； 填写不全或不正确，每项扣 1 分； 发现及处理情况未填写，扣 3 分； 缺陷每缺少一项，扣 1 分； 检修结论不正确，扣 2 分； 以上扣分，扣完为止		
合计			100			

Jc0000343013 GW4－126 型隔离开关绝缘子超声波探伤。(100 分)

考核知识点：绝缘子超声波探伤

难易度：难

技能等级评价专业技能考核操作工作任务书

一、任务名称

GW4－126 型隔离开关绝缘子超声波探伤。

二、适用工种

变电设备检修工高级工。

三、具体任务

（1）工作状态为隔离开关转检修，工作内容为 GW4－126 型隔离开关绝缘子超声波探伤。

（2）工作任务。

1）现场对 GW4－126 型隔离开关绝缘子超声波探伤。

2）检修注意细节以及安全注意事项。

3）填写检修报告。

四、工作规范及要求

（1）要求 1 人操作，由监考人员监护。

（2）工作过程中检查的位置及结果应高声呼唱。

（3）安全文明生产，考生着装规范。

（4）工器具、材料、设备摆放整齐，现场操作熟练、连贯、有序，正确规范地使用工器具及安全

用具。

（5）不发生危及人身和设备安全的行为。

（6）操作过程中有需要配合的向监考人员提出，但涉及考试内容的不得提问。

五、考核及时间要求

（1）考核总时间为45分钟。场内实际操作时间为40分钟，如到时未完成应终止。场外检修记录填写时间为5分钟，如到时未完成应终止。若提前完成，向监考人员示意。

（2）参赛选手从进场开始计算时间。

（3）若出现人身伤害或设备危害的操作，监护人员有权制止。

技能等级评价专业技能考核操作评分标准

工种	变电设备检修工				评价等级	高级工
项目模块	隔离开关检修—隔离开关大修及更换安装—隔离开关绝缘子超声波探伤测试			编号	Jc0000343013	
单位		准考证号			姓名	
考试时限	45分钟	题型	单项操作		题分	100分
成绩	考评员		考评组长		日期	
试题正文	GW4－126型隔离开关绝缘子超声波探伤					
需要说明的问题和要求	（1）要求1人操作，自行准备必要的工器具。 （2）操作应注意安全，按照技术要求进行、完成。 （3）工作票仅用于确认安全措施布置和确认签字。 （4）现场准备1台超声波探伤仪					

序号	项目名称	质量要求	满分	扣分标准	扣分原因	得分
1	安全文明生产					
1.1	着装规范	正确佩戴安全帽、穿绝缘鞋、穿长袖工作服、戴线手套	3	未佩戴安全帽、穿绝缘鞋、穿长袖工作服，扣1分； 安全帽佩戴不规范，扣0.5分； 着装不规范，扣0.5分； 未戴线手套，扣1分		
1.2	安全工器具及安全措施检查	应检查安全工器具、绝缘工器具是否完好，是否在校验合格期内； 检查工作区域围栏是否合格、封闭	3	未检查凳梯、绝缘手套外观是否完好，扣1分； 未检查检验标签是否在合格期内，扣1分； 未检查围栏非入口处是否封闭，扣1分		
1.3	检修环境检查	检查当日工位处温度、湿度情况	1	未检查温度情况，扣0.5分； 未检查湿度情况，扣0.5分		
1.4	安全文明生产	材料或配件不应发生掉落及随意摆放现象	3	发生工器具及配件掉落现象，每次扣1分； 工作现场杂乱无章，检查过程中随意摆放工器具，每次扣1分； 以上扣分，扣完为止		
2	工作过程及工具使用					
2.1	各种工器具正确使用及准备	熟练正确使用各种工器具，工具、量具、材料准备齐全，摆放整齐	5	未正确使用，一次扣2分； 测量调整用的工器具、量具、材料等，每缺少一件扣1分； 工具、备件摆放不整齐，扣1分； 以上扣分，扣完为止		
2.2	核对设备名称、编号	认真核对	2	未核对设备名称、编号，扣2分		

续表

序号	项目名称	质量要求	满分	扣分标准	扣分原因	得分
2.3	正确选择试验设备	根据要求选择	2	选择错误，扣2分		
2.4	搬运设备至指定地点，放置整齐	按规定地点摆放整齐	2	未按规定地点摆放及摆放不整齐，各扣1分		
2.5	检查试验设备状况，记录试验设备铭牌	认真检查、记录	2	未认真检查、记录，各扣1分		
2.6	清洁被检的支柱绝缘子，对测量瓷件进行编号，并记录被检瓷件的相关基础信息	清洁方法、编号正确，记录瓷件的相关信息	2	清洁方法、编号不正确，未记录瓷件的相关信息，各扣1分		
2.7	检查超声波探伤仪充电情况，检查探头和连接线的规格，检查试块的规格及强度标记	检查充电情况，检查探头和连接线的规格，检查试块的规格及强度标记是否正确	2	未检查，每项扣1分，扣完为止		
2.8	用卡尺量出被测瓷支柱绝缘子的外径，根据被测支柱绝缘子直径，选择探头	测量瓷支柱绝缘子的外径方法正确，选择比被测件直径略大的探头	2	未测量瓷支柱绝缘子的外径或方法不正确，选择探头不正确，各扣1分		
2.9	探头与仪器插头正确连接，开机正确	探头与仪器上的接收与发射插头正确连接，长按开关键2s，开机自检后进入操作界面	2	探头与仪器插头连接不正确、开机不正确，各扣1分		
2.10	选择增益	根据材料声速，正确选择增益	2	选择增益不正确，扣2分		
2.11	选择通道	正确选择通道	2	选择通道不正确，扣2分		
2.12	选择耦合剂	正确选择耦合剂	2	选择耦合剂不正确，扣2分		
2.13	瓷件表面涂耦合剂	用正确的方法在瓷件表面涂耦合剂	2	方法不正确，扣2分		
2.14	探头探测	探头应沿被测件圆周转动探测，注意曲线附近缺陷反射波与草状反射波的区分	6	探测方法不正确，扣3分； 不能区分缺陷反射波与草状反射波，扣3分		
2.15	发现缺陷最强反射波，用记号笔在相对应的位置做下标记	发现超标的缺陷反射波后，左右移动探头，找到缺陷最强反射波，用记号笔在支柱绝缘子与探头中位位置相对应的位置做下标记。即为缺陷中心位置。按自动增益键将波形调到80%	6	缺陷对应中位位置定位不正确，扣3分； 未调动增益键将波形调到80%，扣3分		
2.16	探头探测缺陷左端点	探头向左移动，当波幅逐渐降低到40%时（此时超声波束正好一半射在缺陷上，另一半偏离缺陷，因此缺陷波只有最大波幅的一半），用记号笔在支柱绝缘子与探头中心位置对应的位置做上标记，即为左端点	6	左端点位置定位不正确，扣3分； 测试方法不正确，扣3分		
2.17	探头探测缺陷右端点	右移动探头，当波幅逐渐降低时到40%时，用记号笔在支柱绝缘子上与探头中心位置对应的位置做上标记，即为右端点	5	右端点位置定位不正确，扣3分； 测试方法不正确，扣2分		
2.18	测量裂纹长度，标志裂纹位置	正确测量裂纹长度，标志裂纹位置正确	5	测量裂纹长度不正确，扣3分； 标志裂纹位置不正确，扣2分		
2.19	探到裂纹数目	探到裂纹数目正确	5	得分＝10÷设定裂纹数×探到的裂纹数		
2.20	清洁被检测的支柱绝缘子	清洁干净被检测的支柱绝缘子，擦净耦合剂	3	清洁不干净，扣3分		

续表

序号	项目名称	质量要求	满分	扣分标准	扣分原因	得分
3	现场清理及恢复					
3.1	清理作业现场	工器具、试验仪器收取后摆放整齐，与开工前一致； 设备表面清洁无杂物，作业现场清洁无遗留物品	5	工器具、试验仪器未收取摆放整齐，扣2分； 设备表面、工作现场有遗留物，每处扣2分，扣完为止		
3.2	设备恢复	设备恢复至检修前状态	5	未恢复至检修前状态，扣5分		
4	检修报告填写					
4.1	填写检修报告	正确填写检修报告，用语规范，项目齐全，结论正确	15	检修前检查情况未填写，扣2分； 填写不全或不正确，每项扣1分； 发现及处理情况未填写，扣3分； 缺陷每缺少一项，扣1分； 检修结论不正确，扣2分； 以上扣分，扣完为止		
合计			100			

Jc0000343014　GW4－126D型隔离开关基座解体检修和组装。（100分）

考核知识点：隔离开关基座解体检修和组装

难易度：难

技能等级评价专业技能考核操作工作任务书

一、任务名称

GW4－126D型隔离开关基座解体检修和组装。

二、适用工种

变电设备检修工高级工。

三、具体任务

（1）工作状态为隔离开关转检修，工作内容为GW4－126D型隔离开关基座解体检修和组装。

（2）工作任务。

1）本题主要考察学员掌握隔离开关基座拆卸程序、检修注意细节以及安全注意事项。

2）工作过程中不准出现人身、设备事故，应先进行危险点分析及预控。

3）填写检修报告。

四、工作规范及要求

（1）要求1人操作，由监考人员监护。

（2）工作过程中检查的位置及结果应高声呼唱。

（3）安全文明生产，考生着装规范。

（4）工器具、材料、设备摆放整齐，现场操作熟练、连贯、有序，正确规范地使用工器具及安全用具。

（5）不发生危及人身和设备安全的行为。

（6）操作过程中有需要配合的向监考人员提出，但涉及考试内容的不得提问。

五、考核及时间要求

（1）考核总时间为45分钟。场内实际操作时间为40分钟，如到时未完成应终止。场外检修记录填写时间为5分钟，如到时未完成应终止。若提前完成，向监考人员示意。

（2）参赛选手从进场开始计算时间。

（3）若出现人身伤害或设备危害的操作，监护人员有权制止。

技能等级评价专业技能考核操作评分标准

工种	变电设备检修工					评价等级	高级工
项目模块	隔离开关检修—隔离开关大修及更换安装—隔离开关基座轴承的解体检修				编号	Jc0000343014	
单位			准考证号			姓名	
考试时限	45 分钟		题型	单项操作		题分	100 分
成绩		考评员		考评组长		日期	
试题正文	GW4－126D 型隔离开关基座解体检修和组装						
需要说明的问题和要求	（1）要求 1 人操作，自行准备必要的工器具。 （2）操作应注意安全，按照技术要求进行、完成。 （3）工作票仅用于确认安全措施布置和确认签字。 （4）现场准备单相备用的隔离开关进行解体和组装，不在已安装刀闸上进行						

序号	项目名称	质量要求	满分	扣分标准	扣分原因	得分
1	安全文明生产					
1.1	着装规范	正确佩戴安全帽、穿绝缘鞋、穿长袖工作服、戴线手套	3	未佩戴安全帽、穿绝缘鞋、穿长袖工作服，扣 1 分； 安全帽佩戴不规范，扣 0.5 分； 着装不规范，扣 0.5 分； 未戴线手套，扣 1 分		
1.2	安全工器具及安全措施检查	应检查安全工器具、绝缘工器具是否完好，是否在校验合格期内； 检查工作区域围栏是否合格、封闭	3	未检查凳梯、绝缘手套外观是否完好，扣 1 分； 未检查检验标签是否在合格期内，扣 1 分； 未检查围栏非入口处是否封闭，扣 1 分		
1.3	检修环境检查	检查当日工位处温度、湿度情况	1	未检查温度情况，扣 0.5 分； 未检查湿度情况，扣 0.5 分		
1.4	安全文明生产	材料或配件不应发生掉落及随意摆放现象	3	发生工器具及配件掉落现象，每次扣 1 分； 工作现场杂乱无章，检查过程中随意摆放工器具，每次扣 1 分； 以上扣分，扣完为止		
2	工作过程及工具使用					
2.1	各种工器具正确使用及准备	熟练正确使用各种工器具，工具、量具、材料准备齐全，摆放整齐	10	未正确使用，一次扣 2 分； 测量调整用的工器具、量具、材料等，每缺少一件扣 1 分； 工具、备件摆放不整齐，扣 1 分； 以上扣分，扣完为止		
2.2	检修前设备外部检查	绝缘子完整情况； 瓷、铁浇筑连接情况，接线座防雨罩情况； 传动连杆及连接头部分； 接地刀闸及机械闭锁等外部情况是否良好； 主闸分闸张角是否 90°±1°，三相是否一致	5	检查缺项，每项扣 3 分； 检查不到位，每项扣 2 分； 以上扣分，扣完为止		
2.3	试操作检查有无存在问题					
2.3.1	手动操作进行检查	对主刀闸进行分、合闸 5 次操作	5	不仔细观察各运动部分动作情况，未做好记录，扣 5 分		
2.3.2	电动试操作	合上操作电源，将操动机构上电控开关手柄打在“近控”位置，对主刀闸进行二次操作	5	不熟悉电动操作，扣 1 分； 在电动操作时，不仔细观察各运动部分动作情况，未做好记录，扣 4 分		

续表

序号	项目名称	质量要求	满分	扣分标准	扣分原因	得分
2.3.3	隔离开关基座解体	拆下底盖，拧下螺母，取出毡垫，双手握住支座，顺瓷柱轴的方向，向外拨动使下轴承脱落，双手握住下轴承内圈，将其平行缓缓向上退出； 清洗上下轴承，检查滚柱是否磨损及锈蚀等情况，一手握住轴承内圈，另一手转动花篮，感觉有无卡涩等现象； 将轴承清洗干净甩掉汽油，等轴承晾干后，涂抹适量掺有二硫化钼的润滑脂； 注意： 基座检修主要确保轴承完好、无卡涩现象，拆卸时避免猛力敲打； 装配时确保轴、轴承、轴承座无倾斜现象，确保轴承有合适间隙及密封良好； 注入润滑脂时应将油从一面注入，这样杂质将会从另一面渗出； 紧固底部并紧螺母时应紧度适当，既考虑转动灵活，又考虑不松动； 考虑轴承属低速转动，且操作次数较少，注入的润滑油应注满轴承内腔	20	未按技术要求进行处理，扣 20 分		
2.3.4	隔离开关基座组装	按相反顺序进行装复，装复时注意以下几点： 轴承内应涂 –40° 的二硫化钼锂，涂的量应以内腔的 2/3 为宜； 轴承与轴是紧配合，所以装复轴承要用专用工具进行或用比轴承内径稍大的铁管，用手锤慢慢打入； 不能用坚硬的金属工具将作用力加在外圈或滚动体上，以免损伤外圈或滚动体； 更换失效的毡垫； 装复工程中，必须注意轴承座转动拐臂的位置与主刀闸分、合闸位置相对应； 检查各相两轴承座转动板是否在同一水平面（相对底部槽钢），如达不到要求，则可通过增减调节垫片来调整； 调试合格后，所有金属表面涂防锈刷漆； 底座无变形，接地可靠，焊接处无裂纹及严重锈蚀； 底座连接螺栓紧固、无锈蚀，锈蚀严重应更换，力矩值符合产品技术要求，并做紧固标记； 转动部件应转动灵活，无卡滞； 底座调节螺杆应紧固无松动，且保证底座上端面水平	20	未按技术要求进行处理，扣 20 分		
3	现场清理及恢复					
3.1	清理作业现场	工器具、试验仪器收取后摆放整齐，与开工前一致； 设备表面清洁无杂物，作业现场清洁无遗留物品	5	工器具、试验仪器未收取摆放整齐，扣 2 分； 设备表面、工作现场有遗留物，每处扣 2 分，扣完为止		
3.2	设备恢复	设备恢复至检修前状态	5	未恢复至检修前状态，扣 5 分		
4	检修报告填写					
4.1	填写检修报告	正确填写检修报告，用语规范，项目齐全，结论正确	15	检修前检查情况未填写，扣 2 分； 填写不全或不正确，每项扣 1 分； 发现及处理情况未填写，扣 3 分； 缺陷每缺少一项，扣 1 分； 检修结论不正确，扣 2 分； 以上扣分，扣完为止		
合计			100			

Jc0000342015 GW4－126D 型隔离开关电动机构继电器损坏更换。（100 分）

考核知识点：GW4－126D 型隔离开关电动机构继电器损坏更换

难易度：中

技能等级评价专业技能考核操作工作任务书

一、任务名称

GW4－126D 型隔离开关电动机构继电器损坏更换。

二、适用工种

变电设备检修工高级工。

三、具体任务

（1）工作状态为隔离开关转检修，工作内容为 GW4－126D 型隔离开关电动机构继电器损坏更换。

（2）工作任务。

1）对 GW4－126D 型隔离开关电动机构继电器损坏更换。

2）进行继电器动作测试。

3）填写检修报告。

四、工作规范及要求

（1）要求 1 人操作，由监考人员监护。

（2）工作过程中检查的位置及结果应高声呼唱。

（3）安全文明生产，考生着装规范。

（4）工器具、材料、设备摆放整齐，现场操作熟练、连贯、有序，正确规范地使用工器具及安全用具。

（5）不发生危及人身和设备安全的行为。

（6）操作过程中有需要配合的向监考人员提出，但涉及考试内容的不得提问。

五、考核及时间要求

（1）考核总时间为 45 分钟。场内实际操作时间为 40 分钟，如到时未完成应终止。场外检修记录填写时间为 5 分钟，如到时未完成应终止。若提前完成，向监考人员示意。

（2）参赛选手从进场开始计算时间。

（3）若出现人身伤害或设备危害的操作，监护人员有权制止。

技能等级评价专业技能考核操作评分标准

工种	变电设备检修工					评价等级	高级工
项目模块	隔离开关检修—隔离开关缺陷及故障处理—隔离开关机构二次回路的故障排除				编号	Jc0000342015	
单位			准考证号			姓名	
考试时限	45 分钟		题型	单项操作		题分	100 分
成绩		考评员		考评组长		日期	
试题正文	GW4－126D 型隔离开关电动机构继电器损坏更换						
需要说明的问题和要求	（1）要求 1 人操作，自行准备必要的工器具。 （2）操作应注意安全，按照技术要求进行、完成。 （3）工作票仅用于确认安全措施布置和确认签字。 （4）控制电源为交流 220V 电源供电						

续表

序号	项目名称	质量要求	满分	扣分标准	扣分原因	得分
1	安全文明生产					
1.1	着装规范	正确佩戴安全帽、穿绝缘鞋、穿长袖工作服、戴线手套	3	未佩戴安全帽、穿绝缘鞋、穿长袖工作服，扣1分； 安全帽佩戴不规范，扣0.5分； 着装不规范，扣0.5分； 未戴线手套，扣1分		
1.2	安全工器具及安全措施检查	应检查安全工器具、绝缘工器具是否完好，是否在校验合格期内； 检查工作区域围栏是否合格、封闭	3	未检查凳梯、绝缘手套外观是否完好，扣1分； 未检查检验标签是否在合格期内，扣1分； 未检查围栏非入口处是否封闭，扣1分		
1.3	检修环境检查	检查当日工位处温度、湿度情况	1	未检查温度情况，扣0.5分； 未检查湿度情况，扣0.5分		
1.4	安全文明生产	材料或配件不应发生掉落及随意摆放现象	3	发生工器具及配件掉落现象，每次扣1分； 工作现场杂乱无章，检查过程中随意摆放工器具，每次扣1分； 以上扣分，扣完为止		
2	工作过程及工具使用					
2.1	各种工器具正确使用及准备	熟练正确使用各种工器具，工具、量具、材料准备齐全，摆放整齐	10	未正确使用，一次扣2分； 测量调整用的工器具、量具、材料等，每缺少一件扣1分； 工具、备件摆放不整齐，扣1分； 以上扣分，扣完为止		
2.2	确认所需更换的新继电器工作正常； 对继电器进行绝缘测试	在检修电源上继电器动作正常、节点切换正常； 绝缘测试正常	15	校验步骤、动作错误，扣3分； 校验中发现的故障无法排除，扣7分； 未进行绝缘测试，扣5分		
2.3	更换继电器	记录二次线编号； 安装后继电器应可靠固定； 二次线紧固可靠； 二次线路径与更换前一致，避免卷入机械机构	20	未记录编号，扣5分； 继电器未可靠固定，扣5分； 二次线未可靠紧固，扣5分； 二次线未绑扎或卷入机构，扣5分		
2.4	校验所更换的继电器正常	投上电源进行隔离开关操作，判断继电器正常	20	校验步骤、动作错误，扣5分； 未进行校验，扣10分； 继电器动作不正常，扣5分		
3	现场清理及恢复					
3.1	清理作业现场	工器具、试验仪器收取后摆放整齐，与开工前一致； 设备表面清洁无杂物，作业现场清洁无遗留物品	5	工器具、试验仪器未收取摆放整齐，扣2分； 设备表面、工作现场有遗留物，每处扣2分，扣完为止		
3.2	设备恢复	设备恢复至检修前状态	5	未恢复至检修前状态，扣5分		
4	检修报告填写					
4.1	填写检修报告	正确填写检修报告，用语规范，项目齐全，结论正确	15	检修前检查情况未填写，扣2分； 填写不全或不正确，每项扣1分； 发现及处理情况未填写，扣3分； 缺陷每缺少一项，扣1分； 检修结论不正确，扣2分； 以上扣分，扣完为止		
合计			100			

Jc0000343016 KYN28－12型高压开关柜“五防”闭锁装置的检修、调试。（100分）

考核知识点：高压开关柜“五防”闭锁装置的检修、调试

难易度：难

技能等级评价专业技能考核操作工作任务书

一、任务名称

KYN28－12 型高压开关柜“五防”闭锁装置的检修、调试。

二、适用工种

变电设备检修工高级工。

三、具体任务

（1）工作状态为开关柜转检修，工作内容为KYN28－12 型高压开关柜“五防”闭锁装置的检修、调试。

（2）工作任务。

1）针对 KYN28－12 型系列中置柜，进行开关柜的“五防”闭锁装置的检修、调试。

2）并能排除两三个简单的“五防”闭锁功能的故障。

3）填写检修报告。

四、工作规范及要求

（1）要求 1 人操作，由监考人员监护。

（2）工作过程中检查的位置及结果应高声呼唱。

（3）安全文明生产，考生着装规范。

（4）工器具、材料、设备摆放整齐，现场操作熟练、连贯、有序，正确规范地使用工器具及安全用具。

（5）不发生危及人身和设备安全的行为。

（6）操作过程中有需要配合的向监考人员提出，但涉及考试内容的不得提问。

五、考核及时间要求

（1）考核总时间为 45 分钟。场内实际操作时间为 40 分钟，如到时未完成应终止。场外检修记录填写时间为 5 分钟，如到时未完成应终止。若提前完成，向监考人员示意。

（2）参赛选手从进场开始计算时间。

（3）若出现人身伤害或设备危害的操作，监护人员有权制止。

技能等级评价专业技能考核操作评分标准

工种	变电设备检修工					评价等级	高级工
项目模块	开关柜检修—开关柜小修及维护—开关柜“五防”检查及缺陷处理				编号	Jc0000343016	
单位			准考证号			姓名	
考试时限	45 分钟		题型	单项操作		题分	100 分
成绩		考评员		考评组长		日期	
试题正文	KYN28－12 型高压开关柜“五防”闭锁装置的检修、调试						
需要说明的问题和要求	（1）要求 1 人操作，自行准备必要的工器具。 （2）操作应注意安全，按照技术要求进行、完成。 （3）工作票仅用于确认安全措施布置和确认签字						

序号	项目名称	质量要求	满分	扣分标准	扣分原因	得分
1	安全文明生产					

续表

序号	项目名称	质量要求	满分	扣分标准	扣分原因	得分
1.1	着装规范	正确佩戴安全帽、穿绝缘鞋、穿长袖工作服、戴线手套	3	未佩戴安全帽、穿绝缘鞋、穿长袖工作服，扣1分； 安全帽佩戴不规范，扣0.5分； 着装不规范，扣0.5分； 未戴线手套，扣1分		
1.2	安全工器具及安全措施检查	应检查安全工器具、绝缘工器具是否完好，是否在校验合格期内； 检查工作区域围栏是否合格、封闭	3	未检查凳梯、绝缘手套外观是否完好，扣1分； 未检查检验标签是否在合格期内，扣1分； 未检查围栏非入口处是否封闭，扣1分		
1.3	检修环境检查	检查当日工位处温度、湿度情况	1	未检查温度情况，扣0.5分； 未检查湿度情况，扣0.5分		
1.4	安全文明生产	材料或配件不应发生掉落及随意摆放现象	3	发生工器具及配件掉落现象，每次扣1分； 工作现场杂乱无章，检查过程中随意摆放工器具，每次扣1分； 以上扣分，扣完为止		
2	工作过程及工具使用					
2.1	各种工器具正确使用及准备	熟练正确使用各种工器具，工具、量具、材料准备齐全，摆放整齐	5	未正确使用，一次扣2分； 测量调整用的工器具、量具、材料等，每缺少一件扣1分； 工具、备件摆放不整齐，扣1分； 以上扣分，扣完为止		
2.2	当接地刀闸在合上位置时，断路器手车不能从试验位置摇至工作位置（防止带接地线合刀闸）	接地刀闸的闭锁，断路器无法从试验位置移动到工作位置； 检查闭锁原理和闭锁位置，指出闭锁位置	10	校验步骤、动作错误，扣2分； 校验中发现的故障无法排除，扣4分； 未对手车及开关柜内的互闭锁装置进行检查及润滑，扣4分； 无法指出闭锁位置，扣3分		
2.3	当接地刀闸在合上位置时，后柜门可以打开，反之，后柜门由于电气或机械闭锁无法打开（防止误入带电间隔）	在后柜门未可靠关闭的情况下，无法操作接地刀闸； 指出闭锁原理	10	校验步骤、动作错误，扣2分； 校验中发现的故障无法排除，扣4分； 未对开关柜内的闭锁装置进行检查及润滑，扣4分； 无法指出闭锁位置，扣3分		
2.4	当接地刀闸在断开位置，同时断路器手车在试验位置时，合上断路器，断路器无法从试验位置移动到工作位置（防止带负荷合刀闸）	断路器合闸时无法从试验位置移动到工作位置； 断路器机构内闭锁	10	校验步骤、动作错误，扣2分； 校验中发现的故障无法排除，扣4分； 未对手车内的闭锁装置进行检查及润滑，扣4分		
2.5	断路器手车在工作位置，接地刀闸合不上（防止刀闸在合位挂接地线）	接地刀闸操作孔小，活门无法打开，指出闭锁位置	10	校验步骤、动作错误，扣2分； 校验中发现的故障无法排除，扣4分； 未对开关柜内的闭锁装置进行检查及润滑，扣4分； 无法指出闭锁位置，扣3分		
2.6	断路器手车在工作位置，合上断路器，断路器无法从工作位置移动到试验位置（防止带负荷拉刀闸）	断路器无法从工作位置移动到试验位置	10	校验步骤、动作错误，扣2分； 校验中发现的故障无法排除，扣4分； 未对手车内的闭锁装置进行检查及润滑，扣4分		
2.7	将接地刀闸恢复至检修接地状态（后柜没电且后柜门关闭的情况下可以操作接地刀闸）	接地刀闸可以自如地进行分、合操作	5	校验步骤、动作错误，扣2分； 校验中发现的故障无法排除，扣2分； 未对开关柜内的闭锁装置进行检查及润滑，扣1分		
2.8	将手车位置闭锁舌头堵住，使接地刀闸操作孔小，活门无法打开	找出故障点并处理	5	未找到，扣5分； 无法处理，扣5分		

续表

序号	项目名称	质量要求	满分	扣分标准	扣分原因	得分
3	现场清理及恢复					
3.1	清理作业现场	工器具、试验仪器收取后摆放整齐，与开工前一致； 设备表面清洁无杂物，作业现场清洁无遗留物品	5	工器具、试验仪器未收取摆放整齐，扣1分； 设备表面、工作现场有遗留物，每处扣1分，扣完为止		
3.2	设备恢复	设备恢复至检修前状态	5	未恢复至检修前状态，扣5分		
4	检修报告填写					
4.1	填写检修报告	正确填写检修报告，用语规范，项目齐全，结论正确	15	检修前检查情况未填写，扣2分； 填写不全或不正确，每项扣1分； 发现及处理情况未填写，扣3分； 缺陷每缺少一项，扣1分； 检修结论不正确，扣2分； 以上扣分，扣完为止		
合计			100			

Jc0000343017 KYN28－12型高压开关柜电流互感器更换。(100分)

考核知识点：高压开关柜电流互感器更换

难易度：难

技能等级评价专业技能考核操作工作任务书

一、任务名称

KYN28－12型高压开关柜电流互感器更换。

二、适用工种

变电设备检修工高级工。

三、具体任务

(1) 工作状态为开关柜转检修，工作内容为更换KYN28－12型系列开关柜的电流互感器一只。

(2) 工作任务。

1) 更换KYN28－12型系列开关柜的电流互感器一只。

2) 能排除两三个简单的“五防”闭锁功能的故障。

3) 填写检修报告。

四、工作规范及要求

(1) 要求2人操作，由监考人员监护。

(2) 工作过程中检查的位置及结果应高声呼唱。

(3) 安全文明生产，考生着装规范。

(4) 工器具、材料、设备摆放整齐，现场操作熟练、连贯、有序，正确规范地使用工器具及安全用具。

(5) 不发生危及人身和设备安全的行为。

(6) 操作过程中有需要配合的向监考人员提出，但涉及考试内容的不得提问。

五、考核及时间要求

(1) 考核总时间为45分钟。场内实际操作时间为40分钟，如到时未完成应终止。场外检修记录填写时间为5分钟，如到时未完成应终止。若提前完成，向监考人员示意。

(2) 参赛选手从进场开始计算时间。

(3) 若出现人身伤害或设备危害的操作，监护人员有权制止。

技能等级评价专业技能考核操作评分标准

<table>
<tr><td>工种</td><td colspan="5">变电设备检修工</td><td>评价等级</td><td>高级工</td></tr>
<tr><td>项目模块</td><td colspan="5">开关柜检修—开关柜小修及维护—开关柜互感器一次元件的更换</td><td>编号</td><td>Jc0000343017</td></tr>
<tr><td>单位</td><td colspan="3"></td><td>准考证号</td><td></td><td>姓名</td><td></td></tr>
<tr><td>考试时限</td><td colspan="2">45 分钟</td><td>题型</td><td colspan="2">单项操作</td><td>题分</td><td>100 分</td></tr>
<tr><td>成绩</td><td></td><td>考评员</td><td></td><td>考评组长</td><td></td><td>日期</td><td></td></tr>
<tr><td>试题正文</td><td colspan="7">KYN28－12 型高压开关柜电流互感器更换</td></tr>
<tr><td>需要说明的问题和要求</td><td colspan="7">（1）要求 2 人一组操作，自行准备必要的工器具。
（2）操作应注意安全，按照技术要求进行、完成。
（3）工作票仅用于确认安全措施布置和确认签字</td></tr>
</table>

序号	项目名称	质量要求	满分	扣分标准	扣分原因	得分
1	安全文明生产					
1.1	着装规范	正确佩戴安全帽、穿绝缘鞋、穿长袖工作服、戴线手套	3	未佩戴安全帽、穿绝缘鞋、穿长袖工作服，扣 1 分； 安全帽佩戴不规范，扣 0.5 分； 着装不规范，扣 0.5 分； 未戴线手套，扣 1 分		
1.2	安全工器具及安全措施检查	应检查安全工器具、绝缘工器具是否完好，是否在校验合格期内； 检查工作区域围栏是否合格、封闭	3	未检查凳梯、绝缘手套外观是否完好，扣 1 分； 未检查检验标签是否在合格期内，扣 1 分； 未检查围栏非入口处是否封闭，扣 1 分		
1.3	检修环境检查	检查当日工位处温度、湿度情况	1	未检查温度情况，扣 0.5 分； 未检查湿度情况，扣 0.5 分		
1.4	安全文明生产	材料或配件不应发生掉落及随意摆放现象	3	发生工器具及配件掉落现象，每次扣 1 分； 工作现场杂乱无章，检查过程中随意摆放工器具，每次扣 1 分； 以上扣分，扣完为止		
2	工作过程及工具使用					
2.1	各种工器具正确使用及准备	熟练正确使用各种工器具，工具、量具、材料准备齐全，摆放整齐	5	未正确使用，一次扣 2 分； 测量调整用的工器具、量具、材料等，每缺少一件扣 1 分； 工具、备件摆放不整齐，扣 1 分； 以上扣分，扣完为止		
2.2	检查新互感器参数及试验情况	对比新旧互感器的参数及一、二次接线情况，并做详细记录，确认新互感器满足现场要求； 检查新互感器的高压、计量、保护试验报告合格	10	未检查新互感器参数，扣 5 分； 未检查新互感器试验报告，扣 5 分		
2.3	检查新互感器外观及尺寸	外观清洁、无损伤； 基础安装尺寸与旧设备基础尺寸相符	10	未进行外观检查，扣 5 分； 未核实尺寸，扣 5 分；		
2.4	旧互感器拆除	拆除连接铜排； 拆除二次接线并记录编号； 拆除电流互感器； 拆除应由两人配合，注意做好支撑防止掉落； 如断开接地，应在电缆头处单独加装接地线，严禁失去接地保护	10	失去接地保护，扣 5 分； 断路器掉落，扣 5 分		

续表

序号	项目名称	质量要求	满分	扣分标准	扣分原因	得分
2.5	安装新的互感器	各连接处的金属接触面光洁，涂有薄层导电膏，连接螺栓紧固可靠； 本体及二次接地符合要求，并接地可靠； 互感器一次接线与接地体相间、对地的空气绝缘净距离不小于 125mm（对于 12kV）； 新更换互感器应注意，电流互感器多余的二次绕组不允许开路，二次线接触良好，试验合格，二次线与一次设备保证足够安全距离	20	未涂抹导电膏，扣 5 分； 互感器螺栓松动，扣 5 分； 多余绕组开路，扣 5 分； 二次线与带电体距离不满足要求，扣 5 分		
2.6	紧固螺栓及二次线绑扎	再次检查螺栓紧固，同时划紧固标志线； 将二次线进行绑扎，保持与带电体的安全距离	10	二次线未绑扎，每处扣 5 分； 未再次检查螺栓紧固情况，扣 5 分		
3	现场清理及恢复					
3.1	清理作业现场	工器具、试验仪器收取后摆放整齐，与开工前一致； 设备表面清洁无杂物，作业现场清洁无遗留物品	5	工器具、试验仪器未收取摆放整齐，扣 2 分； 设备表面、工作现场有遗留物，每处扣 2 分，扣完为止		
3.2	设备恢复	设备恢复至检修前状态	5	未恢复至检修前状态，扣 5 分		
4	检修报告填写					
4.1	填写检修报告	正确填写检修报告，用语规范，项目齐全，结论正确	15	检修前检查情况未填写，扣 2 分； 填写不全或不正确，每项扣 1 分； 发现及处理情况未填写，扣 3 分； 缺陷每缺少一项，扣 1 分； 检修结论不正确，扣 2 分； 以上扣分，扣完为止		
合计			100			

Jc0000341018　KYN28－12 型高压开关柜断路器控制把手及分闸指示灯更换。（100 分）

考核知识点：高压开关柜二次元件更换

难易度：易

技能等级评价专业技能考核操作工作任务书

一、任务名称

KYN28－12 型高压开关柜断路器控制把手及分闸指示灯更换。

二、适用工种

变电设备检修工高级工。

三、具体任务

（1）工作状态为断路器转检修，工作内容为更换开关柜控制面板断路器控制把手及分闸指示灯。

（2）工作任务。

1）更换开关柜控制面板断路器控制把手及分闸指示灯。

2）防止触电及短路。

3）填写检修报告。

四、工作规范及要求

（1）要求 1 人操作，由监考人员监护。

（2）工作过程中检查的位置及结果应高声呼唱。

（3）安全文明生产，考生着装规范。

（4）工器具、材料、设备摆放整齐，现场操作熟练、连贯、有序，正确规范地使用工器具及安全用具。

（5）不发生危及人身和设备安全的行为。

（6）操作过程中有需要配合的向监考人员提出，但涉及考试内容的不得提问。

五、考核及时间要求

（1）考核总时间为45分钟。场内实际操作时间为40分钟，如到时未完成应终止。场外检修记录填写时间为5分钟，如到时未完成应终止。若提前完成，向监考人员示意。

（2）参赛选手从进场开始计算时间。

（3）若出现人身伤害或设备危害的操作，监护人员有权制止。

技能等级评价专业技能考核操作评分标准

<table>
<tr><td>工种</td><td colspan="6">变电设备检修工</td><td>评价等级</td><td>高级工</td></tr>
<tr><td>项目模块</td><td colspan="5">开关柜检修—开关柜小修及维护—开关柜二次元器件更换</td><td>编号</td><td colspan="2">Jc0000341018</td></tr>
<tr><td>单位</td><td colspan="3"></td><td>准考证号</td><td colspan="2"></td><td>姓名</td><td></td></tr>
<tr><td>考试时限</td><td colspan="2">45分钟</td><td>题型</td><td colspan="3">单项操作</td><td>题分</td><td>100分</td></tr>
<tr><td>成绩</td><td></td><td>考评员</td><td></td><td>考评组长</td><td colspan="2"></td><td>日期</td><td></td></tr>
<tr><td>试题正文</td><td colspan="8">KYN28－12型高压开关柜断路器控制把手及分闸指示灯更换</td></tr>
<tr><td>需要说明的问题和要求</td><td colspan="8">（1）要求1人操作，自行准备必要的工器具。
（2）操作应注意安全，按照技术要求进行、完成。
（3）工作票仅用于确认安全措施布置和确认签字。
（4）控制电源为直流220V电源供电</td></tr>
</table>

序号	项目名称	质量要求	满分	扣分标准	扣分原因	得分
1	安全文明生产					
1.1	着装规范	正确佩戴安全帽、穿绝缘鞋、穿长袖工作服、戴线手套	3	未佩戴安全帽、穿绝缘鞋、穿长袖工作服，扣1分； 安全帽佩戴不规范，扣0.5分； 着装不规范，扣0.5分； 未戴线手套，扣1分		
1.2	安全工器具及安全措施检查	应检查安全工器具、绝缘工器具是否完好，是否在校验合格期内； 检查工作区域围栏是否合格、封闭	3	未检查凳梯、绝缘手套外观是否完好，扣1分； 未检查校验标签是否在合格期内，扣1分； 未检查围栏非入口处是否封闭，扣1分		
1.3	检修环境检查	检查当日工位处温度、湿度情况	1	未检查温度情况，扣0.5分； 未检查湿度情况，扣0.5分		
1.4	安全文明生产	材料或配件不应发生掉落及随意摆放现象	3	发生工器具及配件掉落现象，每次扣1分； 工作现场杂乱无章，检查过程中随意摆放工器具，每次扣1分； 以上扣分，扣完为止		
2	工作过程及工具使用					
2.1	各种工器具正确使用及准备	熟练正确使用各种工器具，工具、量具、材料准备齐全，摆放整齐	5	未正确使用，一次扣2分； 测量调整用的工器具、量具、材料等，每缺少一件扣1分； 工具、备件摆放不整齐，扣1分； 以上扣分，扣完为止		
2.2	确认所需更换的故障指示灯确已损坏	测量指示灯两端有电压，同时指示灯不亮	10	校验步骤、动作错误，扣3分； 校验中发现的故障无法排除，扣7分		

续表

序号	项目名称	质量要求	满分	扣分标准	扣分原因	得分
2.3	确认所需更换的新指示灯工作正常，新控制把手工作正常	在检修电源上检查指示灯工作正常； 通过万用表测量控制把手节点切换； 进行绝缘测试正常； 选取的控制把手与旧控制把手型号一致； 选取的指示灯颜色与旧的一致	10	校验步骤、动作错误，扣5分； 未进行新旧对比，扣5分		
2.4	更换指示灯及控制把手	断开控制电源后，先验电再进行更换指示灯及控制把手； 拆下的控制回路及电源线头所做标记正确、清晰、牢固，并用绝缘胶带缠住； 拆除时记录二次线标号； 新控制把手安装按旧标号接线，接线牢固可靠	20	校验中发现的故障无法排除，扣1～20分； 未验电，扣5分； 未记录二次线标号，扣5分； 二次线拆除后未用胶带缠住，扣5分； 二次线未紧固，扣5分； 以上扣分，扣完为止		
2.5	校验所更换的指示灯指示和控制把手正常	接上电源进行断路器就地电动操作，判断指示灯指示正常	20	校验步骤、动作错误，扣10分； 未进行校验，扣10分		
3	现场清理及恢复					
3.1	清理作业现场	工器具、试验仪器收取后摆放整齐，与开工前一致； 设备表面清洁无杂物，作业现场清洁无遗留物品	5	工器具、试验仪器未收取摆放整齐，扣2分； 设备表面、工作现场有遗留物，每处扣2分，扣完为止		
3.2	设备恢复	设备恢复至检修前状态	5	未恢复至检修前状态，扣5分		
4	检修报告填写					
4.1	填写检修报告	正确填写检修报告，用语规范，项目齐全，结论正确	15	检修前检查情况未填写，扣2分； 填写不全或不正确，每项扣1分； 发现及处理情况未填写，扣3分； 缺陷每缺少一项，扣1分； 检修结论不正确，扣2分； 以上扣分，扣完为止		
合计			100			

Jc0000343019　KYN28－12 型高压开关柜手车在试验位置无法摇至工作位置缺陷处理。（100 分）

考核知识点： 高压开关柜无法调试

难易度： 难

技能等级评价专业技能考核操作工作任务书

一、任务名称

KYN28－12 型高压开关柜手车在试验位置无法摇至工作位置缺陷处理。

二、适用工种

变电设备检修工高级工。

三、具体任务

（1）工作状态为开关柜转检修，工作内容为 KYN28－12 型高压开关柜手车在试验位置无法摇至工作位置缺陷处理。

（2）工作任务。

1）检查开关柜“五防”闭锁情况，处理手车无法摇至运行位置的故障。

2）能排除一两个简单的“五防”闭锁功能的故障。

3）填写检修报告。

四、工作规范及要求

（1）要求1人操作，由监考人员监护。

（2）工作过程中检查的位置及结果应高声呼唱。

（3）安全文明生产，考生着装规范。

（4）工器具、材料、设备摆放整齐，现场操作熟练、连贯、有序，正确规范地使用工器具及安全用具。

（5）不发生危及人身和设备安全的行为。

（6）操作过程中有需要配合的向监考人员提出，但涉及考试内容的不得提问。

五、考核及时间要求

（1）考核总时间为45分钟。场内实际操作时间为40分钟，如到时未完成应终止。场外检修记录填写时间为5分钟，如到时未完成应终止。若提前完成，向监考人员示意。

（2）参赛选手从进场开始计算时间。

（3）若出现人身伤害或设备危害的操作，监护人员有权制止。

技能等级评价专业技能考核操作评分标准

工种	变电设备检修工					评价等级	高级工
项目模块	开关柜检修—开关柜小修及维护—KYN28－12型高压开关柜手车在试验位置无法摇至工作位置缺陷处理				编号	Jc0000343019	
单位			准考证号			姓名	
考试时限	45分钟		题型	单项操作		题分	100分
成绩		考评员		考评组长		日期	
试题正文	KYN28－12型高压开关柜手车在试验位置无法摇至工作位置缺陷处理						
需要说明的问题和要求	（1）要求1人操作，自行准备必要的工器具。 （2）操作应注意安全，按照技术要求进行、完成。 （3）工作票仅用于确认安全措施布置和确认签字						

序号	项目名称	质量要求	满分	扣分标准	扣分原因	得分
1	安全文明生产					
1.1	着装规范	正确佩戴安全帽、穿绝缘鞋、穿长袖工作服、戴线手套	3	未佩戴安全帽、穿绝缘鞋、穿长袖工作服，扣1分； 安全帽佩戴不规范，扣0.5分； 着装不规范，扣0.5分； 未戴线手套，扣1分		
1.2	安全工器具及安全措施检查	应检查安全工器具、绝缘工器具是否完好，是否在校验合格期内； 检查工作区域围栏是否合格、封闭	3	未检查凳梯、绝缘手套外观是否完好，扣1分； 未检查检验标签是否在合格期内，扣1分； 未检查围栏非入口处是否封闭，扣1分		
1.3	检修环境检查	检查当日工位处温度、湿度情况	1	未检查温度情况，扣0.5分； 未检查湿度情况，扣0.5分		
1.4	安全文明生产	材料或配件不应发生掉落及随意摆放现象	3	发生工器具及配件掉落现象，每次扣1分； 工作现场杂乱无章，检查过程中随意摆放工器具，每次扣1分； 以上扣分，扣完为止		
2	工作过程及工具使用					
2.1	各种工器具正确使用及准备	熟练正确使用各种工器具，工具、量具、材料准备齐全，摆放整齐	5	未正确使用，一次扣2分； 测量调整用的工器具、量具、材料等，每缺少一件扣1分； 工具、备件摆放不整齐，扣1分； 以上扣分，扣完为止		

续表

序号	项目名称	质量要求	满分	扣分标准	扣分原因	得分
2.2	由于联锁机构的原因，断路器在合闸状态时，无法移动，只有在断路器处于分闸状态时，断路器手车才能从试验位置移动到工作位置	确认断路器是否处于分闸状态后，再行操作，此为正常联锁，不是故障	5	每漏检查一项，扣1分，扣完为止； 不进行试操作，扣3分		
2.3	由于联锁机构的原因，接地开关合闸时，断路器手车无法移动	确认接地开关是否分闸，此为正常联锁，不是故障	10	每漏检查一项，扣1分，扣完为止； 不进行试操作，扣5分		
2.4	若接地开关确实已分闸，但仍无法摇进，请检查接地开关操作孔处的操作舌片是否回复至接地刀闸分闸时应处的位置	若操作舌片未回复，请调整接地刀闸操作机构	15	未发现故障带点，扣15分； 对接地刀闸闭锁手车舌片位置不清楚，扣10分		
2.5	断路器室活门工作不正常	检查隔离挡板机构有无变形情况，断路器室内活门动作是否正常	15	未发现故障带点，扣15分； 对接地刀闸闭锁手车舌片位置不清楚，扣10分		
2.6	检查断路器手车两侧把手是否推入开关柜两侧固定孔，若未推入，手车无法摇入	检查断路器手车两侧把手位置	15	未发现故障带点，扣15分； 对接地刀闸闭锁手车舌片位置不清楚，扣10分		
3	现场清理及恢复					
3.1	清理作业现场	工器具、试验仪器收取后摆放整齐，与开工前一致； 设备表面清洁无杂物，作业现场清洁无遗留物品	5	工器具、试验仪器未收取摆放整齐，扣2分； 设备表面、工作现场有遗留物，每处扣2分，扣完为止		
3.2	设备恢复	设备恢复至检修前状态	5	未恢复至检修前状态，扣5分		
4	检修报告填写					
4.1	填写检修报告	正确填写检修报告，用语规范，项目齐全，结论正确	15	检修前检查情况未填写，扣2分； 填写不全或不正确，每项扣1分； 发现及处理情况未填写，扣3分； 缺陷每缺少一项，扣1分； 检修结论不正确，扣2分； 以上扣分，扣完为止		
合计			100			

Jc0000343020　KYN28－12型高压开关柜断路器无法合闸故障处理。（100分）

考核知识点：断路器二次回路检查

难易度：难

技能等级评价专业技能考核操作工作任务书

一、任务名称

KYN28－12型高压开关柜断路器无法合闸故障处理。

二、适用工种

变电设备检修工高级工。

三、具体任务

（1）工作状态为断路器转检修，工作内容为KYN28－12型高压开关柜断路器无法合闸。

（2）工作任务。

1）对断路器进行“控制回路断线”故障处理。

2）对断路器脱扣电压不合格进行调试。

3）填写检修报告。

四、工作规范及要求

（1）要求 1 人操作，由监考人员监护。

（2）工作过程中检查的位置及结果应高声呼唱。

（3）安全文明生产，考生着装规范。

（4）工器具、材料、设备摆放整齐，现场操作熟练、连贯、有序，正确规范地使用工器具及安全用具。

（5）不发生危及人身和设备安全的行为。

（6）操作过程中有需要配合的向监考人员提出，但涉及考试内容的不得提问。

五、考核及时间要求

（1）考核总时间为 45 分钟。场内实际操作时间为 40 分钟，如到时未完成应终止。场外检修记录填写时间为 5 分钟，如到时未完成应终止。若提前完成，向监考人员示意。

（2）参赛选手从进场开始计算时间。

（3）若出现人身伤害或设备危害的操作，监护人员有权制止。

技能等级评价专业技能考核操作评分标准

工种	变电设备检修工					评价等级	高级工
项目模块	开关柜检修—开关柜缺陷及故障处理—能对存在异常的操动机构进行处理				编号	Jc0000343020	
单位			准考证号			姓名	
考试时限	45 分钟		题型	单项操作		题分	100 分
成绩		考评员		考评组长		日期	
试题正文	KYN28－12 型高压开关柜断路器无法合闸故障处理						
需要说明的问题和要求	（1）要求 1 人操作，自行准备必要的工器具。 （2）操作应注意安全，按照技术要求进行、完成。 （3）工作票仅用于确认安全措施布置和确认签字。 （4）机械特性测试仪由现场提供，断路器机构均为直流 220V 电源供电						

序号	项目名称	质量要求	满分	扣分标准	扣分原因	得分
1	安全文明生产					
1.1	着装规范	正确佩戴安全帽、穿绝缘鞋、穿长袖工作服、戴线手套	3	未佩戴安全帽、穿绝缘鞋、穿长袖工作服，扣 1 分； 安全帽佩戴不规范，扣 0.5 分； 着装不规范，扣 0.5 分； 未戴线手套，扣 1 分		
1.2	安全工器具及安全措施检查	应检查安全工器具、绝缘工器具是否完好，是否在校验合格期内； 检查工作区域围栏是否合格、封闭	3	未检查凳梯、绝缘手套外观是否完好，扣 1 分； 未检查检验标签是否在合格期内，扣 1 分； 未检查围栏非入口处是否封闭，扣 1 分		
1.3	检修环境检查	检查当日工位处温度、湿度情况	1	未检查温度情况，扣 0.5 分； 未检查湿度情况，扣 0.5 分		
1.4	安全文明生产	材料或配件不应发生掉落及随意摆放现象	3	发生工器具及配件掉落现象，每次扣 1 分； 工作现场杂乱无章，检查过程中随意摆放工器具，每次扣 1 分； 以上扣分，扣完为止		

续表

序号	项目名称	质量要求	满分	扣分标准	扣分原因	得分
2	工作过程及工具使用					
2.1	各种工器具正确使用及准备	熟练正确使用各种工器具，工具、量具、材料准备齐全，摆放整齐	5	未正确使用，一次扣2分； 测量调整用的工器具、量具、材料等，每缺少一件扣1分； 工具、备件摆放不整齐，扣1分； 以上扣分，扣完为止		
2.2	检查开关柜情况	能正确检查和分析开关柜状态	5	检修前未检查控制电源是否断开，扣2分； 未通过修前检查发现故障现象，扣3分		
2.3	开关柜内的直流电源至端子排、航空插座回路中的缺陷	修复或更换故障的元器件，恢复分合功能，并注意二次线的固定、绑扎； 应能根据二次原理图对控制回路各接点逐一测量； 找到松动的线芯并予以紧固	15	查找步骤、动作错误，扣2分； 查找中发现的故障无法全部排除，扣8分； 未对因拆除造成的二次线重新绑扎、固定，扣2分； 处理故障不熟练，扣3分		
2.4	断路器中的航空插针至断路器机构内的各个元器件回路中的缺陷，引起的“控制回路断线”故障	修复或更换故障的元器件，恢复分合功能，并注意二次线的固定、绑扎；应能根据二次原理图对控制回路各接点逐一测量	15	查找步骤、动作错误，扣2分； 查找中发现的故障无法全部排除，扣8分； 未对因拆除造成的二次线重新绑扎、固定，扣2分； 处理故障不熟练，扣1～10分		
2.5	断路器中的各元器件至储能行程开关“S3”回路中的缺陷，引起的“控制回路断线”	修复或更换故障的元器件，恢复分合功能，并注意二次线的固定、绑扎	15	查找步骤、动作错误，扣2分； 查找中发现的故障无法全部排除，扣6分； 未对因拆除造成的二次线重新绑扎、固定，扣2分； 处理故障不熟练，扣1～7分		
2.6	根据处理的故障，自行测量分、合闸线圈动作电压及调整，排除脱扣电压过低的故障	根据处理的故障，正确判断需要做的试验项目，正确使用特性仪进行低动作电压及动作时间特性的试验； 测量分、合闸线圈脱扣电压并调整间隙： 合闸脱扣器在合闸装置额定电源电压的85%～110%应可靠动作； 并联分闸脱扣器在分闸装置额定电源电压的65%～110%应可靠动作； 当电源电压低于额定电压的30%时，脱扣器不应脱扣	10	未正确使用仪器、仪表错误，扣2分； 测试方法不正确，扣4分； 未做试验或所选择试验项目错误、遗漏，扣4分		
3	现场清理及恢复					
3.1	清理作业现场	工器具、试验仪器收取后摆放整齐，与开工前一致； 设备表面清洁无杂物，作业现场清洁无遗留物品	5	工器具、试验仪器未收取摆放整齐，扣2分； 设备表面、工作现场有遗留物，每处扣2分，扣完为止		
3.2	设备恢复	设备恢复至检修前状态	5	未恢复至检修前状态，扣5分		
4	检修报告填写					
4.1	填写检修报告	正确填写检修报告，用语规范，项目齐全，结论正确	15	检修前检查情况未填写，扣2分； 填写不全或不正确，每项扣1分； 发现及处理情况未填写，扣3分； 缺陷每缺少一项，扣1分； 检修结论不正确，扣2分； 以上扣分，扣完为止		
合计			100			

Jc0000343021　110kV 组合电器防爆膜的更换处理。(100 分)

考核知识点：GIS 防爆膜

难易度：难

技能等级评价专业技能考核操作工作任务书

一、任务名称

110kV 组合电器防爆膜的更换处理。

二、适用工种

变电设备检修工高级工。

三、具体任务

（1）工作状态为隔离开关转检修，工作内容为 110kV 组合电器防爆膜进行更换处理。

（2）工作任务。

1）现场对 110kV 组合电器防爆膜进行更换处理。

2）进入现场人员应注意做好个人防护措施。

3）检修注意细节以及安全注意事项。

4）填写检修报告。

四、工作规范及要求

（1）要求 1 人操作，由监考人员监护。

（2）工作过程中检查的位置及结果应高声呼唱。

（3）安全文明生产，考生着装规范。

（4）工器具、材料、设备摆放整齐，现场操作熟练、连贯、有序，正确规范地使用工器具及安全用具。

（5）不发生危及人身和设备安全的行为。

（6）操作过程中有需要配合的向监考人员提出，但涉及考试内容的不得提问。

五、考核及时间要求

（1）考核总时间为 45 分钟。场内实际操作时间为 40 分钟，如到时未完成应终止。场外检修记录填写时间为 5 分钟，如到时未完成应终止。若提前完成，向监考人员示意。

（2）参赛选手从进场开始计算时间。

（3）若出现人身伤害或设备危害的操作，监护人员有权制止。

技能等级评价专业技能考核操作评分标准

工种	变电设备检修工					评价等级	高级工
项目模块	组合电器检修—组合电器大修及更换安装—110kV 组合电器故障防爆膜的更换处理				编号	Jc0000343021	
单位			准考证号			姓名	
考试时限	45 分钟		题型	单项操作		题分	100 分
成绩		考评员		考评组长		日期	
试题正文	110kV 组合电器防爆膜的更换处理						
需要说明的问题和要求	（1）非防爆膜破裂更换，个人防护可以采用简易防毒面具代替。 （2）抽真空、注气环节仅完成管路连接，说明操作步骤及标准即可。 （3）要求 1 人操作，自行准备必要的工器具。 （4）操作应注意安全，按照技术要求进行、完成。 （5）工作票仅用于确认安全措施布置和确认签字						

续表

序号	项目名称	质量要求	满分	扣分标准	扣分原因	得分
1	安全文明生产					
1.1	着装规范	正确佩戴安全帽、穿绝缘鞋、穿长袖工作服、戴线手套	3	未佩戴安全帽、穿绝缘鞋、穿长袖工作服，扣1分； 安全帽佩戴不规范，扣0.5分； 着装不规范，扣0.5分； 未戴线手套，扣1分		
1.2	安全工器具及安全措施检查	应检查安全工器具、绝缘工器具是否完好，是否在校验合格期内； 检查工作区域围栏是否合格、封闭	3	未检查凳梯、绝缘手套外观是否完好，扣1分； 未检查检验标签是否在合格期内，扣1分； 未检查围栏非入口处是否封闭，扣1分		
1.3	检修环境检查	检查当日工位处温度、湿度情况	1	未检查温度情况，扣0.5分； 未检查湿度情况，扣0.5分		
1.4	安全文明生产	材料或配件不应发生掉落及随意摆放现象	3	发生工器具及配件掉落现象，每次扣1分； 工作现场杂乱无章，检查过程中随意摆放工器具，每次扣1分； 以上扣分，扣完为止		
2	工作过程及工具使用					
2.1	各种工器具正确使用及准备	熟练正确使用各种工器具，工具、量具、材料准备齐全，摆放整齐	5	未正确使用，一次扣2分； 测量调整用的工器具、量具、材料等，每缺少一件扣1分； 工具、备件摆放不整齐，扣1分； 以上扣分，扣完为止		
2.2	修前检查设备状态	检查防爆膜故障情况； 确定新的防爆膜尺寸、技术特性（设计爆破压力、爆破压力允差、泄漏口径等）满足技术要求，铭牌标识正确与原有相同，外观良好、无异常； 检查相邻气室的气压情况	5	未检查防爆膜情况，扣5分； 未检查相邻气室气压情况，扣5分		
2.3	相邻气室气压回收	打开气室封板前，需确认气室内部已降至零压，相邻的气室根据各厂家实际情况进行降压或回收处理	5	未回收降压处理，扣5分		
2.4	拆除防爆片并清理密封面	打开气室后，应先开启强排通风装置15min，监测工作区域空气中SF_6气体含量不得超过1000μL/L，含氧量大于18%，方可进入，工作过程中应当保持通风装置运转； 拆除过程中应佩戴防毒面具或正压式呼吸器； 安装过程中气室暴露在空气中的时间不应超过厂家规定的最大时间； 气室开启后及时用临时封盖或塑料薄膜封住法兰孔	15	未开启通风系统，扣5分； 未进行氧含量测试，扣5分； 未佩戴防护措施，扣5分		
2.5	安装新的防爆片	检查密封槽面应清洁，无杂质、划痕，新密封件完好，已用过的密封件不得重复使用； 紧固力矩应符合规定或厂家要求； 密封面的胶质遗留等应用无水乙醇擦拭干净	10	密封面未清理，扣5分； 未检查密封面，扣5分； 使用用过的密封件，扣5分； 紧固力矩不符合要求，扣5分		
2.6	气室抽真空	连接真空泵管路对气室进行抽真空处理，处理结果应符合要求； 抽真空至133Pa以下并继续抽真空30min，停泵30min，记录真空度（A），再隔5h，读真空度（B），若（B）-（A）<133Pa，则可认为合格，否则应进行处理并重新抽真空至合格为止	15	管路连接不合格，扣5分； 抽真空要求和标准叙述不合格，扣5分； 真空泵使用不符合要求，扣5分		
2.7	SF_6注气	SF_6气体应经检测合格（含水量不大于40μL/L、纯度不小于99.97%（质量分数），充气管道和接头应进行清洁、干燥处理，充气时应防止空气混入； 充气前检查SF_6气体合格证和检验报告	10	充气不符合流程，扣5分； 充气压力不合格，扣5分； 充气前未检查SF_6气体合格证和检验报告，扣2分		

续表

序号	项目名称	质量要求	满分	扣分标准	扣分原因	得分
3	现场清理及恢复					
3.1	清理作业现场	工器具、试验仪器收取后摆放整齐，与开工前一致； 设备表面清洁无杂物，作业现场清洁无遗留物品	5	工器具、试验仪器未收取摆放整齐，扣2分； 设备表面、工作现场有遗留物，每处扣2分，扣完为止		
3.2	设备恢复	设备恢复至检修前状态	5	未恢复至检修前状态，扣5分		
4	检修报告填写					
4.1	填写检修报告	正确填写检修报告，用语规范，项目齐全，结论正确	15	检修前检查情况未填写，扣2分； 填写不全或不正确，每项扣1分； 发现及处理情况未填写，扣3分； 缺陷每缺少一项，扣1分； 检修结论不正确，扣2分； 以上扣分，扣完为止		
合计			100			

Jc0000343022　110kV 组合电器断路器无法操作故障的排查及处理。（100 分）

考核知识点：断路器机构原理

难易度：难

技能等级评价专业技能考核操作工作任务书

一、任务名称

110kV 组合电器断路器无法操作故障的排查及处理。

二、适用工种

变电设备检修工高级工。

三、具体任务

（1）工作状态为断路器转检修，工作内容为 110kV 组合电器断路器无法操作故障的排查及处理。

（2）工作任务。

1）对 110kV 组合电器断路器无法操作故障的排查及处理。

2）进入现场人员应注意做好个人防护措施。

3）填写检修报告。

四、工作规范及要求

（1）要求 1 人操作，由监考人员监护。

（2）工作过程中检查的位置及结果应高声呼唱。

（3）安全文明生产，考生着装规范。

（4）工器具、材料、设备摆放整齐，现场操作熟练、连贯、有序，正确规范地使用工器具及安全用具。

（5）不发生危及人身和设备安全的行为。

（6）操作过程中有需要配合的向监考人员提出，但涉及考试内容的不得提问。

五、考核及时间要求

（1）考核总时间为 45 分钟。场内实际操作时间为 40 分钟，如到时未完成应终止。场外检修记录填写时间为 5 分钟，如到时未完成应终止。若提前完成，向监考人员示意。

（2）参赛选手从进场开始计算时间。

（3）若出现人身伤害或设备危害的操作，监护人员有权制止。

技能等级评价专业技能考核操作评分标准

<table>
<tr><td>工种</td><td colspan="4">变电设备检修工</td><td>评价等级</td><td>高级工</td></tr>
<tr><td>项目模块</td><td colspan="3">组合电器检修—组合电器缺陷及故障处理—能对存在异常的操动机构进行检修处理</td><td>编号</td><td colspan="2">Jc0000343022</td></tr>
<tr><td>单位</td><td colspan="2"></td><td>准考证号</td><td></td><td>姓名</td><td></td></tr>
<tr><td>考试时限</td><td>45 分钟</td><td>题型</td><td colspan="2">单项操作</td><td>题分</td><td>100 分</td></tr>
<tr><td>成绩</td><td>考评员</td><td></td><td>考评组长</td><td></td><td>日期</td><td></td></tr>
<tr><td>试题正文</td><td colspan="6">110kV 组合电器断路器无法操作故障的排查及处理</td></tr>
<tr><td>需要说明的问题和要求</td><td colspan="6">（1）要求 1 人操作，自行准备必要的工器具。
（2）操作应注意安全，按照技术要求进行、完成。
（3）工作票仅用于确认安全措施布置和确认签字。
（4）机械特性测试仪由现场提供，断路器机构均为直流 220V 电源供电</td></tr>
</table>

序号	项目名称	质量要求	满分	扣分标准	扣分原因	得分
1	安全文明生产					
1.1	着装规范	正确佩戴安全帽、穿绝缘鞋、穿长袖工作服、戴线手套	3	未佩戴安全帽、穿绝缘鞋、穿长袖工作服，扣 1 分； 安全帽佩戴不规范，扣 0.5 分； 着装不规范，扣 0.5 分； 未戴线手套，扣 1 分		
1.2	安全工器具及安全措施检查	应检查安全工器具、绝缘工器具是否完好，是否在校验合格期内； 检查工作区域围栏是否合格、封闭	3	未检查凳梯、绝缘手套外观是否完好，扣 1 分； 未检查检验标签是否在合格期内，扣 1 分； 未检查围栏非入口处是否封闭，扣 1 分		
1.3	检修环境检查	检查当日工位处温度、湿度情况	1	未检查温度情况，扣 0.5 分； 未检查湿度情况，扣 0.5 分		
1.4	安全文明生产	材料或配件不应发生掉落及随意摆放现象	3	发生工器具及配件掉落现象，每次扣 1 分； 工作现场杂乱无章，检查过程中随意摆放工器具，每次扣 1 分； 以上扣分，扣完为止		
2	工作过程					
2.1	检查组合电器情况	能正确检查和分析开关柜状态	5	未检查开关处于分闸位置，扣 1 分； 未检查接地刀闸在合位（包括实际位置及指示），扣 1 分； 未检查控制电源断开，扣 1 分； 未通过修前检查发现故障现象，扣 2 分		
2.2	断路器分、合闸故障，查找故障点 1 处	修复或更换故障的元器件，恢复分、合功能，并注意二次线的固定、绑扎； 能根据二次原理图查找故障元件位置并恢复	10	查找步骤、动作错误，每处扣 2 分； 查找中发现的故障无法全部排除，扣 5 分； 未对因拆除造成的二次线重新绑扎、固定，每处扣 2 分； 处理故障不熟练，扣 2 分； 以上扣分，扣完为止		
2.3	查找断路器储能故障 1 处	修复或更换故障的元器件，恢复分、合功能，并注意二次线的固定、绑扎； 能根据二次原理图查找故障元件位置并恢复	15	查找步骤、动作错误，扣 2 分； 查找中发现的故障无法全部排除，扣 8 分； 未对因拆除造成的二次线重新绑扎、固定，扣 2 分； 处理故障不熟练，扣 1～10 分		
2.4	防误闭锁装置故障，发现接线错 1 处	修复或更换故障的元器件，恢复分合功能，并注意二次线的固定、绑扎； 能根据二次原理图查找接线错误位置并调整正确	20	查找步骤、动作错误，扣 2 分； 查找中发现的故障无法全部排除，扣 8 分； 未对因拆除造成的二次线重新绑扎、固定，扣 2 分； 处理故障不熟练，扣 1～8 分		

续表

序号	项目名称	质量要求	满分	扣分标准	扣分原因	得分
2.5	机械特性测试与调整	根据处理的故障，正确判断需要做的试验项目，正确使用特性仪进行低动作电压及动作时间特性的试验，测量分、合闸线圈脱扣电压并调整间隙； 合闸脱扣器在合闸装置额定电源电压的85%～110%应可靠动作； 并联分闸脱扣器在分闸装置额定电源电压的65%～110%应可靠动作； 当电源电压低于额定电压的30%时，脱扣器不应脱扣	10	未正确使用仪器、仪表，扣2分； 测试方法不正确，扣4分； 未做试验或所选择试验项目错误、遗漏，扣4分		
2.6	组合电器闭锁功能的校验	闭锁功能正确、完整； 仅校验本间隔联锁	5	每少校验一项，扣1分，扣完为止		
3	现场清理及恢复					
3.1	清理作业现场	工器具、试验仪器收取后摆放整齐，与开工前一致； 设备表面清洁无杂物，作业现场清洁无遗留物品	5	工器具、试验仪器未收取摆放整齐，扣2分； 设备表面、工作现场有遗留物，每处扣2分，扣完为止		
3.2	设备恢复	设备恢复至检修前状态	5	未恢复至检修前状态，扣5分		
4	检修报告填写					
4.1	填写检修报告	正确填写检修报告，用语规范，项目齐全，结论正确	15	检修前检查情况未填写，扣2分； 填写不全或不正确，每项扣1分； 发现及处理情况未填写，扣3分； 缺陷每缺少一项，扣1分； 检修结论不正确，扣2分； 以上扣分，扣完为止		
合计			100			

Jc0000343023　110kV 组合电器误发压力低报警信号故障处理。（100分）

考核知识点：组合电器二次回路原理

难易度：难

技能等级评价专业技能考核操作工作任务书

一、任务名称

110kV 组合电器误发压力低报警信号故障处理。

二、适用工种

变电设备检修工高级工。

三、具体任务

（1）完成组合电器误发压力低报警信号故障处理工作。

（2）工作任务。

1）在规定时间内完成组合电器误发压力低报警信号故障处理。

2）填写检修报告。

四、工作规范及要求

（1）要求1人操作，由监考人员监护。

（2）工作过程中检查的位置及结果应高声呼唱。

（3）安全文明生产，考生着装规范。

（4）工器具、材料、设备摆放整齐，现场操作熟练、连贯、有序，正确规范地使用工器具及安全

用具。

（5）不发生危及人身和设备安全的行为。

（6）操作过程中有需要配合的向监考人员提出，但涉及考试内容的不得提问。

五、考核及时间要求

（1）考核总时间为45分钟。场内实际操作时间为40分钟，如到时未完成应终止。场外检修记录填写时间为5分钟，如到时未完成应终止。若提前完成，向监考人员示意。

（2）参赛选手从进场开始计算时间。

（3）若出现人身伤害或设备危害的操作，监护人员有权制止。

技能等级评价专业技能考核操作评分标准

工种	变电设备检修工				评价等级	高级工
项目模块	组合电器检修—组合电器大修及更换安装—组合电器误发压力低报警信号故障处理			编号	Jc0000343023	
单位		准考证号			姓名	
考试时限	45分钟	题型	单项操作		题分	100分
成绩		考评员		考评组长	日期	
试题正文	110kV组合电器误发压力低报警信号故障处理					
需要说明的问题和要求	（1）要求1人操作，自行准备必要的工器具。 （2）操作应注意安全，按照技术要求进行、完成。 （3）工作票仅用于确认安全措施布置和确认签字。 （4）控制电源为直流220V电源供电					

序号	项目名称	质量要求	满分	扣分标准	扣分原因	得分
1	安全文明生产					
1.1	着装规范	正确佩戴安全帽、穿绝缘鞋、穿长袖工作服、戴线手套	3	未佩戴安全帽、穿绝缘鞋、穿长袖工作服，扣1分； 安全帽佩戴不规范，扣0.5分； 着装不规范，扣0.5分； 未戴线手套，扣1分		
1.2	安全工器具及安全措施检查	应检查安全工器具、绝缘工器具是否完好，是否在校验合格期内； 检查工作区域围栏是否合格、封闭	3	未检查凳梯、绝缘手套外观是否完好，扣1分； 未检查检验标签是否在合格期内，扣1分； 未检查围栏非入口处是否封闭，扣1分		
1.3	检修环境检查	检查当日工位处温度、湿度情况	1	未检查温度情况，扣0.5分； 未检查湿度情况，扣0.5分		
1.4	安全文明生产	材料或配件不应发生掉落及随意摆放现象	3	发生工器具及配件掉落现象，每次扣1分； 工作现场杂乱无章，检查过程中随意摆放工器具，每次扣1分； 以上扣分，扣完为止		
2	工作过程及工具使用					
2.1	各种工器具正确使用及准备	熟练正确使用各种工器具，工具、量具、材料准备齐全，摆放整齐	10	未正确使用，一次扣2分； 测量调整用的工器具、量具、材料等，每缺少一件扣1分； 工具、备件摆放不整齐，扣1分； 以上扣分，扣完为止		
2.2	检查密度继电器压力值	检查密度继电器压力值是否低于报警值，若没有，则为节点故障	15	未检查压力值，扣15分		

续表

序号	项目名称	质量要求	满分	扣分标准	扣分原因	得分
2.3	按照原理图查找故障点	能根据二次原理图查找故障点位置并恢复； 密度继电器接线盒进水短路导致，吹干后重新接上恢复正常	15	不能找出问题点，扣 10 分； 处理不合格，扣 5 分		
2.4	故障处理	根据所发现的问题，给予处理； 对汇控柜压力低报警回路接点进行恢复； 告警复归	25	同一个故障多次处理，扣 2 分； 未能完全消除设备故障，每处扣 5 分； 故障处理后未进行试验，检验处理最终结果，每项扣 5 分； 共 25 分，扣完为止		
3	现场清理及恢复					
3.1	清理作业现场	工器具、试验仪器收取后摆放整齐，与开工前一致； 设备表面清洁无杂物，作业现场清洁无遗留物品	5	工器具、试验仪器未收取摆放整齐，扣 2 分； 设备表面、工作现场有遗留物，每处扣 2 分，扣完为止		
3.2	设备恢复	设备恢复至检修前状态	5	未恢复至检修前状态，扣 5 分		
4	检修报告填写					
4.1	填写检修报告	正确填写检修报告，用语规范，项目齐全，结论正确	15	检修前检查情况未填写，扣 2 分； 填写不全或不正确，每项扣 1 分； 发现及处理情况未填写，扣 3 分； 缺陷每缺少一项，扣 1 分； 检修结论不正确，扣 2 分； 以上扣分，扣完为止		
合计			100			

Jc0000343024　110kV 组合电器校验阀更换。（100 分）

考核知识点：组合电器校验阀更换

难易度：难

技能等级评价专业技能考核操作工作任务书

一、任务名称

110kV 组合电器校验阀更换。

二、适用工种

变电设备检修工高级工。

三、具体任务

（1）工作状态为更换的气室转检修，工作内容 110kV 组合电器密度继电器校验阀更换。

（2）工作任务。

1）进行 SF_6 泄漏测试。

2）填写检修记录。

四、工作规范及要求

（1）要求 2 人操作，由监考人员监护。

（2）工作过程中检查的位置及结果应高声呼唱。

（3）安全文明生产，考生着装规范。

（4）工器具、材料、设备摆放整齐，现场操作熟练、连贯、有序，正确规范地使用工器具及安全用具。

（5）不发生危及人身和设备安全的行为。

（6）操作过程中有需要配合的向监考人员提出，但涉及考试内容的不得提问。

五、考核及时间要求

（1）考核总时间为45分钟。场内实际操作时间为40分钟，如到时未完成应终止。场外检修记录填写时间为5分钟，如到时未完成应终止。若提前完成，向监考人员示意。

（2）参赛选手从进场开始计算时间。

（3）若出现人身伤害或设备危害的操作，监护人员有权制止。

技能等级评价专业技能考核操作评分标准

工种	变电设备检修工			评价等级	高级工
项目模块	组合电器检修—组合电器小修及维护		编号	Jc0000343024	
单位		准考证号		姓名	
考试时限	45分钟	题型	单项操作	题分	100分
成绩	考评员		考评组长	日期	
试题正文	110kV组合电器校验阀更换				
需要说明的问题和要求	（1）要求2人1组操作，自行准备必要的工器具。 （2）操作应注意安全，按照技术要求进行、完成。 （3）工作票仅用于确认安全措施布置和确认签字				

序号	项目名称	质量要求	满分	扣分标准	扣分原因	得分
1	安全文明生产					
1.1	着装规范	正确佩戴安全帽、穿绝缘鞋、穿长袖工作服、戴线手套	3	未佩戴安全帽、穿绝缘鞋、穿长袖工作服，扣1分； 安全帽佩戴不规范，扣0.5分； 着装不规范，扣0.5分； 未戴线手套，扣1分		
1.2	安全工器具及安全措施检查	应检查安全工器具、绝缘工器具是否完好，是否在校验合格期内； 检查工作区域围栏是否合格、封闭	3	未检查凳梯、绝缘手套外观是否完好，扣1分； 未检查检验标签是否在合格期内，扣1分； 未检查围栏非入口处是否封闭，扣1分		
1.3	检修环境检查	检查当日工位处温度、湿度情况	1	未检查温度情况，扣0.5分； 未检查湿度情况，扣0.5分		
1.4	安全文明生产	材料或配件不应发生掉落及随意摆放现象	3	发生工器具及配件掉落现象，每次扣1分； 工作现场杂乱无章，检查过程中随意摆放工器具，每次扣1分； 以上扣分，扣完为止		
2	工作过程及工具使用					
2.1	各种工器具正确使用及准备	熟练正确使用各种工器具，工具、量具、材料准备齐全，摆放整齐	5	未正确使用，一次扣2分； 测量调整用的工器具、量具、材料等，每缺少一件扣1分； 工具、备件摆放不整齐，扣1分； 以上扣分，扣完为止		
2.2	拆除原密度继电器	关闭校验阀阀门； 拆下防雨罩； 拔下二次插拔插头； 按技术要求缓慢松动表计连接接头，将密度继电器取下，并安放于可靠位置，注意二次缆不要受力； 佩戴防毒面具	10	拆卸顺序不正确，扣5分； 放置不合理，扣5分； 未关闭校验阀阀门，扣5分； 未佩戴防毒面具，扣5分		

续表

序号	项目名称	质量要求	满分	扣分标准	扣分原因	得分
2.3	拆除原校验阀	缓慢松动螺栓，需有人配合顶住校验阀，防止螺口缓慢松动导致逆止阀缓慢复位漏气； 松开后应迅速将阀体拿出，注意高压气体的推力，防止误伤	10	无人配合固定校验阀，扣5分； 拆除流程不合格，扣5分		
2.4	安装新校验阀	检查密封槽面应清洁，无杂质、划痕，新密封件完好，已用过的密封件不得重复使用； 密封面的杂质遗留等应用无水乙醇擦拭干净	10	密封面未清理，扣3分； 未检查密封面，扣3分； 使用用过的密封件，扣4分		
2.5	安装密度继电器	用电吹风风干表计连接接头； 将新密度继电器装上，按技术要求旋紧连接螺栓； 检查密度继电器装上后，接点动作正确； 密封面的杂质遗留等应用无水乙醇擦拭干净	10	装复后未校验密度继电器动作接点，扣5分； 装复顺序不正确，扣5分		
2.6	检漏仪定性检漏	检漏仪探枪离被测点 1～2mm 缓慢移动，确认无 SF_6 气体泄漏； 如有疑点，应做好标记，重新装复密度继电器	10	未进行检测，扣5分； 检测方法不正确，扣5分		
2.7	装复密度继电器附件	观察并记录 SF_6 压力值，气压与拆除前一致； 装上二次插拔插头； 装复防雨罩	10	未观察 SF_6 压力值，扣3分； 未装上二次插拔插头，扣3分； 未装复防雨罩，扣4分		
3	现场清理及恢复					
3.1	清理作业现场	工器具、试验仪器收取后摆放整齐，与开工前一致； 设备表面清洁无杂物，作业现场清洁无遗留物品	5	工器具、试验仪器未收取摆放整齐，扣2分； 设备表面、工作现场有遗留物，每处扣2分，扣完为止		
3.2	设备恢复	设备恢复至检修前状态	5	未恢复至检修前状态，扣5分		
4	检修报告填写					
4.1	填写检修报告	正确填写检修报告，用语规范，项目齐全，结论正确	15	检修前检查情况未填写，扣2分； 填写不全或不正确，每项扣1分； 发现及处理情况未填写，扣3分； 缺陷每缺少一项，扣1分； 检修结论不正确，扣2分； 以上扣分，扣完为止		
合计			100			

Jc0000343025　单相 110kV 避雷器更换。（100 分）

考核知识点：避雷器更换

难易度：难

技能等级评价专业技能考核操作工作任务书

一、任务名称

单相 110kV 避雷器更换。

二、适用工种

变电设备检修工高级工。

三、具体任务

（1）工作状态为断路器转检修，工作内容为单相110kV避雷器更换。

（2）工作任务。

1）对单相110kV避雷器进行更换。

2）填写检修报告。

四、工作规范及要求

（1）要求5人操作，由监考人员监护。

（2）工作过程中检查的位置及结果应高声呼唱。

（3）安全文明生产，考生着装规范。

（4）工器具、材料、设备摆放整齐，现场操作熟练、连贯、有序，正确规范地使用工器具及安全用具。

（5）不发生危及人身和设备安全的行为。

（6）操作过程中有需要配合的向监考人员提出，但涉及考试内容的不得提问。

五、考核及时间要求

（1）考核总时间为45分钟。场内实际操作时间为40分钟，如到时未完成应终止。场外检修记录填写时间为5分钟，如到时未完成应终止。若提前完成，向监考人员示意。

（2）参赛选手从进场开始计算时间。

（3）若出现人身伤害或设备危害的操作，监护人员有权制止。

技能等级评价专业技能考核操作评分标准

工种	变电设备检修工			评价等级	高级工
项目模块	母线、防雷设备检修—母线、防雷设备大修及更换安装—防雷设备更换安装		编号	Jc0000343025	
单位		准考证号		姓名	
考试时限	45分钟	题型	单项操作	题分	100分
成绩	考评员		考评组长		日期
试题正文	单相110kV避雷器更换				
需要说明的问题和要求	（1）要求至少5人操作，自行准备必要的工器具。 （2）操作应注意安全，按照技术要求进行、完成。 （3）工作票仅用于确认安全措施布置和确认签字				

序号	项目名称	质量要求	满分	扣分标准	扣分原因	得分
1	安全文明生产					
1.1	着装规范	正确佩戴安全帽、穿绝缘鞋、穿长袖工作服、戴线手套	3	未佩戴安全帽、穿绝缘鞋、穿长袖工作服，扣1分； 安全帽佩戴不规范，扣0.5分； 着装不规范，扣0.5分； 未戴线手套，扣1分		
1.2	安全工器具及安全措施检查	应检查安全工器具、绝缘工器具是否完好，是否在校验合格期内； 检查工作区域围栏是否合格、封闭	3	未检查凳梯、绝缘手套外观是否完好，扣1分； 未检查检验标签是否在合格期内，扣1分； 未检查围栏非入口处是否封闭，扣1分		

续表

序号	项目名称	质量要求	满分	扣分标准	扣分原因	得分
1.3	检修环境检查	检查当日工位处温度、湿度情况	1	未检查温度情况，扣 0.5 分； 未检查湿度情况，扣 0.5 分		
1.4	安全文明生产	材料或配件不应发生掉落及随意摆放现象	3	发生工器具及配件掉落现象，每次扣 1 分； 工作现场杂乱无章，检查过程中随意摆放工器具，每次扣 1 分； 以上扣分，扣完为止		
2	工作过程及工具使用					
2.1	各种工器具正确使用及准备	熟练正确使用各种工器具，工具、量具、材料准备齐全，摆放整齐	5	未正确使用，一次扣 2 分； 测量调整用的工器具、量具、材料等，每缺少一件扣 1 分； 工具、备件摆放不整齐，扣 1 分； 以上扣分，扣完为止		
2.2	原避雷器的拆除	拆下避雷器引流线必须固定绑扎牢靠，并与周围带电体保持安全距离； 拆除均压环，放置在预定地点，严防发生坠落或伤人； 拆除计数器，放置在预定地点； 固定吊装工具，将绳套系好避雷器并用吊具轻微调紧； 拆下底座和避雷器之间的紧固螺栓，用吊具将避雷器轻轻吊起并缓慢吊至事先规划好的地面位置上，起吊过程应设专人监护； 拆除避雷器基座并放置预定位置； 选用合适的吊装设备和正确的吊点，设置缆风绳控制方向，并设专人指挥	30	避雷器引流线未绑扎固定，扣 5 分； 拆除时高空坠物，每次扣 5 分，扣完为止； 拆除部件摆放不整齐，扣 5 分； 未选用合适的吊装设备和正确的吊点，扣 5 分； 起吊前未确认固定螺栓等连接件拆除，扣 5 分； 未使用缆风绳和设置专责监护人，扣 10 分		
2.3	新避雷器的安装	避雷器安装前检查： 检查避雷器的外观和铭牌是否缺少或损坏，压力释放板是否完好无损； 瓷件应无裂纹、破损、瓷套与铁法兰间黏合应牢固，法兰泄水孔也应通畅； 避雷器经试验合格，底座应良好； 安装新避雷器基座，按照避雷器使用安装说明书或总装图的要求安装好新避雷器基座； 用吊绳系好避雷器，用吊具将避雷器轻轻吊起并缓慢吊至避雷器基座上； 设置缆风绳控制方向，并设专人指挥； 穿上紧固螺栓，并用扳手进行紧固； 安装计数器并确保计数器上下引线连接牢固； 连接上引流； 以上固定面和连接面可以根据情况进行重新加工打孔	30	避雷器安装前未检查，扣 10 分； 安装前检查缺项，每项扣 3 分，扣完为止； 未选用合适的吊装设备和正确的吊点，扣 5 分； 避雷器固定不牢靠，扣 10 分； 安装时高空坠物，每次扣 5 分； 未使用缆风绳和设置专责监护人，扣 10 分		
3	现场清理及恢复					
3.1	清理作业现场	工器具、试验仪器收取后摆放整齐，与开工前一致； 设备表面清洁无杂物，作业现场清洁无遗留物品	5	工器具、试验仪器未收取摆放整齐，扣 1 分； 设备表面、工作现场有遗留物，每处扣 1 分，扣完为止		
3.2	设备恢复	设备恢复至检修前状态	5	未恢复至检修前状态，扣 5 分		
4	检修报告填写					
4.1	填写检修报告	正确填写检修报告，用语规范，项目齐全，结论正确	15	检修前检查情况未填写，扣 2 分； 填写不全或不正确，每项扣 1 分； 发现及处理情况未填写，扣 3 分； 缺陷每缺少一项，扣 1 分； 检修结论不正确，扣 2 分； 以上扣分，扣完为止		
合计			100			

Jc0006341026　使用真空滤油机对 110kV 变压器进行真空注油。（100 分）

考核知识点：能使用真空滤油机对变压器进行真空注油

难易度：易

技能等级评价专业技能考核操作工作任务书

一、任务名称

使用真空滤油机对 110kV 变压器进行真空注油。

二、适用工种

变电设备检修工高级工。

三、具体任务

（1）进行真空注油前的安全准备及检查工作。

（2）对真空滤油机进行整体检查。

（3）对发现的异常问题告知监考人并进行记录，但不处理。

（4）模拟变压器安装，使用真空滤油机对变压器进行真空注油。

（5）模拟现场工作，实施安全措施（按照变压器安装完成），完成现场真空注油任务。

（6）填写检修报告。

四、工作规范及要求

（1）要求 1 人操作，由监考人员监护。

（2）工作过程中检查的位置及结果应高声呼唱。

（3）安全文明生产，考生着装规范。

（4）工器具、材料、设备摆放整齐，现场操作熟练、连贯、有序，正确规范地使用工器具及安全用具。

（5）不发生危及人身和设备安全的行为。

（6）操作过程中有需要配合的向监考人员提出，但涉及考试内容的不得提问。

（7）按要求使用真空滤油机对变压器进行真空注油。

五、考核及时间要求

（1）考核总时间为 60 分钟。场内实际操作时间为 55 分钟，如到时未完成应终止。场外检修记录填写时间为 5 分钟，如到时未完成应终止。若提前完成，向监考人员示意。

（2）参赛选手从进场开始计算时间。

（3）若出现人身伤害或设备危害的操作，监护人员有权制止。

技能等级评价专业技能考核操作评分标准

<table>
<tr><td>工种</td><td colspan="8">变电设备检修工</td><td>评价等级</td><td>高级工</td></tr>
<tr><td>项目模块</td><td colspan="7">变压器检修—变压器大修及更换安装</td><td>编号</td><td colspan="2">Jc0006341026</td></tr>
<tr><td>单位</td><td colspan="3"></td><td colspan="2">准考证号</td><td colspan="3"></td><td>姓名</td><td></td></tr>
<tr><td>考试时限</td><td colspan="2">60 分钟</td><td colspan="2">题型</td><td colspan="4">单项操作</td><td>题分</td><td>100 分</td></tr>
<tr><td>成绩</td><td></td><td>考评员</td><td colspan="2"></td><td colspan="2">考评组长</td><td colspan="2"></td><td>日期</td><td></td></tr>
<tr><td>试题正文</td><td colspan="10">使用真空滤油机对 110kV 变压器进行真空注油</td></tr>
<tr><td>需要说明的问题和要求</td><td colspan="10">（1）严格执行有关规程和规范。
（2）现场由 2 名检修工协助完成。
（3）在提供的场地、设备上完成操作。
（4）时间到应立即停止操作，整理工具、材料，离开操作场地。
（5）主要考核工艺过程，工艺时间可以口述</td></tr>
</table>

续表

序号	项目名称	质量要求	满分	扣分标准	扣分原因	得分
1	准备					
1.1	参赛队员着装	正确佩戴安全帽、穿绝缘鞋、穿长袖工作服、戴线手套	6	未佩戴安全帽、穿绝缘鞋、穿长袖工作服，扣3分； 安全帽佩戴不规范，扣1分； 着装不规范，扣1分； 未戴线手套，扣1分		
1.2	安全工器具检查	应检查安全工器具、绝缘工器具是否完好，是否在校验合格期内	4	未检查安全工器具、绝缘工器具外观是否完好，扣2分； 未检查检验标签是否在合格期内，扣2分		
1.3	安全措施检查	检查现场所做安全措施是否正确、完善	3	未检查现场安全措施，扣3分		
1.4	试验环境检查	检查当日工位处温度、湿度情况	2	未检查温度情况，扣1分； 未检查湿度情况，扣1分		
2	真空注油					
2.1	准备工作	做好安全防护措施； 熟悉真空滤油机、真空泵的工作性能、原理及管路连接原理图	5	未做好安全防护措施，扣2分； 未熟悉有关参数，扣3分		
2.2	变压器抽真空及注油	检查真空滤油机电源是否正常； 检查变压器及连接管道密封是否完好，所有不能承压的附件是否堵死或拆除； 启动真空泵，在5min内均匀地提高其真空度到133Pa，保持10min，检查各封堵情况之后可将真空度逐渐提高到真空泵的极限，注意监视油箱变形； 变压器真空度达到最高真空时，保持10min，开始向变压器内注油； 注油过程中，应以3～5t/h速度且保持真空度不变［(740±5) mmHg］，当油面距箱顶200mm时停止注油，并继续抽真空保持10min； 变压器二次补油必须经储油柜注入，各附件注油严防气体进入本体； 各排气口反复排气	55	未检查真空滤油机电源，扣5分； 未检查密封情况，扣2分； 不能承压的附件未堵死或拆除，扣5分； 未进行抽真空，扣5分； 未按规定时间提高真空度，扣2分； 未注意监视油箱变形情况，扣3分； 真空度达到最高真空时，保持时间不够，扣5分； 注油速度不符合工艺要求，扣3分； 未继续抽真空，扣5分； 从底部注油，扣5分； 未反复排气，扣5分； 有渗油点，扣5分； 未进行二次补油，扣5分		
3	安全文明生产					
3.1	相关规定的执行	严格遵守安规	6	违章作业，每项扣2分，扣完为止		
3.2	清理作业现场	工器具、试验仪器收取后摆放整齐，与开工前一致； 设备表面清洁无杂物，作业现场清洁无遗留物品	4	工器具、试验仪器未收取摆放整齐，扣1分； 设备表面、工作现场有遗留物，每处扣1分，扣完为止		
4	检修报告填写					
4.1	填写检修报告	正确填写检修报告，用语规范，项目齐全，结论正确	15	检修前检查情况未填写，扣4分； 填写不全或不正确，每项扣1分； 发现及处理情况未填写，扣3分； 缺陷每缺少一项，扣2分； 检修结论不正确，扣1分； 以上扣分，扣完为止		
合计			100			

Jc0006341027　现场处理有载调压装置机构故障。(100分)

考核知识点：变压器有载调压装置机构故障处理

难易度：易

技能等级评价专业技能考核操作工作任务书

一、任务名称

现场处理有载调压装置机构故障。

二、适用工种

变电设备检修工高级工。

三、具体任务

（1）进行试验前的安全准备及检查工作。

（2）对有载调压装置机构本体外观、操动机构进行整体检查。

（3）对发现的异常问题告知监考人并进行记录，但不处理。

（4）进行 110kV 变压器有载调压装置机构无法电动操作故障处理。

（5）填写检修报告。

四、工作规范及要求

（1）要求 1 人操作，由监考人员监护。

（2）工作过程中检查的位置及结果应高声呼唱。

（3）安全文明生产，考生着装规范。

（4）工器具、材料、设备摆放整齐，现场操作熟练、连贯、有序，正确规范地使用工器具及安全用具。

（5）不发生危及人身和设备安全的行为。

（6）操作过程中有需要配合的向监考人员提出，如断开保护屏处控制电源、接地刀闸，但涉及考试内容的不得提问。

（7）按要求使用工器具完成 110kV 变压器有载调压装置机构故障处理工作。

五、考核及时间要求

（1）考核总时间为 60 分钟。场内实际操作时间为 55 分钟，如到时未完成应终止。场外检修记录填写时间为 5 分钟，如到时未完成应终止。若提前完成，向监考人员示意。

（2）参赛选手从进场开始计算时间。

（3）若出现人身伤害或设备危害的操作，监护人员有权制止。

技能等级评价专业技能考核操作评分标准

工种	变电设备检修工					评价等级	高级工
项目模块	变压器检修—变压器缺陷及故障处理				编号	Jc0006341027	
单位			准考证号			姓名	
考试时限	60 分钟		题型	单项操作		题分	100 分
成绩		考评员		考评组长		日期	
试题正文	现场处理有载调压装置机构故障						
需要说明的问题和要求	（1）严格执行有关规程和规范。 （2）在提供的场地、设备上独立完成操作。 （3）时间到应立即停止操作，整理工具、材料，离开操作场地。 （4）现场以 1 台 110kV 变压器为考核对象						

序号	项目名称	质量要求	满分	扣分标准	扣分原因	得分
1	准备					

续表

序号	项目名称	质量要求	满分	扣分标准	扣分原因	得分
1.1	参赛队员着装	正确佩戴安全帽、穿绝缘鞋、穿长袖工作服、戴线手套	6	未佩戴安全帽、穿绝缘鞋、穿长袖工作服，扣3分； 安全帽佩戴不规范，扣1分； 着装不规范，扣1分； 未戴线手套，扣1分		
1.2	安全工器具检查	应检查安全工器具、绝缘工器具是否完好，是否在校验合格期内	4	未检查安全工器具、绝缘工器具外观是否完好，扣2分； 未检查检验标签是否在合格期内，扣2分		
1.3	安全措施检查	检查现场所做安全措施是否正确、完善	3	未检查现场安全措施，扣3分		
1.4	试验环境检查	检查当日工位处温度、湿度情况	2	未检查温度情况，扣1分； 未检查湿度情况，扣1分		
2	现场故障处理					
2.1	检查和辨析缺陷	检查有载调压装置机构的故障情况并给出形成该缺陷的原因： 缺陷：无法电动操作； 缺陷原因：控制电源故障、升降挡按钮故障、切换把手故障	20	检查方式不对，扣10分； 无法给出缺陷成因，扣10分； 动作不熟练或检查有遗漏，进行相应扣分		
2.2	处理故障	根据缺陷情况进行故障的排除和处理	40	缺陷无法排除，扣40分； 排除过程中有遗漏或不当之处，给予相应扣分		
3	安全文明生产					
3.1	相关规定的执行	严格遵守安规	6	违章作业，每项扣2分，扣完为止		
3.2	清理作业现场	工器具、试验仪器收取后摆放整齐，与开工前一致； 设备表面清洁无杂物，作业现场清洁无遗留物品	4	工器具、试验仪器未收取摆放整齐，扣1分； 设备表面、工作现场有遗留物，每处扣1分，扣完为止		
4	检修报告填写					
4.1	填写检修报告	正确填写检修报告，用语规范，项目齐全，结论正确	15	检修前检查情况未填写，扣4分； 填写不全或不正确，每项扣1分； 发现及处理情况未填写，扣3分； 缺陷每缺少一项，扣2分； 检修结论不正确，扣1分； 以上扣分，扣完为止		
合计			100			

Jc0006341028　现场处理变压器压力释放阀故障。（100分）

考核知识点：变压器压力释放阀故障处理

难易度：易

技能等级评价专业技能考核操作工作任务书

一、任务名称

现场处理变压器压力释放阀故障。

二、适用工种

变电设备检修工高级工。

三、具体任务

（1）工作状态为模拟一台110kV变压器综检，工作内容为压力释放阀故障处理。

（2）工作任务。

1）模拟变压器综检，对出现故障的压力释放阀进行处理。

2）模拟现场工作，实施安全措施（按照变压器综检完成），完成现场故障处理任务。

四、工作规范及要求

（1）工器具使用及准备工作。

（2）按要求使用工器具完成压力释放阀故障处理工作。

五、考核及时间要求

（1）本考核1～4项操作时间为60分钟，时间到停止考评。

（2）按照技能操作记录单的操作要求进行操作。

技能等级评价专业技能考核操作评分标准

工种	变电设备检修工					评价等级	高级工
项目模块	变压器检修—变压器缺陷及故障处理				编号	Jc0006341028	
单位			准考证号			姓名	
考试时限	60分钟		题型		单项操作	题分	100分
成绩		考评员		考评组长		日期	
试题正文	现场处理变压器压力释放阀故障						
需要说明的问题和要求	（1）严格执行有关规程和规范。 （2）在提供的场地、设备上独立完成操作。 （3）时间到应立即停止操作，整理工具、材料，离开操作场地。 （4）现场以1台110kV变压器为考核对象						

序号	项目名称	质量要求	满分	扣分标准	扣分原因	得分
1	准备					
1.1	参赛队员着装	正确佩戴安全帽、穿绝缘鞋、穿长袖工作服、戴线手套	6	未佩戴安全帽、穿绝缘鞋、穿长袖工作服，扣3分； 安全帽佩戴不规范，扣1分； 着装不规范，扣1分； 未戴线手套，扣1分		
1.2	安全工器具检查	应检查安全工器具、绝缘工器具是否完好，是否在校验合格期内	4	未检查安全工器具、绝缘工器具外观是否完好，扣2分； 未检查检验标签是否在合格期内，扣2分		
1.3	安全措施检查	检查现场所做安全措施是否正确、完善	3	未检查现场安全措施，扣3分		
1.4	试验环境检查	检查当日工位处温度、湿度情况	2	未检查温度情况，扣1分； 未检查湿度情况，扣1分		
2	现场故障处理					
2.1	检查和辨析缺陷	检查压力释放阀的故障情况并给出形成该缺陷的原因	30	检查方式不对，扣10分； 无法给出缺陷成因，扣20分； 动作不熟练或检查有遗漏，进行相应扣分		
2.2	处理故障	根据缺陷情况进行故障的排除和处理	30	缺陷无法排除，扣30分； 排除过程中有遗漏或不当之处，给予相应扣分		
3	安全文明生产					
3.1	相关规定的执行	严格遵守安规	6	违章作业，每项扣2分，扣完为止		
3.2	清理作业现场	工器具、试验仪器收取后摆放整齐，与开工前一致； 设备表面清洁无杂物，作业现场清洁无遗留物品	4	工器具、试验仪器未收取摆放整齐，扣1分； 设备表面、工作现场有遗留物，每处扣1分，扣完为止		

续表

序号	项目名称	质量要求	满分	扣分标准	扣分原因	得分
4	检修报告填写					
4.1	填写检修报告	正确填写检修报告，用语规范，项目齐全，结论正确	15	检修前检查情况未填写，扣 4 分； 填写不全或不正确，每项扣 1 分； 发现及处理情况未填写，扣 3 分； 缺陷每缺少一项，扣 2 分； 检修结论不正确，扣 1 分； 以上扣分，扣完为止		
合计			100			

Jc0006341029　现场对 220kV 变压器冷却系统的故障进行查找。(100 分)

考核知识点：变压器冷却系统的故障查找

难易度：易

技能等级评价专业技能考核操作工作任务书

一、任务名称

现场对 220kV 变压器冷却系统的故障进行查找。

二、适用工种

变电设备检修工高级工。

三、具体任务

(1) 进行试验前的安全准备及检查工作。

(2) 对变压器本体、冷却器、机构箱进行外观整体检查。

(3) 对发现的异常问题告知监考人并进行记录，但不处理。

(4) 进行 220kV 变压器冷却系统无法正常运行故障处理，完成故障定位、故障消除工作。

(5) 填写检修报告。

四、工作规范及要求

(1) 要求 1 人操作，由监考人员监护。

(2) 工作过程中检查的位置及结果应高声呼唱。

(3) 安全文明生产，考生着装规范。

(4) 工器具、材料、设备摆放整齐，现场操作熟练、连贯、有序，正确规范地使用工器具及安全用具。

(5) 不发生危及人身和设备安全的行为。

(6) 操作过程中有需要配合的向监考人员提出，如断开保护屏处控制电源、接地刀闸，但涉及考试内容的不得提问。

(7) 模拟变压器综检，对出现故障的冷却系统进行处理，实现缺陷处理工作，冷却系统正常工作。

五、考核及时间要求

(1) 考核总时间为 60 分钟。场内实际操作时间为 55 分钟，如到时未完成应终止。场外检修记录填写时间为 5 分钟，如到时未完成应终止。若提前完成，向监考人员示意。

(2) 参赛选手从进场开始计算时间。

(3) 若出现人身伤害或设备危害的操作，监护人员有权制止。

技能等级评价专业技能考核操作评分标准

工种	变电设备检修工				评价等级	高级工
项目模块	变压器检修—变压器缺陷及故障处理			编号	Jc0006341029	
单位		准考证号			姓名	
考试时限	60 分钟	题型	单项操作		题分	100 分
成绩		考评员		考评组长	日期	
试题正文	现场对 220kV 变压器冷却系统的故障进行查找					
需要说明的问题和要求	（1）严格执行有关规程和规范。 （2）在提供的场地、设备上独立完成操作。 （3）时间到应立即停止操作，整理工具、材料，离开操作场地。 （4）现场以 1 台 110kV 变压器为考核对象					

序号	项目名称	质量要求	满分	扣分标准	扣分原因	得分
1	准备					
1.1	参赛队员着装	正确佩戴安全帽、穿绝缘鞋、穿长袖工作服、戴线手套	6	未佩戴安全帽、穿绝缘鞋、穿长袖工作服，扣 3 分； 安全帽佩戴不规范，扣 1 分； 着装不规范，扣 1 分； 未戴线手套，扣 1 分		
1.2	安全工器具检查	应检查安全工器具、绝缘工器具是否完好，是否在校验合格期内	4	未检查安全工器具、绝缘工器具外观是否完好，扣 2 分； 未检查检验标签是否在合格期内，扣 2 分		
1.3	安全措施检查	检查现场所做安全措施是否正确、完善	3	未检查现场安全措施，扣 3 分		
1.4	试验环境检查	检查当日工位处温度、湿度情况	2	未检查温度情况，扣 1 分； 未检查湿度情况，扣 1 分		
2	现场故障处理					
2.1	准备工作	核对检修工具、材料； 核对冷却系统型号	5	未核对工具、材料，扣 2 分； 未核对冷却系统型号，扣 3 分		
2.2	检查缺陷	检查冷却系统的故障情况； 冷却器 1 号风机无法正常运行； 1 号潜油泵油流计故障	30	未检查风机扇叶运行正常，扣 5 分； 未检查冷却器控制电源，扣 5 分； 未检查冷却器三相交流电源，扣 5 分； 未检查风机接线端子、热偶继电器，扣 5 分； 未检查油流计，扣 5 分； 动作不熟练或检查有遗漏，扣 5 分		
2.3	辨析缺陷	给出形成该缺陷的原因； 风扇热偶动作； 油流计内部指针固定螺栓松动	25	未发现风机运行缺陷点，扣 5 分； 未发现油流计运行缺陷点，扣 5 分； 未处理风机缺陷，扣 10 分； 未处理油流计缺陷，扣 5 分		
3	安全文明生产					
3.1	相关规定的执行	严格遵守安规	6	违章作业，每项扣 2 分，扣完为止		
3.2	清理作业现场	工器具、试验仪器收取后摆放整齐，与开工前一致； 设备表面清洁无杂物，作业现场清洁无遗留物品	4	工器具、试验仪器未收取摆放整齐，扣 1 分； 设备表面、工作现场有遗留物，每处扣 1 分，扣完为止		
4	检修报告填写					
4.1	填写检修报告	正确填写检修报告，用语规范，项目齐全，结论正确	15	检修前检查情况未填写，扣 4 分； 填写不全或不正确，每项扣 1 分； 发现及处理情况未填写，扣 3 分； 缺陷每缺少一项，扣 2 分； 检修结论不正确，扣 1 分； 以上扣分，扣完为止		
合计			100			

Jc0006341030　现场对变压器风冷系统进行检修调试。(100 分)

考核知识点：变压器风冷系统检修调试

难易度：易

技能等级评价专业技能考核操作工作任务书

一、任务名称

现场对变压器风冷系统进行检修调试。

二、适用工种

变电设备检修工高级工。

三、具体任务

(1) 工作状态为模拟一台 110kV 变压器综检，工作内容为风冷系统检修调试。

(2) 工作任务。

1) 模拟变压器综检，对风冷系统进行检修调试。

2) 模拟现场工作，实施安全措施（按照变压器综检完成），完成现场检修调试任务。

四、工作规范及要求

(1) 工器具使用及准备工作。

(2) 按要求使用工器具完成风冷系统检修调试工作。

五、考核及时间要求

(1) 本考核 1～4 项操作时间为 60 分钟，时间到停止考评。

(2) 按照技能操作记录单的操作要求进行操作。

技能等级评价专业技能考核操作评分标准

<table>
<tr><td>工种</td><td colspan="5">变电设备检修工</td><td>评价等级</td><td>高级工</td></tr>
<tr><td>项目模块</td><td colspan="4">变压器检修—变压器大修及更换安装</td><td>编号</td><td colspan="2">Jc0006341030</td></tr>
<tr><td>单位</td><td colspan="2"></td><td>准考证号</td><td colspan="2"></td><td>姓名</td><td></td></tr>
<tr><td>考试时限</td><td colspan="2">60 分钟</td><td>题型</td><td colspan="2">单项操作</td><td>题分</td><td>100 分</td></tr>
<tr><td>成绩</td><td></td><td>考评员</td><td></td><td>考评组长</td><td></td><td>日期</td><td></td></tr>
<tr><td>试题正文</td><td colspan="7">现场对变压器风冷系统进行检修调试</td></tr>
<tr><td>需要说明的问题和要求</td><td colspan="7">(1) 严格执行有关规程和规范。
(2) 在提供的场地、设备上独立完成操作。
(3) 时间到应立即停止操作，整理工具、材料，离开操作场地。
(4) 现场以 1 台 110kV 变压器为考核对象</td></tr>
</table>

序号	项目名称	质量要求	满分	扣分标准	扣分原因	得分
1	准备					
1.1	参赛队员着装	正确佩戴安全帽、穿绝缘鞋、穿长袖工作服、戴线手套	6	未佩戴安全帽、穿绝缘鞋、穿长袖工作服，扣 3 分； 安全帽佩戴不规范，扣 1 分； 着装不规范，扣 1 分； 未戴线手套，扣 1 分		
1.2	安全工器具检查	应检查安全工器具、绝缘工器具是否完好，是否在校验合格期内	4	未检查安全工器具、绝缘工器具外观是否完好，扣 2 分； 未检查检验标签是否在合格期内，扣 2 分		

续表

序号	项目名称	质量要求	满分	扣分标准	扣分原因	得分
1.3	安全措施检查	检查现场所做安全措施是否正确、完善	3	未检查现场安全措施，扣3分		
1.4	试验环境检查	检查当日工位处温度、湿度情况	2	未检查温度情况，扣1分； 未检查湿度情况，扣1分		
2	现场故障处理					
2.1	风冷系统检修	上、下油室内部应清洁，冷却管应无堵塞现象； 放油塞透气性、密封性应良好，更换密封圈并入槽，不渗漏； 检查碟阀和连管的法兰密封面应平整无划痕，无锈蚀，无漆膜； 连接法兰的密封面应平行和同心，密封垫均匀压缩1/3（胶棒压缩1/2）； 油流继电器的指针指示正确、无抖动，微动开关信号切换正确稳定，接线盒盖应密封良好； 拆装前后应确认蝶阀位置正确； 冷却器拆后各封口应封闭良好	30	上、下油室内部脏污，扣2分； 冷却管堵塞，扣2分； 放油塞透气性、密封性差，扣3分； 密封圈未入槽，扣5分； 碟阀和连管的法兰密封有划痕，锈蚀，漆膜，扣3分； 连接法兰的密封面不平行或同心，扣5分； 密封垫压缩不均匀，扣5分； 油流继电器的指针指示错误，扣5分； 油流继电器的指针抖动，扣5分； 微动开关信号切换错误，扣5分； 接线盒盖密封不良，扣3分； 拆装前后未确认蝶阀位置正确，扣5分； 冷却器拆后各封口封闭不良，扣2分		
2.2	风冷系统调试	调试时先打开下碟阀开启至1/3或1/2位置，待顶部排气塞冒油后旋紧，再打开上蝶阀，最终确认上、下蝶阀均处于开启位置，限位良好； 整组冷却器调试检查转动方向正确，运转平稳，无异声，各部密封良好，不渗油，无负压，油泵和风机负载电流分别无明显差异； 进行冷却装置联动试验； 主供、备供电源投切正常； 在冷却器故障状态下备用冷却器应能正确启动； 依次开启所有油泵，延时间隔应在30s以上，不应出现气体继电器和压力释放阀的误动	30	每项调试错误，扣10分，扣完为止		
3	安全文明生产					
3.1	相关规定的执行	严格遵守安规	6	违章作业，每项扣2分		
3.2	清理作业现场	工器具、试验仪器收取后摆放整齐，与开工前一致； 设备表面清洁无杂物，作业现场清洁无遗留物品	4	工器具、试验仪器未收取摆放整齐，扣1分； 设备表面、工作现场有遗留物，每处扣1分，扣完为止		
4	检修报告填写					
4.1	填写检修报告	正确填写检修报告，用语规范，项目齐全，结论正确	15	检修前检查情况未填写，扣4分； 填写不全或不正确，每项扣1分； 发现及处理情况未填写，扣3分； 缺陷每缺少一项，扣2分； 检修结论不正确，扣1分； 以上扣分，扣完为止		
合计			100			

Jc0006341031　更换变压器蝶阀。（100分）

考核知识点：变压器蝶阀的更换

难易度：易

技能等级评价专业技能考核操作工作任务书

一、任务名称

更换变压器蝶阀。

二、适用工种

变电设备检修工高级工。

三、具体任务

（1）工作状态为模拟一台 110kV 变压器综检，工作内容为蝶阀更换。

（2）工作任务。

1）模拟变压器综检，对蝶阀进行更换。

2）模拟现场工作，实施安全措施（按照变压器综检完成），完成现场更换任务。

四、工作规范及要求

（1）工器具使用及准备工作。

（2）按要求使用工器具完成蝶阀更换工作。

五、考核及时间要求

（1）本考核 1～4 项操作时间为 60 分钟，时间到停止考评。

（2）按照技能操作记录单的操作要求进行操作。

技能等级评价专业技能考核操作评分标准

<table>
<tr><td>工种</td><td colspan="5">变电设备检修工</td><td>评价等级</td><td>高级工</td></tr>
<tr><td>项目模块</td><td colspan="4">变压器检修—变压器小修及维护</td><td>编号</td><td colspan="2">Jc0006341031</td></tr>
<tr><td>单位</td><td colspan="3"></td><td>准考证号</td><td></td><td>姓名</td><td></td></tr>
<tr><td>考试时限</td><td colspan="2">60 分钟</td><td>题型</td><td colspan="2">单项操作</td><td>题分</td><td>100 分</td></tr>
<tr><td>成绩</td><td></td><td>考评员</td><td></td><td>考评组长</td><td></td><td>日期</td><td></td></tr>
<tr><td>试题正文</td><td colspan="7">更换变压器蝶阀</td></tr>
<tr><td>需要说明的问题和要求</td><td colspan="7">（1）严格执行有关规程和规范。
（2）在提供的场地、设备上独立完成操作。
（3）时间到应立即停止操作，整理工具、材料，离开操作场地。
（4）现场以 1 台 110kV 变压器为考核对象</td></tr>
</table>

序号	项目名称	质量要求	满分	扣分标准	扣分原因	得分
1	准备					
1.1	参赛队员着装	正确佩戴安全帽、穿绝缘鞋、穿长袖工作服、戴线手套	6	未佩戴安全帽、穿绝缘鞋、穿长袖工作服，扣 3 分； 安全帽佩戴不规范，扣 1 分； 着装不规范，扣 1 分； 未戴线手套，扣 1 分		
1.2	安全工器具检查	应检查安全工器具、绝缘工器具是否完好，是否在校验合格期内	4	未检查安全工器具、绝缘工器具外观是否完好，扣 2 分； 未检查检验标签是否在合格期内，扣 2 分		
1.3	安全措施检查	检查现场所做安全措施是否正确、完善	3	未检查现场安全措施，扣 3 分		
1.4	试验环境检查	检查当日工位处温度、湿度情况	2	未检查温度情况，扣 1 分； 未检查湿度情况，扣 1 分		

续表

序号	项目名称	质量要求	满分	扣分标准	扣分原因	得分
2	更换					
2.1	蝶阀检查	检查蝶阀应完好，安装方向、操作杆位置应统一，开闭指示标志应清晰、正确	15	未进行蝶阀检查，扣5分； 安装方向、操作杆位置不统一，扣5分； 开闭指示标志模糊，扣5分		
2.2	蝶阀更换	依次对角拧紧安装法兰螺栓； 密封圈入槽或位置正确； 检查蝶阀和连管的法兰密封面应平整无划痕，无锈蚀，无漆膜； 连接法兰的密封面应平行和同心，密封垫均匀压缩1/3（胶棒压缩1/2）； 拆装前后应确认蝶阀位置正确	45	螺栓紧固顺序错误，扣10分； 密封圈未入槽或位置错误，扣10分； 蝶阀和连管的法兰密封有划痕，锈蚀，漆膜，扣10分； 连接法兰的密封面不平行或同心，扣10分； 密封垫压缩不均匀，扣10分； 拆装前后未确认蝶阀位置，扣10分； 冷却器拆后各封口封闭不良，扣10分		
3	安全文明生产					
3.1	相关规定的执行	严格遵守安规	6	违章作业，每项扣2分，扣完为止		
3.2	清理作业现场	工器具、试验仪器收取后摆放整齐，与开工前一致； 设备表面清洁无杂物，作业现场清洁无遗留物品	4	工器具、试验仪器未收取摆放整齐，扣1分； 设备表面、工作现场有遗留物，每处扣1分，扣完为止		
4	检修报告填写					
4.1	填写检修报告	正确填写检修报告，用语规范，项目齐全，结论正确	15	检修前检查情况未填写，扣4分； 填写不全或不正确，每项扣1分； 发现及处理情况未填写，扣3分； 缺陷每缺少一项，扣2分； 检修结论不正确，扣1分； 以上扣分，扣完为止		
合计			100			

Jc0006341032　变压器风冷控制柜故障电压监视继电器更换。（100分）

考核知识点：变压器风冷系统二次元件更换

难易度：易

技能等级评价专业技能考核操作工作任务书

一、任务名称

变压器风冷控制柜故障电压监视继电器更换。

二、适用工种

变电设备检修工高级工。

三、具体任务

（1）工作状态为变压器风冷控制柜1号交流电源电压监视继电器故障，系统发1号交流电源故障信号，工作内容为风冷系统故障信号分析与处理。

（2）工作任务。

1）模拟变压器风冷控制柜1号交流电源电压监视继电器故障，进行电压监视继电器元器件的更换。

2）模拟现场工作，实施安全措施，排除设置的故障，完成现场检修任务。

四、工作规范及要求

（1）工器具使用及安全措施。

（2）按要求进行风冷系统故障排除。

（3）根据要求进行风冷控制柜元器件的更换。

（4）填写检修报告。

五、考核及时间要求

（1）本考核1～5项操作时间为60分钟，时间到停止考评，包括检修时间和报告整理时间。

（2）按照技能操作记录单的操作要求进行操作，正确记录操作结果。

技能等级评价专业技能考核操作评分标准

工种	变电设备检修工					评价等级	高级工
项目模块	变压器检修—变压器缺陷及故障处理				编号	Jc0006341032	
单位			准考证号			姓名	
考试时限	60分钟		题型	单项操作		题分	100分
成绩		考评员		考评组长		日期	
试题正文	变压器风冷控制柜故障电压监视继电器更换						
需要说明的问题和要求	（1）在提供的场地、设备上独立完成操作。 （2）严格执行有关规程、规范。 （3）现场以变压器风冷控制柜为考核对象。 （4）时间到应立即停止操作，整理工具、材料，离开操作场地						

序号	项目名称	质量要求	满分	扣分标准	扣分原因	得分
1	准备					
1.1	参赛队员着装	正确佩戴安全帽、穿绝缘鞋、穿长袖工作服、戴线手套	6	未佩戴安全帽、穿绝缘鞋、穿长袖工作服，扣3分； 安全帽佩戴不规范，扣1分； 着装不规范，扣1分； 未戴线手套，扣1分		
1.2	安全工器具检查	应检查安全工器具、绝缘工器具是否完好，是否在校验合格期内	4	未检查安全工器具、绝缘工器具外观是否完好，扣2分； 未检查检验标签是否在合格期内，扣2分		
1.3	安全措施检查	检查现场所做安全措施是否正确、完善	3	未检查现场安全措施，扣3分		
1.4	试验环境检查	检查当日工位处温度、湿度情况	2	未检查温度情况，扣1分； 未检查湿度情况，扣1分		
2	变压器风冷系统检查					
2.1	变压器冷却器检查	散热器外观完好、无锈蚀、无渗漏油； 阀门开启方向正确，油泵、油路等无渗漏，无掉漆及锈蚀； 运行中的风扇和油泵运转平稳，转向正确，无异常声音和振动，油泵油流指示器密封良好，指示正确，无抖动现象	10	未开展散热器外观检查，扣2分； 未开展阀门、油泵及油路检查，扣4分； 未开展风扇、油流计检查，扣4分		
2.2	变压器风冷控制柜检查	检查风冷控制柜内部有无异物，有无受潮情况； 检查冷却系统内部元件如指示灯、空气开关、热耦和接触器是否正常； 检查二次线有无松动	10	未开展风冷控制柜检查，扣2分； 未检查内部有无异物受潮，扣2分； 未检查内部元件如指示灯、空气开关、热耦和接触器，每个扣4分，扣完为止； 未检查二次接线有无松动，扣2分		

续表

序号	项目名称	质量要求	满分	扣分标准	扣分原因	得分
3	故障排查					
3.1	故障查找	风冷控制柜 1 号交流电源电压监视继电器故障，系统发 1 号交流电源故障信号	5	未查找出故障，扣 5 分		
3.2	故障排除	使用万用表检查电压监视继电器常开节点是否动作； 检查电压监视继电器交流输入是否正常； 判断为电压监视继电器故障，进一步更换处理； 断开 1 号交流电源空气开关，使用万用表确认电压监视继电器确无电压； 记录需拆接的二次接线； 二次线拆除，裸露部分绝缘化处理； 更换新的电压监视继电器，并按照记录进行二次线恢复； 检查无误后，投入 1 号交流进线空气开关，检查故障信号是否消除	35	未正确使用万用表，扣 5 分； 未检查交流电源状态，扣 5 分； 未检查电压监视继电器，扣 5 分； 未能判断出故障，扣 5 分； 未断开交流电源空气开关，确认无电压，扣 5 分； 未记录二次线，扣 5 分； 绝缘化处理裸露部分，扣 5 分		
4	安全文明生产					
4.1	相关规定的执行	严格遵守安规	6	违章作业，每项扣 2 分，扣完为止		
4.2	清理作业现场	工器具、试验仪器收取后摆放整齐，与开工前一致； 设备表面清洁无杂物，作业现场清洁无遗留物品	4	工器具、试验仪器未收取摆放整齐，扣 1 分； 设备表面、工作现场有遗留物，每处扣 1 分，扣完为止		
5	检修报告填写					
5.1	填写检修报告	正确填写检修报告，用语规范，项目齐全，结论正确	15	检修前检查情况未填写，扣 4 分； 填写不全或不正确，每项扣 1 分； 发现及处理情况未填写，扣 3 分； 缺陷每缺少一项，扣 2 分； 检修结论不正确，扣 1 分； 以上扣分，扣完为止		
合计			100			

Jc0006341033 变压器风冷控制柜冷却器故障交流接触器更换。(100 分)

考核知识点：变压器风冷系统二次元件更换

难易度：易

技能等级评价专业技能考核操作工作任务书

一、任务名称

变压器风冷控制柜冷却器故障交流接触器更换。

二、适用工种

变电设备检修工高级工。

三、具体任务

（1）工作状态为变压器风冷控制柜带电运行，工作内容为风冷系统故障处理。

（2）工作任务。

1）模拟变压器风冷控制柜 1 号冷却器潜油泵控制交流接触器发热故障，进行交流接触器元器件的更换。

2）模拟现场工作，实施安全措施，排除设置的故障，完成现场检修任务。

四、工作规范及要求

（1）工器具使用及安全措施。

（2）按要求进行风冷系统故障排除。

（3）根据要求进行风冷控制柜元器件的更换。

（4）填写检修报告。

五、考核及时间要求

（1）本考核1～5项操作时间为60分钟，时间到停止考评，包括检修时间和报告整理时间。

（2）按照技能操作记录单的操作要求进行操作，正确记录操作结果。

技能等级评价专业技能考核操作评分标准

工种	变电设备检修工					评价等级	高级工
项目模块	变压器检修—变压器小修及维护				编号	Jc0006341033	
单位			准考证号			姓名	
考试时限	60分钟		题型	单项操作		题分	100分
成绩		考评员		考评组长		日期	
试题正文	变压器风冷控制柜冷却器故障交流接触器更换						
需要说明的问题和要求	（1）在提供的场地、设备上独立完成操作。 （2）严格执行有关规程、规范。 （3）现场以变压器风冷控制柜为考核对象。 （4）时间到应立即停止操作，整理工具、材料，离开操作场地						

序号	项目名称	质量要求	满分	扣分标准	扣分原因	得分
1	准备					
1.1	参赛队员着装	正确佩戴安全帽、穿绝缘鞋、穿长袖工作服、戴线手套	6	未佩戴安全帽、穿绝缘鞋、穿长袖工作服，扣3分； 安全帽佩戴不规范，扣1分； 着装不规范，扣1分； 未戴线手套，扣1分		
1.2	安全工器具检查	应检查安全工器具、绝缘工器具是否完好，是否在校验合格期内	4	未检查安全工器具、绝缘工器具外观是否完好，扣2分； 未检查检验标签是否在合格期内，扣2分		
1.3	安全措施检查	检查现场所做安全措施是否正确、完善	3	未检查现场安全措施，扣3分		
1.4	试验环境检查	检查当日工位处温度、湿度情况	2	未检查温度情况，扣1分； 未检查湿度情况，扣1分		
2	变压器风冷系统检查					
2.1	变压器冷却器检查	散热器外观完好、无锈蚀、无渗漏油； 阀门开启方向正确，油泵、油路等无渗漏，无掉漆及锈蚀； 运行中的风扇和油泵运转平稳，转向正确，无异常声音和振动，油泵油流指示器密封良好，指示正确，无抖动现象	15	未开展散热器外观检查，扣5分； 未开展阀门、油泵及油路检查，扣6分； 未开展风扇、油流计检查，扣4分		

续表

序号	项目名称	质量要求	满分	扣分标准	扣分原因	得分
2.2	变压器风冷控制柜检查	检查风冷控制柜内部有无异物，有无受潮情况； 检查冷却系统内部元件如指示灯、空气开关、热耦和接触器是否正常； 检查二次线有无松动	15	未开展风冷控制柜检查，扣5分； 未检查内部有无异物受潮，扣2分； 未检查内部元件如指示灯、空气开关、热耦和接触器的，每个扣2分，扣完为止； 未检查二次接线有无松动，扣4分		
3	变压器风冷控制柜冷却器故障交流接触器更换					
3.1	故障查找	变压器1号冷却器潜油泵控制交流接触器电缆端子螺栓松动造成发热故障	5	未查找出故障，扣5分		
3.2	故障排除	断开1号冷却器交流电源空气开关，使用万用表确认无电压； 记录需拆接的二次接线； 二次线拆除，裸露部分绝缘化处理； 更换新的交流接触器，并按照记录进行二次线恢复； 检查无误后，投入1号冷却器交流进线空气开关，检查工作是否正常	25	未正确使用万用表，扣2分； 未断开交流电源空气开关，扣5分； 未确认无电压，扣5分； 未记录二次线，扣3分； 绝缘化处理裸露部分，扣5分； 交流接触器选型错误，扣5分		
4	安全文明生产					
4.1	相关规定的执行	严格遵守安规	6	违章作业，每项扣2分，扣完为止		
4.2	清理作业现场	工器具、试验仪器收取后摆放整齐，与开工前一致； 设备表面清洁无杂物，作业现场清洁无遗留物品	4	工器具、试验仪器未收取摆放整齐，扣1分； 设备表面、工作现场有遗留物，每处扣1分，扣完为止		
5	检修报告填写					
5.1	填写检修报告	正确填写检修报告，用语规范，项目齐全，结论正确	15	检修前检查情况未填写，扣4分； 填写不全或不正确，每项扣1分； 发现及处理情况未填写，扣3分； 缺陷每缺少一项，扣2分； 检修结论不正确，扣1分； 以上扣分，扣完为止		
合计			100			

Jc0006341034　变压器整体密封试验。（100分）

考核知识点：变压器整体密封试验

难易度：易

技能等级评价专业技能考核操作工作任务书

一、任务名称

变压器整体密封试验。

二、适用工种

变电设备检修工高级工。

三、具体任务

（1）工作状态为变压器检修状态，工作内容为变压器整体密封试验。

（2）工作任务。

1）模拟变压器整体密封试验。

2）模拟现场工作，实施安全措施，排除设置的故障，完成现场检修任务。

四、工作规范及要求

（1）工器具使用及安全措施。
（2）按要求进行故障排除。
（3）根据要求进行变压器整体密封试验。
（4）填写检修报告。

五、考核及时间要求

（1）本考核1～4项操作时间为60分钟，时间到停止考评，包括检修时间和报告整理时间。
（2）按照技能操作记录单的操作要求进行操作，正确记录操作结果。

技能等级评价专业技能考核操作评分标准

工种	变电设备检修工				评价等级	高级工
项目模块	变压器检修—变压器大修及更换安装			编号	Jc0006341034	
单位		准考证号			姓名	
考试时限	60分钟	题型	单项操作		题分	100分
成绩		考评员		考评组长	日期	
试题正文	变压器整体密封试验					
需要说明的问题和要求	（1）在提供的场地、设备上独立完成操作。 （2）严格执行有关规程、规范。 （3）现场以变压器为考核对象。 （4）时间到应立即停止操作，整理工具、材料，离开操作场地					

序号	项目名称	质量要求	满分	扣分标准	扣分原因	得分
1	准备					
1.1	参赛队员着装	正确佩戴安全帽、穿绝缘鞋、穿长袖工作服、戴线手套	6	未佩戴安全帽、穿绝缘鞋、穿长袖工作服，扣3分； 安全帽佩戴不规范，扣1分； 着装不规范，扣1分； 未戴线手套，扣1分		
1.2	安全工器具检查	应检查安全工器具、绝缘工器具是否完好，是否在校验合格期内	4	未检查安全工器具、绝缘工器具外观是否完好，扣2分； 未检查检验标签是否在合格期内，扣2分		
1.3	安全措施检查	检查现场所做安全措施是否正确、完善	3	未检查现场安全措施，扣3分		
1.4	试验环境检查	检查当日工位处温度、湿度情况	2	未检查温度情况，扣1分； 未检查湿度情况，扣1分		
2	故障排查					
2.1	故障查找	变压器储油柜注油阀上管路法兰螺栓松动，密封不良	10	未查找出故障，扣10分		
2.2	故障排除	组装氮气瓶及其附件，管路连接至储油柜放油管； 测量储油柜油面至压力释放阀法兰的高度； 从储油柜顶部加气压 $p=0.045-hp\times10^{-2}$（MPa）； 加压维持24h，观察是否有渗油； 注油阀法兰螺栓紧固； 清擦油迹	50	未正确组装氮气瓶及其附件，扣10分； 加压管路连接错误，扣10分； 加压值计算错误，扣5分； 减压阀压力控制不当，扣10分； 未发现渗油问题，扣5分； 未紧固松动螺栓，扣5分； 未清擦油，扣5分		
3	安全文明生产					
3.1	相关规定的执行	严格遵守安规	6	违章作业，每项扣2分，扣完为止		
3.2	清理作业现场	工器具、试验仪器收取后摆放整齐，与开工前一致； 设备表面清洁无杂物，作业现场清洁无遗留物品	4	工器具、试验仪器未收取摆放整齐，扣1分； 设备表面、工作现场有遗留物，每处扣1分，扣完为止		

续表

序号	项目名称	质量要求	满分	扣分标准	扣分原因	得分
4	检修报告填写					
4.1	填写检修报告	正确填写检修报告，用语规范，项目齐全，结论正确	15	检修前检查情况未填写，扣4分； 填写不全或不正确，每项扣1分； 发现及处理情况未填写，扣3分； 缺陷每缺少一项，扣2分； 检修结论不正确，扣1分； 以上扣分，扣完为止		
合计			100			

Jc0006341035　变压器波纹式储油柜充油排气。（100分）

考核知识点：变压器排气

难易度：易

技能等级评价专业技能考核操作工作任务书

一、任务名称

变压器波纹式储油柜充油排气。

二、适用工种

变电设备检修工高级工。

三、具体任务

（1）工作状态为变压器真空注油后已对油枕进行补油，工作内容为波纹式储油柜充油排气。

（2）工作任务。

1）模拟变压器波纹式储油柜充油排气。

2）模拟现场工作，实施安全措施，排除设置的故障，完成现场检修任务。

四、工作规范及要求

（1）工器具使用及安全措施。

（2）按要求进行故障排除。

（3）根据要求进行变压器波纹式储油柜充油排气。

（4）填写检修报告。

五、考核及时间要求

（1）本考核1～4项操作时间为60分钟，时间到停止考评，包括检修时间和报告整理时间。

（2）按照技能操作记录单的操作要求进行操作，正确记录操作结果。

技能等级评价专业技能考核操作评分标准

工种	变电设备检修工					评价等级	高级工
项目模块	变压器检修—变压器大修及更换安装				编号	Jc0006341035	
单位			准考证号			姓名	
考试时限	60分钟		题型	单项操作		题分	100分
成绩		考评员		考评组长		日期	
试题正文	变压器波纹式储油柜充油排气						
需要说明的问题和要求	（1）在提供的场地、设备上独立完成操作。 （2）严格执行有关规程、规范。 （3）现场以变压器波纹储油柜为考核对象。 （4）时间到应立即停止操作，整理工具、材料，离开操作场地						

续表

序号	项目名称	质量要求	满分	扣分标准	扣分原因	得分
1	准备					
1.1	参赛队员着装	正确佩戴安全帽、穿绝缘鞋、穿长袖工作服、戴线手套	6	未佩戴安全帽、穿绝缘鞋、穿长袖工作服，扣3分； 安全帽佩戴不规范，扣1分； 着装不规范，扣1分； 未戴线手套，扣1分		
1.2	安全工器具检查	应检查安全工器具、绝缘工器具是否完好，是否在校验合格期内	4	未检查安全工器具、绝缘工器具外观是否完好，扣2分； 未检查检验标签是否在合格期内，扣2分		
1.3	安全措施检查	检查现场所做安全措施是否正确、完善	3	未检查现场安全措施，扣3分		
1.4	试验环境检查	检查当日工位处温度、湿度情况	2	未检查温度情况，扣1分； 未检查湿度情况，扣1分		
2	故障排查					
2.1	故障查找	变压器波纹式储油柜注油管路法兰密封垫破损、密封不良	10	未查找出故障，扣10分		
2.2	故障排除	接取打油泵电源，检查转向正确； 将打油泵连接储油柜注油管与变压器油桶； 开启电源向储油柜注油，直至放气管或放油塞出油，关闭注油管和放气管或放油塞； 按照油温油位曲线，开始从变压器储油柜注油管排油，直至符合要求为止	50	打油泵管路接取不正确，扣10分； 电源接取不正确，扣10分； 打油泵转向不正确，扣10分； 放气管或放油塞未出油即结束注油，扣10分； 未按照油温油位曲线调整油位，扣10分		
3	安全文明生产					
3.1	相关规定的执行	严格遵守安规	6	违章作业，每项扣2分，扣完为止		
3.2	清理作业现场	工器具、试验仪器收取后摆放整齐，与开工前一致； 设备表面清洁无杂物，作业现场清洁无遗留物品	4	工器具、试验仪器未收取摆放整齐，扣1分； 设备表面、工作现场有遗留物，每处扣1分，扣完为止		
4	检修报告填写					
4.1	填写检修报告	正确填写检修报告，用语规范，项目齐全，结论正确	15	检修前检查情况未填写，扣4分； 填写不全或不正确，每项扣1分； 发现及处理情况未填写，扣3分； 缺陷每缺少一项，扣2分； 检修结论不正确，扣1分； 以上扣分，扣完为止		
合计			100			

Jc0006341036　变压器胶囊式储油柜充油排气。（100分）

考核知识点：变压器排气

难易度：易

技能等级评价专业技能考核操作工作任务书

一、任务名称

变压器胶囊式储油柜充油排气。

二、适用工种

变电设备检修工高级工。

三、具体任务

（1）工作状态为变压器真空注油后已对油枕进行补油，工作内容为胶囊式储油柜充油排气。

（2）工作任务。

1）模拟变压器胶囊式储油柜充油排气。

2）模拟现场工作，实施安全措施，排除设置的故障，完成现场检修任务。

四、工作规范及要求

（1）工器具使用及安全措施。

（2）按要求进行故障排除。

（3）根据要求进行变压器胶囊式储油柜充油排气。

（4）填写检修报告。

五、考核及时间要求

（1）本考核1～4项操作时间为60分钟，时间到停止考评，包括检修时间和报告整理时间。

（2）按照技能操作记录单的操作要求进行操作，正确记录操作结果。

技能等级评价专业技能考核操作评分标准

工种	变电设备检修工			评价等级	高级工
项目模块	变压器检修—变压器大修及更换安装		编号	Jc0006341036	
单位		准考证号		姓名	
考试时限	60分钟	题型	单项操作	题分	100分
成绩	考评员		考评组长		日期
试题正文	变压器胶囊式储油柜充油排气				
需要说明的问题和要求	（1）在提供的场地、设备上独立完成操作。 （2）严格执行有关规程、规范。 （3）现场以变压器胶囊储油柜为考核对象。 （4）时间到应立即停止操作，整理工具、材料，离开操作场地				

序号	项目名称	质量要求	满分	扣分标准	扣分原因	得分
1	准备					
1.1	参赛队员着装	正确佩戴安全帽、穿绝缘鞋、穿长袖工作服、戴线手套	6	未佩戴安全帽、穿绝缘鞋、穿长袖工作服，扣3分； 安全帽佩戴不规范，扣1分； 着装不规范，扣1分； 未戴线手套，扣1分		
1.2	安全工器具检查	应检查安全工器具、绝缘工器具是否完好，是否在校验合格期内	4	未检查安全工器具、绝缘工器具外观是否完好，扣2分； 未检查检验标签是否在合格期内，扣2分		
1.3	安全措施检查	检查现场所做安全措施是否正确、完善	3	未检查现场安全措施，扣3分		
1.4	试验环境检查	检查当日工位处温度、湿度情况	2	未检查温度情况，扣1分； 未检查湿度情况，扣1分		
2	故障排查					
2.1	故障查找	变压器胶囊式储油柜注油管螺栓松动、密封不良	10	未查找出故障，扣10分		
2.2	故障排除	接取气泵电源，检查工作正确； 呼吸器拆除； 将气泵连接至储油柜呼吸器； 开启电源向储油柜缓慢充气，充气压力控制在0.025～0.03MPa，直至放气管或放油塞出油，关闭放气管或放油塞； 拆除管路、恢复呼吸器并检查工作是否正常； 注油阀法兰螺栓紧固； 清擦油迹	50	未拆除呼吸器，管路连接错误，扣10分； 充气速度过快，扣5分； 充气压力控制不当，扣5分； 放气管或放油塞未出油即关闭，扣10分； 未恢复呼吸器，扣10分； 呼吸器安装不正确，扣5分； 未紧固螺栓、清理油迹，扣5分		
3	安全文明生产					

续表

序号	项目名称	质量要求	满分	扣分标准	扣分原因	得分
3.1	相关规定的执行	严格遵守安规	6	违章作业，每项扣 2 分，扣完为止		
3.2	清理作业现场	工器具、试验仪器收取后摆放整齐，与开工前一致； 设备表面清洁无杂物，作业现场清洁无遗留物品	4	工器具、试验仪器未收取摆放整齐，扣 1 分； 设备表面、工作现场有遗留物，每处扣 1 分，扣完为止		
4	检修报告填写					
4.1	填写检修报告	正确填写检修报告，用语规范，项目齐全，结论正确	15	检修前检查情况未填写，扣 4 分； 填写不全或不正确，每项扣 1 分； 发现及处理情况未填写，扣 3 分； 缺陷每缺少一项，扣 2 分； 检修结论不正确，扣 1 分； 以上扣分，扣完为止		
合计			100			

Jc0006342037　贵州长征有载调压装置机构故障处理。（100 分）

考核知识点：变压器有载调压装置机构故障处理

难易度：中

技能等级评价专业技能考核操作工作任务书

一、任务名称

贵州长征有载调压装置机构故障处理。

二、适用工种

变电设备检修工高级工。

三、具体任务

（1）工作状态为变压器检修，工作内容为贵州长征有载调压装置机构故障处理。

（2）工作任务。

1）模拟贵州长征有载调压装置机构连续升挡电源空开跳闸故障，进行交流接触器元器件的更换。

2）模拟现场工作，实施安全措施，排除设置的故障，完成现场检修任务。

四、工作规范及要求

（1）工器具使用及安全措施。

（2）按要求进行贵州长征有载调压装置机构故障分析。

（3）根据要求进行风冷控制柜元器件的更换。

（4）填写检修报告。

五、考核及时间要求

（1）本考核 1～4 项操作时间为 60 分钟，时间到停止考评，包括检修时间和报告整理时间。

（2）按照技能操作记录单的操作要求进行操作，正确记录操作结果。

技能等级评价专业技能考核操作评分标准

<table>
<tr><td>工种</td><td colspan="5">变电设备检修工</td><td>评价等级</td><td>高级工</td></tr>
<tr><td>项目模块</td><td colspan="5">变压器检修—变压器缺陷及故障处理</td><td>编号</td><td>Jc0006342037</td></tr>
<tr><td>单位</td><td colspan="3"></td><td>准考证号</td><td></td><td>姓名</td><td></td></tr>
<tr><td>考试时限</td><td colspan="2">60 分钟</td><td>题型</td><td colspan="2">单项操作</td><td>题分</td><td>100 分</td></tr>
<tr><td>成绩</td><td></td><td>考评员</td><td></td><td>考评组长</td><td></td><td>日期</td><td></td></tr>
</table>

续表

试题正文	贵州长征有载调压装置机构故障处理					
需要说明的问题和要求	(1) 在提供的场地、设备上独立完成操作。 (2) 严格执行有关规程、规范。 (3) 现场以贵州长征有载调压装置机构为考核对象。 (4) 时间到应立即停止操作，整理工具、材料，离开操作场地					
序号	项目名称	质量要求	满分	扣分标准	扣分原因	得分
1	准备					
1.1	参赛队员着装	正确佩戴安全帽、穿绝缘鞋、穿长袖工作服、戴线手套	6	未佩戴安全帽、穿绝缘鞋、穿长袖工作服，扣3分； 安全帽佩戴不规范，扣1分； 着装不规范，扣1分； 未戴线手套，扣1分		
1.2	安全工器具检查	应检查安全工器具、绝缘工器具是否完好，是否在校验合格期内	4	未检查安全工器具、绝缘工器具外观是否完好，扣2分； 未检查检验标签是否在合格期内，扣2分		
1.3	安全措施检查	检查现场所做安全措施是否正确、完善	3	未检查现场安全措施，扣3分		
1.4	试验环境检查	检查当日工位处温度、湿度情况	2	未检查温度情况，扣1分； 未检查湿度情况，扣1分		
2	故障排查					
2.1	故障查找	贵州长征有载调压装置机构连续升挡电源空气开关跳闸故障，故障原因为升挡接触器老化、剩磁严重	10	未查找出故障，扣10分		
2.2	故障排除	断开有载调压开关机构交流电源空气开关，使用万用表确认无电压； 记录需拆接的二次接线； 二次线拆除，裸露部分绝缘化处理； 更换新的交流接触器，并按照记录进行二次线恢复； 检查无误后，投入交流进线空气开关，检查升降挡是否正常	50	未正确使用万用表，扣5分； 未断开交流电源空气开关，扣10分； 未确认无电压，扣10分； 未记录二次线，扣10分； 绝缘化处理裸露部分，扣5分； 交流接触器选型错误，扣5分； 故障未消除，扣5分		
3	安全文明生产					
3.1	相关规定的执行	严格遵守安规	6	违章作业，每项扣2分，扣完为止		
3.2	清理作业现场	工器具、试验仪器收取后摆放整齐，与开工前一致； 设备表面清洁无杂物，作业现场清洁无遗留物品	4	工器具、试验仪器未收取摆放整齐，扣1分； 设备表面、工作现场有遗留物，每处扣1分，扣完为止		
4	检修报告填写					
4.1	填写检修报告	正确填写检修报告，用语规范，项目齐全，结论正确	15	检修前检查情况未填写，扣4分； 填写不全或不正确，每项扣1分； 发现及处理情况未填写，扣3分； 缺陷每缺少一项，扣2分； 检修结论不正确，扣1分； 以上扣分，扣完为止		
合计			100			

Jc0009363038 油浸式电抗器引线套管渗油处理。(100分)

考核知识点：电抗器渗漏油处理

难易度：难

技能等级评价专业技能考核操作工作任务书

一、任务名称

油浸式电抗器引线套管渗油处理。

二、适用工种

变电设备检修工高级工。

三、具体任务

（1）工作状态：模拟10kV油浸式电抗器停电，对10kV油浸式电抗器进行检查和缺陷处理。

（2）工作任务。

1）对油浸式电抗器引线套管检查。

2）在规定时间内完成引线套管渗油处理。

3）填写检修报告。

四、工作规范及要求

（1）要求2人操作，由监考人员监护。

（2）安全文明生产，工器具、材料、设备摆放整齐，现场操作熟练、连贯、有序，正确规范地使用工器具及安全用具。

（3）不发生危及人身和设备安全的行为，否则可取消本次考核成绩。

（4）工作过程中检查的位置及结果应高声呼唱。

（5）操作过程中有需要配合的向监考人员提出，但涉及考试内容的不得提问。

五、考核及时间要求

（1）考核总时间为60分钟。场内实际操作时间为50分钟，如到时未完成应终止。场外检修记录填写时间为10分钟，如到时未完成应终止。若提前完成，向监考人员示意。

（2）开工前，考生检查着装，清点工器具、设备是否齐全。

（3）许可开工后记录考核时间。

（4）现场清理完毕后，汇报工作终结，记录考核结束时间。

（5）若出现人身伤害或设备危害的操作，监护人员有权制止。

技能等级评价专业技能考核操作评分标准

工种	变电设备检修工					评价等级	高级工
项目模块	电抗器检修—电抗器小修及维护				编号	Jc0009363038	
单位			准考证号			姓名	
考试时限	60分钟		题型	单项操作		题分	100分
成绩		考评员		考评组长		日期	
试题正文	油浸式电抗器引线套管渗油处理						
需要说明的问题和要求	（1）考生着装规范，穿工作服、绝缘鞋，戴安全帽。 （2）现场提供检修所需的工器具、仪器、材料及安全防护用具						

序号	项目名称	质量要求	满分	扣分标准	扣分原因	得分
1	准备					
1.1	参赛队员着装	正确佩戴安全帽、穿绝缘鞋、穿长袖工作服、戴线手套	6	未佩戴安全帽、穿绝缘鞋、穿长袖工作服，扣3分； 安全帽佩戴不规范，扣1分； 着装不规范，扣1分； 未戴线手套，扣1分		
1.2	安全工器具检查	应检查安全工器具、绝缘工器具是否完好，是否在校验合格期内	4	未检查安全工器具、绝缘工器具外观是否完好，扣2分； 未检查检验标签是否在合格期内，扣2分		
1.3	安全措施检查	检查现场所做安全措施是否正确、完善	3	未检查现场安全措施，扣3分		

续表

序号	项目名称	质量要求	满分	扣分标准	扣分原因	得分
1.4	试验环境检查	检查当日工位处温度、湿度情况	2	未检查温度情况，扣1分； 未检查湿度情况，扣1分		
2	油浸式电抗器引线套管渗油处理					
2.1	对引线套管进行检查	检查套管瓷件应无放电、裂纹、破损、渗漏、脏污等现象，法兰无锈蚀； 检查套管导电连接部位应无松动； 检查套管接线端子等连接部位表面应无氧化或过热现象； 检查发现某相引线套管有渗油，应大声汇报	10	未进行口述，每项扣2分； 未指到具体位置，每项扣2分； 未口述发现渗油，扣4分； 口述不清楚，扣2分； 以上扣分，扣完为止		
2.2	清理渗油部位	选用正确的工器具、材料进行油迹清理； 渗油部分应清理干净，便于观察	10	工器具、材料选用不正确，扣5分； 渗油部位清理达不到要求，扣5分		
2.3	判断渗油原因	正确判断渗油类型为密封渗漏； 渗油原因为密封垫松动或移位	10	未进行口述，扣6分； 口述不清楚，扣4分； 渗油类型判断错误，本项不得分		
2.4	渗油处理	选用正确的工器具进行密封垫调整与紧固； 密封垫如果松动可以适当紧固，注意压缩量，只要紧固后不渗油即可，切不可压死没弹性； 密封位置不正，则可带油调整，解开故障绝缘子电气连接，在绝缘子的周围铺放适量的纱头，轻轻松开绝缘子压帽，用起子把密封拨正即可	30	工器具选用不正确，扣5分； 密封垫调整过紧，扣5分； 密封垫位置调整错误，扣10分； 处理完未继续观察渗漏，扣10分		
3	安全文明生产					
3.1	相关规定的执行	严格遵守安规	6	违章作业，每项扣2分，扣完为止		
3.2	清理作业现场	工器具、试验仪器收取后摆放整齐，与开工前一致； 设备表面清洁无杂物，作业现场清洁无遗留物品	4	工器具、试验仪器未收取摆放整齐，扣1分； 设备表面、工作现场有遗留物，每处扣1分，扣完为止		
4	检修报告填写					
4.1	填写检修报告	正确填写检修报告，用语规范，项目齐全，结论正确	15	检修前检查情况未填写，扣4分； 填写不全或不正确，扣0.5分； 发现及处理情况未填写，扣3分； 缺陷每缺少一项，扣2分； 检修结论不正确，扣1分； 以上扣分，扣完为止		
合计			100			

Jc0009363039　油浸式电抗器冷却系统的故障排查与处理。（100分）

考核知识点：电抗器冷却系统的故障查找和故障排除

难易度：难

技能等级评价专业技能考核操作工作任务书

一、任务名称

油浸式电抗器冷却系统的故障排查与处理。

二、适用工种

变电设备检修工高级工。

三、具体任务

（1）工作状态为模拟油浸式电抗器停电，冷却系统故障排查与处理。

（2）工作任务。

1）正确穿戴安全防护用品。

2）根据所查出故障，参照图纸，找出故障点。

3）在设备上对故障点进行恢复。

四、工作规范及要求

（1）要求2人操作，由监考人员监护。

（2）安全文明生产，工器具、材料、设备摆放整齐，现场操作熟练、连贯、有序，正确规范地使用工器具及安全用具。

（3）不发生危及人身和设备安全的行为，否则可取消本次考核成绩。

（4）工作过程中检查的位置及结果应高声呼唱。

（5）操作过程中有需要配合的向监考人员提出，但涉及考试内容的不得提问。

五、考核及时间要求

（1）考核总时间为60分钟。场内实际操作时间为50分钟，如到时未完成应终止。场外检修记录填写时间为10分钟，如到时未完成应终止。若提前完成，向监考人员示意。

（2）开工前，考生检查着装，清点工器具、设备是否齐全。

（3）许可开工后记录考核时间。

（4）现场清理完毕后，汇报工作终结，记录考核结束时间。

（5）若出现人身伤害或设备危害的操作，监护人员有权制止。

技能等级评价专业技能考核操作评分标准

工种	变电设备检修工					评价等级	高级工
项目模块	电抗器检修—电抗器缺陷及故障处理				编号	Jc0009363039	
单位			准考证号			姓名	
考试时限	60分钟		题型	单项操作		题分	100分
成绩		考评员		考评组长		日期	
试题正文	油浸式电抗器冷却系统的故障排查与处理						
需要说明的问题和要求	（1）考生着装规范，穿工作服、绝缘鞋，戴安全帽。 （2）现场提供检修所需的工器具、仪器、材料及安全防护用具						

序号	项目名称	质量要求	满分	扣分标准	扣分原因	得分
1	准备					
1.1	参赛队员着装	正确佩戴安全帽、穿绝缘鞋、穿长袖工作服、戴线手套	6	未佩戴安全帽、穿绝缘鞋、穿长袖工作服，扣3分； 安全帽佩戴不规范，扣1分； 着装不规范，扣1分； 未戴线手套，扣1分		
1.2	安全工器具检查	应检查安全工器具、绝缘工器具是否完好，是否在校验合格期内	4	未检查安全工器具、绝缘工器具外观是否完好，扣2分； 未检查检验标签是否在合格期内，扣2分		
1.3	安全措施检查	检查现场所做安全措施是否正确、完善	3	未检查现场安全措施，扣3分		

续表

序号	项目名称	质量要求	满分	扣分标准	扣分原因	得分
1.4	试验环境检查	检查当日工位处温度、湿度情况	2	未检查温度情况，扣1分； 未检查湿度情况，扣1分		
2	油浸式电抗器冷却系统的故障排查与处理					
2.1	问题发现	启动电抗器冷却系统，进行功能试验，发现冷却系统存在的问题	15	未将把手打至就地位置，扣5分； 未发现故障，每项扣5分，共10分，扣完为止		
2.2	核对图纸	根据发现的问题，在图纸上找出所在回路	10	不能找出问题所在回路，扣10分		
2.3	查出所有故障	用万用表查找冷却系统各回路接点，找出问题所在	15	未找出故障原因，扣5分； 发生直流短路，扣5分； 万用表挡位使用错误，扣5分		
2.4	故障处理	根据所发现的问题，对冷却系统回路接点进行恢复，恢复回路后进行动作检验	20	同一个故障多次处理，扣5分； 未能完全消除设备故障，每处扣10分； 故障处理后未进行试验，检验处理最终结果，每项扣5分； 以上扣分，扣完为止		
3	安全文明生产					
3.1	相关规定的执行	严格遵守安规	6	违章作业，每项扣2分，扣完为止		
3.2	清理作业现场	工器具、试验仪器收取后摆放整齐，与开工前一致； 设备表面清洁无杂物，作业现场清洁无遗留物品	4	工器具、试验仪器未收取摆放整齐，扣1分； 设备表面、工作现场有遗留物，每处扣1分，扣完为止		
4	检修报告填写					
4.1	填写检修报告	正确填写检修报告，用语规范，项目齐全，结论正确	15	检修前检查情况未填写，扣4分； 填写不全或不正确，每项扣1分； 发现及处理情况未填写，扣3分； 缺陷每缺少一项，扣2分； 检修结论不正确，扣1分； 以上扣分，扣完为止		
合计			100			

Jc0010363040 电容器接线板发热处理。（100分）

考核知识点：无功补偿设备的局部发热处理

难易度：难

技能等级评价专业技能考核操作工作任务书

一、任务名称

电容器接线板发热处理。

二、适用工种

变电设备检修工高级工。

三、具体任务

（1）工作状态：模拟10kV电容器停电，对10kV电容器进行检查和缺陷处理。

（2）工作任务。

1）对电容器进行外观检查。

2）在规定时间内完成接线板发热处理。

3）填写检修报告。

四、工作规范及要求

（1）要求1人操作，由监考人员监护。

（2）安全文明生产，工器具、材料、设备摆放整齐，现场操作熟练、连贯、有序，正确规范地使用工器具及安全用具。

（3）不发生危及人身和设备安全的行为，否则可取消本次考核成绩。

（4）工作过程中检查的位置及结果应高声呼唱。

（5）操作过程中有需要配合的向监考人员提出，但涉及考试内容的不得提问。

五、考核及时间要求

（1）考核总时间为60分钟。场内实际操作时间为50分钟，如到时未完成应终止。场外检修记录填写时间为10分钟，如到时未完成应终止。若提前完成，向监考人员示意。

（2）开工前，考生检查着装，清点工器具、设备是否齐全。

（3）许可开工后记录考核时间。

（4）现场清理完毕后，汇报工作终结，记录考核结束时间。

（5）若出现人身伤害或设备危害的操作，监护人员有权制止。

技能等级评价专业技能考核操作评分标准

工种	变电设备检修工				评价等级	高级工
项目模块	无功补偿设备检修—无功补偿设备缺陷及故障处理			编号	Jc0010363040	
单位		准考证号			姓名	
考试时限	60分钟	题型	单项操作		题分	100分
成绩		考评员		考评组长	日期	
试题正文	电容器接线板发热处理					
需要说明的问题和要求	（1）考生着装规范，穿工作服、绝缘鞋，戴安全帽。 （2）现场提供检修所需的工器具、仪器、材料及安全防护用具					

序号	项目名称	质量要求	满分	扣分标准	扣分原因	得分
1	准备					
1.1	参赛队员着装	正确佩戴安全帽、穿绝缘鞋、穿长袖工作服、戴线手套	6	未佩戴安全帽、穿绝缘鞋、穿长袖工作服，扣3分； 安全帽佩戴不规范，扣1分； 着装不规范，扣1分； 未戴线手套，扣1分		
1.2	安全工器具检查	应检查安全工器具、绝缘工器具是否完好，是否在校验合格期内	4	未检查安全工器具、绝缘工器具外观是否完好，扣2分； 未检查检验标签是否在合格期内，扣2分		
1.3	安全措施检查	检查现场所做安全措施是否正确、完善	3	未检查现场安全措施，扣3分		
1.4	试验环境检查	检查当日工位处温度、湿度情况	2	未检查温度情况，扣1分； 未检查湿度情况，扣1分		
2	电容器接线板发热处理					
2.1	对电容器进行接地放电	应将电容器各高压设备逐个多次充分放电	10	未接地放电，扣10分； 未进行口述，扣2分； 未指到具体位置，每项扣2分，扣完为止； 操作不规范，扣5分		

续表

序号	项目名称	质量要求	满分	扣分标准	扣分原因	得分
2.2	对电容器进行外观检查	应检查电容器无渗漏油、膨胀变形； 应检查电容器组的接线正确； 应检查套管无裂纹、破损，无闪络放电痕迹	10	未进行口述，每项扣 2 分； 未指到具体位置，每项扣 2 分； 以上扣分，扣完为止		
2.3	确认、检查发热部位并分析发热原因	对比红外图像，确认具体发热位置； 检查发热位置，分析发热原因为接头处接触不良，固定螺母松动，接线夹螺孔偏大，接触面不平等	15	发热位置判断不正确，扣 5 分； 未进行口述，扣 5 分； 口述不清，扣 5 分； 发热原因分析不正确，扣 5 分		
2.4	发热处理	选用正确的工器具进行发热处理； 解开发热部位的接线； 检查接线桩头连接的各个部位，包括引线头、出线头、连接螺母、垫圈； 消除接触面的氧化层，修整不光滑的部位； 涂抹适量的导电膏； 恢复接线	25	工器具选用不正确，扣 5 分； 操作不规范，每项扣 2 分，扣完为止； 未进行接触面处理，扣 10 分； 处理后接触面不平整、不光滑，扣 5 分； 未涂抹导电膏，扣 10 分； 导电膏涂抹过多、过少、不均匀，扣 5 分		
3	安全文明生产					
3.1	相关规定的执行	严格遵守安规	6	违章作业，每项扣 2 分，扣完为止		
3.2	清理作业现场	工器具、试验仪器收取后摆放整齐，与开工前一致； 设备表面清洁无杂物，作业现场清洁无遗留物品	4	工器具、试验仪器未收取摆放整齐，扣 1 分； 设备表面、工作现场有遗留物，每处扣 1 分，扣完为止		
4	检修报告填写					
4.1	填写检修报告	正确填写检修报告，用语规范，项目齐全，结论正确	15	检修前检查情况未填写，扣 4 分； 填写不全或不正确，每项扣 1 分； 发现及处理情况未填写，扣 3 分； 缺陷每缺少一项，扣 2 分； 检修结论不正确，扣 1 分； 以上扣分，扣完为止		
合计			100			

Jc0010363041　分散式电容器漏液单元更换。（100 分）

考核知识点：分散式电容器更换

难易度：难

技能等级评价专业技能考核操作工作任务书

一、任务名称

分散式电容器漏液单元更换。

二、适用工种

变电设备检修工高级工。

三、具体任务

（1）工作状态：模拟 10kV 分散式电容器停电，对漏液的电容器单元进行更换。

（2）工作任务。

1）对电容器进行外观检查。

2）在规定时间内完成漏液的电容器单元更换。

3）填写检修报告。

四、工作规范及要求

（1）要求 2 人操作，由监考人员监护。

（2）安全文明生产，工器具、材料、设备摆放整齐，现场操作熟练、连贯、有序，正确规范地使用工器具及安全用具。

（3）不发生危及人身和设备安全的行为，否则可取消本次考核成绩。

（4）工作过程中检查的位置及结果应高声呼唱。

（5）操作过程中有需要配合的向监考人员提出，但涉及考试内容的不得提问。

五、考核及时间要求

（1）考核总时间为 60 分钟。场内实际操作时间为 50 分钟，如到时未完成应终止。场外检修记录填写时间为 10 分钟，如到时未完成应终止。若提前完成，向监考人员示意。

（2）开工前，考生检查着装，清点工器具、设备是否齐全。

（3）许可开工后记录考核时间。

（4）现场清理完毕后，汇报工作终结，记录考核结束时间。

（5）若出现人身伤害或设备危害的操作，监护人员有权制止。

技能等级评价专业技能考核操作评分标准

工种	变电设备检修工					评价等级	高级工
项目模块	无功补偿设备检修—无功补偿设备小修及维护				编号	Jc0010363041	
单位			准考证号			姓名	
考试时限	60 分钟		题型	单项操作		题分	100 分
成绩		考评员		考评组长		日期	
试题正文	分散式电容器漏液单元更换						
需要说明的问题和要求	（1）考生着装规范，穿工作服、绝缘鞋，戴安全帽。 （2）现场提供检修所需的工器具、仪器、材料及安全防护用具						

序号	项目名称	质量要求	满分	扣分标准	扣分原因	得分
1	准备					
1.1	参赛队员着装	正确佩戴安全帽、穿绝缘鞋、穿长袖工作服、戴线手套	6	未佩戴安全帽、穿绝缘鞋、穿长袖工作服，扣 3 分； 安全帽佩戴不规范，扣 1 分； 着装不规范，扣 1 分； 未戴线手套，扣 1 分		
1.2	安全工器具检查	应检查安全工器具、绝缘工器具是否完好，是否在校验合格期内	4	未检查安全工器具、绝缘工器具外观是否完好，扣 2 分； 未检查检验标签是否在合格期内，扣 2 分		
1.3	安全措施检查	检查现场所做安全措施是否正确、完善	3	未检查现场安全措施，扣 3 分		
1.4	试验环境检查	检查当日工位处温度、湿度情况	2	未检查温度情况，扣 1 分； 未检查湿度情况，扣 1 分		
2	分散式电容器漏液单元更换					
2.1	对电容器进行接地放电	应将电容器各高压设备逐个多次充分放电	10	未接地放电，扣 10 分； 未进行口述，扣 2 分； 未指到具体位置，每项扣 2 分，扣完为止； 操作不规范，扣 5 分		

续表

序号	项目名称	质量要求	满分	扣分标准	扣分原因	得分
2.2	对电容器进行外观检查	电容器组的接线正确； 应检查电容器单元无渗漏油、无膨胀变形、无过热； 应检查电容器单元外壳油漆完好，无锈蚀； 找出存在漏液问题的电容器单元	10	未进行口述，每项扣 2 分； 未指到具体位置，每项扣 2 分； 未找出漏液电容器或未口述漏液电容器编号，扣 5 分； 以上扣分，扣完为止		
2.3	漏液电容器单元拆除	选用正确的工器具进行拆除； 拆除单元连接引线； 拆除单元底座固定螺栓； 正确搬运设备	15	工器具选用不正确，扣 5 分； 操作不规范，每项扣 2 分，扣完为止		
2.4	新电容器单元安装	选用正确的工器具进行安装； 瓷套管表面应清洁，无裂纹、破损和闪络放电痕迹； 芯棒应无弯曲和滑扣，铜螺栓螺母垫圈应齐全； 无变形、无锈蚀、无裂缝、无渗油； 铭牌、编号在通道侧，顺序符合设计要求； 各导电接触面符合要求，安装紧固有防松措施； 外壳接地端子可靠接地，凡不与地绝缘的每个电器的外壳及电容器构架均应接地，凡与地绝缘的电容器的外壳均应接到固定的电位上； 引线与端子间连接应使用专用压线夹，电容器之间的连接线应采用软连接	25	工器具选用不正确，扣 5 分； 操作不规范，每项扣 2 分； 工艺质量不达标，每项扣 4 分； 引线安装前未进行接触面处理，扣 5 分； 处理后接触面不平整、不光滑，扣 5 分； 引线安装前未涂抹导电膏，扣 5 分； 导电膏涂抹过多、过少、不均匀，扣 5 分； 以上扣分，扣完为止		
3	安全文明生产					
3.1	相关规定的执行	严格遵守安规	6	违章作业，每项扣 2 分，扣完为止		
3.2	清理作业现场	工器具、试验仪器收取后摆放整齐，与开工前一致； 设备表面清洁无杂物，作业现场清洁无遗留物品	4	工器具、试验仪器未收取摆放整齐，扣 1 分； 设备表面、工作现场有遗留物，每处扣 1 分，扣完为止		
4	检修报告填写					
4.1	填写检修报告	正确填写检修报告，用语规范，项目齐全，结论正确	15	检修前检查情况未填写，扣 4 分； 填写不全或不正确，每项扣 1 分； 发现及处理情况未填写，扣 3 分； 缺陷每缺少一项，扣 2 分； 检修结论不正确，扣 1 分； 以上扣分，扣完为止		
合计			100			

Jc0007343042 110kV 油浸式电压互感器金属膨胀器更换。（100 分）

考核知识点：互感器金属膨胀器更换

难易度：难

技能等级评价专业技能考核操作工作任务书

一、任务名称

110kV 油浸式电压互感器金属膨胀器更换。

二、适用工种

变电设备检修工高级工。

三、具体任务

（1）进行试验前的安全准备及检查工作。

（2）对 110kV 油浸式电压互感器本体外观进行整体检查。

（3）对发现的异常问题告知监考人并进行记录，但不处理。

（4）对110kV 油浸式电压互感器金属膨胀器进行更换。

（5）填写检修报告。

四、工作规范及要求

（1）要求 1 人操作，由监考人员监护。

（2）工作过程中检查的位置及结果应高声呼唱。

（3）安全文明生产，考生着装规范。

（4）工器具、材料、设备摆放整齐，现场操作熟练、连贯、有序，正确规范地使用工器具及安全用具。

（5）不发生危及人身和设备安全的行为。

（6）操作过程中有需要配合的向监考人员提出，如断开保护屏处控制电源、接地开关，但涉及考试内容的不得提问。

（7）对 110kV 油浸式电压互感器检修，熟悉检修工艺质量要求。

五、考核及时间要求

（1）考核总时间为 60 分钟。场内实际操作时间为 55 分钟，如到时未完成应终止。场外检修记录填写时间为 5 分钟，如到时未完成应终止。若提前完成，向监考人员示意。

（2）参赛选手从进场开始计算时间。

（3）若出现人身伤害或设备危害的操作，监护人员有权制止。

技能等级评价专业技能考核操作评分标准

<table>
<tr><td>工种</td><td colspan="5">变电设备检修工</td><td>评价等级</td><td>高级工</td></tr>
<tr><td>项目模块</td><td colspan="4">互感器检修—互感器小修及维护</td><td colspan="2">编号</td><td>Jc0007343042</td></tr>
<tr><td>单位</td><td colspan="3"></td><td>准考证号</td><td></td><td>姓名</td><td></td></tr>
<tr><td>考试时限</td><td colspan="2">60 分钟</td><td>题型</td><td colspan="2">单项操作</td><td>题分</td><td>100 分</td></tr>
<tr><td>成绩</td><td></td><td>考评员</td><td></td><td>考评组长</td><td></td><td>日期</td><td></td></tr>
<tr><td>试题正文</td><td colspan="7">110kV 油浸式电压互感器金属膨胀器更换</td></tr>
<tr><td>需要说明的问题和要求</td><td colspan="7">（1）要求 1 人操作，考评员监护。
（2）检查 110kV 油浸式电压互感器，提前做好安全措施、准备工具箱。
（3）检修过程中应注意安全，有危及人身、设备安全行为可取消考核成绩。
（4）检查前应征得考评员允许，确认可以开始</td></tr>
</table>

序号	项目名称	质量要求	满分	扣分标准	扣分原因	得分
1	准备					
1.1	参赛队员着装	正确佩戴安全帽、穿绝缘鞋、穿长袖工作服、戴线手套	6	未佩戴安全帽、穿绝缘鞋、穿长袖工作服，扣 3 分； 安全帽佩戴不规范，扣 1 分； 着装不规范，扣 1 分； 未戴线手套，扣 1 分		
1.2	安全工器具检查	应检查安全工器具、绝缘工器具是否完好，是否在校验合格期内	4	未检查安全工器具、绝缘工器具外观是否完好，扣 2 分； 未检查检验标签是否在合格期内，扣 2 分		
1.3	安全措施检查	检查现场所做安全措施是否正确、完善	3	未检查现场安全措施，扣 3 分		

续表

序号	项目名称	质量要求	满分	扣分标准	扣分原因	得分
1.4	试验环境检查	检查当日工位处温度、湿度情况	2	未检查温度情况，扣1分； 未检查湿度情况，扣1分		
2	110kV油浸式电压互感器金属膨胀器更换方法					
2.1	检查金属膨胀器	金属膨胀器型号及完整性检查	1	未检查金属膨胀器，扣1分		
2.2	组装升降平台	正确组装升降平台	5	未正确组装升降平台，扣5分		
2.3	油浸式电压互感器金属膨胀器更换	排放金属膨胀器内变压器油至合适位置，防止器身长时间暴露空气中	5	未正确排放变压器油至合适位置，扣5分		
2.4		将放油口擦拭干净	2	未擦拭干净放油口，扣2分		
2.5		拆除金属膨胀器，并放置防油布上	2	未将金属膨胀器放置防油布，扣2分		
2.6		清理法兰，更换密封垫，密封垫压缩量为1/3	5	未更换密封垫，扣2分； 密封垫压缩量不合格，扣3分		
2.7		安装新金属膨胀器，法兰螺栓依次从对角线的位置循环紧固	10	金属膨胀器安装方向不一致，扣5分； 未正确紧固螺栓，扣5分		
2.8		将金属膨胀器顶部的真空注油阀接入注油系统	5	未正确接入注油系统，扣5分		
2.9		对金属膨胀器预抽真空，各项数值符合要求	5	不满足时间大于0.5h，扣2分； 不满足残压不大于133Pa，扣2分； 未预抽真空，扣1分		
2.10		补油至合格位置，排除残余气体	10	未补油至合适位置，扣5分； 未排除残余气体，扣5分		
2.11		拆除注油系统，擦拭残油，恢复安装金属膨胀器外罩	5	未拆除注油系统，扣2分； 未擦拭残油，扣2分； 未恢复安装金属膨胀器外罩，扣1分		
2.12		将电流互感器静置24h，并取油样送检	5	未静置，扣2分； 未取油样，扣3分		
3	安全文明生产					
3.1	相关规定的执行	严格遵守安规	6	违章作业，每项扣2分，扣完为止		
3.2	清理作业现场	工器具、试验仪器收取后摆放整齐，与开工前一致； 设备表面清洁无杂物，作业现场清洁无遗留物品	4	工器具、试验仪器未收取摆放整齐，扣1分； 设备表面、工作现场有遗留物，每处扣1分，扣完为止		
4	检修报告填写					
4.1	填写检修报告	正确填写检修报告，用语规范，项目齐全，结论正确	15	检修前检查情况未填写，扣4分； 填写不全或不正确，每项扣1分； 发现及处理情况未填写，扣3分； 缺陷每缺少一项，扣2分； 检修结论不正确，扣1分； 以上扣分，扣完为止		
合计			100			

Jc0008342043　35kV接地变压器气体继电器更换。（100分）

考核知识点：接地变压器气体继电器更换

难易度：中

技能等级评价专业技能考核操作工作任务书

一、任务名称

35kV接地变压器气体继电器更换。

二、适用工种

变电设备检修工高级工。

三、具体任务

（1）进行试验前的安全准备及检查工作。

（2）对 35kV 接地变压器本体外观进行整体检查。

（3）对发现的异常问题告知监考人并进行记录，但不处理。

（4）35kV 接地变压器气体继电器更换。

（5）填写检修报告。

四、工作规范及要求

（1）要求 1 人操作，由监考人员监护。

（2）工作过程中检查的位置及结果应高声呼唱。

（3）安全文明生产，考生着装规范。

（4）工器具、材料、设备摆放整齐，现场操作熟练、连贯、有序，正确规范地使用工器具及安全用具。

（5）不发生危及人身和设备安全的行为。

（6）操作过程中有需要配合的向监考人员提出，如断开保护屏处控制电源、接地刀闸，但涉及考试内容的不得提问。

（7）对 35kV 接地变压器检修，熟悉检修工艺质量要求。

五、考核及时间要求

（1）考核总时间为 60 分钟。场内实际操作时间为 55 分钟，如到时未完成应终止。场外检修记录填写时间为 5 分钟，如到时未完成应终止。若提前完成，向监考人员示意。

（2）参赛选手从进场开始计算时间。

（3）若出现人身伤害或设备危害的操作，监护人员有权制止。

技能等级评价专业技能考核操作评分标准

工种	变电设备检修工					评价等级	高级工
项目模块	接地变压器、消弧线圈检修—接地变压器、消弧线圈小修及维护				编号	Jc0008342043	
单位			准考证号			姓名	
考试时限	60 分钟		题型	单项操作		题分	100 分
成绩		考评员		考评组长		日期	
试题正文	35kV 接地变压器气体继电器更换						
需要说明的问题和要求	（1）要求 1 人操作，考评员监护。 （2）35kV 接地变压器气体继电器更换，提前做好安全措施，准备工具箱。 （3）检修过程中应注意安全，有危及人身、设备安全行为可取消考核成绩。 （4）检查前应征得考评员允许，确认可以开始						

序号	项目名称	质量要求	满分	扣分标准	扣分原因	得分
1	准备					
1.1	参赛队员着装	正确佩戴安全帽、穿绝缘鞋、穿长袖工作服、戴线手套	6	未佩戴安全帽、穿绝缘鞋、穿长袖工作服，扣 3 分； 安全帽佩戴不规范，扣 1 分； 着装不规范，扣 1 分； 未戴线手套，扣 1 分		

续表

序号	项目名称	质量要求	满分	扣分标准	扣分原因	得分
1.2	安全工器具检查	应检查安全工器具、绝缘工器具是否完好，是否在校验合格期内	4	未检查安全工器具、绝缘工器具外观是否完好，扣2分； 未检查检验标签是否在合格期内，扣2分		
1.3	安全措施检查	检查现场所做安全措施是否正确、完善	3	未检查现场安全措施，扣3分		
1.4	试验环境检查	检查当日工位处温度、湿度情况	2	未检查温度情况，扣1分； 未检查湿度情况，扣1分		
2	35kV接地变压器气体继电器更换					
2.1	检查气体继电器	检查气体继电器型号，检查容器、玻璃窗、放气阀门、放油塞、试验按钮、接线端子盒、接地通断情况	5	未检查气体继电器型号，扣5分； 其他检查，每漏一项扣1分，扣完为止		
		检查试验报告，核实相关数据是否符合要求	2	未检查试验报告，扣2分		
		解开气体继电器固定绳	2	未解开气体继电器固定绳，扣2分		
		清擦气体继电器	1	未清擦气体继电器，扣1分		
2.2	完善安全措施	退出重瓦斯告警压板	5	未退出重瓦斯告警压板，扣5分		
2.3	气体继电器更换	断开气体继电器信号电源	5	未断开气体继电器信号电源，扣5分		
2.4		拆除二次线，并记录接线位置及线号	5	未拆除二次线，扣3分； 未记录接线位置及线号，扣2分		
2.5		关闭气体继电器两侧蝶阀	5	未关闭气体继电器两侧蝶阀，扣5分		
2.6		气体继电器下方放置油桶，并打开两侧固定螺栓，缓慢排放气体继电器内部变压器油	5	未在气体继电器下方放置油桶，扣2分； 未缓慢排放气体继电器内部变压器油，扣3分		
2.7		安装气体继电器，箭头指向储油柜	2	未正确安装气体继电器，扣2分		
2.8		更换气体继电器两侧密封垫，密封垫压缩量为1/3	3	未更换密封垫，扣3分； 密封垫压缩量不合适，扣2分		
2.9		使用水平尺找准，气体继电器保持水平，连管朝向储油柜方向保持1%～1.5%升高坡度，紧固两侧固定螺栓	5	不符合连管朝向储油柜方向保持1%～5%升高坡度，扣2分； 未紧固螺栓，扣3分		
2.10		缓慢打开气体继电器两侧蝶阀，打开气体继电器放气塞，排气，至充满油	5	未缓慢打开两侧蝶阀，扣2分； 未打开气体继电器放气塞，扣3分		
2.11		恢复二次线，接线正确，固定牢靠	2	未正确恢复二次线，扣1分； 接线不牢靠，扣1分		
2.12		检查气体继电器密封情况	3	未检查气体继电器密封情况，扣3分		
2.13		做传动试验，验证接线准确性	3	未做传动试验，扣3分		
2.14		安装防雨罩	2	未安装防雨罩，扣2分		
3	安全文明生产					
3.1	相关规定的执行	严格遵守安规	6	违章作业，每项扣2分，扣完为止		

续表

序号	项目名称	质量要求	满分	扣分标准	扣分原因	得分
3.2	清理作业现场	工器具、试验仪器收取后摆放整齐，与开工前一致； 设备表面清洁无杂物，作业现场清洁无遗留物品	4	工器具、试验仪器未收取摆放整齐，扣1分； 设备表面、工作现场有遗留物，每处扣1分，扣完为止		
4	检修报告填写					
4.1	填写检修报告	正确填写检修报告，用语规范，项目齐全，结论正确	15	检修前检查情况未填写，扣4分； 填写不全或不正确，每项扣1分； 发现及处理情况未填写，扣3分； 缺陷每缺少一项，扣2分； 检修结论不正确，扣1分； 以上扣分，扣完为止		
合计			100			

Jc0007343044　110kV SF_6 电流互感器密度继电器更换。（100 分）

考核知识点：互感器密度继电器更换

难易度：难

技能等级评价专业技能考核操作工作任务书

一、任务名称

110kV SF_6 电流互感器密度继电器更换。

二、适用工种

变电设备检修工高级工。

三、具体任务

（1）进行试验前的安全准备及检查工作。

（2）对电流互感器本体外观进行整体检查。

（3）对发现的异常问题告知监考人并进行记录，但不处理。

（4）110kV SF_6 电流互感器密度继电器更换。

（5）填写检修报告。

四、工作规范及要求

（1）要求 1 人操作，由监考人员监护。

（2）工作过程中检查的位置及结果应高声呼唱。

（3）安全文明生产，考生着装规范。

（4）工器具、材料、设备摆放整齐，现场操作熟练、连贯、有序，正确规范地使用工器具及安全用具。

（5）不发生危及人身和设备安全的行为。

（6）操作过程中有需要配合的向监考人员提出，如断开保护屏处控制电源、接地开关，但涉及考试内容的不得提问。

（7）考核考生对 110kV SF_6 电流互感器检修，熟悉检修工艺质量要求。

五、考核及时间要求

（1）考核总时间为 60 分钟。场内实际操作时间为 55 分钟，如到时未完成应终止。场外检修记录填写时间为 5 分钟，如到时未完成应终止。若提前完成，向监考人员示意。

（2）参赛选手从进场开始计算时间。

（3）若出现人身伤害或设备危害的操作，监护人员有权制止。

技能等级评价专业技能考核操作评分标准

工种	变电设备检修工					评价等级	高级工
项目模块	互感器检修—互感器小修及维护				编号	Jc0007343044	
单位			准考证号			姓名	
考试时限	60 分钟		题型	单项操作		题分	100 分
成绩		考评员		考评组长		日期	
试题正文	110kV SF_6 电流互感器密度继电器更换						
需要说明的问题和要求	（1）要求 1 人操作，考评员监护。 （2）检查 110kV SF_6 电流互感器，提前做好安全措施、准备工具箱。 （3）检修过程中应注意安全，有危及人身、设备安全行为可取消考核成绩。 （4）检查前应征得考评员允许，确认可以开始						

序号	项目名称	质量要求	满分	扣分标准	扣分原因	得分
1	准备					
1.1	参赛队员着装	正确佩戴安全帽、穿绝缘鞋、穿长袖工作服、戴线手套	6	未佩戴安全帽、穿绝缘鞋、穿长袖工作服，扣 3 分； 安全帽佩戴不规范，扣 1 分； 着装不规范，扣 1 分； 未戴线手套，扣 1 分		
1.2	安全工器具检查	应检查安全工器具、绝缘工器具是否完好，是否在校验合格期内	4	未检查安全工器具、绝缘工器具外观是否完好，扣 2 分； 未检查检验标签是否在合格期内，扣 2 分		
1.3	安全措施检查	检查现场所做安全措施是否正确、完善	3	未检查现场安全措施，扣 3 分		
1.4	试验环境检查	检查当日工位处温度、湿度情况	2	未检查温度情况，扣 1 分； 未检查湿度情况，扣 1 分		
2	110kV SF_6 电流互感器密度继电器更换					
2.1	检查密度继电器	核对密度继电器型号	2	未核对密度继电器型号，扣 2 分		
		校验密度继电器，各节点动作可靠、正确	3	未校验密度继电器，各节点动作不可靠、不正确，扣 3 分		
		检查 SF_6 密度继电器连接底座结构	5	未检查密度继电器连接底座结构，扣 5 分		
		检查密封件尺寸、外观无破损	5	未检查密封件尺寸，扣 3 分； 未检查密封件外观有无破损，扣 2 分		
2.2	密度继电器更换	清扫电流互感器，记录压力值	5	未清扫电流互感器，扣 2 分； 未记录压力值，扣 3 分		
2.3		关闭连接底座与气体管路的截止阀，打开气体继电器固定螺栓，拆除原密度继电器	2	未关闭截止阀，扣 2 分		
2.4		检查气路关闭情况，用 SF_6 气体检漏仪检漏	5	未检查气路关闭情况，扣 2 分； 未用 SF_6 气体检漏仪检漏，扣 3 分		
2.5		检查处理接触面，正确放置合格密封垫，安装气体继电器	5	未检查接触面，扣 2 分； 安装不正确，扣 3 分		
2.6		均匀紧固气体继电器固定螺栓，密封垫压缩量为 1/3	5	未均匀紧固螺栓，扣 2 分； 密封垫压缩量不正确，扣 3 分		
2.7		调整检查气体继电器压力指示，必要时进行补气	3	未检查压力指示，扣 3 分		
2.8	密封试验	用 SF_6 气体检漏仪检漏，各部位无漏气	10	未用 SF_6 气体检漏仪检漏，扣 10 分		

续表

序号	项目名称	质量要求	满分	扣分标准	扣分原因	得分
2.9	微水试验	用 SF_6 气体微水检测仪测试电流互感器微水值，SF_6 气体含水量低于 250μL/L	10	未进行微水试验，扣 10 分		
3	安全文明生产					
3.1	相关规定的执行	严格遵守安规	6	违章作业，每项扣 2 分，扣完为止		
3.2	清理作业现场	工器具、试验仪器收取后摆放整齐，与开工前一致； 设备表面清洁无杂物，作业现场清洁无遗留物品	4	工器具、试验仪器未收取摆放整齐，扣 1 分； 设备表面、工作现场有遗留物，每处扣 1 分，扣完为止		
4	检修报告填写					
4.1	填写检修报告	正确填写检修报告，用语规范，项目齐全，结论正确	15	检修前检查情况未填写，扣 4 分； 填写不全或不正确，每项扣 1 分； 发现及处理情况未填写，扣 3 分； 缺陷每缺少一项，扣 2 分； 检修结论不正确，扣 1 分； 以上扣分，扣完为止		
合计			100			

Jc0010363045　电容器外部熔断器更换。（100 分）

考核知识点：电容器外部熔断器的更换

难易度：难

技能等级评价专业技能考核操作工作任务书

一、任务名称

电容器外部熔断器更换。

二、适用工种

变电设备检修工高级工。

三、具体任务

（1）工作状态：模拟 10kV 电容器停电，对故障的外部熔断器进行更换。

（2）工作任务。

1）对电容器进行外观检查。

2）在规定时间内完成故障的外部熔断器更换。

3）填写检修报告。

四、工作规范及要求

（1）要求 2 人操作，由监考人员监护。

（2）安全文明生产，工器具、材料、设备摆放整齐，现场操作熟练、连贯、有序，正确规范地使用工器具及安全用具。

（3）不发生危及人身和设备安全的行为，否则可取消本次考核成绩。

（4）工作过程中检查的位置及结果应高声呼唱。

（5）操作过程中有需要配合的向监考人员提出，但涉及考试内容的不得提问。

五、考核及时间要求

（1）考核总时间为 60 分钟。场内实际操作时间为 50 分钟，如到时未完成应终止。场外检修记录填写时间为 10 分钟，如到时未完成应终止。若提前完成，向监考人员示意。

（2）开工前，考生检查着装，清点工器具、设备是否齐全。
（3）许可开工后记录考核时间。
（4）现场清理完毕后，汇报工作终结，记录考核结束时间。
（5）若出现人身伤害或设备危害的操作，监护人员有权制止。

技能等级评价专业技能考核操作评分标准

工种	变电设备检修工					评价等级	高级工
项目模块	无功补偿设备检修—无功补偿设备小修及维护				编号	Jc0010363045	
单位			准考证号			姓名	
考试时限	60 分钟		题型	单项操作		题分	100 分
成绩		考评员		考评组长		日期	
试题正文	电容器外部熔断器更换						
需要说明的问题和要求	（1）考生着装规范，穿工作服、绝缘鞋，戴安全帽。 （2）现场提供检修所需的工器具、仪器、材料及安全防护用具						

序号	项目名称	质量要求	满分	扣分标准	扣分原因	得分
1	准备					
1.1	参赛队员着装	正确佩戴安全帽、穿绝缘鞋、穿长袖工作服、戴线手套	6	未佩戴安全帽、穿绝缘鞋、穿长袖工作服，扣 3 分； 安全帽佩戴不规范，扣 1 分； 着装不规范，扣 1 分； 未戴线手套，扣 1 分		
1.2	安全工器具检查	应检查安全工器具、绝缘工器具是否完好，是否在校验合格期内	4	未检查安全工器具、绝缘工器具外观是否完好，扣 2 分； 未检查检验标签是否在合格期内，扣 2 分		
1.3	安全措施检查	检查现场所做安全措施是否正确、完善	3	未检查现场安全措施，扣 3 分		
1.4	试验环境检查	检查当日工位处温度、湿度情况	2	未检查温度情况，扣 1 分； 未检查湿度情况，扣 1 分		
2	电容器外部熔断器更换					
2.1	对电容器进行接地放电	应将电容器各高压设备逐个多次充分放电	10	未接地放电，扣 10 分； 未进行口述，扣 2 分； 未指到具体位置，每项扣 2 分，扣完为止； 操作不规范，扣 5 分		
2.2	对电容器进行外观检查	电容器组的接线正确； 应检查电容器单元无渗漏油、无膨胀变形、无过热； 应检查电容器单元外壳油漆完好，无锈蚀	8	未进行口述，每项扣 2 分； 未指到具体位置，每项扣 2 分； 以上扣分，扣完为止		
2.3	找出存在故障的外部熔断器	使用万用表找出存在故障的外部熔断器	15	未打开万用表进行挡位检查，扣 2 分； 万用表挡位使用错误，扣 5 分； 未正确找出存在故障设备，扣 10 分		
2.4	故障外部熔断器拆除	选用正确的工器具进行拆除； 拆除熔断器连接引线； 拆除熔断器底座固定螺栓	12	工器具选用不正确，扣 5 分； 操作不规范，每项扣 3 分，扣完为止		

续表

序号	项目名称	质量要求	满分	扣分标准	扣分原因	得分
2.5	新外部熔断器安装	选用正确的工器具进行安装； 熔丝无断裂、虚接，无明显锈蚀，熔丝与熔管无接触； 更换后外熔断器的安装角度应符合产品安装说明书的要求； 芯棒应无弯曲和滑扣，铜螺栓螺母垫圈应齐全	15	工器具选用不正确，扣2分； 工艺质量不达标，扣5分； 外熔断器的安装角度不正确，扣3分； 外熔断器安装前未检查熔丝，扣5分		
3	安全文明生产					
3.1	相关规定的执行	严格遵守安规	6	违章作业，每项扣2分，扣完为止		
3.2	清理作业现场	工器具、试验仪器收取后摆放整齐，与开工前一致； 设备表面清洁无杂物，作业现场清洁无遗留物品	4	工器具、试验仪器未收取摆放整齐，扣1分； 设备表面、工作现场有遗留物，每处扣1分，扣完为止		
4	检修报告填写					
4.1	填写检修报告	正确填写检修报告，用语规范，项目齐全，结论正确	15	检修前检查情况未填写，扣4分； 填写不全或不正确，扣0.5分； 发现及处理情况未填写，扣3分； 缺陷每缺少一项，扣2分； 检修结论不正确，扣1分； 以上扣分，扣完为止		
合计			100			

第四部分
技　师

第七章 变电设备检修工技师技能笔答

Jb0001233001 110kV SF_6瓷柱式断路器整体更换有哪些安全注意事项？（5分）

考核知识点：断路器安装工艺

难易度：难

标准答案：

（1）断开与断路器相关的各类电源并确认无电压，充分释放能量。

（2）拆除断路器前，应先回收 SF_6 气体，对需打开气室方可拆除的断路器，将本体抽真空后用高纯氮气冲洗3次。

（3）打开气室后，所有人员撤离现场30min后方可继续工作，工作时人员站在上风侧，穿戴好防护用具。

（4）吊装应按照厂家规定程序进行，选用合适的吊装设备和正确的吊点，设置揽风绳控制方向，并设专人指挥。

（5）起吊前确认连接件已拆除，对接密封面已脱胶。

（6）断路器本体在吊装、转运时，内部气压应符合产品技术规定。

Jb0001233002 断路器液压操动机构打压时间过长的原因有哪些？（5分）

考核知识点：气动、液压机构结构原理

难易度：难

标准答案：

（1）吸油回路有堵塞，吸油不畅通，滤油器有脏污堵住。

（2）液压泵低压侧空气未排除干净。

（3）油箱油位过低，油量少。

（4）液压泵吸油阀钢球密封不严，或只有一个柱塞工作。

（5）柱塞阀片安装工艺是否满足要求，是否正常工作。

Jb0001232003 真空断路器拒分的处理方法有哪些？（5分）

考核知识点：断路器缺陷、故障处理方法

难易度：中

标准答案：

（1）检查并处理分闸回路故障。

（2）修理或更换分闸线圈。

（3）检查分闸掣子扣入是否过浅，冲击力不够，进行修理，必要时更换零件。

（4）固定分闸线圈螺栓，对机构卡涩部分进行润滑处理。

Jb0001231004 断路器机构箱的验收标准有哪些？（5分）

考核知识点：断路器验收规范

难易度：易

标准答案：

（1）机构箱开合顺畅，密封胶条安装到位，应有效防止尘、雨、雪、小虫和动物的侵入。

（2）机构箱内无异物，无遗留工具和备件。

（3）机构箱内备用电缆芯应加有保护帽，二次线芯号头、电缆走向标示牌无缺失现象。

（4）各空气开关、熔断器、接触器等元器件标示齐全正确。

（5）机构箱内若配有通风设备，应功能正常，若有通气孔，应确保形成迷宫形状。

Jb0001231005 为什么要对断路器触头的运动速度进行测量？（5分）

考核知识点：断路器试验判断标准

难易度：易

标准答案：

（1）断路器分、合闸时，触头运动速度是断路器的重要特性参数，断路器分、合闸速度不足将会引起触头合闸震颤，预击穿时间过长。

（2）分闸时速度不足，将使电弧燃烧时间过长，致使断路器内存压力增大，轻者烧坏触头，使断路器不能继续工作，重者将会引起断路器爆炸。

（3）如果已知断路器合、分闸时间及触头的行程，就可以算出触头运动的平均速度，但这个速度有很大波动，因为影响断路器工作性能最重要的是刚分、刚合速度及最大速度。因此，必须对断路器触头运动速度进行实际测量。

Jb0001233006 断路器分、合闸电磁铁装配检修关键工艺质量控制措施有哪些？（5分）

考核知识点：断路器安装工艺

难易度：难

标准答案：

（1）按照厂家规定工艺要求进行解体与装复，确保清洁。

（2）检测并记录分、合闸线圈电阻，检测结果应符合设备技术文件要求，无明确要求时，以线圈电阻初值差不超过±5%作为判据，绝缘电阻值符合相关技术标准要求。

（3）解体检修电磁铁装配，打磨锈蚀，修整变形，使用适量低温润滑脂擦拭。

（4）分、合闸电磁铁装配安装牢靠，动作灵活；对于双分闸线圈并列安装的分闸电磁铁，应注意线圈的极性。

（5）并联合闸脱扣器在合闸装置额定电源电压的 85%～110%应可靠动作；并联分闸脱扣器在分闸装置额定电源电压的 65%～110%（直流）或 85%～110%（交流）应可靠动作；当电源电压低于额定电压的 30%时，脱扣器不应脱扣，并做记录。

Jb0001232007 简述 SF_6 设备内气体水分含量增大的原因？（5分）

考核知识点：断路器试验判断标准

难易度：中

标准答案：

（1）气体或再生气体本身含有水分。

（2）组装时进入水分。组装时由于环境，现场装配和维修检查的影响，高压电器内部的内壁附着水分。

（3）管道的材质自身含有水分，或管道连接部分存在渗漏现象，造成外来水分进入内部。

（4）密封件不严而渗入水分。

Jb0001232008　真空断路器进行分闸操作时断路器拒分的原因有哪些？（5分）

考核知识点：断路器故障处理方法

难易度：中

标准答案：

（1）分闸线圈端子电压太低或分闸回路不通。

（2）分闸铁芯空行程小，冲击力不足或铁芯运动受阻。

（3）分闸掣子扣入深度太浅，冲击力不足。

（4）分闸铁芯撞杆变形，行程不足。

（5）分闸线圈固定螺栓松动或机构卡涩。

Jb0003233009　VS1型真空断路器合闸弹跳和分闸反弹对设备有哪些影响？（5分）

考核知识点：断路器故障处理方法

难易度：难

标准答案：

（1）触头烧损严重，甚至熔焊。

（2）波纹管经受强迫振动可能产生裂纹，使灭弧室漏气。

（3）分、合闸时的冲击速度及冲击力较大，发生弹跳可能产生触头和导电杆的变形，甚至产生裂纹。

（4）切合电容器组的真空断路器，如发生合闸弹跳还会导致电容器的损坏。

（5）分闸弹振在小开距情况下，导致真空灭弧室由于反弹击穿可能性极大。

Jb0003232010　VS1型断路器电动分闸失败，手动分闸成功，有哪些故障原因？（4分）

考核知识点：断路器故障处理方法

难易度：中

标准答案：

（1）控制电源不通，控制空开跳闸或二次接线松动。

（2）分闸线圈支架松动或分闸线圈烧损。

（3）分闸回路辅助开关转换不到位或烧毁。

（4）控制电源电压不满足分闸要求。

Jb0003232011　安装充气式开关柜的关键工艺质量控制措施有哪些？（5分）

考核知识点：开关柜装配工艺

难易度：中

标准答案：

（1）施工环境应满足要求，温度不低于5℃，相对湿度不大于80%；安装过程中气室暴露在空气中的时间不应超过厂家规定的最大时间，且本体内部应确保清洁。

（2）螺栓应对称均匀紧固，力矩符合产品技术规定，密封面的连接螺栓应涂防水胶。

（3）新六氟化硫气体应经检测合格，充气管道和接头应进行清洁、干燥处理，严禁使用橡胶管道，充气时应防止空气混入。

（4）对于现场无需抽真空的六氟化硫开关柜，在充气前应检测预充气体的含水量合格，柜体内充气24h之后应进行密封性试验，充气完毕后静置24h后进行含水量测试检测，必要时进行气体成分分析。

（5）插拔式电缆终端头制作过程中，应保证半导体层与主绝缘层的切面截面规则，无毛刺。

Jb0003231012 简述高压断路器拒合原因的判断方法和步骤。（5分）

考核知识点： 断路器故障处理方法

难易度： 易

标准答案：

（1）如果电气回路正常，断路器仍不能合闸，则说明为机械方面故障。

（2）如果能够手动进行合闸操作，则说明为电气方面故障。

（3）检查电气回路各部位情况，以确定电气回路是否有故障，检查的项目有：合闸控制电源是否正常；合闸控制回路和元件是否良好；断路器分闸状态时各行程开关和转换开关的触点的断开与闭合状态是否正常；合闸铁芯动作是否正常。

Jb0004233013 组合电器气室检修时应注意哪些事项？（5分）

考核知识点： 组合电器大修质量标准

难易度： 难

标准答案：

（1）检修时首先回收 SF_6 气体并抽真空，对罐体内部进行通风。

（2）工作人员应戴防毒面具和橡皮手套，将金属氟化物粉末集中起来，装入钢制容器，并深埋处理，以防金属氟化物与人体接触中毒。

（3）检修中注意组合电器内部各带电导体表面不应有尖角毛刺，装配中力求电场均匀，符合厂家各项调整、装配尺寸的要求。

（4）检修时还应做好各部分的密封检查与处理，交流耐压试验时应同步进行局部放电测试。

Jb0004232014 六氟化硫组合电器（GIS）母线电气连接有哪些基本要求？（4分）

考核知识点： 组合电器大修质量标准

难易度： 中

标准答案：

（1）筒体母线布置结构可靠。

（2）母线对接有良好的导电性能和接触性能，即触头必须有低的电阻值。

（3）能可靠地通过规定容量的电流及有足够的抗熔焊和抗电弧烧伤性能。

（4）通过短路电流时，具有足够的动稳定性和热稳定性。

Jb0002232015 简述隔离开关分、合闸不到位或三相不同期原因及处理方法。（5分）

考核知识点： 隔离开关故障原因及处理

难易度： 中

标准答案：

（1）原因：分、合闸定位螺钉调整不当。辅助开关及限位开关行程调整不当。连杆弯曲变形使其长度改变，造成传动不到位等。

（2）处理方法：检查定位螺钉和辅助开关等元件，发现异常进行调整，对有变形的连杆，应查明原因及时消除。此外，在操作现场，当出现隔离开关合不到位或三相不同期时，应拉开重合，反复合几次，操作时应符合要求，用力适当。如果还未完全合到位，不能达到三相完全同期，应安排计划停电检修。

Jb0002232016 隔离开关绝缘子检查的关键工艺质量控制措施有哪些？（5分）

考核知识点：隔离开关质量验收

难易度：中

标准答案：

（1）绝缘子外观及绝缘子辅助伞裙清洁无破损（瓷绝缘子单个破损面积不得超过40mm^2，总破损面积不得超过100mm^2）。

（2）绝缘子法兰无锈蚀、裂纹。

（3）绝缘子胶装后露砂高度为10～20mm，且不应小于10mm，胶装处应涂防水密封胶。

（4）防污闪涂层完好，无龟裂、起层、缺损，憎水性应符合相关技术要求。

Jb0002231017　GW4型隔离开关的小修项目有哪些要求？（7分）

考核知识点：隔离开关工艺标准

难易度：易

标准答案：

（1）清扫检查瓷质部分及绝缘子胶装接口处有无缺陷。

（2）试验各转动部位有无卡劲，并注润滑油。

（3）清洗动、静触头，检查其接触情况，触指弹簧片应不失效。

（4）检查各相引线卡子及导电回路连接点。

（5）检查三相接触深度和同期情况。

（6）检查电气或机械闭锁情况，对于电动机构应转动检查各部分附件装置。最后填好检修记录。

（7）主回路电阻测试值应符合技术要求。

Jb0002232018　组合电器吸附剂更换的关键工艺质量控制有哪些？（5分）

考核知识点：组合电器大修质量标准

难易度：中

标准答案：

（1）正确选用吸附剂，吸附剂规格、数量符合产品技术规定。

（2）吸附剂使用前放入烘箱进行活化，温度、时间符合产品技术规定。

（3）吸附剂取出后应立即装入气室（小于15min），尽快将气室密封抽真空（小于30min）。

（4）对于真空包装的吸附剂，使用前真空包装应无破损，如存在破损进气，应放入烘箱重新进行活化处理。

Jb0002232019　手车断路器弹簧机构的例行检查项目有哪些？（5分）

考核知识点：开关柜故障处理方法

难易度：中

标准答案：

（1）检查机构各紧固螺栓有无松动，机构底部有无异物，机械传动部件无变形、损坏，脱出，转动部分涂抹适合当地气候的润滑脂。

（2）胶垫缓冲器橡胶无破碎、黏化，油缓冲器动作正常，无渗漏油。

（3）查看计数器为不可复归型，记录断路器的动作次数。

（4）辅助回路和控制电缆、接地线外观完好，绝缘电阻符合要求。

（5）储能电动机工作电流及储能时间检测，检测结果符合设备技术文件要求。储能电动机能在85%～110%的额定电压下可靠工作。

（6）分、合闸线圈电阻检测，检测结果符合设备技术文件要求，没明确要求时，以线圈电阻初值差不超过5%作为依据。

（7）合闸脱扣器在合闸装置额定电源电压的 85%～110%可靠动作；分闸脱扣器在分闸装置额定电源电压的65%～110%（直流）或者85%～110%（交流）可靠动作；当电源电压低于30%时，脱扣器不动作。记录脱扣器启动电压值。

（8）进行机械特性测试，测试结果符合设备技术要求。

Jb0000231020 隔离开关更换前开箱检查项目及检查标准是什么？（5分）

考核知识点：隔离开关质量验收

难易度：易

标准答案：

（1）安装前应按照装箱单检查零部件及附件、备件，应齐全。

（2）检查铭牌数据与订货合同一致，检查厂家提供的安装使用说明书、合格证等出厂文件、资料应齐全。

（3）检查产品外表面无损伤，检查每支绝缘子无破损，胶装处无松动，检查接线端子及载流部分应清洁，接触良好，触头镀银层无脱落。

（4）检查轴承座及各传动部分应转动灵活，检查各部紧固件紧固良好；检查操动机构操作应灵活，分、合闸位置应正确，辅助开关切换正常；装有电磁锁的，应检查电磁锁开、闭正常。

（5）对有导电要求的接触面（有镀层的除外），应先涂一层医用凡士林，用砂纸或钢刷去掉表面的氧化层后，用布擦掉油污，再迅速涂一层医用凡士林后方可进行安装。

Jb0000232021 KYN28型中置式开关柜的柜体怎样安装？（5分）

考核知识点：开关柜装配工艺

难易度：中

标准答案：

（1）卸去开关柜吊装板及开关柜后封板。

（2）松开母线隔离室顶盖板（泄压盖板）的固定螺栓，卸下母线室后封板。

（3）松开母线隔离室后封板固定螺栓，卸下母线隔离室后封板。

（4）松开断路器隔离室下面的可抽出式水平隔板的固定螺栓，并将水平隔离板卸下。

（5）在此基础上，依次于水平、垂直方向拼接开关柜，开关柜安装不平度不得超过2mm。

（6）当开关设备已经拼接完毕，用M12的地脚螺栓将其与基础槽钢相连或用电焊与基础槽钢焊牢。

Jb0000232022 液压操动机构解体大修后调试注意事项有哪些？（5分）

考核知识点：液压机构结构原理

难易度：中

标准答案：

机构解体大修后，机构可不带断路器进行空载调试，一方面可发现和解决机构可能存在的绝大部分问题，保证负载调试能顺利进行；另一方面可以考核机构的性能，又减少断路器的分、合闸次数。

调试时应做如下工作：

（1）排气。因油泵储油腔内如果存有空气，会使油泵打油时间增加，甚至建立不起压力；液压系统内如存在气体会影响分、合闸速度与时间特性，使机构工作不稳定，所以需要排气。排气包括油泵排气和系统排气。

（2）检查氮气的预充压力，校定压力表。

（3）校验微动开关位置与压力值是否对应，储压器活塞杆的行程与参考压力相配合。

（4）测定油泵打压时间不超过3min，检查防慢分装置，再用手动或电动进行快分、快合操作，检查阀系统的可靠性。

Jb0000232023　六氟化硫断路器检修工作完成后应进行哪些检查？（5分）

考核知识点：断路器安装工艺

难易度：中

标准答案：

（1）断路器及操作机构固定是否牢靠，电气连接接触是否良好，外表清洁完整，所有电缆管（洞）口应封堵良好。

（2）断路器及操作机构的联动应正常，无卡阻现象，动作性能符合规定，分、合闸指示正确，机构箱内无异物，无遗留工具和备件；各空气开关、熔断器、接触器等元器件标示齐全正确。

（3）各种接触器、继电器、微动开关、压力开关、压力表、加热驱潮装置和辅助开关的动作应准确、可靠，接点应接触良好、无烧损或锈蚀，电气回路传动正确。

（4）密度继电器的报警、闭锁定值符合规定，断路器六氟化硫气体压力和含水量应符合规定，各类试验数据合格齐全。

（5）油漆应完整，相色应标志正确，接地良好，加热、驱潮装置、照明装置能正常投退。一次接线满足要求。

Jb0000232024　组合电器检修后如何进行调试？（5分）

考核知识点：组合电器原理

难易度：中

标准答案：

（1）组合电器应安装牢靠，外表清洁完整，动作性能符合产品的技术规定。

（2）电器连接应可靠，且接触良好。

（3）操动机构的各部件螺栓应紧固，轴销及各传动部件转动灵活，机构箱内清洁。

（4）组合电器及其传动机构的联动应正常，无卡阻现象；分、合闸指示正确；辅助开关及电气闭锁应动作可靠。

（5）支架及接地引线应无锈蚀和损伤，接地应良好。

（6）密度继电器的报警、闭锁定值应符合规定；用检漏仪对组合电器六氟化硫漏气检查应无鸣叫；电气回路传动正确。

（7）六氟化硫气体漏气率和含水量应符合规定。

（8）油漆应完整，相色标志正确。

Jb0000232025　检修工作结束以前，若需将设备试加工作电压，在加压前后应进行哪些工作？（5分）

考核知识点：组合电器大修质量标准

难易度：中

标准答案：

（1）检查全体工作人员撤离工作地点。

（2）将该系统的所有工作票收回，拆除临时遮栏、接地线和标示牌，恢复常设遮栏。

（3）应在工作负责人和值班员进行全面检查无误后由值班员进行加压试验。试验后工作班若需继续工作，应重新履行工作许可手续。

Jb0000232026 液压机构压力异常增高原因有哪些？有哪些处理措施？（20分）

考核知识点：液压机构结构原理

难易度：中

标准答案：

（1）贮压器的活塞密封圈磨损，致使液压油流入氮气侧。

处理措施：将氮气和油放掉更换密封圈。

（2）停止电机的微动开关失灵。

处理措施：将微动开关修复或更换。

（3）压力表失灵（无指示）。

处理措施：更换压力表。

（4）机构箱内的温度异常高。

处理措施：检查加热回路并排除故障。

Jb0000233027 液压机构压力异常降低的原因有哪些？有哪些处理措施？（20分）

考核知识点：液压机构结构原理

难易度：难

标准答案：

（1）贮压器行程杆不下降而压力降低。

漏氮处理：更换漏气处密封圈，重新补充氮气。

（2）压力表失灵。

可更换压力表。

（3）贮压器行程杆下降而引起的压力降低，原因是高压油回路，有渗漏现象。

应找出漏油环节，予以排除。

Jb0006233028 变压器现场大修的工艺流程及要求是什么？（15分）

考核知识点：变压器现场大修的工艺流程及要求

难易度：难

标准答案：

变压器大修时的工艺流程：

由于电压等级或变压器类型的不同而有所差异，一般通用的大修工艺流程如下，但是在实际大修工作中，必须依照有关变压器大修的规程规定及厂家的技术说明书或其现场工程师的要求进行。

修前准备→办理工作票，拆除引线→电气、油务试验，绝缘判断→部分排油，拆除附件并检修→排尽油并处理，拆除分接开关连接件→吊开钟罩检查，检修并测试绝缘→受潮则干燥处理→按规定注油方式注油→安装套管、冷却器等附件→密封试验→油位调整→电气、油务试验→除锈喷漆→连接引线→结束。

变压器大修时的工艺要求：

（1）检修工作一般应选在无尘土飞扬及其他污染的晴天进行，不应在空气相对湿度超过80%的气候条件下进行。

（2）大修时器身暴露在空气中的时间应不超过如下规定：

空气相对湿度不大于65%时为16h；

空气相对湿度不大于75%时为12h。

器身暴露时间是从变压器放油时起至开始抽真空或注油时为止。如器身暴露时间需超过上述规定，宜接入干燥空气发生器装置进行施工，如超过规定时间大于4h，则可延长持续抽真空时间至器身暴露空气中的时间。

（3）器身必须暴露在空气中进行检修时，周围空气温度不宜低于0℃，且器身温度不应低于周围空气温度。器身温度低于周围空气温度时，应将器身加热，宜使其温度高于周围空气温度5℃。

（4）检查器身时，应有专人进行，穿着无纽扣、无金属挂件的专用检修工作服和鞋，并戴洁净手套，寒冷天气还应戴口罩，照明应采用低压行灯。

（5）进行检查所使用的工具应有专人保管并应编号登记，且用绳索连接在手腕上，以防止遗留在油箱内或器身上。

（6）进入变压器油箱内检修时，需考虑通风，防止工作人员窒息。

（7）大修过程中应尽量使用力矩扳手和液压设备进行定量控制。

（8）大修过程中不应随意改变变压器内部结构及绝缘状况，破坏应有的抗短路能力、散热能力和绝缘耐受能力。

Jb0006233029　有载分接开关的试验和检查项目和技术质量要求是什么？（15分）

考核知识点：有载分接开关的试验和检查项目和技术质量要求

难易度：难

标准答案：

1. 有载调压装置的试验和检查项目

（1）检查动作顺序，动作角度。

（2）操作试验：变压器带电时手动操作、电动操作、远方操作各2个循环。

（3）检查和切换测试。

1）测量过渡电阻的阻值。

2）测量切换时间。

3）检查插入触头、动静触头的接触情况，电气回路的连接情况。

4）单、双数触头间非线性电阻的试验。

5）检查单、双数触头间放电间隙。

（4）检查操作箱。

（5）切换开关室绝缘油试验。

（6）二次回路绝缘试验。

2. 有载调压装置的技术要求

（1）选择开关、切换开关的动作顺序应符合制造厂的技术要求，其动作角度应与出厂试验记录相符。

（2）手动操作应轻松，必要时用力矩表测量，其值不超过制造厂的规定，电动操作应无卡涩，没有连动现象，电气和机械限位动作正常。

（3）与出厂值相符。

（4）三相同步的偏差、切换时间的数值及正反向切换时间的偏差均与制造厂的技术要求相符。动、静触头平整光滑，触头烧损厚度不超过制造厂的规定值，回路连接良好，按制造厂的技术要求无烧伤或变动。

（5）接触器、电动机、传动齿轮、辅助接点、位置指示器、计数器等工作正常。

（6）符合制造厂的技术要求，击穿电压一般不低于30kV。

（7）绝缘电阻一般不低于1MΩ。

Jb0006232030 变压器大修、更换、安装的质量验收标准是什么？（10分）

考核知识点：大修、更换、安装的质量验收标准

难易度：中

标准答案：

（1）变压器常规大修的验收内容一般有：

1）实际检修项目是否按计划全部完成，检修质量是否合格。

2）审查全部试验结果和试验报告。

3）整理大修原始记录资料，特别注意对结论性数据的审查。

4）做出大修技术报告（应附有试验成绩单、瓦斯继电器试验票及其他必要的表格）。

5）如有技术改造项目，应按事先签订的施工方案、技术要求以及有关规定进行验收。

6）对检修质量做出评价。

（2）新安装的变压器，除按大修验收的内容进行验收之外，还应审查以下内容：

1）变压器制造厂试验记录。

2）变压器制造厂铭牌和技术规范的附件。

3）变压器吊芯（或进入油箱内）检查报告。

4）如进行过干燥，应审查干燥过程及干燥记录。

5）交接试验及测量记录。

6）冷却系统管路连接图。

Jb0000232031 变压器真空处理的过程控制要求有哪些？（5分）

考核知识点：变压器真空处理的过程控制和真空注油的要求

难易度：中

标准答案：

在抽真空前应先将储油柜的阀门关闭。如储油柜按全真空设计，也应一起参加抽真空。打开其他能承受真空的附件（包括冷却器）通向变压器本体的所有阀门，连同本体一起抽真空。对于不能承受全真空的有载分接开关，应在分接开关油室与油箱之间接上旁通管，避免分接开关油室内外由于压力差造成密封部位受损。真空注油应遵守制造厂规定。抽真空时要求油箱局部弹性变形不应超过箱壁厚度的2倍，并检查真空系统的严密性。

Jb0006232032 变压器真空注油的要求是什么？（10分）

考核知识点：变压器真空处理的过程控制和真空注油的要求

难易度：中

标准答案：

（1）抽真空达到指定真空度并保持2h后，开始向变压器油箱下部油阀注入合格的变压器油。

（2）用真空滤油机注油，以3～5t/h的速度将油注入变压器，距箱顶约200mm时停止。并继续保持真空：220kV变压器保持4h以上，110kV变压器保持2h以上。

（3）变压器补油。

1）解除真空，继续缓慢注入变压器油至规定的油面为止。

2）补油时先将本体和储油柜注满油，然后逐个打开阀门（如冷却器、净油器的阀门等）。打开阀门的顺序为先打开下部阀门，然后打开放气塞，待油冒出来后将上阀门打开。

（4）变压器油静放和放气。变压器注油后恢复运行（加压）前，变压器油应进行静放。变压器注满油后，对套管升高座、上部管道孔盖、冷却器和净油器等上部的放气孔应进行多次排气，直至排尽

为止。放气孔密封良好并擦净油迹。

（5）将变压器油面调整到与环境温度相对应的油面。

Jb0006232033　高压套管的例行试验项目及其技术质量要求是什么？（10分）

考核知识点：高低压套管的例行试验项目和技术质量要求

难易度：中

标准答案：

（1）红外热像检测，技术质量要求为无异常。

（2）绝缘电阻，技术质量要求为主绝缘不小于10000MΩ（注意值），末屏对地绝缘不小于1000MΩ（注意值）。

（3）电容量和介质损耗因数（20℃）（电容型）的技术质量要求为：

1）电容量初值差不超过5%（警示值）。

2）介质损耗因数 $\tan\delta$ 满足各电压等级要求。

3）聚四氟乙烯缠绕绝缘不大于0.005。

（4）SF_6 气体湿度检测（充气）（带电）的技术质量要求为符合设备技术文件要求。

（5）相对介质损耗因数（带电）的技术质量要求为相对介质损耗因数变化量不大于0.003（注意值）。

（6）相对电容量比值（带电）的技术质量要求为相对电容量比值初值差不大于5%（警示值）。

Jb0006232034　有载分接开关在线滤油装置检修规范及技术要求是什么？（10分）

考核知识点：有载分接开关在线滤油装置检修规范及技术要求

难易度：中

标准答案：

（1）外观检查：接地装置可靠，金属部件无锈蚀，承压部件无变形，各部位无渗油。

（2）缺相试验：电源缺相时滤油装置应退出运行并发信。

（3）油路堵塞试验：油路堵塞时，净油装置应能够显示压力异常，并能够抑制压力上升或退出运行，连接部位无渗漏油。

（4）绝缘电阻测试：使用500～1000V绝缘电阻表测量电气回路绝缘，电阻值不小于1MΩ。

（5）在线净油装置的检修、更换滤芯和部件可在不停电状况下进行。检修完毕后要在滤油机内部进行循环、补油、放气，投入运行时应短时退出有载分接开关油流控制继电器（或气体继电器）的跳闸压板，并将有载开关控制方式转换到“就地”，滤油30min无异常后恢复。投运24h后分别从滤芯进出油口取样进行微水、耐压测试，比较在线净油装置使用效果。

（6）装有在线净油装置的变压器有载分接开关油的耐压、含水量测试取样一律从滤油机管路上的取样阀抽取。

（7）在线净油装置故障及滤芯失效应及时处理。

（8）拆装前后应确认蝶阀位置正确。

Jb0006232035　超高压大容量变压器现场作业的技术管理措施主要有哪些？（10分）

考核知识点：技术管理和培训

难易度：中

标准答案：

超高压大容量变压器现场安装作业复杂，需要时间较长，必须根据每台变压器的具体情况及现场不同作业条件，制定切实可行的技术管理措施，一般有以下几个方面。

（1）防止绝缘物受潮。大型变压器一般充氮运输，因此，在油置换前应按充氮压力管理措施进行管理。要经常检查充入氮气的压力是否正常，检查箱体外观有无异常。为减少器身绝缘暴露在大气中吸潮，组装前必须浸一次油。浸油后静置12h以上，方可再用干燥空气置换油，然后进行组装作业。

（2）组装时，器身绝缘暴露在空气中的时间不应超过规定：空气相对湿度小于65%时，为16h；空气相对湿度大于65%但小于75%时，为12h。有条件时，变压器油箱内可充入相对湿度小于20%的干燥空气，并降低作业环境的相对湿度以防止受潮。绝缘物的外露时间，在最坏的条件下，最好控制在50h以内。

（3）防止箱壳内混入杂物。严禁穿有金属扣、拉链工作服的人员进入箱内作业。工作服可用不起毛并能防止带电的合成纤维防尘服。工作服口袋不允许装有金属性物品。必须带入油箱中的物件应经过检查、登记并用带子系在身上。

（4）绝缘油的管理。储藏绝缘油的油箱要干净，不能进入雨水和漏油。现场安装完毕后，要注入含水量小于15ppm的脱气绝缘油，进行充分脱气，循环过滤，除去微小尘埃、油中水分和溶解气体。为避免残留气泡，在施加技术标准规定的电压前，最低静置时间：500kV电压级为72h以上，220kV电压级为48h以上，110kV电压级为24h以上。

Jb0006212036 三相变压器容量为8000kVA，变比35000/1000V，Yd11接线，若一次绕组匝数 W_1 为500匝，频率为50Hz，求：（1）二次绕组匝数 W_2 是多少？（2）若磁通密度取1.65T，求铁芯的截面积 S_{co}。（3）若高压绕组电流密度 ρ=4A/mm^2，求高压导线截面 S_1。（10分）

考核知识点：技术管理和培训

难易度：中

标准答案：

解：（1）求二次绕组匝数。因为

$$U_{1ph}=\frac{U_1}{\sqrt{3}}=\frac{35000}{\sqrt{3}}=20207\text{（V）}$$

$$U_{2ph}=1000\text{（V）}$$

所以二次绕组匝数为

$$W_2=W_1\text{（}U_{2ph}/U_{1ph}\text{）}=24.7\text{（匝）}$$

（2）求铁芯的截面积。公式为

$$E_1=U_{1ph}=20207\text{（V）}$$

$$S_{co}=E_1/\text{（}4.44fBW_1\text{）}=20207/\text{（}4.44\times50\times1.65\times500\text{）}=1103\text{（cm}^2\text{）}$$

（3）求高压导线截面积。公式为

$$I_{1ph}=I_1=S_N/\sqrt{3}U_1=8000\times10^3/\text{（}1.732\times35000\text{）}=132\text{（A）}$$

$$S_1=I_{1ph}/\rho=132/4=33\text{（mm}^2\text{）}$$

答：二次绕组匝数是24.7匝；若磁通密度取1.65T，铁芯的截面积为1103cm^2；若高压绕组电流密度为4A/mm^2，高压导线截面积为33mm^2。

Jb0006212037 某台三相电力变压器，S_N=600kVA，额定电压比 U_{1N}/U_{2N}=10000/400V，Yy0接法，Z_k=1.8+j5Ω，一次侧接额定电压，二次侧接额定负载运行，β 为1。负载功率因数 $\cos\varphi_2$=0.9（落后），计算该变压器额定电压调整率及二次侧电压。（10分）

考核知识点：技术管理和培训

难易度：中

标准答案：

解：一次侧额定电流

$$I_{1N}=\frac{S_N}{\sqrt{3}U_{1N}}=\frac{600\times10^3}{\sqrt{3}\times10000}=34.64\text{（A）}$$

负载功率因数 $\cos\varphi_2$=0.9（落后）时，$\sin\varphi_2$=0.436

额定电压调整率为

$$\Delta U\%=\frac{\beta I_{1N}(r_k\cos\varphi_2+x_k\sin\varphi_2)}{U_{1N}/\sqrt{3}}$$

$$=\frac{1\times34.64\times(1.8\times0.9+5\times0.436)}{10000/\sqrt{3}}=2.28\%$$

二次侧电压

$$U_2=(1-\Delta U)U_{2N}=\text{（}1-0.028\text{）}\times400=388.8\text{（V）}$$

答：变压器额定电压调整率为2.28%，二次侧电压为388.8V。

Jb0006222038　有一台三相变压器，额定容量 S_N 为 100kVA，高压额定电压 U_{1N} 为 10kV。高压绕组有三种接法，如图 Jb0006222038（a）~（c）所示。求各种接法绕组中电流及线电流。（10 分）

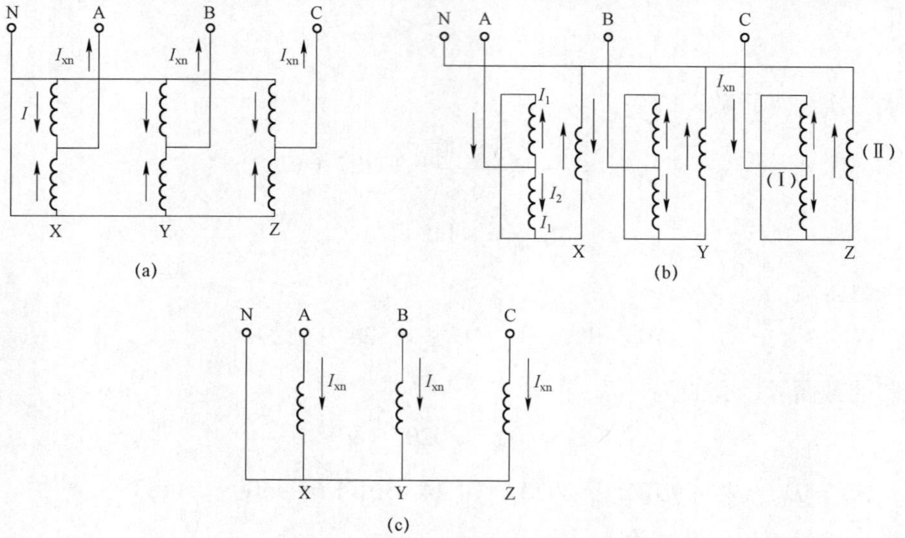

图 Jb0006222038

考核知识点：技术管理和培训

难易度：中

标准答案：

解：（1）图 Jb0006222038（a）接法。

线电流

$$I_{xn}=\frac{S_N}{\sqrt{3}U_{1N}}=\frac{100}{\sqrt{3}\times10}=5.77\text{（A）}$$

绕组中电流 $I=I_{xn}/2=2.89$（A）

（2）图 Jb0006222038（b）接法。

线电流与图 Jb0006222038（a）线电流相同，$I_{xn}=5.77$（A）

绕组（Ⅱ）中电流 $I_2=I_{xn}=5.77$（A）

绕组（Ⅰ）中电流 $I_1=I_2/2=2.89$（A）

（3）图 Jb0006222038（c）接法。

线电流与图 Jb0006222038（a）线电流相同，$I_{xn}=5.77$（A）

绕组中的电流 $I=I_{xn}=5.77$（A）

答：图 Jb0006222038（a）接法：线电流 I_{xn} 为 5.77A，绕组中电流 I 为 2.89A。图 Jb0006222038（b）接法：线电流 I_{xn} 为 5.77A，绕组（Ⅱ）中电流 I_2 为 5.77A，绕组（Ⅰ）中电流 I_1 为 2.89A。图 Jb0006222038（c）接法：线电流 I_{xn} 为 5.77A，绕组中电流 I 为 5.77A。

Jb0006211039 一台变压器在油面温度 $t_1=30℃$ 时测得 60s 绝缘电阻 $R_1=7600MΩ$，换算到 $t_2=20℃$ 时的绝缘电阻值是多少？（5 分）

考核知识点：技术管理和培训

难易度：易

标准答案：

换算到 20℃时的绝缘电阻值为

$$R_2=R_1\times1.5^{(t_1-t_2)/10}=7600\times1.5=7600\times1.5=11400\text{（MΩ）}$$

答：换算到 20℃时的绝缘电阻值为 11400MΩ。

Jb0006222040 画出变压器空载时的相量图。（10 分）

考核知识点：技术管理和培训

难易度：中

标准答案：

变压器空载时的相量如图 Jb0006222040 所示。

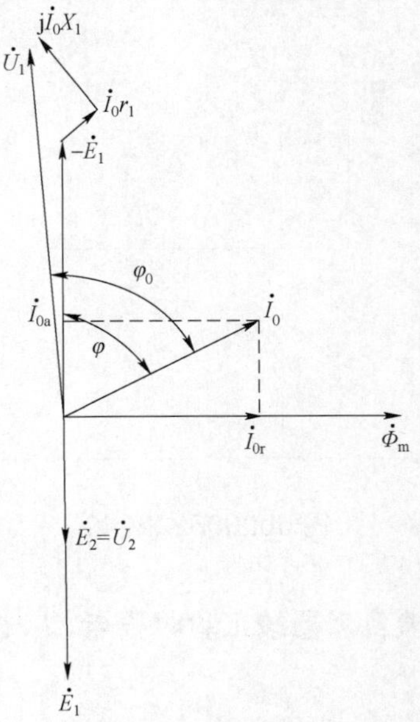

图 Jb0006222040

Jb0006222041　画出 SYXZ 型有载分接开关操动机构电气控制原理图。（10 分）

考核知识点：技术管理和培训

难易度：中

标准答案：

该电气控制原理图如图 Jb0006222041 所示。

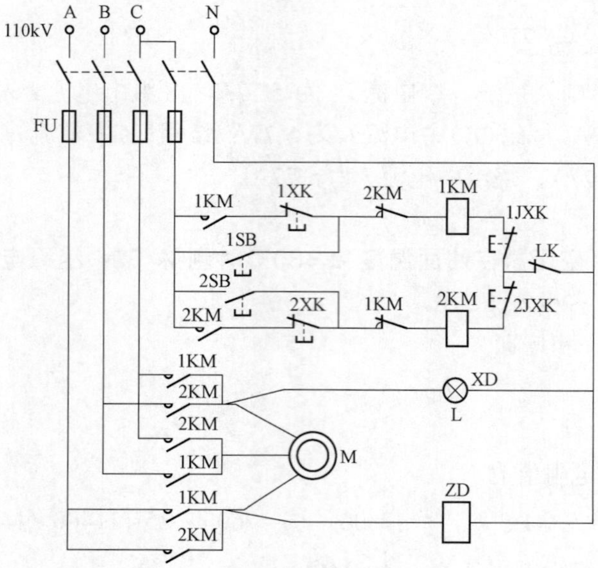

图 Jb0006222041

Jb0006222042　画出单相降压自耦变压器原理图。（5 分）

考核知识点：技术管理和培训

难易度：中

标准答案：

单相降压自耦变压器原理图如图 Jb0006222042 所示。

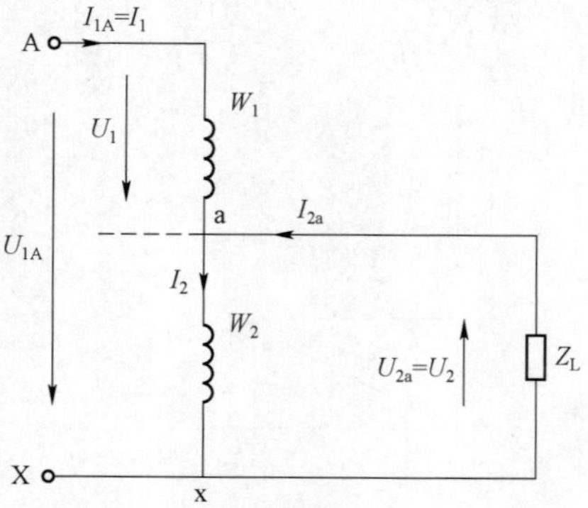

图 Jb0006222042

Jb0007233043　简述油浸式电流互感器竣工验收要点。（15 分）

考核知识点：互感器验收

难易度：难

标准答案：

1. 本体外观验收

（1）渗漏油（油浸式）：瓷套、底座、阀门和法兰等部位应无渗漏油现象。

（2）油位（油浸式）：金属膨胀器视窗位置指示清晰，无渗漏，油位在规定的范围内；不宜过高或过低，绝缘油无变色。

（3）外观检查：无明显污渍、无锈迹，油漆无剥落、无退色，并达到防污要求。电流互感器膨胀器保护罩顶部应为防积水的凸面设计，能够有效防止雨水聚集。

（4）瓷套或硅橡胶套管：瓷套不存在缺损、脱釉、落砂，法兰胶装部位涂有合格的防水胶。

（5）相色标志：相色标志正确，零电位进行标志。

（6）均压环：均压环安装水平、牢固，且方向正确，安装在环境温度零度及以下地区的均压环，宜在均压环最低处打排水孔。

（7）金属膨胀器固定装置（油浸式）：金属膨胀器固定装置已拆除。

（8）接地。

1）应保证有两根与主接地网不同地点连接的接地引下线。

2）电容型绝缘的电流互感器，其一次绕组末屏的引出端子、铁芯引出接地端子应接地牢固可靠。

3）互感器的外壳接地牢固可靠。二次线穿管端部应封堵良好，上端与设备的底座和金属外壳良好焊接，下端就近与主接地网良好焊接。

（9）整体安装：三相并列安装的互感器中心线应在同一直线上，同一组互感器的极性方向应与设计图纸相符；基础螺栓应紧固。

2. 互感器各侧出线

（1）出线端及各附件连接部位：连接牢固可靠，并有螺栓防松措施。

（2）设备线夹及一次引线。

1）线夹不应采用铜铝对接过渡线夹。

2）在可能出现冰冻的地区，线径为400mm^{2}及以上的、压接孔向上30°～90°的压接线夹，应打排水孔。

3）引线无散股、扭曲、断股现象。

4）引线对地和相间符合电气安全距离要求，引线松紧适当，无明显过松过紧现象，导线的弧垂须满足设计规范。

（3）螺栓、螺母检查：设备固定和导电部位使用8.8级及以上热镀锌螺栓。

3. 互感器二次系统

（1）二次端子接线。

1）二次端子的接线牢固，并有防松功能，装蝶形垫片及防松螺母。

2）二次端子不应开路，单点接地。

3）暂时不用的二次端子应短路接地。

（2）二次端子标志：二次端子标志明晰。

（3）电缆的防水性能：电缆加装固定头，如无，应由内向外电缆孔洞封堵。

（4）二次接线盒。

1）符合防尘、防水要求，内部整洁。

2）接地、封堵良好。

3）备用的二次绕组应短接并接地。

4）二次电缆备用芯应该使用绝缘帽，并用绝缘材料进行绑扎。

（5）变比：一次绕组串并联端子与二次绕组抽头应符合运行要求。

4. 其他验收

（1）专用工器具、备品备件：按清单进行清点验收。

（2）设备名称标示牌：设备标示牌齐全，正确。

Jb0007233044　简述电磁式电流互感器小修项目。（15 分）

考核知识点：互感器小修

难易度：难

标准答案：

1. 金属膨胀器的检查

（1）检修内容：渗漏、油位指示、压力释放装置、固定与连接、外观。

（2）检查方法：目测、用力矩扳手试紧。

（3）质量要求。

1）膨胀器密封可靠，无渗漏，无永久变形。

2）油位指示或油温压力指示机构灵活，指示正确。

3）盒式膨胀器的压力释放装置完好正常，波纹膨胀器上盖与外罩连接可靠，不得锈蚀卡死，保证膨胀器内压力异常增高时能顶起上盖。

4）各部螺钉紧固，盒式膨胀器的本体与膨胀器连接管路畅通。

5）无锈蚀，漆膜完好。

2. 储油柜的检查

（1）检修内容：油位计、渗漏、橡胶隔膜、吸湿器、引线、外观。

（2）检查方法：目测、用力矩扳手试紧。

（3）质量要求。

1）油位计完好。

2）各部密封良好，无渗漏。

3）隔膜完好，无外渗油渍。

4）吸湿器完好无损。硅胶干燥，油杯中油质清洁，油量正常。

5）一次引接线连接可靠。

6）无锈蚀。

3. 瓷套的检查

（1）检修内容：外观。

（2）检查方法：目测。

（3）质量要求。

1）检查瓷套有无破损、裂痕、掉釉现象。瓷套破损可用环氧树脂修补裙边小破损，或用强力胶黏接修复碰掉的小瓷块。如瓷套径向有穿透性裂纹，外表破损面超过单个伞裙 10%，或破损总面积虽不超过单个伞裙 10%但同一方向破损伞裙多于 2 个的，应更换瓷套。

2）检查增爬裙的黏着情况及憎水性。若有黏着不良，应补粘牢固，若老化失效应予更换。

3）检查防污涂层的憎水性，若失效应擦净重新涂覆。

4. 油箱底座的检查

（1）检修内容：外观、渗漏、二次部分、放油阀。

（2）检查方法：目测、用力矩扳手试紧。

（3）质量要求。

1）铭牌、标志牌完备齐全。外表清洁，无积污，无锈蚀，漆膜完好。

2）各部密封良好，无渗漏，螺栓紧固。

3）二次接线板应完整、绝缘良好、标志清晰，无裂纹、无起皮、无放电、无发热痕迹。

4）小瓷套应清洁、无积污、无破损渗漏、无放电烧伤痕迹。

5）油箱式电压互感器的末屏、电压互感器的 N（X）端引出线及互感器二次引线的接地端，应与底箱接地端子可靠连接。

6）膜片完好，密封可靠。

7）密封良好，油路畅通、无渗漏。

5. 绝缘电阻测试

（1）检修内容：大于 1000MΩ。

（2）检查方法：用 2500V 绝缘电阻表。

（3）质量要求：数值比较低于 1000MΩ，可能是绕组受潮、变压器油含水量高，如换油后绝缘电阻仍然低则应干燥绕组。

Jb0007232045 简述 SF_6 电压互感器小修项目。（15 分）

考核知识点：互感器小修

难易度：中

标准答案：

SF_6 电压互感器用 SF_6 气体作为主绝缘，电压互感器为全封闭式，气体密度由密度继电器监控，压力超过限值可通过防爆膜或减压阀释放。SF_6 电压互感器对密封性能要求很高，检修时除更换一些易于装配的密封件外，不允许对密封壳解体，必要时返厂修理。

（1）更换防爆片应在干燥、清洁的室内进行，更换前应将 SF_6 气体全部回收，然后用干燥的氮气对残余 SF_6 气体置换若干次，并经吸附剂处理后放置在安全地方。

（2）回收的 SF_6 气体应进行含水量试验，当含水量超出 500μL/L（20℃）时，要进行脱水处理。

（3）清除复合绝缘套管的硅胶伞裙外表积污，一般用肥皂水或酒精控洗，严禁用矿物油、甲苯、氯仿等化学药品。

（4）检查一次引线连接，如有过热，应清除氧化层，涂导电膏或重新紧固。

（5）检查气体压力表和 SF_6 密度继电器应完好，如有破损应更换新品，SF_6 气体压力低于规定值时应补气。

Jb0008233046 简述油浸式接地变压器小修项目。（15 分）

考核知识点：接地变压器小修

难易度：难

标准答案：

1. 主变压器各侧套管检查

（1）检查套管油位，要求油位正常，无渗漏油。

（2）清洁各套管瓷伞，要求套管表面清洁，无积灰。对涂刷 RTV 防污闪涂料的套管，应检查涂层的完整性和有效性，必要时进行补涂。

（3）检查各套管瓷套，要求套管表面无闪络、无放电、无破损痕迹。

（4）检查套管末屏小瓷套，要求末屏瓷套密封良好、无渗漏，末屏接地可靠。

2. 分接开关

（1）有载分接开关。其检修内容和质量标准参照国家电网公司变电检修管理规定（试行）第 1 分册 油浸式变压器（电抗器）检修细则要求。

（2）无励磁分接开关。主要检查其手柄操作机构，具体内容是紧固螺栓，并转动检查。

1）操作机构转动灵活，转轴密封良好，无卡滞。

2）操作杆无弯曲变形，U 形拨叉应有弹簧，防止悬浮电位。

3）转动检查后测量直流电阻应合格。

3. 散热器和冷却器

常用冷却装置根据使用要求不同，可分为散热器、风冷却器和水冷却器等。

（1）检查冷却器表面脏污附着程度，要求表面清洁无损坏，各阀门连接处无渗漏现象。冷却器管束间洁净，无堆积灰尘、昆虫、草屑等杂物。

（2）强油水冷却器应检查水室密封性，要求油样、水样化验合格。

4. 油泵检查

（1）检查油泵密封情况，要求密封良好无渗油。

（2）检查油泵出口油流继电器指示，启动油泵进行试验，油泵启动时油流继电器应指向蓝色区域（油流继电器指针的指示方向应与油流方向一致），指针无抖动。

（3）检查油泵运转情况，应运转平稳无杂音。

（4）用 2500V 绝缘电阻表检查电动机绝缘，绝缘电阻不应小于 1MΩ。

5. 风扇

（1）检查风扇叶轮与导风洞间隙，应无相互摩擦。

（2）用 2500V 绝缘电阻表检查风扇电动机绝缘，要求绝缘电阻不小于 1MΩ。

（3）检查风扇电动机运转情况，要求运转平稳无杂音。

6. 储油柜油位及油位计检查

（1）检查储油柜油位，按温度曲线查对油位计指示正常。

（2）检查储油柜及联管、油位计密封情况，要求密封良好无渗漏油及油位计无进水痕迹。

（3）检查储油柜油位计信号回路，要求高、低油位发信正确。

7. 变压器非电量保护装置

（1）测温装置检查。

1）检查温度计、温控器，要求指示正确。

2）检查温度计、温控器信号回路，要求回路良好，发信正确。

（2）压力释放阀检查。

1）检查压力释放阀密封情况，要求密封良好，无渗油痕迹。

2）检查压力释放阀信号回路及动作情况，要求信号回路良好，发信正确，动作无卡死和脱扣情况。

（3）气体继电器检查。

1）检查气体继电器密封情况，要求密封良好，无渗油痕迹。

2）检查气体继电器信号回路，要求信号回路良好，发信正确。

3）检查气体继电器跳闸回路，要求跳闸回路良好，动作正确。

4）检查气体继电器取气装置，要求阀门开启，集气盒和管道要求无渗油。

8. 吸湿器

（1）检查外观，要求玻璃罩清洁完好，管道连接无渗漏。

（2）吸附剂外观呈蓝色，说明吸附剂干燥完好；如吸附剂呈粉红色，则应干燥处理。

（3）吸附剂颗粒完整，距顶盖 1/6～1/5 高度的空隙。

（4）油位线应高于呼吸管口。

9. 冷却器总控箱

（1）对冷却器总控制箱进行内部清扫，要求无积灰。

（2）对总控箱内各接线端子连接线、接线螺栓进行检查，要求连接导线无发热、烧焦，接线端子无松动。

（3）强油循环冷却器的控制箱应进行两个独立工作电源的自动切换试验。

（4）检查冷却器能按温度和负载控制冷却器的投切。

（5）检查冷却器故障后信号动作正确，并能自动投入备用冷却器。

（6）检查电动机过载、短路、断相保护动作正常。

10. 其他组件

（1）油箱及全部阀门塞子检修。

1）检查油箱，要求整体密封可靠，无渗漏油。

2）检查各阀门接头密封，要求无渗漏，密封可靠。

（2）接地系统检查。

1）要求接地无锈蚀，油漆色标正确清晰。

2）要求所有螺栓连接处应连接紧固。

Jb0008233047 简述消弧线圈小修项目。（15 分）

考核知识点：消弧线圈小修

难易度：难

标准答案：

（1）处理已发现的缺陷。

（2）外观检查铭牌、标志牌应完备齐全；外表清洁，无积污，无锈蚀，漆膜完好；油标完好；各部密封良好，无渗漏，螺钉紧固；法兰处无外渗油渍。

（3）吸湿器完好无损。硅胶干燥，油杯中油质清洁，油量正常。

（4）清扫外绝缘和检查导线接头。应清洁无杂物，一次引接线连接可靠。检查瓷套有无破损、裂痕、掉釉现象，瓷套破损可用环氧树脂修补裙边小破损，或用强力胶黏接修复碰掉的小瓷块，如瓷套径向有穿透性裂纹，外表破损面超过单个伞裙 10%，或破损总面积虽不超过单个伞裙 10%但同一方向破损伞裙多于 2 个的，应更换瓷套。检查增爬裙的黏着情况及憎水性，若有爬裙黏着不良，应补粘牢固，若老化失效应予更换。检查防污涂层的憎水性，若失效应擦净重新涂覆。

（5）检修安全保护装置，包括储油柜、压力释放器（安全气道）等。压力释放装置应整体密封可靠。

（6）检修调压装置、测量装置及控制箱，并进行调试无异常。

（7）检修接地系统，接地部分应完整，接地良好可靠，标志清晰，无放电、发热痕迹。

（8）检修全部阀门和塞子，检查全部密封状态，处理渗漏油，应密封无渗漏。放油阀油路畅通，无渗漏。

（9）清扫油箱和附件，应清洁无杂物，油漆均匀，颜色统一。

（10）按有关规程规定进行测量和试验，满足规程规定。

Jb0011231048 简述三措一案的主要内容。（15 分）

考核知识点：三措一案的主要内容

难易度：易

标准答案：

（1）工程概况及施工作业特点。

（2）施工作业计划工期、开（竣）工时间。

（3）停电范围。

（4）作业任务及内容。

（5）组织措施。

（6）技术措施。

（7）安全措施。

（8）应急处置措施。

（9）施工作业工艺标准及验收。

（10）现场作业示意图。

Jb0007232049　互感器检修基本要求。（15 分）

考核知识点：互感器检修基本要求

难易度：中

标准答案：

（1）检修人员的要求。

1）检修人员应熟悉电力生产的基本过程及互感器工作原理和结构，掌握互感器的检修技能，并通过年度安规考试。

2）工作负责人应取得变电检修专业高级工以上技能鉴定资格，工作成员应取得变电检修或油务工作或电气试验专业中、初级工以上技能鉴定资格。

3）现场起重工、电焊工持证电岗。

4）对参加检修工作的人员应合理分工，一般要求工作负责人一人，工作班成员三四人。

（2）工艺的基本要求。

1）互感器拆卸、安装过程中要求在无大风扬沙及其他污染的晴天进行，空气相对湿度不超过80%，解体检修应在无尘且密封良好的专用检修间进行。

2）器身暴露在空气中的时间应不超过如下规定：空气相对湿度不大于 65%时，器身暴露在空气中的时间应不大于 8h；空气相对湿度在 65%～75%时，器身暴露在空气中的时间应不大于 6h。

3）检修场地周围应无可燃爆炸性气体、液体或引燃火种，否则应采取有效的防范措施和组织措施。

4）在现场进行互感器的检修工作，需做好防雨、防潮、防尘和消防措施，同时应注意与带电设备保持足够的安全距离，准备充足的施工电源及照明，安排好储油容器、拆卸附件的放置地点和消防器材的合理布置等。

5）设备检修应停电，在工作现场布置好遮栏等安全措施。

6）最大限度地减少对土地及地下水的污染，同时应最大限度地减少固体废弃物对环境的污染。

（3）检修前的准备。

1）检修前评估。检修前查阅档案，了解互感器的工作原理、结构特点、性能参数、运行年限、例行检查和定期检查及历年检修记录，曾发生的缺陷和异常情况及同类产品的障碍或事故情况等，来确定修理的范围及目标。

2）制订三措一案。

3）准备好主要施工器具、合格的材料及备品备件。

Jb0007232050　简述互感器短路真空干燥法。（15 分）

考核知识点：互感器短路真空干燥法

难易度：中

标准答案：

短路真空干燥法是将互感器一次绕组短路，然后在二次绕组施加一定的电压，使绕组发热将潮气排出，经抽真空将潮气排出互感器使其干燥。该方法的具体工艺要点如下。

（1）互感器放尽绝缘油。但有些制造厂认为，应在产品充满油的情况下进行通电加热，以便观察产品的温升情况。这对于220kV及以上电流互感器尤为重要，因为这些产品的绝缘都比较厚，在无油状态下，传导作用差，即使从外部看来温度较低而内部绝缘可能因过热老化，甚至被烧焦。因此，最好是先在带油状态下对产品通电加热，待温度上升趋于稳定后，再放掉产品内部的油进行无油干燥。

（2）将电流互感器的一次绕组、电压互感器的一次绕组及剩余绕组各自短路，然后在二次绕组施加一定的电压。

（3）绕组短路加热干燥到80℃时抽真空，注意按工艺要求结合破真空分阶段提高真空度。

（4）监控绕组温度不得超过80℃。

Jb0007232051　干式电抗器表面涂层处理应采取什么方法？有什么技术要求？（6分）

考核知识点：干式电抗器表面涂层处理

难易度：中

标准答案：

涂层处理采用喷涂方法，喷涂前的准备工作如下。

（1）用粗砂布或尼龙丝刷由上而下将电抗器内、外包封表面打磨一遍，清除已粉化的涂层，然后用高压风吹净。

（2）使用除漆剂清除表面残余防紫外线油漆（或RTV胶），用浸了无水乙醇的白布将绕组内外擦干净。

（3）检查电抗器表面是否有树枝状爬电现象，若有则用工具将树枝状爬电条纹缝内碳化物清除干净，然后用环氧树脂胶注入绕组表面裂痕内并抹平。

（4）在喷涂前再次将绕组内、外表面清抹干净，准备喷涂。

Jb0009232052　简述干式电抗器表面涂层处理喷涂步骤。（4分）

考核知识点：干式电抗器表面涂层处理

难易度：中

标准答案：

（1）在电抗器表面及通风道内喷涂一层专用底漆，晾干一天。

（2）在电抗器表面喷涂一层专用偶联剂进行表面活化处理，并晾干。

（3）喷涂PRTV涂料，应喷涂三遍，喷涂第一遍后，相隔2h以上再喷涂第二遍，喷涂第二遍后，相隔3h以上再喷涂第三遍。涂料喷涂应均匀，无流痕、垂珠现象。

Jb0009232053　油浸式电抗器指针式油位计更换的注意事项有哪些？（6分）

考核知识点：电抗器油位计更换

难易度：中

标准答案：

（1）拆卸表计时应先将油面降至表计以下，再将接线盒内信号连接线脱开。

（2）连杆应伸缩灵活，无变形折裂，浮筒完好无变形和漏气。

（3）齿轮传动机构应转动灵活。转动主动磁铁，从动磁铁应同步转动正确。

（4）复装时摆动连杆，摆动45°时指针应从“0”位置到“10”位置或与表盘刻度相符，否则应调节限位块。

（5）当指针在“0”最低油位和“10”最高油位时，限位报警信号动作应正确，否则应调节凸轮或开关位置。

（6）连接二次信号线检查原电缆应完好，回装密封应良好。

Jb0009232054　干式电抗器本体竣工验收标准是什么？（6分）

考核知识点：电抗器质量验收

难易度：中

标准答案：

验收项目包括外观检查、铭牌、相序、引出线及安装、螺栓连接、异物检查、周围磁场要求、电抗器围栏等。具体验收标准如下（任意答出1项的即可）。

（1）外观检查：

1）电抗器表面应无破损、脱落或龟裂；表面干净无脱漆锈蚀，无变形，标志正确、完整。

2）瓷套表面无裂纹，清洁，无损伤。

3）包封与支架间紧固带应无松动、断裂，撑条应无脱落，移位。

（2）铭牌：

1）铭牌参数齐全、正确。

2）安装在便于查看的位置上。

3）铭牌材质应为防锈材料，无锈蚀。

（3）相序：相序标志清晰正确。

（4）引出线及安装：

1）设备接线端子与母线的连接，应符合现行国家标准GB 50148的规定；当其额定电流为1500A及以上时，应采用非磁性金属材料制成的螺栓。

2）不采用铜铝对接过渡线夹，引线接触良好、连接可靠。

3）引线无散股、扭曲、断股现象。

4）引线弧度合适、绝缘间距满足设计文件要求。

（5）螺栓连接：应对干式电抗器接头螺栓通过力矩扳手检查上紧情况，各处螺栓连接紧固无松动。

（6）异物检查：包封间及电抗器本体上无异物。

（7）周围磁场要求：

1）在距离电抗器中心为2倍直径的周边及垂直位置内，无金属闭环存在。

2）电抗器中心与周围金属围栏及其他导电体的最小距离不得低于电抗器外径的1.1倍。

3）三相水平安装的电抗器间最小中心距离不应低于电抗器外径的1.7倍。

（8）电抗器围栏：

1）常设封闭式围栏并可靠闭锁，接地良好；围栏高度符合安规要求并悬挂标示牌，安全距离符合要求。

2）围栏完整，高度应在1.7m以上；围栏底部应有排水孔。

3）如使用金属围栏应留有防止产生感应电流的间隙；电抗器中心与周围金属围栏及其他导电体的最小距离不得低于电抗器外径的1.1倍。

Jb0009232055　装设干式电抗器围栏，应满足什么技术条件？（3分）

考核知识点：电抗器质量验收

难易度：中

标准答案：

（1）常设封闭式围栏并可靠闭锁，接地良好；围栏高度符合安规要求并悬挂标示牌，安全距离符合要求。

（2）围栏完整，高度应在1.7m以上；围栏底部应有排水孔。

（3）如使用金属围栏应留有防止产生感应电流的间隙；电抗器中心与周围金属围栏及其他导电体

的最小距离不得低于电抗器外径的 1.1 倍。

Jb0009232056 干式电抗器竣工验收对其周围磁场有何要求？（3 分）

考核知识点：电抗器质量验收

难易度：中

标准答案：

（1）在距离电抗器中心为 2 倍直径的周边及垂直位置内，无金属闭环存在。

（2）电抗器中心与周围金属围栏及其他导电体的最小距离不得低于电抗器外径的 1.1 倍。

（3）三相水平安装的电抗器间最小中心距离不应低于电抗器外径的 1.7 倍。

Jb0009232057 干式电抗器竣工验收对其接地装置有何要求？（6 分）

考核知识点：电抗器质量验收

难易度：中

标准答案：

（1）每相单独安装时，每相支柱绝缘子均应接地。

（2）支柱绝缘子的接地线不应构成闭合环路。

（3）两点与不同主接地网格连接牢固，导通良好，截面符合动热稳定要求，接地端子及构架可靠接地，无伤痕及锈蚀。接地引下线采用黄绿相间的色漆或色带标示。

（4）干式铁芯电抗器的铁芯应一点接地。

（5）电抗器支柱内接地铜排应固定牢固，防止运行中振动产生异响。

（6）防震垫块、弹簧垫齐全。

（7）电抗器支柱无裂纹、破损。

Jb0009233058 简述干式电抗器整体更换的技术要求。（5 分）

考核知识点：电抗器更换

难易度：难

标准答案：

以下答出任意 5 点即可：

（1）吊装应按照厂家规定程序进行，使用合适的吊带进行吊装。

（2）瓷套外观应清洁无破损。

（3）设备内外表面清洁完好，无任何遗留物。

（4）电抗器金具完好无裂纹，螺栓紧固，接触良好。

（5）额定电流大于 1500A 的电抗器，连接螺栓应采用非磁性金属材质。

（6）一次引线应无散股、扭曲、断股。

（7）支柱绝缘子表面清洁，无破损、裂纹。支柱绝缘子铸铁法兰无裂纹，胶接处胶合良好。

（8）对支架、基座等铁质部件进行除锈防腐处理。

（9）电抗器垂直安装时，各相中心线应一致。

（10）电抗器的支柱绝缘子接地，并应符合下列要求。

1）上下重叠安装的干式空心电抗器，应在其绝缘子顶帽上放置绝缘垫圈。

2）每相单独安装时，每相支柱绝缘子均应接地。

3）支柱绝缘子的接地不应构成闭合环路。

（11）电抗器应注明相色标识。

（12）铁芯应有并仅有一点可靠接地。

Jb0010231059　简要分析投入电容器引起瞬间过渡电压下降的故障原因和防止措施。（5分）

考核知识点：能根据电容器组设备运行档案，分析判断设备的缺陷和异常运行状况

难易度：易

标准答案：

（1）故障原因：当无电压的并联电容器投入电路中的瞬间（$t=0$），电容器的电抗值近似为0，与电容器连接的母线电压降低值将取决于电源侧的电抗和电容器串联的电抗的比例。

（2）防止措施：一般在投入并联电容器时，希望过渡电压值限制在 5%～10%，其串联电抗器的规格应根据所允许的瞬间过渡电压降低值来决定，应采用电抗值不变的空心电抗器。

Jb0010231060　简述电容器整体更换的技术要求。（5分）

考核知识点：整组电容器更换

难易度：易

标准答案：

以下答出任意5点即可：

（1）应按照厂家规定程序进行拆装。

（2）清洁瓷套外观，无破损。

（3）吊装时应使用合适的吊带逐个拆装电容器内部元器件。

（4）紧固各电容器框架连接部件，使其螺栓无松动。

（5）对支架、基座等铁质部件进行除锈防腐处理。

（6）电容器框架应双接地且接地可靠。

（7）电容器铭牌、编号在通道侧。

（8）按要求处理电气接触面，并按厂家力矩要求紧固电容器连接线，使其接触良好，如有铜铝过渡应采用过渡板。

（9）支柱绝缘子铸铁法兰无裂纹，胶接处胶合良好，无开裂。

（10）电容器母排及分支线应标以相色，焊接部位涂防锈漆及面漆。

（11）电容器设备清洁完好，无任何遗留物。

（12）接线板表面无氧化、划痕、脏污，接触良好。

（13）电容器构架应保持其应有的水平及垂直位置，固定应可靠。

（14）凡不与地绝缘的每个电容器外壳及电容器的构架均应可靠接地，凡与地绝缘的电容器外壳均应接到固定的电位上。

（15）户外型电容器在使用铝母排与铜接线端子连接时应采用过渡措施。

Jb0010232061　电容器组竣工验收对放电线圈有何要求？（5分）

考核知识点：无功补偿设备质量验收

难易度：中

标准答案：

（1）外观检查：放电线圈应为全密封结构，瓷件或复合绝缘外套无损伤、外壳无渗漏油；接地端应和构架一起连接到规定电位上，接线应牢固可靠。

（2）接线及结构：

1）放电线圈首末端必须与电容器首末端相连接。

2）二次接线板及端子密封完好，无渗漏，清洁无氧化。

3）引线连接整齐牢固，接头涂有导电膏。

4）放电线圈固定螺栓牢固可靠，无松动。

5）校核放电线圈极性和接线应正确无误。

Jb0010231062 电容器组竣工验收对避雷器有何特殊要求？（5分）

考核知识点：无功补偿设备质量验收

难易度：易

标准答案：

（1）避雷器应安装在紧靠电容器高压侧入口处位置。

（2）三相末端可连接成星型接地或三相单独直接接地，接地紧固。

（3）应选用金属氧化物避雷器，装设于线地之间，其通流容量应满足电容器组配置容量要求。

Jb0010232063 电容器组竣工验收对电容器一次接线有何要求？（3分）

考核知识点：无功补偿设备质量验收

难易度：中

标准答案：

以下任意答出3点即可：

（1）电容器端头相互之间的连接线、电容器端头至熔断器或母排的连接线均应使用软连接，电容器的接线端子与连线采用不同材质金属时，应采取过渡措施，并不得使用铜铝过度线夹连接，引线长期允许电流不小于1.5倍单台电容器额定电流，且满足动热稳定要求。

（2）无散股、扭曲、断股现象。

（3）引线弧度合适，间距符合绝缘要求。

（4）引线接触面应接触紧密、并涂有导电膏，线端连接用的螺母、垫圈应齐全。

（5）母线与支线连接符合规范。

（6）电容器组放电回路与电容器单元两端接线良好。

Jb0010232064 试述变压器常用的绝缘材料有哪些，说明它们在变压器中的作用。（9分）

考核知识点：变压器检修材料、绝缘材料、密封材料规格和性能

难易度：中

标准答案：

（1）变压器油。耐压和散热性能均比空气好，热容量比空气大，在油浸变压器中起绝缘和散热作用。

（2）绝缘纸板。常用作主绝缘的软纸筒、撑条、垫块、相间隔板、铁轭绝缘、支撑绝缘以及角环等。

（3）电缆纸。在变压器中可用于导线绝缘、绕组层间绝缘、引线绝缘以及端部绕组引线的加强绝缘。

（4）电话纸。在变压器中常用作绕组导线绝缘或包扎引线。

（5）胶纸制品。是用单面涂以酚醛树脂的胶纸卷成筒状或管状，再经烘烤及涂漆处理而成，具有良好的电气性能及机械强度，常用作变压器绕组和铁芯、绕组和绕组之间的绝缘，以及铁轭螺杆和分接开关的绝缘。

（6）木材。常用的有水曲柳、白桦木等。使用前需经过处理，在变压器中用作引线支架，分接支

架及制成木螺钉等。

（7）漆布（绸）或漆布（绸）带。具有良好的电气性能及较高的强度和弹性，多用来包扎引线弯曲处或用于要求较高的绑扎质量的地方。

（8）电瓷制品。用作套管的外绝缘。

（9）环氧制品。用来浸渍绑扎铁芯立柱的玻璃丝带，有时也制成杆或圈代替金属件。

Jb0006231065　什么是油的酸值？测定变压器油的酸值有什么实际意义？（5分）

考核知识点：变压器油的性能及技术要求

难易度：易

标准答案：

酸值是表示油中含有酸性物质的数量，中和 1g 油中的酸性物质所需的氢氧化钾的毫克数称为酸值。酸值包括油中所含有机酸和无机酸，但在大多数情况下，油中不含无机酸。因此，油酸值实际上代表油中有机酸的含量。新油所含有机酸主要为环浣酸。在贮存和使用过程中，油因氧化而生成的有机酸为脂肪酸。酸值对于新油来说是精制程度的一种标志，对于运行油来说，则是油质老化程度的一种标志，是判定油品是否能继续使用的重要指标之一。

第八章 变电设备检修工技师技能操作

Jc0001243001 LW6－110 型断路器液压机构油泵分解检修。（100 分）

考核知识点：断路器检修—断路器维护及小修

难易度：难

技能等级评价专业技能考核操作工作任务书

一、任务名称

LW6－110 型断路器液压机构油泵分解检修。

二、适用工种

变电设备检修工技师。

三、具体任务

（1）工作状态为 LW6－110 型断路器处检修，工作内容为断路器液压机构油泵分解检修。

（2）工作任务。

1）在规定时间内完成 LW6－110 型断路器液压机构油泵分解检修及调试。

2）填写检修报告。

四、工作规范及要求

（1）工器具使用及安全措施。

（2）按要求进行油泵分解检修。

（3）检修后进行远、近控操作试验，检验检修质量。

（4）填写检修报告。

五、考核及时间要求

（1）本考核 1～6 项操作时间为 90 分钟，时间到停止考评，包括调试时间和报告整理时间。

（2）故障查找和排除过程中，如确实不能查找出故障，可向考评员申请排除故障，该项故障项目不得分，但不影响其他项目。

（3）按照技能操作记录单的操作要求进行操作，正确记录操作结果，试验记录项目包括分－合－分操作后，油泵启动到停止时间等。

技能等级评价专业技能考核操作评分标准

<table>
<tr><td>工种</td><td colspan="8">变电设备检修工</td><td>评价等级</td><td>技师</td></tr>
<tr><td>项目模块</td><td colspan="7">断路器检修—断路器维护及小修</td><td>编号</td><td colspan="2">Jc0001243001</td></tr>
<tr><td>单位</td><td colspan="3"></td><td colspan="2">准考证号</td><td colspan="3"></td><td>姓名</td><td></td></tr>
<tr><td>考试时限</td><td colspan="2">90 分钟</td><td colspan="2">题型</td><td colspan="4">单项操作</td><td>题分</td><td>100 分</td></tr>
<tr><td>成绩</td><td></td><td colspan="3">考评员</td><td colspan="2">考评组长</td><td colspan="2"></td><td>日期</td><td></td></tr>
<tr><td>试题正文</td><td colspan="10">LW6－110 型断路器液压机构油泵分解检修</td></tr>
<tr><td>需要说明的问题和要求</td><td colspan="10">（1）要求检修 1 人操作，故障查找及调试在检修过程中完成。
（2）操作应注意安全，按照标准化作业书的技术安全说明做好安全措施。
（3）鉴定基地 LW6－110 型断路器 1 台，模拟断路器处检修，做好安全措施。
（4）现场匹配：常用检修工具各 1 套、LW6－110 型断路器液压机构备品、备件、消耗性材料（800 号水磨砂纸等）、10 号航空液压油 10kg、硅脂或中性凡士林 0.5kg、液压机构检修专用工具、工作台、万用表、安全文明施工器具（油盆、塑料布等）等。
（5）工器具等可选考场提供的或自带</td></tr>
</table>

续表

序号	项目名称	质量要求	满分	扣分标准	扣分原因	得分
1	安全文明生产					
1.1	着装规范	正确佩戴安全帽、穿绝缘鞋、穿长袖工作服、戴线手套	3	未佩戴安全帽、穿绝缘鞋、穿长袖工作服，扣1分； 安全帽佩戴不规范，扣0.5分； 着装不规范，扣0.5分； 未戴线手套，扣1分		
1.2	安全工器具及安全措施检查	应检查安全工器具、绝缘工器具是否完好，是否在校验合格期内； 检查工作区域围栏是否合格、封闭	8	未检查凳梯、绝缘手套外观是否完好，扣2分； 未检查检验标签是否在合格期内，扣3分； 未检查围栏非入口处是否封闭，扣3分		
1.3	试验环境检查	检查当日工位处温度、湿度情况	1	未检查温度情况，扣0.5分； 未检查湿度情况，扣0.5分		
1.4	安全文明生产	材料或配件不应发生掉落及随意摆放现象	3	发生工器具及配件掉落现象，每次扣1分； 工作现场杂乱无章，检查过程中随意摆放工器具，每次扣1分； 以上扣分，扣完为止		
2	液压油泵分解检修					
2.1	油泵分解前检查及措施	液压机构工作状况和渗漏情况检查	3	手动、电动操作1次，检查液压机构工作情况，不进行检查，扣2分； 不检查渗漏，扣1分		
		断开控制电机电源	3	不断开控制电源，扣1分； 不断开电动机电源，扣2分		
		释放高压油压力为零，将液压油放净作业正确	3	不在分闸位置泄压，扣1分； 不会将高压放油阀打开，将压力放至0，扣2分		
		松开机构中有关油管接头螺帽，拆下高低压油管	3	不松开机构中有关油管接头螺帽，不拆下高低压油管，扣3分		
2.2	油泵分解检修	分开泵与电机，取出油泵作业正确	2	不会分开油泵与电动机，扣2分		
		依次分解外罩、圆台、阀座装配及柱塞、弹簧、限制件、低压吸油阀，出油孔止回阀	4	不会沿抽螺钉方向将圆台从基座中拔出，扣1分； 不会从侧面取出阀座装配及柱塞、弹簧、限制件，扣0.5分； 不会用专用工具从基座上取出钢球、弹簧，扣0.5分； 不会从阀座上拧下低压吸油阀，扣0.5分； 不会分解吸油阀密封，不会取下阀罩、弹簧、阀片，扣0.5分； 不会拧下出油孔止回阀、接头，不会倒出弹簧和钢球，扣0.5分； 未在工作台上垫保护垫布，扣0.5分		
		检查钢球与阀口的磨损和密封情况	3	不会检查钢球与阀口的磨损和密封情况，扣3分		
		检查清洗零部件	3	不检查清洗零部件，扣3分		
		检查清洗转轴、轴承	3	对转轴、轴承密封装配强行分解，扣3分		
		检查柱塞间隙配合情况	3	不会检查柱塞间隙配合情况，扣2分； 不检查，扣3分		

续表

序号	项目名称	质量要求	满分	扣分标准	扣分原因	得分
3	组装					
3.1	油泵组装	组装按与拆卸相反顺序进行	5	两个柱塞互换，扣2分； 组装前未向柱塞及柱塞腔内注入适量液压油把空气排除，扣2分； 组装密封圈前未涂抹硅脂或中性凡士林，扣1分		
		油泵与电机组装合格	3	油泵与电机组装在一起，固定螺栓未紧固，扣1分； 结合部晃动间隙大，扣2分		
		恢复有关油管接头螺帽，恢复拆下高低压油管	2	油管接头螺帽未紧固，扣2分		
4	机构操作试验					
4.1	机构动作测试及压力值整定	机构建压后，断开电机电源，远方、就地操作机构，完成一次“分–合–分”	12	机构不能正常建压，扣5分； 未断开电机电源进行操作，扣2分； 远方、就地操作机构，不能完成一次“分–合–分”，扣5分		
		一次“分–合–分”完成后，核对各整定压力值及信号	8	未核对各整定压力值，扣4分； 未核对各整定压力值信号，扣4分		
5	现场清理及恢复					
5.1	清理作业现场	工器具、试验仪器收取后摆放整齐，与开工前一致； 设备表面清洁无杂物，作业现场清洁无遗留物品	5	工器具、试验仪器未收取摆放整齐，扣0.5分； 设备表面、工作现场有遗留物，每处扣0.5分，扣完为止		
5.2	设备恢复	设备恢复至检修前状态	5	未恢复至检修状态，扣5分		
6	检修报告填写					
6.1	填写检修报告	正确填写检修报告，用语规范，项目齐全，结论正确	15	检修前检查情况未填写，扣1分； 填写不全或不正确，扣1分； 发现及处理情况未填写，扣1分； 缺陷每缺少一项，扣1分； 检修结论不正确，扣1分； 以上扣分，扣完为止		
合计			100			

Jc0001243002　LW6–110型断路器液压机构电动机检修。（100分）

考核知识点：断路器检修—断路器维护及小修

难易度：难

技能等级评价专业技能考核操作工作任务书

一、任务名称

LW6–110型断路器液压机构电动机检修。

二、适用工种

变电设备检修工技师。

三、具体任务

（1）工作状态为LW6–110型断路器处检修，工作内容为断路器液压机构电动机检修。

（2）工作任务。

1）在规定时间内完成LW6–110型断路器液压机构电动机检修及调试。

2）填写检修报告。

四、工作规范及要求

（1）工器具使用及安全措施。

（2）按要求进行电动机检修。

（3）检修后进行电动操作试验，检验检修质量。

（4）填写检修报告。

五、考核及时间要求

（1）本考核1～7项操作时间为60分钟，时间到停止考评，包括调试时间和报告整理时间。

（2）故障查找和排除过程中，如确实不能查找出故障，可向考评员申请排除故障，该项故障项目不得分，但不影响其他项目。

（3）按照技能操作记录单的操作要求进行操作，正确记录操作结果，试验记录项目包括电动操作电动机启动、停止等。

技能等级评价专业技能考核操作评分标准

工种	变电设备检修工				评价等级	技师
项目模块	断路器检修—断路器维护及小修			编号	Jc0001243002	
单位		准考证号			姓名	
考试时限	60分钟	题型	单项操作		题分	100分
成绩	考评员		考评组长		日期	
试题正文	LW6－110型断路器液压机构电动机检修					
需要说明的问题和要求	（1）要求检修1人操作，故障查找及调试在检修过程中完成。 （2）操作应注意安全，按照标准化作业书的技术安全说明做好安全措施。 （3）鉴定基地LW6－110型断路器1台，模拟断路器处检修，做好安全措施。 （4）现场匹配：常用检修工具各1套、LW6－110型断路器液压机构备品、备件、消耗性材料、液压机构检修专用工具、万用表、500V手动绝缘电阻表、安全文明施工器具等。 （5）工器具等可选考场提供的或自带					

序号	项目名称	质量要求	满分	扣分标准	扣分原因	得分
1	安全文明生产					
1.1	着装规范	正确佩戴安全帽、穿绝缘鞋、穿长袖工作服、戴线手套	3	未佩戴安全帽、穿绝缘鞋、穿长袖工作服，扣1分； 安全帽佩戴不规范，扣0.5分； 着装不规范，扣0.5分； 未戴线手套，扣1分		
1.2	安全工器具及安全措施检查	应检查安全工器具、绝缘工器具是否完好，是否在校验合格期内； 检查工作区域围栏是否合格、封闭	3	未检查凳梯、绝缘手套外观是否完好，扣1分； 未检查检验标签是否在合格期内，扣1分； 未检查围栏非入口处是否封闭，扣1分		
1.3	试验环境检查	检查当日工位处温度、湿度情况	1	未检查温度情况，扣0.5分； 未检查湿度情况，扣0.5分		
1.4	安全文明生产	材料或配件不应发生掉落及随意摆放现象	3	发生工器具及配件掉落现象，每次扣1分； 工作现场杂乱无章，检查过程中随意摆放工器具，每次扣1分； 以上扣分，扣完为止		
2	电动机检修					
2.1	电动机拆除前检查及措施	检查电动机工作状况	3	电动操作1次，检查电机工作情况，不进行操作，扣2分； 不检查异常情况，扣1分		
		断开控制电机电源	3	不断开控制电源，扣2分； 不断开电动机电源，扣1分		

续表

序号	项目名称	质量要求	满分	扣分标准	扣分原因	得分
2.1	电动机拆除前检查及措施	释放高压油至压力为0，将液压油放净作业正确	6	不在分闸位置泄压，扣3分； 不会将高压放油阀打开并将压力放至0，扣3分		
2.2	电动机检修	分开泵与电动机，取出油泵作业正确	2	不会分开油泵与电动机，扣2分		
		拆下电动机端盖	2	不会拆下电动机端盖，扣2分		
		清扫轴承，检查滚珠轴承	2	不清扫、检查轴承，扣1分； 不重新涂润滑油，扣2分		
		检查电动机转动情况，检查定子与转子间有无磨损，检查碳刷是否磨损	6	检查定子与转子间有无磨损，不会检查，扣3分； 检查碳刷是否磨损，不会检查，扣3分		
		直流电动机检查碳刷、整流子	3	不会检查碳刷、整流子是否磨损，扣3分		
2.3	电动机组装	组装按与拆卸相反顺序进行	3	组装顺序混乱，扣2分； 接线端子接触不良好不牢固，扣1分		
3	测量绝缘电阻					
3.1	绝缘电阻测量	用500V手动绝缘电阻表测量绝缘电阻在0.5MΩ以上	5	未校试好绝缘电阻表的“0”位和“∞”位即进行测量，扣2分； 不满足摇表速度在120r/min，持续时间1min，扣2分； 绝缘电阻表放置不平稳，表身晃动，扣1分		
		三相交流电机，测量电机三相绕组的相间和对地的绝缘电阻	5	测量电机三相绕组的相间绝缘电阻，绕组与绕组之间的连接线未解开，扣1分； 将绝缘电阻表的三个端子（L\E\G）与两个绕组的接线柱连接错误，扣2分； 测量绕组对地的绝缘电阻，将绝缘电阻表的三个端子（L\E\G）与绕组、外壳的接线连接错误，扣2分		
		直流电动机，分别测量电枢回路绕组、串励绕组和并励绕组对机壳及其相互间的绝缘电阻	5	测量电机三个绕组的相间绝缘电阻，绕组与绕组之间的连接线未解开，扣1分； 将绝缘电阻表的三个端子（L\E\G）与两个绕组的接线柱连接错误，扣2分； 测量绕组对地的绝缘电阻，将绝缘电阻表的三个端子（L\E\G）与绕组、外壳的接线连接错误，扣1分； 测量时未取出碳刷，扣1分		
		测后放电	5	测量完毕，未将被测设备对地放电，扣3分； 在绝缘电阻表没有停止摇转和设备没有对地放电之前，未向监考申请专人监护，防止误触及测量部分和绝缘电阻表的接线端钮，扣2分		
4	油泵与电动机组装					
4.1	油泵与电动机组装	油泵与电动机组装在一起	5	油泵与电动机组装在一起，固定螺栓未紧固，扣1分； 结合部晃动间隙大，扣2分； 电动机接线端子接触不良好、不规范，扣2分		
5	机构操作试验					
5.1	机构操作	机构建压后，断开电机电源，远方、就地操作机构，完成一次“分－合－分”	5	电动机异常，机构不能正常建压，扣2分； 未断开电机电源进行操作，扣1分； 远方、就地操作机构，不能完成一次“分－合－分”，扣2分		
5.2		一次“分－合－分”完成后，检查电动机状况	5	电动机发热、声音异常等，扣3分； 不查找原因并消除，扣2分		

续表

序号	项目名称	质量要求	满分	扣分标准	扣分原因	得分
6	现场清理及恢复					
6.1	清理作业现场	工器具、试验仪器收取后摆放整齐，与开工前一致； 设备表面清洁无杂物，作业现场清洁无遗留物品	5	工器具、试验仪器未收取摆放整齐，扣0.5分； 设备表面、工作现场有遗留物，每处扣0.5分，扣完为止		
6.2	设备恢复	设备恢复至检修前状态	5	未恢复至检修状态，扣5分		
7	检修报告填写					
7.1	填写检修报告	正确填写检修报告，用语规范，项目齐全，结论正确	15	检修前检查情况未填写，扣1分； 填写不全或不正确，扣1分； 发现及处理情况未填写，扣1分； 缺陷每缺少一项，扣1分； 检修结论不正确，扣1分； 以上扣分，扣完为止		
合计			100			

Jc0001243003　LW36－126型断路器设备线夹和引流线的检修。（100分）

考核知识点：断路器检修—断路器维护及小修

难易度：难

技能等级评价专业技能考核操作工作任务书

一、任务名称

LW36－126型断路器设备线夹和引流线的检修。

二、适用工种

变电设备检修工技师。

三、具体任务

（1）工作状态为LW36－126型断路器处检修，工作内容为断路器设备线夹和引流线检修。

（2）工作任务。

1）在规定时间内完成LW36－126型断路器设备线夹和引流线检修。

2）填写检修报告。

四、工作规范及要求

（1）工器具使用及安全措施。

（2）按要求进行设备线夹和引流线检修。

（3）填写检修报告。

五、考核及时间要求

（1）本考核1～5项操作时间为60分钟，时间到停止考评，包括调试时间和报告整理时间。

（2）故障查找和排除过程中，如确实不能查找出故障，可向考评员申请排除故障，该项故障项目不得分，但不影响其他项目。

（3）按照技能操作记录单的操作要求进行操作，正确记录操作结果。

技能等级评价专业技能考核操作评分标准

工种	变电设备检修工				评价等级	技师
项目模块	断路器检修—断路器维护及小修			编号	Jc0001243003	
单位		准考证号			姓名	
考试时限	60分钟	题型	单项操作		题分	100分

续表

成绩		考评员		考评组长		日期	
试题正文	LW36－126 型断路器设备线夹和引流线的检修						
需要说明的问题和要求	（1）要求检修 1 人操作，故障查找及分析在调试过程中完成。 （2）操作应注意安全，按照标准化作业书的技术安全说明做好安全措施。 （3）鉴定基地 LW36－126 型断路器 1 台，模拟断路器处检修，做好安全措施。 （4）现场匹配：常用检修工具各 1 套、安全带、消耗性材料（0 号水磨砂纸、导电脂等）、液压升降平台、绑扎绳、安全文明施工器具等。 （5）工器具等可选考场提供的或自带						

序号	项目名称	质量要求	满分	扣分标准	扣分原因	得分
1	安全文明生产					
1.1	着装规范	正确佩戴安全帽、穿绝缘鞋、穿长袖工作服、戴线手套	3	未佩戴安全帽、穿绝缘鞋、穿长袖工作服，扣 1 分； 安全帽佩戴不规范，扣 0.5 分； 着装不规范，扣 0.5 分； 未戴线手套，扣 1 分		
1.2	安全工器具及安全措施检查	应检查安全工器具、绝缘工器具是否完好，是否在校验合格期内； 检查工作区域围栏是否合格、封闭	8	未检查凳梯、绝缘手套外观是否完好，每项扣 1 分，扣完为止； 未检查检验标签是否在合格期内，扣 3 分； 未检查围栏非入口处是否封闭，扣 3 分		
1.3	试验环境检查	检查当日工位处温度、湿度情况	1	未检查温度情况，扣 0.5 分； 未检查湿度情况，扣 0.5 分		
1.4	安全文明生产	材料或配件不应发生掉落及随意摆放现象	3	发生工器具及配件掉落现象，每次扣 1 分； 工作现场杂乱无章，检查过程中随意摆放工器具，每次扣 1 分； 以上扣分，扣完为止		
2	设备线夹及引流线检修					
2.1	引流线检修	液压升降平台就位、支撑检查合格	4	不检查液压升降平台支撑情况，扣 2 分； 液压平台支撑不牢固，扣 2 分		
		分解，固定好引流线	8	不用绳索固定连接导线而拧下设备线夹，扣 2 分； 绑扎绳使用不正确，扣 2 分； 不将引流线缓慢放下而碰撞设备，扣 2 分； 对导电接触面无防护措施，扣 2 分		
		检修，检查引流线	5	对轻微损伤不会用钢丝刷或 00 号砂布处理，扣 1 分； 断股修理不当或损伤严重不更换，扣 1 分； 引流线长度过小，对设备有拉力不更换，扣 1 分； 引流线弛度过大、安全距离不够不更换，扣 1 分； 三相引流线不一致而不处理，扣 1 分		
2.2	设备线夹螺栓检修	检查螺栓生锈、裂纹情况	6	不检查螺栓生锈、裂纹情况，扣 2 分； 轻微锈蚀不会处理，扣 1 分； 严重锈蚀、裂纹不更换，扣 1 分； 螺栓不齐全，每缺一件，扣 1 分，扣完为止； 螺纹损坏不更换，扣 1 分		
2.3	设备线夹检修	设备线夹接触面检修	12	不会检查设备线夹接触面，扣 2 分； 接触面有熔化痕迹不用细锉或 00 号砂纸处理，扣 2 分； 烧伤深度大于 1mm 不更换，扣 2 分； 接触面氧化层不用 00 号砂布处理，扣 2 分； 毛刺不用细锉处理，扣 2 分； 镀银层不用尼龙刷处理，扣 2 分		

续表

序号	项目名称	质量要求	满分	扣分标准	扣分原因	得分
3	组装					
3.1	设备线夹与设备连接	检查液压接夹与导线连接情况	2	不检查液压接夹与导线连接情况，扣2分		
		设备线夹与设备连接	18	设备线夹接触面不涂导电脂，扣3分； 接触面不严密，用0.05mm×10mm塞尺检查不合格（大于5mm），扣2分； 接触面歪斜，影响接触面美观，扣2分； 螺栓不紧，各螺栓配合压力不一样，扣2分； 缺少一个平垫、弹簧垫，扣1分； 有锈蚀、裂纹螺栓，扣2分； 螺栓穿入方向不对、不便检查，扣2分； 螺栓规格与孔不配套，扣2分； 螺栓有问题不处理，扣2分		
		检查引流导线	5	不检查引流导线受力情况，扣1分； 不检查引流导线驰度对地安全距离，扣2分； 三相引流导线不一样，扣2分		
4	现场清理及恢复					
4.1	清理作业现场	工器具、试验仪器收取后摆放整齐，与开工前一致； 设备表面清洁无杂物，作业现场清洁无遗留物品	5	工器具、试验仪器未收取摆放整齐，扣0.5分； 设备表面、工作现场有遗留物，每处扣0.5分，扣完为止		
4.2	设备恢复	设备恢复至检修前状态	5	未恢复至检修状态，扣5分		
5	检修报告填写					
5.1	填写检修报告	正确填写检修报告，用语规范，项目齐全，结论正确	15	检修前检查情况未填写，扣1分； 填写不全或不正确，每项扣1分； 发现及处理情况未填写，扣3分； 缺陷每缺少一项，扣1分； 试验情况未填写，扣2分； 试验数据未填写，扣1分； 试验数据不全，扣1分； 检修结论不正确，扣0.5分； 以上扣分，扣完为止		
合计			100			

Jc0001243004　LW25－126型断路器分、合闸速度检测。（100分）

考核知识点：断路器检修—断路器维护及小修

难易度：难

技能等级评价专业技能考核操作工作任务书

一、任务名称

LW25－126型断路器分、合闸速度检测。

二、适用工种

变电设备检修工技师。

三、具体任务

（1）工作状态为LW25－126型断路器处检修，工作内容为LW25－126型断路器分、合闸速度检测。

（2）工作任务。

1）在规定时间内完成LW25－126型断路器分、合闸速度检测。

2）填写检修报告。

四、工作规范及要求

（1）工器具使用及安全措施。

（2）按要求进行 LW25－126 型断路器分、合闸速度检测。

（3）填写检修报告。

五、考核及时间要求

（1）本考核 1～5 项操作时间为 50 分钟，时间到停止考评，包括调试时间和报告整理时间。

（2）故障查找和排除过程中，如确实不能查找出故障，可向考评员申请排除故障，该项故障项目不得分，但不影响其他项目。

（3）按照技能操作记录单的操作要求进行操作，正确记录操作结果。

技能等级评价专业技能考核操作评分标准

工种	变电设备检修工					评价等级	技师
项目模块	断路器检修—断路器维护及小修				编号	Jc0001243004	
单位			准考证号			姓名	
考试时限	50 分钟		题型	单项操作		题分	100 分
成绩		考评员		考评组长		日期	
试题正文	LW25－126 型断路器分、合闸速度检测						
需要说明的问题和要求	（1）要求检修 1 人操作，故障查找及分析在调试过程中完成。 （2）操作应注意安全，按照标准化作业书的技术安全说明做好安全措施。 （3）鉴定基地 LW25－126 型断路器 1 台，模拟断路器处检修，做好安全措施。 （4）现场匹配：常用检修工具、电工工具、万用表、断路器特性测试仪、220V 三相移动电源盘、安全文明施工器具等。 （5）工器具、测试仪等可选考场提供的或自带						

序号	项目名称	质量要求	满分	扣分标准	扣分原因	得分
1	安全文明生产					
1.1	着装规范	正确佩戴安全帽、穿绝缘鞋、穿长袖工作服、戴线手套	3	未佩戴安全帽、穿绝缘鞋、穿长袖工作服，扣 1 分； 安全帽佩戴不规范，扣 0.5 分； 着装不规范，扣 0.5 分； 未戴线手套，扣 1 分		
1.2	安全工器具及安全措施检查	应检查安全工器具、绝缘工器具是否完好，是否在校验合格期内； 检查工作区域围栏是否合格、封闭	8	未检查凳梯、绝缘手套外观是否完好，每项扣 1 分，扣完为止； 未检查检验标签是否在合格期内，扣 3 分； 未检查围栏非入口处是否封闭，扣 3 分		
1.3	试验环境检查	检查当日工位处温度、湿度情况	1	未检查温度情况，扣 0.5 分； 未检查湿度情况，扣 0.5 分		
1.4	安全文明生产	材料或配件不应发生掉落及随意摆放现象	3	发生工器具及配件掉落现象，每次扣 1 分； 工作现场杂乱无章，检查过程中随意摆放工器具，每次扣 1 分； 以上扣分，扣完为止		
2	断路器分、合闸速度测试					
2.1	试验电源接引	正确接引试验电源	5	三相移动电源盘未设漏电保护器，扣 1 分； 接引前未试验漏电保护器，扣 1 分； 电源接在断路器端子箱内，扣 1 分； 电源接在检修电源箱内空开的上口或端子排上，扣 1 分； 接引时不向监考人员申请设专人监护，扣 1 分；		
		特性仪正确接地	2	特性仪未正确接地，扣 2 分		
		仪器通电	1	未用万用表测量电源盘电压，就将仪器接入，扣 1 分		

续表

序号	项目名称	质量要求	满分	扣分标准	扣分原因	得分
2.2	试验前设备状况检查	就地电动分、合断路器，检查设备状况（故障考核）	5	未就地电动分、合断路器，检查回路是否正常，扣2分； 不能正常分、合，不处理，扣3分		
			4	电机不储能，不处理，扣4分		
2.3	分、合闸速度测试定义汇报	分闸速度：断路器分（闸）过程中，动触头的运行速度； 合闸速度：断路器合（闸）过程中，动触头的运动速度； 刚分速度：断路器分闸过程中，触头刚刚分离时的速度； 刚合速度：断路器合闸过程中，触头刚刚接触时，动触头的移动速度	2	口述要求值及速度定义，1个不准确，扣1分，不超过2分		
2.4	分、合闸速度测试	控制回路线连接	8	未断开分、合闸控制回路电源，扣3分； 电压输出未经二次回路辅助接点直接接在分、合闸线圈上，扣5分；		
		测速传感器安装	15	不会安装测速传感器，扣2分； 安装传感器时未插断路器分、合闸闭锁销子，扣3分； 传感器安装不牢固导致动作过程中传动部件损坏，扣10分		
		分、合闸速度测试： 分闸速度为 $6^{+1}_{-0.5}$ m/s（参考值）； 合闸速度为4±0.6m/s（参考值）	8	测试时施加在分、合闸线圈上的电压未调整到额定电压，扣5分； 试验加压过程中不向监考人员申请机构处设专人监护，扣2分； 不向监考人员互唱，扣1分		
3	数据分析					
		测试数据比对分析	5	测试结果不与出厂技术要求相比，扣4分； 不做三次测试核对稳定性，扣1分；		
		分、合闸速度曲线分析（分闸速度定义为刚分点至分闸后72mm区间的平均速度，合闸速度定义为刚合前36mm区间的平均速度）	5	不会对速度（行程）曲线进行分析，扣5分		
4	现场清理及恢复					
4.1	清理作业现场	工器具、试验仪器收取后摆放整齐，与开工前一致； 设备表面清洁无杂物，作业现场清洁无遗留物品	5	工器具、试验仪器未收取摆放整齐，扣0.5分； 设备表面、工作现场有遗留物，每处扣0.5分，扣完为止		
4.2	设备恢复	设备恢复至检修前状态	5	未恢复至检修状态，扣5分		
5	检修报告填写					
5.1	填写检修报告	正确填写检修报告，用语规范，项目齐全，结论正确	15	检修前检查情况未填写，扣1分； 填写不全或不正确，扣1分； 发现及处理情况未填写，扣1分； 缺陷每缺少一项，扣1分； 检修结论不正确，扣1分； 以上扣分，扣完为止		
合计			100			

Jc0001242005　VS1（ZN63A）型真空断路器合闸弹跳时间、分闸反弹幅值的测试。（100分）

考核知识点： 断路器检修—断路器维护及小修

难易度： 中

技能等级评价专业技能考核操作工作任务书

一、任务名称

VS1（ZN63A）型真空断路器合闸弹跳时间、分闸反弹幅值的测试。

二、适用工种

变电设备检修工技师。

三、具体任务

（1）工作状态为VS1（ZN63A）型真空断路器处检修，工作内容为VS1（ZN63A）型真空断路器合闸弹跳时间、分闸反弹幅值的测试。

（2）工作任务。

1）在规定时间内完成VS1（ZN63A）型真空断路器合闸弹跳时间、分闸反弹幅值的测试。

2）填写检修报告。

四、工作规范及要求

（1）工器具使用及安全措施。

（2）按要求进行VS1（ZN63A）型真空断路器合闸弹跳时间、分闸反弹幅值的测试。

（3）填写检修报告。

五、考核及时间要求

（1）本考核1～5项操作时间为50分钟，时间到停止考评，包括调试时间和报告整理时间。

（2）故障查找和排除过程中，如确实不能查找出故障，可向考评员申请排除故障，该项故障项目不得分，但不影响其他项目。

（3）按照技能操作记录单的操作要求进行操作，正确记录操作结果。

技能等级评价专业技能考核操作评分标准

<table>
<tr><td>工种</td><td colspan="4">变电设备检修工</td><td>评价等级</td><td>技师</td></tr>
<tr><td>项目模块</td><td colspan="3">断路器检修—断路器维护及小修</td><td>编号</td><td colspan="2">Jc0001242005</td></tr>
<tr><td>单位</td><td colspan="2"></td><td>准考证号</td><td></td><td>姓名</td><td></td></tr>
<tr><td>考试时限</td><td>50分钟</td><td>题型</td><td colspan="2">单项操作</td><td>题分</td><td>100分</td></tr>
<tr><td>成绩</td><td></td><td>考评员</td><td></td><td>考评组长</td><td>日期</td><td></td></tr>
<tr><td>试题正文</td><td colspan="6">VS1（ZN63A）型真空断路器合闸弹跳时间、分闸反弹幅值的测试</td></tr>
<tr><td>需要说明的问题和要求</td><td colspan="6">（1）要求检修1人操作，故障查找及分析在调试过程中完成。
（2）操作应注意安全，按照标准化作业书的技术安全说明做好安全措施。
（3）鉴定基地VS1（ZN63A）型真空断路器1台，模拟断路器处检修，做好安全措施。
（4）现场匹配：常用检修工具、电工工具、万用表、断路器特性测试仪、220V三相移动电源盘、安全文明施工器具等。
（5）工器具、测试仪等可选考场提供的或自带</td></tr>
</table>

序号	项目名称	质量要求	满分	扣分标准	扣分原因	得分
1	安全文明生产					
1.1	着装规范	正确佩戴安全帽、穿绝缘鞋、穿长袖工作服、戴线手套	3	未佩戴安全帽、穿绝缘鞋、穿长袖工作服，扣1分； 安全帽佩戴不规范，扣0.5分； 着装不规范，扣0.5分； 未戴线手套，扣1分		
1.2	安全工器具及安全措施检查	应检查安全工器具、绝缘工器具是否完好，是否在校验合格期内； 检查工作区域围栏是否合格、封闭	8	未检查凳梯、绝缘手套外观是否完好，每项扣1分，扣完为止； 未检查检验标签是否在合格期内，扣3分； 未检查围栏非入口处是否封闭，扣3分		
1.3	试验环境检查	检查当日工位处温度、湿度情况	1	未检查温度情况，扣0.5分； 未检查湿度情况，扣0.5分		

续表

序号	项目名称	质量要求	满分	扣分标准	扣分原因	得分
1.4	安全文明生产	材料或配件不应发生掉落及随意摆放现象	3	发生工器具及配件掉落现象，每次扣1分； 工作现场杂乱无章，检查过程中随意摆放工器具，每次扣1分； 以上扣分，扣完为止		
2	断路器合闸弹跳时间、分闸反弹幅值测试					
2.1	试验电源接引	正确接引试验电源	6	三相移动电源盘未设漏电保护器，扣2分； 接引前未试验漏电保护器，扣1分； 电源接在断路器端子箱内，扣1分； 电源接在检修电源箱内空开的上口或端子排上，扣1分； 接引时不向监考人员申请设专人监护，扣1分		
		特性仪正确接地	2	特性仪未正确接地，扣2分		
		仪器通电	1	未用万用表测量电源盘电压，就将仪器接入，扣1分		
2.2	小车真空断路器合闸弹跳和分闸反弹准确测量措施	小车真空断路器固定	4	检测前未在小车真空断路器底座4个支撑滑轮下垫5 mm以上的橡皮板，并将支撑轮固定，扣4分		
		测试的数据线连接	4	测试的数据线用夹子夹在上下断口导电臂上，而不是将夹子拆掉，把测试线的线头用上下断口导电臂触指上的固定螺栓拧紧，扣4分		
2.3	试验前设备状况检查	就地电动分合断路器，检查设备状况（故障）	4	未就地电动分合断路器，检查回路是否正常，扣2分； 不能正常分合，不处理，扣2分		
			4	电机不储能，不处理，扣4分		
2.4	合闸弹跳和分闸反弹幅值测试定义汇报	合闸弹跳定义为断路器在合闸时触头刚接触直至触头稳定接触瞬间为止的时间，即断路器动触头与静触头碰撞接触后被反作用力推开，然后再接触又被推开的现象； 分闸反弹幅值（弹振）定义为真空开关在分闸过程中，动触头不可能运动到预定的开距时就完全停止运动，此时动触头系统存在着动能，因为此时操动系统与缓冲器作用，以设定的开距位置为中心进行阻尼震动； 合闸弹跳时间不大于2ms（开断电流40kA及以上不大于3ms）； 分闸反弹幅值不大于开距的20%，不大于1mm	5	口述要求值及定义，1个不准确，扣2分，不超过5分		
2.5	合闸弹跳和分闸反弹幅值测试	控制回路线连接	10	未断开分、合闸控制回路电源，扣4分； 电压输出未经二次回路辅助接点直接接在分、合闸线圈上，各扣3分，不超过10分		
		断路器断口线的连接	5	不会连接断口线或三相下断口短接线虚接，扣5分		
		合闸弹跳和分闸反弹幅值测试： 合闸弹跳时间不大于2ms； 分闸反弹幅值不大于开距的20%，不大于1mm	5	测试时施加在分、合闸线圈上的电压未调整到额定电压，扣2分； 试验加压过程中不向监考人员申请机构处设专人监护，扣2分； 不向监考人员互唱，扣1分		

续表

序号	项目名称	质量要求	满分	扣分标准	扣分原因	得分
3	数据分析					
3.1		测试数据比对分析	5	测试结果不与出厂技术要求相比，扣4分； 不做三次测试核对稳定性，扣1分		
		合闸弹跳和分闸反弹幅值测试曲线分析	5	不会对合闸弹跳和分闸反弹幅值测试曲线进行分析，扣5分		
4	现场清理及恢复					
4.1	清理作业现场	工器具、试验仪器收取后摆放整齐，与开工前一致； 设备表面清洁无杂物，作业现场清洁无遗留物品	5	工器具、试验仪器未收取摆放整齐，扣1分； 设备表面、工作现场有遗留物，每处扣1分，扣完为止		
4.2	设备恢复	断路器恢复至检修前状态	5	电机电源或控制电源未断开，扣1分； 机构箱门未关，扣1分； 弹簧能量未释放，扣1分； 未申请恢复接地刀闸，扣2分		
5	检修报告填写					
5.1	填写检修报告	正确填写检修报告，用语规范，项目齐全，结论正确	15	检修前检查情况未填写，扣1分； 填写不全或不正确，每项扣1分； 发现及处理情况未填写，扣3分； 缺陷每缺少一项，扣1分； 试验情况未填写，扣2分； 试验数据未填写，扣1分； 试验数据不全，扣1分； 检修结论不正确，扣0.5分； 以上扣分，扣完为止		
合计			100			

Jc0001242006 VS1（ZN63A）型真空断路器分、合闸低电压测试及调整。（100分）

考核知识点：断路器检修—断路器维护及小修

难易度：中

技能等级评价专业技能考核操作工作任务书

一、任务名称

VS1（ZN63A）型真空断路器分、合闸低电压测试及调整。

二、适用工种

变电设备检修工技师。

三、具体任务

（1）工作状态为VS1（ZN63A）型真空断路器处检修，工作内容为VS1（ZN63A）型真空断路器分、合闸低电压测试及调整。

（2）工作任务。

1）在规定时间内完成VS1（ZN63A）型真空断路器分、合闸低电压测试及调整。

2）填写检修报告。

四、工作规范及要求

（1）工器具使用及安全措施。

（2）按要求进行VS1（ZN63A）型真空断路器分、合闸低电压测试及调整。

（3）填写检修报告。

五、考核及时间要求

（1）本考核1～6项操作时间为60分钟，时间到停止考评，包括调试时间和报告整理时间。

（2）故障查找和排除过程中，如确实不能查找出故障，可向考评员申请排除故障，该项故障项目不得分，但不影响其他项目。

（3）按照技能操作记录单的操作要求进行操作，正确记录操作结果。

技能等级评价专业技能考核操作评分标准

工种	变电设备检修工					评价等级	技师
项目模块	断路器检修—断路器维护及小修				编号	Jc0001242006	
单位			准考证号			姓名	
考试时限	60分钟		题型	单项操作		题分	100分
成绩		考评员		考评组长		日期	
试题正文	VS1（ZN63A）型真空断路器分、合闸低电压测试及调整						
需要说明的问题和要求	（1）要求检修1人操作，故障查找及分析在调试过程中完成。 （2）操作应注意安全，按照标准化作业书的技术安全说明做好安全措施。 （3）鉴定基地VS1（ZN63A）型真空断路器1台，模拟断路器处检修，做好安全措施。 （4）现场匹配：常用检修工具、电工工具、万用表、断路器特性测试仪、220V三相移动电源盘、安全文明施工器具等。 （5）工器具、测试仪等可选考场提供的或自带						

序号	项目名称	质量要求	满分	扣分标准	扣分原因	得分
1	安全文明生产					
1.1	着装规范	正确佩戴安全帽、穿绝缘鞋、穿长袖工作服、戴线手套	3	未佩戴安全帽、穿绝缘鞋、穿长袖工作服，扣1分； 安全帽佩戴不规范，扣0.5分； 着装不规范，扣0.5分； 未戴线手套，扣1分		
1.2	安全工器具及安全措施检查	应检查安全工器具、绝缘工器具是否完好，是否在校验合格期内； 检查工作区域围栏是否合格、封闭	8	未检查凳梯、绝缘手套外观是否完好，每项扣1分，扣完为止； 未检查检验标签是否在合格期内，扣3分； 未检查围栏非入口处是否封闭，扣3分		
1.3	试验环境检查	检查当日工位处温度、湿度情况	1	未检查温度情况，扣0.5分； 未检查湿度情况，扣0.5分		
1.4	安全文明生产	材料或配件不应发生掉落及随意摆放现象	3	发生工器具及配件掉落现象，每次扣1分； 工作现场杂乱无章，检查过程中随意摆放工器具，每次扣1分； 以上扣分，扣完为止		
2	分、合闸低电压测试					
2.1	试验电源接引	正确接引试验电源	5	三相移动电源盘未设漏电保护器，扣1分； 接引前未试验漏电保护器，扣1分； 电源接在断路器端子箱内，扣1分； 电源接在检修电源箱内空开的上口或端子排上，扣1分； 接引时不向监考人员申请设专人监护，扣1分		
		特性仪正确接地	1	特性仪未正确接地，扣1分		
		仪器通电	1	未用万用表测量电源盘电压，就将仪器接入，扣1分		
		测试的数据线连接	1	测试的数据线用夹子夹在上下断口导电臂上，而不是将夹子拆掉，把测试线的线头用上下断口导电臂触指上的固定螺栓拧紧，扣1分		

续表

序号	项目名称	质量要求	满分	扣分标准	扣分原因	得分
2.2	试验前设备状况检查	就地电动分、合断路器，检查设备状况（故障：电气、机械）	3	未就地电动分、合断路器，检查回路是否正常，扣1分； 不能正常分、合，不处理，扣1分； 分、合闸检查时，不观察分、合闸铁芯动作情况，扣1分		
			3	电机不储能，不处理，扣3分		
2.3	分、合闸低电压测试定义汇报	操动机构分闸电磁铁的最低动作电压应在操作电压额定值的65%～110%； 合闸电磁铁或合闸接触器端子上的最低动作电压应在操作电压额定值的85%～110%； 分、合闸电磁铁在操作电压额定值的30%时不得动作	3	口述要求值及低电压定义，1个不准确，扣1.5分，不超过3分		
2.4	分、合闸低电压测试	控制回路线连接	2	未断开分、合闸控制回路电源，扣1分； 电压输出未经二次回路辅助接点直接接在分、合闸线圈上，扣1分		
		合闸线圈启动电压测试，接线正确	2	不会将测试线一端接在机构端子排负电源端子上，扣1分； 不会将测试线另一端接到开关转换“b”接点前端子排端子上，1扣分		
		合闸线圈启动电压测试：30%U_N即66V电压合闸线圈不启动； 85%U_N即187V电压断路器可靠合闸	6	不检查断路器在分闸位置，扣2分； 不会调节电压至30%U_N，即66V，使断路器不启动，扣2分； 不会调节电压至85%U_N，即187V，使断路器合闸，扣2分； 不做三次测试，扣1分		
		分闸线圈启动电压测试，接线正确	2	不会将测试线从合闸端子移到开关转换“a”接点前端子排上，扣2分		
		分闸线圈启动电压测试： 30%U_N即66V电压分闸线圈不启动； 65%U_N即143V电压断路器应可靠分闸	6	不检查断路器在合闸位置，扣2分； 不会调节电压至30%U_N，即66V，使断路器不分闸，扣1分； 不会调节电压至65%U_N，即143V，使断路器分闸，扣1分； 不做三次测试，扣2分		
3	分、合闸低电压不合格调整					
3.1	调整前准备	测试接线拆除	1	试验电源不会断开，测试接线不会拆除，扣1分		
3.2	合闸低电压不合格调整	合闸铁芯行程：空程4～6mm，行程50～80mm，过冲间隙不小于5mm； 合闸储能保持掣子滚轮与扇板扣接量为8～2.5mm	7	不会拆卸合闸线圈，扣2分； 不会调整合闸铁芯行程，扣2分； 不会通过调节限位止钉调节合闸储能，保持掣子滚轮与扇板扣接量，扣3分		
3.3	分闸低电压不合格调整	分闸铁芯行程：空程4～6mm，行程50～80mm，过冲间隙不小于5mm； 合闸保持掣子滚轴与扇板扣接量为5～3.0mm	7	不会拆卸分闸线圈，扣2分； 不会调整分闸铁芯行程及分闸铁芯金属撞板，扣2分； 不会通过调节扇板扭矩簧装置调节合闸，保持掣子滚轴与扇板扣接量，扣3分		
4	调整后检查					
4.1		断路器分、合闸低电压测试、全电压测试； 电动操作	10	分、合闸线圈未固定好，扣2分； 分、合闸机械部分调节未固定好，扣2分； 分闸不可靠，扣2分； 合闸不可靠，扣2分； 调试过程不使用仪器储能，扣2分		

续表

序号	项目名称	质量要求	满分	扣分标准	扣分原因	得分
5	现场清理及恢复					
5.1	清理作业现场	工器具、试验仪器收取后摆放整齐，与开工前一致； 设备表面清洁无杂物，作业现场清洁无遗留物品	5	工器具、试验仪器未收取摆放整齐，扣1分； 设备表面、工作现场有遗留物，每处扣1分，扣完为止		
5.2	设备恢复	断路器恢复至检修前状态	5	电机电源或控制电源未断开，扣1分； 机构箱门未关，扣1分； 弹簧能量未释放，扣1分； 未申请恢复接地刀闸，扣2分		
6	检修报告填写					
6.1	填写检修报告	正确填写检修报告，用语规范，项目齐全，结论正确	15	检修前检查情况未填写，扣1分； 填写不全或不正确，每项扣1分； 发现及处理情况未填写，扣3分； 缺陷每缺少一项，扣1分； 试验情况未填写，扣2分； 试验数据未填写，扣1分； 试验数据不全，扣1分； 检修结论不正确，扣0.5分； 以上扣分，扣完为止		
合计			100			

附表 Jc0001242006　　　检　修　项　目

序号	检修项目
1	合闸线圈低电压测试： 30%额定电压不启动； 65%额定电压断路器应合闸； 80%额定电压断路器可靠合闸
2	分闸线圈低电压测试： 30%额定电压不启动； 65%额定电压断路器应可靠分闸
3	合闸线圈低电压调整
4	分闸线圈低电压调整
5	调整后合闸低电压、全电压测试
6	调整后分闸低电压、全电压测试

Jc0001243007　LW6－110型断路器液压机构分、合闸电磁铁分解检修。（100分）

考核知识点：断路器检修—断路器维护及小修

难易度：难

技能等级评价专业技能考核操作工作任务书

一、任务名称

LW6－110型断路器液压机构分、合闸电磁铁分解检修。

二、适用工种

变电设备检修工技师。

三、具体任务

（1）工作状态为 LW6－110 型断路器处检修，工作内容为断路器液压机构分、合闸电磁铁分解检修。

（2）工作任务。

1）在规定时间内完成 LW6－110 型断路器液压机构分、合闸电磁铁分解检修。

2）填写检修报告。

四、工作规范及要求

（1）工器具使用及安全措施。

（2）按要求进行 LW6－110 型断路器液压机构分、合闸电磁铁分解检修。

（3）检修后进行远、近控操作试验，检验检修质量。

（4）填写检修报告。

五、考核及时间要求

（1）本考核 1～6 项操作时间为 60 分钟，时间到停止考评，包括调试时间和报告整理时间。

（2）故障查找和排除过程中，如确实不能查找出故障，可向考评员申请排除故障，该项故障项目不得分，但不影响其他项目。

（3）按照技能操作记录单的操作要求进行操作，正确记录操作结果，试验记录项目包括“分－合－分”操作后，油泵启动到停止时间等。

技能等级评价专业技能考核操作评分标准

工种	变电设备检修工					评价等级	技师
项目模块	断路器检修—断路器维护及小修				编号		Jc0001243007
单位			准考证号			姓名	
考试时限	60 分钟		题型	单项操作		题分	100 分
成绩		考评员		考评组长		日期	
试题正文	LW6－110 型断路器液压机构分、合闸电磁铁分解检修						
需要说明的问题和要求	（1）要求检修 1 人操作，故障查找及调试在检修过程中完成。 （2）操作应注意安全，按照标准化作业书的技术安全说明做好安全措施。 （3）鉴定基地 LW6－110 型断路器 1 台，模拟断路器处检修，做好安全措施。 （4）现场匹配：常用检修工具各 1 套、LW6－110 型断路器液压机构备品、备件、消耗性材料（800 号水磨砂纸等）、10 号航空液压油 10kg、硅脂或中性凡士林 0.5kg、液压机构检修专用工具、工作台、500V 绝缘电阻表、万用表、安全文明施工器具（油盆、塑料布等）等。 （5）工器具等可选考场提供的或自带						

序号	项目名称	质量要求	满分	扣分标准	扣分原因	得分
1	安全文明生产					
1.1	着装规范	正确佩戴安全帽、穿绝缘鞋、穿长袖工作服、戴线手套	3	未佩戴安全帽、穿绝缘鞋、穿长袖工作服，扣 1 分； 安全帽佩戴不规范，扣 0.5 分； 着装不规范，扣 0.5 分； 未戴线手套，扣 1 分		
1.2	安全工器具及安全措施检查	应检查安全工器具、绝缘工器具是否完好，是否在校验合格期内； 检查工作区域围栏是否合格、封闭	8	未检查凳梯、绝缘手套外观是否完好，每项扣 1 分，扣完为止； 未检查检验标签是否在合格期内，扣 3 分； 未检查围栏非入口处是否封闭，扣 3 分		

续表

序号	项目名称	质量要求	满分	扣分标准	扣分原因	得分
1.3	试验环境检查	检查当日工位处温度、湿度情况	1	未检查温度情况，扣0.5分； 未检查湿度情况，扣0.5分		
1.4	安全文明生产	材料或配件不应发生掉落及随意摆放现象	3	发生工器具及配件掉落现象，每次扣1分； 工作现场杂乱无章，检查过程中随意摆放工器具，每次扣1分； 以上扣分，扣完为止		
2	分、合闸电磁铁分解检修					
2.1	分、合闸电磁铁分解前检查及措施	液压机构工作状况和渗漏情况检查	5	手动、电动操作1次，检查液压机构工作情况，不进行检查，扣2分； 不检查渗漏，扣3分		
		断开控制、电机电源	5	不断开控制电源，扣3分； 不断开电动机电源，扣2分		
		释放高压油压力为0，将液压油放净作业正确	5	不在分闸位置泄压，扣2分； 不会将高压放油阀打开将压力放至0，扣3分		
2.2	分、合闸电磁铁分解检修	依次拆下分、合闸电磁铁、骨架、动铁芯、弹簧片、线圈、压板和上部分闸电磁铁动、静铁芯、垫片	5	拆解顺序不正确，扣1分； 打出销钉，柳钉锉平等工艺不规范或不会，扣1分； 未取下压板和上部分闸电磁铁动、静铁芯、垫片，扣1分； 未在工作台上垫保护垫布，扣2分		
		检查清洗零部件	3	不检查清洗除线圈外的所有零部件，扣3分		
		线圈检查	3	不检查线圈及引出线绝缘有无损伤，扣3分		
		线圈绝缘电阻： 500V绝缘电阻表测量不大于0.5MΩ	4	不检查线圈绝缘电阻，扣4分		
3	组装					
3.1	分、合闸电磁铁组装	组装按与拆卸相反顺序进行	5	分、合闸电磁铁组装不上，扣3分； 电磁铁装复后检查铁芯运动情况不灵活并卡涩，扣2分		
		分、合闸电磁铁铁芯杆外露尺寸（13.6+0.1）mm	5	分、合闸电磁铁铁芯杆外露尺寸不合格，扣2分； 尺寸不合格不会调整，扣3分		
4	修后试验					
4.1	“分–合–分”操作	机构建压后，断开电机电源，远方、就地操作机构，完成一次“分–合–分”	5	远方、就地操作机构，不能完成一次，“分–合–分”扣5分		
		一次“分–合–分”完成后，核对各整定压力值及信号	5	未核对各整定压力值及信号，扣5分		
4.2	分、合闸低电压，全电压测试	操动机构分闸电磁铁的最低动作电压应在操作电压额定值的65%～110%； 合闸电磁铁或合闸接触器端子上的最低动作电压应在操作电压额定值的85%～110%； 分、合闸电磁铁在操作电压额定值的30%时不得动作； 分、合闸全电压动作正常	10	接引试验电源不正确，扣1分； 控制回路连接线不正确，扣2分； 试验中分、合闸储能不正常，扣5分； 不做三次测试，扣2分		
5	现场清理及恢复					
5.1	清理作业现场	工器具、试验仪器收取后摆放整齐，与开工前一致； 设备表面清洁无杂物，作业现场清洁无遗留物品	5	工器具、试验仪器未收取摆放整齐，扣1分； 设备表面、工作现场有遗留物，每处扣1分，扣完为止		

续表

序号	项目名称	质量要求	满分	扣分标准	扣分原因	得分
5.2	设备恢复	断路器恢复至检修前状态	5	电机电源或控制电源未断开，扣1分； 机构箱门未关，扣1分； 弹簧能量未释放，扣1分； 未申请恢复接地刀闸，扣2分		
6	检修报告填写					
6.1	填写检修报告	正确填写检修报告，用语规范，项目齐全，结论正确	15	检修前检查情况未填写，扣1分； 填写不全或不正确，每项扣1分； 发现及处理情况未填写，扣3分； 缺陷每缺少一项，扣1分； 试验情况未填写，扣2分； 试验数据未填写，扣1分； 试验数据不全，扣1分； 检修结论不正确，扣0.5分； 以上扣分，扣完为止		
合计			100			

Jc0001243008 LW25－126型断路器SF_6密度继电器报警、闭锁功能检修。（100分）

考核知识点：断路器检修—断路器维护及小修

难易度：难

技能等级评价专业技能考核操作工作任务书

一、任务名称

LW25－126型断路器SF_6密度继电器报警、闭锁功能检修。

二、适用工种

变电设备检修工技师。

三、具体任务

（1）工作状态为LW25－126型断路器处检修，工作内容为断路器SF_6密度继电器报警、闭锁功能检修。

（2）工作任务。

1）在规定时间内完成LW25－126型断路器SF_6密度继电器报警、闭锁功能检修。

2）填写检修报告。

四、工作规范及要求

（1）工器具使用及安全措施。

（2）按要求进行LW25－126型断路器SF_6密度继电器报警、闭锁功能检修。

（3）检修后进行远、近控操作试验，检验检修质量。

（4）填写检修报告。

五、考核及时间要求

（1）本考核1～7项操作时间为50分钟，时间到停止考评，包括调试时间和报告整理时间。

（2）故障查找和排除过程中，如确实不能查找出故障，可向考评员申请排除故障，该项故障项目不得分，但不影响其他项目。

（3）按照技能操作记录单的操作要求进行操作，正确记录操作结果，试验记录项目包括远、近控操作试验等。

技能等级评价专业技能考核操作评分标准

工种	变电设备检修工					评价等级	技师
项目模块	断路器检修—断路器维护及小修				编号	Jc0001243008	
单位			准考证号			姓名	
考试时限	50分钟		题型	单项操作		题分	100分
成绩		考评员		考评组长		日期	
试题正文	LW25－126型断路器 SF_6 密度继电器报警、闭锁功能检修						
需要说明的问题和要求	（1）要求检修1人操作，故障查找及调试在检修过程中完成。 （2）操作应注意安全，按照标准化作业书的技术安全说明做好安全措施。 （3）鉴定基地LW25－126型断路器1台，模拟断路器处检修，做好安全措施。 （4）现场匹配：常用电工检修工具1套、SF_6 气体40kg、万用表、30m排气管（带充气接头）、安全文明施工器具等。 （5）工器具等可选考场提供的或自带						

序号	项目名称	质量要求	满分	扣分标准	扣分原因	得分
1	安全文明生产					
1.1	着装规范	正确佩戴安全帽、穿绝缘鞋、穿长袖工作服、戴线手套	3	未佩戴安全帽、穿绝缘鞋、穿长袖工作服，扣1分； 安全帽佩戴不规范，扣0.5分； 着装不规范，扣0.5分； 未戴线手套，扣1分		
1.2	安全工器具及安全措施检查	应检查安全工器具、绝缘工器具是否完好，是否在校验合格期内； 检查工作区域围栏是否合格、封闭	8	未检查凳梯、绝缘手套外观是否完好，每项扣1分，扣完为止； 未检查检验标签是否在合格期内，扣3分； 未检查围栏非入口处是否封闭，扣3分		
1.3	试验环境检查	检查当日工位处温度、湿度情况	1	未检查温度情况，扣0.5分； 未检查湿度情况，扣0.5分		
1.4	安全文明生产	材料或配件不应发生掉落及随意摆放现象	3	发生工器具及配件掉落现象，每次扣1分； 工作现场杂乱无章，检查过程中随意摆放工器具，每次扣1分； 以上扣分，扣完为止		
2	SF_6 密度继电器检修前检查					
2.1	检修前检查	SF_6 密度继电器压力值检查： 额定0.50MPa、报警0.45MPa、闭锁0.42MPa	5	不进行 SF_6 密度继电器实际值检查，扣2分； 不核对后台信号，扣3分		
		检查三通阀是否开启	2	不检查三通阀，扣2分		
		断开控制、电动机电源	3	不断开控制电源，扣2分； 不断开电动机电源，扣1分		
3	SF_6 密度继电器机械功能检查					
3.1	机械功能检查	SF_6 密度继电器报警、闭锁机械功能检查准备	5	三通阀未关闭，未有效断开本体气路，扣2分； 排气管路未与本体充气口可靠连接，扣2分； SF_6 密度继电器二次插头未拔掉，扣1分		
		SF_6 密度继电器报警、闭锁机械功能符合要求	10	未检查万用表，扣2分； 万用表未调至电阻蜂鸣挡，扣2分； 不会升降压力，调整报警、闭锁节点，扣2分； 不会用万用表检查 SF_6 密度继电器报警、闭锁触点，扣4分		

续表

序号	项目名称	质量要求	满分	扣分标准	扣分原因	得分
4	SF_6 密度继电器二次回路检查					
4.1	二次回路检查	SF_6 密度继电器报警、闭锁二次回路检查准备	5	三通阀未关闭，未有效断开本体气路，扣 2 分； 排气管路未与本体充气口可靠连接，扣 2 分； SF_6 密度继电器二次插头未拔掉，扣 1 分		
		SF_6 密度继电器报警、闭锁二次回路符合要求	10	未检查万用表，扣 1 分； 万用表未调至电阻蜂鸣挡，扣 1 分； 不会升降压力，调整报警、闭锁节点，扣 1 分； 不会用万用表检查 SF_6 密度继电器报警二次回路，扣 2 分； 不会用万用表检查 SF_6 密度继电器闭锁二次回路，扣 2 分； 检查过程未核对后台报警、闭锁信号，扣 1 分； 检查过程中造成二次电缆、接头损坏，扣 2 分		
5	远、近控操作试验					
5.1	远、近控操作试验	试验前检查	10	充气阀门未关闭，扣 2 分； 充气阀门堵板未封堵，扣 1 分； 三通阀未开启，本体气路不畅通，扣 5 分； 不检查 SF_6 密度继电器压力是否至额定压力值，扣 2 分		
		远、近控操作试验	10	远、近控操作不能正常进行，回路不通，扣 5 分； 远、近控操作中，后台未发回路 SF_6 压力报警、闭锁信号，扣 5 分		
6	现场清理及恢复					
6.1	清理作业现场	工器具、试验仪器收取后摆放整齐，与开工前一致； 设备表面清洁无杂物，作业现场清洁无遗留物品	5	工器具、试验仪器未收取摆放整齐，扣 1 分； 设备表面、工作现场有遗留物，每处扣 1 分，扣完为止		
6.2	设备恢复	断路器恢复至检修前状态	5	电机电源或控制电源未断开，扣 1 分； 机构箱门未关，扣 1 分； 弹簧能量未释放，扣 1 分； 未申请恢复接地刀闸，扣 2 分		
7	检修报告填写					
7.1	填写检修报告	正确填写检修报告，用语规范，项目齐全，结论正确	15	检修前检查情况未填写，扣 1 分； 填写不全或不正确，每项扣 1 分； 发现及处理情况未填写，扣 3 分； 缺陷每缺少一项，扣 1 分； 试验情况未填写，扣 2 分； 试验数据未填写，扣 1 分； 试验数据不全，扣 1 分； 检修结论不正确，扣 0.5 分； 以上扣分，扣完为止		
合计			100			

Jc0003243009 KYN28 型中置式开关柜及“五防”闭锁检查。（100 分）

考核知识点：开关柜检修—开关柜缺陷及故障处理

难易度：难

技能等级评价专业技能考核操作工作任务书

一、任务名称

KYN28 型中置式开关柜及“五防”闭锁检查。

二、适用工种

变电设备检修工技师。

三、具体任务

（1）工作状态为模拟 10kV 断路器及母线停电，中置式开关柜及“五防”闭锁检查。

（2）工作任务。

1）作业前的检查。

2）开关柜的检查内容。

3）“五防”闭锁装置检查步骤及质量标准。

四、工作规范及要求

（1）要求 1 人操作，由监考人员监护。

（2）安全文明生产，工器具、材料、设备摆放整齐，现场操作熟练、连贯、有序，正确规范地使用工器具及安全用具。不发生危及人身和设备安全的行为，否则可取消本次考核成绩。

（3）熟悉开关柜及“五防”闭锁功能及检查维护技术要求。

五、考核及时间要求

（1）考核时间为 60 分钟。

（2）开工前，考生检查着装，清点工器具、设备是否齐全。

（3）许可开工后记录考核时间。

（4）现场清理完毕后，汇报工作终结，记录考核结束时间。

技能等级评价专业技能考核操作评分标准

<table>
<tr><td>工种</td><td colspan="5">变电设备检修工</td><td>评价等级</td><td>技师</td></tr>
<tr><td>项目模块</td><td colspan="4">开关柜检修—开关柜缺陷及故障处理</td><td>编号</td><td colspan="2">Jc0003243009</td></tr>
<tr><td>单位</td><td colspan="2"></td><td>准考证号</td><td colspan="2"></td><td>姓名</td><td></td></tr>
<tr><td>考试时限</td><td colspan="2">60 分钟</td><td>题型</td><td colspan="2">单项操作</td><td>题分</td><td>100 分</td></tr>
<tr><td>成绩</td><td></td><td>考评员</td><td></td><td>考评组长</td><td></td><td>日期</td><td></td></tr>
<tr><td>试题正文</td><td colspan="7">KYN28 型中置式开关柜及“五防”闭锁检查</td></tr>
<tr><td>需要说明的问题和要求</td><td colspan="7">（1）考生着装规范，穿工作服、绝缘鞋，戴安全帽。
（2）现场提供检修所需的工器具、仪器、材料及安全防护用具</td></tr>
</table>

序号	项目名称	质量要求	满分	扣分标准	扣分原因	得分
1	安全文明生产					
1.1	着装规范	正确佩戴安全帽、穿绝缘鞋、穿长袖工作服、戴线手套	3	未佩戴安全帽、穿绝缘鞋、穿长袖工作服，扣 1 分； 安全帽佩戴不规范，扣 0.5 分； 着装不规范，扣 0.5 分； 未戴线手套，扣 1 分		
1.2	安全工器具及安全措施检查	应检查安全工器具、绝缘工器具是否完好，是否在校验合格期内； 检查工作区域围栏是否合格、封闭	8	未检查凳梯、绝缘手套外观是否完好，每项扣 1 分，扣完为止； 未检查检验标签是否在合格期内，扣 3 分； 未检查围栏非入口处是否封闭，扣 3 分		

续表

序号	项目名称	质量要求	满分	扣分标准	扣分原因	得分
1.3	试验环境检查	检查当日工位处温度、湿度情况	1	未检查温度情况，扣0.5分； 未检查湿度情况，扣0.5分		
1.4	安全文明生产	材料或配件不应发生掉落及随意摆放现象	3	发生工器具及配件掉落现象，每次扣1分； 工作现场杂乱无章，检查过程中随意摆放工器具，每次扣1分； 以上扣分，扣完为止		
2	开关柜检查内容					
2.1	开关柜的检查内容	检查操作电源、储能电源、闭锁电源、照明电源均在断开位置	8	没有检查操作电源、储能电源闭锁电源、照明电源在断开位置，或不会用万用表检查，各扣2分，扣完为止		
2.2		检查断路器开关在试验位置且在分闸状态，电动机未储能，采用手动分、合断路器一次确保开关在分闸位置，未储能	2	未检查开关在试验位置且在分闸状态，扣1分； 未用手动分、合闸，扣1分		
2.3		检查接地开关（接地线挂好）应处在合闸状态，可在开关柜体后观察接地开关处于合闸位置	2	未检查柜内接地开关在合闸位置，扣2分		
2.4		检查模拟指示器在分闸位置状态	1	未检查模拟指示器在分闸位置，扣1分		
2.5		检查表计一次，电流表无指示，带电显示器无指示，储能、分、合闸指示灯无指示	4	未检查表计一次，电流表无指示，带电显示器无指示，储能、分、合闸指示灯无指示，每项扣1分，扣完为止		
2.6		检查控制把手，各操作能源空气断路器在断开位置	1	未检查控制把手在断开位置，扣1分		
2.7		手车处于试验位置时，接地开关操作孔上的滑板应能按动自如	1	未检查接地开关操作孔的滑板是否按动自如，扣1分		
2.8		接地开关联动的闭锁电磁铁应完好	2	未检查接地开关联动的闭锁电磁铁，扣2分		
2.9		活门与手车机械连锁正确	2	未检查活动门与手车机械连锁是否正确，扣2分		
2.10		电缆室门板的机械连锁正确	2	未检查电缆室门板的机械连锁是否正确，扣2分		
3	“五防”闭锁装置检查步骤及质量标准					
3.1	“五防”闭锁装置检查步骤及质量标准	检查防止带负荷操作隔离开关功能： 断路器处于合闸状态时，手车不能推入或拉出	5	断路器在合闸位置时未检查是否能推入或拉出，扣5分		
3.2		检查防止带电合接地开关功能： 只有当断路器手车在试验位置（冷备用位置）及线路无电时，接地开关才能合闸	5	断路器在工作位置时未检查接地开关是否正确闭锁，扣5分		
3.3		检查防止接地开关合上时送电功能： 接地开关合闸时无法将手车推入工作位置（运行位置）	5	接地开关在合闸位置时，未检查断路器是否正确闭锁而不能推入，扣5分		
3.4		防止误入带电间隔	15	未检查断路器拉出后手车室内活动门是否能自动闭合，扣2分； 未检查开关柜后门是否用螺栓固定，扣3分； 未检查后柜门与接地开关的连锁是否正确，扣5分； 对后柜门未关闭接地开关就无法分闸项目未进行检查，扣5分		
3.5	“五防”闭锁装置检查步骤及质量标准	检查二次航空插头机械闭锁	5	未检查手车处于工作位置（运行位置）时，二次插头被可靠锁定不能拔下，扣5分		
4	现场清理及恢复					

续表

序号	项目名称	质量要求	满分	扣分标准	扣分原因	得分
4.1	清理作业现场	工器具、试验仪器收取后摆放整齐，与开工前一致； 设备表面清洁无杂物，作业现场清洁无遗留物品	5	工器具、试验仪器未收取摆放整齐，扣1分； 设备表面、工作现场有遗留物，每处扣1分，扣完为止		
4.2	设备恢复	断路器恢复至检修前状态	5	电机电源或控制电源未断开，扣1分； 机构箱门未关，扣1分； 弹簧能量未释放，扣1分； 未申请恢复接地刀闸，扣2分		
5	检修报告填写					
5.1	填写检修报告	正确填写检修报告，用语规范，项目齐全，结论正确	15	检修前检查情况未填写，扣1分； 填写不全或不正确，每项扣1分； 发现及处理情况未填写，扣3分； 缺陷每缺少一项，扣1分； 试验情况未填写，扣2分； 试验数据未填写，扣1分； 试验数据不全，扣1分； 检修结论不正确，扣0.5分； 以上扣分，扣完为止		
合计			100			

Jc0003253010　ZN63A－12 真空断路器分闸线圈烧损故障检修。（100 分）

考核知识点：断路器检修—断路器缺陷及故障处理

难易度：难

技能等级评价专业技能考核操作工作任务书

一、任务名称

ZN63A－12 真空断路器分闸线圈烧损故障检修。

二、适用工种

变电设备检修工技师。

三、具体任务

（1）工作状态为模拟 ZN63A－12 真空断路器分闸线圈烧损故障，工作内容为 ZN63A－12 真空断路器分闸线圈烧损故障检修及低电压试验。

（2）工作任务。

1）检修前检查。

2）更换分闸线圈。

3）排除机械故障。

4）进行低电压试验。

5）填写检修报告。

四、工作规范及要求

（1）要求 1 人操作，由监考人员监护。

（2）安全文明生产，工器具、材料、设备摆放整齐，现场操作熟练、连贯、有序，正确规范地使用工器具及安全用具。不发生危及人身和设备安全的行为，否则可取消本次考核成绩。

（3）考核考生对断路器各部件充分了解、对于仪器操作使用规范。

（4）熟悉断路器储能，分、合闸状态，熟悉断路器的机械结构和原理。

五、考核及时间要求

（1）考核时间为60分钟。
（2）开工前，考生检查着装，清点工器具、设备是否齐全。
（3）许可开工后记录考核时间。
（4）现场清理完毕后，汇报工作终结，记录考核结束时间。

技能等级评价专业技能考核操作评分标准

工种	变电设备检修工				评价等级	技师
项目模块	断路器检修—断路器缺陷及故障处理			编号	Jc0003253010	
单位		准考证号			姓名	
考试时限	60分钟	题型	多项操作		题分	100分
成绩		考评员		考评组长	日期	
试题正文	ZN63A－12真空断路器分闸线圈烧损故障检修					
需要说明的问题和要求	（1）考生着装规范，穿工作服、绝缘鞋，戴安全帽。 （2）操作中应注意安全，按照标准化作业书的技术安全说明做好安全措施。 （3）工器具、测试仪、相关配件由考场提供					

序号	项目名称	质量要求	满分	扣分标准	扣分原因	得分
1	安全文明生产					
1.1	着装规范	正确佩戴安全帽、穿绝缘鞋、穿长袖工作服、戴线手套	3	未佩戴安全帽、穿绝缘鞋、穿长袖工作服，扣1分； 安全帽佩戴不规范，扣0.5分； 着装不规范，扣0.5分； 未戴线手套，扣1分		
1.2	安全工器具及安全措施检查	应检查安全工器具、绝缘工器具是否完好，是否在校验合格期内； 检查工作区域围栏是否合格、封闭	8	未检查凳梯、绝缘手套外观是否完好，每项扣1分，扣完为止； 未检查检验标签是否在合格期内，扣3分； 未检查围栏非入口处是否封闭，扣3分		
1.3	试验环境检查	检查当日工位处温度、湿度情况	1	未检查温度情况，扣0.5分； 未检查湿度情况，扣0.5分		
1.4	安全文明生产	材料或配件不应发生掉落及随意摆放现象	3	发生工器具及配件掉落现象，每次扣1分； 工作现场杂乱无章，检查过程中随意摆放工器具，每次扣1分，扣完为止		
2	检修前的检查					
2.1	开关柜柜面检查	柜面清洁无异物，观察窗玻璃完好清洁，柜面指示灯、操作把手等元器件安装牢固	2	不检查，扣2分		
2.2	联锁程序检查	与柜门联锁程序正确，推进退出灵活，隔离挡板动作正常	2	不进行检查，扣2分		
2.3	绝缘件检查	绝缘件表面清洁，无变色、开裂	1	不进行检查，扣1分		
2.4	梅花触指检查	梅花触头无氧化、松动、烧伤	1	不进行检查，扣1分		
2.5	机构零部件检查	机构零部件无锈蚀、变形	1	不检查，扣1分		
2.6	分、合闸线圈检查	线圈外观良好，测量线圈阻值	2	不检查，扣2分		
2.7	电气元件检查	辅助开关等电气元件绝缘良好，接线牢靠	1	不检查，扣1分		
3	分、闸线圈更换					
3.1	分闸线圈拆除	拆下的线头所做标记正确、清晰、牢固，绝缘及防潮措施可靠	5	未做标记，扣2分； 未做绝缘及防潮措施，扣3分		
		拆除过程中作业行为规范，注意防止损坏相关零部件	10	作业行为不规范，扣6分； 损坏零部件，扣4分		

续表

序号	项目名称	质量要求	满分	扣分标准	扣分原因	得分
3.2	新分闸线圈安装	新线圈应与旧线圈型号一致	5	新、旧线圈型号不一致，扣5分		
		新安装分、合闸线圈电阻检测，检测结果应符合设备技术文件要求，无明确要求时，以线圈电阻初值差不超过±5%作为判据，绝缘值符合相关技术标准要求	10	新线圈电阻值、绝缘值不符合要求，扣10分		
4	断路器拒分机械故障排除					
4.1	断路器拒分机械故障排除	新分闸线圈安装牢靠，接线正确	5	新线圈安全不牢固、接线不正确，扣5分		
		设置拒分1个故障点	5	未消除故障，扣5分		
5	低电压试验					
5.1	低电压试验	正确使用仪器，接线方法正确	2	未能正确使用测试仪器，扣1分； 接线方法不正确，扣1分		
		根据测试数据判断开关是否合格，操动机构分闸电磁铁的最低动作电压应在操作电压额定值的65%～110%； 合闸电磁铁或合闸接触器端子上的最低动作电压应在操作电压额定值的85%～110%； 分、合闸电磁铁在操作电压额定值的30%时不得动作	8	不清楚测试标准，未能结合测试数据进行分析判断，扣8分		
6	现场清理及恢复					
6.1	清理作业现场	工器具、试验仪器收取后摆放整齐，与开工前一致； 设备表面清洁无杂物，作业现场清洁无遗留物品	5	工器具、试验仪器未收取摆放整齐，扣1分； 设备表面、工作现场有遗留物，每处扣1分，扣完为止		
6.2	设备恢复	断路器恢复至检修前状态	5	电机电源或控制电源未断开，扣1分； 机构箱门未关，扣1分； 弹簧能量未释放，扣1分； 未申请恢复接地刀闸，扣2分		
7	检修报告填写					
7.1	填写检修报告	正确填写检修报告，用语规范，项目齐全，结论正确	15	检修前检查情况未填写，扣1分； 填写不全或不正确，每项扣1分； 发现及处理情况未填写，扣3分； 缺陷每缺少一项，扣1分； 试验情况未填写，扣2分； 试验数据未填写，扣1分； 试验数据不全，扣1分； 检修结论不正确，扣0.5分； 以上扣分，扣完为止		
合计			100			

附表 Jc0003253010　　　故障点设置参考（用于评分标准序号4）

序号	故障现象	故障原因（举例）	处理方法
1	拒分故障	分闸掣子同滚针轴承粘住（润滑脂干涸或灰尘脏物过多）	将掣子与滚针轴承外圆面擦洗干净，薄薄涂一层润滑脂（轴承防锈润滑脂）
2		分闸掣子内卡有异物	将异物清除
3		分闸掣子轴销脱落	重新将销轴装好
4	分闸线圈烧损	安装老旧线圈，模拟分闸线圈烧损	用万用表测量检查并进行更换

Jc0003253011 ZN63A－12 真空断路器储能部件损坏故障检修。(100 分)

考核知识点：断路器检修—断路器缺陷及故障处理

难易度：难

技能等级评价专业技能考核操作工作任务书

一、任务名称

ZN63A－12 真空断路器储能部件损坏故障检修。

二、适用工种

变电设备检修工技师。

三、具体任务

（1）工作状态为模拟 ZN63A－12 真空断路器储能部件损坏故障，工作内容为 ZN63A－12 真空断路器储能部件故障排除及试验。

（2）工作任务。

1）作业前检查。

2）排除储能回路故障。

3）更换电机储能链条及储能微动开关。

4）进行机械特性试验。

5）填写检修报告。

四、工作规范及要求

（1）要求 1 人操作，由监考人员监护。

（2）安全文明生产，工器具、材料、设备摆放整齐，现场操作熟练、连贯、有序，正确规范地使用工器具及安全用具。不发生危及人身和设备安全的行为，否则可取消本次考核成绩。

（3）考核考生对断路器各部件充分了解、对于仪器操作使用规范。

（4）熟悉断路器储能和分、合闸状态，熟悉断路器的机械结构和原理。

五、考核及时间要求

（1）考核时间为 60 分钟。

（2）开工前，考生检查着装，清点工器具、设备是否齐全。

（3）许可开工后记录考核时间。

（4）现场清理完毕后，汇报工作终结，记录考核结束时间。

技能等级评价专业技能考核操作评分标准

工种	变电设备检修工					评价等级	技师
项目模块	断路器检修—断路器缺陷及故障处理				编号	Jc0003253011	
单位			准考证号			姓名	
考试时限	60 分钟		题型	多项操作		题分	100 分
成绩		考评员		考评组长		日期	
试题正文	ZN63A－12 真空断路器储能部件损坏故障检修						
需要说明的问题和要求	（1）考生着装规范，穿工作服、绝缘鞋，戴安全帽。 （2）操作中应注意安全，按照标准化作业书的技术安全说明做好安全措施。 （3）工器具、测试仪、相关配件由考场提供						

序号	项目名称	质量要求	满分	扣分标准	扣分原因	得分
1	安全文明生产					

续表

序号	项目名称	质量要求	满分	扣分标准	扣分原因	得分
1.1	着装规范	正确佩戴安全帽、穿绝缘鞋、穿长袖工作服、戴线手套	3	未佩戴安全帽、穿绝缘鞋、穿长袖工作服，扣1分； 安全帽佩戴不规范，扣0.5分； 着装不规范，扣0.5分； 未戴线手套，扣1分		
1.2	安全工器具及安全措施检查	应检查安全工器具、绝缘工器具是否完好，是否在校验合格期内； 检查工作区域围栏是否合格、封闭	8	未检查凳梯、绝缘手套外观是否完好，每项扣1分，扣完为止； 未检查检验标签是否在合格期内，扣3分； 未检查围栏非入口处是否封闭，扣3分		
1.3	试验环境检查	检查当日工位处温度、湿度情况	1	未检查温度情况，扣0.5分； 未检查湿度情况，扣0.5分		
1.4	安全文明生产	材料或配件不应发生掉落及随意摆放现象	3	发生工器具及配件掉落现象，每次扣1分； 工作现场杂乱无章，检查过程中随意摆放工器具，每次扣1分，扣完为止		
2	检修前的检查					
2.1	开关柜柜面检查	柜面清洁无异物，观察窗玻璃完好清洁，柜面指示灯、操作把手等元器件安装牢固	2	不检查，扣2分		
2.2	联锁程序检查	与柜门联锁程序正确，推进退出灵活，隔离挡板动作正常	2	不进行检查，扣2分		
2.3	绝缘件检查	绝缘件表面清洁，无变色、开裂	1	不进行检查，扣1分		
2.4	梅花触指检查	梅花触头无氧化、松动，烧伤	1	不进行检查，扣1分		
2.5	机构零部件检查	机构零部件无锈蚀、变形	1	不检查，扣1分		
2.6	分、合闸线圈检查	线圈外观良好，外观无发热痕迹	2	不检查，扣2分		
2.7	电气元件检查	辅助开关等电气元件绝缘良好，接线牢靠	1	不检查，扣1分		
3	储能回路缺陷排查					
3.1	储能部件异常	设置巡视缺陷1处	5	未能巡视发现，扣5分		
3.2	储能回路故障	设置故障点1处	5	未能检查发现，扣5分		
4	更换储能部件					
4.1	拆除储能微动开关	拆下的线头所做标记正确、清晰、牢固，防潮措施可靠	2	未做标记及措施，扣2分		
		拆除过程中作业行为规范，注意防止损坏相关零部件	3	野蛮作业，损坏零部件，扣3分		
4.2	新储能微动开关安装	选取的新微动开关与旧行程开关型号一致	1	未正确选取微动开关，扣1分		
		按旧标号接线，微动开关安装牢固，接线正确可靠	1	接线错误，安装不牢固，扣1分		
		测试动作正常，接点转换正常	3	动作不正常，接点转换不正常，扣3分		
4.3	储能链条拆除	拆除过程中作业行为规范，注意防止损坏相关零部件	8	野蛮作业，损坏零部件，扣8分		
4.4	储能链条更换	链条接头可靠连接，接头卡片安装牢靠	5	接头连接不可靠，扣5分		
		安装后在表面涂薄层润滑脂	2	不涂，扣2分		
		安装后传动灵活，储能正常	5	传动卡涩，储能不正常，扣5分		

续表

序号	项目名称	质量要求	满分	扣分标准	扣分原因	得分
5	机械特性试验					
5.1	机械特性试验	正确使用仪器，接线方法正确	6	未能正确使用测试仪器，扣3分； 接线方法不正确，扣3分		
		根据测试数据判断开关是否合格	7	测试数据不合格，未能结合测试数据进行分析判断，扣7分		
		试验后正确收取试验仪器及试验接线	2	未正确收取，扣2分		
6	现场清理及恢复					
6.1	清理作业现场	工器具、试验仪器收取后摆放整齐，与开工前一致； 设备表面清洁无杂物，作业现场清洁无遗留物品	5	工器具、试验仪器未收取摆放整齐，扣1分； 设备表面、工作现场有遗留物，每处扣1分，扣完为止		
6.2	设备恢复	断路器恢复至检修前状态	5	电机电源或控制电源未断开，扣1分； 机构箱门未关，扣1分； 弹簧能量未释放，扣1分； 未申请恢复接地刀闸，扣2分		
7	检修报告填写					
7.1	填写检修报告	正确填写检修报告，用语规范，项目齐全，结论正确	10	检修前检查情况未填写，扣1分； 检修项目填写不齐全，扣0.5分； 发现及处理情况未填写，扣3分； 缺陷每缺少一项，扣1分； 试验情况未填写，扣2分； 试验数据未填写，扣1分； 试验数据不全，扣1分； 检修结论不正确，扣0.5分； 以上扣分，扣完为止		
合计			100			

附表 Jc0003253011　　故障点设置参考（用于评分表序号3）

序号	故障现象	故障设置（举例）	处理方法
1	储能链条断裂	巡视缺陷，在储能链条上贴“链条断裂”，模拟储能链条断裂故障	巡视检查，更换储能链条
2	不能储能	将储能微动开关更换为已损坏的微动开关	检查储能回路，更换微动开关

Jc0003253012　ZN63A－12真空断路器梅花触头发热检修。（100分）

考核知识点：断路器检修—断路器维护及小修

难易度：难

技能等级评价专业技能考核操作工作任务书

一、任务名称

ZN63A－12真空断路器梅花触头发热检修。

二、适用工种

变电设备检修工技师。

三、具体任务

（1）工作状态为模拟ZN63A－12真空断路器梅花触头发热烧损，工作内容为ZN63A－12真空断路器梅花触头更换及回路电阻试验。

（2）工作任务。

1）作业前检查。

2）排除缺陷。

3）更换梅花触头。

4）进行回路电阻试验。

5）填写检修报告。

四、工作规范及要求

（1）要求1人操作，由监考人员监护。

（2）安全文明生产，工器具、材料、设备摆放整齐，现场操作熟练、连贯、有序，正确规范地使用工器具及安全用具。不发生危及人身和设备安全的行为，否则可取消本次考核成绩。

（3）考核考生对断路器各部件充分了解、对于仪器操作使用规范。

（4）熟悉断路器储能和分、合闸状态，熟悉断路器的机械结构和原理。

五、考核及时间要求

（1）考核时间为60分钟。

（2）开工前，考生检查着装，清点工器具、设备是否齐全。

（3）许可开工后记录考核时间。

（4）现场清理完毕后，汇报工作终结，记录考核结束时间。

技能等级评价专业技能考核操作评分标准

工种	变电设备检修工					评价等级	技师
项目模块	断路器检修—断路器维护及小修				编号	Jc0003253012	
单位			准考证号			姓名	
考试时限	60分钟		题型	单项操作		题分	100分
成绩		考评员		考评组长		日期	
试题正文	ZN63A－12真空断路器梅花触头发热检修						
需要说明的问题和要求	（1）考生着装规范，穿工作服、绝缘鞋，戴安全帽。 （2）操作中应注意安全，按照标准化作业书的技术安全说明做好安全措施。 （3）工器具、测试仪、相关配件由考场提供						

序号	项目名称	质量要求	满分	扣分标准	扣分原因	得分
1	安全文明生产					
1.1	着装规范	正确佩戴安全帽、穿绝缘鞋、穿长袖工作服、戴线手套	3	未佩戴安全帽、穿绝缘鞋、穿长袖工作服，扣1分； 安全帽佩戴不规范，扣0.5分； 着装不规范，扣0.5分； 未戴线手套，扣1分		
1.2	安全工器具及安全措施检查	应检查安全工器具、绝缘工器具是否完好，是否在校验合格期内； 检查工作区域围栏是否合格、封闭	8	未检查凳梯、绝缘手套外观是否完好，每项扣2分，扣完为止； 未检查检验标签是否在合格期内，扣2分； 未检查围栏非入口处是否封闭，扣2分		
1.3	试验环境检查	检查当日工位处温度、湿度情况	1	未检查温度情况，扣0.5分； 未检查湿度情况，扣0.5分		
1.4	安全文明生产	材料或配件不应发生掉落及随意摆放现象	3	发生工器具及配件掉落现象，每次扣0.5分，上限1.5分； 工作现场杂乱无章，检查过程中随意摆放工器具，每次扣0.5分，上限1.5分		

续表

序号	项目名称	质量要求	满分	扣分标准	扣分原因	得分
2	检修前的检查					
2.1	开关柜柜面检查	柜面清洁无异物，观察窗玻璃完好清洁，柜面指示灯、操作把手等元器件安装牢固	2	不检查，扣2分		
2.2	联锁程序检查	与柜门联锁程序正确，推进退出灵活，隔离挡板动作正常	2	不进行检查，扣2分		
2.3	绝缘件检查	绝缘件表面清洁，无变色、开裂	1	不进行检查，扣1分		
2.4	梅花触指检查	梅花触头无氧化、松动、烧伤，弹簧弹力是否正常	2	不进行检查，扣2分		
2.5	机构零部件检查	机构零部件无锈蚀、变形	1	不检查，扣1分		
2.6	分、合闸线圈检查	线圈外观良好，无发热痕迹	1	不检查，扣1分		
2.7	电气元件检查	辅助开关等电气元件绝缘良好，接线牢靠	1	不检查，扣1分		
3	梅花触头缺陷排查					
3.1	梅花触头缺陷	设置巡视缺陷1处，模拟梅花触头发热	5	未能巡视发现缺陷，扣5分		
4	梅花触头更换					
4.1	梅花触头拆除	拆除过程中作业行为规范，注意防止损坏相关零部件	10	损坏零部件，扣10		
4.2	梅花触头安装	新触头表面清洁、平整、无损伤	4	触头表面不清洁、不平整、有损伤，扣4分		
		弹簧压力正常	4	弹簧压力不正常，扣4分		
		静触头安装中心线与静触头中心线一致，且与动触头中心线一致	4	梅花触头安装中心线与动、静触头中心线不一致，扣4分		
		手车推入工作位置，动静触头接触紧密，插入深度符合产品规定要求	4	接触不紧密、插入深度不符合要求，扣4分		
		安装完成后，清洁触头表面，涂薄层导电膏	4	不涂抹导电膏，扣4分		
5	回路电阻试验					
5.1	回路电阻试验	正确使用仪器，接线方法正确	5	未能正确使用测试仪器，扣3分； 接线方法不正确，扣2分		
		根据测试数据判断开关是否合格	8	测试数据不合格，未能结合测试数据进行分析判断，扣8分		
		试验后正确收取试验仪器及试验接线	2	未正确收取，扣2分		
6	现场清理及恢复					
6.1	清理作业现场	工器具、试验仪器收取后摆放整齐，与开工前一致； 设备表面清洁无杂物，作业现场清洁无遗留物品	5	工器具、试验仪器未收取摆放整齐，扣1分； 设备表面、工作现场有遗留物，每处扣1分，扣完为止		
6.2	设备恢复	断路器恢复至检修前状态	5	电机电源或控制电源未断开，扣1分； 机构箱门未关，扣1分； 弹簧能量未释放，扣1.5分； 未申请恢复接地刀闸，扣1.5分		

续表

序号	项目名称	质量要求	满分	扣分标准	扣分原因	得分
7	检修报告填写					
7.1	填写检修报告	正确填写检修报告，用语规范，项目齐全，结论正确	15	检修前检查情况未填写，扣1分； 检修项目填写不齐全，扣0.5分； 发现及处理情况未填写，扣3分； 缺陷每缺少一项，扣1分； 试验情况未填写，扣2分； 试验数据未填写，扣1分； 试验数据不全，扣1分； 检修结论不正确，扣0.5分； 以上扣分，扣完为止		
合计			100			

附表 Jc0003253012　　故障点设置参考（用于评分表序号3）

序号	故障现象	故障设置（举例）	处理方法
1	梅花触头发热	将其中一相梅花触头的弹簧更换为弹力不正常的弹簧，模拟梅花触头发热	巡视检查，更换梅花触头
2		在梅花触头内贴“插入深度小”小纸条，模拟梅花触头发热	巡视检查，更换梅花触头

Jc0003263013　ZN63A－12真空断路器拒动故障检修。（100分）

考核知识点：断路器检修—断路器缺陷及故障处理

难易度：难

技能等级评价专业技能考核操作工作任务书

一、任务名称

ZN63A－12真空断路器拒动故障检修。

二、适用工种

变电设备检修工技师。

三、具体任务

（1）工作状态为模拟10kV开关柜拒动故障，工作内容为ZN63A－12真空断路器拒动故障检修。

（2）工作任务。

1）作业前检查。

2）故障排除。

3）进行低电压试验。

4）填写检修报告。

四、工作规范及要求

（1）要求1人操作，由监考人员监护。考生着装规范，穿工作服、绝缘鞋，戴安全帽。

（2）安全文明生产，工器具、材料、设备摆放整齐，现场操作熟练、连贯、有序，正确规范地使用工器具及安全用具。不发生危及人身和设备安全的行为，否则可取消本次考核成绩。

（3）考核考生对断路器各部件充分了解、对于仪器操作使用规范。

（4）熟悉断路器储能，分、合闸状态，熟悉断路器的机械结构和原理。

五、考核及时间要求

（1）考核时间为60分钟。

（2）开工前，考生检查着装，清点工器具、设备是否齐全。
（3）许可开工后记录考核时间。
（4）现场清理完毕后，汇报工作终结，记录考核结束时间。

技能等级评价专业技能考核操作评分标准

工种	变电设备检修工					评价等级	技师
项目模块	断路器检修—断路器缺陷及故障处理				编号	Jc0003263013	
单位			准考证号			姓名	
考试时限	60 分钟	题型		单项操作		题分	100 分
成绩		考评员		考评组长		日期	
试题正文	ZN63A－12 真空断路器拒动故障检修						
需要说明的问题和要求	（1）操作中应注意安全，按照标准化作业书的技术安全说明做好安全措施。 （2）工器具、测试仪、相关配件由考场提供						

序号	项目名称	质量要求	满分	扣分标准	扣分原因	得分
1	安全文明生产					
1.1	着装规范	正确佩戴安全帽、穿绝缘鞋、穿长袖工作服、戴线手套	3	未佩戴安全帽、穿绝缘鞋、穿长袖工作服，扣 1 分； 安全帽佩戴不规范，扣 0.5 分； 着装不规范，扣 0.5 分； 未戴线手套，扣 1 分		
1.2	安全工器具及安全措施检查	应检查安全工器具、绝缘工器具是否完好，是否在校验合格期内； 检查工作区域围栏是否合格、封闭	8	未检查凳梯、绝缘手套外观是否完好，每项扣 2 分，扣完为止； 未检查检验标签是否在合格期内，扣 2 分； 未检查围栏非入口处是否封闭，扣 2 分		
1.3	试验环境检查	检查当日工位处温度、湿度情况	1	未检查温度情况，扣 0.5 分； 未检查湿度情况，扣 0.5 分		
1.4	安全文明生产	材料或配件不应发生掉落及随意摆放现象	3	发生工器具及配件掉落现象，每次扣 0.5 分，上限 1.5 分； 工作现场杂乱无章，检查过程中随意摆放工器具，每次扣 0.5 分，上限 1.5 分		
2	检修前的检查					
2.1	柜体表面检查	柜体表面清洁，漆面无变色、起皮、锈蚀，观察窗玻璃无裂纹、破碎	1	不检查，扣 1 分		
2.2	柜门检查	柜门门把手关启良好，柜体密封良好，螺栓、销钉无松动，脱落	1	不检查，扣 1 分		
2.3	接地线检查	接地线的连接螺栓无松动、接地线固定良好	1	不检查，扣 1 分		
2.4	指示灯检查	检修前指示灯检查	1	不检查，扣 1 分		
2.5	联锁程序检查	与柜门联锁程序正确，推进退出灵活，隔离挡板动作正常	2	不检查，扣 2 分		
2.6	绝缘件检查	绝缘件表面清洁，无变色、开裂	1	不检查，扣 1 分		
2.7	梅花触指检查	梅花触头无氧化、松动，烧伤	1	不检查，扣 1 分		
2.8	分、合闸线圈检查	线圈外观良好，测量线圈阻值	1	不检查，扣 1 分		
2.9	电气元件检查	辅助开关等电气元件绝缘良好，接线牢靠	1	不检查，扣 1 分		
3	机械故障排除					
3.1	断路器机构拒动	设置一个故障点进行考核处理	5	不能正确查出故障，扣 3 分； 处理工艺不规范，扣 2 分		

续表

序号	项目名称	质量要求	满分	扣分标准	扣分原因	得分
4	电气故障排除					
4.1	电机不能储能	设置一个故障点进行考核处理	10	不能正确查出故障，扣 8 分； 处理工艺不规范，扣 2 分		
	不能分闸	设置一个故障点进行考核处理	10	不能正确查出故障，扣 8 分； 处理工艺不规范，扣 2 分		
	不能分闸	设置一个故障点进行考核处理	10	不能正确查出故障，扣 8 分； 处理工艺不规范，扣 2 分		
5	试验部分					
5.1	低电压试验	正确使用仪器，接线方法正确	3	未能正确使用测试仪器，扣 1 分； 接线方法不正确，扣 2 分		
		根据测试数据判断开关是否合格，操动机构分闸电磁铁的最低动作电压应在操作电压额定值的 30%～65%； 合闸电磁铁或合闸接触器端子上的最低动作电压应在操作电压额定值的 65%～80%； 分、合闸电磁铁在操作电压额定值的 30%时不得动作	10	不清楚测试标准，未能结合测试数据进行分析判断，扣 10 分		
		试验后正确收取试验仪器及试验接线	2	未正确回收，扣 2 分		
6	现场清理及恢复					
6.1	清理作业现场	工器具、试验仪器收取后摆放整齐，与开工前一致； 设备表面清洁无杂物，作业现场清洁无遗留物品	5	工器具、试验仪器未收取摆放整齐，扣 1 分； 设备表面、工作现场有遗留物，每处扣 1 分，扣完为止		
6.2	设备恢复	断路器恢复至检修前状态	5	电机电源或控制电源未断开，扣 1 分； 机构箱门未关，扣 1 分； 弹簧能量未释放，扣 1.5 分； 未申请恢复接地开关，扣 1.5 分		
7	检修报告填写					
7.1	填写检修报告	正确填写检修报告，用语规范，项目齐全，结论正确	15	检修前检查情况未填写，扣 1 分； 检修项目填写不齐全，扣 0.5 分； 发现及处理情况未填写，扣 3 分； 缺陷每缺少一项，扣 1 分； 试验情况未填写，扣 2 分； 试验数据未填写，扣 1 分； 试验数据不全，扣 1 分； 检修结论不正确，扣 0.5 分； 以上扣分，扣完为止		
合计			100			

附表 Jc0003263013　　故障设置参考（用于评分表序号 3）

序号	故障现象	故障设置（举例）	处理方法
1	拒合机械故障	分闸掣子复位滞后	检查恢复分闸掣子复位弹簧位置
2		分闸掣子啮合面小于其弧形面半径的 1/2±2mm	断路器分闸后，调节合分掣子调节螺杆，使主轴拐臂滚针轴承与掣子弧形面半径啮合 1/2±2mm。调整后用力快速按下手动分闸按钮，应能使掣子脱扣
3		手车不在“试验位置”或“工作位置”	手车摇至“试验位置”或“工作位置”
4		合闸线圈铁芯卡涩	检查卡涩原因，必要时更换合闸线圈

续表

序号	故障现象	故障设置（举例）	处理方法
5	拒分机械故障	分闸掣子与主轴拐臂滚针轴承啮合扣合面大于其弧形面半径的 1/2± 2mm	手动分闸后，往下调节分闸掣子调节螺杆至电动操作可靠分闸
6		分闸掣子内卡有异物	将异物清除
7		分闸掣子轴销脱落	重新将销轴装好
8		分闸线圈铁芯卡涩	检查卡涩原因，必要时更换分闸线圈
9	不能合闸	在合闸回路任意一处做绝缘	检查合闸回路，消除绝缘
10		辅助开关接点互换	检查回路，更换辅助开关接点
11		微动开关接点互换	检查合闸回路储能微动开关位接点
12	分闸回路故障	在分闸回路任意一处做绝缘	检查损坏原因，更换合闸线圈
13		机构合闸位置辅助开关不到位	检查辅助开关切换角度
14	储能回路故障	在储能回路任意一处做绝缘	检查损坏原因，更换储能行程开关
15		储能微动开关接点互换	检查储能电机二次回路，测量电机电阻，必要时更换储能电机

Jc0003253014　ZN85A－40.5 真空断路器储能部件损坏故障检修。（100 分）

考核知识点：断路器检修—断路器缺陷及故障处理

难易度：难

技能等级评价专业技能考核操作工作任务书

一、任务名称

ZN85A－40.5 真空断路器储能部件损坏故障检修。

二、适用工种

变电设备检修工技师。

三、具体任务

（1）工作状态为模拟 ZN85A－40.5 真空断路器储能部件损坏故障，工作内容为 ZN85A－40.5 真空断路器储能部件损坏故障检修。

（2）工作任务。

1）作业前检查。

2）排除储能回路故障。

3）更换电机储能链条及储能微动开关。

4）进行机械特性试验。

5）填写检修报告。

四、工作规范及要求

（1）要求 1 人操作，由监考人员监护。

（2）安全文明生产，工器具、材料、设备摆放整齐，现场操作熟练、连贯、有序，正确规范地使用工器具及安全用具。不发生危及人身和设备安全的行为，否则可取消本次考核成绩。

（3）考核考生对断路器各部件充分了解、对于仪器操作使用规范。

（4）熟悉断路器储能，分、合闸状态，熟悉断路器的机械结构和原理。

五、考核及时间要求

（1）考核时间为 60 分钟。

（2）开工前，考生检查着装，清点工器具、设备是否齐全。
（3）许可开工后记录考核时间。
（4）现场清理完毕后，汇报工作终结，记录考核结束时间。

技能等级评价专业技能考核操作评分标准

工种	变电设备检修工					评价等级	技师
项目模块	断路器检修—断路器缺陷及故障处理				编号	Jc0003253014	
单位			准考证号			姓名	
考试时限	60 分钟	题型		单项操作		题分	100 分
成绩		考评员		考评组长		日期	
试题正文	ZN85A－40.5 真空断路器储能部件损坏故障检修						
需要说明的问题和要求	（1）考生着装规范，穿工作服、绝缘鞋，戴安全帽。 （2）操作中应注意安全，按照标准化作业书的技术安全说明做好安全措施。 （3）工器具、测试仪、相关配件由考场提供						

序号	项目名称	质量要求	满分	扣分标准	扣分原因	得分
1	安全文明生产					
1.1	着装规范	正确佩戴安全帽、穿绝缘鞋、穿长袖工作服、戴线手套	3	未佩戴安全帽、穿绝缘鞋、穿长袖工作服，扣1分； 安全帽佩戴不规范，扣1分； 着装不规范，扣0.5分； 未戴线手套，扣0.5分		
1.2	安全工器具及安全措施检查	应检查安全工器具、绝缘工器具是否完好，是否在校验合格期内； 检查工作区域围栏是否合格、封闭	8	未检查凳梯、绝缘手套外观是否完好，每项扣2分，扣完为止； 未检查检验标签是否在合格期内，扣2分； 未检查围栏非入口处是否封闭，扣2分		
1.3	试验环境检查	检查当日工位处温度、湿度情况	1	未检查温度情况，扣0.5分； 未检查湿度情况，扣0.5分		
1.4	安全文明生产	材料或配件不应发生掉落及随意摆放现象	3	发生工器具及配件掉落现象，每次扣0.5分，上限1.5分； 工作现场杂乱无章，检查过程中随意摆放工器具，每次扣0.5分，上限1.5分		
2	检修前的检查					
2.1	开关柜柜面检查	柜面清洁无异物，观察窗玻璃完好清洁，柜面指示灯、操作把手等元器件安装牢固	2	不检查，扣2分		
2.2	联锁程序检查	与柜门联锁程序正确，推进退出灵活，隔离挡板动作正常	2	不进行检查，扣2分		
2.3	绝缘件检查	绝缘件表面清洁，无变色、开裂	1	不进行检查，扣1分		
2.4	梅花触指检查	梅花触头无氧化、松动，烧伤	1	不进行检查，扣1分		
2.5	机构零部件检查	机构零部件无锈蚀、变形	1	不检查，扣1分		
2.6	分、合闸线圈检查	线圈外观良好，外观无发热痕迹	2	不检查，扣2分		
2.7	电气元件检查	辅助开关等电气元件绝缘良好，接线牢靠	1	不检查，扣1分		
3	储能回路缺陷排查					
3.1	储能部件异常	设置巡视缺陷1处	5	未能巡视发现，扣5分		
3.2	储能回路故障	设置故障点1处	5	未能检查发现，扣5分		
4	更换储能部件					
4.1	拆除储能微动开关	拆下的线头所做标记正确、清晰、牢固，防潮措施可靠	2	未做标记及措施，扣2分		
		拆除过程中作业行为规范，注意防止损坏相关零部件	3	野蛮作业，损坏零部件，扣3分		

续表

序号	项目名称	质量要求	满分	扣分标准	扣分原因	得分
4.2	新储能微动开关安装	选取的新微动开关与旧行程开关型号一致	1	未正确选取微动开关，扣1分		
		按旧标号接线，微动开关安装牢固，接线正确可靠	1	接线错误，安装不牢固，扣1分		
		测试动作正常，接点转换正常	3	动作不正常，接点转换不正常，扣3分		
4.3	储能链条拆除	拆除过程中作业行为规范，注意防止损坏相关零部件	8	野蛮作业，损坏零部件，扣8分		
4.4	储能链条更换	链条接头可靠连接，接头卡片安装牢靠	5	接头连接不可靠，扣5分		
		安装后在表面涂薄层润滑脂	2	不涂润滑脂，扣2分		
		安装后传动灵活，储能正常	5	传动卡涩，储能不正常，扣5分		
5	机械特性试验					
5.1	机械特性试验	正确使用仪器，接线方法正确	4	未能正确使用测试仪器，扣2分； 接线方法不正确，扣2分		
		根据测试数据判断开关是否合格	4	测试数据不合格，未能结合测试数据进行分析判断，扣4分		
		试验后正确收取试验仪器及试验接线	2	未正确收取，扣2分		
6	现场清理及恢复					
6.1	清理作业现场	工器具、试验仪器收取后摆放整齐，与开工前一致； 设备表面清洁无杂物，作业现场清洁无遗留物品	5	工器具、试验仪器未收取摆放整齐，扣1分； 设备表面、工作现场有遗留物，每处扣1分，扣完为止		
6.2	设备恢复	断路器恢复至检修前状态	5	电机电源或控制电源未断开，扣1分； 机构箱门未关，扣1分； 弹簧能量未释放，扣1.5分； 未申请恢复接地刀闸，扣1.5分		
7	检修报告填写					
7.1	填写检修报告	正确填写检修报告，用语规范，项目齐全，结论正确	15	检修前检查情况未填写，扣1分； 检修项目填写不齐全，扣0.5分； 发现及处理情况未填写，扣3分； 缺陷每缺少一项，扣1分； 试验情况未填写，扣2分； 试验数据未填写，扣1分； 试验数据不全，扣1分； 检修结论不正确，扣0.5分； 以上扣分，扣完为止		
合计			100			

附表 Jc0003253014　　故障点设置参考（用于评分表序号4）

序号	故障现象	故障设置（举例）	处理方法
1	储能链条断裂	巡视缺陷，在储能链条上贴“链条断裂”小条，模拟储能链条断裂故障	巡视检查，更换储能链条
2	不能储能	将储能微动开关更换为已损坏的微动开关	检查储能回路，更换微动开关

Jc0003253015　ZN85A－40.5 真空断路器分闸线圈烧损故障检修。（100 分）

考核知识点：断路器检修—断路器维护及小修

难易度：难

技能等级评价专业技能考核操作工作任务书

一、任务名称

ZN85A－40.5 真空断路器分闸线圈烧损故障检修。

二、适用工种

变电设备检修工技师。

三、具体任务

（1）工作状态为模拟 ZN85A－40.5 真空断路器分闸线圈烧损故障，工作内容为 ZN85A－40.5 真空断路器分闸线圈烧损故障检修。

（2）工作任务。

1）检修前检查。

2）更换分闸线圈。

3）排除机械故障。

4）进行低电压试验。

5）填写检修报告。

四、工作规范及要求

（1）要求 1 人操作，由监考人员监护。

（2）安全文明生产，工器具、材料、设备摆放整齐，现场操作熟练、连贯、有序，正确规范地使用工器具及安全用具。不发生危及人身和设备安全的行为，否则可取消本次考核成绩。

（3）考核考生对断路器各部件充分了解、对于仪器操作使用规范。

（4）熟悉断路器储能，分、合闸状态，熟悉断路器的机械结构和原理。

五、考核及时间要求

（1）考核时间为 60 分钟。

（2）开工前，考生检查着装，清点工器具、设备是否齐全。

（3）许可开工后记录考核时间。

（4）现场清理完毕后，汇报工作终结，记录考核结束时间。

技能等级评价专业技能考核操作评分标准

<table>
<tr><td>工种</td><td colspan="5">变电设备检修工</td><td>评价等级</td><td>技师</td></tr>
<tr><td>项目模块</td><td colspan="4">断路器检修—断路器维护及小修</td><td>编号</td><td colspan="2">Jc0003253015</td></tr>
<tr><td>单位</td><td colspan="3"></td><td>准考证号</td><td></td><td>姓名</td><td></td></tr>
<tr><td>考试时限</td><td>60 分钟</td><td>题型</td><td colspan="3">单项操作</td><td>题分</td><td>100 分</td></tr>
<tr><td>成绩</td><td></td><td>考评员</td><td></td><td>考评组长</td><td></td><td>日期</td><td></td></tr>
<tr><td>试题正文</td><td colspan="7">ZN85A－40.5 真空断路器分闸线圈烧损故障检修</td></tr>
<tr><td>需要说明的问题和要求</td><td colspan="7">（1）考生着装规范，穿工作服、绝缘鞋，戴安全帽。
（2）操作中应注意安全，按照标准化作业书的技术安全说明做好安全措施。
（3）工器具、测试仪、相关配件由考场提供</td></tr>
</table>

序号	项目名称	质量要求	满分	扣分标准	扣分原因	得分
1	安全文明生产					

续表

序号	项目名称	质量要求	满分	扣分标准	扣分原因	得分
1.1	着装规范	正确佩戴安全帽、穿绝缘鞋、穿长袖工作服、戴线手套	3	未佩戴安全帽、穿绝缘鞋、穿长袖工作服，扣1分； 安全帽佩戴不规范，扣1分； 着装不规范，扣0.5分； 未戴线手套，扣0.5分		
1.2	安全工器具及安全措施检查	应检查安全工器具、绝缘工器具是否完好，是否在校验合格期内； 检查工作区域围栏是否合格、封闭	8	未检查凳梯、绝缘手套外观是否完好，每项扣2分，扣完为止； 未检查检验标签是否在合格期内，扣2分； 未检查围栏非入口处是否封闭，扣2分		
1.3	试验环境检查	检查当日工位处温度、湿度情况	1	未检查温度情况，扣0.5分； 未检查湿度情况，扣0.5分		
1.4	安全文明生产	材料或配件不应发生掉落及随意摆放现象	3	发生工器具及配件掉落现象，每次扣0.5分，上限1.5分； 工作现场杂乱无章，检查过程中随意摆放工器具，每次扣0.5分，上限1.5分		
2	检修前的检查					
2.1	开关柜柜面检查	柜面清洁无异物，观察窗玻璃完好清洁，柜面指示灯、操作把手等元器件安装牢固	2	不检查，扣2分		
2.2	联锁程序检查	与柜门联锁程序正确，推进退出灵活，隔离挡板动作正常	2	不进行检查，扣2分		
2.3	绝缘件检查	绝缘件表面清洁，无变色、无开裂	1	不进行检查，扣1分		
2.4	梅花触指检查	梅花触头无氧化、无松动、无烧伤	1	不进行检查，扣1分		
2.5	机构零部件检查	机构零部件无锈蚀、无变形	1	不检查，扣1分		
2.6	分、合闸线圈检查	线圈外观良好，测量线圈阻值	2	不检查，扣2分		
2.7	电气元件检查	辅助开关等电气元件绝缘良好，接线牢靠	1	不检查，扣1分		
3	分闸线圈更换					
3.1	分闸线圈拆除	拆下的线头所做标记正确、清晰、牢固，绝缘及防潮措施可靠	5	未做标记，扣2分； 未做绝缘及防潮措施，扣3分		
		拆除过程中作业行为规范，注意防止损坏相关零部件	5	作业行为不规范，扣3分； 损坏零部件，扣2分		
3.2	新分闸线圈安装	新线圈应与旧线圈型号一致	5	新、旧线圈型号不一致，扣5分		
		新安装分、合闸线圈电阻检测，检测结果应符合设备技术文件要求，无明确要求时，以线圈电阻初值差不超过±5%作为判据，绝缘值符合相关技术标准要求	5	新线圈电阻值、绝缘值不符合要求，扣5分		
		新分闸线圈安装牢靠，接线正确	10	新线圈安全不牢固、接线不正确，每项扣5分，扣完为止		
4	机械故障排除					
4.1	断路器拒分	设置拒分1个故障点	10	未消除故障，扣10分		

续表

序号	项目名称	质量要求	满分	扣分标准	扣分原因	得分
5	低电压试验					
5.1	低电压试验	正确使用仪器，接线方法正确	4	未能正确使用测试仪器，扣2分； 接线方法不正确，扣2分		
		根据测试数据判断开关是否合格，操动机构分闸电磁铁的最低动作电压应在操作电压额定值的30%～65%； 合闸电磁铁或合闸接触器端子上的最低动作电压应在操作电压额定值的65%～80%； 分、合闸电磁铁在操作电压额定值的30%时不得动作	4	不清楚测试标准，未能结合测试数据进行分析判断，扣4分		
		试验后正确回收试验仪器及试验接线	2	未正确回收，扣2分		
6	现场清理及恢复					
6.1	清理作业现场	工器具、试验仪器收取后摆放整齐，与开工前一致； 设备表面清洁无杂物，作业现场清洁无遗留物品	5	工器具、试验仪器未收取摆放整齐，扣1分； 设备表面、工作现场有遗留物，每处扣1分，扣完为止		
6.2	设备恢复	断路器恢复至检修前状态	5	电机电源或控制电源未断开，扣1分； 机构箱门未关，扣1分； 弹簧能量未释放，扣1.5分； 未申请恢复接地刀闸，扣1.5分		
7	检修报告填写					
7.1	填写检修报告	正确填写检修报告，用语规范，项目齐全，结论正确	15	检修前检查情况未填写，扣1分； 检修项目填写不齐全，扣0.5分； 发现及处理情况未填写，扣3分； 缺陷每缺少一项，扣1分； 试验情况未填写，扣2分； 试验数据未填写，扣1分； 试验数据不全，扣1分； 检修结论不正确，扣0.5分； 以上扣分，扣完为止		
合计			100			

附表 Jc0003253015 **故障点设置参考**

序号	故障现象	故障原因（举例）	处理方法
1	拒分故障	分闸掣子同滚针轴承粘住（润滑脂干涸或灰尘脏物过多）	将掣子与滚针轴承外圆面擦洗干净，薄薄涂一层润滑脂（轴承防锈润滑脂）
2		分闸掣子内卡有异物	将异物清除
3		分闸掣子轴销脱落	重新将销轴装好
4	分闸线圈烧损	安装老旧线圈，模拟分闸线圈烧损	用万用表测量检查并进行更换

Jc0003253016　ZN85A－40.5 真空断路器梅花触头发热检修。（100 分）

考核知识点：断路器检修—断路器维护及小修

难易度：难

技能等级评价专业技能考核操作工作任务书

一、任务名称

ZN85A－40.5真空断路器梅花触头发热检修。

二、适用工种

变电设备检修工技师。

三、具体任务

（1）工作状态为模拟ZN85A－40.5真空断路器梅花触头发热烧损，工作内容为ZN85A－40.5真空断路器梅花触头发热检修。

（2）工作任务。

1）作业前检查。

2）排除缺陷。

3）更换梅花触头。

4）进行回路电阻试验。

5）填写检修报告

四、工作规范及要求

（1）要求1人操作，由监考人员监护。

（2）安全文明生产，工器具、材料、设备摆放整齐，现场操作熟练、连贯、有序，正确规范地使用工器具及安全用具。不发生危及人身和设备安全的行为，否则可取消本次考核成绩。

（3）考核考生对断路器各部件充分了解、对于仪器操作使用规范。

（4）熟悉断路器储能，分、合闸状态，熟悉断路器的机械结构和原理。

五、考核及时间要求

（1）考核时间为60分钟。

（2）开工前，考生检查着装，清点工器具、设备是否齐全。

（3）许可开工后记录考核时间。

（4）现场清理完毕后，汇报工作终结，记录考核结束时间。

技能等级评价专业技能考核操作评分标准

工种	变电设备检修工					评价等级	技师
项目模块	断路器检修—断路器维护及小修				编号	Jc0003253016	
单位		准考证号				姓名	
考试时限	60分钟		题型	单项操作		题分	100分
成绩		考评员		考评组长		日期	
试题正文	ZN85A－40.5真空断路器梅花触头发热检修						
需要说明的问题和要求	（1）考生着装规范，穿工作服、绝缘鞋，戴安全帽。 （2）操作中应注意安全，按照标准化作业书的技术安全说明做好安全措施。 （3）工器具、测试仪、相关配件由考场提供						

序号	项目名称	质量要求	满分	扣分标准	扣分原因	得分
1	安全文明生产					
1.1	着装规范	正确佩戴安全帽、穿绝缘鞋、穿长袖工作服、戴线手套	3	未佩戴安全帽、穿绝缘鞋、穿长袖工作服，扣1分； 安全帽佩戴不规范，扣1分； 着装不规范，扣0.5分； 未戴线手套，扣0.5分		

续表

序号	项目名称	质量要求	满分	扣分标准	扣分原因	得分
1.2	安全工器具及安全措施检查	应检查安全工器具、绝缘工器具是否完好，是否在校验合格期内； 检查工作区域围栏是否合格、封闭	8	未检查凳梯、绝缘手套外观是否完好，每项扣2分，扣完为止； 未检查检验标签是否在合格期内，扣2分； 未检查围栏非入口处是否封闭，扣2分		
1.3	试验环境检查	检查当日工位处温度、湿度情况	1	未检查温度情况，扣0.5分； 未检查湿度情况，扣0.5分		
1.4	安全文明生产	材料或配件不应发生掉落及随意摆放现象	3	发生工器具及配件掉落现象，每次扣0.5分，上限1.5分； 工作现场杂乱无章，检查过程中随意摆放工器具，每次扣0.5分，上限1.5分		
2	检修前的检查					
2.1	开关柜柜面检查	柜面清洁无异物，观察窗玻璃完好清洁，柜面指示灯、操作把手等元器件安装牢固	2	不检查，扣2分		
2.2	联锁程序检查	与柜门联锁程序正确，推进退出灵活，隔离挡板动作正常	2	不进行检查，扣2分		
2.3	绝缘件检查	绝缘件表面清洁，无变色、无开裂	1	不进行检查，扣1分		
2.4	梅花触指检查	梅花触头无氧化、无松动、无烧伤，弹簧弹力是否正常	2	不进行检查，扣2分		
2.5	机构零部件检查	机构零部件无锈蚀、无变形	1	不检查，扣1分		
2.6	分、合闸线圈检查	线圈外观良好，无发热痕迹	1	不检查，扣1分		
2.7	电气元件检查	辅助开关等电气元件绝缘良好，接线牢靠	1	不检查，扣1分		
3	梅花触头缺陷排查					
3.1	梅花触头缺陷	设置巡视缺陷1处，模拟梅花触头发热	5	未能巡视发现缺陷，扣5分		
4	梅花触头更换					
4.1	梅花触头拆除	拆除过程中作业行为规范，注意防止损坏相关零部件	10	损坏零部件，扣10		
4.2	梅花触头安装	新触头表面清洁、平整、无损伤	2	触头表面不清洁、不平整、有损伤，扣2分		
		弹簧压力正常	3	弹簧压力不正常，扣3分		
		静触头安装中心线与静触头中心线一致，且与动触头中心线一致	5	梅花触头安装中心线与动、静触头中心线不一致，扣5分		
		手车推入工作位置，动静触头接触紧密，插入深度符合产品规定要求	5	接触不紧密、插入深度不符合要求，扣5分		
		安装完成后，清洁触头表面，涂薄层导电膏	5	不涂抹导电膏，扣5分		
5	回路电阻试验	正确使用仪器，接线方法正确	5	未能正确使用测试仪器，扣3分； 接线方法不正确，扣2分		
		根据测试数据判断断路器是否合格	8	测试数据不合格，未能结合测试数据进行分析判断，扣8分		
		试验后正确收取试验仪器及试验接线	2	未正确收取，扣2分		
6	现场清理及恢复					
6.1	清理作业现场	工器具、试验仪器收取后摆放整齐，与开工前一致； 设备表面清洁无杂物，作业现场清洁无遗留物品	5	工器具、试验仪器未收取摆放整齐，扣1分； 设备表面、工作现场有遗留物，每处扣1分，扣完为止		
6.2	设备恢复	断路器恢复至检修前状态	5	电机电源或控制电源未断开，扣1分； 机构箱门未关，扣1分； 弹簧能量未释放，扣1.5分； 未申请恢复接地刀闸，扣1.5分		

续表

序号	项目名称	质量要求	满分	扣分标准	扣分原因	得分
7	检修报告填写					
7.1	填写检修报告	正确填写检修报告，用语规范，项目齐全，结论正确	15	检修前检查情况未填写，扣1分； 检修项目填写不齐全，扣0.5分； 发现及处理情况未填写，扣3分； 缺陷每缺少一项，扣1分； 试验情况未填写，扣2分； 试验数据未填写，扣1分； 试验数据不全，扣1分； 检修结论不正确，扣0.5分； 以上扣分，扣完为止		
合计			100			

附表 Jc0003253016　　故障点设置参考

序号	故障现象	故障设置（举例）	处理方法
1	梅花触头发热	将其中一相梅花触头的弹簧更换为弹力不正常的弹簧，模拟梅花触头发热	巡视检查，更换梅花触头
2		在梅花触头内贴“插入深度小”小纸条，模拟梅花触头发热	巡视检查，更换梅花触头

Jc0003263017　ZN85A－40.5 真空断路器拒动故障检修。（100 分）

考核知识点：断路器检修—断路器缺陷及故障处理

难易度：难

技能等级评价专业技能考核操作工作任务书

一、任务名称

ZN85A－40.5 真空断路器拒动故障检修。

二、适用工种

变电设备检修工技师。

三、具体任务

（1）工作状态为模拟 35kV 开关柜拒动故障，工作内容为 ZN85A－40.5 真空断路器拒动故障检修。

（2）工作任务。

1）作业前检查。

2）故障排除。

3）进行低电压试验。

4）填写检修报告。

四、工作规范及要求

（1）要求 1 人操作，由监考人员监护。考生着装规范，穿工作服、绝缘鞋，戴安全帽。

（2）安全文明生产，工器具、材料、设备摆放整齐，现场操作熟练、连贯、有序，正确规范地使用工器具及安全用具。不发生危及人身和设备安全的行为，否则可取消本次考核成绩。

（3）考核考生对断路器各部件充分了解、对于仪器操作使用规范。

（4）熟悉断路器储能和分、合闸状态，熟悉断路器的机械结构和原理。

五、考核及时间要求

（1）考核时间为 90 分钟。

（2）开工前，考生检查着装，清点工器具、设备是否齐全。

（3）许可开工后记录考核时间。

（4）现场清理完毕后，汇报工作终结，记录考核结束时间。

技能等级评价专业技能考核操作评分标准

工种	变电设备检修工					评价等级	技师
项目模块	断路器检修—断路器缺陷及故障处理				编号	Jc0003263017	
单位			准考证号			姓名	
考试时限	90 分钟		题型	单项操作		题分	100 分
成绩		考评员		考评组长		日期	
试题正文	ZN85A－40.5 真空断路器拒动故障检修						
需要说明的问题和要求	（1）操作中应注意安全，按照标准化作业书的技术安全说明做好安全措施。 （2）工器具、测试仪、相关配件由考场提供						

序号	项目名称	质量要求	满分	扣分标准	扣分原因	得分
1	安全文明生产					
1.1	着装规范	正确佩戴安全帽、穿绝缘鞋、穿长袖工作服、戴线手套	3	未佩戴安全帽、穿绝缘鞋、穿长袖工作服，扣 1 分； 安全帽佩戴不规范，扣 1 分； 着装不规范，扣 0.5 分； 未戴线手套，扣 0.5 分		
1.2	安全工器具及安全措施检查	应检查安全工器具、绝缘工器具是否完好，是否在校验合格期内； 检查工作区域围栏是否合格、封闭	8	未检查凳梯、绝缘手套外观是否完好，每项扣 2 分，扣完为止； 未检查检验标签是否在合格期内，扣 2 分； 未检查围栏非入口处是否封闭，扣 2 分		
1.3	试验环境检查	检查当日工位处温度、湿度情况	1	未检查温度情况，扣 0.5 分； 未检查湿度情况，扣 0.5 分		
1.4	安全文明生产	材料或配件不应发生掉落及随意摆放现象	3	发生工器具及配件掉落现象，每次扣 0.5 分，上限 1.5 分； 工作现场杂乱无章，检查过程中随意摆放工器具，每次扣 0.5 分，上限 1.5 分		
2	检修前的检查					
2.1	柜体表面检查	柜体表面清洁，漆面无变色、起皮、锈蚀观察窗玻璃无裂纹、无破碎	1	不检查，扣 1 分		
2.2	柜门检查	柜门门把手关启良好，柜体密封良好，螺栓、销钉无松动，脱落	1	不检查，扣 1 分		
2.3	接地线检查	接地线的连接螺栓无松动、接地线固定良好	1	不检查，扣 1 分		
2.4	指示灯检查	检修前指示灯检查	1	不检查，扣 1 分		
2.5	联锁程序检查	与柜门联锁程序正确，推进退出灵活，隔离挡板动作正常	2	不检查，扣 2 分		
2.6	绝缘件检查	绝缘件表面清洁，无变色、无开裂	1	不检查，扣 1 分		
2.7	梅花触指检查	梅花触头无氧化、无松动、无烧伤	1	不检查，扣 1 分		
2.8	分、合闸线圈检查	线圈外观良好，测量线圈阻值	1	不检查，扣 1 分		
2.9	电气元件检查	辅助开关等电气元件绝缘良好，接线牢靠	1	不检查，扣 1 分		
3	机械故障排除					
3.1	断路器机构拒动	设置 1 个故障点进行考核处理	10	不能正确查出故障，扣 8 分； 处理工艺不规范，扣 2 分		

续表

序号	项目名称	质量要求	满分	扣分标准	扣分原因	得分
4	电气故障排除					
4.1	电机不能储能	设置1个故障点进行考核处理	10	不能正确查出故障，扣8分； 处理工艺不规范，扣2分		
	不能分闸	设置1个故障点进行考核处理	10	不能正确查出故障，扣8分； 处理工艺不规范，扣2分		
	不能分闸	设置1个故障点进行考核处理	10	不能正确查出故障，扣8分； 处理工艺不规范，扣2分		
5	试验部分					
5.1	低电压试验	正确使用仪器，接线方法正确	4	未能正确使用测试仪器，扣2分； 接线方法不正确，扣2分		
		根据测试数据判断开关是否合格，操动机构分闸电磁铁的最低动作电压应在操作电压额定值的30%～65%； 合闸电磁铁或合闸接触器端子上的最低动作电压应在操作电压额定值的65%～80%； 分、合闸电磁铁在操作电压额定值的30%时不得动作	4	不清楚测试标准，未能结合测试数据进行分析判断，扣4分		
		试验后正确收取试验仪器及试验接线	2	未正确回收，扣2分		
6	现场清理及恢复					
6.1	清理作业现场	工器具、试验仪器收取后摆放整齐，与开工前一致； 设备表面清洁无杂物，作业现场清洁无遗留物品	5	工器具、试验仪器未收取摆放整齐，扣1分； 设备表面、工作现场有遗留物，每处扣1分，扣完为止		
6.2	设备恢复	断路器恢复至检修前状态	5	电机电源或控制电源未断开，扣1分； 机构箱门未关，扣1分； 弹簧能量未释放，扣1.5分； 未申请恢复接地刀闸，扣1.5分		
7	检修报告填写					
7.1	填写检修报告	正确填写检修报告，用语规范，项目齐全，结论正确	15	检修前检查情况未填写，扣1分； 检修项目填写不齐全，扣0.5分； 发现及处理情况未填写，扣3分； 缺陷每缺少一项，扣1分； 试验情况未填写，扣2分； 试验数据未填写，扣1分； 试验数据不全，扣1分； 检修结论不正确，扣0.5分； 以上扣分，扣完为止		
	合计		100			

附表 Jc0003263017　　故 障 设 置 参 考

序号	故障现象	故障设置（举例）	处理方法
1	拒合机械故障	分闸掣子复位滞后	检查恢复分闸掣子复位弹簧位置
2		分闸半轴与分闸扇形板扣接量过大	调整扣接量
3		手车不在“试验位置”或“工作位置”	手车摇至“试验位置”或“工作位置”
4		合闸线圈铁芯卡涩	检查卡涩原因，必要时更换合闸线圈
5	拒分机械故障	分闸掣子内卡有异物	将异物清除
6		分闸掣子轴销脱落	重新将销轴装好
7		分闸线圈铁芯卡涩	检查卡涩原因，必要时更换分闸线圈

续表

序号	故障现象	故障设置（举例）	处理方法
8	不能合闸	在合闸回路任意一处做绝缘	检查合闸回路，消除绝缘
9		辅助开关接点互换	检查回路，更换辅助开关接点
10		微动开关接点互换	检查合闸回路储能微动开关位接点
11	分闸回路故障	在分闸回路任意一处做绝缘	检查损坏原因，更换合闸线圈
12		机构合闸位置辅助开关不到位	检查辅助开关切换角度
13	储能回路故障	在储能回路任意一处做绝缘	检查损坏原因，更换储能行程开关
14		储能微动开关接点互换	检查储能电机二次回路，测量电机电阻，必要时更换储能电机

Jc0004263018　组合电器漏气检查及气体回收充气装置的操作。（100 分）

考核知识点：组合电器检修—组合电器大修及更换安装

难易度：难

技能等级评价专业技能考核操作工作任务书

一、任务名称

组合电器漏气检查及气体回收充气装置的操作。

二、适用工种

变电设备检修工技师。

三、具体任务

（1）工作状态为模拟组合电器断路器及线路停电，组合电器漏气检查及气体回收充气装置的操作。

（2）工作任务。

1）作业前的检查。

2）组合电器漏气检查及气体回收充气装置的操作。

四、工作规范及要求

（1）要求 1 人操作，由监考人员监护。

（2）安全文明生产，工器具、材料、设备摆放整齐，现场操作熟练、连贯、有序，正确规范地使用工器具及安全用具。不发生危及人身和设备安全的行为，否则可取消本次考核成绩。

（3）熟悉组合电器设备结构图及安装图，掌握 SF_6 检漏仪使用方法。

（4）熟悉 SF_6 气体回收装置操作方法及技术要求。

五、考核及时间要求

（1）考核时间为 120 分钟。

（2）开工前，考生检查着装，清点工器具、设备是否齐全。

（3）许可开工后记录考核时间。

（4）现场清理完毕后，汇报工作终结，记录考核结束时间。

技能等级评价专业技能考核操作评分标准

工种	变电设备检修工					评价等级	技师
项目模块	组合电器检修—组合电器大修及更换安装				编号	Jc0004263018	
单位		准考证号				姓名	
考试时限	120 分钟	题型		综合操作		题分	100 分
成绩		考评员		考评组长		日期	
试题正文	组合电器漏气检查及气体回收充气装置的操作						

续表

需要说明的问题和要求	（1）考生着装规范，穿工作服、绝缘鞋，戴安全帽。 （2）现场提供检修所需的工器具、仪器、材料及安全防护用具。 （3）考核项目涉及检查项目以填写检修记录为主

序号	项目名称	质量要求	满分	扣分标准	扣分原因	得分
1	安全文明生产					
1.1	着装规范	正确佩戴安全帽、穿绝缘鞋、穿长袖工作服、戴线手套	3	未佩戴安全帽、穿绝缘鞋、穿长袖工作服，扣1分； 安全帽佩戴不规范，扣1分； 着装不规范，扣0.5分； 未戴线手套，扣0.5分		
1.2	安全工器具及安全措施检查	应检查安全工器具、绝缘工器具是否完好，是否在校验合格期内； 检查工作区域围栏是否合格、封闭	8	未检查凳梯、绝缘手套外观是否完好，每项扣2分，扣完为止； 未检查检验标签是否在合格期内，扣2分； 未检查围栏非入口处是否封闭，扣2分		
1.3	安全文明生产	材料或配件不应发生掉落及随意摆放现象	2	发生工器具及配件掉落现象，每次扣0.5分； 工作现场杂乱无章，检查过程中随意摆放工器具，每次扣0.5分； 以上扣分，扣完为止		
1.4	GIS设备技术资料	运行缺陷记录、检修报告、检修工艺导则、预防试验规程； GIS设备结构图和安装图正确、齐全编制工序工艺标准卡并经审核	4	没有检测必备技术资料，扣1分； 不会识图、不知密封点，扣1分； 未编制工序工艺标准卡并送审，扣2分		
2	气体回收装置检查					
2.1	气体回收装置检查	各结构功能完善，操作系统正常，满足工艺质量要求，注意有关注意事项	9	不会使用气体回收装置，不清楚维护规则，扣3分； 不了解功能、作用，扣3分； 操作系统不会检查，扣3分		
3	检查漏气的方法					
3.1	宏观检查	使用SF_6泄漏报警仪、氧量仪报警，符合运行维护导则的有关规定	9	不会用SF_6泄漏报警仪，扣3分； 不了解或不会用氧量仪报警装置，扣3分； 不知技术指标，扣3分		
3.2	密度继电器和压力表检查	根据厂家规定进行密度压力监测，监察过程和方法符合运行维护导则要求	6	不了解密度继电器作用，不会用它检查漏气情况，扣2分； 不了解压力表作用，不会用它检查漏气情况，扣2分； 不懂监测回路相互作用，不会分析判断漏气情况，扣2分		
3.3	微观检查	独立气室压力检测法按运行维护导则及SF_6气体质量监督与安全管理导则指标进行分析和判断	10	不会用独立气室压力检测法分析判断GIS某气室泄漏情况，扣6分； 不了解厂家SF_6气体报警压力、补气压力和额定压力与泄漏的关系，各扣4分		
3.4	密封点泄漏检测	SF_6检漏仪的使用方法正确，密封点泄漏判断准确	6	不会用SF_6检漏仪检查泄漏，扣2分； 不会使用扣罩法检查密封点泄漏，扣2分； 不会用挂瓶法检查密封点泄漏情况，扣1分； 无检漏仪时不会用肥皂泡法检查密封点泄漏，扣1分		

续表

序号	项目名称	质量要求	满分	扣分标准	扣分原因	得分
4	SF_6 气体回收充放装置的操作					
4.1	SF_6 气体回收充放装置的操作	装置的使用完全符合安全技术规定，清楚安全注意事项	18	不清楚回收装置操作注意事项，扣 2 分； 不会回收 SF_6 气体功能的操作，扣 2 分； 不了解压缩、真空、净化、散热、控制、存储系统的作用，各扣 1 分，累计 6 分； 不会对 GIS 抽真空操作，扣 2 分； 不会向 GIS 气室充入 SF_6 气体操作，扣 2 分； 不知 SF_6 气体质量指标和回收气体有关安全处理，扣 4 分		
5	现场清理及恢复					
5.1	清理作业现场	工器具、试验仪器收取后摆放整齐，与开工前一致； 设备表面清洁无杂物，作业现场清洁无遗留物品	5	工器具、试验仪器未收取摆放整齐，扣 1 分； 设备表面、工作现场有遗留物，每处扣 1 分，扣完为止		
5.2	设备恢复	断路器恢复至检修前状态	5	电机电源或控制电源未断开，扣 1 分； 机构箱门未关，扣 1 分； 弹簧能量未释放，扣 1.5 分； 未申请恢复接地刀闸，扣 1.5 分		
6	检修报告填写					
6.1	填写检修报告	正确填写检修报告，用语规范，项目齐全，结论正确	15	检修前检查情况未填写，扣 1 分； 检修项目填写不齐全，扣 0.5 分； 发现及处理情况未填写，扣 3 分； 缺陷每缺少一项，扣 1 分； 试验情况未填写，扣 2 分； 试验数据未填写，扣 1 分； 试验数据不全，扣 1 分； 检修结论不正确，扣 0.5 分； 以上扣分，扣完为止		
合计			100			

Jc0002253019 GW4－126 型隔离开关单相解体、调试及试验。（100 分）

考核知识点：隔离开关检修—隔离开关小修及维护

难易度：难

技能等级评价专业技能考核操作工作任务书

一、任务名称

GW4－126 型隔离开关单相解体、调试及试验。

二、适用工种

变电设备检修工技师。

三、具体任务

（1）工作状态为模拟 110kV 间隔停电，工作内容为隔离开关单相导电部分解体、调试及试验。

（2）工作任务。

1）模拟隔离开关接线座及触指发热故障。

2）模拟现场工作，做好安全措施，完成接线座、动触头、静触头解体检修、组装调试及回路电阻测试任务。

四、工作规范及要求

（1）正确使用工器具、安全工器具及劳动防护用品。

（2）按要求进行解体，接线座导电带、静触头触指、动触头矩形触指均需进行解体。

（3）按该型号隔离开关技术参数要求进行组装及调试。

（4）按照标准试验流程及试验注意事项进行回路电阻测试。

（5）正确填写检修报告。

五、考核及时间要求

（1）本模块为单人操作，操作时间为 120 分钟，时间到停止考评，包括试验接线和报告整理时间。

（2）正确拆解、组装隔离开关，按隔离开关技术标准进行调试及试验，详细记录隔离开关调试及试验数据，数据包括合闸止钉螺栓间隙、分闸止钉螺栓间隙、主回路电阻、断口中心距、主刀闸插入间隙。

技能等级评价专业技能考核操作评分标准

工种	变电设备检修工				评价等级	技师
项目模块	隔离开关检修—隔离开关小修及维护			编号	Jc0002253019	
单位		准考证号			姓名	
考试时限	120 分钟	题型	多项操作		题分	100 分
成绩	考评员		考评组长		日期	
试题正文	GW4－126 型隔离开关单相解体、调试及试验					
需要说明的问题和要求	（1）要求 1 人操作。 （2）操作中应注意安全，按照标准化作业书的技术安全说明做好安全措施。 （3）在地面上完成单相隔离开关的解体、调试及试验；单相设备由考场提供。 （4）工器具、测试仪、相关配件由考场提供					

序号	项目名称	质量要求	满分	扣分标准	扣分原因	得分
1	安全文明生产					
1.1	着装规范	正确佩戴安全帽、穿绝缘鞋、穿长袖工作服、戴线手套	3	未佩戴安全帽、穿绝缘鞋、穿长袖工作服，扣 1 分； 安全帽佩戴不规范，扣 1 分； 着装不规范，扣 0.5 分； 未戴线手套，扣 0.5 分		
1.2	安全工器具及安全措施检查	应检查安全工器具、绝缘工器具是否完好，是否在校验合格期内； 检查工作区域围栏是否合格、封闭	3	未检查凳梯、绝缘手套外观是否完好，扣 1 分； 未检查检验标签是否在合格期内，扣 1 分； 未检查围栏非入口处是否封闭，扣 1 分		
1.3	试验环境检查	检查当日工位处温度、湿度情况	1	未检查温度情况，扣 0.5 分； 未检查湿度情况，扣 0.5 分		
1.4	安全文明生产	材料或配件不应发生掉落及随意摆放现象	3	发生工器具及配件掉落现象，每次扣 0.5 分，上限 1.5 分； 工作现场杂乱无章，检查过程中随意摆放工器具，每次扣 0.5 分，上限 1.5 分		
2	单相解体					
2.1	检修前外观检查	检查绝缘子有无裂纹损坏，法兰有无裂纹，法兰与绝缘子胶合物有无脱落	1	不检查，扣 1 分		
		查导电部分有无过热痕迹，检查部件是否锈蚀	1	不检查，扣 1 分		
		检查轴承座是否转动灵活	1	不检查，扣 1 分		

续表

序号	项目名称	质量要求	满分	扣分标准	扣分原因	得分
2.1	检修前外观检查	检查传动连杆螺栓、螺母、轴销、开口销是否齐全，转动摩擦部位是否转动灵活	1	不检查，扣1分		
		检查分合闸定位止钉及紧固螺母是否齐全	1	不检查，扣1分		
2.2	出线座的分解检修	出线座应解体、检查、清洗	2	导电带不解体，扣1分； 不检查、不清洗，扣1分		
		检查导电带应无锈蚀、损坏和烧损	2	不检查，扣2分		
		清洁后接触面涂适量导电膏	1	不涂导电膏，扣1分		
		滑动轴承涂适量润滑脂，润滑脂应均匀	1	不涂润滑脂，扣1分		
		导电带装配方向正确，螺栓应紧固	3	导电带安装方向不正确，扣1分； 螺栓不紧固，扣2分		
		装配后右接线板在逆时针 92°范围内转动灵活，左接线板在顺时针 92°范围内转动灵活	1	转动不灵活、转向不正确、不到位，扣1分		
2.3	静触头的分解检修	拆下防雨罩； 触指应分解，检查触指无污垢，镀银层应完好； 接触面有轻微烧伤应修整	1	触指不分解，扣1分		
		所有电接触部位清洁后，涂适量导电膏才能装配	1	不涂导电膏，扣1分		
		检查触指有无弹性	1	不检查，扣1分		
		装配后触指排列整齐，用手验证每对触指拉紧力应一致	2	不检查，扣1分； 装配不整齐，扣1分		
2.4	动触头的分解检修	用汽油、百洁布清洗触头的接触面	2	不清洗，扣2分		
		检查修整触头	2	不检查，扣2分		
		触头清洁后，涂适量中性凡士林才能装配	1	不涂中性凡士林，扣1分		
2.5	导电杆检修	用汽油、百洁布清洗所有接触面	2.5	不清洗，扣2.5分		
		检查修整导电杆	2.5	不检查，扣2.5分		
3	解体后调试					
3.1	解体后调试	支柱绝缘子应垂直于底座平面且连接牢固； 同相两绝缘子的中心线应在同一垂直平面内，没有明显歪斜； 每处垫片不超过3片	2	连接不牢固或不垂直，扣2分		
		主刀闸合闸后，主刀闸中间触指与矩形触头对称接触	2	接触不对称，扣2分		
		主刀闸合闸后，剩余间隙3～8cm	3	间隙不符合，扣3分		
		主刀闸合闸位置时，主触头用0.05mm×10mm 的塞尺检查应塞不进去	2	不符合，一处扣0.5分，最多扣2分		
		分、合闸限位止钉间隙1～3mm	3	间隙不符合，扣3分		
		分闸后断口距离不小于1300mm	3	断口距离不符合，扣3分		

续表

序号	项目名称	质量要求	满分	扣分标准	扣分原因	得分
3.2	传动系统检查	所有螺栓、开口销齐全； 螺栓紧固	2	螺栓、开口销不齐全或螺栓未紧固，有一处扣 0.5 分，最多扣 2 分		
		所有水平连杆转动摩擦部分，清洗、加润滑脂，使转动灵活	6	不清洗、不加润滑脂、转动不灵活，各扣 2 分，最多扣 6 分		
		各销孔连接、螺纹连接等部分不应有卡住现象	2	有卡住现象，各扣 1 分，最多扣 2 分		
4	回路电阻测量					
4.1	回路电阻试验	选用合格试验线，试验仪器可靠接地，接线顺序为先接接地线、再接试验线，最后接电源线	4	试验仪器未接地，扣 1 分； 未使用合格的试验线，扣 1 分； 未按正确顺序接线，扣 2 分		
		接线、换线前应先断开仪器电源	3	接线、换线未断开仪器电源，扣 3 分		
		试验后先断开试验电源，对被试设备放电后收取试验接线，最后拆除仪器接地线	3	未对被试设备放电，扣 1 分； 未按正确顺序拆线，扣 2 分		
5	现场清理及恢复					
5.1	清理作业现场	工器具、试验仪器收取后摆放整齐，与开工前一致； 设备表面清洁无杂物，作业现场清洁无遗留物品	5	工器具、试验仪器未收取摆放整齐，扣 1 分； 设备表面、工作现场有遗留物，每处扣 1 分，扣完为止		
5.2	设备恢复	断路器恢复至检修前状态	5	电机电源或控制电源未断开，扣 2 分； 机构箱门未关，扣 1 分； 未申请恢复接地刀闸或接地线，扣 2 分		
6	检修报告填写					
6.1	填写检修报告	正确填写检修报告，用语规范，项目齐全，结论正确	15	检修前检查情况未填写，扣 1 分； 填写不全或不正确，扣 1.5 分； 发现及处理情况未填写，扣 3 分； 试验情况未填写，扣 2 分； 试验数据未填写，扣 1 分； 试验数据不全，扣 1 分； 检修结论不正确，扣 0.5 分； 以上扣分，扣完为止		
合计			100			

Jc0002253020 GW4－126 型隔离开关整组调试及试验。（100 分）

考核知识点： 隔离开关检修—隔离开关大修及更换安装

难易度： 难

技能等级评价专业技能考核操作工作任务书

一、任务名称

GW4－126 型隔离开关整组调试及试验。

二、适用工种

变电设备检修工技师。

三、具体任务

（1）工作状态为模拟 110kV 间隔停电，工作内容为隔离开关整组调试及试验。

（2）工作任务。

1）模拟隔离开关接线座发热、分合不到位故障。

2）模拟现场工作，完成隔离开关巡视检查、消缺、调试及回路电阻测试任务。

四、工作规范及要求

（1）工器具使用及安全措施。

（2）按要求进行检修前巡视、缺陷消除、整组调试及回路电阻测试。

（3）填写检修报告。

五、考核及时间要求

（1）本考核为2人操作，操作时间为90分钟，时间到停止考评，包括试验接线和报告整理时间。

（2）消除隔离开关设置缺陷，按隔离开关技术标准进行调试及试验，详细记录隔离开关调试及试验数据，包括合闸止钉螺栓间隙、分闸止钉螺栓间隙、主回路电阻、断口中心距、主刀闸插入间隙。

技能等级评价专业技能考核操作评分标准

工种	变电设备检修工					评价等级	技师
项目模块	隔离开关检修—隔离开关大修及更换安装				编号	Jc0002253020	
单位			准考证号			姓名	
考试时限	90分钟		题型		多项操作	题分	100分
成绩		考评员		考评组长		日期	
试题正文	GW4－126型隔离开关整组调试及试验						
需要说明的问题和要求	（1）要求2人操作，操作隔离开关分、合闸可申请考评员协助。 （2）操作中应注意安全，按照标准化作业书的技术安全说明做好安全措施。 （3）隔离开关上完成整组调试及试验，设备由考场提供。 （4）工器具、测试仪、相关配件由考场提供						

序号	项目名称	质量要求	满分	扣分标准	扣分原因	得分
1	安全文明生产					
1.1	着装规范	正确佩戴安全帽、穿绝缘鞋、穿长袖工作服、戴线手套	3	未佩戴安全帽、穿绝缘鞋、穿长袖工作服，扣1分； 安全帽佩戴不规范，扣1分； 着装不规范，扣0.5分； 未戴线手套，扣0.5分		
1.2	安全工器具及安全措施检查	应检查安全工器具、绝缘工器具是否完好，是否在校验合格期内； 检查工作区域围栏是否合格、封闭	8	未检查凳梯、绝缘手套外观是否完好，每项扣2分，扣完为止； 未检查检验标签是否在合格期内，扣2分； 未检查围栏非入口处是否封闭，扣2分		
1.3	试验环境检查	检查当日工位处温度、湿度情况	1	未检查温度情况，扣0.5分； 未检查湿度情况，扣0.5分		
1.4	安全文明生产	材料或配件不应发生掉落及随意摆放现象	3	发生工器具及配件掉落现象，每次扣0.5分，上限1.5分； 工作现场杂乱无章，检查过程中随意摆放工器具，每次扣0.5分，上限1.5分		
2	整组调试					
2.1	调试前巡视检查	检查绝缘子有无异物，有无裂纹损坏，法兰有无裂纹，法兰与绝缘子胶合物有无脱落	2	不检查，扣2分		
		查导电部分有无过热痕迹，检查部件锈蚀情况	2	不检查，扣2分		
		检查轴承座是否转动灵活	2	不检查，扣2分		
		手动操作检查前，应先检查机械闭锁位置，位置不对影响操作的，应先解除接机械闭锁	2	不检查，扣2分		

续表

序号	项目名称	质量要求	满分	扣分标准	扣分原因	得分
2.2	绝缘支柱调整	支柱绝缘子应垂直于底座平面且连接牢固； 同相两绝缘子的中心线应在同一垂直平面内，没有明显歪斜； 每处垫片不超过3片	2	连接不牢固或不垂直，扣2分		
2.3	导电回路调整	主刀闸合闸后，主刀闸中间触指与矩形触头对称接触	2	接触不对称，扣2分		
		主刀闸合闸后，剩余间隙3～8cm	1	间隙不符合，扣1分		
		主刀闸合闸位置时，主触头用0.05mm×10mm的塞尺检查应塞不进去	2	检查不符合要求，扣1分； 选用塞尺规格不符合要求，扣1分		
		分、合闸限位止钉间隙1～3mm	1	间隙不符合，扣1分		
		分闸后断口距离不小于1300mm	2	断口距离不符合，扣2分		
		三相同期不大于10mm	2	同期不符合要求，扣2分		
2.4	传动系统检查	所有螺栓、开口销齐全； 螺栓紧固	2	螺栓、开口销不齐全或螺栓未紧固，一处扣0.5分，最多扣2分		
		所有水平连杆转动摩擦部分清洗、加润滑脂，使转动灵活	2	不清洗、不加润滑脂、转动不灵活，各扣2分		
		各销孔连接、螺纹连接等部分不应有卡住现象	2	有卡住现象，各扣2分		
		主刀闸与接地刀闸机械闭锁正确、可靠，闭锁板间隙3～8mm	2	不正确、不可靠，扣2分		
		整组调整后先手动分、合闸3次，确认无问题后电动操作； 电动操作前应将隔离开关手动摇至半分半合位置	2	不按规定做，扣2分		
2.5	接地刀闸部分调整	合闸时接地刀闸动静触头应对中； 三相接地刀闸导电杆在分闸时在同一水平面上； 合闸三相同期允许值不大于20mm	20	有一相不对中，扣3分； 有一相不在同一水平面上，扣3分； 不同期不合格，扣6分； 以上扣分，扣完为止		
3	回路电阻测量					
3.1	回路电阻试验	选用合格试验线，试验仪器可靠接地，接线顺序为先接接地线，再接试验线，最后接电源线	4	试验仪器未接地，扣1分； 未使用合格的试验线，扣1分； 未按正确顺序接线，扣2分		
		接线、换线前应先断开仪器电源	3	接线、换线未断开仪器电源，扣3分		
		试验后先断开试验电源，对被试设备放电后收取试验接线，最后拆除仪器接地线	3	未对被试设备放电，扣1分； 未按正确顺序拆线，扣2分		
4	现场清理及恢复					
4.1	清理作业现场	工器具、试验仪器收取后摆放整齐，与开工前一致； 设备表面清洁无杂物，作业现场清洁无遗留物品	5	工器具、试验仪器未收取摆放整齐，扣1分； 设备表面、工作现场有遗留物，每处扣1分		
4.2	设备恢复	断路器恢复至检修前状态	5	电机电源或控制电源未断开，扣2分； 机构箱门未关，扣1分； 未申请恢复接地刀闸或接地线，扣2分		

续表

序号	项目名称	质量要求	满分	扣分标准	扣分原因	得分
5	检修报告填写					
5.1	填写检修报告	正确填写检修报告，用语规范，项目齐全，结论正确	15	检修前检查情况未填写，扣1分； 检修项目填写不齐全，扣0.5分； 发现及处理情况未填写，扣3分； 缺陷每缺少一项，扣1分； 试验情况未填写，扣2分； 试验数据未填写，扣1分； 试验数据不全，扣1分； 检修结论不正确，扣0.5分； 以上扣分，扣完为止		
合计			100			

附表 Jc0002253020　　　　隔离开关故障设置

故障现象	故障点设置
相间拉杆缺少紧固螺母（备母）	拆卸任意一个相间拉杆的紧固螺母
闭锁板位置不对，不能合闸	调整闭锁位置，使接地开关在分位闭锁隔离开关合闸
隔离开关合闸不到位	调整任意一相合闸定位止钉长度，造成合闸不到位
回路电阻增大	在任意一相隔离开关导电带压接处加塞绝缘胶布或纸片，增大回路电阻
三相不同期	调整两相极间拉杆长度

Jc0002253021　GW5－126 型隔离开关整组调试及试验。（100 分）

考核知识点：隔离开关检修—隔离开关大修及更换安装

难易度：难

技能等级评价专业技能考核操作工作任务书

一、任务名称

GW5－126 型隔离开关整组调试及试验。

二、适用工种

变电设备检修工技师。

三、具体任务

（1）工作状态为模拟 110kV 间隔停电，工作内容为隔离开关整组调试及试验。

（2）工作任务。

1）模拟隔离开关接线座发热、分合不到位故障。

2）模拟现场工作，完成隔离开关巡视检查、消缺、调试及回路电阻测试任务。

四、工作规范及要求

（1）工器具使用及安全措施。

（2）按要求进行检修前巡视、缺陷消除、整组调试及回路电阻测试。

（3）填写检修报告。

五、考核及时间要求

（1）本考核为 2 人操作，操作时间为 90 分钟，时间到停止考评，包括试验接线和报告整理时间。

（2）消除隔离开关设置缺陷，按隔离开关技术标准进行调试及试验，详细记录隔离开关调试及试验数据，包括合闸止钉螺栓间隙、分闸止钉螺栓间隙、主回路电阻、断口中心距、主刀闸插入间隙。

（3）工作服、安全帽由考核人员自备，未佩戴安全帽、未穿工作服取消考试资格。

技能等级评价专业技能考核操作评分标准

工种	变电设备检修工				评价等级	技师
项目模块	隔离开关检修—隔离开关大修及更换安装			编号	Jc0002253021	
单位		准考证号			姓名	
考试时限	90分钟	题型		多项操作	题分	100分
成绩		考评员		考评组长	日期	
试题正文	GW5－126型隔离开关整组调试及试验					
需要说明的问题和要求	（1）要求2人操作，操作隔离开关分、合闸可申请考评员协助。 （2）操作中应注意安全，按照标准化作业书的技术安全说明做好安全措施。 （3）隔离开关上完成整组调试及试验，设备由考场提供。 （4）工器具、测试仪、相关配件由考场提供					

序号	项目名称	质量要求	满分	扣分标准	扣分原因	得分
1	安全文明生产					
1.1	着装规范	正确佩戴安全帽、穿绝缘鞋、穿长袖工作服、戴线手套	3	未佩戴安全帽、穿绝缘鞋、穿长袖工作服，扣1分； 安全帽佩戴不规范，扣1分； 着装不规范，扣0.5分； 未戴线手套，扣0.5分		
1.2	安全工器具及安全措施检查	应检查安全工器具、绝缘工器具是否完好，是否在校验合格期内； 检查工作区域围栏是否合格、封闭	8	未检查凳梯、绝缘手套外观是否完好，每项扣2分，扣完为止； 未检查检验标签是否在合格期内，扣2分； 未检查围栏非入口处是否封闭，扣2分		
1.3	试验环境检查	检查当日工位处温度、湿度情况	1	未检查温度情况，扣0.5分； 未检查湿度情况，扣0.5分		
1.4	安全文明生产	材料或配件不应发生掉落及随意摆放现象	3	发生工器具及配件掉落现象，每次扣0.5分，上限1.5分； 工作现场杂乱无章，检查过程中随意摆放工器具，每次扣0.5分，上限1.5分		
2	整组调试					
2.1	调试前巡视检查	检查绝缘子有无异物，有无裂纹损坏，法兰有无裂纹，法兰与绝缘子胶合物有无脱落	2	不检查，扣2分		
		检查导电部分有无过热痕迹，检查部件锈蚀情况	2	不检查，扣2分		
		检查轴承座是否转动灵活	2	不检查，扣2分		
		手动操作检查前，应先检查机械闭锁位置，位置不对影响操作的，应先解除接机械闭锁	2	不检查，扣2分		
2.2	绝缘支柱调整	支柱绝缘子中垂线应垂直于底座平面，没有明显歪斜； 每处垫片不超过3片	2	连接不牢固或不垂直，扣2分		
2.3	导电回路调整	主刀闸合闸后，主刀闸中间触指与矩形触头对称接触； 主刀闸合闸位置时，主触头用0.05mm×10mm的塞尺检查应塞不进去； 分、合闸限位止钉间隙1～3mm； 分闸后断口距离不小于1040mm； 三相同期不大于10mm	20	接触不对称，扣4分； 不符合，每处扣1分，最多扣4分； 选用塞尺规格不符合要求，扣2分； 间隙不符合，每处扣1分，最多扣6分； 断口距离不符合，扣4分； 同期不符合要求，扣3分； 以上扣分，扣完为止		

续表

序号	项目名称	质量要求	满分	扣分标准	扣分原因	得分
2.4	传动系统检查	所有螺栓、开口销齐全； 螺栓紧固； 所有水平连杆转动摩擦部分，清洗、加润滑脂，使转动灵活； 各销孔连接、螺纹连接等部分不应有卡住现象； 主刀闸与接地刀闸机械闭锁正确、可靠，闭锁板间隙 3～8mm； 整组调整后先手动分、合闸 3 次，确认无问题后电动操作； 电动操作前应将隔离开关手动摇至半分半合位置	10	螺栓、开口销不齐全或螺栓未紧固，一处扣 0.5 分，最多扣 2 分； 不清洗、不加润滑脂、转动不灵活，各扣 2 分； 有卡住现象，各扣 1 分； 不正确、不可靠，扣 3 分； 不按规定做，扣 2 分； 以上扣分，扣完为止		
2.5	接地刀闸部分调整	合闸时接地刀闸动静触头应对中； 三相接地刀闸导电杆在分闸时与支柱绝缘子夹角应为 90°； 合闸三相同期允许值不大于 20mm	10	每有一相不对中不合格，扣 2 分，上限扣 6 分； 有一相夹角不符合要求，扣 1 分； 不同期，扣 3 分； 以上扣分，扣完为止		
3	回路电阻测量					
3.1	回路电阻试验	选用合格试验线，试验仪器可靠接地，接线顺序为先接接地线、再接试验线，最后接电源线； 接线、换线前应先断开仪器电源； 试验后先断开试验电源，对被试设备放电后收取试验接线，最后拆除仪器接地线	10	试验仪器未接地，扣 1 分； 未使用合格的试验线，扣 1 分； 未按正确顺序接线，扣 2 分； 接线、换线未断开仪器电源，扣 3 分； 未对被试设备放电，扣 1 分； 未按正确顺序拆线，扣 2 分		
4	现场清理及恢复					
4.1	清理作业现场	工器具、试验仪器收取后摆放整齐，与开工前一致； 设备表面清洁无杂物，作业现场清洁无遗留物品	5	工器具、试验仪器未收取摆放整齐，扣 1 分； 设备表面、工作现场有遗留物，每处扣 1 分，扣完为止		
4.2	设备恢复	断路器恢复至检修前状态	5	电机电源或控制电源未断开，扣 2 分； 机构箱门未关，扣 1 分； 未申请恢复接地刀闸或接地线，扣 2 分		
5	检修报告填写					
5.1	填写检修报告	正确填写检修报告，用语规范，项目齐全，结论正确	15	检修前检查情况未填写，扣 1 分； 检修项目填写不齐全，扣 0.5 分； 发现及处理情况未填写，扣 3 分； 缺陷每缺少一项，扣 1 分； 试验情况未填写，扣 2 分； 试验数据未填写，扣 1 分； 试验数据不全，扣 1 分； 检修结论不正确，扣 0.5 分； 以上扣分，扣完为止		
合计			100			

附表 Jc0002253021　　　　隔离开关故障设置

故障现象	故障点设置
绝缘子有异物	在绝缘子瓷群内贴小纸条
接地开关动静触头不对中	调整接地开关静触头与动触头不对中
主接地开关机械闭锁故障	拧松接地开关扇形板螺栓，使扇形板下垂不闭锁
三相不同期	调整相间拉杆，制造不同期故障
回路电阻增大	在触头接触面贴透明胶布，增大回路电阻

Jc0002243022　GW4－126 型隔离开关机构（CJ2）故障排除。（100 分）

考核知识点：隔离开关检修—隔离开关缺陷及故障处理

难易度：难

技能等级评价专业技能考核操作工作任务书

一、任务名称

GW4－126 型隔离开关机构（CJ2）故障排除。

二、适用工种

变电设备检修工技师。

三、具体任务

（1）工作状态为模拟 110kV 间隔停电，工作内容为隔离开关机构故障排除。

（2）工作任务。

1）模拟隔离开关不能电气分、合闸。

2）模拟现场工作，完成隔离开关机构故障排除工作。

四、工作规范及要求

（1）工器具使用及安全措施。

（2）按要求进行隔离开关机构故障排除。

（3）填写检修报告。

五、考核及时间要求

（1）本考核为 1 人操作，操作时间为 60 分钟，时间到停止考评，包括报告整理时间。

（2）消除隔离开关机构缺陷。

（3）工作服、安全帽由考核人员自备，未佩戴安全帽、未穿工作服取消考试资格。

技能等级评价专业技能考核操作评分标准

<table>
<tr><td>工种</td><td colspan="5">变电设备检修工</td><td>评价等级</td><td>技师</td></tr>
<tr><td>项目模块</td><td colspan="4">隔离开关检修—隔离开关缺陷及故障处理</td><td>编号</td><td colspan="2">Jc0002243022</td></tr>
<tr><td>单位</td><td colspan="2"></td><td>准考证号</td><td colspan="2"></td><td>姓名</td><td></td></tr>
<tr><td>考试时限</td><td colspan="2">60 分钟</td><td>题型</td><td colspan="2">单项操作</td><td>题分</td><td>100 分</td></tr>
<tr><td>成绩</td><td></td><td>考评员</td><td></td><td>考评组长</td><td></td><td>日期</td><td></td></tr>
<tr><td>试题正文</td><td colspan="7">GW4－126 型隔离开关机构（CJ2）故障排除</td></tr>
<tr><td>需要说明的问题和要求</td><td colspan="7">（1）要求 1 人操作。
（2）操作中应注意安全，按照标准化作业书的技术安全说明做好安全措施。
（3）隔离开关机构上完成机构故障排除工作，机构与本体未连接，设备由考场提供。
（4）工器具、相关配件由考场提供</td></tr>
</table>

续表

序号	项目名称	质量要求	满分	扣分标准	扣分原因	得分
1	安全文明生产					
1.1	着装规范	正确佩戴安全帽、穿绝缘鞋、穿长袖工作服、戴线手套	3	未佩戴安全帽、穿绝缘鞋、穿长袖工作服，扣1分； 安全帽佩戴不规范，扣1分； 着装不规范，扣0.5分； 未戴线手套，扣0.5分		
1.2	安全工器具及安全措施检查	应检查安全工器具、绝缘工器具是否完好，是否在校验合格期内； 检查工作区域围栏是否合格、封闭	8	未检查凳梯、绝缘手套外观是否完好，每项扣2分，扣完为止； 未检查检验标签是否在合格期内，扣2分； 未检查围栏非入口处是否封闭，扣2分		
1.3	试验环境检查	检查当日工位处温度、湿度情况	1	未检查温度情况，扣0.5分； 未检查湿度情况，扣0.5分		
1.4	安全文明生产	材料或配件不应发生掉落及随意摆放现象	3	发生工器具及配件掉落现象，每次扣0.5分，上限1.5分； 工作现场杂乱无章，检查过程中随意摆放工器具，每次扣0.5分，上限1.5分		
2	故障排查					
2.1	调试前外观检查	检查机构箱内、外有无异物	3	不检查，扣3分		
		检查机构箱内电气元件有无破损，有无电弧灼伤痕迹	3	不检查，扣3分		
		检查机构箱接地是否完好	3	不检查，扣3分		
		检查分、合闸标示及旋转方向标示是否完好	3	不检查，扣3分		
		检查机构内摇把等操作工具是否齐全	3	不检查，扣3分		
2.2	控制回路故障排除	排除合闸回路故障	15	不能排除，扣15分		
		排除分闸回路故障	15	不能排除，扣15分		
2.3	电机回路故障排除	排除电机回路故障	15	不能排除，扣15分		
3	现场清理及恢复					
3.1	清理作业现场	工器具、试验仪器收取后摆放整齐，与开工前一致； 设备表面清洁无杂物，作业现场清洁无遗留物品	5	工器具、试验仪器未收取摆放整齐，扣1分； 设备表面、工作现场有遗留物，每处扣1分，扣完为止		
3.2	设备恢复	断路器恢复至检修前状态	5	电机电源或控制电源未断开，扣2分； 机构箱门未关，扣1分； 未申请恢复接地刀闸或接地线，扣2分		
4	检修报告填写					
4.1	填写检修报告	正确填写检修报告，用语规范，项目齐全，结论正确	15	检修前检查情况未填写，扣1分； 检修项目填写不齐全，扣0.5分； 发现及处理情况未填写，扣3分； 缺陷每缺少一项，扣1分； 试验情况未填写，扣2分； 试验数据未填写，扣1分； 试验数据不全，扣1分； 检修结论不正确，扣0.5分； 以上扣分，扣完为止		
合计			100			

附表 Jc0002243022 隔离开关二次故障设置

序号	故障现象	故障设置	消除方法
1	电源缺相	电机电源或控制电源空开下端绝缘处理	拆除绝缘
2	电机回路缺相	将电机回路接触器、热偶等绝缘处理	拆除绝缘
3	分、合闸反相	将分闸、合闸按钮上的接线互换	恢复分、合闸按钮接线
4	分、合闸到位后不停止	用细铜丝短接分、合闸继电器线圈 A2	拆除短接线
5	分闸不能保持	将 KM1 上分闸自保持线绝缘处理	拆除绝缘
6	合闸不能保持	将 KM2 上合闸自保持线绝缘处理	拆除绝缘
7	不能分、合闸	将端子上分闸回路短接片松开或拆除闭锁接线	紧固连片或恢复闭锁接线

Jc0002263023 110kV GW4 型隔离开关单相导电系统分解检修及故障处理。（100 分）

考核知识点：隔离开关检修—隔离开关缺陷及故障处理

难易度：难

技能等级评价专业技能考核操作工作任务书

一、任务名称

110kV GW4 型隔离开关单相导电系统分解检修及故障处理。

二、适用工种

变电设备检修工技师。

三、具体任务

（1）工作状态为模拟 110kV 间隔停电，工作内容为隔离开关单相分解检修与故障处理。

（2）工作任务。

1）模拟隔离开关单相故障（不少于三处），记录并消除（地面进行）。

2）模拟隔离开关单相导电系统故障，进行解体检修（地面进行）。

3）隔离开关单相解体后装配、尺寸调整、单相调试（地面进行）。

4）隔离开关单相检修后试验（地面进行）。

5）模拟 CJ2 电动机构故障，排除设置的故障，完成现场检修任务。

四、工作规范及要求

（1）要求 1 人操作，考评员监护。考生着装规范，穿工作服、绝缘鞋，戴安全帽，系安全带。

（2）安全文明生产。工器具、材料、设备摆放整齐，现场操作熟练连贯、有序，正确规范地使用工器具及安全用具。不发生危及人身或设备安全的行为，否则可取消本次考核成绩。

（3）考核考生对 GW4－126 型隔离开关各导电部分分解、装配熟练程度，熟悉各部件工艺质量要求。

（4）熟悉单相隔离开关调试项目及技术要求，会进行相应检查、调整和处理。

（5）考生在操作试验过程中记录试验数据及检修数据。

（6）由考评员设故障点，考生能在规定时间内排除。故障点根据实际现场条件设定。

五、考核及时间要求

（1）本考核操作时间为 120 分钟，时间到停止考评，包括试验接线和报告整理时间。同一类现象故障不限一处故障点。

（2）故障查找和排除过程中，如确实不能查找出故障，可向考评员申请排除故障，该项故障项目不得分，但不影响其他项目。

（3）按照技能操作记录单的操作要求进行操作，正确记录操作结果。

（4）现场清理完毕后，汇报工作终结，记录考核结束时间。

技能等级评价专业技能考核操作评分标准

工种	变电设备检修工					评价等级	技师
项目模块	隔离开关检修—隔离开关缺陷及故障处理				编号	Jc0002263023	
单位			准考证号			姓名	
考试时限	120 分钟		题型		综合操作	题分	100 分
成绩		考评员		考评组长		日期	
试题正文	110kV GW4 型隔离开关单相导电系统分解检修及故障处理						
需要说明的问题和要求	（1）要求单相导电系统分解检修、故障处理 1 人操作，地面进行。 （2）检修过程中应注意安全，有危及人身、设备安全行为可取消考核成绩。 （3）二次故障查找与处理采用电位法时应征得考评员允许，确认故障排除前应报告考评员。 （4）测试仪可选考场提供的测试仪或自带测试仪						

序号	项目名称	质量要求	满分	扣分标准	扣分原因	得分
1	安全文明生产					
1.1	着装规范	正确佩戴安全帽、穿绝缘鞋、穿长袖工作服、戴线手套	3	未佩戴安全帽、穿绝缘鞋、穿长袖工作服，扣 1 分； 安全帽佩戴不规范，扣 1 分； 着装不规范，扣 0.5 分； 未戴线手套，扣 0.5 分		
1.2	安全工器具及安全措施检查	应检查安全工器具、绝缘工器具是否完好，是否在校验合格期内； 检查工作区域围栏是否合格、封闭	8	未检查凳梯、绝缘手套外观是否完好，每项扣 2 分，扣完为止； 未检查检验标签是否在合格期内，扣 2 分； 未检查围栏非入口处是否封闭，扣 2 分		
1.3	试验环境检查	检查当日工位处温度、湿度情况	1	未检查温度情况，扣 0.5 分； 未检查湿度情况，扣 0.5 分		
1.4	安全文明生产	材料或配件不应发生掉落及随意摆放现象	3	发生工器具及配件掉落现象，每次扣 0.5 分，上限 1.5 分； 工作现场杂乱无章，检查过程中随意摆放工器具，每次扣 0.5 分，上限 1.5 分		
2	解体检修					
2.1	检修前外观检查	检查绝缘子有无裂纹损坏，法兰与绝缘子胶合物有无脱落，有无异物	1	不检查，扣 1 分		
		检查导电回路有无部分过热痕迹，检查部件变形、锈蚀、螺栓松动情况	1	不检查，扣 1 分		
		检查轴承座转动是否灵活	1	不检查，扣 1 分		
		检查分合情况	1	不检查，扣 1 分		
2.2	接线座的分解检修	出线座应解体、检查处理、清洗，重新装配	3	不解体、检查清洗，扣 2 分； 装配错误，扣 1 分		
		导电部位应清洁、平整处理、涂适量导电脂	2	不涂导电脂，扣 2 分		
		转动部位涂适量润滑脂，润滑脂应均匀	2	不涂润滑脂，扣 2 分		
		铜带装配方向正确，螺栓应紧固； 装配后右接线板在逆时针 92°范围内转动灵活，左接线板在顺时针 92°范围内转动灵活	3	方向不正确，扣 1 分； 转动不灵活，扣 1 分； 螺栓不紧固，扣 1 分		

续表

<table>
<tr><th>序号</th><th>项目名称</th><th>质量要求</th><th>满分</th><th>扣分标准</th><th>扣分原因</th><th>得分</th></tr>
<tr><td rowspan="4">2.3</td><td rowspan="4">左触头分解检修</td><td>拆下防雨帽；
触指应分解，检查触指有无污垢，镀银层应完好；
接触面有轻微烧伤应修整</td><td>3</td><td>触指不分解，扣2分；
装配过程错误，扣1分；</td><td></td><td></td></tr>
<tr><td>电接触部位应清洁、平整处理，涂适量导电脂</td><td>2</td><td>不清洁，不涂导电脂，各扣1分</td><td></td><td></td></tr>
<tr><td>检查触指弹簧有无弹性，对无弹性及锈蚀弹簧、锈蚀的销子必须更换</td><td>1</td><td>不检查弹簧，扣1分</td><td></td><td></td></tr>
<tr><td>装配后触指排列整齐，验证触指受力一致</td><td>2</td><td>不整齐、压力不一致，扣2分</td><td></td><td></td></tr>
<tr><td rowspan="2">2.4</td><td rowspan="2">右触头分解检修</td><td>用酒精、百洁布清洗触头接触面</td><td>2</td><td>不用酒精、百洁布清洗，各扣1分</td><td></td><td></td></tr>
<tr><td>检查修整触头，严重损伤必须更换</td><td>1</td><td>不检查，扣1分</td><td></td><td></td></tr>
<tr><td>3</td><td>检修后调试</td><td></td><td></td><td></td><td></td><td></td></tr>
<tr><td rowspan="5">3.1</td><td rowspan="5">检修后调整</td><td>支柱绝缘子应垂直于底座平面且连接牢固；
同相各绝缘子柱的中心线应在同一垂直平面内，没有明显歪斜；
调整垫片不超过3片</td><td>3</td><td>不垂直、超过3片，扣3分</td><td></td><td></td></tr>
<tr><td>隔离开关合闸后，隔离开关左右触头对称接触，上下误差5mm</td><td>3</td><td>接触不对称，扣3分</td><td></td><td></td></tr>
<tr><td>隔离开关合闸后，动静触头剩余间隙为30～50mm</td><td>3</td><td>剩余间隙不符合要求，扣3分</td><td></td><td></td></tr>
<tr><td>隔离开关合闸位置时，主触头用0.05mm×10mm的塞尺检查应塞不进去</td><td>3</td><td>不用塞尺检查，扣1.5分；
检查结果不合格，扣1.5分</td><td></td><td></td></tr>
<tr><td>各螺栓紧固见下表
<table><tr><th>规格强度级</th><th>4.8级</th><th>5.8级</th><th>8.8级</th></tr><tr><td>M8</td><td>13N·m</td><td>15N·m</td><td>20N·m</td></tr><tr><td>M10</td><td>24N·m</td><td>30N·m</td><td>40N·m</td></tr><tr><td>M12</td><td>42N·m</td><td>54N·m</td><td>75N·m</td></tr></table></td><td>3</td><td>螺栓不用力矩扳手紧固，扣3分</td><td></td><td></td></tr>
<tr><td>3.2</td><td>导电回路电阻测试</td><td>主导电回路电阻值不大于125μΩ（1250A）或按厂家技术标准；
接通电源前应测量电源电压；
接线时应保证电源断开；
仪器应可靠接地；
试验开始前应告知考评员并呼唱，加强监护；
变更或拆除接线前仪器复位断电</td><td>10</td><td>不测试，扣3分；
测试不合格，扣2分；
电源不检查，扣1分；
仪器不接地，扣1分；
试验前不告知，扣1分；
变更、拆除接线不复位断电，扣2分</td><td></td><td></td></tr>
<tr><td>4</td><td>隔离开关机构电气故障处理</td><td></td><td></td><td></td><td></td><td></td></tr>
<tr><td>4.1</td><td>隔离开关机构电气故障处理（故障点设置不少于3处）</td><td>电机不转故障；
隔离开关不能合、分</td><td>10</td><td>参照附表Jc0002263023-1，按照总分除以缺陷数量记单个缺陷分，未排除故障，扣相应满分，总分不超过10分</td><td></td><td></td></tr>
<tr><td>5</td><td>现场清理及恢复</td><td></td><td></td><td></td><td></td><td></td></tr>
<tr><td>5.1</td><td>清理作业现场</td><td>工器具、试验仪器收取后摆放整齐，与开工前一致；
设备表面清洁无杂物，作业现场清洁无遗留物品</td><td>5</td><td>工器具、试验仪器未收取摆放整齐，扣1分；
设备表面、工作现场有遗留物，每处扣1分，扣完为止</td><td></td><td></td></tr>
<tr><td>5.2</td><td>设备恢复</td><td>断路器恢复至检修前状态</td><td>5</td><td>电机电源或控制电源未断开，扣2分；
机构箱门未关，扣1分；
未申请恢复接地刀闸或接地线，扣2分</td><td></td><td></td></tr>
</table>

续表

序号	项目名称	质量要求	满分	扣分标准	扣分原因	得分
6	检修报告填写					
6.1	填写检修报告	正确填写检修报告，用语规范，项目齐全，结论正确	15	检修前检查情况未填写，扣1分； 检修项目填写不齐全，扣0.5分； 发现及处理情况未填写，扣3分； 缺陷每缺少一项，扣1分； 试验情况未填写，扣2分； 试验数据未填写，扣1分； 试验数据不全，扣1分； 检修结论不正确，扣0.5分； 以上扣分，扣完为止		
合计			100			

附表 Jc0002263023－1　　CJ2 电动机构二次回路故障参考（设置不少于 3 处）

序号	故障现象	故障设置（举例）	消除方法
1	电源缺相	电动机电源或控制电源空气开关下端绝缘处理	拆除绝缘
2	电动机回路缺相	将电动机回路接触器、热偶等绝缘处理	拆除绝缘
3	分、合闸反相	将分闸、合闸按钮上的接线互换	恢复分、合闸按钮接线
4	分、合闸到位后不停止	用细铜丝短接 KM1－A2 与 KM2－A2	拆除短接线
5	分闸不能保持	将 KM1 上分闸自保持线绝缘处理	拆除绝缘
6	合闸不能保持	将 KM2 上合闸自保持线绝缘处理	拆除绝缘
7	不能分、合闸	将端子上分闸回路短接片松开或拆除闭锁接线	紧固连片或恢复闭锁接线

注：同一故障现象可在回路不同点设置故障，以上仅列举其中一类或一个，考评员可灵活掌握。

附表 Jc0002263023－2　　GW4 单相隔离开关检修报告评分标准参考

序号	项目	标准值	说明
1	断口中心距	（1300±10）mm	使用卷尺分别测量断口中心间距（主刀闸在分闸状态）
2	主回路电阻	≤125μΩ	使用 100A 回路器电阻测试仪，分别测量单相主回路电阻
3	左、右触头间接触紧密度检查	0.05mm×10mm 塞尺检查	对于线接触 0.05mm 塞尺塞不进去为合格，对于面接触，其塞入深度：在接触宽度为 50mm 及以下时，不应超过 4mm；在接触面宽度为 60mm 及以上，不应超过 6mm
4	合闸剩余间隙	30～50mm	合闸后动、静触头之间间隙为 30～50mm
5	分、合闸限位	1～3mm	合闸位置，检查合闸止钉间隙 分闸位置，检查分闸止钉间隙

Jc0002263024　110kV GW4 型隔离开关整体调试及 CJ2 电动机构故障处理。（100 分）

考核知识点：隔离开关检修—隔离开关缺陷及故障处理

难易度：难

技能等级评价专业技能考核操作工作任务书

一、任务名称

110kV GW4 型隔离开关整体调试及 CJ2 电动机构故障处理。

二、适用工种

变电设备检修工技师。

三、具体任务

（1）工作状态为模拟110kV间隔停电，工作内容为隔离开关调试与故障处理。

（2）工作任务。

1）模拟隔离开关多处一次系统缺陷，进行巡视并记录。

2）隔离开关缺陷消除。

3）隔离开关整体调试、尺寸调整。

4）模拟CJ2电动机构故障，排除设置的故障，完成现场检修任务。

四、工作规范及要求

（1）要求1人操作，考评员监护。也可根据实际情况，抽签组队，2人一组共同调试，调试部分计团体分，电动机构消缺单人消缺单独记分。考生着装规范，穿工作服、绝缘鞋，戴安全帽，系安全带。

（2）安全文明生产。工器具、材料、设备摆放整齐，现场操作熟练连贯、有序，正确规范地使用工器具及安全用具。不发生危及人身或设备安全的行为，否则可取消本次考核成绩。

（3）考核考生对GW4－126型隔离开关整体调试的熟练程度，熟悉各部件工艺质量要求。

（4）熟悉本体调试项目及技术要求，会进行相应检查、调整和处理。

（5）考生在操作试验过程中记录试验数据及检修数据。

（6）由考评员设故障点，考生能在规定时间内排除。故障点根据实际现场条件设定。

五、考核及时间要求

（1）本考核操作时间隔离开关巡视消缺及整体调试90分钟，二次排故及报告整理时间30分钟。同一类现象故障不限一处故障点。

（2）故障查找和排除过程中，如确实不能查找出故障，可向考评员申请排除故障，该项故障项目不得分，但不影响其他项目。

（3）按照技能操作记录单的操作要求进行操作，正确记录操作结果。

（4）现场清理完毕后，汇报工作终结，记录考核结束时间。

技能等级评价专业技能考核操作评分标准

<table>
<tr><td>工种</td><td colspan="5">变电设备检修工</td><td>评价等级</td><td>技师</td></tr>
<tr><td>项目模块</td><td colspan="4">隔离开关检修—隔离开关缺陷及故障处理</td><td>编号</td><td colspan="2">Jc0002263024</td></tr>
<tr><td>单位</td><td colspan="2"></td><td colspan="2">准考证号</td><td></td><td>姓名</td><td></td></tr>
<tr><td>考试时限</td><td colspan="2">90分钟</td><td>题型</td><td colspan="2">综合操作</td><td>题分</td><td>100分</td></tr>
<tr><td>成绩</td><td></td><td>考评员</td><td></td><td>考评组长</td><td></td><td>日期</td><td></td></tr>
<tr><td>试题正文</td><td colspan="7">110kV GW4型隔离开关整体调试及CJ2电动机构故障处理</td></tr>
<tr><td>需要说明的问题和要求</td><td colspan="7">（1）检修过程中应注意安全，有危及人身、设备安全行为可取消考核成绩。
（2）二次故障查找与处理采用电位法时应征得考评员允许，确认故障排除前应报告考评员</td></tr>
</table>

序号	项目名称	质量要求	满分	扣分标准	扣分原因	得分
1	安全文明生产					
1.1	着装规范	正确佩戴安全帽、穿绝缘鞋、穿长袖工作服、戴线手套	3	未佩戴安全帽、穿绝缘鞋、穿长袖工作服，扣1分； 安全帽佩戴不规范，扣1分； 着装不规范，扣0.5分； 未戴线手套，扣0.5分		

续表

序号	项目名称	质量要求	满分	扣分标准	扣分原因	得分
1.2	安全工器具及安全措施检查	应检查安全工器具、绝缘工器具是否完好，是否在校验合格期内； 检查工作区域围栏是否合格、封闭	8	未检查凳梯、绝缘手套外观是否完好，每项扣2分，扣完为止； 未检查检验标签是否在合格期内，扣2分； 未检查围栏非入口处是否封闭，扣2分		
1.3	试验环境检查	检查当日工位处温度、湿度情况	1	未检查温度情况，扣0.5分； 未检查湿度情况，扣0.5分		
1.4	安全文明生产	材料或配件不应发生掉落及随意摆放现象	3	发生工器具及配件掉落现象，每次扣0.5分，上限1.5分； 工作现场杂乱无章，检查过程中随意摆放工器具，每次扣0.5分，上限1.5分		
2	GW4型隔离开关整体调试及故障排除					
2.1	GW4型隔离开关巡视、检查项目	隔离开关（接地开关）各部件齐全，无异物	5	应指出隔离开关机械方面存在的问题，隔离开关问题由现场设置3个（参考附表Jc0002263024－1），每少发现1个扣2分，扣完为止		
		隔离开关（接地开关）各部位连接良好，螺栓均紧固良好				
		手动操作隔离开关（接地开关）慢分、慢合检查				
		隔离开关与接地开关之间的闭锁检查				
2.2	导电部分调整	主刀闸合闸后，导电管应在一条直线上，上下误差5mm以内	2	有一相不在一条直线上超过误差，扣2分		
		主刀闸合闸后，合闸限位螺钉与挡板（或挡块）间隙为1～3mm； 定位螺钉紧固，并紧螺母紧固	3	间隙有一项不符合，扣2分，上限3分		
		主刀闸分闸后，打开角度为(90±1)°[或测量两导电管两端的平行距离在（1300±10）mm以内]	6	有一相角度不符合，扣2分，上限6分		
		主刀闸分闸后，分闸限位螺钉与挡板（或挡块）间隙为1～3mm； 定位螺钉紧固，并紧螺母紧固	2	间隙有一项不符合，扣0.5分，上限2分		
		合闸三相同期允许值不大于10mm	4	同期不满足，扣4分		
2.3	传动部分调整	主刀闸与接地刀闸机械闭锁正确、可靠，闭锁板间隙3～8mm	2	不正确、不可靠，各扣1分		
		主刀闸、接地背帽可靠紧固	2	有一项处不符合，扣0.5分，上限2分		
		整组调整后先手动分、合闸5次确认无问题后，置于中间位置电动操作	7	分合次数不够，扣2分； 不按规定放中间位置做，扣5分		
2.4	接地开关部分调整	合闸时接地动静触头应对中	5	有一相对中不合格，扣2分，上限5分		
		三相接地开关导电杆在分闸时在同一水平面上	5	有一相不在同一水平面上，扣2分，上限5分		
		合闸三相同期允许值不大于10mm	2	同期不满足，扣2分		
3	电动机构电气故障处理					
3.1	电动机构电气故障处理	电动机不转故障； 隔离开关不能合、分	15	参考附表Jc0002263024－2，按照总分除以缺陷数量（3～5个）记单个缺陷满分，未排除故障，扣相应满分，总分不超过15分		
4	现场清理及恢复					
4.1	清理作业现场	工器具、试验仪器收取后摆放整齐，与开工前一致； 设备表面清洁无杂物，作业现场清洁无遗留物品	5	工器具、试验仪器未收取摆放整齐，扣1分； 设备表面、工作现场有遗留物，每处扣1分，扣完为止		

续表

序号	项目名称	质量要求	满分	扣分标准	扣分原因	得分
4.2	设备恢复	断路器恢复至检修前状态	5	电动机电源或控制电源未断开，扣 2 分； 机构箱门未关，扣 1 分； 未申请恢复接地刀闸或接地线，扣 2 分		
5	检修报告填写					
5.1	填写检修报告	正确填写检修报告，用语规范，项目齐全，结论正确	15	检修前检查情况未填写，扣 1 分； 检修项目填写不齐全，扣 0.5 分； 发现及处理情况未填写，扣 3 分； 缺陷每缺少一项，扣 1 分； 试验情况未填写，扣 2 分； 试验数据未填写，扣 1 分； 试验数据不全，扣 1 分； 检修结论不正确，扣 0.5 分； 以上扣分，扣完为止		
合计			100			

附表 Jc0002263024－1　　GW4 型隔离开关本体故障参考表

序号	故障现象	设置方法
1	模拟支柱绝缘子伞裙破损或胶装开裂	用胶带等材料贴于故障点模拟缺陷
2	模拟接地隔离开关与底座导通连接（软铜辫）缺失	拆除接地开关与底座导通连接
3	模拟导电部分螺栓松动或触指接触不良	松开导电回路部分螺栓； 触指设置绝缘物
4	隔离开关在三相联动时，中相的分、合闸正常，一边相合闸不到位，另一边相分闸不到位	调整隔离开关水平连杆
5	接地开关在三相联动时，分、合闸均不过位或过位	调整接地开关机构垂直连杆上方与接地开关轴连接处拐臂长度
6	接地开关在三相联动时，中相的分、合闸能够满足要求，而一边相合闸不到位，另一边相分闸不到位	调整接地开关水平连接杆，改变一相或者两相的起始位置
7	机构手动操作时，分闸到位合闸不到位，或者合闸到位分闸不到位	调整机构的起始位置
8	机械限位不可靠	调节机械限位板的起始状态
9	电机机械限位不到位	调整限位螺栓
10	接地开关合闸时刀杆与静触头位置不对应	调整转动座螺栓或静触头位置

附表 Jc0002263024－2　　操动机构电气故障参考表

序号	故障现象	故障设置	消除方法
1	电源缺相	电动机电源或控制电源空气开关下端绝缘处理	拆除绝缘
2	电动机回路缺相	将电动机 A 相电源在 KM1 处绝缘处理	拆除绝缘
3	分、合闸反相	将分闸、合闸按钮上的接线互换	恢复分、合闸按钮接线
4	分、合闸到位后不停止	用细铜丝短接 KM1－A2 与 KM2－A2	拆除短接线
5	分闸不能保持	将 KM1－XX 绝缘处理	拆除绝缘拆除绝
6	不能分、合闸	将 XT12－XT13 连片松开	紧固连片

附表 Jc0002263024－3　　隔离开关检修报告评分参考标准

序号	项目	标准值	说明
1	断口中心距	（1300±10）mm	使用卷尺分别测量二相断口中心间距（主隔离开关在分闸状态）
2	左、右触头间接触紧密度检查	0.05mm×10mm塞尺检查	对于线接触 0.05mm 塞尺塞不进去为合格，对于面接触，其塞入深度： 在接触宽度为 50mm 及以下时，不应超过 4mm； 在接触面宽度为 60mm 及以上，不应超过 6mm
3	合闸剩余间隙	30～50mm	合闸时两触头之间间隙为 30～50mm
4	止钉螺栓间隙	1～3mm	合闸位置，检查合闸止钉间隙； 分闸位置，检查分闸止钉间隙
5	三相同期	小于 10mm	一相刚接触时，剩余两相中动静触头间最大距离

Jc0002263025　110kV GW5 型隔离开关整体调试及 CJ6 电动机构故障处理。（100 分）

考核知识点：隔离开关检修—隔离开关缺陷及故障处理

难易度：难

技能等级评价专业技能考核操作工作任务书

一、任务名称

110kV GW5 型隔离开关整体调试及 CJ6 电动机构故障处理。

二、适用工种

变电设备检修工技师。

三、具体任务

（1）工作状态为模拟 110kV 间隔停电，工作内容为隔离开关调试与故障处理。

（2）工作任务。

1）模拟隔离开关多处一次系统缺陷，进行巡视并记录。

2）隔离开关缺陷消除。

3）隔离开关整体调试、尺寸调整。

4）模拟 CJ6 电动机构故障，排除设置的故障，完成现场检修任务。

四、工作规范及要求

（1）要求 1 人操作，考评员监护，也可根据实际情况，抽签组队，2 人一组共同调试，调试部分计团体分，电动机构消缺单人消缺单独记分。考生着装规范，穿工作服、绝缘鞋，戴安全帽，系安全带。

（2）安全文明生产。工器具、材料、设备摆放整齐，现场操作熟练、连贯、有序，正确规范地使用工器具及安全用具。不发生危及人身或设备安全的行为，否则可取消本次考核成绩。

（3）考核考生对 GW5－126 型隔离开关整体调试的熟练程度，熟悉各部件工艺质量要求。

（4）熟悉本体调试项目及技术要求，会进行相应检查、调整和处理。

（5）考生在操作试验过程中记录试验数据及检修数据。

（6）由考评员设故障点，考生能在规定时间内排除。故障点根据实际现场条件设定。

五、考核及时间要求

（1）本考核操作时间隔离开关巡视消缺及整体调试 90 分钟，二次故障排除及报告整理 30 分钟。同一类现象故障不限一处故障点。

（2）故障查找和排除过程中，如确实不能查找出故障，可向考评员申请排除故障，该项故障项目不得分，但不影响其他项目。

（3）按照技能操作记录单的操作要求进行操作，正确记录操作结果。

（4）现场清理完毕后，汇报工作终结，记录考核结束时间。

技能等级评价专业技能考核操作评分标准

工种	变电设备检修工					评价等级	技师
项目模块	隔离开关检修—隔离开关缺陷及故障处理				编号	Jc0002263025	
单位			准考证号			姓名	
考试时限	90 分钟		题型	综合操作		题分	100 分
成绩		考评员		考评组长		日期	
试题正文	110kV GW5 型隔离开关整体调试及 CJ6 电动机构故障处理						
需要说明的问题和要求	（1）检修过程中应注意安全，有危及人身、设备安全行为可取消考核成绩。 （2）二次故障查找与处理采用电位法时应征得考评员允许，确认故障排除前应报告考评员						

序号	项目名称	质量要求	满分	扣分标准	扣分原因	得分
1	安全文明生产					
1.1	着装规范	正确佩戴安全帽、穿绝缘鞋、穿长袖工作服、戴线手套	3	未佩戴安全帽、穿绝缘鞋、穿长袖工作服，扣 1 分； 安全帽佩戴不规范，扣 1 分； 着装不规范，扣 0.5 分； 未戴线手套，扣 0.5 分		
1.2	安全工器具及安全措施检查	应检查安全工器具、绝缘工器具是否完好，是否在校验合格期内； 检查工作区域围栏是否合格、封闭	8	未检查凳梯、绝缘手套外观是否完好，每项扣 2 分，扣完为止； 未检查检验标签是否在合格期内，扣 2 分； 未检查围栏非入口处是否封闭，扣 2 分		
1.3	试验环境检查	检查当日工位处温度、湿度情况	1	未检查温度情况，扣 0.5 分； 未检查湿度情况，扣 0.5 分		
1.4	安全文明生产	材料或配件不应发生掉落及随意摆放现象	3	发生工器具及配件掉落现象，每次扣 0.5 分，上限 1.5 分； 工作现场杂乱无章，检查过程中随意摆放工器具，每次扣 0.5 分，上限 1.5 分		
2	GW5 型隔离开关整体调试及故障排除					
2.1	GW5 型隔离开关巡视、检查项目	隔离开关（接地开关）各部件齐全，无异物	6	应指出隔离开关机械方面存在的问题，隔离开关问题由现场设置 3 个，每发现 1 个扣 2 分，扣完为止		
		隔离开关（接地开关）各部位连接良好，螺栓均紧固良好				
		手动操作隔离开关（接地开关）慢分、慢合检查				
		隔离开关与接地开关之间的闭锁检查				
2.2	导电部分调整	主刀闸合闸后，导电管应在一条直线上，上下误差 5mm 以内	4.5	有一相不在一条直线上超过误差，扣 1.5 分，上限 4.5 分		
		主刀闸合闸后，合闸限位螺钉与挡板（或挡块）间隙为 1～3mm； 定位螺钉紧固，并紧固螺母紧固	1.5	间隙有一项不符合，扣 1.5 分		
		主刀闸分闸后，测量触指与触头之间的最小电气距离不小于 1040mm，左触头到拉杆的距离大于 1000mm	9	有一相不符合，扣 3 分，上限 9 分		
		主刀闸分闸后，分闸限位螺钉与挡板（或挡块）间隙为 1～3mm； 定位螺钉紧固，并紧固螺母紧固	2	间隙有一项不符合，扣 0.5 分，上限 2 分		
		合闸三相同期允许值不大于 10mm	5	同期不满足，扣 5 分		

续表

序号	项目名称	质量要求	满分	扣分标准	扣分原因	得分
2.3	传动部分调整	主刀闸与接地刀闸机械闭锁正确、可靠，闭锁板间隙 3～8mm	2	不正确、不可靠，各扣 1 分		
		连杆并紧可靠紧固	2	有一处不符合，扣 0.5 分，扣完为止		
		整组调整后先手动分、合闸 5 次，确认无问题后，置于中间位置电动操作	7	分、合次数不够，扣 2 分； 不按规定放中间位置做，扣 5 分		
2.4	接地刀闸部分调整	合闸时接地刀闸动静触头应对中	3	有一相不对中，扣 1 分，扣完为止		
		三相接地刀闸导电杆在分闸时在同一水平面上	3	有一相不在同一水平面上，扣 1 分，扣完为止		
		合闸三相同期允许值不大于 10mm	5	同期不满足，扣 5 分		
3	电动机构电气故障处理					
3.1	电动机构电气故障处理（故障点设置不少于 3 处）	电动机不转故障； 隔离开关不能合、分	10	参考附表 Jc0002263025－1 设置权限 4 处，每少排除一项缺陷扣 2.5 分，上限 10 分		
4	现场清理及恢复					
4.1	清理作业现场	工器具、试验仪器收取后摆放整齐，与开工前一致； 设备表面清洁无杂物，作业现场清洁无遗留物品	5	工器具、试验仪器未收取摆放整齐，扣 1 分； 设备表面、工作现场有遗留物，每处扣 1 分，扣完为止		
4.2	设备恢复	断路器恢复至检修前状态	5	电机电源或控制电源未断开，扣 2 分； 机构箱门未关，扣 1 分； 未申请恢复接地刀闸或接地线，扣 2 分		
5	检修报告填写					
5.1	填写检修报告	正确填写检修报告，用语规范，项目齐全，结论正确	15	检修前检查情况未填写，扣 1 分； 检修项目填写不齐全，扣 0.5 分； 发现及处理情况未填写，扣 3 分； 缺陷每缺少一项，扣 1 分； 试验情况未填写，扣 2 分； 试验数据未填写，扣 1 分； 试验数据不全，扣 1 分； 检修结论不正确，扣 0.5 分； 以上扣分，扣完为止		
合计			100			

附表 Jc0002263025－1　　　　GW5 型隔离开关本体故障参考表

序号	故障现象	设置方法
1	模拟支柱绝缘子伞裙破损或胶装开裂	用胶带等材料贴于故障点模拟缺陷
2	模拟接地隔离开关与底座导通连接（软铜辫）缺失	拆除接地隔离开关与底座导通连接
3	模拟导电部分螺栓松动或触指接触不良	松开导电回路部分螺栓； 触指设置绝缘物
4	隔离开关在三相联动时，中相的分、合闸正常，一边相合闸不到位，另一边相分闸不到位	调整隔离开关水平连杆
5	接地开关在三相联动时，分、合闸均不过位或过位	调整接地开关机构垂直连杆上方与接地开关轴连接处拐臂长度
6	接地开关在三相联动时，中相的分、合闸能够满足要求，而一边相合闸不到位，另一边相分闸不到位	调整接地开关水平连接杆，改变一相或者两相的起始位置

续表

序号	故障现象	设置方法
7	机构手动操作时，分闸到位合闸不到位，或者合闸到位分闸不到位	调整机构的起始位置
8	机械限位不可靠	调节机械限位板的起始状态
9	电动机机械限位不到位	调整限位螺栓
10	接地开关合闸时刀杆与静触头位置不对应	调整转动座螺栓或静触头位置

附表 Jc0002263025－2　　CJ6 型刀闸机构电气故障参考表

序号	故障现象	故障设置	消除方法
1	电源缺相	电动机电源或控制电源空气开关下端绝缘处理	拆除绝缘
2	电动机回路缺相	将电动机回路接触器、热偶等绝缘处理	拆除绝缘
3	分、合闸反相	将分闸、合闸按钮上的接线互换	恢复分、合闸按钮接线
4	分、合闸到位后不停止	用细铜丝短接分、合闸继电器线圈 A2	拆除短接线
5	分闸不能保持	将 KM1 上分闸自保持线绝缘处理	拆除绝缘
6	合闸不能保持	将 KM2 上合闸自保持线绝缘处理	拆除绝缘
7	不能分、合闸	将端子上分闸回路短接片松开或拆除闭锁接线	紧固连片或恢复闭锁接线

附表 Jc0002263025－3　　隔离开关检修报告评分参考标准

序号	项目	标准值	说明
1	分闸最小电气距离	≥1040mm	主刀闸分闸后，测量触指与触头之间的最小电气距离不小于 1040mm
2	左触头对拉杆最小距离	＞1000mm	主刀闸分闸后，左触头到拉杆的距离大于 1000mm
3	左、右触头间接触紧密度检查	0.05mm×10mm 塞尺检查	对于线接触 0.05mm 塞尺塞不进去为合格，对于面接触，其塞入深度：在接触宽度为 50mm 及以下时，不应超过 4mm；在接触面宽度为 60mm 及以上，不应超过 6mm
4	止钉螺栓间隙	1～3mm	合闸位置，检查合闸止钉间隙； 分闸位置，检查分闸止钉间隙
5	三相同期	＜10mm	一相刚接触时，剩余两相中动静触头间最大距离

Jc0006241026　变压器指针式油位计更换。（100 分）

考核知识点：变压器油位计更换

难易度：易

技能等级评价专业技能考核操作工作任务书

一、任务名称

变压器指针式油位计更换。

二、适用工种

变电设备检修工技师。

三、具体任务

（1）工作状态为模拟一台 110kV 变压器综检，工作内容为油位计更换。

（2）工作任务。

1）模拟变压器综检，对变压器本体指针式油位计进行更换。

2）模拟现场工作，实施安全措施（按照变压器综检完成），完成现场更换任务。

四、工作规范及要求

（1）工器具使用及准备工作。

（2）按要求使用工器具完成本体指针式油位计更换工作。

五、考核及时间要求

（1）本考核操作时间为60分钟，时间到停止考评，包括报告整理时间。

（2）按照技能操作记录单的操作要求进行操作，正确记录操作结果。

（3）现场清理完毕后，汇报工作终结，记录考核结束时间。

技能等级评价专业技能考核操作评分标准

工种	变电设备检修工					评价等级	技师
项目模块	变压器检修—变压器小修及维护				编号	Jc0006241026	
单位			准考证号			姓名	
考试时限	60分钟	题型		单项操作		题分	100分
成绩		考评员		考评组长		日期	
试题正文	变压器指针式油位计更换						
需要说明的问题和要求	（1）严格执行有关规程和规范。 （2）现场由1名检修工协助完成。 （3）在提供的场地、设备上完成操作。 （4）时间到应立即停止操作，整理工具、材料，离开操作场地。 （5）现场以1台110kV变压器为考核设备						

序号	项目名称	质量要求	满分	扣分标准	扣分原因	得分
1	准备					
1.1	参赛队员着装	正确佩戴安全帽、穿绝缘鞋、穿长袖工作服、戴线手套	6	未佩戴安全帽、穿绝缘鞋、穿长袖工作服，扣3分； 安全帽佩戴不规范，扣1分； 着装不规范，扣1分； 未戴线手套，扣1分		
1.2	安全工器具检查	应检查安全工器具、绝缘工器具是否完好，是否在校验合格期内	4	未检查安全工器具、绝缘工器具外观是否完好，扣2分； 未检查检验标签是否在合格期内，扣2分		
1.3	安全措施检查	检查现场所做安全措施是否正确、完善	3	未检查现场安全措施，扣3分		
1.4	试验环境检查	检查当日工位处温度、湿度情况	2	未检查温度情况，扣1分； 未检查湿度情况，扣1分		
2	指针式油位计更换					
2.1	拆卸指针式油位计	拆卸表计时应先将油面降至表计以下； 脱开接线盒内信号连接线； 连杆应伸缩灵活，无变形折裂，浮筒完好无变形和漏气； 齿轮传动机构应转动灵活，转动主动磁铁，从动磁铁应同步转动正确	30	未将油面降至表计以下，扣5分； 未脱开接线盒内信号连接线，扣5分； 连杆卡涩变形，扣5分； 浮筒变形、漏气，扣5分； 齿轮传动机构转动不灵活，扣5分； 从动磁铁同步转动不正确，扣5分		

续表

序号	项目名称	质量要求	满分	扣分标准	扣分原因	得分
2.2	安装指针式油位计	安装时摆动连杆，摆动 45°时指针应从“0”位置到“10”位置或与表盘刻度相符，否则应调节限位块； 当指针在“0”最低油位和“10”最高油位时，限位报警信号动作应正确，否则应调节凸轮或开关位置； 连接二次信号线检查原电缆应完好，回装密封应良好	30	摆动 45°时指针未从“0”位置到“10”位置或与表盘刻度不相符，扣 5 分； 当指针在“0”最低油位和“10”最高油位时，限位报警信号动作不正确，扣 10 分； 二次信号线破损，扣 10 分； 密封不良，扣 5 分		
3	安全文明生产					
3.1	相关规定的执行	严格遵守安规	6	违章作业，每项扣 2 分，扣完为止		
3.2	清理作业现场	工器具、试验仪器收取后摆放整齐，与开工前一致； 设备表面清洁无杂物，作业现场清洁无遗留物品	4	工器具、试验仪器未收取摆放整齐，扣 2 分； 设备表面、工作现场有遗留物，每处扣 1 分，共 2 分，扣完为止		
4	检修报告填写					
4.1	填写检修报告	正确填写检修报告，用语规范，项目齐全，结论正确	15	检修前检查情况未填写，扣 4 分； 填写不全或不正确，每项扣 0.5 分，共 5 分，扣完为止； 发现及处理情况未填写，扣 2 分； 缺陷每缺少一项，扣 1 分，共 5 分，扣完为止； 检修结论不正确，扣 2 分		
合计			100			

Jc0006251027　变压器吊罩。（100 分）

考核知识点：变压器设备吊芯或吊罩

难易度：易

技能等级评价专业技能考核操作工作任务书

一、任务名称

变压器吊罩。

二、适用工种

变电设备检修工技师。

三、具体任务

（1）工作状态为模拟一台 110kV 变压器综检，工作内容为吊罩。

（2）工作任务。

1）模拟变压器综检，对变压器进行吊罩。

2）模拟现场工作，实施安全措施（按照变压器综检完成），完成现场吊罩任务。

四、工作规范及要求

（1）工器具使用及准备工作。

（2）按要求使用工器具完成吊罩工作。

五、考核及时间要求

（1）本考核操作时间为 60 分钟，时间到停止考评，包括报告整理时间。

（2）按照技能操作记录单的操作要求进行操作，正确记录操作结果。

（3）现场清理完毕后，汇报工作终结，记录考核结束时间。

技能等级评价专业技能考核操作评分标准

工种	变电设备检修工					评价等级	技师
项目模块	变压器检修—变压器大修及更换安装				编号	Jc0006251027	
单位			准考证号			姓名	
考试时限	60 分钟		题型	单项操作		题分	100 分
成绩		考评员		考评组长		日期	
试题正文	变压器吊罩						
需要说明的问题和要求	（1）严格执行有关规程和规范。 （2）现场由 4 名检修工和 1 名吊车司机协助完成。 （3）在提供的场地、设备上完成操作。 （4）时间到应立即停止操作，整理工具、材料，离开操作场地。 （5）现场以 1 台 110kV 变压器为考核设备						

序号	项目名称	质量要求	满分	扣分标准	扣分原因	得分
1	准备					
1.1	参赛队员着装	正确佩戴安全帽、穿绝缘鞋、穿长袖工作服、戴线手套	6	未佩戴安全帽、穿绝缘鞋、穿长袖工作服，扣 3 分； 安全帽佩戴不规范，扣 1 分； 着装不规范，扣 1 分； 未戴线手套，扣 1 分		
1.2	安全工器具检查	应检查安全工器具、绝缘工器具是否完好，是否在校验合格期内	4	未检查安全工器具、绝缘工器具外观是否完好，扣 2 分； 未检查检验标签是否在合格期内，扣 2 分		
1.3	安全措施检查	检查现场所做安全措施是否正确、完善	3	未检查现场安全措施，扣 3 分		
1.4	试验环境检查	检查当日工位处温度、湿度情况	2	未检查温度情况，扣 1 分； 未检查湿度情况，扣 1 分		
2	吊罩					
2.1	变压器吊罩	检查有碍起吊工作的所有附件均已拆除； 起吊钟罩时，钢丝绳应分别挂在专用起吊装置上，遇棱角应放置衬垫； 起吊 100～150mm 时应停止，进行检查（悬挂、起吊、刹车及捆绑等情况是否正常），确认无问题后继续起吊； 钟罩起吊和回落时四角应系缆绳，专人扶持以保持平稳； 吊臂和起重物下不得站人； 起吊时钢丝绳的夹角不应大于 60°； 起吊和回落时速度要均匀，掌握好重心，防倾斜，防碰撞； 吊罩工作应在良好天气下进行，并做好防雨、防风沙工作，器身暴露时间为： 空气湿度不大于 75%时，12h 空气湿度不大于 65%时，16h	60	未检查妨碍起吊工作的所有连接件是否已拆除，扣 10 分； 未使用专用吊点起吊、棱角未放置衬垫，扣 10 分； 未按要求停车检查，扣 5 分； 四角未系缆绳，扣 5 分； 未设专人扶持，扣 5 分； 人员进入吊臂和起重物下，扣 5 分； 夹角大于 60°，扣 10 分； 速度不均匀，吊罩倾斜、碰撞器身，扣 5 分； 未做好防雨、防风沙措施，扣 5 分		
3	安全文明生产					
3.1	相关规定的执行	严格遵守安规	6	违章作业，每项扣 2 分，扣完为止		
3.2	清理作业现场	工器具、试验仪器收取后摆放整齐，与开工前一致； 设备表面清洁无杂物，作业现场清洁无遗留物品	4	工器具、试验仪器未收取摆放整齐，扣 2 分； 设备表面、工作现场有遗留物，扣 2 分		

续表

序号	项目名称	质量要求	满分	扣分标准	扣分原因	得分
4	检修报告填写					
4.1	填写检修报告	正确填写检修报告，用语规范，项目齐全，结论正确	15	检修前检查情况未填写，扣1分； 填写不全或不正确，每项扣1分，共5分，扣完为止； 发现及处理情况未填写，扣2分； 缺陷每缺少一项，扣1分，共5分，扣完为止； 检修结论不正确，扣1分		
合计			100			

Jc0006241028 现场填写110kV主变压器的大修报告。(100分)

考核知识点：编写变压器大修（安装）报告

难易度：易

技能等级评价专业技能考核操作工作任务书

一、任务名称

现场填写110kV主变压器的大修报告。

二、适用工种

变电设备检修工技师。

三、具体任务

（1）工作状态为模拟一台110kV变压器大修，工作内容为填写主变压器的大修报告。

（2）工作任务：

1）模拟变压器大修，填写主变压器的大修报告。

2）模拟现场工作，实施安全措施（按照变压器大修完成），完成现场填写任务。

四、工作规范及要求

（1）工器具使用及准备工作。

（2）按要求填写110kV主变压器的大修报告。

五、考核及时间要求

（1）本考核操作时间为60分钟，时间到停止考评，包括报告整理时间。

（2）按照技能操作记录单的操作要求进行操作，正确记录操作结果。

（3）现场清理完毕后，汇报工作终结，记录考核结束时间。

技能等级评价专业技能考核操作评分标准

工种	变电设备检修工				评价等级	技师
项目模块	变压器检修—变压器大修及更换安装			编号	Jc0006241028	
单位		准考证号			姓名	
考试时限	60分钟	题型	单项操作		题分	100分
成绩		考评员		考评组长	日期	
试题正文	现场填写110kV主变压器的大修报告					
需要说明的问题和要求	（1）严格执行有关规程和规范。 （2）在提供的场地、设备上完成操作。 （3）时间到应立即停止操作，整理工具、材料，离开操作场地。 （4）现场以1台110kV变压器为考核设备					

续表

序号	项目名称	质量要求	满分	扣分标准	扣分原因	得分
1	抄录主变压器铭牌	应包含主变压器型号、电压等级、连接组别、厂名、出厂编号和出厂日期及主变压器与变电站的投运日期	21	依次填写，缺少一项扣3分，扣完为止		
2	填写主变压器性能参数	应包含空载损耗、空载电流、负载损耗、阻抗电压和绝缘水平	12	正确填写，漏填或填错一项扣3分，扣完为止		
3	填写主变压器附件参数	应包含高中低压套管型号、冷却装置型号、有载分接开关型号与动作次数和无载开关型号等	15	依次填写，漏填或填错一项扣3分，扣完为止		
4	填写检修原因	记述对主变压器进行检修的原因及判断缺陷的试验数据和外观情况	11	未写明检修原因，扣6分； 如缺少判断依据，扣5分		
5	记录检修条件	包括地点、天气、温度和湿度	12	正确填写，缺少一项扣3分，扣完为止		
6	填写检修经过	将检修过程以较为详实的语句记录下来，包括检修时间、人员，并说明解决缺陷的方法	11	未写明检修时间及参与人员，扣4分； 检修经过漏填，扣7分		
7	填写验收人员、验收意见和设备评级	应有验收人员填写验收意见，确认检修结果是否合格及工程质量评价	12	依次填写，缺少一项扣4分，扣完为止		
8	整理验收报告		6	报告编写不齐全，每项扣1分，扣完为止		
合计			100			

Jc0006241029　现场填写变压器新设备分接开关验收的项目及要求。(100分)

考核知识点：变压器质量验收

难易度：易

技能等级评价专业技能考核操作工作任务书

一、任务名称

现场填写变压器新设备分接开关验收的项目及要求。

二、适用工种

变电设备检修工技师。

三、具体任务

(1)工作状态为模拟一台110kV变压器竣工验收，工作内容为填写变压器新设备分接开关验收的项目及要求。

(2)工作任务。

1)模拟变压器竣工验收，填写分接开关验收的项目及要求。

2)模拟现场工作，实施安全措施(按照变压器竣工验收完成)，完成现场填写任务。

四、工作规范及要求

(1)工器具使用及准备工作。

(2)按要求填写分接开关验收的项目及要求。

五、考核及时间要求

(1)本考核操作时间为60分钟，时间到停止考评，包括报告整理时间。

(2)按照技能操作记录单的操作要求进行操作，正确记录操作结果。

(3)现场清理完毕后，汇报工作终结，记录考核结束时间。

技能等级评价专业技能考核操作评分标准

工种	变电设备检修工					评价等级	技师
项目模块	变压器检修—变压器大修及更换安装				编号	Jc0006241029	
单位			准考证号			姓名	
考试时限	60 分钟	题型		单项操作		题分	100 分
成绩		考评员		考评组长		日期	
试题正文	现场填写变压器新设备分接开关验收的项目及要求						
需要说明的问题和要求	（1）严格执行有关规程和规范。 （2）在提供的场地、设备上完成操作。 （3）时间到应立即停止操作，整理工具、材料，离开操作场地。 （4）现场以 1 台 110kV 变压器为考核设备						

序号	项目名称	质量要求	满分	扣分标准	扣分原因	得分
1	分接开关验收					
1.1	无励磁分接开关	顶盖、操作机构挡位指示一致； 操作灵活，切换正确，机械操作闭锁可靠	25	顶盖、操作机构挡位指示不一致，扣 10 分； 操作卡涩，扣 5 分； 切换错误，扣 5 分； 机械操作闭锁不可靠，扣 5 分		
1.2	有载分接开关	手动操作不少于 2 个循环、电动操作不少于 5 个循环，其中电动操作时电源电压为额定电压的 85%及以上； 本体指示、操作机构指示以及远方指示应一致； 操作无卡涩，联锁、限位、连接校验正确，操作可靠； 机械联动、电气联动的同步性能应符合制造厂要求，远方、就地及手动、电动均进行操作检查； 有载开关油枕油位正常，并略低于变压器本体储油柜油位； 有载开关防爆膜处应有明显防踩踏的提示标志	70	手动操作少于 2 个循环，扣 5 分； 电动操作少于 5 个循环，扣 5 分； 电动操作时电源电压低于额定电压的 85%，扣 5 分； 本体指示、操作机构指示以及远方指示不一致，扣 10 分； 操作卡涩，扣 5 分； 联锁、限位、连接校验错误，扣 5 分； 操作不可靠，扣 5 分； 机械联动、电气联动的同步性能不符合制造厂要求，扣 10 分； 远方、就地及手动、电动未进行操作检查，扣 5 分； 有载开关储油柜油位异常，扣 5 分； 高于变压器本体储油柜油位，扣 5 分； 有载开关防爆膜处无明显防踩踏的提示标志，扣 5 分		
2	整理验收报告		5	报告编写不齐全，每项扣 1 分，扣完为止		
	合计		100			

Jc0006241030 现场填写 110kV 变压器新设备气体继电器验收的项目及要求。（100 分）

考核知识点：变压器质量验收

难易度：易

技能等级评价专业技能考核操作工作任务书

一、任务名称

现场填写 110kV 变压器新设备气体继电器验收的项目及要求。

二、适用工种

变电设备检修工技师。

三、具体任务

（1）工作状态为模拟一台 110kV 变压器竣工验收，工作内容为填写 110kV 变压器新设备气体继电器验收的项目及要求。

（2）工作任务。

1）模拟变压器竣工验收，填写气体继电器验收的项目及要求。

2）模拟现场工作，实施安全措施（按照变压器竣工验收完成），完成现场填写任务。

四、工作规范及要求

（1）工器具使用及准备工作。

（2）按要求填写气体继电器验收的项目及要求。

五、考核及时间要求

（1）本考核操作时间为60分钟，时间到停止考评，包括报告整理时间。

（2）按照技能操作记录单的操作要求进行操作，正确记录操作结果。

（3）现场清理完毕后，汇报工作终结，记录考核结束时间。

技能等级评价专业技能考核操作评分标准

工种	变电设备检修工				评价等级	技师
项目模块	变压器检修—变压器大修及更换安装			编号	Jc0006241030	
单位		准考证号			姓名	
考试时限	60分钟	题型	单项操作		题分	100分
成绩	考评员		考评组长		日期	
试题正文	现场填写110kV变压器新设备气体继电器验收的项目及要求					
需要说明的问题和要求	（1）严格执行有关规程和规范。 （2）在提供的场地、设备上完成操作。 （3）时间到应立即停止操作，整理工具、材料，离开操作场地。 （4）现场以1台110kV变压器为考核设备					

序号	项目名称	质量要求	满分	扣分标准	扣分原因	得分
1	气体继电器验收					
1.1	校验	气体继电器校验合格	5	未检查气体继电器报告，扣5分		
1.2	继电器安装	继电器上的箭头标志应指向储油柜，无渗漏，无气体，芯体绑扎线应拆除，油位观察窗挡板应打开	20	继电器上的箭头标志指向本体，扣10分； 继电器渗漏，扣5分； 继电器芯体绑扎线未拆除，扣2分； 油位观察窗挡板未打开，扣3分		
1.3	继电器防雨、防震	户外变压器加装防雨罩，本体及二次电缆进线50mm应被遮蔽，45°向下雨水不能直淋	15	户外变压器未加装防雨罩，扣5分； 防雨罩遮蔽本体及二次电缆进线未达到50mm，扣5分； 防雨罩角度不合适，扣5分		
1.4	浮球及干簧接点	浮球及干簧接点完好、无渗漏，接点动作可靠	15	浮球及干簧接点破损，扣5分； 浮球及干簧接点渗漏，扣5分； 浮球及干簧接点接触不良，扣5分		
1.5	集气盒	集气盒应引下便于取气，集气盒内要充满油，无渗漏，管路无变形、无死弯，处于打开状态	30	集气盒未安装，扣5分； 集气盒安装位置不便于取气，扣5分； 集气盒内未充满，有气体，扣5分； 集气盒渗漏，扣5分； 管路变形、死弯，扣5分； 集气盒阀门关闭，扣5分		
1.6	主连通管	朝储油柜方向有1.5%～2%升高坡度	10	主连通管朝储油柜方向坡度过大或过小，扣10分		
2	整理验收报告		5	报告编写不齐全，每项扣1分，扣完为止		
合计			100			

Jc0002242031 V形有载调压开关的分解与检修（本体部分）。（100分）

考核知识点：变压器有载调压开关吊芯检修及调试

难易度：中

技能等级评价专业技能考核操作工作任务书

一、任务名称

V形有载调压开关的分解与检修（本体部分）。

二、适用工种

变电设备检修工技师。

三、具体任务

（1）工作状态为模拟一台110kV变压器综检，工作内容为有载调压开关分解与检修。

（2）工作任务。

1）模拟变压器综检，对变压器有载调压开关进行分解与检修。

2）模拟现场工作，实施安全措施（按照变压器综检完成），完成现场检修任务。

四、工作规范及要求

（1）工器具使用及准备工作。

（2）按要求使用工器具完成V形有载调压开关的分解与检修。

五、考核及时间要求

（1）本考核操作时间为60分钟，时间到停止考评，包括报告整理时间。

（2）按照技能操作记录单的操作要求进行操作，正确记录操作结果。

（3）现场清理完毕后，汇报工作终结，记录考核结束时间。

技能等级评价专业技能考核操作评分标准

<table>
<tr><td>工种</td><td colspan="5">变电设备检修工</td><td>评价等级</td><td>技师</td></tr>
<tr><td>项目模块</td><td colspan="4">变压器检修—变压器大修及更换安装</td><td colspan="2">编号</td><td>Jc0006242031</td></tr>
<tr><td>单位</td><td colspan="3"></td><td>准考证号</td><td colspan="2"></td><td>姓名</td></tr>
<tr><td>考试时限</td><td colspan="2">60分钟</td><td>题型</td><td colspan="3">单项操作</td><td>题分</td></tr>
<tr><td>成绩</td><td></td><td>考评员</td><td></td><td>考评组长</td><td></td><td>日期</td><td></td></tr>
<tr><td>试题正文</td><td colspan="7">V形有载调压开关的分解与检修（本体部分）</td></tr>
<tr><td>需要说明的问题和要求</td><td colspan="7">（1）严格执行有关规程和规范。
（2）在提供的场地、设备上完成操作。
（3）时间到应立即停止操作，整理工具、材料，离开操作场地。
（4）现场由1名检修工协助完成。
（5）现场以1台FY30Ⅲ200Y型有载调压开关为例。
（6）分接开关已经调整在整定工作位置，开关油已经放出，水中传动轴已经打开，拆卸，头盖、齿轮机构已经拆卸</td></tr>
</table>

序号	项目名称	质量要求	满分	扣分标准	扣分原因	得分
1	准备					
1.1	参赛队员着装	正确佩戴安全帽、穿绝缘鞋、穿长袖工作服、戴线手套	6	未佩戴安全帽、穿绝缘鞋、穿长袖工作服，扣3分； 安全帽佩戴不规范，扣1分； 着装不规范，扣1分； 未戴线手套，扣1分		

续表

序号	项目名称	质量要求	满分	扣分标准	扣分原因	得分
1.2	安全工器具检查	应检查安全工器具、绝缘工器具是否完好，是否在校验合格期内	4	未检查安全工器具、绝缘工器具外观是否完好，扣2分； 未检查检验标签是否在合格期内，扣2分		
1.3	安全措施检查	检查现场所做安全措施是否正确、完善	3	未检查现场安全措施，扣3分		
1.4	试验环境检查	检查当日工位处温度、湿度情况	2	未检查温度情况，扣1分； 未检查湿度情况，扣1分		
2	分解与检修					
2.1	有载调压开关分解与检修	确认分接开关在整定工作位置，并断开电动机构内的电机开关（整定位置在“10”）； 使用专用工具抽出吸油管，并将转换选择器操作至空挡位置； 缓慢吊出动触头转轴，要防止绝缘轴上的均压环、动触头组以及过渡电阻碰伤，用干净塑料布套住转轴并放好； 检查油室内有无异物，并用干净的新油进行清洗，直至干净为止，清洗动触头转动轴； 检查每相动触头组支架和转换选择器与主轴连接是否牢固，动触头是否弯曲变形； 检查绝缘主轴是否弯曲变形，动触头滚动是否灵活、无卡滞； 检查电阻丝与动触头的软连接线有无损伤，紧固件连接是否可靠； 用万用表测量过渡电阻，与产品铭牌比较，有无明显变化，其偏差不应大于10%； 测量滚动触头直径不小于16mm； 齿轮机构的检查用变压器油和刷子对齿轮机构进行彻底的清洗，检查有无机械缺损弹簧，拉攀处的焊接应无开裂； 动触头转轴的返装与拆卸的顺序相反进行	60	未检查分接开关是否在整定工作位置，扣5分； 未使用专用工具操作造成操作不当，扣5分； 因操作不当，造成部件损伤，扣5分； 未检查或未进行清洗，扣5分； 未检查或未进行坚固，扣5分； 未检查或有问题未处理，扣5分； 未检查或未紧固，扣5分； 未测量或测量数值未与产品铭牌进行对比，扣5分； 未测量滚动触头直径，扣5分； 未仔细检查清洗，扣5分； 组装不能完成或组装不到位，扣10分		
3	安全文明生产					
3.1	相关规定的执行	严格遵守安规	6	违章作业，每项扣2分，扣完为止		
3.2	清理作业现场	工器具、试验仪器收取后摆放整齐，与开工前一致； 设备表面清洁无杂物，作业现场清洁无遗留物品	4	工器具、试验仪器未收取摆放整齐，扣1分； 设备表面、工作现场有遗留物，每处扣1分，扣完为止		
4	检修报告填写					
4.1	填写检修报告	正确填写检修报告，用语规范，项目齐全，结论正确	15	检修前检查情况未填写，扣1分； 填写不全或不正确，每项扣1分，共5分，扣完为止； 发现及处理情况未填写，扣2分； 缺陷每缺少一项，扣1分，共5分，扣完为止； 检修结论不正确，扣2分		
合计			100			

Jc0006241032　变压器潜油泵更换与调试。（100分）

考核知识点：变压器潜油泵更换及调整

难易度：易

技能等级评价专业技能考核操作工作任务书

一、任务名称

变压器潜油泵更换与调试。

二、适用工种

变电设备检修工技师。

三、具体任务

（1）工作状态为模拟一台220kV变压器综检，工作内容为潜油泵更换与调试。

（2）工作任务。

1）模拟变压器综检，对变压器潜油泵进行更换与调试。

2）模拟现场工作，实施安全措施（按照变压器综检完成），完成现场更换任务。

四、工作规范及要求

（1）工器具使用及准备工作。

（2）按要求使用工器具完成潜油泵更换与调试工作。

五、考核及时间要求

（1）本考核操作时间为60分钟，时间到停止考评，包括报告整理时间。

（2）按照技能操作记录单的操作要求进行操作，正确记录操作结果。

（3）现场清理完毕后，汇报工作终结，记录考核结束时间。

技能等级评价专业技能考核操作评分标准

<table>
<tr><td>工种</td><td colspan="5">变电设备检修工</td><td>评价等级</td><td>技师</td></tr>
<tr><td>项目模块</td><td colspan="4">变压器检修—变压器大修及更换安装</td><td>编号</td><td colspan="2">Jc0006241032</td></tr>
<tr><td>单位</td><td colspan="2"></td><td>准考证号</td><td colspan="2"></td><td>姓名</td><td></td></tr>
<tr><td>考试时限</td><td colspan="2">60 分钟</td><td>题型</td><td colspan="2">单项操作</td><td>题分</td><td>100 分</td></tr>
<tr><td>成绩</td><td></td><td>考评员</td><td></td><td>考评组长</td><td></td><td>日期</td><td></td></tr>
<tr><td>试题正文</td><td colspan="7">变压器潜油泵更换与调试</td></tr>
<tr><td>需要说明的问题和要求</td><td colspan="7">（1）严格执行有关规程和规范。
（2）现场由 1 名检修工协助完成。
（3）在提供的场地、设备上完成操作。
（4）时间到应立即停止操作，整理工具、材料，离开操作场地。
（5）现场以 BB 型、4B、6B 离心式潜油泵为考核设备</td></tr>
</table>

序号	项目名称	质量要求	满分	扣分标准	扣分原因	得分
1	准备					
1.1	参赛队员着装	正确佩戴安全帽、穿绝缘鞋、穿长袖工作服、戴线手套	6	未佩戴安全帽、穿绝缘鞋、穿长袖工作服，扣 3 分； 安全帽佩戴不规范，扣 1 分； 着装不规范，扣 1 分； 未戴线手套，扣 1 分		
1.2	安全工器具检查	应检查安全工器具、绝缘工器具是否完好，是否在校验合格期内	4	未检查安全工器具、绝缘工器具外观是否完好，扣 2 分； 未检查检验标签是否在合格期内，扣 2 分		
1.3	安全措施检查	检查现场所做安全措施是否正确、完善	3	未检查现场安全措施，扣 3 分		

续表

序号	项目名称	质量要求	满分	扣分标准	扣分原因	得分
1.4	试验环境检查	检查当日工位处温度、湿度情况	2	未检查温度情况，扣1分； 未检查湿度情况，扣1分		
2	更换与调试					
2.1	拆卸	拆卸前断开潜油泵电源，拆开电源连接线； 应先将碟阀关闭，打开排油塞和放气塞排尽剩油； 在拆卸潜油泵过程中，其下部放垫块做支撑，防止油泵重物伤人	15	拆卸前未断开潜油泵电源，扣2分； 未拆开电源连接线，扣3分； 未关闭碟阀，扣2分； 未排尽剩油，扣3分； 未放垫块做支撑，扣5分		
2.2	安装	应先将潜油泵安装在冷却器的下方原位； 检查法兰密封面应平整无划痕、锈蚀、漆膜，更换密封垫，各对接法兰正确对接，密封垫位置准确； 连接法兰的密封面应平行和同心，依次对角拧紧安装法兰螺栓，使密封垫均匀压缩1/3（胶棒压缩1/2）； 更换后该组停运冷却器内气体应充分排出； 恢复潜油泵电源，接入电源连接线； 拆装前后应确认蝶阀位置正确	30	潜油泵未正确就位，扣3分； 法兰密封面不平整，有划痕、锈蚀、漆膜，扣2分； 未更换密封垫，扣3分； 各对接法兰对接错位、偏移，扣2分； 密封垫安装不正，扣3分； 连接法兰的密封面不平行或同心，扣2分； 法兰螺栓紧固顺序错误，扣3分； 密封垫（胶棒）压缩量不合格，扣2分； 停运冷却器内气体未充分排出，扣3分； 未恢复潜油泵电源，扣2分； 未接入电源连接线，扣3分； 拆装前后蝶阀位置错误，扣2分		
2.3	调试	叶轮转动应平稳、灵活； 检查油泵应转向正确，泵试转应平稳、灵活，无转子扫膛、叶轮碰壳等异声，三相空载电流平衡； 油流继电器指示正确，偏转到位稳定； 各部密封良好、无渗漏	15	叶轮转动不平稳、不灵活，扣3分； 油泵转向错误，扣2分； 泵试转不平稳、不灵活，扣3分； 三相空载电流不平衡，扣2分； 油流继电器抖（晃）动，扣2分； 有渗漏现象，扣3分		
3	安全文明生产					
3.1	相关规定的执行	严格遵守安规	6	违章作业，每项扣2分，扣完为止		
3.2	清理作业现场	工器具、试验仪器收取后摆放整齐，与开工前一致； 设备表面清洁无杂物，作业现场清洁无遗留物品	4	工器具、试验仪器未收取摆放整齐，扣2分； 设备表面、工作现场有遗留物，扣2分		
4	检修报告填写					
4.1	填写检修报告	正确填写检修报告，用语规范，项目齐全，结论正确	15	检修前检查情况未填写，扣1分； 填写不全或不正确，每项扣1分，共5分，扣完为止； 发现及处理情况未填写，扣2分； 缺陷每缺少一项，扣1分，共5分，扣完为止； 检修结论不正确，扣2分		
合计			100			

Jc0006241033　红外测温仪图谱分析。(100分)

考核知识点：能根据红外图谱判断缺陷类型

难易度：易

技能等级评价专业技能考核操作工作任务书

一、任务名称

红外测温仪图谱分析。

二、适用工种

变电设备检修工技师。

三、具体任务

（1）工作状态为模拟一台110kV变压器综检，工作内容为主变压器红外测温仪图谱分析。

（2）工作任务。

1）模拟变压器综检，对主变压器红外测温仪图谱进行分析。

2）模拟现场工作，实施安全措施（按照变压器综检完成），完成现场分析任务。

四、工作规范及要求

（1）工器具使用及准备工作。

（2）按要求使用工器具完成主变压器红外测温仪图谱分析工作。

五、考核及时间要求

（1）本考核操作时间为60分钟，时间到停止考评，包括报告整理时间。

（2）按照技能操作记录单的操作要求进行操作，正确记录操作结果。

（3）现场清理完毕后，汇报工作终结，记录考核结束时间。

技能等级评价专业技能考核操作评分标准

工种	变电设备检修工				评价等级	技师
项目模块	变压器检修—变压器小修及维护			编号	Jc0006241033	
单位		准考证号			姓名	
考试时限	60分钟	题型	单项操作		题分	100分
成绩	考评员		考评组长		日期	
试题正文	红外测温仪图谱分析					
需要说明的问题和要求	（1）严格执行有关规程和规范。 （2）在提供的场地、设备上完成操作。 （3）时间到应立即停止操作，整理工具、材料，离开操作场地					

序号	项目名称	质量要求	满分	扣分标准	扣分原因	得分
1	图谱说明		20	分析发热部位错误，不得分		
2	缺陷类型判断		20	判断危急、严重、一般缺陷错误，不得分		
3	缺陷类别		20	分析错误，不得分		
4	原因分析		20	分析错误，不得分		
5	检修决策		20	决策错误，不得分		
合计			100			

Jc0006241034 现场处理变压器冷却系统的故障。（100分）

考核知识点：冷却系统的故障处理

难易度：易

技能等级评价专业技能考核操作工作任务书

一、任务名称

现场处理变压器冷却系统的故障。

二、适用工种

变电设备检修工技师。

三、具体任务

（1）工作状态为模拟一台 110kV 变压器综检，工作内容为冷却系统故障处理。

（2）工作任务。

1）模拟变压器综检，对出现故障的冷却系统进行处理。

2）模拟现场工作，实施安全措施（按照变压器综检完成），完成现场故障处理任务。

四、工作规范及要求

（1）工器具使用及准备工作。

（2）按要求使用工器具完成冷却系统故障处理工作。

五、考核及时间要求

（1）本考核操作时间为 60 分钟，时间到停止考评，包括报告整理时间。

（2）按照技能操作记录单的操作要求进行操作。

（3）现场清理完毕后，汇报工作终结，记录考核结束时间。

技能等级评价专业技能考核操作评分标准

工种	变电设备检修工					评价等级	技师
项目模块	变压器检修—变压器缺陷及故障处理				编号	Jc0006241034	
单位			准考证号			姓名	
考试时限	60 分钟		题型	单项操作		题分	100 分
成绩		考评员		考评组长		日期	
试题正文	现场处理变压器冷却系统的故障						
需要说明的问题和要求	（1）严格执行有关规程和规范。 （2）在提供的场地、设备上独立完成操作。 （3）时间到应立即停止操作，整理工具、材料，离开操作场地。 （4）现场以 1 台 110kV 变压器为考核对象						

序号	项目名称	质量要求	满分	扣分标准	扣分原因	得分
1	准备					
1.1	参赛队员着装	正确佩戴安全帽、穿绝缘鞋、穿长袖工作服、戴线手套	6	未佩戴安全帽、穿绝缘鞋、穿长袖工作服，扣 3 分； 安全帽佩戴不规范，扣 1 分； 着装不规范，扣 1 分； 未戴线手套，扣 1 分		
1.2	安全工器具检查	应检查安全工器具、绝缘工器具是否完好，是否在校验合格期内	4	未检查安全工器具、绝缘工器具外观是否完好，扣 2 分； 未检查检验标签是否在合格期内，扣 2 分		
1.3	安全措施检查	检查现场所做安全措施是否正确、完善	3	未检查现场安全措施，扣 3 分		
1.4	试验环境检查	检查当日工位处温度、湿度情况	2	未检查温度情况，扣 1 分； 未检查湿度情况，扣 1 分		
2	现场处理故障					
2.1	检查和辨析缺陷	检查冷却系统的故障情况并给出形成该缺陷的原因	30	检查方式不对，扣 10 分； 无法给出缺陷成因，扣 20 分； 动作不熟练或检查有遗漏，进行相应扣分		

续表

序号	项目名称	质量要求	满分	扣分标准	扣分原因	得分
2.2	处理故障	根据缺陷情况进行故障的排除和处理	30	缺陷无法排除，扣30分		
3	安全文明生产					
3.1	相关规定的执行	严格遵守安规	6	违章作业，每项扣2分， 扣完为止		
3.2	清理作业现场	工器具、试验仪器收取后摆放整齐，与开工前一致； 设备表面清洁无杂物，作业现场清洁无遗留物品	4	工器具、试验仪器未收取摆放整齐，扣2分； 设备表面、工作现场有遗留物，每处扣1分，共2分，扣完为止		
4	检修报告填写					
4.1	填写检修报告	正确填写检修报告，用语规范，项目齐全，结论正确	15	检修前检查情况未填写，扣1分； 填写不全或不正确，每项扣1分，共5分，扣完为止； 发现及处理情况未填写，扣2分； 缺陷每缺少一项，扣1分，共5分，扣完为止； 检修结论不正确，扣2分		
合计			100			

Jc0006241035　现场处理变压器调压装置的故障。（100分）

考核知识点：调压装置的故障处理

难易度：易

技能等级评价专业技能考核操作工作任务书

一、任务名称

现场处理变压器调压装置的故障。

二、适用工种

变电设备检修工技师。

三、具体任务

（1）工作状态为模拟一台110kV变压器综检，工作内容为调压装置故障处理。

（2）工作任务。

1）模拟变压器综检，对出现故障的调压装置进行处理。

2）模拟现场工作，实施安全措施（按照变压器综检完成），完成现场故障处理任务。

四、工作规范及要求

（1）工器具使用及准备工作。

（2）按要求使用工器具完成调压装置故障处理工作。

五、考核及时间要求

（1）本考核操作时间为60分钟，时间到停止考评，包括报告整理时间。

（2）按照技能操作记录单的操作要求进行操作。

（3）现场清理完毕后，汇报工作终结，记录考核结束时间。

技能等级评价专业技能考核操作评分标准

工种	变电设备检修工					评价等级	技师
项目模块	变压器检修—变压器缺陷及故障处理				编号	Jc0006241035	
单位			准考证号			姓名	
考试时限	60分钟		题型	单项操作		题分	100分
成绩		考评员		考评组长		日期	

续表

试题正文	现场处理变压器调压装置的故障
需要说明的问题和要求	（1）严格执行有关规程和规范。 （2）在提供的场地、设备上独立完成操作。 （3）时间到应立即停止操作，整理工具、材料，离开操作场地。 （4）现场以 1 台 110kV 变压器为考核对象

序号	项目名称	质量要求	满分	扣分标准	扣分原因	得分
1	准备					
1.1	参赛队员着装	正确佩戴安全帽、穿绝缘鞋、穿长袖工作服、戴线手套	6	未佩戴安全帽、穿绝缘鞋、穿长袖工作服，扣 3 分； 安全帽佩戴不规范，扣 1 分； 着装不规范，扣 1 分； 未戴线手套，扣 1 分		
1.2	安全工器具检查	应检查安全工器具、绝缘工器具是否完好，是否在校验合格期内	4	未检查安全工器具、绝缘工器具外观是否完好，扣 2 分； 未检查检验标签是否在合格期内，扣 2 分		
1.3	安全措施检查	检查现场所做安全措施是否正确、完善	3	未检查现场安全措施，扣 3 分		
1.4	试验环境检查	检查当日工位处温度、湿度情况	2	未检查温度情况，扣 1 分； 未检查湿度情况，扣 1 分		
2	现场处理故障					
2.1	检查和辨析缺陷	检查调压装置的故障情况并给出形成该缺陷的原因	30	检查方式不对，扣 10 分； 无法给出缺陷成因，扣 20 分； 动作不熟练或检查有遗漏，进行相应扣分		
2.2	处理故障	根据缺陷情况进行故障的排除和处理	30	缺陷无法排除，扣 30 分		
3	安全文明生产					
3.1	相关规定的执行	严格遵守安规	6	违章作业，每项扣 2 分，扣完为止		
3.2	清理作业现场	工器具、试验仪器收取后摆放整齐，与开工前一致； 设备表面清洁无杂物，作业现场清洁无遗留物品	4	工器具、试验仪器未收取摆放整齐，扣 2 分； 设备表面、工作现场有遗留物，每处扣 2 分，共 2 分，扣完为止		
4	检修报告填写					
4.1	填写检修报告	正确填写检修报告，用语规范，项目齐全，结论正确	15	检修前检查情况未填写，扣 1 分； 填写不全或不正确，每项扣 1 分，共 5 分，扣完为止； 发现及处理情况未填写，扣 2 分； 缺陷每缺少一项，扣 1 分，共 5 分，扣完为止； 检修结论不正确，扣 2 分		
合计			100			

Jc0006241036　现场处理变压器高低压套管的故障。(100 分)

考核知识点：高低压套管的故障处理

难易度：易

技能等级评价专业技能考核操作工作任务书

一、任务名称

现场处理变压器高低压套管的故障。

二、适用工种

变电设备检修工技师。

三、具体任务

（1）工作状态为模拟一台110kV变压器综检，工作内容为高低压套管故障处理。

（2）工作任务。

1）模拟变压器综检，对出现故障的高低压套管进行处理。

2）模拟现场工作，实施安全措施（按照变压器综检完成），完成现场故障处理任务。

四、工作规范及要求

（1）工器具使用及准备工作。

（2）按要求使用工器具完成高低压套管故障处理工作。

五、考核及时间要求

（1）本考核1～4项操作时间为60分钟，时间到停止考评。

（2）按照技能操作记录单的操作要求进行操作。

技能等级评价专业技能考核操作评分标准

工种	变电设备检修工				评价等级	技师
项目模块	变压器检修—变压器缺陷及故障处理			编号	Jc0006241036	
单位		准考证号			姓名	
考试时限	60分钟	题型	单项操作		题分	100分
成绩		考评员		考评组长	日期	
试题正文	现场处理变压器高低压套管的故障					
需要说明的问题和要求	（1）严格执行有关规程和规范。 （2）在提供的场地、设备上独立完成操作。 （3）时间到应立即停止操作，整理工具、材料，离开操作场地。 （4）现场以1台110kV变压器为考核对象					

序号	项目名称	质量要求	满分	扣分标准	扣分原因	得分
1	准备					
1.1	参赛队员着装	正确佩戴安全帽、穿绝缘鞋、穿长袖工作服、戴线手套	6	未佩戴安全帽、穿绝缘鞋、穿长袖工作服，扣3分； 安全帽佩戴不规范，扣1分； 着装不规范，扣1分； 未戴线手套，扣1分		
1.2	安全工器具检查	应检查安全工器具、绝缘工器具是否完好，是否在校验合格期内	4	未检查安全工器具、绝缘工器具外观是否完好，扣2分； 未检查检验标签是否在合格期内，扣2分		
1.3	安全措施检查	检查现场所做安全措施是否正确、完善	3	未检查现场安全措施，扣3分		

续表

序号	项目名称	质量要求	满分	扣分标准	扣分原因	得分
1.4	试验环境检查	检查当日工位处温度、湿度情况	2	未检查温度情况，扣1分； 未检查湿度情况，扣1分		
2	现场处理故障					
2.1	检查和辨析缺陷	检查高低压套管的故障情况并给出形成该缺陷的原因	30	检查方式不对，动作不熟练或检查有遗漏，扣10分； 无法给出缺陷成因，扣20分		
2.2	处理故障	根据缺陷情况进行故障的排除和处理	30	缺陷无法排除，扣30分		
3	安全文明生产					
3.1	相关规定的执行	严格遵守安规	6	违章作业，每项扣2分，扣完为止		
3.2	清理作业现场	工器具、试验仪器收取后摆放整齐，与开工前一致； 设备表面清洁无杂物，作业现场清洁无遗留物品	4	工器具、试验仪器未收取摆放整齐，扣2分； 设备表面、工作现场有遗留物，每处扣1分，共2分，扣完为止		
4	检修报告填写					
4.1	填写检修报告	正确填写检修报告，用语规范，项目齐全，结论正确	15	检修前检查情况未填写，扣1分； 填写不全或不正确，每项扣1分，共5分，扣完为止； 发现及处理情况未填写，扣2分； 缺陷每缺少一项，扣1分，共5分，扣完为止； 检修结论不正确，扣2分		
合计			100			

Jc0006241037 制定110kV变压器本体气体继电器小修（施工）方案。（100分）

考核知识点：能根据要求，制定小修（施工）方案

难易度：易

技能等级评价专业技能考核操作工作任务书

一、任务名称

制定110kV变压器本体气体继电器小修（施工）方案。

二、适用工种

变电设备检修工技师。

三、具体任务

（1）工作状态为变压器停电检修，工作内容为110kV变压器本体气体继电器更换。

（2）工作任务：制定110kV变压器本体气体继电器小修（施工）方案，包括组织措施、安全措施及技术措施。

四、工作规范及要求

按要求进行方案的编制，内容准确、完整。

五、考核及时间要求

本考核操作时间为60分钟，时间到停止考评。

技能等级评价专业技能考核操作评分标准

工种	变电设备检修工			评价等级	技师
项目模块	变压器检修—变压器小修及维护		编号	Jc0006241037	
单位		准考证号		姓名	

续表

考试时限	60分钟		题型	单项操作		题分	100分
成绩		考评员		考评组长		日期	
试题正文	制定110kV变压器本体气体继电器小修（施工）方案						
需要说明的问题和要求	独立完成方案的编写、制定						

序号	项目名称	质量要求	满分	扣分标准	扣分原因	得分
1	项目内容	110kV变压器本体气体继电器更换； 检修计划：2020.06.06	8	每缺少一项，扣4分，扣完为止		
2	人员分工	工作负责人，姓名：×××，检修工作的总负责，负责检修工作流程、进度安排、人员、设备配置、协调； 技术负责人，姓名：×××，负责检修工作现场过程技术要求、工艺控制点的指导工作，解决现场出现的技术问题； 安全监察负责人，姓名：×××，负责检修工作现场过程安全措施的落实，危险的控制； 工具保管人，姓名：×××，负责检修过程所用工器具的发放、回收，并进行记录； 油务负责人，姓名：×××，负责检修过程注放油工作的安排，人员、设备配置； 质量检验负责人，姓名：×××，负责检修现场过程技术要求、工艺控制点的落实、实施过程质量监督、检修后验收工作； 操作人员，姓名：×××，按检修内容、遵照检修规范、导则、工艺规程的要求进行施工	28	每缺少一项，扣4分，扣完为止		
3	停电范围	1号变压器停电检修； 相邻2号主变压器带电运行等	8	每缺少一项，扣4分，扣完为止		
4	危险点分析与预控措施	低压触电，检修电源的接取应规范； 高空坠落，正确使用安全带； 机械伤害，正确使用工器具，装拆设备轻拿轻放； 高处坠物，上下传递物品使用绳索，严禁抛掷； 火灾，现场配备适量消防器材	20	每缺少一项，扣4分，扣完为止		
5	关键质量点及管控措施	继电器应校验合格后安装； 继电器上的箭头应朝向储油柜； 复装时确保气体继电器不受机械应力，密封良好，无渗油； 气体继电器应保持基本水平位置；波纹管朝向储油柜方向应有1%～1.5%的升高坡度； 继电器本体及接线盒应有防雨罩或有效的防雨措施； 调试应在注满油并连通油路的情况下进行，打开气体继电器的放气小阀排净气体，通过按压探针发出重瓦斯、轻瓦斯信号，并能正常复归； 连接二次电缆应无损伤、封堵完好； 拆装前后应确认蝶阀位置正确	28	每缺少一项，扣4分，扣完为止		
6	主要工机具及物资	主要机具：检修工具箱，打油泵及管路、油桶 物资：气体继电器、清洁布及酒精	8	每缺少一项，扣4分，扣完为止		
	合计		100			

附表 Jc0006241037　　××站 110kV 变压器本体气体继电器小修方案模板

变电站		
项目名称		
分项名称	具体内容	说明
项目内容		项目内容、工期安排等
人员分工		应符合组织措施要求，明确责任人及作业人员
停电范围		停电设备、相邻带电部分等
危险点分析与预控措施		应符合安全措施要求，应在标准作业卡中落实
关键质量点及管控措施		应符合技术措施要求，应在标准作业卡中落实
主要工机具及物资		项目所需的主要工机具及物资

填写日期：　　编写人：　　审核人：　　批准人：

Jc0006241038　编写 35kV 变压器本体气体继电器小修报告。（100 分）

考核知识点：能根据要求，编写变压器小修报告

难易度：易

技能等级评价专业技能考核操作工作任务书

一、任务名称

编写 35kV 变压器本体气体继电器小修报告。

二、适用工种

变电设备检修工技师。

三、具体任务

（1）工作状态为变压器停电检修，工作内容为 35kV 变压器本体气体继电器更换。

（2）工作任务：编写 35kV 变压器本体气体继电器小修报告，包括设备参数、检修内容等。

四、工作规范及要求

按要求进行报告的编制，内容准确、完整。

五、考核及时间要求

本考核操作时间为 60 分钟，时间到停止考评。

技能等级评价专业技能考核操作评分标准

工种	变电设备检修工				评价等级	技师
项目模块	变压器检修—变压器小修及维护			编号	Jc0006241038	
单位		准考证号			姓名	
考试时限	60 分钟	题型	单项操作		题分	100 分
成绩	考评员		考评组长		日期	
试题正文	编写 35kV 变压器本体气体继电器小修报告					
需要说明的问题和要求	独立完成方案的编写、制定					

续表

序号	项目名称	质量要求	满分	扣分标准	扣分原因	得分
1	项目内容	按小修报告模板完成报告的编写	100	每缺少一项，扣 4 分，扣完为止		
合计			100			

附表 Jc0006241038　　××站××变压器小修报告

<table>
<tr><td colspan="2">型号：SZ9－20000/35</td><td colspan="2">电压：35kV</td><td colspan="2">联结组别：Dyn11</td></tr>
<tr><td colspan="2">制造厂：某变压器厂</td><td colspan="2">出厂号：27113－1</td><td colspan="2">出厂日期：2002.06</td></tr>
<tr><td colspan="6">变压器投入运行日期：2002.10.12</td></tr>
<tr><td colspan="6">本站投入运行日期：2002.10.12</td></tr>
<tr><td colspan="6">变压器上次检查日期：2000.10.12</td></tr>
<tr><td rowspan="3">主要性能参数</td><td colspan="2">空载损耗：16.45kV</td><td colspan="3">空载电流：0.23%</td></tr>
<tr><td colspan="2">负载损耗：90.69kW</td><td colspan="3">阻抗电压：9.98%</td></tr>
<tr><td colspan="5">绝缘水平：LI200AC82/LI75AC35kV</td></tr>
<tr><td colspan="3">高压套管：BJLW－35/600 3 支</td><td colspan="3">低压套管：BDW－20/1200 3 支</td></tr>
<tr><td colspan="3">低压中性点套管：BDW－20/1200 1 支</td><td colspan="3">冷却装置：PC1800－26/535 4 台</td></tr>
<tr><td colspan="6">有载分接开关：VIII 350－76－10070　操作次数：1325 次</td></tr>
<tr><td colspan="6">检修原因：
本体气体继电器严重渗油</td></tr>
<tr><td colspan="2">检修地点：某变电站</td><td>检修天气：晴</td><td colspan="2">环境温度：26℃</td><td>相对湿度：15%</td></tr>
<tr><td colspan="6">参加检修人员：××、××</td></tr>
<tr><td colspan="6">检修工期：2008.06.01</td></tr>
<tr><td colspan="6">检修中已处理的主要缺陷：
本体气体继电器更换、试验</td></tr>
<tr><td colspan="6">检修中遗留的问题：无</td></tr>
<tr><td colspan="6">预计下次检修日期及内容（根据例行检查结果而定）：</td></tr>
<tr><td colspan="6">投运中注意的问题：
无</td></tr>
<tr><td colspan="6">限制运行的条件：
无</td></tr>
<tr><td colspan="6">检修验收意见：
通过小修，处理了本体气体继电器渗油缺陷，变压器可正常运行，验收合格</td></tr>
<tr><td colspan="6">检修后设备评级：变压器检修后可正常运行
工程质量评价：优良</td></tr>
<tr><td colspan="6">参加验收人员：××
运行单位：××
检修单位：××
验收日期：2008.06.01</td></tr>
</table>

Jc0008242039　干式消弧线圈成套装置竣工验收质量要求。（100 分）

考核知识点：干式消弧线圈成套装置验收

难易度：中

技能等级评价专业技能考核操作工作任务书

一、任务名称

干式消弧线圈成套装置竣工验收质量要求。

二、适用工种

变电设备检修工技师。

三、具体任务

（1）工作状态为新建干式消弧线圈成套装置，工作内容为干式消弧线圈成套装置竣工验收。

（2）工作任务。

1）对干式消弧线圈成套装置进行质量验收。

2）检查干式消弧线圈成套装置是否符合装配要求。

3）干式消弧线圈成套装置提交材料和文件齐全。

4）编制干式消弧线圈成套装置竣工验收质量要求标准作业卡。

四、工作规范及要求

（1）要求1人操作，考评员监护。考生着装规范，穿工作服、绝缘鞋，戴安全帽，系安全带。

（2）安全文明生产。工器具、材料、设备摆放整齐，现场操作熟练连贯、有序，正确规范地使用工器具及安全用具。不发生危及人身或设备安全的行为，否则可取消本次考核成绩。

（3）考核考生对干式消弧线圈竣工验收流程和验收质量要求是否熟悉。

五、考核及时间要求

（1）本考核操作时间为60分钟，时间到停止考评，包括报告整理时间。

（2）按照技能操作记录单的操作要求进行操作，正确记录操作结果。

（3）现场清理完毕后，汇报工作终结，记录考核结束时间。

技能等级评价专业技能考核操作评分标准

<table>
<tr><td>工种</td><td colspan="6">变电设备检修工</td><td>评价等级</td><td>技师</td></tr>
<tr><td>项目模块</td><td colspan="5">接地变压器、消弧线圈检修—接地变压器、消弧线圈大修及更换安装</td><td>编号</td><td colspan="2">Jc0008242039</td></tr>
<tr><td>单位</td><td colspan="3"></td><td>准考证号</td><td colspan="2"></td><td>姓名</td><td></td></tr>
<tr><td>考试时限</td><td colspan="2">60分钟</td><td>题型</td><td colspan="3">单项操作</td><td>题分</td><td>100分</td></tr>
<tr><td>成绩</td><td></td><td>考评员</td><td></td><td>考评组长</td><td colspan="2"></td><td>日期</td><td></td></tr>
<tr><td>试题正文</td><td colspan="8">干式消弧线圈成套装置竣工验收质量要求</td></tr>
<tr><td>需要说明的问题和要求</td><td colspan="8">（1）检查干式消弧线圈成套装置，提前做好安全措施、准备工具箱。
（2）检修过程中应注意安全，有危及人身、设备安全行为可取消考核成绩。
（3）检查前应征得考评员允许，确认可以开始</td></tr>
</table>

序号	项目名称	质量要求	满分	扣分标准	扣分原因	得分
1	准备					
1.1	参赛队员着装	正确佩戴安全帽、穿绝缘鞋、穿长袖工作服、戴线手套	6	未佩戴安全帽、穿绝缘鞋、穿长袖工作服，扣3分； 安全帽佩戴不规范，扣1分； 着装不规范，扣1分； 未戴线手套，扣1分		

续表

序号	项目名称	质量要求	满分	扣分标准	扣分原因	得分
1.2	安全工器具检查	应检查安全工器具、绝缘工器具是否完好，是否在校验合格期内	4	未检查安全工器具、绝缘工器具外观是否完好，扣2分； 未检查检验标签是否在合格期内，扣2分		
1.3	安全措施检查	检查现场所做安全措施是否正确、完善	3	未检查现场安全措施，扣3分		
1.4	试验环境检查	检查当日工位处温度、湿度情况	2	未检查温度情况，扣1分； 未检查湿度情况，扣1分		
2	干式消弧线圈成套装置					
2.1	组合柜验收					
2.1.1	外观检查	本体平整，表面干净无脱漆、锈蚀，无变形、开裂，标志正确、完整	1	未完成，扣除相应的分值		
2.1.2	铭牌	各部件设备出厂铭牌齐全、参数正确； 外壳铭牌上如果有明显标志的接线图，可不粘贴模拟接线图； 外壳上无铭牌的，应粘贴模拟接线图	1			
2.1.3	观察窗	观察窗清晰，朝向位置应便于日常巡视	1			
2.1.4	封堵	密封良好，一、二次电缆孔洞封堵完整	1			
2.1.5	组部件	风机、加热器、照明等组部件能正常工作； 控制开关应在柜体外，具有防水功能	1			
2.1.6	接地	柜体外壳应单独接地，不能与设备接地共用	1			
2.2	消弧线圈验收					
2.2.1	外观检查	表面树脂应光滑、平整、无裂纹	1	未完成，扣除相应的分值		
2.2.2	电气连接	连接件应采用不锈钢或热镀锌材料； 所有的螺栓连接必须加垫弹簧垫圈，并目测确保其收缩到位； 单螺栓连接必须使用双螺母加固； 引接电缆时，无明显过紧过松现象	3			
2.2.3	接地	外壳及铁芯应接地良好	1			
2.3	分接开关验收					
2.3.1	档位指示	本体指示、操动机构指示以及远方指示应一致	3	未完成，扣除相应的分值		
2.3.2	动作性能	联锁、限位、连接校验正确，操作可靠； 机械联动、电气联动的同步性能应符合制造厂要求，远方、就地及手动、电动均进行操作检查； 传动机构应操作灵活，无卡涩现象	5			
2.3.3	触头检查	触头无氧化，接触良好	1			
2.3.4	接地	外壳应接地良好	1			
2.4	接地变验收					

续表

序号	项目名称	质量要求	满分	扣分标准	扣分原因	得分
2.4.1	外观检查	表面树脂应光滑、平整、无裂纹	1	未完成，扣除相应的分值		
2.4.2	电气连接	连接件应采用不锈钢或热镀锌材料； 所有的螺栓连接必须加垫弹簧垫圈，并目测确保其收缩到位，多余的螺杆长度不宜过长； 单螺栓连接还必须使用双螺母加固； 引接电缆时，无明显过紧过松现象； 干式接地变低压零线与设备高压端子及引线的距离要求：10kV 不小于125mm，35kV 不小于 300mm	5			
2.4.3	相色标示	标示清晰、准确	1			
2.4.4	挡位	挡位分接片连接可靠，符合制造厂要求	2			
2.4.5	接地	铁芯及外壳应接地良好	1			
2.5	阻尼电阻箱验收					
2.5.1	外观检查	元件外壳、漆层应无损伤、裂纹或变形	2	未完成，扣除相应的分值		
2.5.2	接触器	动作应灵活无卡涩，触头接触紧密、可靠，无异常声音，真空泡绝缘良好不漏气	2			
2.5.3	控制回路	控制回路接线应排列整齐、清晰、美观，绝缘良好无损伤	2			
2.5.4	可控硅元件	导通性能符合制造厂技术规定	2			
2.5.5	风扇	风扇启动停止及运转正常，风向正确	2			
2.6	控制器验收					
2.6.1	通信检查	通信正常，数据正确	1	未完成，扣除相应的分值		
2.6.2	输入信号检查	电压、电流等显示正确	1			
2.6.3	挡位检查	所有挡位显示正确，调挡正常	1			
2.6.4	输出信号检查	接地报警等遥信信号正常	1			
2.6.5	自动调节功能检查	装置可以计算正确，自动跟踪调节，联机正确	2			
2.6.6	选线功能检查	选线正确，报警正确	1			
2.6.7	控制电源	控制屏交直流输入电源应由站用电系统、直流系统独立供电，不宜与其他电源并接	2			
2.6.8	并列运行要求	同一变电站多台消弧线圈应能并列运行，并设置主从协议	1			
2.7	接地装置验收					
2.7.1	消弧线圈接地	消弧线圈接地端子与接地线应连接可靠，应采用专门敷设的接地线，接地线截面符合设计要求	3	未完成，扣除相应的分值		
2.7.2	消弧线圈外壳接地	两点以上与不同主接地网格连接，接地螺栓直径应不小于 12 mm，导通良好，截面符合动热稳定要求	2			
2.7.3	铁芯接地	接地良好	2			
2.7.4	控制屏、阻尼电阻箱接地	各箱体外壳应接地良好	2			

续表

序号	项目名称	质量要求	满分	扣分标准	扣分原因	得分
2.8	资料及文件验收					
2.8.1	安装使用说明书，图纸、维护手册等技术文件	资料齐全	1	未完成，扣除相应的分值		
2.8.2	出厂试验报告	资料齐全，数据合格	1			
2.8.3	安装检查及安装过程记录	记录齐全，数据合格	1			
2.8.4	安装过程中设备缺陷通知单、设备缺陷处理记录	记录齐全	0.5			
2.8.5	交接试验报告	项目齐全，数据合格	1			
2.8.6	变电工程投运前电气安装调试质量监督检查报告	项目齐全、质量合格	0.5			
3	收工及记录填写					
3.1	结束工作	工作结束，工器具及设备摆放整齐，工作完毕清理现场，报告工作结束	10	未清理现场，扣5分； 未汇报工作结束，扣5分		
3.2	编制验收作业卡	如实正确填写，记录验收情况	10	未填写或填写不规范，每项扣2分，扣完为止		
合计			100			

第五部分
高级技师

第九章　变电设备检修工高级技师技能笔答

Jb0000133001　GW6 型隔离开关导电折架和传动装置的连接与调整方法有哪些？（20 分）

考核知识点：隔离开关安装工艺

难易度：难

标准答案：

（1）将装配好的导电折架的下导电管、撑杆分别与传动装置左臂、右臂连接牢固，装复时注意核对尺寸是否符合要求，各连接部分连接必须牢固。

（2）手动将导电折架向合闸方向抬起，装复两根平衡弹簧。

（3）调节平衡弹簧一端紧固螺栓长度，加大或减小弹簧的预拉力，使导电折架在 550～1000mm，达到轻轻一抬可上升，轻压可下落，向上、下的推力基本一致，平衡弹簧与导电折架的重力矩基本平衡。

（4）在分闸位置时，检查导电折架的高度是否符合有关尺寸规定，若此尺寸偏大，除调整外，还应检查分闸限位螺钉外露长度。

（5）死点位置的调整。用手力将导电折架送入合闸位置，检查转轴的拐臂，越过死点尺寸是否符合生产厂家规定，如不符合，应调整合闸定位螺钉的外露部分的长度，过死点 4mm±1mm。

（6）接触压力的测量。

1）用手将导电杆架送入合闸位置，测量其触头的接触压力，测得其触头的接触压力应符合规定。

2）检查弹簧末端轴销，能自动移至长孔中部或另一端，则压力符合要求。动触头每侧压力：110kV 不小于 295N，220kV 不小于 295N。

Jb0000132002　GW22（16）型隔离开关主刀闸的整体联合调整过程。（20 分）

考核知识点：隔离开关安装工艺

难易度：中

标准答案：

（1）第一从动极调整。将调整好的主动极刀闸分闸到位，将第一从动极检查转动灵活后分闸到位，然后调节好相间连杆长度后将其和主动极相连，手动操动机构检查分、合闸情况。上下臂垂直度、加紧位置、同期性调整同主动极的调整方法。如果有分、合闸不到位的情况可以通过调整相间连杆的长度调整位置。上下臂均应垂直，加紧位置符合要求、同期性误差不大于 20mm。

（2）第二从动极调整同第一从动极。

（3）电动机构通电操作。手动调整完成后将机构和刀闸置于分、合闸中间位置。然后合上电源，按动操作按钮，观察刀闸的动作方向，如果动作方向和按钮指示相反，按下停止按钮，将电源回路倒相。如果刀闸分到位或合到位后电机不停，应检查限位开关是否失灵或者两个限位开关位置是否装反。

Jb0000132003　GW17 型隔离开关本体拆卸步骤有哪些？（20 分）

考核知识点：隔离开关安装工艺

难易度：中

标准答案：

（1）断开电动操动机构箱内电动机启动电源、加热器电源和有关电气连锁回路电源，断开继电保护回路和电压回路电源。

（2）GW17 型隔离开关在分闸位置时，打开下导电杆外壁平衡弹簧调整窗盖板，将下导电杆内平衡弹簧完全放松。

（3）采用升降车或梯子将每相连接导线用绳捆好，绳的另一端固定在基座上，拆除接线夹连接螺栓，将连接导线缓慢放下。

（4）拆除隔离开关机构上部调角联轴器（或抱夹）的连接螺栓，使隔离开关机构主轴与垂直传动杆脱离。

（5）拆除隔离开关垂直传动杆上部连接套的定位螺栓（或抽出万向接头上的圆柱销），取下垂直传动杆。

（6）拆除垂直传动杆、主动拐臂、被动拐臂与三相水平传动杆的连接螺栓轴，取下水平传动杆。

（7）松开垂直传动杆主动拐背上的 2 个定位螺栓，取下主动拐臂及圆头键。

（8）松开两边相轴下端的 U 形螺栓，取出被动拐臂和月形键。

（9）静触头装配的拆卸。

（10）静触头装配的拆卸安全注意事项。放置静触头的地面应铺帆布和塑料布，吊下后的静触头分相做标记；同时在整个检修过程中，应注意保护电气接触面。

（11）主刀闸的拆卸。

（12）绝缘子的拆卸。

（13）底座装配的拆卸。

Jb0000133004　SF_6气体回收、抽真空及充气操作过程质量如何控制？（20 分）

考核知识点：组合电器大修

难易度：难

标准答案：

（1）回收、抽真空及充气前，检查 SF_6 充放气逆止阀顶杆和阀芯，更换使用过的密封圈。

（2）回收、充气装置中的软管和电气设备的充气接头应连接可靠，管路接头连接后抽真空进行密封性检查。

（3）充装 SF_6 气体时，周围环境的相对湿度应不大于 80%。

（4）SF_6 气体应经检测合格，充气管道和接头应进行清洁、干燥处理，充气时应防止空气混入。

（5）气室抽真空及密封性检查应按照厂家要求进行，厂家无明确规定时，抽真空至 133Pa 以下并继续抽真空 30min，停泵 30min，记录真空度（A），再隔 5h，读真空度（B），若（B）－（A）＜133Pa，则可认为合格，否则应进行处理并重新抽真空至合格为止。

（6）选用的真空泵的功率等技术参数应能满足气室抽真空的最低要求，管径大小及强度、管道长度、接头口径应与被抽真空的气室大小相匹配。

（7）设备抽真空时，严禁用抽真空的时间长短来估计真空度，抽真空所连接的管路一般不超过 5m。

（8）对气体宜采用液相法充气（将钢瓶放倒，底部垫高约 30°），使钢瓶的出口处于液相。对于进口气体，可以采用气相法充气。

（9）充气速率不宜过快，以气瓶底部不结霜为宜。环境温度较低时，液态 SF_6 气体不易气化，可对钢瓶加热（不能超过 40℃），提高充气速度。

（10）对使用混合气体的断路器，气体混合比例应符合产品技术规定。

（11）当气瓶内压力降至 0.1MPa 时，应停止充气。充气完毕后，应称钢瓶的质量，以计算断路器内气体的质量，瓶内剩余气体质量应标出。

（12）充气 24h 之后应进行密封性试验。

（13）充气完毕静置 48h 后进行含水量测试、纯度检测，必要时进行气体成分分析。

Jb0000132005 组合电器设备对接时的主要技术要求有哪些？（20 分）

考核知识点：组合电器更换安装

难易度：中

标准答案：

（1）应按制造厂的编号和规定的程序进行装配，不得混装。

（2）使用的清洁剂、润滑剂、密封脂和擦拭材料必须符合产品技术规定。

（3）用吸尘器、高纯酒精、工业洁净纸清理母线筒内导体、绝缘件及法兰密封面，保持母线筒内清洁、无杂质。

（4）密封槽面应清洁、无划伤痕迹，已用过的密封垫（圈）不得使用，涂密封脂时，不得使其流入密封垫内侧，防止与 SF_6 气体接触。

（5）盆式绝缘子应清洁完好。

（6）安装伸缩节时适当调节伸缩节上的螺杆，改变两法兰面的距离，以满足安装的要求，在全部安装调整后，将螺栓法兰里侧的螺母松开。

（7）所有螺栓均应使用力矩把手紧固，母线连接罐体内的螺栓要两个人进行复合紧固，并画上紧固标记，其力矩值应符合产品技术规定，参照安装使用说明书。

（8）导体表面应平整、光滑、清洁、无氧化膜，镀银部分不得锉磨，连接螺栓应齐全、紧固。

（9）组装过程中用水平仪或水平尺不断测量母线筒是否符合安装尺寸要求。

（10）在每一气隔安装完成后，应立即加装吸附剂并抽真空，进行检漏工作。

Jb0000133006 如何进行开关柜手车底盘车连锁装置的检修？（20 分）

考核知识点：开关柜缺陷及故障处理

难易度：难

标准答案：

底盘车主要由连杆机构和锁板器构成连锁装置。应检查与底盘车连接的锁板、连锁板、舌板、挡板的固定螺钉是否松脱、各连板有无变形、动作是否可靠。

（1）锁板检查。

1）手车在推进过程中锁板带动四连杆机构锁住合闸机构，使推进过程不能合闸。

2）在合闸状态下机构上的滚轮压住锁板，使丝杆在试验位置或工作位置时被锁板锁住不能转动，达到手车不能推进或移出的功能。

（2）连锁板检查。

1）接地开关合上后，底盘车在试验位置不能推进到工作位置。

2）在转运过程中底盘车上连锁板如被碰歪不能自由活动，需将其首先校直可自由活动，否则连锁板可能锁住丝杆使其无法运动。

（3）舌板检查。

1）只有当底盘车在试验位置到位后，舌板才能动作，断路器才能退出柜体。

2）底盘车在工作位置时，舌板不能动作，手车不能退出柜体。

3）挡板检查。只有当操作手柄插入丝杆并扣死时，手柄推动挡板，使六角套与挡板六角孔脱离，丝杆可以转动，手车可以动作。

Jb0000133007　SF_6电气设备检漏测试（卤素检测）时的注意事项有哪些？（20分）

考核知识点：组合电器相关试验项目

难易度：难

标准答案：

（1）SF_6电气设备充气至额定压力，经过24h之后方可进行气体泄漏检测。

（2）为了消除环境中残余的SF_6气体的影响，检测前应该吹净设备周围的SF_6气体，取道密封圈之间残余的气体也要排尽。

（3）采用包扎法检漏时，包扎腔尽量采用规则的形状，如方形、柱形等，使易于估算包扎腔的体积。在包扎的每一部位，应进行多点检测，取检测的平均值作为测量结果。

（4）采用扣罩法检漏时，由于扣罩体积较大，应特别注意扣罩的密封，防止收集气体的外泄。检测时应在扣罩内上下、左右、前后多点测量，以检测的平均值作为测量结果。

（5）只有不能找到泄漏点时才把灵敏度向上调整。只有复位装置不允许“自动寻找”泄漏点时才把灵敏度向下调整。

（6）在被气体严重污染的地方，可把装置复位，以隔断四周气体的浓度。装置复位时，不要移动探头。

（7）在风大的地方即使是大的泄漏也难找到。这种情况，最好把可能泄漏的地方屏蔽起来。

（8）如果传感头接触到水分或溶剂，可使检漏仪报警，所以在检漏时要防止接触这些东西。

（9）更换传感头前必须把装置断开，否则，可引起轻度电击。

（10）检测现场不能使用汽油、松节油、矿质油漆等物质，因为这些残留物会降低装置的灵敏度。

Jb0000132008　组合电器现场安装对回路电阻管理控制方法有哪些？（20分）

考核知识点：组合电器质量验收

难易度：中

标准答案：

（1）触头插入深度的测量。

（2）触头接触面的检查、清理。

1）导体的导电镀银面不能有划伤、磕碰、氧化和镀银层脱落的情况。

2）检查触头、触头弹簧、屏蔽罩装配是否正确，用板尺检查屏蔽罩的紧固螺栓低于触头的导电平面，导电部位检查清理完毕后，在接触部位涂薄薄一层电力脂。

3）触头紧固要使用力矩扳手，按对角顺序紧固。紧固后吸除紧固螺栓附近的灰尘。

（3）导电镀银面加工孔的检查。导电镀银面的机械加工孔处不能留有凸起及机械加工后产生的尖角、毛刺。

（4）安装过程中回路电阻的监控测量。组合电器安装工程交接试验项目中对回路电阻的测量，一般安排在组合电器总装技术后进行。但是对于比较大的工程采取过程控制是必要的，即在安装过程中对装配单元或间隔进行回路电阻测试，测量结果应符合组合电器制造厂的规定，不得大于出厂试验标准的120%，且要保证三相相同测量段的回路电阻测量值之间的比较不大于10%。

Jb0000131009　LW6断路器操动机构压力开关有哪些常见故障？如何处理？（20分）

考核知识点：断路器缺陷及故障处理

难易度：易

标准答案：

（1）压力开关组件上推动微动开关的接头中心未对好，长期偏压而造成的位移，使整定值改变。此时调整接头中心对准微动开关的揿针。

（2）由于微动开关触点行程小，加之频繁动作，因而可造成触点变形而不能自动返回；或者触点弹片受潮氧化变质，失去原有弹性。应更换新的微动开关。

（3）油压长期过高，使微动开关弹簧片疲劳失去作用和动作失灵。

（4）某些接点长期不动作，表面生成氧化膜而使接触不良。

Jb0000132010　在现场对 SF_6 断路器解体大修时，应按照什么程序进行？（20 分）

考核知识点：断路器大修

难易度：中

标准答案：

（1）用回收装置回收 SF_6 气体，然后抽真空排气。

（2）手动慢合到底，挂好起吊钢丝绳，拆下灭弧室瓷套与支柱瓷套间的螺栓和螺母，先起吊灭弧单元约 200mm 高，解除动触头系统与绝缘拉杆之间的轴销，然后吊下灭弧室单元。

（3）解体灭弧室。先拆下顶盖和吸附器的压板，取出吸附器，然后分别吊出动、静触头系统。

（4）拆下支柱瓷套下端紧固的螺栓。起吊支柱瓷套，起吊时应扶稳绝缘拉杆。防止碰瓷套内表面和法兰面。

（5）解除绝缘拉杆下部与内拐臂之间的轴销，拆下绝缘拉杆。

（6）及时清理 SF_6 气体分解物。发现绝缘喷口、动静弧触头、触指严重烧伤和镀银层严重损坏应更换，运动部件磨损，轻者锉平，重者更换。

Jb0000131011　组合电器外壳接地有什么特殊要求？（20 分）

考核知识点：组合电器质量验收

难易度：易

标准答案：

组合电器系密集型布置结构方式，对其接地问题要求很高，一般要采取下列措施：

（1）接地网应采用铜质材料，以保证接地装置的可靠和稳定。而且所有接地引出线端都必须采用铜排，以减小总的接地电阻。

（2）由于组合电器各气室外壳之间的对接面均设有盆式绝缘子或者橡胶密封垫，对接处如需使用跨接铜牌，户外 GIS 罐体上应有专用跨接部位，禁止通过法兰螺栓直连。

（3）在正常运行，特别是电力系统发生短路接地故障时，外壳上会产生较高的感应电势。为此要求所有金属筒体之间要用铜排连接，并应有多点与主接地网相连，以使感应电势不危及人身和设备（特别是控制保护回路设备）的安全。

（4）一套组合电器外壳需要几个点与主接地网连接，要由制造厂根据订货单位所提供的接地网技术参数来确定。

Jb0000132012　220kV 断路器“控制回路断线”原因分析。（20 分）

考核知识点：断路器缺陷及故障处理

难易度：中

标准答案：

（1）断路器在非自动状态，相应的断路器发此信号。

（2）断路器 SF_6 气体将至闭锁值时。

（3）断路器运行时，第一组跳闸回路断线，发“控制回路Ⅰ断线”。

（4）断路器运行时，第二组跳闸回路断线，发“控制回路Ⅱ断线”。

（5）断路器在分位时，如果合闸回路断线，将同时发“控制回路Ⅰ断线”“控制回路Ⅱ断线”。

（6）断路器的辅助接点接触不良。

（7）二次回路接线出现接触不良或绕组断线。

Jb0000132013 简述 CY3A 液压机构储压筒充氮气的方法。（20 分）

考核知识点：断路器缺陷及故障处理

难易度：中

标准答案：

（1）将充气装置中的充气阀拧入，使气阀座端部封死连通器装置。

（2）开启氮气瓶，将氮气瓶中的氮气充入油筒和气筒中，待内外压力平衡后，关闭氮气瓶。

（3）启动油泵打压，将油筒中的氮气打入气瓶中。

（4）打开高压放油阀排掉高压油。

（5）再次启动氮气瓶，向油筒中充气，重复第（3）项，待压力表指示值足够时，即完成充气。

（6）充完气以后将充气阀拧出 3 圈，使油筒和气筒的气体。

（7）检查充气阀各密封处，无漏气后即可接入使用。

Jb0000132014 LW6 液压操动机构为什么在液压管路好几个部位都设有放气螺钉？如何排气？（20 分）

考核知识点：断路器缺陷及故障处理

难易度：中

标准答案：

（1）由于液压操动机构外接管路又多又长，管路中空气难通过高压放油阀一处排掉，在死角处残存的空气会形成空气垫，它对液压操动机构动作特性影响很大，因此在机构上凡是有可能形成死角的部位都设有排气螺栓。

（2）安装时，在低压油箱注入液压油，油泵启动建立压力过程中，必须逐一打开各排气螺钉排气，直到高压油从螺孔中排出，且连续排油 2～3min 为止。断路器应经过几次慢分、慢合操作，并反复几次排气，直至将液压管路中气体排尽为止。

Jb0000133015 液压操动机构验收标准有哪些？（20 分）

考核知识点：断路器装配工艺

难易度：难

标准答案：

（1）构内的轴、销、卡片完好。

（2）液压油应洁净无杂质，油位指示应正常，同批安装设备油位指示一致。

（3）液压机构管路连接处应密封良好，管路不应和机构箱内其他元件相碰。

（4）液压机构下方应无油迹，机构箱的内部应无液压油渗漏。

（5）储能时间符合产品技术要求，额定压力下，液压机构的24h压力降应满足产品技术条件规定。

（6）检查油泵启动停止、闭锁自动重合闸、闭锁分合闸、氮气泄漏报警、氮气预充压力、零起建压时间应和产品技术条件相符。

（7）防失压慢分装置应可靠。

（8）电接点压力表、安全阀应校验合格，泄压阀动作应可靠，关闭严密。

（9）微动开关、接触器的动作应准确可靠，接触良好。

（10）油泵打压计数器应正确动作。

（11）安装完毕后应对液压系统及油泵进行排气（查安装记录）。

（12）液压机构操作后液压下降值应符合产品技术要求。

（13）机构打压时液压表指针不应剧烈抖动。

（14）应在机构上安装储能位置指示器、分合闸位置指示器以便于观察巡视。

Jb0000131016　组合电器交流耐压试验时应特别注意什么？（10分）

考核知识点：组合电器的更换安装

难易度：易

标准答案：

（1）规定的试验电压应施加在每一相导体和金属外壳之间，每次只能一相加压，其他相导体和接地金属外壳相连接。

（2）当试验电源容量有限时，可将组合电器用其内部的断路器或隔离开关分断成几个部分分别进行试验，同时不试验的部分应接地，并保证断路器断口，断口电容器或隔离开关断口上承受的电压不超过允许值。

（3）组合电器内部的避雷器在进行耐压试验时应与被试回路断开，组合电器内部的电压互感器、电流互感器的耐压试验应参照相应的试验标准执行。

Jb0000132017　CY型液压操动机构哪些部位可能漏油？如何处理？（20分）

考核知识点：断路器缺陷及故障处理

难易度：中

标准答案：

液压操动机构的漏油故障是比较常见的缺陷，处理起来也比较麻烦，一昼夜油泵打压超过两次就可判断存在漏油缺陷。可能的漏油部位如下：

（1）阀系统漏油，如管道接头密封嵌垫处漏油、卡套密封处因没压紧漏油、二级阀分合闸密封口密封不良等，一般应分别在分闸和合闸位置来鉴定漏油部位。如是一、二级阀的密封圈不良，则应予以更换；如果密封线有损伤，则应进行必要的加工和研磨处理。

（2）工作缸装配漏油，如从上端帽排油孔处漏油，则可能是辅助活塞或密封环的密封圈已损伤。发现损伤的密封圈时，应进行更换。

（3）高压放油阀处漏油，可能是放气螺塞没拧紧而漏油，也可能是阀针与阀体的密封口处密封损坏而漏油，应相应进行机械加工处理。

（4）储压器漏油，很可能是储压缸与下端帽装配之间的两道密封圈损坏，或者是其活塞杆的密封垫损坏，甚至是储压缸内壁拉伤。这时应彻底进行处理。

Jb0000132018　液压机构压力异常增高和降低的原因有哪些？有哪些处理措施？（20 分）

考核知识点：断路器缺陷及故障处理

难易度：中

标准答案：

液压机构压力异常时应针对不同原因采取相应处理措施，具体如下：

（1）压力异常增高。

1）贮压器的活塞密封圈磨损，致使液压油流入氮气侧。

处理措施：将氮气和油放掉更换密封圈。

2）停止电机的微动开关失灵。

处理措施：将微动开关修复或更换。

3）压力表失灵（无指示）。

处理措施：更换压力表。

4）机构箱内的温度异常高。

处理措施：检查加热回路并排除故障。

（2）压力异常低。

1）贮压器行程杆不下降而压力降低。

处理措施：更换漏气处密封圈，重新补充氮气。

2）压力表失灵。

处理措施：更换压力表。

3）贮压器行程杆下降而引起的压力降低，原因是高压油回路有渗漏现象。

处理措施：找出漏油环节，予以排除。

Jb0000133019　组合电器隔离开关电动操作不动作如何处理？（5 分）

考核知识点：组合电器缺陷及故障处理

难易度：难

标准答案：

（1）提供正常电压，检查控制电源是否正常。

（2）拧紧控制或电动机回路松动的螺栓，更换断线的导线。

（3）清理、检修或更换有故障的电动机、更换接触器或开关。

（4）卸下热继电器手动复位孔孔盖，按动热继电器复位按钮。必要时检查其动作原因并采取措施。

（5）检查有关的设备、元件的状态是否满足外部连锁条件。检查外部连锁回路及有关设备、元件的连锁开关及其触头是否完好、动作正常。

（6）检查释放闭锁。

Jb0000132020　如图 Jb0000132020 所示，对某变电站进行红外测试时发现主变 602 单元进线三相分相处 A 相小绝缘盆一侧短接排螺母为中心的热像。发热螺母温度为 119.6℃，正常螺母温度为 51.8℃左右，环境温度为 20℃，温差达 67.8K，热点温度大于 110℃，请分析缺陷类型及处理方法。（5 分）

考核知识点：组合电器相关试验项目及判断标准

难易度：中

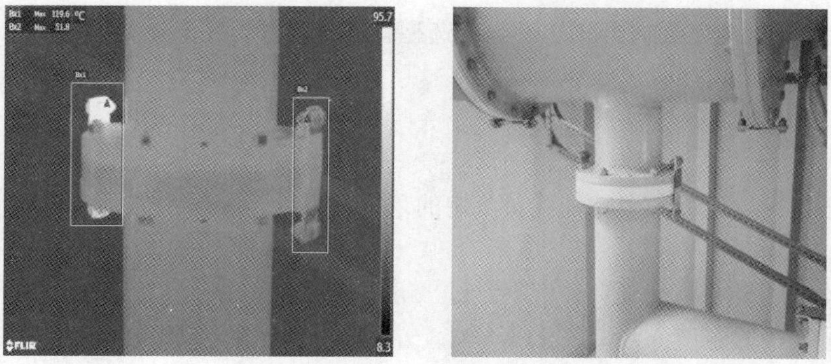

图 Jb0000132020

标准答案：

（1）热点温度大于 110℃，温差为 67.8K 大于 10K，根据 DL/T 664—2016《带电设备红外诊断应用规范》判断为危急缺陷。

（2）处理方法：

1）紧固不发热的螺栓上的螺母，使其接触良好。

2）在原有短接排上并接导线，加大通流容量。

3）在非直接接地母线筒上，用导流板连接 ABC 三相，并使其接地。

4）立即降低负荷电流或立即停电处理。

Jb0000132021　图 Jb0000132021 是一组合电器设备出线套管处红外检测热谱图。A 相最高温度为 35.7℃，B 相温度为 21.9℃，环境温度为 19℃，环境参考体温度为 20℃。根据所给资料中内容，分析判断缺陷类型。（5 分）

考核知识点：组合电器相关试验项目及判断标准

难易度：中

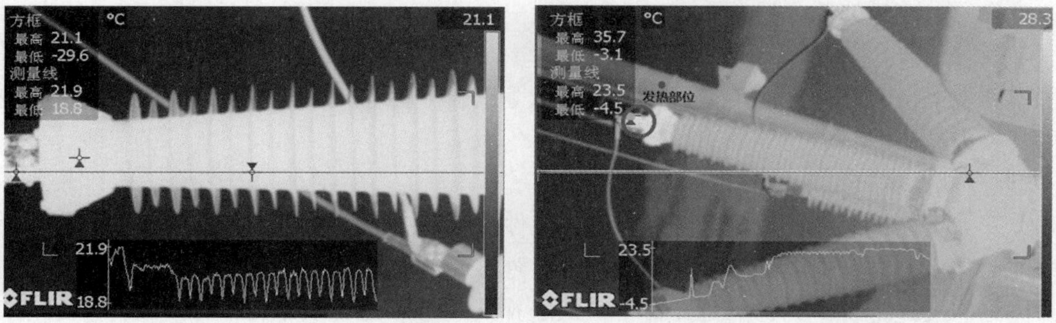

图 Jb0000132021

标准答案：

$$\Delta t=(\tau_1-\tau_2)/\tau_1\times100\%=(T_1-T_2)/(T_1-T_0)\times100\%$$

式中　τ_1 和 T_1——发热点的温升和温度；

τ_2 和 T_2——正常相对应点的温升和温度；

T_0——环境温度参照体的温度。

$$\Delta t=(35.7-21.9)/(35.7-20)\times100\%=87.9\%$$

相对温差 $\Delta t=87.9\%$，$\delta>80\%$属于严重缺陷，根据 DL/T 664—2016《带电设备红外诊断应用规范》判断为危急缺陷。

Jb0000131022　组合电器在可研初设阶段选型有哪些要求？（5分）

考核知识点： 组合电器质量验收

难易度： 易

标准答案：

（1）组合电器在设计过程中应特别注意气室的划分，保证最大气室气体量不超过 8h 的气体处理设备的处理能力。

（2）252kV 及以下设备单个气室长度不超过 15m，且单个主母线气室对应间隔不超过 3 个。

（3）用于低温（最低温度为–30℃及以下）、日温差超过 25K、重污秽 E 级或沿海 D 级地区、城市中心区、周边有重污染源的 363kV 及以下电压等级组合电器，应采用户内安装方式，550kV 及以上 GIS 经充分论证后确定布置方式。

（4）户外布置的母线、分支距离较长时，应充分考虑筒体的伸缩（波纹管、滑块装置）。

（5）断路器应优先选用弹簧机构、液压机构（包括弹簧储能液压机构）。

（6）GIS 布置设计应便于设备运行、维护和检修，并考虑在更换、检查 GIS 设备中某一功能部件时的可维护性。

Jb0000133023　叙述隔离开关拒分、拒合原因及处理方法。（5分）

考核知识点： 隔离开关缺陷及故障处理

难易度： 难

标准答案：

（1）传动机构及传动系统造成的拒分、拒合。

1）原因：机构箱进水，各部轴销、连杆、拐臂、底架甚至底座轴承锈蚀卡死，润滑干涸，机构卡涩，造成拒分、拒合。

2）处理方法：对传动机构及锈蚀部件进行解体检修，更换不合格元件。加强防锈措施，涂润滑脂，加装防雨罩。传动机构问题严重或有先天性缺陷时应更换。

（2）电气问题造成的拒分拒合。

1）原因：三相电源开关未合上、控制电源断线、电源熔丝熔断、热继电器误动切断电源、二次元件老化损坏使电气回路异常而拒动、电动机故障等原因都会造成电动机构分、合闸时，电动机不启动，隔离开关拒动。

2）处理方法：电气二次回路串联的控制保护元器件较多，包括小型断路器、转换开关、交流接触器、限位开关及连锁开关、热继电器等。任一元件故障都会导致隔离开关拒动。当按分、合闸按钮不启动时，要首先检查操作电源是否完好，然后检查各相关元件。发现元件损坏时应更换，并查明原因。二次回路的关键是各个元件的可靠性，必须选择质量可靠的二次元件。

Jb0000132024　组合电器在安装过程中需要注意哪些问题？（5分）

考核知识点： 组合电器质量验收

难易度： 中

标准答案：

（1）组合电器现场安装过程中，必须采取有效的防尘措施，如移动防尘帐篷等，组合电器的孔、盖等打开时，必须使用防尘罩进行封盖。安装现场环境太差、尘土较多或相邻部分正在进行土建施工等情况下应停止安装。

（2）六氟化硫开关设备现场安装过程中，在进行抽真空处理时，应采用出口带有电磁阀的真空处理设备，且在使用前应检查电磁阀动作可靠，防止抽真空设备意外断电造成真空泵油倒灌进入设备内部。并且在真空处理结束后应检查抽真空管的滤芯是否有油渍。为防止真空度计水银倒灌进入设备中，禁止使用麦氏真空计。

（3）组合电器安装过程中必须对导体是否插接良好进行检查，特别对可调整的伸缩节及电缆连接处的导体连接情况应进行重点检查。

Jb0000132025 隔离开关出厂验收时对绝缘子的验收要求有哪些？（5分）

考核知识点：隔离开关质量验收

难易度：中

标准答案：

（1）绝缘子应烧制永不磨损、清晰可见的厂家标志、生产年月、批号及产品样本一致的产品代号。

（2）瓷体和法兰之间的浇注面应采取有效的防水措施，瓷体和法兰的浇注应能防止胀裂。

（3）每批绝缘子均应有绝缘子制造厂的质量合格证和制造厂的出厂试验报告。

（4）绝缘子应按标准规定进行尺寸及外表检查、瓷件超声波检查、弯曲和扭转试验，任一项不符合要求应判为不合格。用于72.5kV及以上电压等级的绝缘子，应逐个进行机械负荷试验。

（5）绝缘子与法兰胶装部分应采用喷砂工艺。胶装处胶合剂外露表面应平整，无水泥残渣及露缝等缺陷，胶装后露砂高度10～20mm，且不应小于10mm，胶装处应均匀涂以防水密封胶。

Jb0000132026 隔离开关可研初设审查验收对结构形式的验收要求有哪些？（5分）

考核知识点：隔离开关安装工艺

难易度：中

标准答案：

（1）隔离开关结构形式选择应能满足工程需求。

（2）隔离开关、接地开关的结构要适应当地积雪、覆冰、风沙等环境的要求，风沙严重地区和寒冷地区，不宜选用单臂伸缩钳夹式设备。

（3）隔离开关与其所配装的接地开关间应配有可靠的机械闭锁，机械闭锁应有足够的强度；具有电动操动机构隔离开关与本间隔断路器之间应有可靠的电气闭锁。

（4）同一间隔内的多台隔离开关的电机电源，在端子箱内应分别设置独立的电源开关。

（5）隔离开关设备符合完善化技术要求，750kV及以上电压等级同塔双回线路接地开关应选用超B类接地开关。

Jb0000132027 变电设备大修工作项目及内容要求有哪些？（5分）

考核知识点：开关类设备检修基本思路和方法

难易度：中

标准答案：

（1）明确检修类别及工作内容，分析设备现状，了解工作时间、工作地点、设备型号。

要求：检修前应认真查阅设备安装记录、大修记录、设备运行记录、故障情况记录、缺陷情况记录和红外测温结果。对所有查阅资料进行详细、全面的调查分析，以判断隔离开关的综合状况。

（2）准备出厂资料、检修记录等。

要求：准备好设备使用说明书、记录本、表格、检修报告等。

（3）编制作业指导书及三措一案，根据本次工作内容，组织作业人员学习作业指导书，使全体作业人员熟悉作业内容、进度要求、作业标准、安全注意事项。

要求：准备工具工作设备状态及相关资料编制作业指导书及三措一案。要求所有工作人员都明确本次工作的作业内容、进度要求、作业标准及安全注意事项。

（4）准备工作所需主要工器具及材料。

要求：准备本次施工所必需的工器具，材料充足、合格，符合现场实际需要。

（5）根据现场工作时间和工作内容落实工作。

要求：工作票应填写正确，并按安规执行，工作过程中注意人员安全，防止人身伤亡事故发生。

（6）对设备进行调试验收。

要求：根据验收规范要求设备进行调试验收。

Jb0000132028　设备缺陷分类的原则是什么？对设备缺陷管理有何要求？（5分）

考核知识点：开关类设备检修基本思路和方法

难易度：中

标准答案：

（1）缺陷分类的原则。

1）危急缺陷：设备或建筑物发生了直接威胁安全运行并需立即处理的缺陷，否则，随时可能造成设备损坏、人身伤亡、大面积停电、火灾等事故。

2）严重缺陷：对人身或设备有严重威胁，暂时尚能坚持运行但需尽快处理的缺陷。

3）一般缺陷：上述危急、严重缺陷以外的设备缺陷，指性质一般，情况较轻，对安全运行影响不大的缺陷。

（2）要求。

1）运维人员发现缺陷后应对缺陷进行定性，并记入缺陷记录。同时应掌握所辖设备的全部缺陷，并负责对设备缺陷的督促、处理。缺陷未消除前，运维人员应加强监视设备缺陷的发展趋势。

2）消缺工作应列入各单位生产计划中。对危急、严重或有普遍性的缺陷要及时研究对策，制定措施，尽快消除。

3）缺陷消除时间应严格掌握，按照国网公司相关规定时间执行。

Jb0000132029　检修或施工前应做哪些管理准备工作？（5分）

考核知识点：开关类设备检修基本思路和方法

难易度：中

标准答案：

（1）成立检修或施工准备小组，并由专人负责。

（2）对工程进行全面调查研究。

（3）准备技术资料。

（4）进行施工检修组织设计，编制安全组织技术措施。

（5）准备临时建筑、水和电源。

（6）设备材料的运输准备。

（7）准备工器具。

（8）组织施工与分工。

（9）图纸审核，技术交底。

Jb0000132030　防止检修、改扩建施工导致变电站全停，如何强化施工现场管理？（5分）

考核知识点：开关类设备检修基本思路和方法

难易度：中

标准答案：

（1）项目管理单位应在开工前组织施工安全交底会，运维单位应对施工单位进行现场安全措施详细交底，对于易导致变电站全停的关键措施要逐项签字确认。

（2）改扩建设备与运行设备应有明显物理断开点，施工区域与运行区域应采取硬隔离措施，断开与运行设备有关的二次回路。

（3）改扩建一次设备与运行母线搭接工作，原则上应安排在本间隔内所有一次设备安装调试全部结束并通过验收后实施，一旦搭接完毕即纳入运行设备管理，并列入调度管辖，在此设备上工作应严格履行工作票制度。

（4）改扩建二次设备与运行屏柜的搭接工作，原则上安排在本间隔内一、二次设备传动试验完成后实施，一旦搭接完毕，禁止在相关设备不停电状况下进行任何传动试验。

（5）改扩建二次设备安全措施的设置和恢复应由运维单位实施，施工单位不得擅自更改安全措施。

Jb0000131031　防止检修、改扩建施工导致变电站全停，施工前应开展哪些准备工作？（5分）

考核知识点：开关类设备检修基本思路和方法

难易度：易

标准答案：

（1）各类检修、改扩建施工作业方案、组织措施、技术措施、安全措施应经地市公司（省检修公司）审查通过后方可实施。

（2）可能造成五级电网事件的施工作业，应由地市公司（省检修公司）安监、运检、建设、调控部门进行各专业会审。

（3）可能造成四级及以上电网事件的施工作业，应由省公司安监、运检、建设、调控部门进行各专业会审。

Jb0006132032　变压器吊芯（罩）检修时的安全措施有哪些？（10分）

考核知识点：变压器器身检修

难易度：中

标准答案：

（1）明确停、带电设备范围，明确分工。

（2）核实起吊设备，详细检查起重工具、绳索和挂钩。

（3）注意拆除有碍起吊工作的附件，如有载分接开关连杆、定位装置等。拆下的附件应放在干燥清洁的地方并做好标记。

（4）起吊工作应由一人统一指挥，注意与带电设备的距离，防止起吊中碰伤绕组及其他附件。

（5）工作人员身上不得带与工作无关的物品，防止异物掉入绕组中。

（6）器身检查后，认真清点工具和材料，不得漏在器身上。

（7）做电气试验时，注意防止人员触电，焊接工作注意防火。

（8）吊芯工作应在天气良好时进行，并做好防风、防尘、防雨的准备，相对湿度为75%及以下时，器身暴露时间不得超过12h，相对湿度小于65%时，器身暴露时间不得超过16h。

Jb0006133033　如何判断工频高压试验所产生的放电声的故障性质？（10分）

考核知识点：变压器缺陷及故障处理

难易度：难

标准答案：

（1）在升压过程或持续阶段，发生好似金属物撞击油箱的清脆响亮的声音。重复加压试验时，电压下降不明显。这种放电一般属于油隙绝缘结构击穿。如油隙距离不够（引线—油箱），或电场畸变（引线没有穿入套管均压球，圆弧半径太小等），都可能造成油隙绝缘结构击穿。

（2）声音仍然是清脆的金属敲击声，但较前一种小，仪表摆动不大，重复试验时放电消失，这种放电属于变压器油中气泡放电。

（3）放电声为“哧哧”或“吱吱”声，或者是很沉闷的响声，放电时电流表的指示立即超过最大偏转指示。重复试验时放电电压明显下降。这种故障往往是固体绝缘爬电，绝缘包扎较松或开裂、撑条受潮或质量不好沿撑条爬电、引线绝缘搭接锥度太短或爬电距离不够、绝缘角环纸板爬电或绕组端部对铁轭爬电等，这种故障一般较难寻找。

（4）加压过程中变压器内部有炒豆般的噼啪响声，电流表示稳定，这种放电可能是悬浮的金属体对地放电。

Jb0006131034　试述变压器绕组损坏大致有哪些原因？（5分）

考核知识点：变压器缺陷及故障处理

难易度：易

标准答案：

（1）制造工艺不良：配电变压器绕组有绕线不均匀及探匝现象、层间绝缘不足或破损、绕组干燥不彻底、绕组结构强度不够及绝缘不足等。主变压器绕组过线换位处损伤而引起匝间短路。绕组的隐患有绝缘操作、焊接不良、导线有毛刺等。设计不当的有导线采用薄绝缘等。

（2）运行维护不当变压器进水受潮，例如由套管端帽、储油柜、防爆管进水，致使绝缘受潮或油绝缘严重下降，造成匝间或段间短路或对地放电。大型强油冷却的变压器，油泵故障，叶轮磨损，金属进入变压器本体也会引起绕组故障。

（3）外部短路，绕组受电动力冲击产生严重变形或匝间短路而发生故障。

（4）遭受雷击造成绕组过电压而烧毁。

Jb0006131035　变压器发生穿越性故障时，气体保护会不会发生误动作？怎样避免？（5分）

考核知识点：变压器缺陷及故障处理

难易度：易

标准答案：

当变压器发生穿越性故障时，气体保护可能会发生误动作。其原因是：

（1）在穿越性故障电流作用下，绕组或多或少产生辐向位移，将使一次和二次绕组间的油隙增大，油隙内和绕组外侧产生一定的压力差，加速油的流动。当压力差变化大时，气体继电器就可能误动。

（2）穿越性故障电流使绕组发热。虽然短路时间很短，但当短路电流倍数很大时，绕组温度上升很快，使油的体积膨胀，造成气体继电器误动。这类误动作，可用调整流速定值来躲过。

Jb0006131036　变压器内装接地片有哪些要求？（5分）

考核知识点：变压器器身检修

难易度：易

标准答案：

（1）变压器铁芯只允许一点接地。需接地的各部件间也只许单线连接。

（2）接地片应用 0.3mm×20mm、0.3mm×30mm、3mm×40mm 的镀锡紫铜片制成。接地后用 DC 500V 绝缘电阻表检验。

（3）接地片应靠近夹件，不要碰铁轭端面，以防铁轭端面短路。

（4）器身上的其他金属附件均应接地。

（5）铁芯接地点一般设置在低压侧。

Jb0006132037 器身大修时应检查哪些项目？（10 分）

考核知识点：变压器器身检修

难易度：中

标准答案：

（1）检查绕组无变形，绝缘完整，不缺少垫块。油隙不堵塞，绕组应压紧，引线绝缘距离应符合标准。

（2）检查铁芯应夹紧，无松散变形。铁芯叠片绝缘无局部变色，油路畅通，夹件及铁轭螺杆绝缘良好，铁芯接地片完好。

（3）检查连接件，所有螺栓包括夹件、铁轭螺杆、压钉、接紧螺杆、木件紧固螺栓，均应紧固并有防松措施。

（4）检查调压装置与引线连接是否正确。各分接头应清洁，接触压力适当，动触头正确停留在各个位置，且与指示器的指示相符。调压装置的机械传动部位完整无损，动作正确可靠，绝缘筒无漏油，各部分坚固良好。

（5）进行电气试验，测量上、下夹件，穿心螺杆和铁芯之间的绝缘电阻，测量调压装置各触头的接触电阻。

（6）清理油箱底部，排净残油，检查并更换各处阀门和油堵的密封垫。

Jb0006131038 新安装的变压器除按大修验收的内容进行验收之外还应审查哪些内容？（7 分）

考核知识点：变压器大修及更换安装

难易度：易

标准答案：

（1）变压器制造厂试验记录。

（2）变压器制造厂铭牌和技术规范的附件。

（3）变压器吊芯（或进入油箱内）检查报告。

（4）如进行过干燥，应审查干燥过程及干燥记录。

（5）交接试验及测量记录。

（6）冷却系统管路连接图。

（7）三维冲击记录仪记录纸和押运记录齐全、数据合格。

Jb0006131039 试述电压等级为 110～220kV 的变压器充氮运输，现场油置换的工作程序及技术要求。（5 分）

考核知识点：变压器大修及更换安装

难易度：易

标准答案：

（1）绝缘油的接收：核对绝缘油的数量与所需量是否相等。把绝缘油贮藏在专用的油罐内。取油样做 $\tan\delta$、绝缘电阻及油耐压试验。标准为油绝缘破坏电压不应小于 40kV/2.5mm，$\tan\delta$在 90℃时小于 0.5%。新油体积电阻率应大于 $1\times10^4\Omega\cdot cm$（50℃时）。可不测油中水分。

（2）油置换：要边放氮气边注入合格的绝缘油（油的击穿电压不应小于 40kV/2.5mm），直到器身全浸在油中为止，静止 12h 以上，方可放油进行箱内作业。

Jb0000131040　变压器在制造过程中，哪些因素总是会引起绕组饼间或匝间击穿？（6 分）

考核知识点：变压器缺陷及故障处理

难易度：易

标准答案：

（1）绕组在绕制和装配过程中，绝缘受到机械损伤以及出线根部或过弯处没有加包绝缘。

（2）绕组导线不符合质量要求，有毛刺、裂纹，或焊接不好、包纸质量不好。

（3）垫块有尖锐棱角，绕组压缩时压力过大或绕组沿圆周各点受力不均匀，使绝缘损坏。

（4）撑条不光滑。

（5）变压器在装配过程中落入异物。

（6）反饼过弯处工艺不良引起绝缘损伤。

Jb0006131041　气体继电器在安装使用前应做哪些试验？标准是什么？（5 分）

考核知识点：变压器非电量保护范围及原理

难易度：易

标准答案：

（1）密封试验：整体加油压（压力为 200kPa；持续时间 1h）试漏，应无渗漏。

（2）端子绝缘强度试验：出线端子及出线端子间，应耐受工频电压 2000V，持续 1min 试验。

（3）轻瓦斯动作容积试验：当壳内聚积 250～300mL 空气时，轻瓦斯应可靠动作。

（4）重瓦斯动作流速试验。

（5）自然油冷却的变压器动作流速应为 0.8～1.0m/s；强迫油循环的变压器动作流速应为 1.02m/s；容量大于 200MVA 变压器动作流速应为 1.2～1.3m/s。

Jb0006131042　变压器出厂试验项目分为哪两类？各包括哪些内容？（5 分）

考核知识点：变压器试验的项目及判别标准

难易度：易

标准答案：

变压器试验项目可分为绝缘试验和特性试验两类。

（1）绝缘试验有：绝缘电阻和吸收比试验、测量介质损耗因数、泄漏电流试验、变压器油试验及工频耐压和感应耐压试验，对 U_M 不小于 220kV 及以上变压器应做局部放电试验，U_M 不小于 300kV 及以上变压器应做全波及操作波冲击试验。

（2）特性试验有：变比、接线组别、直流电阻、空载、短路、温升及突然短路试验。

Jb0006132043　变压器非电量保护范围及原理是什么？（10 分）

考核知识点：变压器非电量保护范围及原理

难易度：中

标准答案：

变压器非电量保护，主要有气体保护、压力保护、温度保护、油位保护及冷却器全停保护。

（1）瓦斯保护：是变压器油箱内绕组短路故障及异常的主要保护。瓦斯保护分为轻瓦斯保护及重瓦斯保护两种。轻瓦斯保护作用于信号，重瓦斯保护作用于切除变压器。

（2）压力保护：也是变压器油箱内部故障的主保护。其作用原理与重瓦斯保护基本相同，但它是反应变压器油的压力的。

（3）温度及油位保护：当变压器温度升高时，温度保护动作发出告警信号。

（4）冷却器全停保护：为提高传输能力，对于大型变压器均配置有各种的冷却系统。在运行中，若冷却系统全停，变压器的温度将升高。如不及时处理，可能导致变压器绕组绝缘损坏。

Jb0006133044　试述 500kV 电压等级大容量变压器新品安装工作程序、质量要求及测定方法。（15 分）

考核知识点：电气装置安装工程施工及验收规范

难易度：难

标准答案：

500kV 电压等级大容量变压器新品安装工作程序见表 Jb0006133044。

表 Jb0006133044　　大容量变压器新品安装工作程序

作业程序	工作内容	标准	测定法	满分
现场交接	检查外部有无损伤，附件是否齐全	外观无明显损坏； 冲击加速度 3g 以下； 充气压力为正压； 附件齐全	冲击记录计； 压力表查装单相	1分
绝缘油交接	取油样试验，储放在专用油箱中	油耐压为 40kV/2.5mm 以上 介质损失角正切值为 0.5%（90°）； 油中水分为 30ppm 以下	油耐压试验装置； 油中水分测定装置	2分
用油置换气体	放出气体将脱气油注入，浸没器身	油耐压为 50kV/2.5mm 以上； 油中水分为 15ppm 以下； 浸油时间为 12～20h 以上	油耐压试验装置； 油中水分测定装置	2分
安装外部附件	按装置单清点附件； 对附件进行必要的清洗、试验； 安装冷却器等外部附件	不渗漏油； 冷却器动转正常	绝缘电阻表； 套管送高压室试验	2分
箱内作业（争取在一天内完成，如无空气干燥机时可不必吹入干燥空气，但作业必须在天气好、相对湿度小于75%时进行）	边吹入干燥空气边放油； 入箱内检查，拆除箱内临时支撑物； 摇测铁芯绝缘； 做套管 TA 变化及伏一安曲线试验； 安装套管，内部连线，真空注油	干燥空气湿度 20%以下，内部连接正确； 内部检查正常； 铁芯绝缘值参看工厂试验； 油中水分在 15ppm 以下，耐压在 60kV/2.5mm 以上； 真空度为 80kPa	湿度表；油耐压装置； 绝缘电阻表；油中水分测定器； 空气干燥机油过滤脱气机； 真空泵等	2分
除去绝缘表面吸潮水分及尘土（热油循环）	检查有无渗漏油； 热油循环（100h）	无渗漏油； 油耐压 50kV/2.5mm 以上，油中水分 15ppm 以下； 热油温度 70～80℃； 边循环边脱气（全油量循环）	油中水分测定器； 油耐压试验器； 滤油脱气装置	2分
油面调整静置	在环境温度下调整油面到合适的油位； 热油循环后到试验前应静置 72h，然后取油样化验分析	按油面温度曲线调整油面（厂方供给），静置时间 72h； 油耐压为 60kV/2.5mm； 油中水分为 10ppm 以下	油中水分测定器； 油耐压装置	2分
有载分接开关动作顺序试验； 冷却装置、有载分接开关传动； 电气试验	有载分接开关、冷却装置传动； 有载分接开关动作试验； 电气试验	有载分接开关及冷却装置动作正常； 电气试验按有关规程考核		2分

Jb0006132045　变压器铁芯故障的原因有哪些？（10分）

考核知识点：解决大修工作中出现的各种复杂和疑难问题的方法

难易度：中

标准答案：

变压器铁芯故障原因是多方面的，在制造、安装、运行、检修过程中均可能导致铁芯故障，其原因主要有：

（1）安装过程中的疏忽。完工后未将变压器油箱顶盖上运输用的定位钉翻转或拆除。

（2）制造或大修过程中的疏忽。铁芯夹件的支板距芯柱太近，硅钢片翘凸而触及夹件支板或铁轭杆衬套太长，碰及铁轭硅钢片。

（3）铁芯下夹件垫脚与铁轭间的纸板脱落，造成垫脚与硅钢片相碰，或变压器进水使纸板受潮形成短路接地。

（4）潜油泵轴承磨损，金属粉末沉积箱底，受电磁力影响形成导电小桥，使铁轭与垫脚或箱底接通。

（5）油箱中不慎落入异物，如铜丝、焊条头或铁芯碎片等造成接地。

（6）下夹件与铁轭阶梯间的木垫受潮或表面附有大量油泥、水分、杂质使其绝缘被破坏。

（7）变压器油箱和散热器等在制造过程中，由于焊渣清理不彻底，当变压器运行时，在油流的作用下，杂质往往堆积在一起，使铁芯壁短接。这种情况在强油循环冷却变压器中尤其容易发生。

（8）变压器的油泥污垢堵塞铁芯纵横散热油道，形成短路接地。

Jb0006132046　试述变压器油中氢气的产生原因与早期故障判断。（10分）

考核知识点：解决大修工作中出现的各种复杂和疑难问题的方法

难易度：中

标准答案：

变压器油中氢气的产生主要有以下几个原因：① 设备故障原因产生；② 油中水分与铁作用生成；③ 过热的铁芯层油膜裂解生成；④ 某些加工工艺导致，如热镀锌工艺和新的不锈钢加工过程中或焊接时吸附氢释放到油中；⑤ 某种醇酸树脂类油漆、聚酰亚胺型绝缘材料在特定条件下也可以产生大量的氢。

变压器故障诊断的方法很多，其中变压器油中溶解气体色谱分析法，能尽早地发现充油电气设备内部存在的潜伏性故障，是监督与保障设备安全稳定运行的一个重要手段。该方法的分析对象是：氢气、甲烷、乙烷、乙烯、乙炔、一氧化碳和二氧化碳。氢在故障诊断中起到举足轻重作用。因为在发生过热性故障时就会产生少量的氢，且随着热点温度的升高（500℃），氢组分急剧增加；而放电性故障中氢也是主要产物，尤其是局部放电性故障会产生大量的氢（占总烃含量的85%以上）；另外，设备进水受潮也会产生大量氢气，由此可见只要变压器等充油设备发生内部故障时，其油中溶解气体中氢组分的含量就会明显增加，因此油中氢气可以作为预测变压器早期故障的指示气体，进行故障的早期判断。同时密切关注氢的变化可以在故障早期发现异常情况，将事故消灭在萌芽之中，大大减少经济损失。但必须指出的是，仅仅依靠油中氢气的含量来判断故障性质有很大难度，还必须结合其他方法来综合判断。

Jb0006132047　变压器吊罩（芯）时关键工序质量如何控制？（10分）

考核知识点：解决大修工作中出现的各种复杂和疑难问题的方法

难易度：中

标准答案：

变压器吊罩是变压器检修的重要环节，吊罩前除了要进行检前试验，备品备件、材料、起吊和试验设备的准备也必须充分。因此吊罩中关键工序和质量的控制尤为重要。吊罩时一般应控制好以下环节。

（1）起吊钢丝绳的夹角不应大于60°，否则应采用专用吊具或调整钢丝套。

（2）起吊回落钟罩（或器身）时速度应均匀，掌握好重心，防止倾斜。四角应系绳索，使其保持平稳，应使高、低压侧引线，分接开关支架与箱壁间保持一定的间隙，防止碰伤。

（3）当钟罩（或器身）因受条件限制，起吊后不能移动而需在空中停留时，应采取支撑等防止坠落措施。

（4）吊套管时，其斜度应和套管升高座的斜度基本一致，并用绳索绑扎好，防止倾倒损坏瓷件。

（5）为防止绝缘件受潮，解体时应选择晴天，空气湿度应满足规程要求，并做好应急措施。

（6）各组件及零件应做好定位标色，以便按原位装复。

（7）如第一天不能完成检修时，变压器应密封好，抽真空至100Pa以下并保持该真空度直至第二天解除真空继续工作，或注入干燥空气至0.01MPa，第二天解除压力继续工作。变压器检修或装配工作不得在空气相对湿度80%以上天气进行。

（8）充氮保存的变压器，应装有压力监视表计和补氮瓶，确保变压器在储存中始终保持正压，氮气压力应保持0.01～0.03MPa，露点应在−40℃以下，并派专人监视，气瓶纯度要求不低于99.99%。充氮保存的变压器进入油箱内部工作前，要注意排氮，严防工作人员缺氧窒息。

Jb0006132048 变压器大修工作中，如何通过吊芯处理铁芯多点接地？（10分）

考核知识点：解决大修工作中出现的各种复杂和疑难问题的方法

难易度：中

标准答案：

在油箱底部存有金属异物是构成铁芯多点接地的主要原因之一，而这些金属异物大都是在制造或大修过程中遗存的。一般来说，金属异物将铁芯与地短接形式有两种：一是金属异物搭接在铁芯硅钢片与钢夹件间桥连成通路；二是铁丝或铁片等落于下铁轭的下端面与箱底间，不带电时由于它的重量沉积于油箱底部无多点接地现象，带电时铁芯的磁力将其吸起，桥连于下铁轭的下端面与箱底间形成另一铁芯接地通路。另外对那些老式带穿心螺栓的变压器，穿心螺栓的绝缘损坏也会造成多点接地故障。处理多点接地故障时先将器身暴露，用绝缘电阻表再次测量绝缘电阻，判断铁芯多点接地是否继续存在。检查能看到的铁芯部分有无金属异物，将铁芯与地之间短接，对有穿心螺栓的变压器应测量穿心螺栓与铁芯、夹件之间的绝缘，若绝缘电阻很小或为零，则说明多点接地部位在穿心螺栓上，并进行针对性处理。用白布带在下铁轭与油箱底部间隙中往返抽拉，或用高压油枪冲洗此部位，对残存在下铁轭底部的金属异物有较好的清除效果。若对底部清理后还存在着多点接地时，重点应放在检查铁轭的端面与夹件之间存在的多点接地，这种接地故障点多在铁轭两外侧靠近夹件的这部分硅钢片。由于铁轭的大部分端面被绕组盖住，一般不容易发现金属异物，可一边测量铁芯的绝缘电阻，一边用铁丝在夹件与铁轭的缝隙来回拉动，看绝缘电阻有无变化，若有变化时，说明此处是接地故障点。必要时也可用直流法来缩小接地故障点的范围。通过查找，明确了接地的硅钢片，如果无法将接地故障消除时，可将铁芯的正常接地片移至故障点，控制环流到最小值。

Jb0006133049　试论述红外诊断的基本原理及如图 Jb0006133049 所示图谱的故障分析（15 分）。

(a)

(b)

(c)

(d)

图 Jb0006133049（一）

(e)

图 Jb0006133049（二）

考核知识点：红外诊断的基本原理及图谱分析

难易度：难

标准答案：

（1）红外诊断的基本原理就是通过探测被诊断设备的红外辐射信号，从而获得设备的热状态特征，并根据这种热状态特征及适当的判断依据，做出设备有无故障及故障属性、出现位置和严重程度的诊断判别。

（2）图谱故障分析。

图（a）：变压器散热器进油管关上；

图（b）：变压器磁屏蔽不良；

图（c）：变压器低压侧涡流引起发热；

图（d）：变压器漏磁通引起螺栓发热；

图（e）：变压器散热风扇电机发热。

Jb0006111050　一台强油风冷电力变压器最高油面到压力释放阀底面的距离 h=3m，试计算压力释放阀的关闭压力（安全裕度压力 P_k=7kPa，强油风冷裕度压力 P_a=7kPa，单位高度油柱压 V=8.95kPa/m）。（5 分）

考核知识点：变压器检修专业工程计算

难易度：易

标准答案：

解：（1）压力释放阀的静压力 P_j 为

$$P_j = V \times h = 8.95 \times 3 = 26.85\ (\text{kPa/m})$$

（2）压力释放阀的关闭压力 P_g 为

$$P_g = P_j + P_k + P_a = 26.85 + 7 + 7 = 40.85\ (\text{kPa/m})$$

答：压力释放阀的关闭压力为 40.85kPa/m。

Jb0006113051　测得某变压器低压绕组（d 接）三个线间直流电阻分别为 R_{ab}=0.571Ω，R_{bc}=0.585Ω，R_{ca}=0.570Ω。问其故障在哪相？（15 分）

考核知识点：变压器检修专业工程计算

难易度：难

标准答案：

解：$R_{ar}=(0.571+0.585+0.570)/3=0.575$（Ω）

$$\Delta R\%=(0.585-0.57)/0.575=2.6\%$$

由于 $\Delta R\%>2\%$，不合格。

$$\begin{aligned}R_p&=(R_{ab}+R_{bc}+R_{ca})/2\\&=(0.571+0.585+0.57)/2\\&=0.863\ (\Omega)\end{aligned}$$

$$\begin{aligned}R_a&=(R_{ca}-R_p)-R_{ab}R_{bc}/(R_{ca}-R_p)\\&=(0.57-0.863)-0.571\times0.585/(0.57-0.863)\\&=-0.293+1.14=0.847\ (\Omega)\end{aligned}$$

$$\begin{aligned}R_b&=(R_{ab}-R_p)-R_{bc}R_{ca}/(R_{ab}-R_p)\\&=(0.571-0.863)-0.585\times0.57/(0.571-0.863)\\&=-0.292+1.142=0.85\ (\Omega)\end{aligned}$$

$$\begin{aligned}R_c&=(R_{bc}-R_p)-R_{ca}R_{ab}/(R_{bc}-R_p)\\&=(0.585-0.863)-0.57\times0.571/(0.585-0.863)\\&=-0.278+1.17=0.893\ (\Omega)\end{aligned}$$

由计算结果可知，c 相绕组直流电阻最大，故障在 c 相。

$$R_{ar}=(0.847+0.85+0.893)/3=0.863\ (\Omega)$$

电阻不平衡率为

$$\Delta R\%=(0.893-0.847)/0.863=5.3\%$$

答：由于线间 $\Delta R\%>2\%$，不合格，故障在 c 相。

Jb0006112052　已知变压器及木排总重 G=32t，滚杠直径 d=12cm，滚杠总质量 g= 0.3t，滚杠与道木之间、滚杠与木排之间的滚动摩擦系数 f'=0.2，启动系数=1.3，2—2 滑轮组的效率 η 为 0.9，如图 Jb0006112052 所示，求变压器油箱上牵引绳套所受的力 P 是多少？滑轮上牵引绳受的力 S 是多少？（10 分）

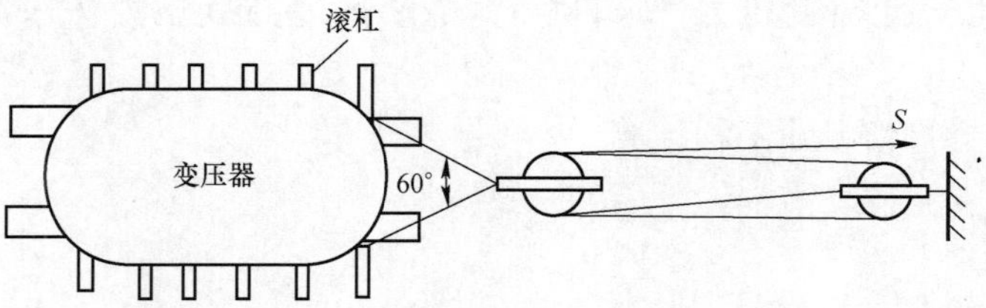

图 Jb0006112052

考核知识点：变压器检修专业工程计算

难易度：中

标准答案：

解：变压器滚动摩擦力 f

$$\begin{aligned}f&=9.8\times\frac{(G+g)f'+Gf'}{d}\\&=9.8\times\frac{(32000+300)\times0.2+32000\times0.2}{12}\\&=10502\ (\text{N})\end{aligned}$$

考虑启动系数，所需牵引力为T为

$$T=1.3f=13653\text{（N）}$$

油箱上所用绳套受力P为

$$P=\frac{T}{2\cos\frac{\varphi}{2}}=\frac{13653}{2\cos\frac{60^\circ}{2}}=7886\text{（N）}$$

牵引钢绳所受力$S=T/4\eta=13653/(4\times0.9)=3793$（N）

答：变压器油箱上牵引绳套所受的力是 7886N，滑轮上牵引绳所受的力是 3793N。

Jb0006122053　画出 M 型 10193 有载分接开关由 $n\to1$ 调压时，由 5 分接向 4 分接调压的动作顺序，并标出负载电流和循环电流的流通路径。（10 分）

考核知识点：解决大修工作中出现的各种复杂和疑难问题的方法

难易度：中

标准答案：

M 型 10193 有载分接开关由 $n\to1$ 调压时，由 5 分接向 4 分接调压的动作顺序图、负载电流和循环电流的流通路径如图 Jb0006122053 所示。

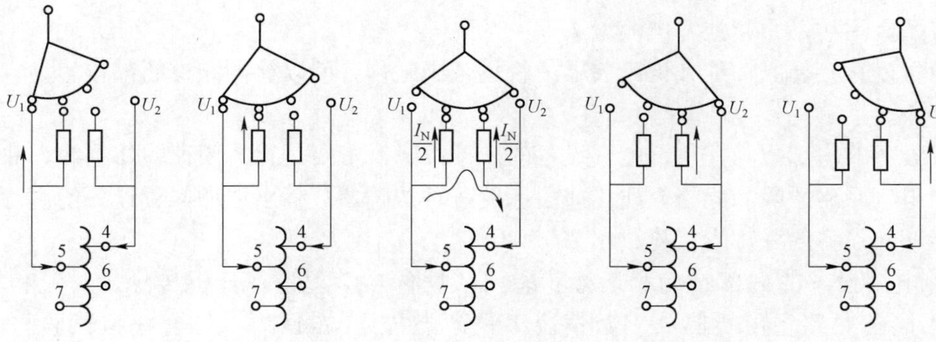

图 Jb0006122053

Jb0006121054　画出变电所（站）主接线形式为 3/2 断路器接线的双母线接线图。（10 分）

考核知识点：技术管理和培训

难易度：易

标准答案：

3/2 断路器接线的双母线接线如图 Jb0006121054 所示。

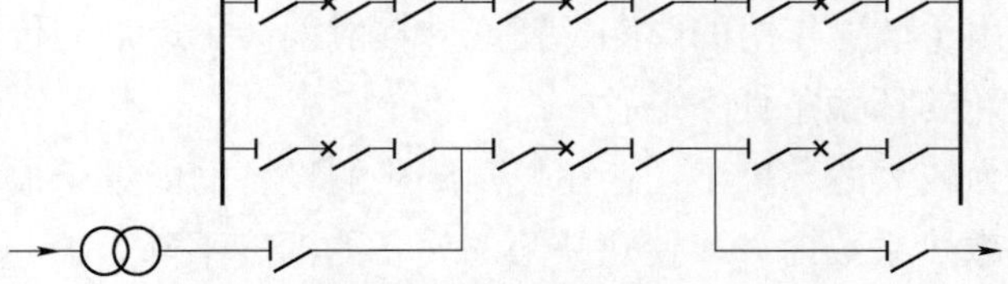

图 Jb0006121054

Jb0006131055　电力设备发热类型和基本机理是什么？（5 分）

考核知识点：红外诊断的基本原理及图谱分析

难易度：易

标准答案：

电力设备在正常工作的时候，由于电流电压的作用，将产生发热，主要发热类型有：

（1）电阻损耗，电流通过导体的电阻将产生热能。

（2）介质损耗，电气绝缘介质，由于交变电场的作用，使介质极化方向不断改变而消耗电能并引起发热。

（3）铁损，当在励磁回路上施加电压时，由于铁芯的磁滞、涡流而产生的电能损耗并发热。

Jb0006132056　电力设备发热故障类型有哪些？（10 分）

考核知识点：红外诊断的基本原理及图谱分析

难易度：中

标准答案：

（1）电力设备的外部故障。所谓电力设备的外部故障，主要是指对外界可以直接观测到的设备部位发生的故障。其中又可以分为两种类型，一类是长期暴露于大气中的各种裸露电气接头因接触不良等原因引起的过热故障；另一类则是由表面污秽或机械力作用引起绝缘性能降低造成的过热故障，如绝缘子劣化或严重污秽，引起泄漏电流增大而发热。

这类故障可以直接暴露在红外诊断仪器的视场范围之内，所以检测和诊断都较容易，能够做到直观且一目了然。

（2）电气设备的内部故障。所谓电气设备的内部故障，主要是指封闭在固体绝缘、油绝缘以及设备壳体内部的电气回路故障和绝缘介质劣化引起的各种故障。故障出现在电气设备的内部，无法像外部故障那样能够从设备的外部直接检测出来。

根据各种电气设备的内部结构和运行状态，依据传热学理论，分析传导、对流和辐射三种热传递形式沿不同传热路径的贡献（多数情况下只考虑传导与对流），结合模拟试验与大量现场检测实例的统计分析和解体验证，从电气设备外部显现的温度分布热像图，分析判断与其相关的内部故障。

Jb0006132057　影响电力设备红外测量的因素有哪些？（15 分）

考核知识点：红外诊断的基本原理及图谱分析

难易度：中

标准答案：

（1）大气吸收的影响。红外辐射在传输过程中由于大气中极性分子的吸收作用总要受到一定的能量衰减，因此，红外检测尽可能选择在无雨无雾、空气湿度低于 85%的环境条件。

（2）大气尘埃和悬浮粒子的影响。大气尘埃及悬浮粒子的存在是红外辐射在传输过程中能量衰减的又一个原因，这主要是由于散射作用的影响，使红外辐射偏离了原来的传播方向而引起的，因此红外检测应在少尘或空气清新的环境条件下进行。

（3）风力影响。在风力较大的环境下，存在发热缺陷的设备的能量会被风力加速散发，使裸露导体的散热条件得到改善，散热系数增大，使热缺陷的设备的温度下降。

（4）辐射率影响。一切物体的辐射率都在 0～1，其值的大小和物体的材料、表面光洁度、氧化程度、颜色厚度有关。

（5）测量角度影响。辐射率与测试方向有关，最好在 30° 以内，不宜超过 45°，当不得不超过 45° 时，应对辐射率做进一步修正。

（6）邻近物体热辐射影响。当环境温度比被测物体的表面温度高很多或低很多时，或被测物体本身的辐射率很低时，邻近物体的热辐射的反射将对被测物体的测量造成影响。

（7）太阳光辐射的影响。当被测的电气设备处于太阳光辐射下时，由于太阳光的反射和漫反射在 3～14μm 波长，且它们的分布比例并不固定，因这一波长区域与红外诊断仪器设定的波长区域相同而极大地影响红外测温仪器，特别是红外成像仪器的正常工作和准确判断，同时，由于太阳光的照射造成被测物体的温升将叠加在被测设备的稳定温升上。所以红外测温时最好选择在天黑或没有阳光的阴天进行，这样红外检测的效果相对要好得多。

Jb0007132058　互感器罐内真空干燥方法。（15 分）

考核知识点：互感器罐内真空干燥

难易度：中

标准答案：

罐内真空干燥是利用加热真空罐对互感器身进行加热除潮，再用真空泵将罐内潮气排出，提高器身的干燥水平，达到除潮干燥目的。其操作方法如下：

（1）准备工作。真空干燥罐清擦干净后，加温到 80℃，保持 1h，排除罐内潮气。互感器器身用合格绝缘油冲洗后入罐，器身与真空罐的热源距离大于 200mm，接好罐内上、中、下三处及器身电阻温度计和测量绝缘电阻的引线，并记录产品型号、入罐时间、温度及绝缘电阻。

（2）预热。支起罐盖留一缝隙，以便预热时潮气逸出。打开加热的蒸汽阀门（或涡流加热时合上电源）使罐内温度在 4h 左右平均升到（75±5）℃，预热 12h。预热阶段应控制罐壁温度不超过 120℃，器身温度不超过 80℃。

（3）真空干燥。预热结束后，维持器身温度（75±5）℃，开始抽真空，使真空度均匀提高，残压达到 53kPa 后，维持 3h，破真空 15min 后，均匀提高到 80kPa，维持 3h，再破真空 15min，继续提高真空度，真空残压不大于 133Pa，直到干燥结束。干燥中每 2h 测量一次绝缘电阻，若 110kV 及以下互感器连续 6h，220kV 互感器连续 12h 绝缘电阻稳定不变，且无冷凝水析出，即认为干燥结束。

（4）真空浸渍。真空干燥结束后，关闭热源，继续抽真空保持罐内残压不大于 133Pa。向罐内注入油温为 60℃的合格绝缘油，油面应高出器身 10cm，继续抽真空保持残压不大于 133Pa，进行真空浸渍 6h。浸渍结束，破真空后将罐内油抽出放尽，待器身温度降至 40℃以下，即可开罐吊出器身装配，若浸渍结束后不能接着立即装配，则暂不放油，器身应继续浸没油中，切断热源，保持罐内真空度不低于 80kPa 即可。

Jb0007133059　简述互感器的安装流程、安装方法及工艺要求。（30 分）

考核知识点：互感器安装

难易度：难

标准答案：

互感器安装主要包括基础复测，设备开箱清点、整理，支架安装，互感器本体安装，二次电缆安装，接地施工。

一、互感器安装流程

工艺流程见图 Jb0007133059。

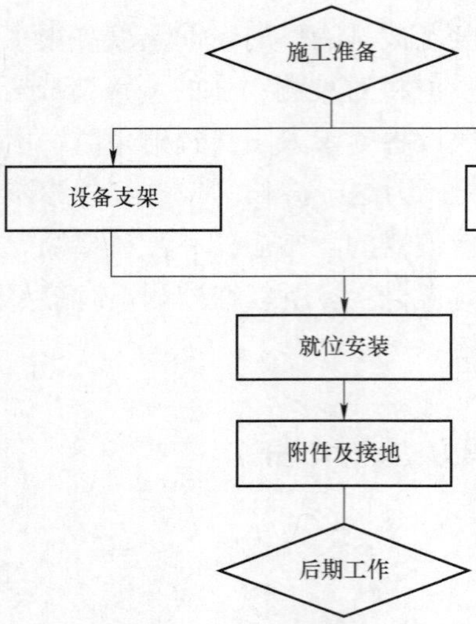

图 Jb0007133059

二、互感器安装方法

1. 危险点与控制措施

互感器安装过程中危险点分析及控制措施见表 Jb0007133059－1。

表 Jb0007133059－1　　危险点分析与控制措施表

序号	危险点	控制措施
1	高处坠落及落物伤人	高处作业系好安全带，不得攀登及在瓷柱上绑扎安全带； 使用的梯子应坚固完整、安放牢固，并有人扶持； 传递物件必须使用传递绳，不得上、下抛掷
2	起重伤害	吊装有专人指挥、吊臂下严禁站人； 起重工具使用前认真检查，并进行强度核验，严禁使用不合格的工具； 设备起吊后应系好拉绳，防止摆动碰伤人员
3	触电伤害（扩建变电所）	搬动梯子时，需两人放倒搬运，与带电部位保持足够的安全距离
4	误入带电间隔（扩建变电所）	工作前向作业人员交代清楚临近带电设备，并加强监护； 工作人员应走指定通道，在遮栏内工作，不得移动和跨越遮栏

2. 施工准备

（1）技术准备。厂家说明书、试验报告、厂家图纸齐备。

（2）材料准备。根据施工图纸和材料清册核定互感器安装所用材料的数量和规格，材料的数量和规格应满足安装要求。互感器安装一般需要的材料见表 Jb0007133059－2（一组为例）。

表 Jb0007133059－2　　互感器安装材料清单

序号	名称	数量	规格	备注
1	白布	2 块		
2	电力复合脂	1 支		

（3）工器具准备。

互感器安装一般需要的工器具见表 Jb0007133059－3（一组为例）。

表 Jb0007133059－3　　互感器安装工器具清单

序号	名称	数量	规格	备注
1	吊机	1 台	16T	1000kV 互感器需要 50T 吊机
2	枕木	20 根		垫吊机支腿
3	梯子	1 把	15 挡	
4	扭力扳手	1 把	0～200N·m	
5	尖子扳手	1 把		
6	呆扳手	2 把		
7	吊带	2 根	2T	1000kV 互感器需要 4T 吊带
8	安全带	2 根		

（4）人员组织。安全员、质量员、安装负责人、安装人员，起重指挥、吊机驾驶等特殊工种人员必须持证上岗。

（5）现场布置。按照国家电网有限公司《输变电工程建设安全文明施工规程》（Q/GDW 10250—2021）要求进行现场布置。

1）安装前设备、材料、工器具在指定位置统一堆放。

2）吊装区域必须进行安全隔离，并放置起重作业区的标识牌。

3. 基础复测

基础的标高、尺寸及位置应符合设计及有关标准，设备支柱接地极应统一朝向。

4. 设备开箱

（1）附件数量、规格应该与设计相符，出厂文件、试验报告齐全。

（2）核对互感器型号、规格应符合设计要求，互感器外观应完整，无锈蚀或机械损伤。

（3）外观检查。

1）油浸式互感器油位应正常，油位指示器、瓷件法兰连接处、放油阀、接线板引线处应密封良好，无渗漏油现象。带吸湿剂的互感器，其吸湿器应干燥。带膨胀器的互感器，应检查垫片封闭是否正常，垫片应在安装后投运前取出，金属膨胀器应完整无损，顶盖螺栓应紧固。一次端子及其连接片应清理干净，除去氧化层（镀银端子除外），涂以电力复合脂。电流互感器应按要求的变比进行连接，螺栓紧固，等电位片连接完好。

2）气体互感器的储运气压应符合制造厂家的技术规定，带冲击记录仪运输的互感器，应会同建设单位、监理、制造厂家检查冲击记录仪并做好记录。

5. 设备支架安装

（1）设备支架垂直放入设备基础中，校正、找平互感器设备杆。

（2）核对电缆穿管口朝向，在封顶板上预留电缆穿管口位置。

（3）封顶板焊接。根据接线端子及设备基础的相对位置，将封顶板置于设备支架上，用水平尺找平并点焊定位。核实无移位后焊牢，焊缝应符合设计要求，焊接结束后，对封顶板进行校正。

6. 互感器交接试验

互感器及 SF_6 气体的交接试验项目和标准应符合规范要求。同时应参照有关合同的技术规定结合执行。

7. 互感器本体安装

（1）先将互感器底座安装在设备支架上，校正后用螺栓固定。

（2）电容式电压互感器的安装应按照产品成套供应的组件编号进行组合，不得随意互换。电容分压器元件间有电气连接的，应先进行连线，再拧紧机械连接螺栓。

（3）安装互感器接线板和均压环，三相接线板方向一致，均压环不得歪斜、变形，最低处打滴水孔。

（4）调整三相互感器垂直度，要求其中心在同一直线上。

（5）用力矩扳手紧固所有螺栓。

8. 二次电缆安装

连接互感器二次电缆，所有二次电缆均应放入电缆槽盒或保护管内，并顺着电缆管引到端子箱内。

9. 接地施工

（1）互感器本体按照设计要求采用扁铁或铜绞线两点分别与主接地网可靠相连。

（2）互感器二次回路的接地端与主接地网可靠相连。

10. 后期工作

（1）油位调整。

（2）紧固螺栓，清洁设备表面。

（3）相色标志正确、清晰。

（4）清理施工工器具、归库。

三、互感器安装工艺要求

1. 设备支架安装后的质量要求

标高偏差不大于5mm，水平误差不大于2mm，中心误差不大于5mm，垂直度偏差不应超过1/1000*H*（*H*为支架高度），相间轴线偏差不大于10mm，本相间距偏差不大于5mm。

2. 设备就位

（1）油位指示器位置应位于便于巡视的一侧。电流互感器一次接线端子的L1端子一般朝向断路器侧，设计有特殊要求者应按设计要求放置。

（2）卧倒放置的互感器，应先吊直后再起吊就位。互感器整体起吊时，吊索应固定在规定的吊环上，不得利用瓷裙起吊，不得碰伤瓷裙。制造厂家有直立起吊方案时，按制造厂家方案执行。

（3）互感器安装应垂直，并列安装的互感器排列应整齐，垂直度偏差不应超过1/1000H（*H*为互感器本体高度），同组顶高偏差不应超过5mm，属同一行列的中心偏差不应大于5mm。

（4）带均压环的互感器，均压环应安装牢固、水平，且方向正确，油封油位应正常。

（5）电容式电压互感器的安装应按照产品成套供应的组件编号进行组合，不得随意互换。各组件间连接处的接触表面，应除锈除污，涂以电力复合脂。电容分压器元件间有电气连接的，应先进行连线，再拧紧机械连接螺栓。

（6）在运输中装有临时保护用的防爆隔膜，安装后应予以拆除。

（7）气体互感器应按制造厂家技术规定进行补充充气，密度继电器应按要求进行动作值检查和记录。

（8）互感器吊装结束后，必须进行调整，对螺栓进行紧固。

（9）全密封结构的互感器，宜保持产品出厂时的密封状态，不宜取油样试验。如必须取油样或放油，应及时加油至正常油位。添加油的性能和注油方法应符合制造厂家的技术文件规定。

（10）SF_6气体绝缘互感器充注的SF_6气体应符合规程要求，SF_6气体额定压力符合产品技术要求并指示清晰、正确。

3. 互感器下列部位应接地

（1）分级绝缘的电压互感器底座及一次线圈接地引出端子。

（2）电流互感器的底座，电容型电流互感器的末屏及铁芯引出接地端子。

（3）电容电压互感器的底座和中间变压器的油箱、中间变压器的一次线圈的接地引出端子，电容分压器的末端不接结合滤波器时。

（4）其中TA二次接地不得串接，应分别引至接地点接地，接地线不得小于$4mm^2$。TV的“×”看不到明显的接地点时，应用一根$6mm^2$的双色接地线可靠接地。

（5）CVT在不接结合滤波器时，应将电容分压器的末端用$6mm^2$的双色接地线可靠接地；接结合滤波器时，应将电容分压器的末端用$25mm^2$多股铜绞线直接引至结合滤过器的接地闸刀上桩头。

（6）互感器安装用构架应有两处与接地网可靠连接。

（7）互感器二次侧有开路保护间隙及一次侧有匝间保护间隙时，应按制造厂家技术规定调节好间隙距离。

（8）电容式电压互感器经结合滤波器和接地刀闸接地的接线方式，互感器接地引线不得在结合滤波器上并接，应直接引至接地刀闸上并接。

（9）电流互感器的备用二次线圈应先短路后接地。设计有特殊要求时按设计要求施工。

Jb0007133060　油浸式电流互感器器身大修内容及质量要求有哪些？（15分）

考核知识点：互感器器身大修

难易度：难

标准答案：

（1）器身是否清洁的检查。

1）检修内容：检查绕组、铁芯、绝缘支架等表面有无油垢、金属粉末及非金属颗粒等物。可用海绵泡沫塑料块清除或用合格变压器油冲洗。

2）检查方法：目测。

3）质量要求：器身表面清洁，无油污、金属粉末及非金属颗粒等异物。

（2）绕组外包布带的检查。

1）检修内容：发现破损或松包，应予修整或用烘干的直纹布带重新半叠包绕扎紧。

2）检查方法：目测，用手指按压。

3）质量要求：绕组外包布带应完好扎紧，无破损或松包现象。

（3）绕组端环、角环等端绝缘物及绕组表面绝缘的检查。

1）检修内容：发现过热或电弧放电痕迹，应查明原因进行处理；若发现端绝缘受潮变形，应干燥处理或予以更换。

2）检查方法：目测。

3）质量要求：绕组表面绝缘、端绝缘应完好无损，绝缘状况良好，无受潮、绝缘老化及放电现象。

（4）电磁式电压互感器上下绕组的绝缘隔板的检查。

1）检修内容：发现位移应调整后固定，若受潮、损坏或变形，则应干燥处理或予以更换。

2）检查方法：目测。

3）质量要求：绝缘隔板应完好无损，绝缘状况良好，无位移、变形或折断。

（5）一、二次绕组，剩余绕组的引线及平衡绕组连接的检查。

1）检修内容：检查焊接是否牢靠，发现脱焊、断线等现象，应重新焊牢。

2）检查方法：目测。

3）质量要求：各绕组连线及引线应焊接牢靠，无断线、脱焊等现象。

（6）一、二次绕组，剩余绕组的引线及平衡绕组的外包绝缘层的检查。

1）检修内容：发现引线外包绝缘层松脱或破损时，应用电工绸布带、皱纹纸包扎后，再用直纹布带扎紧。

2）检查方法：目测，用手指按压。

3）质量要求：各引线外包绝缘层应完好，无破损、松脱现象。器身绝缘无过热或放电痕迹。

（7）一次上、下绕组的连线及平衡绕组与铁芯的等电位连接的检查。

1）检修内容：检查连接是否可靠。

2）检查方法：目测，用力矩扳手试紧。

3）质量要求：一次上、下绕组的连线及平衡绕组与铁芯等电位连接可靠。

（8）器身绝缘支架绝缘是否完好的检查。

1）检修内容：发现受潮、变形、起层、剥离、开裂或放电痕迹应予以更换；若绝缘支架与铁芯连接松动，应拧紧螺母予以紧固。

2）检查方法：目测，用手轻轻晃动支架。

3）质量要求：绝缘支架应无受潮、变形、起层、剥离、开裂或放电痕迹；绝缘支架与铁芯连接牢靠。

（9）铁芯的检查。

1）检修内容：检查铁芯是否完好，有无铁锈，若发现铁芯叠片不规整，硅钢片有翘边，可用木槌或铜锤打平整；若叠片不紧密，应拧紧夹件螺栓将其夹紧；对铁芯外表锈蚀应擦除；如果发现铁芯有过热或电弧烧伤，则应查明原因进行处理。

2）检查方法：目测。

3）质量要求：铁芯叠片平整、紧密，硅钢片绝缘漆膜良好，无脱漆及锈蚀现象；铁芯无过热、电弧烧伤痕迹。

（10）测量穿芯螺杆对铁芯绝缘的检查。

1）检修内容：检查绝缘是否良好，若发现绝缘不良，应检查穿芯螺杆的绝缘套管及绝缘层是否良好，不良者应予更换。

2）检查方法：用1000V绝缘电阻表。

3）质量要求：穿芯螺杆应紧固，其绝缘套管及绝缘垫片应完好无损，绝缘电阻大于1000MΩ。

（11）铁芯与穿芯螺杆连接片的检查。

1）检修内容：连接片与铁芯只有一点连接。如果发现铁芯连接片横搭在铁芯上，硅钢片多点短接，应用绝缘纸板将其隔离，若连接片松动，应重新插好。

2）检查方法：目测。

3）质量要求：铁芯连接片应可靠插接，保证铁芯与穿芯螺杆仅一点连接，连接片不得将硅钢片多片短接。

（12）油浸式互感器接地的检查。

1）检修内容：铁芯处于地电位的油浸式互感器应保证铁芯一点可靠接地。检查内容及处理方法同上。

2）检查方法：目测。

3）质量要求：油浸式互感器的铁芯连接片应可靠插接，并保证铁芯一点接地。

Jb0007133061　简述110kV SF_6电压互感器竣工验收要点。（15分）

考核知识点：互感器验收

难易度：难

标准答案：

1. 互感器本体验收

（1）铭牌标志：完整清晰，无锈蚀。

（2）外观油漆检查：油漆无剥落、无褪色。

（3）外观防腐检查：无明显的锈迹、无明显污渍。

（4）外套检查。

1）瓷套不存在缺损、脱釉、落砂，铁瓷结合部涂有合格的防水胶；瓷套达到防污等级要求。

2）复合绝缘干式电压互感器表面无损伤、无裂纹。

（5）相色标志检查：相色标志正确。

（6）中间变压器（电容式）：电容式电压互感器中间变压器高压侧不应装设氧化锌避雷器。

（7）均压环检查：均压环安装水平、牢固，且方向正确，安装在环境温度零度及以下地区的均压环，宜在均压环最低处打排水孔。

（8）SF_6密度继电器或压力表。

1）压力正常、无泄漏、标志明显、清晰。

2）校验合格，报警值（接点）正常。

3）应设有防雨罩。

2. 安装工艺验收

（1）互感器安装。

1）安装牢固，垂直度应符合要求，本体各连接部位应牢固可靠。

2）同一组互感器三相间应排列整齐，极性方向一致。

3）铭牌应位于易于观察的同一侧。

4）互感器安装时，应将运输中膨胀器限位支架等临时保护措施拆除，并检查顶部排气塞密封情况。

（2）中间变压器接地（电容式）：电容式电压互感器中间变压器接地端应可靠接地。

（3）电容分压器安装顺序：对于220kV及以上电压等级电容式电压互感器，电容器单元安装时必须按照出厂时的编号以及上下顺序进行安装，严禁互换。

（4）阻尼器检查（电容式）：检查阻尼器是否接入二次剩余绕组端子。

（5）接地：110（66）kV及以上电压互感器构支架应有两点与主地网不同点连接，接地引下线规格满足设计要求，导通良好。

3. 互感器各侧出线

（1）出线端连接：螺母应有双螺栓连接等防松措施。

（2）设备线夹。

1）线夹不应采用铜铝对接过渡线夹。

2）压接型设备线夹，导线直径400mm及以上，朝上30°～90°安装时应在压接管最低位置钻排水孔。

3）引线无散股、扭曲、断股现象。引线对地和相间符合电气安全距离要求，引线松紧适当，无明显过松过紧现象，导线的弧垂须满足设计规范。

4. 互感器二次系统验收

（1）二次端子接线：二次端子的接线牢固、整齐并有防松功能，装蝶形垫片及防松螺母。二次端子不应短路，单点接地。控制电缆备用芯应加装保护帽。二次引线端子和末屏引出线端子应有防转动措施。

（2）二次电缆穿线管端部：二次电缆穿线管端部应封堵良好，并将上端与设备的底座和金属外壳良好焊接，下端就近与主接地网良好焊接。

（3）二次端子标志：二次端子标志明晰。

（4）电缆的防水性能：电缆如未加装固定头，应由内向外电缆孔洞封堵。

（5）二次接线盒。

1）符合防尘、防水要求、内部整洁。

2）接地、封堵良好。

5. 其他验收

（1）专用工器具清单、备品备件：按清单进行清点验收。

（2）设备名称标示牌：设备标示牌齐全，正确。

Jb0008132062　油浸式接地变压器现场检修时的危险点分析与控制措施。（15 分）

考核知识点：接地变压器现场检修时的危险点分析与控制措施

难易度：中

标准答案：

表 Jb0008132062　危险点分析与控制措施表

序号	危险点	控制措施
1	吊臂回转时相邻设备带电，距离过近，会引起放电	吊车进入检修现场后，合理布置其位置，确保吊臂回转时与周围带电部位有足够距离
2	起吊时引起误操作	指挥规范，设置专责监护人
3	吊臂回转引起起吊重心偏移和失稳	确认吊车支腿在坚硬地面，地面放置枕木
4	起重引起设备损坏或人员伤亡	起重工作规范，使用工况良好的起重设备
5	低压触电	检修电源设备应正常，接线规范
6	高空坠落	高空作业正确使用安全带
7	拆卸、装配附件等野蛮操作造成损坏	拆装时应轻拿轻放，拆装工序正确，禁止野蛮施工
8	吊罩时晃动、挂钩损坏变压器的器身	起吊时应操作规范，指挥规范
9	器身检查时触电	在做检修过程中试验时，工作负责人应确认无检修人员在器身上工作
10	变压器绝缘受潮、受损、受污	在器身检修应按要求着装
11	变压器油易燃	配备足够灭火器
12	异物留在变压器内	工器具编号，由专人保管
13	变压器抽真空时，真空泵失电，真空泵油被吸入变压器内，污染变压器绝缘	确保检修电源正常工作
14	明火操作时，防火安全	动火时，办理动火工作票，并检查现场环境，配备足够灭火装置

Jb0006132063　怎样更换气体继电器？（10 分）

考核知识点：变压器气体继电器更换及调整

难易度：中

标准答案：

步骤如下：

（1）首先将气体继电器管道上的蝶阀关严。如蝶阀关不严或有其他情况，必要时可放掉油枕中的油，以防在工作中大量溢油。

（2）新气体继电器安装前，应检查有无检验合格证明，口径、流速是否正确，内外各部件有无损坏，内部如有临时绑扎要拆开，最后检查浮筒、挡板、信号和跳阀接点的动作是否可靠。关好放气阀门。

（3）安装气体继电器时应注意油流方向箭头指向油枕。

（4）打开蝶阀向气体继电器充油，充满油后从放气小阀门放气。如油枕带胶囊，应注意充油放气的方法，尽量减少和避免气体进入油枕。

（5）进行保护接线时，应防止接错和短路，避免带电操作，同时要防止使导电杆转动和小瓷头渗油。

（6）投入运行前，应进行绝缘遥测及传动试验。

Jb0006132064　油浸式电抗器气体继电器更换有何工艺质量要求？（7分）

考核知识点：电抗器气体继电器更换及调整

难易度：中

标准答案：

（1）气体继电器应校验合格后安装。

（2）气体继电器上的箭头应朝向储油柜。

（3）复装时确保气体继电器不受机械应力，密封良好，无渗油。

（4）气体继电器应保持基本水平位置；波纹管朝向储油柜方向应有 1%～1.5%的升高坡度。继电器的接线盒应有防雨罩或有效的防雨措施。

（5）调试应在注满油并连通油路的情况下进行，打开气体继电器的放气小阀排净气体，通过按压探针发出重瓦斯、轻瓦斯信号，并能正常复归。

（6）连接二次电缆应无损伤、封堵完好。

（7）拆装前后应确认蝶阀位置正确。

Jb0009131065　简述电抗器发生支柱损伤、支持绝缘子有裂纹、绕组凸出和接地的处理办法。（2分）

考核知识点：电抗器支持绝缘子破裂故障处理

难易度：易

标准答案：

发现水泥电抗器支柱损伤、支持绝缘子有裂纹、绕组凸出和接地时，应启用备用电抗器或断开线路断路器，将故障电抗器停用，进行修理，待缺陷消除后再投入运行。

Jb0009131066　简述电抗器发生水泥支柱和引线支持绝缘子断裂以及电抗器部分绕组烧坏等故障的处理办法。（3分）

考核知识点：电抗器支持绝缘子破裂故障处理

难易度：易

标准答案：

发现某电抗器水泥支柱和引线支持绝缘子断裂以及电抗器部分绕组烧坏等现象时，应首先检查维电保护是否动作，如保护未动则应立即手动断开电抗器的电源，停用故障电抗器。此时，如有备用电抗器，则将备用电抗器投入运行，如无备用电抗器，应通知检修人员进行抢修，修好后再投入运行。

Jb0009133067　干式电抗器厂内验收，现场监督人员进行关键点见证时，对线圈绕制工艺的验收标准是怎样的？（4分）

考核知识点：更换、安装的电抗器质量验收和现场监督

难易度：难

标准答案：

（1）线圈绕向、层数、层段匝数、层间绝缘及段间绝缘满足设计图纸要求，测量线圈直流电阻符合设计参数、订货要求。

（2）线圈绕制轴向、幅向排列紧实无松动，轴向电抗高度和幅向尺寸符合设计图纸要求。

（3）并绕导线间无短路，导线无断路。

（4）导线焊接处抗拉强度不低于母材焊，焊接部位无毛刺尖角，绝缘物碳化。

Jb0009131068　干式电抗器厂内验收，现场监督人员进行关键点见证时，对线圈浇注工艺的验收标准是怎样的？（5分）

考核知识点：更换、安装的电抗器质量验收和现场监督

难易度：易

标准答案：

（1）预热温度及时间、脱水脱气真空度及时间满足厂家工艺文件要求。

（2）浇注所需各组分比例满足厂家工艺文件要求。

（3）检查线圈加压加温预固化的温度、压力及时间。

（4）检查脱模后线圈加压固化的温度及时间。

（5）去端的线圈轴向高度符合设计图纸要求。

Jb0009131069　干式电抗器厂内验收，现场监督人员进行关键点见证时，对铁芯叠装工艺的验收标准是怎样的？（3分）

考核知识点：更换、安装的电抗器质量验收和现场监督

难易度：易

标准答案：

（1）矽钢片表面平整，无扭曲变形、毛刺、缺损。

（2）铁芯绑扎牢固无松动。

（3）铁芯绝缘良好。

Jb0010132070　电力电容器由系统中的高次谐波电压、电流引起异常的原因是什么？应怎样处理？（4分）

考核知识点：能根据电容器组设备运行档案，准确判断设备的缺陷和异常运行状况

难易度：中

标准答案：

（1）故障原因分析：在无串联电抗器的情况下，将电容器投入运行时，回路中的5次谐波电压将增大，与谐波电流和基波电流相叠加，引起异常过电流。

（2）处理措施：主要是在电容器中串联6%的电抗器，此时对5次以上的谐波电容器电路的阻抗必然为感性的，这样使$E_o > U_N$，即5次谐波电压减小。

Jb0010133071　切断电容器组引起异常的原因是什么？应怎样处理？（5分）

考核知识点：能根据电容器组设备运行档案，准确判断设备的缺陷和异常运行状况

难易度：难

标准答案：

（1）故障原因分析：并联电容器运行时，通常分成几组，根据无功负荷的大小或电压的高低，决定投切的组数，并联电容器组切除时常出现过电压。我国10～63V系统为中性点不接地的小电流接地系统，无功补偿用的电容组均采取中性点绝缘的形式。运行经验证明，在切断电容器组时会产生重燃过电压而引起事故。

（2）处理措施。

1）采用无重燃断路器。由于切断电容器组的过电压是由断路器重燃引起的，所以采用无重燃断路是一项有效的措施。

2）装设金属氧化物电容器。这是我国使用最多的降压措施。

3）装设阻容限压器。其中电容约 0.5μF，电阻 R 数百欧至 1000Ω。

4）断路器加装并联电阻。

5）在电抗器两端并联过电压保护。

6）采用 SF_6 断路器。

Jb0010133072 并联电容器的常见故障现象有哪些？举例说明并简要分析故障原因。（4 分）

考核知识点：能根据电容器组设备运行档案，准确判断设备的缺陷和异常运行状况

难易度：难

标准答案：

（1）渗、漏油。它是一种常见的异常现象，主要原因是：出厂产品质量不良，运行维护不当，长期运行缺乏维修，以导致外皮生锈腐蚀而造成电容器渗、漏油。处理：若外壳渗、漏油不严重可将外壳渗漏处除锈、焊接、涂漆。

（2）电容器外壳膨胀，说明内部已出现严重的绝缘故障。应更换电容器。

（3）电容器温升高。应改善通风条件，如其他原因，应查明原因进行处理。如系电容器的问题应更换电容器。

（4）电容器绝缘子表面闪络放电。其原因是瓷绝缘有缺陷、表面脏污，应定期检查，清脏污，对分散式电容器，套管绝缘不能恢复时应更换电容器单元。

（5）异常声响。电容器在正常情况下无任何声响，发现有放电声或其他不正常声音，说明电容器内部有故障应立即停止电容器运行，进行检修或更换电容器。

Jb0010132073 简述油浸式电容器小修时可能遇到的缺陷及解决办法。（4 分）

考核知识点：能解决小修工作中出现的各种复杂和疑难的工艺问题

难易度：中

标准答案：

（1）箱体有砂眼、密封不良、渗漏油等缺陷，可采取补焊，更换密封垫处理。

（2）绝缘冷却油每年取油样进行试验，其击穿电压应不低于 35kV/2.5mm，达不到耐压要求的，可用滤油机进行循环过滤处理，或用合格的变压器油更换。

（3）套管开裂损坏的，可更换同类型的套管。

Jb0010133074 油浸式电容器大修吊芯检查的具体步骤有哪些？（13 分）

考核知识点：能解决大修工作中出现的各种复杂和疑难的工艺问题，能进行故障处理的过程及质量监督

难易度：难

标准答案：

（1）电容器两相短接对地充分放电。

（2）拆除电容器引流线。

（3）电容器放油至合适位置。放出的油应储存在专用的油桶中，密封良好防止受潮。

（4）松开大盖螺栓。

（5）吊出电容芯子，放置在预定的铺有干净塑料布的位置。起吊过程应设专人监护，呼应一致，吊臂下严禁有人工作或穿越，起吊时尽可能降低起吊高度。

（6）对电容单元逐个放电检查电容单元是否有渗漏、变形、鼓肚等现象。

（7）用电容表测试电容单元，找到损坏的电容单元并更换。

（8）检查引线是否连接牢靠、平整，有发热时进行处理。

（9）测量相间电容量偏差符合要求。

（10）对电容单元逐个用干净白布清擦表面脏污。

（11）更换新密封垫。

（12）安装电容芯子。

（13）上紧大盖螺栓，应对角逐个上紧，严格控制工艺，防止压力不均现象。

（14）充入合格的油。

（15）试验合格。

（16）恢复引线。对各接线板接触面充分打磨并涂导电膏，确保连接牢靠。

（17）清洗电容器本体，必要时进行补漆。

Jb0010133075　简述油浸式电容器大修吊芯检查的质量标准。（6分）

考核知识点：大修质量验收

难易度：难

标准答案：

（1）三相电容量的差值宜调配到最小，其最大值与最小值的差，不应超过三相平均电容值的5%；设计有要求时，应符合设计的规定。

（2）电容器构架应保持其应有的水平及垂直位置，固定应牢靠，油漆应完整。

（3）电容器的配置应使其铭牌面向通道一侧，并有顺序编号。

（4）电容器端子的连接线应符合设计要求，接线应对称一致、整齐美观，母线及分支线应标以相色。

（5）电容器的连接导线宜用软导线，以防热胀冷缩瓷套受力与箱体开焊，渗漏浸渍剂。

（6）凡不与地绝缘的每个电器的外壳及电容器构架均应接地，凡与地绝缘的电容器的外壳均应接到固定的电位上。

Jb0006133076　运行中的变压器如何根据发出的声响判断运行状况？（15分）

考核知识点：变压器在电力系统中的运行知识及有关的技术要求

难易度：难

标准答案：

正常运行的变压器，发出的是均匀的“嗡嗡”声，当有其他杂音时，就应认真查找原因。但产生杂音的因素较多又复杂，发生的部位也不尽同，只有不断地积累经验，才能做出正确的判断，下面举出几个例子供参考。

（1）仍是“嗡嗡”声但比原来大，无杂音。也可能随着负荷的急剧变化，呈现“咯咯”的间歇响声，这时变压器指示仪表的指针同时晃动，较易辨别。这种声音可能是过电压，如中性点不接地系统单相接地、铁磁谐振等或过电流（如过负荷、大动力负荷启动、穿越性短路等）引起的。

（2）“叮叮当当”的金属撞击声但仪表指示、油位和油温均正常。这种声音可能是夹紧铁芯的螺钉松动或内部有些零碎件松动引起的。

（3）连续较长时间的“沙沙沙”声，变压器各部无异常，指示仪表指示正常。这种声音可能是变压器外部部件振动引起的，可寻找声源，在最响的一侧用手或木棒按住再听声音有无变化。

（4）套管处出现“嘶嘶”“嗤嗤”响声，夜间可见蓝色小火花。可能是空气湿度大，例如大雾天、雪天造成套管处电晕放电或辉光放电。

（5）放电的劈裂声。变压器内部出现这种声音应引起重视。可能是变压器内部绝缘有局部放电或铁芯接地片断开。

（6）“咕噜咕噜”像水开了似的响声。变压器内部出现这种声音应特别重视。可能是绕组匝间短路、引线接触不良或分接开关接触不良所引起。

Jb0006133077 简述穿缆式高压套管的拆装要点。（15 分）

考核知识点： 变压器套管更换

难易度： 难

标准答案：

（1）拆除高压套管引线接头及连接螺母（使用专用扳手），使引线头完全脱离套管接线头，将专用绳（端部拴有一个 M12 螺栓的直径为 82mm 的尼龙绳）的螺栓拧在套管引线头上，专用拉绳通过滑轮挂在起重机的吊钩上，控制引线在套管起吊时落下的速度，防止引线头突然坠落损伤绕组和螺纹。

（2）用专用钢丝用卸扣固定在专用吊环上，钢丝绳套在吊机钩上。用一只手动链条葫芦通过钢丝套于吊机吊钩上，在套管储油柜下部 2～3 裙用ϕ10 白棕绳打绳扣，葫芦钩子与绳扣相连。调整套管起吊的倾斜角度，拆除套管法兰的安装螺栓。在负责人的指挥下随时调整套管起吊的倾斜角度，同时控制引线落下速度，将套管逐个拆离本体并垂直放置于套管专用架上，并用螺栓固定。

（3）当新套管起吊到适当位置时，在导管中穿入提升引线的专用拉绳，拉绳通过滑轮挂在起重机的吊钩上。挂好专用拉绳后便可把套管竖立到一定倾斜度。

（4）待套管吊到油箱上的安装法兰上方时，先从油箱中取出套管引线，然后将专用拉绳上的螺栓拧入引线接头的螺孔中。理顺套管引线（防止打结和划伤）和专用拉绳，将套管徐徐吊入升高座内，同时慢慢拉紧专用拉绳，使套管引线同步地向上升，直到套管就位。套管就位过程中应有一位主装人员及时指挥校正套管的吊装位置，防止碰伤绝缘或电缆。

（5）待拧紧套管法兰的固定螺栓后将引线接头从套管顶部提出合适高度。提升时切勿强拉硬拽以防引线根部绝缘或夹件损坏。然后一手抓住引线接头，另一手拆除拉绳并旋上定位螺母。定位螺母的圆形端必须朝上而方形端向下。定位螺母拧到与引线接头上的定位孔对准时插入圆柱销。在导电座上放好密封圈后用专用扳手卡住定位螺母，便可旋上导电头，再用专用扳手将导电头和定位螺母用力背紧。然后撤去专用扳手将导电头用螺栓紧固在导电座上。紧固时要将 O 形密封垫圈放正并将其压紧到合适程度，以确保密封性能良好。

Jb0006131078 简述高压套管检修安全注意事项。（5 分）

考核知识点： 变压器套管更换

难易度： 易

标准答案：

（1）应注意与带电设备保持足够的安全距离，准备充足的施工电源及照明。

（2）吊装套管时，用缆绳绑扎好，并设专人指挥，其倾斜角度应与套管升高座的倾斜角度基本一致。

（3）高空作业应按规程使用安全带，安全带应挂在牢固的构件上，禁止低挂高用。

（4）拆接作业使用工具袋。严禁上下抛掷物品。

（5）套管检修时，应做好防止异物落入主变内部的措施。

Jb0006133079 简述真空滤油机使用过程中注意事项。(15 分)

考核知识点：真空滤油机使用

难易度：难

标准答案：

(1) 现场运行时被处理油的油罐或变压器应尽量靠近本机。如两者相距过远应加粗给排油管路。

(2) 储油罐和连接管路一定要清洁，不允许有铁皮、锈蚀等其他脱落物。

(3) 冬季室外运行时，如油的黏度增大可将管路增加保温措施。

(4) 在潮湿环境运行时，储油罐的呼吸孔关闭或开小一些。

(5) 设备运行前一定要检查是否有不安全的情况存在，如有应首先排除。

(6) 本机进油后，应观察进油管是否进入气泡或不满情况，如有应立即停机检查管路和储油罐。

(7) 加热器不允许刚运行时就投入，一定要在下部真空容器油位达到窥视窗中间位置时才可投入。

(8) 正常运行情况下，加热器将频繁启动，为延长加热器和接触器的使用寿命，应开启一组或两组加热器并将三组加热器轮换使用。

(9) 被处理油如含水过多将产生过多的泡沫，如自动充气阀仍无法控制，应将冷凝器上的手动放气阀打开，泡沫消除后缓慢关闭手动放气阀，并观察真空容器内的泡沫情况。

(10) 开始运行时应首先进行内部循环，目的在于为系统升温，以利于正常外部循环。

(11) 在环境温度过低时，内部循环转入外部循环时，进油阀门全开，出油阀少开。观测油位和泡沫情况，如运行正常再开一些出油阀。按以上方法调节出油阀直到正常运行可全开出油阀。

(12) 在运行中由于自动流量控制电磁阀引起安全阀溢流，安全阀中的弹簧发出震动的声响，同时前过滤器的压力升高，这是正常现象。当自动流量控制电磁阀的浮子下降到正常位置时，响声即会消除。

(13) 运行前应检查真空泵和增压泵的油位及油杯中的润滑油油位是否处在油位窗中间位置。

(14) 运行前及运行中应检查真空泵油油质情况，如真空泵灌进变压器油及真空泵油乳化，则应及时停机更换真空泵油，否则损坏真空泵，甚至损坏本机。

(15) 运行过程中，操作人员必须严守工作岗位，认真负责，随时观察设备运行状况。

(16) 滤油机工作现场严禁使用烟火，不得在滤油机设备附近吸烟。

(17) 滤油机电源电缆应符合滤油机满负荷运行条件。

第十章　变电设备检修工高级技师技能操作

Jc0000143001　220kV GW17A 型隔离开关调试及 CJ12 电动机构故障处理。（100 分）

考核知识点：隔离开关检修—隔离开关缺陷及故障处理

难易度：难

技能等级评价专业技能考核操作工作任务书

一、任务名称

220kV GW17A 型隔离开关调试及 CJ12 电动机构故障处理

二、适用工种

变电设备检修工高级技师。

三、具体任务

（1）工作状态为模拟 220kV 间隔停电，工作内容为 220kV GW17A 型隔离开关整体缺陷巡视、调试调整、电动机构故障处理。

（2）工作任务。

1）模拟 220kV GW17A 型隔离开关多处缺陷，进行巡视并记录。

2）GW17A 型隔离开关缺陷消除。

3）GW17A 型隔离开关整体调试、尺寸调整。

4）模拟 CJ12 电动机构故障，排除设置的故障，完成现场检修任务。

四、工作规范及要求

（1）要求 1 人操作，考评员监护。也可根据实际情况，抽签组队，2 人一组共同调试，调试部分计团体分，电动机构消缺单人消缺单独记分。考生着装规范，穿工作服、绝缘鞋，戴安全帽，系安全带。

（2）安全文明生产。工器具、材料、设备摆放整齐，现场操作熟练、连贯、有序，正确规范地使用工器具及安全用具。不发生危及人身或设备安全的行为，否则可取消本次考核成绩。

（3）考核考生对 GW17A 型隔离开关整体调试的熟练程度，熟悉各部件工艺质量要求。

（4）熟悉本体调试项目及技术要求，会进行相应检查、调整和处理。

（5）考生在操作试验过程中记录试验数据及检修数据。

（6）由考评员设故障点，考生能在规定时间内排除。故障点根据实际现场条件设定。

五、考核及时间要求

（1）本考核操作时间为 120 分钟，时间到停止考评，包括报告整理时间。同一类现象故障不限一处故障点。

（2）故障查找和排除过程中，如确实不能查找出故障，可向考评员申请排除故障，该项故障项目不得分，但不影响其他项目。

（3）按照技能操作记录单的操作要求进行操作，正确记录操作结果。

（4）现场清理完毕后，汇报工作终结，记录考核结束时间。

技能等级评价专业技能考核操作评分标准

工种	变电设备检修工					评价等级	高级技师
项目模块	隔离开关检修—隔离开关缺陷及故障处理				编号	Jc0000143001	
单位			准考证号			姓名	
考试时限	120 分钟		题型	单项操作		题分	100 分
成绩		考评员		考评组长		日期	
试题正文	220kV GW17A 型隔离开关调试及 CJ12 电动机构故障处理						
需要说明的问题和要求	（1）巡视作业应描述巡视项目，缺陷应报告并记录清楚。 （2）检修过程中应注意安全，有危及人身、设备安全行为可取消考核成绩。 （3）二次故障查找与处理采用电位法时应征得考评员允许，确认故障排除前应报告考评员						

序号	项目名称	质量要求	满分	扣分标准	扣分原因	得分
1	安全文明生产					
1.1	着装规范	正确佩戴安全帽、穿绝缘鞋、穿长袖工作服、戴线手套	3	未佩戴安全帽、穿绝缘鞋、穿长袖工作服，扣 1 分； 安全帽佩戴不规范，扣 1 分； 着装不规范，扣 0.5 分； 未戴线手套，扣 0.5 分		
1.2	安全工器具及安全措施检查	应检查安全工器具、绝缘工器具是否完好，是否在校验合格期内； 检查工作区域围栏是否合格、封闭	8	未检查凳梯、绝缘手套外观是否完好，扣 3 分； 未检查检验标签是否在合格期内，扣 3 分； 未检查围栏非入口处是否封闭，扣 2 分		
1.3	试验环境检查	检查当日工位处温度、湿度情况	1	未检查温度情况，扣 0.5 分； 未检查湿度情况，扣 0.5 分		
1.4	安全文明生产	材料或配件不应发生掉落及随意摆放现象	3	发生工器具及配件掉落现象，每次扣 0.5 分； 工作现场杂乱无章，检查过程中随意摆放工器具，扣 0.5 分； 以上扣分，扣完为止		
2	GW17A 型隔离开关整体调试及故障排除					
2.1	GW17A 型隔离开关巡视、检查项目	隔离开关（接地开关）各部件齐全，无异物	5	应指出隔离开关机械方面存在的问题，隔离开关问题由现场设置 5 个，每少报一个，扣 1 分，上限扣 5 分		
		隔离开关（接地开关）各部位连接良好，螺栓均紧固良好				
		手动操作隔离开关（接地开关）慢分、慢合检查				
		隔离开关与接地开关之间的闭锁检查				
2.2	导电部分调整	主刀闸合闸后，导电管应在一条直线上	3	有一相不在一条直线上超过误差，扣 1 分，扣完为止		
		主刀闸合闸后动触头合闸终了位置偏斜符合厂家要求，夹紧位置应在两螺栓之间	3	超过规定位置，每相扣 1 分，扣完为止		
		主刀闸合闸后，合闸限位螺钉与挡板（或挡块）间隙为 0～2mm； 定位螺钉紧固，并紧螺母紧固	2	间隙有一项不符合，扣 0.5 分，扣完为止		
		隔离开关分闸后端口的最小电气距离大于 2600mm	9	有一相距离不符合，扣 3 分，扣完为止		

续表

序号	项目名称	质量要求	满分	扣分标准	扣分原因	得分
2.2	导电部分调整	主刀闸分闸后，分闸限位螺钉与挡板（或挡块）间隙为0～2mm； 定位螺钉紧固，并紧螺母紧固	2	间隙有一项不符合，扣0.5分，扣完为止		
		合闸三相同期允许值不大于20mm	5	同期超过20mm，扣5分		
2.3	传动部分调整	检查主刀闸与接地刀闸机械闭锁正确、可靠	2	不正确、不可靠，各扣1分		
		主刀闸、接地刀闸背帽可靠紧固	2	有一项不符合，扣0.5分，扣完为止		
		整组调整后先手动分、合闸5次确认无问题后，置于中间位置电动操作5次	5	分、合次数不够，扣2分； 不按规定放中间位置做，扣3分		
2.4	接地刀闸部分调整	合闸时接地刀闸动静触头应对中	3	有一相不对中，扣1分，扣完为止		
		三相接地刀闸导电杆在分闸时在同一水平面上	3	有一相不在同一水平面上，扣1分，扣完为止		
		合闸三相同期允许值不大于30mm	3	同期不满足，扣3分		
		用0.05mm×10mm塞尺检查动静触头夹紧度	3	不合格，每相扣1分，扣完为止		
3	电动机构电气故障处理					
3.1	CJ12电动机构电气故障处理	主刀闸电动机构不设置缺陷； 两个接地刀闸电动机构设置相同故障点不少于3处，被考评人员分别消缺； 应包括以下类型故障： 电动机不转故障； 隔离开关不能合、分	10	参考附表Jc0000143001－1，按照总分除以缺陷数量（3～5个）记单个缺陷满分，未排除故障，扣相应分值，总分不超过10分		
4	现场清理及恢复					
4.1	清理作业现场	工器具、试验仪器收取后摆放整齐，与开工前一致； 设备表面清洁无杂物，作业现场清洁无遗留物品	5	工器具、试验仪器未收取摆放整齐，扣1分； 设备表面、工作现场有遗留物，每处扣1分，扣完为止		
4.2	设备恢复	断路器恢复至检修前状态	5	电机电源或控制电源未断开，扣2分； 机构箱门未关，扣1分； 未申请恢复接地刀闸或接地线，扣2分		
5	检修报告填写					
5.1	填写检修报告	正确填写检修报告，用语规范，项目齐全，结论正确	15	检修前检查情况未填写，扣1分； 检修项目填写不齐全，扣0.5分； 发现及处理情况未填写，扣3分； 缺陷每缺少一项，扣1分； 试验情况未填写，扣2分； 试验数据未填写，扣1分； 试验数据不全，扣1分； 检修结论不正确，扣0.5分； 以上扣分，扣完为止		
合计			100			

附表 Jc0000143001－1　　二次回路故障参考（不少于3处）

序号	故障现象	故障设置	消除方法
1	电源缺相	电动机电源或控制电源空气开关下端绝缘处理	拆除绝缘
2	电动机回路缺相	将电动机回路接触器、热偶等绝缘处理	拆除绝缘
3	分、合闸反相	将分闸、合闸按钮上的接线互换	恢复分、合闸按钮接线

续表

序号	故障现象	故障设置	消除方法
4	分、合闸到位后不停止	用细铜丝短接分、合闸继电器线圈 A2	拆除短接线
5	分、闸不能保持	将 KM1 上分闸自保持线绝缘处理	拆除绝缘
6	合闸不能保持	将 KM2 上合闸自保持线绝缘处理	拆除绝缘
7	不能分、合闸	将端子上分闸回路短接片松开或拆除闭锁接线	紧固连片或恢复闭锁接线

附表 Jc0000143001－2　　GW17A 隔离开关检修报告评分参考标准

序号	项目	标准值	说明
1	断口中心距	＞2600mm	使用卷尺分别测量断口中心间距（主刀闸在分闸状态）
2	左、右触头间接触紧密度检查	0.05mm×10mm 塞尺检查	对于线接触 0.05mm 塞尺塞不进去为合格； 对于面接触，其塞入深度： 在接触宽度为 50mm 及以下时，不应超过 4mm； 在接触面宽度为 60mm 及以上，不应超过 6mm
3	主刀闸三相同期	≤20mm	一相刚接触时，剩余两相中动静触头间最大距离
4	止钉螺栓间隙	0～2mm	合闸位置，检查合闸止钉间隙； 分闸位置，检查分闸止钉间隙
5	接地刀闸三相同期	≤30mm	一相刚接触时，剩余两相中动静触头间最大距离

Jc0000143002　220kV GW17B 型隔离开关调试及 CJ11 电动机构故障处理。（100 分）
考核知识点：隔离开关检修—隔离开关缺陷及故障处理
难易度：难

技能等级评价专业技能考核操作工作任务书

一、任务名称

220kV GW17B 型隔离开关调试及 CJ11 电动机构故障处理。

二、适用工种

变电设备检修工高级技师。

三、具体任务

（1）工作状态为模拟 220kV 间隔停电，工作内容为 220kV GW17B 型隔离开关整体缺陷巡视、调试调整、电动机构故障处理。

（2）工作任务。

1）模拟 220kV GW17B 型隔离开关多处缺陷，进行巡视并记录。

2）GW17B 型隔离开关缺陷消除。

3）GW17B 型隔离开关整体调试、尺寸调整。

4）模拟 CJ11 电动机构故障，排除设置的故障，完成现场检修任务。

四、工作规范及要求

（1）要求 1 人操作，考评员监护。也可根据实际情况，抽签组队，2 人一组共同调试，调试部分计团体分，电动机构消缺单人消缺单独记分。考生着装规范，穿工作服、绝缘鞋，戴安全帽，系安全带。

（2）安全文明生产。工器具、材料、设备摆放整齐，现场操作熟练、连贯、有序，正确规范地使用工器具及安全用具。不发生危及人身或设备安全的行为，否则可取消本次考核成绩。

（3）考核考生对 GW17B 型隔离开关整体调试的熟练程度，熟悉各部件工艺质量要求。

（4）熟悉本体调试项目及技术要求，会进行相应检查、调整和处理。

（5）考生在操作试验过程中记录试验数据及检修数据。

（6）由考评员设故障点，考生能在规定时间内排除。故障点根据实际现场条件设定。

五、考核及时间要求

（1）本考核操作时间为120分钟，时间到停止考评，包括报告整理时间。同一类现象故障不限一处故障点。

（2）故障查找和排除过程中，如确实不能查找出故障，可向考评员申请排除故障，该项故障项目不得分，但不影响其他项目。

（3）按照技能操作记录单的操作要求进行操作，正确记录操作结果。

（4）现场清理完毕后，汇报工作终结，记录考核结束时间。

技能等级评价专业技能考核操作评分标准

工种	变电设备检修工					评价等级	高级技师
项目模块	隔离开关检修—隔离开关缺陷及故障处理				编号	Jc0000143002	
单位			准考证号			姓名	
考试时限	120分钟		题型	单项操作		题分	100分
成绩		考评员		考评组长		日期	
试题正文	220kV GW17B型隔离开关调试及CJ11电动机构故障处理						
需要说明的问题和要求	（1）巡视作业应描述巡视项目，缺陷应报告并记录清楚。 （2）检修过程中应注意安全，有危及人身、设备安全行为可取消考核成绩。 （3）二次故障查找与处理采用电位法时应征得考评员允许，确认故障排除前应报告考评员						

序号	项目名称	质量要求	满分	扣分标准	扣分原因	得分
1	安全文明生产					
1.1	着装规范	正确佩戴安全帽、穿绝缘鞋、穿长袖工作服、戴线手套	3	未佩戴安全帽、穿绝缘鞋、穿长袖工作服，扣1分； 安全帽佩戴不规范，扣1分； 着装不规范，扣0.5分； 未戴线手套，扣0.5分		
1.2	安全工器具及安全措施检查	应检查安全工器具、绝缘工器具是否完好，是否在校验合格期内； 检查工作区域围栏是否合格、封闭	8	未检查凳梯、绝缘手套外观是否完好，扣3分； 未检查检验标签是否在合格期内，扣3分； 未检查围栏非入口处是否封闭，扣2分		
1.3	试验环境检查	检查当日工位处温度、湿度情况	1	未检查温度情况，扣0.5分； 未检查湿度情况，扣0.5分		
1.4	安全文明生产	材料或配件不应发生掉落及随意摆放现象	3	发生工器具及配件掉落现象，每次扣0.5分； 工作现场杂乱无章，检查过程中随意摆放工器具，扣0.5分； 以上扣分，扣完为止		
2	GW17B型隔离开关整体调试及故障排除					
2.1	GW17B型隔离开关巡视、检查项目	隔离开关（接地开关）各部件齐全，无异物 隔离开关（接地开关）各部位连接良好，螺栓均紧固良好 手动操作隔离开关（接地开关）慢分、慢合检查 隔离开关与接地开关之间的闭锁检查	5	应指出隔离开关机械方面存在的问题，隔离开关问题由现场设置5个，每少报一个，扣1分，上限5分		

续表

序号	项目名称	质量要求	满分	扣分标准	扣分原因	得分
2.2	导电部分调整	主刀闸合闸后，导电管应在一条直线上	3	有一相不在一条直线上超过误差，扣1分，扣完为止		
		主刀闸合闸后动触头合闸终了位置应与合闸参考位置参考表误差不超过5mm	3	不符合参考标准，每相扣1分，扣完为止		
		主刀闸合闸后，合闸限位螺钉与挡板（或挡块）间隙为0～2mm； 定位螺钉紧固，并紧螺母紧固	2	间隙有一项不符合，扣0.5分，扣完为止		
		隔离开关分闸时触指与触头之间的最小电气距离大于2600mm	9	有一相距离不符合，扣3分，扣完为止		
		主刀闸分闸后，分闸限位螺钉与挡板（或挡块）间隙为0～2mm； 定位螺钉紧固，并紧螺母紧固	2	间隙有一项不符合，扣0.5分，扣完为止		
		合闸三相同期允许值不大于20mm	5	同期超过20mm，扣5分		
2.3	传动部分调整	检查主刀闸与接地刀闸机械闭锁正确、可靠	2	不正确、不可靠，各扣1分		
		主刀闸、接地刀闸背帽可靠紧固	2	有一项不符合，扣0.5分，扣完为止		
		整组调整后先手动分、合闸5次确认无问题后，置于中间位置电动操作	5	分、合次数不够，扣2分； 不按规定放中间位置做，扣3分		
2.4	接地刀闸部分调整	合闸时接地刀闸动静触头应对中	3	有一相不对中，扣1分，扣完为止		
		三相接地刀闸导电杆在分闸时在同一水平面上	3	有一相不在同一水平面上，扣1分，扣完为止		
		合闸三相同期允许值不大于30mm	3	同期不满足，扣3分		
		用0.05mm×10mm塞尺检查动静触头夹紧度	3	不合格，每相扣1分，扣完为止		
3	电动机构电气故障处理					
3.1	CJ11电动机构电气故障处理	主刀闸电动机构不设置缺陷； 两个接地刀闸电动机构设置相同故障点不少于3处，被考评人员分别消缺； 应包括以下类型故障： 电机不转故障； 隔离开关不能合、分	10	参考附表Jc0000143002－1，按照总分除以缺陷数量（3～5个）记单个缺陷满分，未排除故障，扣相应满分，总分不超过10分		
4	现场清理及恢复					
4.1	清理作业现场	工器具、试验仪器收取后摆放整齐，与开工前一致； 设备表面清洁无杂物，作业现场清洁无遗留物品	5	工器具、试验仪器未收取摆放整齐，扣1分； 设备表面、工作现场有遗留物，每处扣1分，扣完为止		
4.2	设备恢复	断路器恢复至检修前状态	5	电机电源或控制电源未断开，扣2分； 机构箱门未关，扣1分； 未申请恢复接地刀闸或接地线，扣2分		
5	检修报告填写					
5.1	填写检修报告	正确填写检修报告，用语规范，项目齐全，结论正确	15	检修前检查情况未填写，扣1分； 检修项目填写不齐全，扣1分； 发现及处理情况未填写，扣4分； 缺陷每缺少一项，扣1分； 试验情况未填写，扣2分； 试验数据未填写，扣2分； 试验数据不全，扣2分； 检修结论不正确，扣2分； 以上扣分，扣完为止		
合计			100			

附表 Jc0000143002－1　　CJ11 电动机构二次回路故障参考（不少于 3 处）

序号	故障现象	故障设置	消除方法
1	电源缺相	电机电源或控制电源空开下端绝缘处理	拆除绝缘
2	电机回路缺相	将电机回路接触器、热偶等绝缘处理	拆除绝缘
3	分、合闸反相	将分闸、合闸按钮上的接线互换	恢复分、合闸按钮接线
4	分、合闸到位后不停止	用细铜丝短接 KM1—A2 与 KM2—A2	拆除短接线
5	分闸不能保持	将 KM1 上分闸自保持线绝缘处理	拆除绝缘
6	合闸不能保持	将 KM2 上合闸自保持线绝缘处理	拆除绝缘
7	不能分、合闸	将端子上分闸回路短接片松开或拆除闭锁接线	紧固连片或恢复闭锁接线

附表 Jc0000143002－2　　GW17B 隔离开关检修报告评分参考标准

序号	项目	标准值	说明
1	断口中心距	＞2600mm	使用卷尺分别测量断口中心间距（主刀闸在分闸状态）
2	左、右触头间接触紧密度检查	0.05mm×10mm 塞尺检查	对于线接触 0.05mm 塞尺塞不进去为合格； 对于面接触，其塞入深度：在接触宽度为 50mm 及以下时，不应超过 4mm； 在接触面宽度为 60mm 及以上，不应超过 6mm
3	主刀闸三相同期	≤20mm	一相刚接触时，剩余两相中动静触头间最大距离
4	止钉螺栓间隙	0～2mm	合闸位置，检查合闸止钉间隙； 分闸位置，检查分闸止钉间隙
5	接地刀闸三相同期	≤30mm	一相刚接触时，剩余两相中动静触头间最大距离

Jc0000143003　220kV GW23B 型隔离开关调试及 CJ3 电动机构故障处理。（100 分）

考核知识点：隔离开关检修—隔离开关缺陷及故障处理

难易度：难

技能等级评价专业技能考核操作工作任务书

一、任务名称

220kV GW23B 型隔离开关调试及 CJ3 电动机构故障处理。

二、适用工种

变电设备检修工高级技师。

三、具体任务

（1）工作状态为模拟 220kV 间隔停电，工作内容为 220kV GW23B 型隔离开关整体缺陷巡视、调试调整、电动机构故障处理。

（2）工作任务。

1）模拟 GW23B 型隔离开关多处缺陷，进行巡视并记录。

2）GW23B 型隔离开关缺陷消除。

3）GW23B 型隔离开关整体调试、尺寸调整。

4）模拟 CJ3 电动机构故障，排除设置的故障，完成现场检修任务。

四、工作规范及要求

（1）要求 1 人操作，考评员监护，也可根据实际情况，抽签组队，2 人一组共同调试，调试部分计团体分，电动机构消缺单人消缺单独记分。考生着装规范，穿工作服、绝缘鞋，戴安全帽，系安全带。

（2）安全文明生产。工器具、材料、设备摆放整齐，现场操作熟练、连贯、有序，正确规范地使用工器具及安全用具。不发生危及人身或设备安全的行为，否则可取消本次考核成绩。

（3）考核考生对GW23B型隔离开关整体调试的熟练程度，熟悉各部件工艺质量要求。

（4）熟悉本体巡视项目及调试技术要求，会进行相应检查、调整和处理。

（5）考生在操作试验过程中记录试验数据及检修数据。

（6）由考评员设故障点，考生能在规定时间内排除。故障点根据实际现场条件设定。

五、考核及时间要求

（1）本考核操作时间为120分钟，时间到停止考评，包括报告整理时间。同一类现象故障不限一处故障点。

（2）故障查找和排除过程中，如确实不能查找出故障，可向考评员申请排除故障，该项故障项目不得分，但不影响其他项目。

（3）按照操作要求进行操作，正确记录操作结果。

（4）现场清理完毕后，汇报工作终结，记录考核结束时间。

技能等级评价专业技能考核操作评分标准

工种	变电设备检修工			评价等级	高级技师
项目模块	隔离开关检修—隔离开关缺陷及故障处理		编号	Jc0000143003	
单位		准考证号		姓名	
考试时限	120分钟	题型	单项操作	题分	100分
成绩	考评员		考评组长	日期	
试题正文	220kV GW23B型隔离开关调试及CJ3电动机构故障处理				
需要说明的问题和要求	（1）巡视作业应描述巡视项目，缺陷应报告并记录清楚。 （2）检修过程中应注意安全，有危及人身、设备安全行为可取消考核成绩。 （3）二次故障查找与处理采用电位法时应征得考评员允许，故障排除前应报告考评员				

序号	项目名称	质量要求	满分	扣分标准	扣分原因	得分
1	安全文明生产					
1.1	着装规范	正确佩戴安全帽、穿绝缘鞋、穿长袖工作服、戴线手套	3	未佩戴安全帽、穿绝缘鞋、穿长袖工作服，扣1分； 安全帽佩戴不规范，扣1分； 着装不规范，扣0.5分； 未戴线手套，扣0.5分		
1.2	安全工器具及安全措施检查	应检查安全工器具、绝缘工器具是否完好，是否在校验合格期内； 检查工作区域围栏是否合格、封闭	8	未检查安全工器具、绝缘工器具外观是否完好，扣3分； 未检查检验标签是否在合格期内，扣3分； 未检查围栏非入口处是否封闭，扣2分		
1.3	试验环境检查	检查当日工位处温度、湿度情况	1	未检查温度情况，扣0.5分； 未检查湿度情况，扣0.5分		
1.4	安全文明生产	材料或配件不应发生掉落及随意摆放现象	3	发生工器具及配件掉落现象，每次扣0.5分，扣完为止； 工作现场杂乱无章，检查过程中随意摆放工器具，扣0.5分		

续表

序号	项目名称	质量要求	满分	扣分标准	扣分原因	得分
2	GW23B 型隔离开关整体调试及故障排除					
2.1	GW23B 型隔离开关巡视、检查项目	隔离开关（接地开关）各部件齐全，无异物	5	应指出隔离开关机械方面存在的问题，隔离开关问题由现场设置5个，每少报一个，扣1分，上限扣5分		
		隔离开关（接地开关）各部位连接良好，螺栓均紧固良好				
		手动操作隔离开关（接地开关）慢分、慢合检查				
		隔离开关与接地开关之间的闭锁检查				
2.2	导电部分调整	主刀闸合闸后，导电管应在一条直线上	3	有一相不在一条直线上超过误差，扣1分，扣完为止		
		主刀闸合闸后动触头合闸剩余间隙（20±5）mm	3	超过规定值，每相扣1分，扣完为止		
		主刀闸合闸后，合闸限位螺钉与挡板（或挡块）间隙为0～2mm； 定位螺钉紧固，并紧螺母紧固	2	间隙有一项不符合，扣0.5分，扣完为止		
		隔离开关分闸时触指与触头之间的最小电气距离大于2600mm	9	有一相距离不符合，扣3分，扣完为止		
		主刀闸分闸后，分闸限位螺钉与挡板（或挡块）间隙为0～2mm； 定位螺钉紧固，并紧螺母紧固	2	间隙有一项不符合，扣0.5分，扣完为止		
		合闸三相同期允许值不大于20mm	5	同期超过20mm，扣5分		
2.3	传动部分调整	检查主刀闸与接地刀闸机械闭锁正确、可靠	2	不正确、不可靠，各扣1分		
		主刀闸、接地刀闸背帽可靠紧固	2	有一项不符合，扣0.5分，扣完为止		
		整组调整后先手动分、合闸5次确认无问题后，置于中间位置电动操作	5	分、合次数不够，扣2分； 不按规定放中间位置做，扣3分		
2.4	接地刀闸部分调整	合闸时接地刀闸动静触头应对中	3	有一相不对中，扣1分，扣完为止		
		三相接地刀闸导电杆在分闸时在同一水平面上	3	有一相不在同一水平面上，扣1分，扣完为止		
		合闸三相同期允许值不大于30mm	3	同期不满足，扣3分		
		用0.05mm×10mm塞尺检查动静触头夹紧度	3	不合格，每相扣1分，扣完为止		
3	电动机构电气故障处理					
3.1	CJ3 电动机构电气故障处理	主刀闸电动机构不设置缺陷； 两个接地刀闸电动机构设置相同故障点不少于3处，被考评人员分别消缺； 应包括以下类型故障： 电机不转故障； 隔离开关不能合、分	10	参考附表 Jc0000143003－1，按照总分除以缺陷数量（3～5个）记单个缺陷满分，未排除故障，扣相应满分，总分不超过10分		
4	现场清理及恢复					
4.1	清理作业现场	工器具、试验仪器收取后摆放整齐，与开工前一致； 设备表面清洁无杂物，作业现场清洁无遗留物品	5	工器具、试验仪器未收取摆放整齐，扣1分； 设备表面、工作现场有遗留物，每处扣1分，扣完为止		

续表

序号	项目名称	质量要求	满分	扣分标准	扣分原因	得分
4.2	设备恢复	断路器恢复至检修前状态	5	电机电源或控制电源未断开，扣2分； 机构箱门未关，扣1分； 未申请恢复接地刀闸或接地线，扣2分		
5	检修报告填写					
5.1	填写检修报告	正确填写检修报告，用语规范，项目齐全，结论正确	15	检修前检查情况未填写，扣1分； 检修项目填写不齐全，扣1分； 发现及处理情况未填写，扣4分； 缺陷每缺少一项，扣1分； 试验情况未填写，扣2分； 试验数据未填写，扣2分； 试验数据不全，扣2分； 检修结论不正确，扣2分； 以上扣分，扣完为止		
合计			100			

附表 Jc0000143003－1　　CJ3 电动机构二次回路故障参考（不少于3处）

序号	故障现象	故障设置	消除方法
1	电源缺相	电机电源或控制电源空开下端绝缘处理	拆除绝缘
2	电机回路缺相	将电机回路接触器、热偶等绝缘处理	拆除绝缘
3	分、合闸反相	将分闸、合闸按钮上的接线互换	恢复分、合闸按钮接线
4	分、合闸到位后不停止	用细铜丝短接分、合闸继电器线圈 A2	拆除短接线
5	分闸不能保持	将 KM1 上分闸自保持线绝缘处理	拆除绝缘
6	合闸不能保持	将 KM2 上合闸自保持线绝缘处理	拆除绝缘
7	不能分、合闸	将端子上分闸回路短接片松开或拆除闭锁接线	紧固连片或恢复闭锁接线

附表 Jc0000143003－2　　GW23B 隔离开关检修报告评分参考标准

序号	项目	标准值	说明
1	断口中心距	＞2600mm	使用卷尺分别测量断口中心间距（主刀闸在分闸状态）
2	左、右触头间接触紧密度检查	0.05mm×10mm 塞尺检查	对于线接触 0.05mm 塞尺塞不进去为合格； 对于面接触，其塞入深度： 在接触宽度为 50mm 及以下时，不应超过 4mm； 在接触面宽度为 60mm 及以上，不应超过 6mm
3	主刀闸三相同期	≤20mm	一相刚接触时，剩余两相中动静触头间最大距离
4	止钉螺栓间隙	0～2mm	合闸位置，检查合闸止钉间隙； 分闸位置，检查分闸止钉间隙
5	接地刀闸三相同期	≤30mm	一相刚接触时，剩余两相中动静触头间最大距离

Jc0000143004　LW36－126 型断路器弹簧机构小修及二次回路故障处理。（100 分）

考核知识点：断路器检修—断路器小修及维护

难易度：难

技能等级评价专业技能考核操作工作任务书

一、任务名称

LW36－126 型断路器弹簧机构小修及二次回路故障处理。

二、适用工种

变电设备检修工高级技师。

三、具体任务

（1）工作状态为模拟 110kV 断路器及线路停电，断路器弹簧机构小修及储能回路故障处理。

（2）工作任务。

1）作业前的检查。

2）弹簧机构的检查内容。

3）储能回路、分合闸二次回路故障处理。

四、工作规范及要求

（1）要求 1 人操作，由监考人员监护。

（2）安全文明生产，工器具、材料、设备摆放整齐，现场操作熟练、连贯、有序，正确规范地使用工器具及安全用具。不发生危及人身和设备安全的行为，否则可取消本次考核成绩。

（3）熟悉 LW36－126 弹簧机构原理、结构及检修要求。

（4）熟悉 LW36－126 弹簧机构储能，分、合闸回路原理、结构，准确处理故障。

五、考核及时间要求

（1）考核时间为 60 分钟。

（2）开工前，考生检查着装，清点工器具、设备是否齐全。

（3）许可开工后记录考核时间。

（4）现场清理完毕后，汇报工作终结，记录考核结束时间。

技能等级评价专业技能考核操作评分标准

工种	变电设备检修工					评价等级	高级技师
项目模块	断路器检修—断路器小修及维护				编号		Jc0000143004
单位			准考证号			姓名	
考试时限	60 分钟		题型	单项操作		题分	100 分
成绩		考评员		考评组长		日期	
试题正文	LW36－126 型断路器弹簧机构小修及二次回路故障处理						
需要说明的问题和要求	（1）考生着装规范，穿工作服、绝缘鞋，戴安全帽。 （2）现场提供检修所需的工器具、仪器、材料及安全防护用具						

序号	项目名称	质量要求	满分	扣分标准	扣分原因	得分
1	安全文明生产					
1.1	着装规范	正确佩戴安全帽、穿绝缘鞋、穿长袖工作服、戴线手套	3	未佩戴安全帽、穿绝缘鞋、穿长袖工作服，扣 1 分； 安全帽佩戴不规范，扣 1 分； 着装不规范，扣 0.5 分； 未戴线手套，扣 0.5 分		
1.2	安全工器具及安全措施检查	应检查安全工器具、绝缘工器具是否完好，是否在校验合格期内； 检查工作区域围栏是否合格、封闭	8	未检查安全工器具、绝缘工器具外观是否完好，每次扣 1 分； 未检查检验标签是否在合格期内，每次扣 1 分； 未检查围栏非入口处是否封闭，扣 2 分； 以上扣分，扣完为止		
1.3	试验环境检查	检查当日工位处温度、湿度情况	1	未检查温度情况，扣 0.5 分； 未检查湿度情况，扣 0.5 分		

续表

序号	项目名称	质量要求	满分	扣分标准	扣分原因	得分
1.4	安全文明生产	材料或配件不应发生掉落及随意摆放现象	3	发生工器具及配件掉落现象，每次扣0.5分，扣完为止； 工作现场杂乱无章，检查过程中随意摆放工器具，扣0.5分		
2	弹簧机构检修					
2.1	分、合闸位置指示器及储能位置指示器检修	合、分操作一次，位置指示均正确，动作灵活	3	未操作及位置指示不符合要求，扣3分		
2.2	传动装置检修	检查分、合闸脱扣器，分、合闸止位销，拐臂，拉杆，棘轮，棘爪表面无氧化、无划伤、无裂纹和变形	3	未检查，扣3分		
2.3	计数器的检修	表面无裂纹、破损并能正确计数（对断路器进行分合操作，计数器能正确计数）	3	未检查，扣3分		
2.4	加热器的检修	加热器电阻无损坏，投切装置正常	3	未检查，扣3分		
2.5	储能电机检修	电机外壳无锈蚀，运转无异响或停转	3	未检查，扣3分		
2.6	端子排检查、清扫	端子排无损坏、导线连接牢固	3	未检查，扣3分		
2.7	清洁、润滑情况检查	各传动部分无杂物，并加润滑油	2	未检查，扣2分		
3	操作机构二次回路故障处理					
3.1	储能回路故障	从4个故障中任意设置2个故障，每个故障10分	20	有1个故障未处理，扣10分，扣完为止		
3.2	分闸回路故障	从3个故障中任意设置1个故障，每个故障10分	5	故障未处理，扣5分		
3.3	合闸回路故障	从3个故障中任意设置1个故障，每个故障10分	10	故障未处理，扣10分		
3.4	加热驱潮回路故障	设置1个故障	5	故障未处理，扣5分		
4	现场清理及恢复					
4.1	清理作业现场	工器具、试验仪器收取后摆放整齐，与开工前一致； 设备表面清洁无杂物，作业现场清洁无遗留物品	5	工器具、试验仪器未收取摆放整齐，扣1分； 设备表面、工作现场有遗留物，每处扣1分，扣完为止		
4.2	设备恢复	断路器恢复至检修前状态	5	电机电源或控制电源未断开，扣1分； 机构箱门未关，扣1分； 弹簧能量未释放，扣1.5分； 未申请恢复接地刀闸，扣1.5分		
5	检修报告填写					
5.1	填写检修报告	正确填写检修报告，用语规范，项目齐全，结论正确	15	检修前检查情况未填写，扣1分； 检修项目填写不齐全，扣0.5分； 发现及处理情况未填写，扣3分； 缺陷每缺少1项，扣1分； 试验情况未填写，扣2分； 试验数据未填写，扣1分； 试验数据不全，扣1分； 检修结论不正确，扣0.5分； 以上扣分，扣完为止		
合计			100			

附表 Jc0000143004　　机构二次回路故障参考（设置不少于3处）

序号	故障现象	故障设置（举例）	消除方法
1	储能回路故障	88M直流接触器回路不通	拆除二次线并绝缘
2		延时继电器启动	复归延时继电器信号
3		储能电机回路接点虚接	拆除二次线并绝缘
4		SP限位开关失效或行程不当	二次线松动、更换或调整行程
5		机构弹簧已储能，弹簧未储能信号仍然未复归	检查储能继电器接点是否正常
6	分闸回路故障	SF_6低气体闭锁继电器启动	检查恢复SF_6闭锁继电器
7		机构分闸线圈52T虚接不通	检查恢复分闸线圈二次线松动
8		机构合闸位置辅助开关不到位	拆除二次线并绝缘
9	合闸回路故障	SF_6低气体闭锁继电器启动	检查恢复SF_6闭锁继电器
10		机构分闸位置辅助开关不到位	拆除二次线并绝缘
11		机构合闸线圈52C虚接不通	检查恢复合闸线圈二次线松动
12	加热驱潮回路故障	加热驱潮回路电源不通	拆除二次线并绝缘

注：同一故障现象可在回路不同点设置故障，以上仅列举其中一类或一个，考评员可灵活掌握。

Jc0000143005　VS1真空断路器常见机械故障及电气故障的处理。（100分）

考核知识点：断路器检修—断路器缺陷及故障处理

难易度：难

技能等级评价专业技能考核操作工作任务书

一、任务名称

VS1真空断路器常见机械故障及电气故障的处理。

二、适用工种

变电设备检修工高级技师。

三、具体任务

（1）工作状态为模拟10kV断路器及线路停电，工作内容VS1真空断路器常见机械故障及电气故障的处理。

（2）工作任务。

1）作业前的检查。

2）VS1真空断路器拒合常见机械故障处理。

3）VS1真空断路器拒分常见机械故障处理。

4）VS1真空断路器常见电气故障处理。

四、工作规范及要求

（1）要求1人操作，由监考人员监护。

（2）安全文明生产，工器具、材料、设备摆放整齐，现场操作熟练、连贯、有序，正确规范地使用工器具及安全用具。不发生危及人身和设备安全的行为，否则可取消本次考核成绩。

（3）考核考生对断路器各部件充分了解、对于仪器操作使用规范。

（4）熟悉断路器储能、分合闸状态，熟悉断路器的机械结构和原理。

（5）由考评员在断路器电气部分设置拒分、拒合等故障进行考评，机械部分故障采取口述方式考评。

五、考核及时间要求

（1）考核时间为60分钟。

（2）开工前，考生检查着装，清点工器具、设备是否齐全。

（3）许可开工后记录考核时间。

（4）现场清理完毕后，汇报工作终结，记录考核结束时间。

技能等级评价专业技能考核操作评分标准

工种	变电设备检修工				评价等级	高级技师
项目模块	断路器检修—断路器检修及故障处理			编号	Jc0000143005	
单位		准考证号			姓名	
考试时限	60分钟	题型	单项操作		题分	100分
成绩		考评员		考评组长	日期	
试题正文	VS1真空断路器常见机械故障及电气故障的处理					
需要说明的问题和要求	（1）考生着装规范，穿工作服、绝缘鞋，戴安全帽。 （2）现场提供检修所需的工器具、仪器、材料及安全防护用具					

序号	项目名称	质量要求	满分	扣分标准	扣分原因	得分
1	安全文明生产					
1.1	着装规范	正确佩戴安全帽、穿绝缘鞋、穿长袖工作服、戴线手套	3	未佩戴安全帽、穿绝缘鞋、穿长袖工作服，扣1分； 安全帽佩戴不规范，扣0.5分； 着装不规范，扣0.5分； 未戴线手套，扣1分		
1.2	安全工器具及安全措施检查	应检查安全工器具、绝缘工器具是否完好，是否在校验合格期内； 检查工作区域围栏是否合格、封闭	8	未检查安全工器具、绝缘工器具外观是否完好，每次扣1分； 未检查检验标签是否在合格期内，每次扣1分； 未检查围栏非入口处是否封闭，扣2分； 以上扣分，扣完为止		
1.3	试验环境检查	检查当日工位处温度、湿度情况	1	未检查温度情况，扣0.5分； 未检查湿度情况，扣0.5分		
1.4	安全文明生产	材料或配件不应发生掉落及随意摆放现象	3	发生工器具及配件掉落现象，每次扣0.5分； 工作现场杂乱无章，检查过程中随意摆放工器具，扣0.5分		
2	检修前准备					
2.1	检修前准备	断路器在分闸位置，分闸、合闸弹簧均在未储能位置，断开交直流电源空气断路器	6	未按要求进行，每项扣2分，扣完为止		
3	VS1真空断路器拒合常见机械故障处理					
3.1	断路器机构拒合	设置2个故障点进行考核处理	10	查出故障未消除，扣5分； 查出故障并消除，少一项扣5分，扣完为止； 未查找到故障点，不得分		
4	VS1真空断路器拒分常见机械故障处理					
4.1	断路器机构拒分	设置1个故障点进行考核处理	10	查出故障未消除，扣3分； 未查找到故障点，不得分		
5	VS1真空断路器常见电气故障处理					
5.1	电动机不能储能	设置1个故障点进行考核处理	10	查出故障未消除，扣3分； 未查找到故障点，不得分		

续表

序号	项目名称	质量要求	满分	扣分标准	扣分原因	得分
5.2	断路器不能合闸	设置1个故障点进行考核处理	10	查出故障未消除，扣3分； 未查找到故障点，不得分		
5.3	断路器不能分闸	设置1个故障点进行考核处理	10	查出故障未消除，扣3分； 未查找到故障点，不得分		
6	加热驱潮回路电气故障处理					
6.1	加热驱潮回路电气故障处理	设置1个故障点进行考核处理	5	查出故障未消除，扣2分； 未查找到故障点，不得分		
7	故障排除后工作					
7.1	故障排除后工作	首先应手动分合、储能断路器，再进行电动分合、储能	5	未按顺序进行检查断路器分合、储能，扣5分		
8	现场清理及恢复					
8.1	清理作业现场	工器具、试验仪器收取后摆放整齐，与开工前一致； 设备表面清洁无杂物，作业现场清洁无遗留物品	2	工器具、试验仪器未收取摆放整齐，扣1分； 设备表面、工作现场有遗留物，扣1分		
8.2	设备恢复	断路器恢复至检修前状态	2	电机电源或控制电源未断开，扣0.5分； 机构箱门未关，扣0.5分； 弹簧能量未释放，扣0.5分； 未申请恢复接地刀闸，扣0.5分		
9	检修报告填写					
9.1	填写检修报告	正确填写检修报告，用语规范，项目齐全，结论正确	15	检修前检查情况未填写，扣1分； 检修项目填写不齐全，扣0.5分； 发现及处理情况未填写，扣3分； 缺陷每缺少一项，扣1分； 试验情况未填写，扣2分； 试验数据未填写，扣1分； 试验数据不全，扣1分； 检修结论不正确，扣0.5分； 以上扣分，扣完为止		
合计			100			

附表 Jc0000143005　　断路器机构机械及二次回路故障参考

序号	故障现象	故障原因（举例）	处理方法
1	拒合机械故障	分闸掣子复位滞后	检查恢复分闸掣子复位弹簧位置
2		分闸掣子啮合面小于其弧形面半径的1/2±2mm	断路器分闸后，调节合、分掣子调节螺杆，使主轴拐臂滚针轴承与掣子弧形面半径啮合1/2±2mm。调整后用力快速按下手动分闸按钮，应能使掣子脱扣
3		手车不在“试验位置”或“工作位置”	手车摇至“试验位置”或“工作位置”
4		合闸线圈铁芯卡涩	检查卡涩原因，必要时更换合闸线圈
5		辅助开关不切换	检查原因，调整辅助开关
6	拒分机械故障	分闸掣子与主轴拐臂滚针轴承啮合扣合面大于其弧形面半径的1/2±2mm	手动分闸后，往下调节分闸掣子调节螺杆至电动操作可靠分闸
7		分闸掣子同滚针轴承粘住（润滑脂干涸或灰尘脏物过多）	将掣子与滚针轴承外圆面擦洗干净，薄薄涂一层润滑脂（轴承防锈润滑脂）
8		分闸掣子内卡有异物	将异物清除
9		分闸掣子轴销脱落	重新将销轴装好
10		分闸线圈铁芯卡涩	检查卡涩原因，必要时更换分闸线圈

续表

序号	故障现象	故障原因（举例）	处理方法
11	合闸回路故障	合闸线圈损坏	检查损坏原因，必要时更换合闸线圈
12		机构分闸位置辅助开关不到位	检查辅助开关切换角度
13		弹簧储能行程开关不到位	检查合闸回路储能行程开关位接点，必要时更换行程开关
14	分闸回路故障	分闸线圈损坏	检查损坏原因，更换合闸线圈
15		机构合闸位置辅助开关不到位	检查辅助开关切换角度
16	储能回路故障	储能微动开关端子接触不良	检查损坏原因，更换储能行程开关
17		储能电机损坏	检查储能电机二次回路，测量电机电阻，必要时更换储能电机
18	加热驱潮回路故障	加热驱潮回路电源不通	拆除二次线并绝缘

注：同一故障现象可在回路不同点设置故障，以上仅列举其中一类或一个，考评员可灵活掌握。

Jc0000143006　LW6A－110 型断路器液压机构检修后的调整及试验。（100 分）

考核知识点：断路器检修—断路器缺陷及故障处理

难易度：难

技能等级评价专业技能考核操作工作任务书

一、任务名称

LW6A－110 型断路器液压机构检修后的调整及试验。

二、适用工种

变电设备检修工高级技师。

三、具体任务

（1）工作状态为模拟 110kV 断路器及线路停电，LW6A－110 型断路器液压机构检修后的调整及试验。

（2）工作任务。

1）作业前的检查。

2）LW6A－110 型断路器液压机构检修后的调整及试验。

四、工作规范及要求

（1）要求 1 人操作，由监考人员监护。

（2）安全文明生产，工器具、材料、设备摆放整齐，现场操作熟练、连贯、有序，正确规范地使用工器具及安全用具。不发生危及人身和设备安全的行为，否则可取消本次考核成绩。

（3）LW6A－110 型断路器液压机构检修后的调整及试验。

五、考核及时间要求

（1）考核时间为 60 分钟。

（2）开工前，考生检查着装，清点工器具、设备是否齐全。

（3）许可开工后记录考核时间。

（4）现场清理完毕后，汇报工作终结，记录考核结束时间。

技能等级评价专业技能考核操作评分标准

工种	变电设备检修工				评价等级	高级技师
项目模块	断路器检修—断路器缺陷及故障处理			编号	Jc0000143006	
单位		准考证号			姓名	
考试时限	60 分钟	题型	单项操作		题分	100 分
成绩		考评员		考评组长	日期	
试题正文	LW6A－110 型断路器液压机构检修后的调整及试验					
需要说明的问题和要求	（1）考生着装规范，穿工作服、绝缘鞋，戴安全帽。 （2）现场提供检修所需的工器具、仪器、材料及安全防护用具。 （3）考核项目涉及检查项目以填写检修记录为主					

序号	项目名称	质量要求	满分	扣分标准	扣分原因	得分
1	安全文明生产					
1.1	着装规范	正确佩戴安全帽、穿绝缘鞋、穿长袖工作服、戴线手套	3	未佩戴安全帽、穿绝缘鞋、穿长袖工作服，扣 1 分； 安全帽佩戴不规范，扣 0.5 分； 着装不规范，扣 0.5 分； 未戴线手套，扣 1 分		
1.2	安全工器具及安全措施检查	应检查安全工器具、绝缘工器具是否完好，是否在校验合格期内； 检查工作区域围栏是否合格、封闭	8	未检查安全工器具、绝缘工器具外观是否完好，每次扣 1 分； 未检查检验标签是否在合格期内，每次扣 1 分； 未检查围栏非入口处是否封闭，扣 1 分		
1.3	试验环境检查	检查当日工位处温度、湿度情况	1	未检查温度情况，扣 0.5 分； 未检查湿度情况，扣 0.5 分		
1.4	安全文明生产	材料或配件不应发生掉落及随意摆放现象	3	发生工器具及配件掉落现象，每次扣 0.5 分，扣完为止； 工作现场杂乱无章，检查过程中随意摆放工器具，扣 0.5 分		
2	调整和试验					
2.1	检查储压器预压力	检查预压力方法正确，且预压力正常	5	预压力检查方法不正确，扣 3 分； 未记录预压力值，扣 2 分		
2.2	压力开关各压力值检查、调整	压力开关各压力值满足要求，否则需调整正确液压泵停止压力（32.6±1.0）MPa；液压泵启动压力（31.6±1.0）MPa；合闸闭锁压力（27.8±0.8）MPa；分闸闭锁压力（25.8±0.7）MPa	15	未开展该项目，扣 10 分； 每一项不满足要求或未调整，扣 2.5 分，扣完为止		
2.3	分闸、合闸操作后油压降检查	分别在分闸、合闸操作后油压降满足要求（在额定压力下分闸不大于 3.5MPa；在额定压力下合闸不大于 1.8MPa）	5	未进行检查，扣 5 分； 每一项不满足要求，各扣 2.5 分，扣完为止		
2.4	油泵补压时间检查	检查方法正确且补压时间应不大于 3 分钟	5	方法不正确，扣 5 分		
2.5	防慢分功能检查	断路器在合闸位置，将机构压力释放至 0，启动油泵打压，机构应在合闸位置，不能分闸	10	方法不正确，扣 10 分		
2.6	液压元件密封检查	各液压元件及连接管路无渗油	5	未进行检查，扣 5 分		
3	断路器试验					
3.1	动作电压测试	分闸动作电压为额定操作电压的 65%～110%； 当电源电压低于额定电压的 30%时，脱扣器不应脱扣； 合闸动作电压为额定操作电压的 80%～110%	4	未做低电压测试，扣 2 分； 测试方法不正确，扣 1 分； 未记录动作电压值，扣 1 分		
3.2	机械特性试验	测量分合闸时间、同期、速度、合分时间	8	测试方法不正确，扣 3 分； 测试数据无法判断，扣 5 分		

续表

序号	项目名称	质量要求	满分	扣分标准	扣分原因	得分
3.3	保压试验	试验方法及标准正确（在油压为32.6MPa进行，将机构分别处于分、合闸位置历时12h，压降不大于1.0MPa）	3	标准填写不正确，扣3分（以填写检修记录为主）		
3.4	机构密封检查及清扫	机构内无进水痕迹，密封良好且机构箱内清洁	3	未检查、清扫，扣3分		
4	现场清理及恢复					
4.1	清理作业现场	工器具、试验仪器收取后摆放整齐，与开工前一致； 设备表面清洁无杂物，作业现场清洁无遗留物品	2	工器具、试验仪器未收取摆放整齐，扣1分； 设备表面、工作现场有遗留物，扣1分		
4.2	设备恢复	断路器恢复至检修前状态	5	电机电源或控制电源未断开，扣1分； 机构箱门未关，扣1分； 弹簧能量未释放，扣1.5分； 未申请恢复接地刀闸，扣1.5分		
5	检修报告填写					
5.1	填写检修报告	正确填写检修报告，用语规范，项目齐全，结论正确	15	检修前检查情况未填写，扣1分； 检修项目填写不齐全，扣0.5分； 发现及处理情况未填写，扣3分； 缺陷每缺少一项，扣1分； 试验情况未填写，扣2分； 试验数据未填写，扣1分； 试验数据不全，扣1分； 检修结论不正确，扣0.5分； 以上扣分，扣完为止		
合计			100			

附表 Jc0000143006　　LW6A－110 断路器机构试验数据

序号	试验项目		参数
1	分闸时间（ms）		≤30
2	合闸时间（ms）		≤90
3	操作极间同期性（ms）	合闸	≤5
		分闸	≤3
4	分闸速度（m/s）		
5	合闸速度（m/s）		4±0.6
6	合－分时间（ms）		70±5

注：活塞杆行程150mm，分闸速度为刚分点至分点72mm行程内平均速度，合闸速度为刚合点至合点前36mm行程内平均速度。

Jc0000143007　LW25－126 型 SF_6 断路器弹簧操动机构检修及缺陷处理。（100 分）

考核知识点： 断路器检修—断路器缺陷及故障处理

难易度： 难

技能等级评价专业技能考核操作工作任务书

一、任务名称

LW25－126 型 SF_6 断路器弹簧操动机构检修及缺陷处理。

二、适用工种

变电设备检修工高级技师。

三、具体任务

（1）工作状态为模拟 110kV 断路器及母线停电，工作内容为 LW25－126 型 SF_6 断路器弹簧操动机构检修。

（2）工作任务。

1）作业前的检查。

2）LW25－126 型 SF_6 断路器弹簧操动机构检修及缺陷处理。

四、工作规范及要求

（1）要求 1 人操作，由监考人员监护。

（2）安全文明生产，工器具、材料、设备摆放整齐，现场操作熟练、连贯、有序，正确规范地使用工器具及安全用具。不发生危及人身和设备安全的行为，否则可取消本次考核成绩。

（3）熟悉 LW25－126 型 SF_6 断路器弹簧操动机构检修流程。

（4）熟悉 LW25－126 型 SF_6 断路器弹簧操动机构机械原理及二次回路。

五、考核及时间要求

（1）考核时间为 60 分钟。

（2）开工前，考生检查着装，清点工器具、设备是否齐全。

（3）许可开工后记录考核时间。

（4）现场清理完毕后，汇报工作终结，记录考核结束时间。

技能等级评价专业技能考核操作评分标准

工种	变电设备检修工					评价等级	高级技师
项目模块	断路器检修—断路器缺陷及故障处理				编号	Jc0000143007	
单位			准考证号			姓名	
考试时限	60 分钟		题型	单项操作		题分	100 分
成绩		考评员		考评组长		日期	
试题正文	LW25－126 型 SF_6 断路器弹簧操动机构检修及缺陷处理						
需要说明的问题和要求	（1）考生着装规范，穿工作服、绝缘鞋，戴安全帽。 （2）现场提供检修所需的工器具、仪器、材料及安全防护用具。 （3）考核项目涉及检查项目以填写检修记录为主						

序号	项目名称	质量要求	满分	扣分标准	扣分原因	得分
1	安全文明生产					
1.1	着装规范	正确佩戴安全帽、穿绝缘鞋、穿长袖工作服、戴线手套	3	未佩戴安全帽、穿绝缘鞋、穿长袖工作服，扣 1 分； 安全帽佩戴不规范，扣 0.5 分； 着装不规范，扣 0.5 分； 未戴线手套，扣 1 分		
1.2	安全工器具及安全措施检查	应检查安全工器具、绝缘工器具是否完好，是否在校验合格期内； 检查工作区域围栏是否合格、封闭	8	未检查安全工器具、绝缘工器具外观是否完好，每次扣 1 分； 未检查检验标签是否在合格期内，每次扣 1 分； 未检查围栏非入口处是否封闭，扣 2 分； 以上扣分，扣完为止		
1.3	试验环境检查	检查当日工位处温度、湿度情况	1	未检查温度情况，扣 0.5 分； 未检查湿度情况，扣 0.5 分		
1.4	安全文明生产	材料或配件不应发生掉落及随意摆放现象	3	发生工器具及配件掉落现象，每次扣 0.5 分； 工作现场杂乱无章，检查过程中随意摆放工器具，扣 0.5 分； 以上扣分，扣完为止		

续表

序号	项目名称	质量要求	满分	扣分标准	扣分原因	得分
2	弹簧操动机构检修					
2.1	检修前外观检查	检查各电器元件有无破损； 检查端子排是否完好，接线是否牢固； 检查操动机构及辅助开关动作情况； 检查机构密封情况； 观察电动机运转情况	5	未检查，扣5分		
2.2	机构箱的检查	检查机构箱表面，包括指示窗表面，无明显划伤痕迹和脱落的现象，表面清洁、干净	2	未检查，扣2分		
2.3	端子排的检查	表面无灰尘、干净清洁，导线紧固、无脱落	3	未检查，扣3分		
2.4	指示器的检查	表面无伤痕，动作灵活	2	未检查，扣2分		
2.5	储能电动机的检查	运转无卡涩声； 表面无污浊、生锈，接线牢固	5	未检查，扣5分		
2.6	辅助开关的检查	辅助开关上各导线连接牢固； 所有触点转换可靠	2	未检查，扣2分		
2.7	电动机限位开关检查	表面无损伤，各传动连杆固定牢靠	2	未检查，扣2分		
2.8	分、合闸电磁铁的检查	检查分、合闸线圈、连接块和支座表面，要求无松动、无损坏、无腐蚀	4	未检查，扣4分； 一项未检查，扣1分，扣完为止		
		检查支架的紧固情况				
		检查分、合闸线圈，要求线圈完好、紧固，电气连接牢固，动作灵活，无灰尘杂物附着				
		用万用表测量分、合闸线圈的阻值，其阻值与标识值的误差应该不大于±8%				
3	断路器缺陷处理					
3.1	断路器拒动故障	设置2个故障点进行考核处理	20	查出故障未消除，扣10分，扣完为止； 未查找到故障点，不得分		
3.2	断路器储能故障	设置1个故障点进行考核处理	10	查出故障未消除，扣3分，扣完为止； 未查找到故障点，不得分		
4	故障排除后工作					
4.1	故障排除后工作	首先应手动分合、储能断路器，再进行电动分合、储能	5	未按顺序进行检查断路器分合、储能，扣5分		
5	现场清理及恢复					
5.1	清理作业现场	工器具、试验仪器收取后摆放整齐，与开工前一致； 设备表面清洁无杂物，作业现场清洁无遗留物品	5	工器具、试验仪器未收取摆放整齐，扣1分； 设备表面、工作现场有遗留物，每处扣1分，扣完为止		
5.2	设备恢复	断路器恢复至检修前状态	5	电机电源或控制电源未断开，扣1分； 机构箱门未关，扣1分； 弹簧能量未释放，扣1.5分； 未申请恢复接地刀闸，扣1.5分		
6	检修报告填写					
6.1	填写检修报告	正确填写检修报告，用语规范，项目齐全，结论正确	15	检修前检查情况未填写，扣1分； 检修项目填写不齐全，扣0.5分； 发现及处理情况未填写，扣3分； 缺陷每缺少一项，扣1分； 试验情况未填写，扣2分； 试验数据未填写，扣1分； 试验数据不全，扣1分； 检修结论不正确，扣0.5分； 以上扣分，扣完为止		
合计			100			

附表 Jc0000143007　　断路器机构拒动及弹簧储能故障参考

序号	故障现象	故障原因（举例）	处理方法
1	断路器拒合故障	二次回路接触不良，连接螺钉松动	检查、拧紧螺钉，使二次回路接触良好
2		SF_6气体压力闭锁	检查 SF_6气体压力，确定原因，恢复气体压力闭锁
3		合闸掣子扣入深度太大	检查扣入是否过深，调节扣入深度
4		合闸线圈铁芯卡涩	检查卡涩原因，必要时更换合闸线圈
5		辅助开关不切换	检查原因，调整辅助开关
6		合闸线圈断线或损坏	检查原因，必要时更换合闸线圈
7	断路器拒分故障	二次回路接触不良，连接螺钉松动	检查、拧紧螺钉，使二次回路接触良好
8		SF_6气体压力闭锁	检查 SF_6气体压力，确定原因，恢复气体压力闭锁
9		分闸掣子扣入深度太深，冲力不足	检查扣入是否过深，冲力不足，调节扣入深度
10		分闸线圈铁芯卡涩	检查卡涩原因，必要时更换分闸线圈
11		辅助开关不切换	检查原因，调整辅助开关
12	弹簧储能故障	储能微动开关端子接触不良	检查损坏原因，更换储能行程开关
13		储能电动机损坏	检查储能电机二次回路，测量电机电阻，必要时更换储能电动机
14		电动机过流过时保护动作	检查继电器是否启动
15		储能继电器回路是否正常	检查储能回路

注：同一故障现象可在回路不同点设置故障，以上仅列举其中一类或一个，考评员可灵活掌握。

Jc0000143008　10kV 中置式开关柜检修及故障处理、ZN63A－10 断路器试验。（100 分）

考核知识点：开关柜检修—开关柜缺陷及故障处理

难易度：难

技能等级评价专业技能考核操作工作任务书

一、任务名称

10kV 中置式开关柜检修及故障处理、ZN63A－10 断路器试验。

二、适用工种

变电设备检修工高级技师。

三、具体任务

（1）工作状态为模拟 10kV 断路器及母线停电，10kV 中置式开关柜检修及故障处理、断路器试验。

（2）工作任务。

1）作业前的检查。

2）开关柜的检查内容。

3）10kV 中置式开关柜检修及故障处理。

4）ZN63A－10 断路器试验。

四、工作规范及要求

（1）要求 1 人操作，由监考人员监护。

（2）安全文明生产。工器具、材料、设备摆放整齐，现场操作熟练、连贯、有序，正确规范地使用工器具及安全用具。不发生危及人身和设备安全的行为，否则可取消本次考核成绩。

（3）机构的检修及故障处理，熟悉各部件检修工艺质量要求。

（4）熟悉弹簧机构的检修项目及技术要求，会进行相应检查、调试和处理。

（5）掌握ZN63A－10断路器试验项目。

五、考核及时间要求

（1）考核时间为60分钟。

（2）开工前，考生检查着装，清点工器具、设备是否齐全。

（3）许可开工后记录考核时间。

（4）现场清理完毕后，汇报工作终结，记录考核结束时间。

技能等级评价专业技能考核操作评分标准

工种	变电设备检修工					评价等级	高级技师
项目模块	开关柜检修—开关柜缺陷及故障处理				编号	Jc0000143008	
单位			准考证号			姓名	
考试时限	60分钟		题型		单项操作	题分	100分
成绩		考评员		考评组长		日期	
试题正文	10kV中置式开关柜检修及故障处理、ZN63A－10断路器试验						
需要说明的问题和要求	（1）考生着装规范，穿工作服、绝缘鞋，戴安全帽。 （2）现场提供检修所需的工器具、仪器、材料及安全防护用具。 （3）考核项目涉及检查项目以填写检修记录为主						

序号	项目名称	质量要求	满分	扣分标准	扣分原因	得分
1	安全文明生产					
1.1	着装规范	正确佩戴安全帽、穿绝缘鞋、穿长袖工作服、戴线手套	3	未佩戴安全帽、穿绝缘鞋、穿长袖工作服，扣1分； 安全帽佩戴不规范，扣0.5分； 着装不规范，扣0.5分； 未戴线手套，扣1分		
1.2	安全工器具及安全措施检查	应检查安全工器具、绝缘工器具是否完好，是否在校验合格期内； 检查工作区域围栏是否合格、封闭	8	未检查安全工器具、绝缘工器具外观是否完好，每次扣1分； 未检查检验标签是否在合格期内，每次扣1分； 未检查围栏非入口处是否封闭，扣2分； 以上扣分，扣完为止		
1.3	试验环境检查	检查当日工位处温度、湿度情况	1	未检查温度情况，扣0.5分； 未检查湿度情况，扣0.5分		
1.4	安全文明生产	材料或配件不应发生掉落及随意摆放现象	3	发生工器具及配件掉落现象，每次扣0.5分，扣完为止； 工作现场杂乱无章，检查过程中随意摆放工器具，扣0.5分		
2	开关柜的检查内容					
2.1	开关柜的检查内容	检查断路器小车进出车是否灵活无卡涩	2	未检查断路器小车进出车是否灵活，扣2分		
2.2		将断路器小车拉至检修小车上，应灵活无卡涩现象	2	未将断路器小车拉至检修小车上，扣1分； 未检查操作是否灵活无卡涩现象，扣1分		
2.3		检查断路器小车底盘与柜体间的接地铜排，应润滑	2	未检查断路器小车底盘与柜体间的接地铜排是否润滑，扣2分		
2.4		打开金属活门，检查断路器静触头是否完好，无烧蚀、无氧化的现象，螺栓紧固完好	2	未打开金属活门，未检查断路器静触头是否完好，无烧蚀、无氧化的现象，未螺栓紧固是否完好，扣2分		
2.5		检查断路器动触头是否完好，应无烧蚀现象，弹簧完好，触指完好	2	未检查断路器动触头是否完好，有无烧蚀现象，弹簧是否完好，触指是否完好，扣2分		

续表

序号	项目名称	质量要求	满分	扣分标准	扣分原因	得分
2.6	开关柜的检查内容	检查断路器绝缘筒有无放电痕迹及破损，表面应清洁	2	未检查断路器绝缘筒有无放电痕迹及破损，表面是否清洁，扣2分		
2.7		检查开关柜内电流互感器一次接线是否紧固	1	未检查电流互感器紧固，扣1分		
2.8		开关柜二次插头检查	2	未检查，扣2分		
3	开关柜故障处理					
3.1	开关柜故障处理	设置3个故障点进行考核处理	15	查出一处故障未消除，扣3分； 一处故障点未查找到，扣3分； 以上扣分，扣完为止		
4	故障排除后工作					
4.1	故障排除后工作	手车断路器能灵活进出开关柜，接地刀闸分、合正常	5	未检查，扣5分		
5	断路器试验					
5.1	机械特性试验	测量分、合闸时间，同期、弹跳时间	15	测试方法不正确，扣5分； 测试数据无法判断，扣15分		
5.2	回路电阻试验	不大于出厂值1.2倍	10	测试方法不正确，扣5分； 测试数据无法判断，扣10分		
6	现场清理及恢复					
6.1	清理作业现场	工器具、试验仪器收取后摆放整齐，与开工前一致； 设备表面清洁无杂物，作业现场清洁无遗留物品	5	工器具、试验仪器未收取摆放整齐，扣1分； 设备表面、工作现场有遗留物，每处扣1分，扣完为止		
6.2	设备恢复	断路器恢复至检修前状态	5	电动机电源或控制电源未断开，扣1分； 机构箱门未关，扣1分； 弹簧能量未释放，扣1.5分； 未申请恢复接地刀闸，扣1.5分		
7	检修报告填写					
7.1	填写检修报告	正确填写检修报告，用语规范，项目齐全，结论正确	15	检修前检查情况未填写，扣1分； 检修项目填写不齐全，扣0.5分； 发现及处理情况未填写，扣3分； 缺陷每缺少一项，扣1分； 试验情况未填写，扣2分； 试验数据未填写，扣1分； 试验数据不全，扣1分； 检修结论不正确，扣0.5分； 以上扣分，扣完为止		
合计			100			

附表 Jc0000143008-1　　KYN28开关柜故障参考

序号	故障现象	故障原因（举例）	处理方法
1	开关柜故障	闭锁接地开关挡板无法打开	检查接地开关挡板有无卡涩，闭锁电磁铁是否带电
2		手车不能推至“试验位置”	接地开关闭锁挡板未复位
3		开关柜内金属活门不复位	检查卡涩原因，润滑传动部位
4		接地开关未可靠接地	接地开关螺栓未紧固或与柜体接地连接松动
5		无法手动、电动分合断路器	手车底盘不到位，机械闭锁合闸

注：同一故障现象可在回路不同点设置故障，以上仅列举其中一类或一个，考评员可灵活掌握。

附表 Jc0000143008－2　　断路器试验数据

序号	试验项目		参数
1	分闸时间（ms）		≤50
2	合闸时间（ms）		≤100
3	操作极间同期性（ms）	合闸	≤2
		分闸	≤2
4	合闸弹跳时间（ms）		≤2
5	回路电阻（μΩ）		≤45（额定电流 1250A）

Jc0000143009　组合电器断路器单元的检修。（100 分）

考核知识点：组合电器检修—组合电器大修及更换安装

难易度：难

技能等级评价专业技能考核操作工作任务书

一、任务名称

组合电器断路器单元的检修。

二、适用工种

变电设备检修工高级技师。

三、具体任务

（1）工作状态为模拟组合电器断路器及线路停电，工作内容为组合电器断路器单元的检修。

（2）工作任务。

1）作业前的检查。

2）组合电器断路器单元的检修。

四、工作规范及要求

（1）要求 1 人操作，由监考人员监护。

（2）安全文明生产，工器具、材料、设备摆放整齐，现场操作熟练、连贯、有序，正确规范地使用工器具及安全用具。不发生危及人身和设备安全的行为，否则可取消本次考核成绩。

（3）熟悉组合电断路器单元解体检修的过程，熟悉各部件检修工艺质量要求。

（4）熟悉组合电器断路器单元解体检修的技术要求，会进行相应检查、调整和处理。

五、考核及时间要求

（1）考核时间为 120 分钟。

（2）开工前，考生检查着装，清点工器具、设备是否齐全。

（3）许可开工后记录考核时间。

（4）现场清理完毕后，汇报工作终结，记录考核结束时间。

技能等级评价专业技能考核操作评分标准

<table>
<tr><td>工种</td><td colspan="6">变电设备检修工</td><td>评价等级</td><td>高级技师</td></tr>
<tr><td>项目模块</td><td colspan="5">组合电器检修—组合电器大修及更换安装</td><td>编号</td><td colspan="2">Jc0000143009</td></tr>
<tr><td>单位</td><td colspan="3"></td><td colspan="2">准考证号</td><td colspan="1"></td><td>姓名</td><td></td></tr>
<tr><td>考试时限</td><td colspan="2">120 分钟</td><td>题型</td><td colspan="3">单项操作</td><td>题分</td><td>100 分</td></tr>
<tr><td>成绩</td><td></td><td>考评员</td><td></td><td>考评组长</td><td colspan="2"></td><td>日期</td><td></td></tr>
</table>

续表

试题正文	组合电器断路器单元的检修
需要说明的问题和要求	（1）考生着装规范，穿工作服、绝缘鞋，戴安全帽。 （2）现场提供检修所需的工器具、仪器、材料及安全防护用具。 （3）考核项目涉及检查项目以填写检修记录为主

序号	项目名称	质量要求	满分	扣分标准	扣分原因	得分
1	安全文明生产					
1.1	着装规范	正确佩戴安全帽、穿绝缘鞋、穿长袖工作服、戴线手套	3	未佩戴安全帽、穿绝缘鞋、穿长袖工作服，扣1分； 安全帽佩戴不规范，扣0.5分； 着装不规范，扣0.5分； 未戴线手套，扣1分		
1.2	安全工器具及安全措施检查	应检查安全工器具、绝缘工器具是否完好，是否在校验合格期内； 检查工作区域围栏是否合格、封闭	8	未检查安全工器具、绝缘工器具外观是否完好，每次扣1分； 未检查检验标签是否在合格期内，每次扣1分； 未检查围栏非入口处是否封闭，扣2分； 以上扣分，扣完为止		
1.3	试验环境检查	检查当日工位处温度、湿度情况	1	未检查温度情况，扣0.5分； 未检查湿度情况，扣0.5分		
1.4	安全文明生产	材料或配件不应发生掉落及随意摆放现象	3	发生工器具及配件掉落现象，每次扣0.5分，扣完为止； 工作现场杂乱无章，检查过程中随意摆放工器具，扣0.5分		
2	断路器单元检修					
2.1	检修前检查	GIS本体的外观检查，表面油漆是否有掉落； 压力表、密度计、指示器、指示灯工作是否正常，不正常的要结合检修进行更换； GIS各单元如断路器、隔离开关等操动机构分、合闸一次； 检查各传动部分有无卡涩现象，操动机构是否正常； 检查后释放操动机构能量，切断各回路电源	5	一项不检查，扣1分，扣完为止		
2.2	检查、维修	具体检查、维修步骤如下： 用力矩扳手打开断路器顶盖板和下部罐手孔盖； 从断路器顶部用专用静弧触头拆装工具拆下静弧触头； 用专用喷口拆装工具拆下喷口； 用专用动弧触头拆装工具拆下动弧触头； 检查拆下的动弧触头、静弧触头是否有明显损伤，如有损伤可进行更换	5	检查、维修步骤，少一项扣1分，扣完为止		
2.3	对喷口进行检查	喷口内径的磨损量大于1mm，应更换	3	不知标准，扣3分		
2.4	清理喷口	用酒精对喷口进行清理，避免有污点	3	不合格，扣3分		
2.5	清洗触头	用三氯乙烷清洗动、静触头，并在触头头部涂上润滑脂	3	不合格，扣3分		
2.6	安装动、静触头和喷口	注意将喷口螺纹拧到底部； 用酒精或丙酮对断路器气室进行全面清理	3	不合格，扣3分		
2.7	更换顶盖用密封圈	更换密封圈，并涂硅脂	3	不合格，扣3分		

续表

序号	项目名称	质量要求	满分	扣分标准	扣分原因	得分
2.8	更换吸附剂	用新的吸附剂换掉旧的吸附剂，紧固件的紧固按照规定力矩用力矩扳手紧固； 更换下来的吸附剂经过处理后深埋地下； 更换吸附剂后，应在0.5h之内封盖并开始抽真空，当真空度达到133Pa以下时，继续抽真空30min，停机保持5小时以上，记录真空度下降的数值不应大于133Pa； 充气前再抽真空30min，若真空度仍有下降，则应检查密封环节	12	一项不合格，扣3分，扣完为止		
2.9	抽真空	把真空泵（或气体回收装置）与GIS气隔相连接； 关闭GIS气隔截止阀，打开真空表两侧截止阀，对管路抽真空5min后关闭真空表，靠真空泵侧截止阀，观察管路中的真空压力15min，如果真空压力上升，应检查气体管路的接头； 打开GIS气隔截止阀，抽真空，当真空度达到40Pa后，应继续抽2h，然后关闭真空表侧截止阀，打开真空泵排气阀并停泵，24h后，进行真空度复测，真空度合格后，方可充入SF_6气体设备； 抽真空过程中，必须有专人监护，如果真空泵由于电源中断或其他不可预见的原因中途停泵，应立即关闭真空泵的截止阀，并打开真空泵排气阀，以防真空泵内润滑油进入GIS气隔内部； 如果真空泵在工作期间需中途停泵，应先关闭真空泵截止阀，在断开真空泵电源之前，打开真空泵排气阀	10	一项不合格，扣2.5分，扣完为止		
2.10	SF_6气体的充注	充注前，充气设备及管路应洁净、无水分、无油污，管路连接部分应无渗漏； 气体充入前应按产品的技术规定对设备内部进行真空处理； 当气室已充有SF_6气体且含水量检验合格时，可直接补气	12	一项不合格，扣4分，扣完为止		
2.11	充SF_6气体及检漏	充SF_6气体至0.25MPa后，对现场装配的密封面进行检漏，确认无漏点之后再充SF_6气体至额定压力，然后再进行全面检漏，并记录环境温度	1	不合格，扣1分		
3	现场清理及恢复					
3.1	清理作业现场	工器具、试验仪器收取后摆放整齐，与开工前一致； 设备表面清洁无杂物，作业现场清洁无遗留物品	5	工器具、试验仪器未收取摆放整齐，扣1分； 设备表面、工作现场有遗留物，每处扣1分，扣完为止		
3.2	设备恢复	断路器恢复至检修前状态	5	电机电源或控制电源未断开，扣1分； 机构箱门未关，扣1分； 弹簧能量未释放，扣1.5分； 未申请恢复接地刀闸，扣1.5分		
4	检修报告填写					

续表

序号	项目名称	质量要求	满分	扣分标准	扣分原因	得分
4.1	填写检修报告	正确填写检修报告，用语规范，项目齐全，结论正确	15	检修前检查情况未填写，扣1分； 检修项目填写不齐全，扣0.5分； 发现及处理情况未填写，扣3分； 缺陷每缺少一项，扣1分； 试验情况未填写，扣2分； 试验数据未填写，扣1分； 试验数据不全，扣1分； 检修结论不正确，扣0.5分； 以上扣分，扣完为止		
合计			100			

Jc0000143010　LW6A－110型断路器液压操动机构检查及故障处理。（100分）

考核知识点：断路器检修—断路器缺陷及故障处理

难易度：难

技能等级评价专业技能考核操作工作任务书

一、任务名称

LW6A－110型断路器液压操动机构检查及故障处理。

二、适用工种

变电设备检修工高级技师。

三、具体任务

（1）工作状态为模拟110kV断路器及线路停电，工作内容为LW6A－110型断路器液压操动机构检查及故障处理。

（2）工作任务。

1）作业前的检查。

2）LW6A－110型断路器液压操动机构检查及故障处理。

四、工作规范及要求

（1）要求1人操作，由监考人员监护。

（2）安全文明生产，工器具、材料、设备摆放整齐，现场操作熟练、连贯、有序，正确规范地使用工器具及安全用具。不发生危及人身和设备安全的行为，否则可取消本次考核成绩。

（3）熟悉LW6A－110液压机构各部件检修工艺质量要求。

（4）熟悉LW6A－110液压机构原理、结构和打压二次回路。

五、考核及时间要求

（1）考核时间为60分钟。

（2）开工前，考生检查着装，清点工器具、设备是否齐全。

（3）许可开工后记录考核时间。

（4）现场清理完毕后，汇报工作终结，记录考核结束时间。

技能等级评价专业技能考核操作评分标准

工种	变电设备检修工				评价等级	高级技师
项目模块	断路器检修—断路器缺陷及故障处理			编号	Jc0000143010	
单位		准考证号			姓名	
考试时限	60分钟	题型	单项操作		题分	100分

续表

成绩		考评员		考评组长		日期	
试题正文	LW6A－110 型断路器液压操动机构检查及故障处理						
需要说明的问题和要求	（1）考生着装规范，穿工作服、绝缘鞋，戴安全帽。 （2）现场提供检修所需的工器具、仪器、材料及安全防护用具。 （3）考核项目涉及检查项目以填写检修记录为主						

序号	项目名称	质量要求	满分	扣分标准	扣分原因	得分
1	安全文明生产					
1.1	着装规范	正确佩戴安全帽、穿绝缘鞋、穿长袖工作服、戴线手套	3	未佩戴安全帽、穿绝缘鞋、穿长袖工作服，扣 1 分； 安全帽佩戴不规范，扣 0.5 分； 着装不规范，扣 0.5 分； 未戴线手套，扣 1 分		
1.2	安全工器具及安全措施检查	应检查安全工器具、绝缘工器具是否完好，是否在校验合格期内； 检查工作区域围栏是否合格、封闭	8	未检查安全工器具、绝缘工器具外观是否完好，每次扣 1 分； 未检查检验标签是否在合格期内，每次扣 1 分； 未检查围栏非入口处是否封闭，扣 2 分； 以上扣分，扣完为止		
1.3	试验环境检查	检查当日工位处温度、湿度情况	1	未检查温度情况，扣 0.5 分； 未检查湿度情况，扣 0.5 分		
1.4	安全文明生产	材料或配件不应发生掉落及随意摆放现象	3	发生工器具及配件掉落现象，每次扣 0.5 分，扣完为止； 工作现场杂乱无章，检查过程中随意摆放工器具，扣 0.5 分		
2	断路器本体外观检查					
2.1	三相连接搭头检查	三相搭头紧固，螺栓无锈蚀	3	拆卸顺序不符合要求，扣 3 分		
2.2	检查 SF_6 压力，压力偏低时需进行补气，异常偏低时需进行检漏	20℃时额定压力（0.6±0.03）MPa	2	未检查三相 SF_6 压力值，扣 2 分		
3	液压机构检查					
3.1	目测检查液压系统密封情况	所有从外部可视的螺栓连接和液压系统的连接有无液压油渗漏	5	未检查机构有无渗漏，扣 5 分		
3.2	微动、辅助开关检查	油压升降时检查微动开关，看其动作及返回是否灵活，目测外观	5	未检查，扣 5 分		
3.3	加热器检查	加热器电阻无损坏，投切装置正常	5	未检查，扣 5 分		
3.4	端子排检查、清扫	端子无损坏以及导线连接牢固	5	未检查，扣 5 分		
4	故障处理					
4.1	打压回路故障	设置 2 个故障，每个故障 5 分	10	查出故障未消除，扣 3 分； 未查找到故障点，不得分		
4.2	机构拒动	设置 2 个故障，每个故障 5 分	10	查出故障未消除，扣 3 分； 未查找到故障点，不得分		
4.3	加热器故障	设置 1 个故障	5	查出故障未消除，扣 2 分； 未查找到故障点，不得分		
4.4	管路有油迹	设置 1 个故障	5	查出故障未消除，扣 2 分； 未查找到故障点，不得分		
5	故障排除后工作					
5.1	故障排除后工作	应恢复检修前断开的电机、控制、加热电源； 电动分合断路器； 将远/近控把手切至远方	5	未完成，扣 5 分		
6	现场清理及恢复					

续表

序号	项目名称	质量要求	满分	扣分标准	扣分原因	得分
6.1	清理作业现场	工器具、试验仪器收取后摆放整齐，与开工前一致； 设备表面清洁无杂物，作业现场清洁无遗留物品	5	工器具、试验仪器未收取摆放整齐，扣1分； 设备表面、工作现场有遗留物，每处扣1分，扣完为止		
6.2	设备恢复	断路器恢复至检修前状态	5	电机电源或控制电源未断开，扣1分； 机构箱门未关，扣1分； 弹簧能量未释放，扣1.5分； 未申请恢复接地刀闸，扣1.5分		
7	检修报告填写					
7.1	填写检修报告	正确填写检修报告，用语规范，项目齐全，结论正确	15	检修前检查情况未填写，扣1分； 检修项目填写不齐全，扣0.5分； 发现及处理情况未填写，扣3分； 缺陷每缺少一项，扣1分； 试验情况未填写，扣2分； 试验数据未填写，扣1分； 试验数据不全，扣1分； 检修结论不正确，扣0.5分； 以上扣分，扣完为止		
合计			100			

附表 Jc0000143010　　断路器液压机构故障参考

序号	故障现象	故障原因（举例）	处理方法
1	断路器拒动故障	二次回路接触不良，连接螺钉松动	检查、拧紧螺钉，使二次回路接触良好
2		SF_6气体压力闭锁	检查SF_6气体压力，确定原因，恢复气体压力闭锁
3		分、合闸线圈铁芯卡涩	检查卡涩原因，必要时更换合闸线圈
4		辅助开关不切换	检查原因，调整辅助开关
5		分、合闸线圈断线或损坏	检查原因，必要时更换分闸线圈
6	打压回路故障	行程开关端子接触不良	检查损坏原因，更换行程开关
7		电源、电机损坏	检查电源，测量电机电阻，必要时更换电机
8		电机延时继电器动作	检查继电器是否启动
9		高压放油阀未关严	恢复高压放油阀
10		储能继电器回路是否正常	检查液压机构打压回路
11	加热器故障	加热器电源、加热器、温控器损坏	检查加热器回路，必要时更换加热器或温控器
12	液压机构渗油	液压元件管路有油迹	紧固管路，擦拭管路

注：因液压机构故障不容易设置，提供缺陷多为机构二次缺陷，同一故障现象可在回路不同点设置故障，以上仅列举其中一类或一个，考评员可灵活掌握。

Jc0000143011　VS1（ZN63A）型真空断路器合闸储能部分检修。（100分）

考核知识点：断路器检修—断路器缺陷及故障处理

难易度：难

技能等级评价专业技能考核操作工作任务书

一、任务名称

VS1（ZN63A）型真空断路器合闸储能部分检修。

二、适用工种

变电设备检修工高级技师。

三、具体任务

（1）工作状态为VS1（ZN63A）型真空断路器处检修，工作内容为VS1（ZN63A）型真空断路器合闸储能部分检修。

（2）工作任务。

1）在规定时间内完成VS1（ZN63A）型真空断路器合闸储能部分检修。

2）填写检修报告。

四、工作规范及要求

（1）工器具使用及安全措施。

（2）按要求进行VS1（ZN63A）型真空断路器合闸储能部分检修。

（3）填写检修报告。

五、考核及时间要求

（1）本考核1～6项操作时间为75分钟，时间到停止考评，包括调试时间和报告整理时间。

（2）故障查找和排除过程中，如确实不能查找出故障，可向考评员申请排除故障，该项故障项目不得分，但不影响其他项目。

（3）按照技能操作记录单的操作要求进行操作，正确记录操作结果。

技能等级评价专业技能考核操作评分标准

工种	变电设备检修工				评价等级	高级技师
项目模块	断路器检修—断路器缺陷及故障处理			编号	Jc0000143011	
单位		准考证号			姓名	
考试时限	75分钟	题型	单项操作		题分	100分
成绩	考评员		考评组长		日期	
试题正文	VS1（ZN63A）型真空断路器合闸储能部分检修					
需要说明的问题和要求	（1）要求检修1人操作，故障查找及分析在调试过程中完成。 （2）操作应注意安全，按照标准化作业书的技术安全说明做好安全措施。 （3）鉴定基地VS1（ZN63A）型真空断路器1台，模拟断路器处检修，做好安全措施。 （4）现场匹配：常用检修工具、电工工具、万用表、断路器特性测试仪、500V绝缘电阻表、220V三相移动电源盘、安全文明施工器具等。 （5）工器具、测试仪等的选择可选考场提供的或自带					

序号	项目名称	质量要求	满分	扣分标准	扣分原因	得分
1	安全文明生产					
1.1	着装规范	正确佩戴安全帽、穿绝缘鞋、穿长袖工作服、戴线手套	3	未佩戴安全帽、穿绝缘鞋、穿长袖工作服，扣1分； 安全帽佩戴不规范，扣0.5分； 着装不规范，扣0.5分； 未戴线手套，扣1分		
1.2	安全工器具及安全措施检查	应检查安全工器具、绝缘工器具是否完好，是否在校验合格期内； 检查工作区域围栏是否合格、封闭	8	未检查安全工器具、绝缘工器具外观是否完好，每次扣1分； 未检查检验标签是否在合格期内，每次扣1分； 未检查围栏非入口处是否封闭，扣2分； 以上扣分，扣完为止		

续表

序号	项目名称	质量要求	满分	扣分标准	扣分原因	得分
1.3	试验环境检查	检查当日工位处温度、湿度情况	1	未检查温度情况，扣0.5分； 未检查湿度情况，扣0.5分		
1.4	安全文明生产	材料或配件不应发生掉落及随意摆放现象	3	发生工器具及配件掉落现象，每次扣0.5分，扣完为止； 工作现场杂乱无章，检查过程中随意摆放工器具，扣0.5分		
2	断路器合闸储能部分检修					
2.1	检修前设备状况检查	检查设备合闸储能部分状况（故障：电气、机械），判断是否可就地电动分、合断路器	2	未检查设备合闸储能部分状况，即就地电动分、合断路器，扣1分； 设备合闸储能部分故障不会检查、检查不全，扣1分		
2.2	设备合闸储能部分解体	合闸弹簧拆卸	5	不会拆卸合闸弹簧，扣1分； 拆卸合闸弹簧工艺不正确，扣1分； 拆卸合闸弹簧工艺不正确，造成元件损伤，扣1分； 拆卸合闸弹簧工艺不正确，造成人员伤害，扣2分		
		依次进行储能链条、储能保持轴（扇板）、合闸电磁铁拆卸	8	不会拆卸储能链条、储能保持轴（扇板）、合闸电磁铁，扣2分； 拆卸各元件工艺不正确，扣2分； 拆卸各元件工艺不正确，造成元件损伤，扣2分； 拆卸各元件工艺不正确，造成人员伤害，扣2分		
		依次进行手动储能装置、电机拆卸	5	不会拆手动储能装置、电机，扣2分； 拆卸各元件工艺不正确，扣1分； 拆卸各元件工艺不正确，造成元件损伤，扣1分； 拆卸各元件工艺不正确，造成人员伤害，扣1分		
2.2	储能各元件检修	对拆卸的各元件进行检查、检修	3	未进行各元件检查，扣1分； 弹簧、储能链条、储能保持轴（扇板）、合闸电磁铁、手动储能装置、电机等出现断裂、破损、功能不正常未处理，扣1分； 手动储能装置涡轮蜗杆未重新上润滑油，扣1分		
		用500V绝缘电阻表测量绝缘电阻在0.5MΩ以上	2	未进行电机绝缘电阻测试，扣2分		
3	断路器合闸储能部分组装					
3.1	组装	组装按与拆卸相反顺序进行	20	手动储能装置、电机组装固定不牢固，扣2分； 链条、链轮啮合不正常，扣2分； 手动储能装置涡轮蜗杆啮合方向装反，扣2分； 储能保持轴（扇板）、合闸电磁铁固定不牢固、功能不正常，扣5分； 合闸弹簧不会组装，扣3分； 组装各元件工艺不正确，造成元件损伤，扣3分； 组装各元件工艺不正确，造成人员伤害，扣3分		
3.2	调试	组装后手动调试	5	手动储能不正常，扣3分； 设备手动分、合闸不正常，扣2分		
4	试验					
4.1	试验前准备	就地电动分、合闸	4	电动储能不正常，扣2分； 设备电动分、合闸不正常，扣2分		

续表

序号	项目名称	质量要求	满分	扣分标准	扣分原因	得分
4.2	分、合闸低电压、全电压测试	操动机构分闸电磁铁的最低动作电压应在操作电压额定值的 30%～65%； 合闸电磁铁或合闸接触器端子上的最低动作电压应在操作电压额定值的65%～80%； 分、合闸电磁铁在操作电压额定值的30%时不得动作； 分、合闸全电压动作正常	6	接引试验电源不正确，扣 1 分； 控制回路连接线不正确，扣 1 分； 试验中分、合闸储能不正常，扣 2 分； 不做三次测试，扣 2 分		
5	现场清理及恢复					
5.1	清理作业现场	工器具、试验仪器收取后摆放整齐，与开工前一致； 设备表面清洁无杂物，作业现场清洁无遗留物品	5	工器具、试验仪器未收取摆放整齐，扣 1 分； 设备表面、工作现场有遗留物，每处扣 1 分，扣完为止		
5.2	设备恢复	断路器恢复至检修前状态	5	电机电源或控制电源未断开，扣 1 分； 机构箱门未关，扣 1 分； 弹簧能量未释放，扣 1.5 分； 未申请恢复接地刀闸，扣 1.5 分		
6	检修报告填写					
6.1	填写检修报告	正确填写检修报告，用语规范，项目齐全，结论正确	15	检修前检查情况未填写，扣 1 分； 检修项目填写不齐全，扣 0.5 分； 发现及处理情况未填写，扣 3 分； 缺陷每缺少一项，扣 1 分； 试验情况未填写，扣 2 分； 试验数据未填写，扣 1 分； 试验数据不全，扣 1 分； 检修结论不正确，扣 0.5 分； 以上扣分，扣完为止		
合计			100			

Jc0000143012　LW6－110 型断路器液压机构控制阀分解检修。（100 分）

考核知识点： 断路器检修—断路器小修及维护

难易度： 难

技能等级评价专业技能考核操作工作任务书

一、任务名称

LW6－110 型断路器液压机构控制阀分解检修。

二、适用工种

变电设备检修工高级技师。

三、具体任务

（1）工作状态为 LW6－110 型断路器处检修，工作内容为断路器液压机构控制阀分解检修。

（2）工作任务。

1）在规定时间内完成 LW6－110 型断路器液压机构控制阀分解检修。

2）填写检修报告。

四、工作规范及要求

（1）工器具使用及安全措施。

（2）按要求进行 LW6－110 型断路器液压机构控制阀分解检修。

（3）检修后进行远、近控操作试验，检验检修质量。

（4）填写检修报告。

五、考核及时间要求

（1）本考核1～6项操作时间为90分钟，时间到停止考评，包括调试时间和报告整理时间。

（2）故障查找和排除过程中，如确实不能查找出故障，可向考评员申请排除故障，该项故障项目不得分，但不影响其他项目。

（3）按照技能操作记录单的操作要求进行操作，正确记录操作结果，试验记录项目包括“分－合－分”操作后，油泵启动到停止时间等。

技能等级评价专业技能考核操作评分标准

工种	变电设备检修工					评价等级	高级技师
项目模块	断路器检修—断路器小修及维护				编号	Jc0000143012	
单位			准考证号			姓名	
考试时限	90分钟		题型		单项操作	题分	100分
成绩		考评员		考评组长		日期	
试题正文	LW6－110型断路器液压机构控制阀分解检修						
需要说明的问题和要求	（1）要求检修1人操作，故障查找及调试在检修过程中完成。 （2）操作应注意安全，按照标准化作业书的技术安全说明做好安全措施。 （3）鉴定基地LW6－110型断路器1台，模拟断路器处检修，做好安全措施。 （4）现场匹配：常用检修工具各1套、LW6－110型断路器液压机构备品备件、消耗性材料（800号水磨砂纸等）、10号航空液压油10千克、硅脂或中性凡士林0.5千克、液压机构检修专用工具、工作台、万用表、安全文明施工器具（油盆、塑料布等）等。 （5）工器具等的选择可选考场提供的或自带						

序号	项目名称	质量要求	满分	扣分标准	扣分原因	得分
1	安全文明生产					
1.1	着装规范	正确佩戴安全帽、穿绝缘鞋、穿长袖工作服、戴线手套	3	未佩戴安全帽、穿绝缘鞋、穿长袖工作服，扣1分； 安全帽佩戴不规范，扣0.5分； 着装不规范，扣0.5分； 未戴线手套，扣1分		
1.2	安全工器具及安全措施检查	应检查安全工器具、绝缘工器具是否完好，是否在校验合格期内； 检查工作区域围栏是否合格、封闭	8	未检查安全工器具、绝缘工器具外观是否完好，每次扣1分； 未检查检验标签是否在合格期内，每次扣1分； 未检查围栏非入口处是否封闭，扣2分； 以上扣分，扣完为止		
1.3	试验环境检查	检查当日工位处温度、湿度情况	1	未检查温度情况，扣0.5分； 未检查湿度情况，扣0.5分		
1.4	安全文明生产	材料或配件不应发生掉落及随意摆放现象	3	发生工器具及配件掉落现象，每次扣0.5分，扣完为止； 工作现场杂乱无章，检查过程中随意摆放工器具，扣0.5分		
2	分、合闸电磁铁分解检修					
2.1	控制阀分解前检查及措施	液压机构工作状况和渗漏情况检查	3	手动、电动操作1次，检查液压机构工作情况，有问题不进行检查，扣2分； 不检查渗漏，扣1分		
		断开控制电机电源	3	不断开控制电源，扣1分； 不断开电动机电源，扣2分		
		释放高压油压力为0，将液压油放净作业正确	2	不在分闸位置泄压，扣1分； 不会将高压放油阀打开将压力放至0，扣1分		
		松开机构中有关油管接头螺帽，拆下高低压油管	2	不松开机构中有关油管接头螺帽，拆下高低压油管，扣2分		

续表

序号	项目名称	质量要求	满分	扣分标准	扣分原因	得分
2.2	控制阀分解检修	控制阀阀体整体拆下	5	不会将控制阀阀体整体拆下，扣2分； 拆下的控制阀在工作台台虎钳上未固定好，扣2分； 工作台上、台虎钳钳口未垫软保护垫布，扣1分		
		依次拆下缸体、高压油管、合闸阀系统活塞、导向阀、弹簧、阀针	5	拆解顺序不正确，扣2.5分； 拆卸工艺不正确，造成元件损伤，扣2.5分		
		依次拆下分闸阀系统导向管、顶杆、弹簧、阀杆、阀针、阀座、塞子、支柱、锥阀	5	拆解顺序不正确，扣2.5分； 拆卸工艺不正确，造成元件损伤，扣2.5分		
		检查清洗零部件（阀口密封线宽不大于0.2 mm）	5	不检查清洗所有零部件，扣2分； 不检查钢珠、顶杆、弹簧、阀杆、阀针、阀座、锥阀有无损伤，扣3分		
3	组装					
3.1	控制阀组装	组装按与拆卸相反顺序进行	5	分、合闸阀系统组装不上，扣3分； 装复后阀杆运动情况不灵活并卡涩，扣2分		
		分闸导向管阀杆行程（13.9+0.1）mm	5	分闸导向管阀杆行程不合格，扣2分； 尺寸不合格不会调整，扣3分		
		合闸活塞行程（13.9+0.1）mm	5	合闸活塞行程不合格，扣2分； 尺寸不合格不会调整，扣3分		
4	修后试验					
4.1	“分－合－分”操作	机构建压后，断开电机电源，远方、就地操作机构完成一次“分－合－分”	5	远方、就地操作机构不能完成一次“分－合－分”，扣5分		
		一次“分－合－分”完成后，核对各整定压力值及信号	5	未核对各整定压力值及信号，扣5分		
4.2	分合闸低电压、全电压测试	操动机构分闸电磁铁的最低动作电压应在操作电压额定值的30%～65%； 合闸电磁铁或合闸接触器端子上的最低动作电压应在操作电压额定值的65%～80%； 分、合闸电磁铁在操作电压额定值的30%时不得动作； 分、合闸全电压动作正常	5	接引试验电源不正确，扣1分； 控制回路连接线不正确，扣1分； 试验中分、合闸储能不正常，扣2分； 不做三次测试，扣1分		
5	现场清理及恢复					
5.1	清理作业现场	工器具、试验仪器收取后摆放整齐，与开工前一致； 设备表面清洁无杂物，作业现场清洁无遗留物品	5	工器具、试验仪器未收取摆放整齐，扣1分； 设备表面、工作现场有遗留物，每处扣1分，扣完为止		
5.2	设备恢复	断路器恢复至检修前状态	5	电机电源或控制电源未断开，扣1分； 机构箱门未关，扣1分； 弹簧能量未释放，扣1.5分； 未申请恢复接地刀闸，扣1.5分		
6	检修报告填写					
6.1	填写检修报告	正确填写检修报告，用语规范，项目齐全，结论正确	15	检修前检查情况未填写，扣1分； 检修项目填写不齐全，扣0.5分； 发现及处理情况未填写，扣3分； 缺陷每缺少一项，扣1分； 试验情况未填写，扣2分； 试验数据未填写，扣1分； 试验数据不全，扣1分； 检修结论不正确，扣0.5分； 以上扣分，扣完为止		
合计			100			

Jc0000143013　LW6－110 型断路器液压机构压力开关组件分解检修。（100 分）

考核知识点：断路器检修—断路器小修及维护

难易度：难

技能等级评价专业技能考核操作工作任务书

一、任务名称

LW6－110 型断路器液压机构压力开关组件分解检修。

二、适用工种

变电设备检修工高级技师。

三、具体任务

（1）工作状态为 LW6－110 型断路器处检修，工作内容为断路器液压机构压力开关组件分解检修。

（2）工作任务。

1）在规定时间内完成 LW6－110 型断路器液压机构压力开关组件分解检修。

2）填写检修报告。

四、工作规范及要求

（1）工器具使用及安全措施。

（2）按要求进行 LW6－110 型断路器液压机构压力开关组件分解检修。

（3）检修后进行远、近控操作试验，检验检修质量。

（4）填写检修报告。

五、考核及时间要求

（1）本考核 1～6 项操作时间为 90 分钟，时间到停止考评，包括调试时间和报告整理时间。

（2）故障查找和排除过程中，如确实不能查找出故障，可向考评员申请排除故障，该项故障项目不得分，但不影响其他项目。

（3）按照技能操作记录单的操作要求进行操作，正确记录操作结果，试验记录项目包括“分－合－分”操作后，油泵启动到停止时间等。

技能等级评价专业技能考核操作评分标准

工种	变电设备检修工					评价等级	技师
项目模块	断路器检修—断路器小修及维护				编号		Jc0000143013
单位			准考证号			姓名	
考试时限	90 分钟		题型	单项操作		题分	100 分
成绩		考评员		考评组长		日期	
试题正文	LW6－110 型断路器液压机构压力开关组件分解检修						
需要说明的问题和要求	（1）要求检修 1 人操作，故障查找及调试在检修过程中完成。 （2）操作应注意安全，按照标准化作业书的技术安全说明做好安全措施。 （3）鉴定基地 LW6－110 型断路器 1 台，模拟断路器处检修，做好安全措施。 （4）现场匹配：常用检修工具各 1 套、LW6－110 型断路器液压机构备品备件、消耗性材料（800 号水磨砂纸等）、10 号航空液压油 10 千克、硅脂或中性凡士林 0.5 千克、液压机构检修专用工具、工作台、万用表、安全文明施工器具（油盆、塑料布等）等。 （5）工器具等可选考场提供的或自带						

序号	项目名称	质量要求	满分	扣分标准	扣分原因	得分
1	安全文明生产					

续表

序号	项目名称	质量要求	满分	扣分标准	扣分原因	得分
1.1	着装规范	正确佩戴安全帽、穿绝缘鞋、穿长袖工作服、戴线手套	3	未佩戴安全帽、穿绝缘鞋、穿长袖工作服，扣1分； 安全帽佩戴不规范，扣0.5分； 着装不规范，扣0.5分； 未戴线手套，扣1分		
1.2	安全工器具及安全措施检查	应检查安全工器具、绝缘工；器具是否完好，是否在校验合格期内； 检查工作区域围栏是否合格、封闭	8	未检查安全工器具、绝缘工器具外观是否完好，每次扣1分； 未检查检验标签是否在合格期内，每次扣1分； 未检查围栏非入口处是否封闭，扣2分； 以上扣分，扣完为止		
1.3	试验环境检查	检查当日工位处温度、湿度情况	1	未检查温度情况，扣0.5分； 未检查湿度情况，扣0.5分		
1.4	安全文明生产	材料或配件不应发生掉落及随意摆放现象	3	发生工器具及配件掉落现象，每次扣0.5分，扣完为止； 工作现场杂乱无章，检查过程中随意摆放工器具，扣0.5分		
2	压力开关组件分解检修					
2.1	压力开关组件检查及措施	液压机构工作状况和渗漏情况检查	5	手动、电动操作1次，检查液压机构工作情况，不进行检查，扣2分； 不检查渗漏，扣3分		
		断开控制电机电源	5	不断开控制电源，扣3分； 不断开电动机电源，扣2分		
		释放高压油压力为0，将液压油放净作业正确	7	不在分闸位置泄压，扣4分； 不会将高压放油阀打开将压力放至0，扣3分		
		松开机构中有关油管接头螺帽，拆下高低压油管	3	不松开机构中有关油管接头螺帽，拆下高低压油管，扣3分		
2.2	压力开关组件分解检修	压力开关组件阀座拆下	5	不会将压力开关组件阀座拆下，扣1分； 拆卸的二次线未作纪录，扣1分； 拆下的压力开关组件阀座在工作台台虎钳上未固定好，扣1分； 工作台上、台虎钳钳口未垫软保护垫布，扣2分		
		依次拆下微动开关、支座、限位阀针、弹簧、弹簧座	5	拆解顺序不正确，扣2分； 拆卸工艺不正确，造成元件损伤，扣3分		
		微动开关检查	5	不检查微动开关，扣5分		
		检查清洗零部件	5	不检查支座、限位阀针、弹簧、弹簧座有无损坏，扣3分； 不清洗支座、限位阀针、弹簧、弹簧座，扣2分		
3	组装调试					
3.1	压力开关组件组装	组装按与拆卸相反顺序进行	5	组装不上，扣3分； 装复后行程开关动作不灵活并卡涩，扣2分		
		整定值调试： 预充氮气压力：(18±10)(20℃) MPa 油泵启动压力：(31.6±1.0)(20℃) MPa 油泵停止压力：(32.6±1.0)(20℃) MPa 合闸闭锁压力：(27.8±0.8)(20℃) MPa 分闸闭锁压力：(25.8±0.7)(20℃) MPa	5	拆卸的二次线恢复错误，扣2分； 不会调整限位阀针行程，扣1分； 不整定值限位阀针行程，扣2分		
4	修后试验					

续表

序号	项目名称	质量要求	满分	扣分标准	扣分原因	得分
4.1	“分－合－分”操作	机构建压后，断开电机电源，远方、就地操作机构完成一次“分－合－分”	5	远方、就地操作机构不能完成一次“分－合－分”，扣5分		
		一次“分－合－分”进行中，核对各整定压力值及信号	2	未核对各整定压力值及信号，扣2分		
		各整定压力值及信号满足要求	3	未对不合格的各整定压力值调整，扣3分		
5	现场清理及恢复					
5.1	清理作业现场	工器具、试验仪器收取后摆放整齐，与开工前一致； 设备表面清洁无杂物，作业现场清洁无遗留物品	5	工器具、试验仪器未收取摆放整齐，扣1分； 设备表面、工作现场有遗留物，每处扣1分，扣完为止		
5.2	设备恢复	断路器恢复至检修前状态	5	电机电源或控制电源未断开，扣1分； 机构箱门未关，扣1分； 弹簧能量未释放，扣1.5分； 未申请恢复接地刀闸，扣1.5分		
6	检修报告填写					
6.1	填写检修报告	正确填写检修报告，用语规范，项目齐全，结论正确	15	检修前检查情况未填写，扣1分； 检修项目填写不齐全，扣0.5分； 发现及处理情况未填写，扣3分； 缺陷每缺少一项，扣1分； 试验情况未填写，扣2分； 试验数据未填写，扣1分； 试验数据不全，扣1分； 检修结论不正确，扣0.5分； 以上扣分，扣完为止		
合计			100			

Jc0000143014　LW6－110型断路器液压机构减震容器分解检修。(100分)

考核知识点：断路器检修—断路器小修及维护

难易度：难

技能等级评价专业技能考核操作工作任务书

一、任务名称

LW6－110型断路器液压机构减震容器分解检修。

二、适用工种

变电设备检修工高级技师。

三、具体任务

（1）工作状态为LW6－110型断路器处检修，工作内容为断路器液压机构减震容器分解检修。

（2）工作任务。

1）在规定时间内完成LW6－110型断路器液压机构减震容器分解检修。

2）填写检修报告。

四、工作规范及要求

（1）工器具使用及安全措施。

（2）按要求进行LW6－110型断路器液压机构减震容器分解检修。

（3）检修后进行远、近控操作试验，检验检修质量。

（4）填写检修报告。

五、考核及时间要求

（1）本考核1～6项操作时间为60分钟，时间到停止考评，包括调试时间和报告整理时间。

（2）故障查找和排除过程中，如确实不能查找出故障，可向考评员申请排除故障，该项故障项目不得分，但不影响其他项目。

（3）按照技能操作记录单的操作要求进行操作，正确记录操作结果，试验记录项目包括“分－合－分”操作后，油泵启动到停止时间等。

技能等级评价专业技能考核操作评分标准

工种	变电设备检修工					评价等级	高级技师
项目模块	断路器检修—断路器小修及维护				编号	Jc0000143014	
单位			准考证号			姓名	
考试时限	60分钟		题型	单项操作		题分	100分
成绩		考评员		考评组长		日期	
试题正文	LW6－110型断路器液压机构减震容器分解检修						
需要说明的问题和要求	（1）要求检修1人操作，故障查找及调试在检修过程中完成。 （2）操作应注意安全，按照标准化作业书的技术安全说明做好安全措施。 （3）鉴定基地LW6－110型断路器1台，模拟断路器处检修，做好安全措施。 （4）现场匹配：常用检修工具各1套、LW6－110型断路器液压机构备品备件、消耗性材料（800号水磨砂纸等）、10号航空液压油10千克、硅脂或中性凡士林0.5千克、液压机构检修专用工具、万用表、工作台、安全文明施工器具（油盆、塑料布等）等。 （5）工器具等可选考场提供的或自带						

序号	项目名称	质量要求	满分	扣分标准	扣分原因	得分
1	安全文明生产					
1.1	着装规范	正确佩戴安全帽、穿绝缘鞋、穿长袖工作服、戴线手套	3	未佩戴安全帽、穿绝缘鞋、穿长袖工作服，扣1分； 安全帽佩戴不规范，扣0.5分； 着装不规范，扣0.5分； 未戴线手套，扣1分		
1.2	安全工器具及安全措施检查	应检查安全工器具、绝缘工器具是否完好，是否在校验合格期内； 检查工作区域围栏是否合格、封闭	8	未检查安全工器具、绝缘工器具外观是否完好，每次扣1分； 未检查检验标签是否在合格期内，每次扣1分； 未检查围栏非入口处是否封闭，扣2分； 以上扣分，扣完为止		
1.3	试验环境检查	检查当日工位处温度、湿度情况	1	未检查温度情况，扣0.5分； 未检查湿度情况，扣0.5分		
1.4	安全文明生产	材料或配件不应发生掉落及随意摆放现象	3	发生工器具及配件掉落现象，每次扣0.5分，扣完为止； 工作现场杂乱无章，检查过程中随意摆放工器具，扣0.5分		
2	减震容器分解检修					
2.1	减震容器检查及措施	液压机构工作状况和渗漏情况检查	5	手动、电动操作1次，检查液压机构工作情况，有问题不进行检查，扣2分； 不检查渗漏，扣3分		
		断开控制电机电源	5	不断开控制电源，扣3分； 不断开电动机电源，扣2分		
		释放高压油压力为0，将液压油放净作业正确	7	不在分闸位置泄压，扣4分； 不会将高压放油阀打开将压力放至0，扣3分		
		松开机构中有关油管接头螺母，拆下高低压油管	5	不松开机构中有关油管接头螺母，拆下高低压油管，扣5分		

续表

序号	项目名称	质量要求	满分	扣分标准	扣分原因	得分
2.2	减震容器分解检修	减震容器缸体拆下	3	不会将减震容器缸体拆下，扣1分； 拆下的减震容器缸体在工作台台虎钳上未固定好，扣1分； 工作台上、台虎钳钳口未垫软保护垫布，扣1分		
		依次拆下安全阀、阀座逆止阀	5	拆解顺序不正确，扣2.5分； 拆卸工艺不正确，造成元件损伤，扣2.5分		
		安全阀、阀座止回阀检查（阀口密封线宽度不大于0.2mm）	5	不检查安全阀、阀座止回阀口密封线宽度，扣5分		
		清洗零部件	5	不清洗阀座、安全阀、阀座止回阀，每项扣2分，扣完为止		
3	组装					
3.1	设备组装	组装按与拆卸相反顺序进行	10	相关油管接头卡套组装不正确，扣4分； 组装顺序不正确，扣4分； 组装工艺不正确，造成元件损伤，扣2分		
4	修后试验					
4.1	“分－合－分”操作	机构建压后，断开电机电源，远方、就地操作机构完成一次“分－合－分”	4	远方、就地操作机构不能完成一次“分－合－分”，扣4分		
		一次“分－合－分”进行中，核对各整定压力值及信号	4	未核对各整定压力值及信号，扣4分		
		拆卸部位无渗漏油	2	拆卸部位渗漏油，扣2分		
5	现场清理及恢复					
5.1	清理作业现场	工器具、试验仪器收取后摆放整齐，与开工前一致； 设备表面清洁无杂物，作业现场清洁无遗留物品	5	工器具、试验仪器未收取摆放整齐，扣1分； 设备表面、工作现场有遗留物，每处扣1分，扣完为止		
5.2	设备恢复	断路器恢复至检修前状态	5	电机电源或控制电源未断开，扣1分； 机构箱门未关，扣1分； 弹簧能量未释放，扣1.5分； 未申请恢复接地刀闸，扣1.5分		
6	检修报告填写					
6.1	填写检修报告	正确填写检修报告，用语规范，项目齐全，结论正确	15	检修前检查情况未填写，扣1分； 检修项目填写不齐全，扣0.5分； 发现及处理情况未填写，扣3分； 缺陷每缺少一项，扣1分； 试验情况未填写，扣2分； 试验数据未填写，扣1分； 试验数据不全，扣1分； 检修结论不正确，扣0.5分； 以上扣分，扣完为止		
合计			100			

Jc0000153015　GW17B－252型隔离开关整组调试及试验。（100分）

考核知识点：隔离开关检修—隔离开关小修及维护更换安装

难易度：难

技能等级评价专业技能考核操作工作任务书

一、任务名称

GW17B－252型隔离开关整组调试及试验。

二、适用工种

变电设备检修工高级技师。

三、具体任务

（1）工作状态为模拟 220kV 间隔停电，工作内容为隔离开关整组调试及试验。

（2）工作任务。

1）模拟隔离开关接线座发热、分合不到位故障。

2）模拟现场工作，完成隔离开关巡视检查、消缺、调试及回路电阻测试任务。

四、工作规范及要求

（1）工器具使用及安全措施。

（2）按要求进行检修前巡视、缺陷消除、整组调试及回路电阻测试。

（3）填写检修报告。

五、考核及时间要求

（1）本考核为 2 人操作，操作时间为 90 分钟，时间到停止考评，包括试验接线和报告整理时间。

（2）消除隔离开关设置缺陷，按隔离开关技术标准进行调试及试验，详细记录隔离开关调试及试验数据，包括合闸止钉螺栓间隙、分闸止钉螺栓间隙、主回路电阻、断口中心距、主刀闸插入间隙。

（3）工作服、安全帽由考核人员自备，未佩戴安全帽、未穿工作服取消考试资格。

技能等级评价专业技能考核操作评分标准

工种	变电设备检修工					评价等级	高级技师
项目模块	隔离开关检修—隔离开关小修及维护更换安装				编号	Jc0000153015	
单位			准考证号			姓名	
考试时限	90 分钟		题型		多项操作	题分	100 分
成绩		考评员		考评组长		日期	
试题正文	GW17B－252 型隔离开关整组调试及试验						
需要说明的问题和要求	（1）要求 2 人操作，操作隔离开关分、合闸可申请考评员协助。 （2）操作中应注意安全，按照标准化作业书的技术安全说明做好安全措施。 （3）隔离开关上完成整组调试及试验，设备由考场提供。 （4）工器具、测试仪、相关配件由考场提供						

序号	项目名称	质量要求	满分	扣分标准	扣分原因	得分
1	安全文明生产					
1.1	着装规范	正确佩戴安全帽、穿绝缘鞋、穿长袖工作服、戴线手套	3	未佩戴安全帽、穿绝缘鞋、穿长袖工作服，扣 1 分； 安全帽佩戴不规范，扣 1 分； 着装不规范，扣 0.5 分； 未戴线手套，扣 0.5 分		
1.2	安全工器具及安全措施检查	应检查安全工器具、绝缘工器具是否完好，是否在校验合格期内； 检查工作区域围栏是否合格、封闭	8	未检查凳梯、绝缘手套外观是否完好，扣 3 分； 未检查检验标签是否在合格期内，扣 3 分； 未检查围栏非入口处是否封闭，扣 2 分		
1.3	试验环境检查	检查当日工位处温度、湿度情况	1	未检查温度情况，扣 0.5 分； 未检查湿度情况，扣 0.5 分		
1.4	安全文明生产	材料或配件不应发生掉落及随意摆放现象	3	发生工器具及配件掉落现象，每次扣 0.5 分，扣完为止； 工作现场杂乱无章，检查过程中随意摆放工器具，扣 0.5 分，扣完为止； 以上扣分，扣完为止		
2	整组调试					
2.1	调试前外观检查	检查瓷瓶有无异物、有无裂纹损坏，法兰有无裂纹、法兰与瓷瓶胶合物有无脱落	2	不检查，扣 2 分		

续表

序号	项目名称	质量要求	满分	扣分标准	扣分原因	得分
2.1	调试前外观检查	查导电部分有无过热痕迹，检查部件锈蚀情况	2	不检查，扣2分		
		检查导电带安装方向	2	不检查，扣2分		
		检查机械闭锁位置，位置不对，影响操作的应先解除接机械闭锁	2	不检查，扣2分		
2.2	绝缘支柱调整	支柱绝缘子应垂直于底座平面且连接牢固； 同相两绝缘子的中心线应在同一垂直平面内，没有明显歪斜； 每处垫片不超过3片	2	连接不牢固或不垂直，扣2分		
2.3	导电回路调整	主刀闸合闸后，主刀闸中间触指与矩形触头对称接触	1	接触不对称，扣1分		
		主刀闸合闸后，插入深度符合要求	2	不符合，扣2分		
		主刀闸合闸位置时，主触头用0.05mm×10mm的塞尺检查应塞不进去	2	不符合，每处扣1分，最多扣1分； 选用塞尺规格不符合要求，扣1分		
		分闸限位止钉间隙0～2mm	6	间隙不符合，每处扣1分，最多扣6分		
		分闸后断口距离不小于2600mm	2	断口距离不符合，扣2分		
		三相同期不大于20mm	2	同期不符合要求，扣2分		
2.4	传动系统检查	所有螺栓、开口销齐全； 螺栓紧固	2	螺栓、开口销不齐全或螺栓未紧固，每处扣0.5分，最多扣2分		
		所有水平连杆转动摩擦部分清洗、加润滑脂，使转动灵活	2	不清洗、不加润滑脂、转动不灵活，各扣2分		
		各销孔连接，螺纹连接等部分不应有卡住现象	1	有卡住现象，扣1分		
		机械闭锁板位置及动作正常，闭锁功能正常实现	3	位置不正确，闭锁功能不能正常实现，扣3分		
		整组调整后先手动分、合闸3次确认无问题后电动操作； 电动操作前应将隔离开关手动摇至半分半合位置	2	不按规定做，扣2分		
2.5	接地刀闸部分调整	合闸时接地刀闸动静触头应对中； 三相接地刀闸导电杆在分闸时在同一水平面上； 合闸三相同期允许值不大于30mm	15	有一相不对中，扣2分； 有一相不在同一水平面上，扣1分； 不同期，扣3分； 以上扣分，扣完为止		
3	回路电阻测量					
3.1	回路电阻试验	选用合格试验线，试验仪器可靠接地，接线顺序为先接接地线、再接试验线，最后接电源线	4	试验仪器未接地，扣1分； 未使用合格的试验线，扣1分； 未按正确顺序接线，扣2分		
		接线、换线前应先断开仪器电源	3	接线、换线未断开仪器电源，扣3分		
		试验后先断开试验电源，对被试设备放电后收取试验接线，最后拆除仪器接地线	3	未对被试设备放电，扣1分； 未按正确顺序拆线，扣2分		
4	现场清理及恢复					
4.1	清理作业现场	工器具、试验仪器收取后摆放整齐，与开工前一致； 设备表面清洁无杂物，作业现场清洁无遗留物品	5	工器具、试验仪器未收取摆放整齐，扣1分； 设备表面、工作现场有遗留物，每处扣1分，扣完为止		

续表

序号	项目名称	质量要求	满分	扣分标准	扣分原因	得分
4.2	设备恢复	断路器恢复至检修前状态	5	电机电源或控制电源未断开，扣 1 分； 机构箱门未关，扣 1 分； 弹簧能量未释放，扣 1.5 分； 未申请恢复接地刀闸，扣 1.5 分		
5	检修报告填写					
5.1	填写检修报告	正确填写检修报告，用语规范，项目齐全，结论正确	15	检修前检查情况未填写，扣 2 分； 检修项目填写不齐全，扣 1 分； 发现及处理情况未填写，扣 4 分； 缺陷每缺少一项，扣 1 分； 试验情况未填写，扣 3 分； 试验数据未填写，扣 2 分； 试验数据不全，扣 1 分； 检修结论不正确，扣 1 分； 以上扣分，扣完为止		
合计			100			

附表 Jc0000153015　　隔离开关故障设置

故障现象	故障点设置
瓷瓶有异物	在静触头瓷瓶瓷群内贴小纸条
隔离开关合不上	调整任意一相隔离开关下导电臂内螺母，造成 B 相隔离开关上导电臂触头抬高，合不上闸
三相不同期	调整任意两相隔离开关接线座处拉杆长度，造成不同期故障
回路电阻增大	导电带压接部位加塞纸片或贴绝缘胶布

Jc0000143016　GW23B－252 型隔离开关整组调试及试验。（100 分）

考核知识点：隔离开关检修—隔离开关检修及维护更换安装

难易度：难

技能等级评价专业技能考核操作工作任务书

一、任务名称

GW17B－252 型隔离开关整组调试及试验。

二、适用工种

变电设备检修工高级技师。

三、具体任务

（1）工作状态为模拟 220kV 间隔停电，工作内容为隔离开关整组调试及试验。

（2）工作任务。

1）模拟隔离开关接线座发热、分合不到位故障。

2）模拟现场工作，完成隔离开关巡视检查、消缺、调试及回路电阻测试任务。

四、工作规范及要求

（1）工器具使用及安全措施。

（2）按要求进行检修前巡视、缺陷消除、整组调试及回路电阻测试。

（3）填写检修报告。

五、考核及时间要求

（1）本考核为 2 人操作，操作时间为 90 分钟，时间到停止考评，包括试验接线和报告整理时间。

（2）消除隔离开关设置缺陷，按隔离开关技术标准进行调试及试验，详细记录隔离开关调试及试验数据，包括合闸止钉螺栓间隙、分闸止钉螺栓间隙、主回路电阻、断口中心距、主刀闸插入间隙。

（3）工作服、安全帽由考核人员自备，未佩戴安全帽、未穿工作服取消考试资格。

技能等级评价专业技能考核操作评分标准

工种	变电设备检修工					评价等级	高级技师
项目模块	隔离开关检修—隔离开关检修及维护更换安装				编号	Jc0000143016	
单位			准考证号			姓名	
考试时限	90 分钟	题型		单项操作		题分	100 分
成绩		考评员		考评组长		日期	
试题正文	GW23B－252 型隔离开关整组调试及试验						
需要说明的问题和要求	（1）要求 1 人操作，操作隔离开关分、合闸可申请考评员协助。 （2）操作中应注意安全，按照标准化作业书的技术安全说明做好安全措施。 （3）隔离开关上完成整组调试及试验，设备由考场提供。 （4）工器具、测试仪、相关配件由考场提供						

序号	项目名称	质量要求	满分	扣分标准	扣分原因	得分
1	安全文明生产					
1.1	着装规范	正确佩戴安全帽、穿绝缘鞋、穿长袖工作服、戴线手套	3	未佩戴安全帽、穿绝缘鞋、穿长袖工作服，扣 1 分； 安全帽佩戴不规范，扣 1 分； 着装不规范，扣 0.5 分； 未戴线手套，扣 0.5 分		
1.2	安全工器具及安全措施检查	应检查安全工器具、绝缘工器具是否完好，是否在校验合格期内； 检查工作区域围栏是否合格、封闭	5	未检查凳梯、绝缘手套外观是否完好，扣 1 分； 未检查检验标签是否在合格期内，扣 2 分； 未检查围栏非入口处是否封闭，扣 2 分		
1.3	试验环境检查	检查当日工位处温度、湿度情况	2	未检查温度情况，扣 1 分； 未检查湿度情况，扣 1 分		
1.4	安全文明生产	材料或配件不应发生掉落及随意摆放现象	5	发生工器具及配件掉落现象，扣 2 分； 工作现场杂乱无章，检查过程中随意摆放工器具，扣 3 分		
2	整组调试					
2.1	调试前外观检查	检查瓷瓶有无异物、有无裂纹损坏，法兰有无裂纹，法兰与绝缘子胶合物有无脱落	2	不检查，扣 2 分		
		查导电部分有无过热痕迹，检查部件锈蚀情况	2	不检查，扣 2 分		
		检查导电带安装方向	2	不检查，扣 2 分		
		检查机械闭锁位置，位置不对，影响操作的应先解除接机械闭锁	2	不检查，扣 2 分		
2.2	绝缘支柱调整	支柱绝缘子应垂直于底座平面且连接牢固； 同相两绝缘子的中心线应在同一垂直平面内，没有明显歪斜； 每处垫片不超过 3 片	2	连接不牢固或不垂直，扣 2 分		
2.3	导电回路调整	主刀闸合闸后，主刀闸中间触指与矩形触头对称接触； 主刀闸合闸后，剩余间隙为 2～3cm； 主刀闸在合闸位置时，主触头用 0.05mm×10mm 的塞尺检查应塞不进去； 分闸限位止钉间隙 0～2mm； 分闸后断口距离不小于 2600mm； 三相同期不大于 20mm	20	每相接触不对称，扣 2 分； 每相不符合，扣 2 分； 不符合，每处扣 1 分，最多扣 3 分； 选用塞尺规格不符合要求，扣 1 分； 间隙不符合，每处扣 1 分，最多扣 3 分； 断口距离不符合，扣 1 分； 同期不符合要求，扣 1 分； 以上扣分，扣完为止		

续表

序号	项目名称	质量要求	满分	扣分标准	扣分原因	得分
2.4	传动系统检查	所有螺栓、开口销齐全； 螺栓紧固	2	螺栓、开口销不齐全或螺栓未紧固，每处扣 0.5 分，最多扣 2 分		
		所有水平连杆转动摩擦部分清洗、加润滑脂，使转动灵活	2	不清洗、不加润滑脂、转动不灵活，各扣 2 分		
		各销孔连接、螺纹连接等部分不应有卡住现象	1	有卡住现象，各扣 1 分		
		机械闭锁板位置及动作正常，闭锁功能正常实现	3	位置不正确，闭锁功能不能正常实现，扣 3 分		
		整组调整后先手动分、合闸 3 次确认无问题后电动操作； 电动操作前应将隔离开关手动摇至半分半合位置	2	不按规定做，扣 2 分		
2.5	接地刀闸部分调整	合闸时接地刀闸动静触头应对中； 三相接地刀闸导电杆在分闸时在同一水平面上； 合闸三相同期允许值不大于 30mm	10	有一相不对中，扣 2 分； 有一相不在同一水平面上，扣 1 分； 不同期，扣 3 分； 以上扣分，扣完为止		
3	回路电阻测量					
3.1	回路电阻试验	选用合格试验线，试验仪器可靠接地，接线顺序为先接接地线、再接试验线，最后接电源线	4	试验仪器未接地，扣 1 分； 未使用合格的试验线，扣 1 分； 未按正确顺序接线，扣 2 分		
		接线、换线前应先断开仪器电源	3	接线、换线未断开仪器电源，扣 3 分		
		试验后先断开试验电源，对被试设备放电后收取试验接线，最后拆除仪器接地线	3	未对被试设备放电，扣 1 分； 未按正确顺序拆线，扣 2 分		
4	现场清理及恢复					
4.1	清理作业现场	工器具、试验仪器收取后摆放整齐，与开工前一致 设备表面清洁无杂物，作业现场清洁无遗留物品	5	工器具、试验仪器未收取摆放整齐，扣 1 分； 设备表面、工作现场有遗留物，每处扣 1 分，扣完为止		
4.2	设备恢复	断路器恢复至检修前状态	5	电机电源或控制电源未断开，扣 2 分； 机构箱门未关，扣 1.5 分； 未申请恢复接地刀闸，扣 1.5 分		
5	检修后工作					
5.1	填写检修报告	按照检修过程中的实际情况填写检修报告，填写的报告须使用标准、规范的用语	4	未正确填写，扣 4 分		
		正确填写单相组装调试数据（包括主刀闸合闸后，主刀闸中间触指与矩形触头底部间隙、断口开距、分合闸止钉间隙、触头接触紧密度）	4	一项不填写，扣 1 分，扣完为止		
		正确填写回路电阻测试数据（包括环境温度、仪器参数、被试设备参数、测试数据及标准参考数据）1250A 小于 125μΩ	4	一项不填写，扣 1 分，扣完为止		
		根据解体检修、调试、试验结果正确填写检修结论	3	填写不正确，每处扣 1 分，扣完为止		
合计			100			

附表 Jc0000143016　　　　隔离开关故障设置

故障现象	故障点设置
导电带装反	将任意一相导电带装反
闭锁失灵	拆除闭锁板上的闭锁螺母，造成闭锁失灵
三相不同期	调整相间拉杆长度，造成不同期故障
回路电阻增大	导电带压接部位加塞纸片或贴绝缘胶布

Jc0006141017　变压器气体继电器的更换。(100分)

考核知识点：变压器气体继电器的更换和调整

难易度：易

技能等级评价专业技能考核操作工作任务书

一、任务名称

变压器气体继电器的更换。

二、适用工种

变电设备检修工高级技师。

三、具体任务

(1) 工作状态为变压器停电检修，工作内容为变压器本体气体继电器的更换。

(2) 工作任务。

1) 模拟变压器本体气体继电器试验探针渗漏油故障，进行本体气体继电器的更换。

2) 模拟现场工作，实施安全措施，排除设置的故障，完成现场检修任务。

四、工作规范及要求

(1) 工器具使用及安全措施。

(2) 按要求进行渗漏油故障查找。

(3) 根据要求进行气体继电器的更换。

(4) 填写检修报告。

五、考核及时间要求

(1) 本考核1～6项操作时间为60分钟，时间到停止考评，包括检修时间和报告整理时间。

(2) 按照技能操作记录单的操作要求进行操作，正确记录操作结果。

(3) 现场清理完毕后，汇报工作终结，记录考核结束时间。

技能等级评价专业技能考核操作评分标准

工种	变电设备检修工					评价等级	高级技师
项目模块	变压器检修—变压器小修及维护				编号		Jc0006141017
单位			准考证号			姓名	
考试时限	60分钟		题型	单项操作		题分	100分
成绩		考评员		考评组长		日期	
试题正文	变压器气体继电器的更换						
需要说明的问题和要求	(1) 在提供的场地、设备上独立完成操作。 (2) 严格执行有关规程、规范。 (3) 现场以变压器为考核对象。 (4) 时间到应立即停止操作，整理工具、材料，离开操作场地						

续表

序号	项目名称	质量要求	满分	扣分标准	扣分原因	得分
1	准备					
1.1	参赛队员着装	正确佩戴安全帽、穿绝缘鞋、穿长袖工作服、戴线手套	6	未佩戴安全帽、穿绝缘鞋、穿长袖工作服，扣3分； 安全帽佩戴不规范，扣1分； 着装不规范，扣1分； 未戴线手套，扣1分		
1.2	安全工器具检查	应检查安全工器具、绝缘工器具是否完好，是否在校验合格期内	4	未检查安全工器具、绝缘工器具外观是否完好，扣2分； 未检查检验标签是否在合格期内，扣2分		
1.3	安全措施检查	检查现场所做安全措施是否正确、完善	3	未检查现场安全措施，扣3分		
1.4	试验环境检查	检查当日工位处温度、湿度情况	2	未检查温度情况，扣1分； 未检查湿度情况，扣1分		
2	变压器气体继电器检查					
2.1	变压器气体继电器检查	密封良好、无渗漏； 防雨罩完好（适用于户外变压器）； 集气盒无渗漏； 视窗内应无气体(有载分接开关气体继电器除外)； 接线盒电缆引出孔应封堵严密，出口电缆应设防水弯，电缆外护套最低点应设排水孔	30	未检查本体渗漏，每项扣6分； 未检查集气盒渗漏，每项扣6分； 未检查是否有防雨罩，扣6分； 未检查二次线封堵，扣6分； 未发现故障点，每个扣6分； 以上扣分，扣完为止		
3	故障排查					
3.1	故障查找	故障1：本体气体继电器试验探针破损渗油； 故障2：本体气体继电器未安装防雨罩	10	未查找出故障，每项扣5分，扣完为止		
3.2	本体气体继电器更换	使用万用表确认气体继电器二次电缆电源已断开； 记录需拆接的二次接线； 二次线拆除，对裸露部分绝缘化处理； 关闭气体继电器储油柜侧蝶阀，在本体放油阀处排油至继电器视窗油位下降到最低为止，关闭本体侧蝶阀； 气体继电器拆除； 安装试验合格的气体继电器，继电器上的箭头应朝向储油柜，更换密封垫，对角均匀紧固蝶阀螺栓，应无机械应力、渗漏； 气体继电器应保持基本水平位置；波纹管朝向储油柜方向应有 1%～1.5%的升高坡度； 打开两侧蝶阀注满油，并打开气体继电器的放气小阀排净气体； 按照拆接记录恢复二次接线，封堵完好，检查绝缘电阻合格； 过按压探针发出重瓦斯、轻瓦斯信号，并能正常复归； 安装防雨罩	20	未检查确认二次线无电压，扣3分； 未记录二次线、绝缘化处理裸露部分，扣3分； 未按照要求正确排油，扣3分； 气体继电器方向安装错误，扣3分； 未对气体继电器排气，扣2分； 二次线接线错误，扣2分； 出现渗漏油，扣2分； 未进行安装后试验，扣2分		

续表

序号	项目名称	质量要求	满分	扣分标准	扣分原因	得分
4	安全文明生产					
4.1	相关规定的执行	严格遵守安规	6	违章作业，每项扣2分，扣完为止		
4.2	清理作业现场	工器具、试验仪器收取后摆放整齐，与开工前一致； 设备表面清洁无杂物，作业现场清洁无遗留物品	4	工器具、试验仪器未收取摆放整齐，扣1分； 设备表面、工作现场有遗留物，每处扣1分，扣完为止		
5	检修报告填写					
5.1	填写检修报告	正确填写检修报告，用语规范，项目齐全，结论正确	15	检修前检查情况未填写，扣1分； 填写不全或不正确，每项扣1分，共5分，扣完为止； 发现及处理情况未填写，扣2分； 缺陷每缺少一项，扣1分，共5分，扣完为止； 检修结论不正确，扣2分		
合计			100			

Jc0006142018　变压器气体继电器检修。（100分）

考核知识点：变压器气体继电器调整

难易度：中

技能等级评价专业技能考核操作工作任务书

一、任务名称

变压器气体继电器检修。

二、适用工种

变电设备检修工高级技师。

三、具体任务

（1）工作状态为气体继电器已从变压器上拆除，工作内容为进行气体继电器检修调整。

（2）工作任务。

1）模拟变压器本体气体继电器二次接线小瓷套渗油故障，进行本体气体继电器渗油处理和调整。

2）模拟现场工作，排除设置的故障，完成检修任务。

四、工作规范及要求

（1）工器具使用及安全措施。

（2）按要求进行渗漏油故障查找。

（3）根据要求进行气体继电器检修调整。

（4）填写检修报告。

五、考核及时间要求

（1）本考核1～5项操作时间为60分钟，时间到停止考评，包括检修时间和报告整理时间。

（2）按照技能操作记录单的操作要求进行操作，正确记录操作结果。

（3）现场清理完毕后，汇报工作终结，记录考核结束时间。

技能等级评价专业技能考核操作评分标准

<table>
<tr><td>工种</td><td colspan="5">变电设备检修工</td><td>评价等级</td><td>高级技师</td></tr>
<tr><td>项目模块</td><td colspan="4">变压器检修—变压器小修及维护</td><td>编号</td><td colspan="2">Jc0006142018</td></tr>
<tr><td>单位</td><td colspan="3"></td><td>准考证号</td><td></td><td>姓名</td><td></td></tr>
<tr><td>考试时限</td><td colspan="2">60 分钟</td><td>题型</td><td colspan="2">单项操作</td><td>题分</td><td>100 分</td></tr>
<tr><td>成绩</td><td></td><td>考评员</td><td></td><td>考评组长</td><td></td><td>日期</td><td></td></tr>
<tr><td>试题正文</td><td colspan="7">变压器气体继电器检修</td></tr>
<tr><td>需要说明的问题和要求</td><td colspan="7">（1）在提供的场地、设备上独立完成操作。
（2）严格执行有关规程、规范。
（3）现场以气体继电器为考核对象。
（4）时间到应立即停止操作，整理工具、材料，离开操作场地</td></tr>
</table>

序号	项目名称	质量要求	满分	扣分标准	扣分原因	得分
1	准备					
1.1	参赛队员着装	正确佩戴安全帽、穿绝缘鞋、穿长袖工作服、戴线手套	6	未佩戴安全帽、穿绝缘鞋、穿长袖工作服，扣 3 分； 安全帽佩戴不规范，扣 1 分； 着装不规范，扣 1 分； 未戴线手套，扣 1 分		
1.2	安全工器具检查	应检查安全工器具、绝缘工器具是否完好，是否在校验合格期内	4	未检查安全工器具、绝缘工器具外观是否完好，扣 2 分； 未检查检验标签是否在合格期内，扣 2 分		
1.3	安全措施检查	检查现场所做安全措施是否正确、完善	3	未检查现场安全措施，扣 3 分		
1.4	试验环境检查	检查当日工位处温度、湿度情况	2	未检查温度情况，扣 1 分； 未检查湿度情况，扣 1 分		
2	变压器气体继电器检查					
2.1	变压器气体继电器检查	密封良好、无渗漏； 防雨罩完好（适用于户外变压器）； 集气盒无渗漏； 视窗内应无气体（有载分接开关气体继电器除外）； 接线盒电缆引出孔应封堵严密，出口电缆应设防水弯，电缆外护套最低点应设排水孔	30	未检查本体渗漏，扣 6 分； 未检查集气盒渗漏，扣 6 分； 未检查是否有防雨罩，扣 6 分； 未检查二次线封堵，扣 6 分； 未发现故障点，每个扣 6 分，扣完为止		
3	故障排查					
3.1	故障查找	故障 1：本体气体继电器二次接线小瓷套螺母松动致渗油； 故障 2：挡板固定扎线未拆除	10	未查找出故障，扣 5 分，扣完为止		
3.2	本体气体继电器调整	检查气体继电器结构，检查容器、玻璃窗、放气阀门、接线端子盒，小套管是否完整，接线端子及盖板上的箭头标识是否清晰； 准备好零部件放置点并清擦干净； 清擦气体继电器； 检查气体继电器渗漏情况，处理渗漏缺陷； 对修后的气体继电器进行密封性试验，气体校验仪常温下加压 0.15MPa，持续 30min 应无渗漏； 校验继电器的动作情况，进行可靠性、动作流速、绝缘性能校验，对流速的一般要求： 自冷式变压器 0.8～1.0m/s，强油循环变压器 1.0～1.2m/s，120MVA 以上变压器 1.2～1.3m/s	20	未检查气体继电器外观，扣 2 分； 未设置零部件放置点，扣 2 分； 未清擦继电器，扣 2 分； 未发现处理缺陷，每个扣 2 分； 未进行密封性试验，扣 2 分； 密封性试验渗油，扣 5 分； 未按要求进行动作情况校验，扣 5 分		

续表

序号	项目名称	质量要求	满分	扣分标准	扣分原因	得分
4	安全文明生产					
4.1	相关规定的执行	严格遵守安规	6	违章作业，每项扣2分，扣完为止		
4.2	清理作业现场	工器具、试验仪器收取后摆放整齐，与开工前一致； 设备表面清洁无杂物，作业现场清洁无遗留物品	4	工器具、试验仪器未收取摆放整齐，扣1分； 设备表面、工作现场有遗留物，每处扣1分，扣完为止		
5	检修报告填写					
5.1	填写检修报告	正确填写检修报告，用语规范，项目齐全，结论正确	15	检修前检查情况未填写，扣1分； 填写不全或不正确，每项扣1分，共5分，扣完为止； 发现及处理情况未填写，扣2分； 缺陷每缺少一项，扣1分，共5分，扣完为止； 检修结论不正确，扣2分		
合计			100			

Jc0006142019　变压器铁芯多点接地排除。(100分)

考核知识点：能解决小修工作中各种复杂和疑难的工艺问题

难易度：中

技能等级评价专业技能考核操作工作任务书

一、任务名称

变压器铁芯多点接地排除。

二、适用工种

变电设备检修工高级技师。

三、具体任务

(1) 工作状态为检修变压器已吊罩，工作内容为进行变压器铁芯多点接地排除。

(2) 工作任务。

1) 模拟变压器多点接地故障，进行多点接地故障查找及排除。

2) 模拟现场工作，排除设置的故障，完成检修任务。

四、工作规范及要求

(1) 工器具使用及安全措施。

(2) 按要求进行多点接地故障排除。

(3) 填写检修报告。

五、考核及时间要求

(1) 本考核1～4项操作时间为60分钟，时间到停止考评，包括检修时间和报告整理时间。

(2) 按照技能操作记录单的操作要求进行操作，正确记录操作结果。

(3) 现场清理完毕后，汇报工作终结，记录考核结束时间。

技能等级评价专业技能考核操作评分标准

工种	变电设备检修工			评价等级	高级技师
项目模块	变压器检修—变压器小修及维护		编号	Jc0006142019	
单位		准考证号		姓名	
考试时限	60 分钟	题型	单项操作	题分	100 分
成绩	考评员		考评组长		日期
试题正文	变压器铁芯多点接地排除				
需要说明的问题和要求	（1）在提供的场地、设备上单独完成操作，辅助工人 1 人，有关操作可用口述。 （2）严格执行有关规程、规范。 （3）现场变压器为考核对象。 （4）时间到应立即停止操作，整理工具、材料，离开操作场地				

序号	项目名称	质量要求	满分	扣分标准	扣分原因	得分
1	准备					
1.1	参赛队员着装	正确佩戴安全帽、穿绝缘鞋、穿长袖工作服、戴线手套	6	未佩戴安全帽、穿绝缘鞋、穿长袖工作服，扣 3 分； 安全帽佩戴不规范，扣 1 分； 着装不规范，扣 1 分； 未戴线手套，扣 1 分		
1.2	安全工器具检查	应检查安全工器具、绝缘工器具是否完好，是否在校验合格期内	4	未检查安全工器具、绝缘工器具外观是否完好，扣 2 分； 未检查检验标签是否在合格期内，扣 2 分		
1.3	安全措施检查	检查现场所做安全措施是否正确、完善	3	未检查现场安全措施，扣 3 分		
1.4	试验环境检查	检查当日工位处温度、湿度情况	2	未检查温度情况，扣 1 分； 未检查湿度情况，扣 1 分		
2	故障排查					
2.1	故障查找	故障 1：器身上放置一螺杆； 故障 2：原铁芯接地断开，模拟烧损故障	10	未查找出故障，扣 5 分，扣完为止		
2.2	铁芯多点接地排除	器身整体性检查； 检查铁芯接地片情况，将铁芯接地片打开，用绝缘电阻表测量铁芯对地绝缘； 查找并排除铁芯接地点； 再次测量铁芯对地绝缘电阻值，应达到规定值； 更换铁芯接地片	50	未进行器身检查，扣 10 分； 未清除器身异物，扣 10 分； 未正确使用绝缘电阻表，扣 10 分； 绝缘电阻不合格，扣 10 分； 未更换铁芯接地片，扣 10 分		
3	安全文明生产					
3.1	相关规定的执行	严格遵守安规	6	违章作业，每项扣 2 分，扣完为止		
3.2	清理作业现场	工器具、试验仪器收取后摆放整齐，与开工前一致； 设备表面清洁无杂物，作业现场清洁无遗留物品	4	工器具、试验仪器未收取摆放整齐，扣 2 分； 设备表面、工作现场有遗留物，扣 2 分		
4	检修报告填写					
4.1	填写检修报告	正确填写检修报告，用语规范，项目齐全，结论正确	15	检修前检查情况未填写，扣 1 分； 填写不全或不正确，每项扣 1 分，共 5 分，扣完为止； 发现及处理情况未填写，扣 2 分； 缺陷每缺少一项，扣 1 分，共 5 分，扣完为止； 检修结论不正确，扣 2 分		
合计			100			

Jc0006152020 将有载分接开关和电动机构连接并进行调整。（100分）

考核知识点：能解决小修工作中各种复杂和疑难的工艺问题

难易度：中

技能等级评价专业技能考核操作工作任务书

一、任务名称

将有载分接开关和电动机构连接并进行调整。

二、适用工种

变电设备检修工高级技师。

三、具体任务

（1）工作状态为变压器停电检修，工作内容为有载分接开关和电动机构连接并进行调整。

（2）工作任务。

1）模拟变压器有载调压开关机构更换后分接开关和电动机构未连接状态，进行有载分接开关和电动机构连接并进行调整。

2）模拟现场工作，排除设置的故障，完成检修任务。

四、工作规范及要求

（1）工器具使用及安全措施。

（2）按要求进行有载分接开关和电动机构连接并进行调整。

（3）填写检修报告。

五、考核及时间要求

（1）本考核操作时间为60分钟，时间到停止考评，包括检修时间和报告整理时间。

（2）按照技能操作记录单的操作要求进行操作，正确记录操作结果。

（3）现场清理完毕后，汇报工作终结，记录考核结束时间。

技能等级评价专业技能考核操作评分标准

工种	变电设备检修工					评价等级	高级技师
项目模块	变压器检修—变压器小修及维护				编号	Jc0006152020	
单位			准考证号			姓名	
考试时限	60分钟		题型		单项操作	题分	100分
成绩		考评员		考评组长		日期	
试题正文	将有载分接开关和电动机构连接并进行调整						
需要说明的问题和要求	（1）在提供的场地、设备上独立完成操作，辅助工人1名。 （2）严格执行有关规程、规范。 （3）现场以变压器为考核对象。 （4）时间到应立即停止操作，整理工具、材料，离开操作场地						

序号	项目名称	质量要求	满分	扣分标准	扣分原因	得分
1	准备					
1.1	参赛队员着装	正确佩戴安全帽、穿绝缘鞋、穿长袖工作服、戴线手套	6	未佩戴安全帽、穿绝缘鞋、穿长袖工作服，扣3分； 安全帽佩戴不规范，扣1分； 着装不规范，扣1分； 未戴线手套，扣1分		
1.2	安全工器具检查	应检查安全工器具、绝缘工器具是否完好，是否在校验合格期内	4	未检查安全工器具、绝缘工器具外观是否完好，扣2分； 未检查检验标签是否在合格期内，扣2分		

续表

序号	项目名称	质量要求	满分	扣分标准	扣分原因	得分
1.3	安全措施检查	检查现场所做安全措施是否正确、完善	3	未检查现场安全措施，扣3分		
1.4	试验环境检查	检查当日工位处温度、湿度情况	2	未检查温度情况，扣1分； 未检查湿度情况，扣1分		
2	有载分接开关和电动机构连接并进行调整					
2.1	检查一致性	检查电动机构和观测挡位是否一致	10	未检查一致性，扣10分		
2.2	安装垂直连杆	动作熟练，安装零部件完整、正确	10	未正确安装垂直连杆，扣10分		
2.3	检查和调整：打响差	动作熟练，并将正负圈数调节至规定范围	10	未打响差，扣10分		
2.4	检查和调整：进行机械操作和电动操作	动作熟练，首先检查机械限位，然后接通电源检查电气限位、电气操作和急停	20	未正确进行机械、电动操作，每项扣5分，扣完为止		
2.5	将操作模式调整到运行时工作状态	动作熟练	10	未将操作模式恢复常态，扣10分		
3	安全文明生产					
3.1	相关规定的执行	严格遵守安规	6	违章作业，每项扣2分，扣完为止		
3.2	清理作业现场	工器具、试验仪器收取后摆放整齐，与开工前一致； 设备表面清洁无杂物，作业现场清洁无遗留物品	4	工器具、试验仪器未收取摆放整齐，扣2分； 设备表面、工作现场有遗留物，扣2分		
4	检修报告填写					
4.1	填写检修报告	正确填写检修报告，用语规范，项目齐全，结论正确	15	检修前检查情况未填写，扣1分； 填写不全或不正确，每项扣1分，共5分，扣完为止； 发现及处理情况未填写，扣2分； 缺陷每缺少一项，扣1分，共5分，扣完为止； 检修结论不正确，扣2分		
合计			100			

Jc0006153021　变压器绕组检修及绝缘等级鉴定。（100分）

考核知识点：能解决大修工作中各种复杂和疑难的工艺问题

难易度：难

技能等级评价专业技能考核操作工作任务书

一、任务名称

变压器绕组检修及绝缘等级鉴定。

二、适用工种

变电设备检修工高级技师。

三、具体任务

（1）工作状态为变压器停电检修，工作内容为变压器绕组检修及绝缘等级鉴定。

（2）工作任务。

1）模拟变压器已吊罩，进行变压器绕组检修及绝缘等级鉴定。

2）模拟现场工作，排除设置的故障，完成检修任务。

四、工作规范及要求

（1）工器具使用及安全措施。

（2）按要求进行变压器绕组检修及绝缘等级鉴定。

（3）填写检修报告。

五、考核及时间要求

（1）本考核操作时间为60分钟，时间到停止考评，包括检修时间和报告整理时间。

（2）按照技能操作记录单的操作要求进行操作，正确记录操作结果。

（3）现场清理完毕后，汇报工作终结，记录考核结束时间。

技能等级评价专业技能考核操作评分标准

工种	变电设备检修工					评价等级	高级技师
项目模块	变压器检修—变压器大修及维护				编号		Jc0006153021
单位			准考证号			姓名	
考试时限	60分钟		题型		单项操作	题分	100分
成绩		考评员		考评组长		日期	
试题正文	变压器绕组检修及绝缘等级鉴定						
需要说明的问题和要求	（1）在提供的场地、设备上独立完成操作，辅助工人1名。 （2）严格执行有关规程、规范。 （3）现场以变压器为考核对象。 （4）时间到应立即停止操作，整理工具、材料，离开操作场地						

序号	项目名称	质量要求	满分	扣分标准	扣分原因	得分
1	准备					
1.1	参赛队员着装	正确佩戴安全帽、穿绝缘鞋、穿长袖工作服、戴线手套	6	未佩戴安全帽、穿绝缘鞋、穿长袖工作服，扣3分； 安全帽佩戴不规范，扣1分； 着装不规范，扣1分； 未戴线手套，扣1分		
1.2	安全工器具检查	应检查安全工器具、绝缘工器具是否完好，是否在校验合格期内	4	未检查安全工器具、绝缘工器具外观是否完好，扣2分； 未检查检验标签是否在合格期内，扣2分		
1.3	安全措施检查	检查现场所做安全措施是否正确、完善	3	未检查现场安全措施，扣3分		
1.4	试验环境检查	检查当日工位处温度、湿度情况	2	未检查温度情况，扣1分； 未检查湿度情况，扣1分		
2	绕组检修	绕组无变形，外层导线无弹出现象； 压板压力充足，绕组各处无松动； 绕组垫块排列整齐，间距相等，无脱落； 线饼绝缘应良好、无碳化和放电； 散热油道无堵塞、无油污； 引线及分接开关引线无扭曲、绝缘无损伤； 用绝缘油冲洗各部位、达到清洁无油污	50	绕组发生变形、导线局部弹出未处理，扣10分； 压板压钉松动未处理，扣5分； 垫块脱落未处理，扣5分； 存在缺陷未发现处理，扣10分； 油道堵塞未处理，扣5分； 引线绝缘损伤未处理，扣10分； 未冲洗，扣5分		
3	绝缘等级鉴定	1级绝缘：绝缘有弹性、颜色鲜艳，用手指按压后无残留变形； 2级绝缘：绝缘仍有弹性，用手指按压无裂纹、脆化现象； 3级绝缘：绝缘脆化呈深褐色、用手指按压有少量裂纹和变形； 4级绝缘：绝缘已严重脆化，呈黑褐色，用手指按压即酥脆变形脱落	10	绝缘等级鉴定不准确，扣10分		

续表

序号	项目名称	质量要求	满分	扣分标准	扣分原因	得分
4	安全文明生产					
4.1	相关规定的执行	严格遵守安规	6	违章作业，每项扣2分，扣完为止		
4.2	清理作业现场	工器具、试验仪器收取后摆放整齐，与开工前一致； 设备表面清洁无杂物，作业现场清洁无遗留物品	4	工器具、试验仪器未收取摆放整齐，扣1分； 设备表面、工作现场有遗留物，每处扣1分，扣完为止		
5	检修报告填写					
5.1	填写检修报告	正确填写检修报告，用语规范，项目齐全，结论正确	15	检修前检查情况未填写，扣1分； 填写不全或不正确，每项扣1分，共5分，扣完为止； 发现及处理情况未填写，扣2分； 缺陷每缺少一项，扣1分，共5分，扣完为止； 检修结论不正确，扣2分		
合计			100			